PASS 자동차 차체수리 기능사 필기

★ **불법복사는 지적재산을 훔치는 범죄행위입니다.**
　저작권법 제97조의 5(권리의 침해죄)에 따라 위반자는 5년 이하의 징역 또는 5천만원 이하의 벌금에 처하거나 이를 병과할 수 있습니다.

전면 개정판을 내면서……

　IT의 발달로 인해 인터넷이 중심이 되고 시간을 초월하는 정보의 물결 속에서 많은 직업들이 사라지고 대체되는 시대가 도래되었다. 하지만 IT도 로봇도 대체할 수 없는 많은 기술들이 있을 것이다. 그 중의 하나가 바로 자동차 차체수리의 기술이다.

　한국산업인력공단에서는 모든 기능사 자격 필기시험 방법을 OMR(optical mark reader)방식으로 시행하다가 2016년 4/4분기부터 국가기술자격 기능사 시험을 CBT(Computer Based Test)방식으로 변경하였다. 출제기준도 자동차공학 위주에서 탈피하여 현장에서 필요한 차체 재료와 용접 및 차체 정비로 변경 시행하게 되어서 늦게나마 다행스런 일이다.

　이 책은 여기에 발맞춰 16년간의 과년도 기출문제를 수집·분석하였다. 변경된 출제기준의 출제 세부항목의 순서대로 편성하여 한눈에 볼 수 있는 집약서로 발행한 것이다. 그리고 적중예상문제는 출제 세부항목별로 정리하였고 문제마다 해설을 추가하였으므로 이 자격증을 취득하고자 하는 수험생들에게 충실한 수험서가 될 것이다.

　"현재는 전문가의 시대이다." 전문가는 기능만으로는 전문가라 할 수 없다. 기능의 요소 위에 이론적인 배경도 충분히 지니고 있어야 진정한 기술인이다. 자동차차체수리에 관련된 이론을 학습하고 자격증을 취득하는 모든 분들은 바로 전문가의 길로 들어선 것이다.

　끝으로 출간하기까지 도와주신 김길현 대표님과 이상호 간사님을 비롯한 (주)골든벨 직원 여러분께 심심한 감사를 표한다.

지은이

CONTENTS

I 자동차 구조
- 1 기본사항 — 8
  - 적중예상문제 — 17~27
- 2 자동차의 분류 — 28
  - 적중예상문제 — 35~38
- 3 자동차 차체 및 프레임 — 39
  - 적중예상문제 — 52~64
- 4 엔진의 구조 및 작동원리 — 65
  - 적중예상문제 — 79~83
- 5 섀시의 구조 및 작동원리 — 84
  - 적중예상문제 — 96~102
- 6 전기의 구조 및 작동원리 — 103
  - 적중예상문제 — 112~114

II 차체재료 및 용접일반
- 1 도면해독 — 116
  - 적중예상문제 — 152~159
- 2 차체의 재료 — 160
  - 적중예상문제 — 187~211
- 3 차체 용접 — 212
  - 적중예상문제 — 247~280

III 차체정비
- 1 차체 수정 — 282
  - 적중예상문제 — 319~362
- 2 차체 판금 — 363
  - 적중예상문제 — 376~386
- 3 자동차 도장 — 387
  - 적중예상문제 — 400~412

IV 안전관리
- 1 산업안전일반 — 414
  - 적중예상문제 — 421~424
- 2 기계 및 기기에 대한 안전 — 425
  - 적중예상문제 — 423~440
- 3 공구에 대한 안전 — 441
  - 적중예상문제 — 445~449
- 4 작업상의 안전 — 450
  - 적중예상문제 — 455~460

V CBT기출복원문제
- 1 2017년 시행 — 462
- 2 2018년 시행 — 482
- 3 2019년 시행 — 504
- 4 2020년 시행 — 526
- 5 2021년 시행 — 536
- 6 2023년 시행 — 546
- 7 2024년 시행 — 561
- 8 2025년 시행 — 576

Information 출제기준

- **시 행 처**: 한국산업인력공단
- **직무내용**: 손상된 차체 및 패널을 차체수리를 통해 원래의 형태로 복원하고 손상된 패널을 수정 또는 교환하는 직무이다.
- **적용기간**: 2026. 1. 1 ~ 2028. 12. 31
- **검정방법**: 필기 : 전과목 혼합, 객관식 60문항(1시간) / 실기 : 작업형(6시간)
- **합격기준**: 필기·실기 : 100점 만점 60점 이상

주요항목	세부항목	세세항목
1. 차체 수정	1. 차체구조	1. 차체 구조 분류 2. 차체와 프레임 구조 3. 차체 구성과 각 부위별 명칭 5. 차체 충격 관련 힘과 운동 원리
	2. 차체 재료	1. 차체 부위별 재료 2. 차체강도 판단 3. 형태복원 판단 4. 차체금속재료 5. 차체비금속재료 6. 열처리 및 소성가공
	3. 차체수리 장비	1. 차체 수정 장비 종류 및 사용법 2. 차체 측정 장비 종류 및 사용법 3. 차체 손상 정도에 따른 장비 선택
	4. 손상 패널 분해	1. 차체 패널의 종류 2. 손상 패널 분해 방법 3. 탈착공구 종류 및 사용법 4. 절단공구 종류 및 사용법 5. 수공구 종류 및 사용법 6. 치공구 종류 및 사용법
	5. 차체 고정	1. 차체 고정·인장 장비의 종류 및 사용법 2. 차체 고정·인장 작업 방법
	6. 손상부위 복원	1. 손상부위별 복원작업의 종류 2. 손상부위별 작업공구 선택 3. 차체치수 및 도면 확인 4. 차체 계측 방법 5. 차체 교정 방법 6. 복원작업 방법
2. 차체 용접	1. 차체 용접 작업방법 선택	1. 차체 용접의 종류 및 특성 2. 차체 용접 종류별 작업방법
	2. 용접 작업	1. 패널 절단 2. 도막 제거 3. 용접작업 공정 4. 차체 재질 및 형태별 용접 방법 5. 용접변형부위 교정 6. 용접부위 연삭 7. 용접 자세별 용접기술 8. 차체방청
	3. 용접 작업부위 검사	1. 용접부위 검사 종류 및 특성 2. 용접부위 검사 공정 3. 용접부위 검사 방법
3. 차체 접합	1. 차체 접합 작업방법 선택	1. 차체 접합작업의 종류 2. 차체 접합재료의 종류 및 사용법 3. 차체재료별 접합 공정 및 방법 4. 손상부위별 접합 공정 및 방법
	2. 차체 접합 장비 선택	1. 차체접합방법에 따른 장비의 선택 2. 기계적 접합장비 종류 및 사용법 3. 화학적 접합장비 종류 및 사용법

주요항목	세부항목	세세항목
3. 차체 접합	3. 차체 접합 작업	1. 전처리 작업 2. 차체 접합 작업의 종류 및 특성 2. 기계적 접합 작업 공정 및 방법 3. 화학적 접합 작업 공정 및 방법 4. 접합부위 수정작업 5. 접합 후 처리
	4. 차체 접합 작업 부위 검사	1. 차체 접합부위 검사 종류 및 특성 2. 차체 접합부위 검사 공정 3. 차체 접합부위 검사 방법
4. 차체 패널 수정	1. 차체 패널 수정 범위 확인	1. 차체 패널 변형 확인 방법
	2. 차체 패널 수정 여부 결정	1. 차체 패널 변형부위 분석
	3. 차체 패널 장비 선택	1. 차체 패널 수정 장비의 종류 및 사용법 2. 차체 패널 수정 공구의 종류 및 사용법
	4. 차체 패널 수정작업	1. 차체 패널 수정 작업의 종류 및 특성 2. 차체 패널 수정 작업 공정 및 방법 3. 차체 패널 판금 작업의 종류 및 특성 4. 차체 패널 판금 작업 공정 및 방법
	5. 차체 패널 수정작업부위 검사	1. 차체 패널 수정작업부위 검사 종류 및 특성 2. 차체 패널 수정작업부위 검사 공정 3. 차체 패널 수정작업부위 검사 방법
5. 차체 패널 교환	1. 차체 패널 교환 범위 확인	1. 차체 패널 손상 및 변형 확인
	2. 차체 패널 교환 여부 결정	1. 차체 패널 교환 부위 분석
	3. 차체 패널 교환 장비 선택	1. 차체 패널 교환 장비의 종류 및 사용법 2. 차체 패널 교환 공구의 종류 및 사용법
	4. 차체 패널 교환 작업	1. 차체 패널 교환 작업방법 2. 차체 패널 수정 및 간격 조정
	5. 차체 패널 교환 작업부위 검사	1. 차체 패널 교환 작업부위별 검사 방법 2. 차체 패널 교환 작업부위 검사 공정
6. 볼트 온 패널 단품 교환	1. 볼트 온 패널 단품 손상정도 확인	1. 볼트 온 패널 구조 및 명칭 2. 볼트 온 패널 손상 및 변형 확인
	2. 볼트 온 패널 단품 교환·수정 작업	1. 볼트 온 패널 교환·수정 작업방법 2. 볼트 온 패널 교환·수정 공구의 종류 및 사용법
	3. 볼트 온 패널 단품 교환 작업 검사	1. 볼트 온 패널 교환·수정 부위 검사 종류 및 방법
7. 차체 정비 장비 유지 보수	1. 차체정비 장비 점검 및 관리	1. 차체정비 장비 점검·관리 방법
	2 차체정비 장비 보수	1. 차체정비 장비 보수 방법
	3 안전관리	1. 산업안전기준　2. 안전보건표지 3. 기계안전　　　4. 전기안전 5. 공구안전　　　6. 용접작업안전 7. 접합작업안전　8. 유해가스안전 9. 보호장구　　　10. 차체정비 작업안전

I

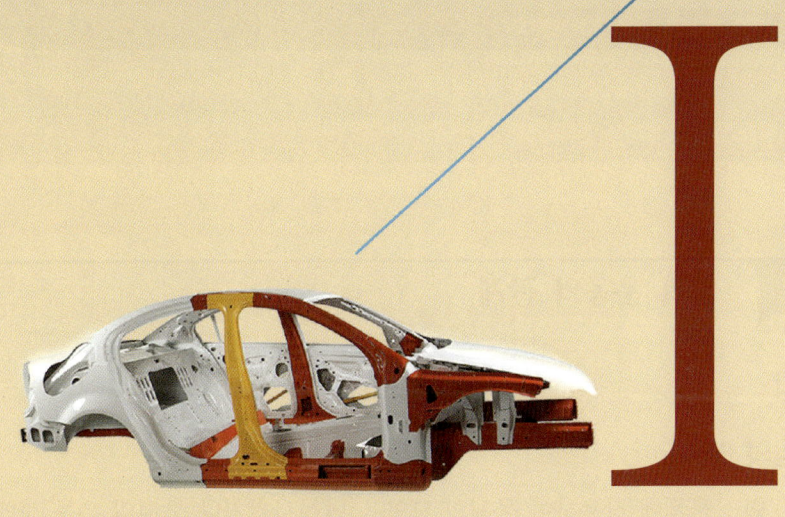

자동차 구조

기본사항
자동차의 분류
자동차 차체 및 프레임
엔진의 구조 및 작동원리
섀시의 구조 및 작동원리
전기의 구조 및 작동원리

chapter 01 자동차구조

1. 기본사항

01 힘과 운동의 관계

1 힘

1) 힘의 3요소
① **힘** : 물체에 작용하여 물체의 모양을 변형시키거나 물체의 운동 상태를 변화시키는 원인을 말한다.
② **힘의 3요소** : 힘의 크기, 힘의 방향, 힘의 작용점으로 표시한다.

2) 힘의 효과
① 정지되어 있는 물체에 힘이 작용하면 물체의 모양이 변한다.
② 운동하고 있는 물체에 힘이 작용하면 그 물체의 속력이 변한다.
③ 운동하고 있는 물체에 힘이 작용하면 그 물체의 운동 방향이 바뀐다.
④ 같은 크기의 힘이 작용할 때 위치와 방향에 따라 그 힘이 나타나는 효과가 달라진다.

3) 힘의 평형
① 한 물체에 작용하는 두 힘의 크기가 같고 방향이 반대이면 합력이 0이다.
② 힘의 합이 0인 경우 그 물체는 힘이 작용하지 않는 것과 같은 상태가 된다.
③ 한 물체에 여러 힘이 작용해도 이들 힘의 합력이 0이면 물체는 정지 상태에 있거나 등속 직선 운동을 한다.

2 관성의 법칙(운동의 제1법칙)
① 정지하고 있는 물체가 외부로부터 힘이 작용하지 않는 한 움직이지 않지만 운동하고 있는 물체가 외부로부터 힘을 받지 않고도 그 운동을 계속하고자 하는 성질을 관성이라고 하며, 물리에서는 이것을 관성의 법칙 또는 운동의 제1법칙이라고 한다.
② 외부로부터 물체에 힘이 작용하지 않거나 작용하더라도 힘의 합력이 0이면 운동하고

있는 물체는 계속 등속도 운동(운동 관성)을 하고, 정지하고 있는 물체는 계속 정지(정지 관성)되어 있다.
③ 정지 상태에 있는 물체와 등속도 운동을 하는 물체는 모두 가속도가 0인 운동을 한다.

3 가속도 법칙(운동의 제2법칙)

물체 운동의 변화는 그 물체에 작용하는 외적인 힘의 방향으로 일어나며, 이 외적인 힘의 크기에 비례하고 질량에 반비례한다.

1) 가속도
① 물체의 질량이 일정할 때 가속도는 그 물체에 작용한 힘에 비례한다.
② 물체에 작용하는 힘이 일정할 때 가속도는 물체의 질량에 반비례한다.
③ 물체에 작용하는 힘의 방향과 물체의 가속도 방향은 항상 같다.
④ 물체에 작용하는 힘이 일정하면 물체의 가속도도 일정하다.

2) 속도와 등속 운동
① **속도** : 물체의 속력과 방향을 함께 나타내는 물리량
② **속력** : 단위 시간 동안에 물체가 이동한 거리
③ **등속 운동** : 물체가 일정한 속력으로 직선상을 운동하는 것
④ **가속도** : 속도의 변화를 단위 시간으로 나눈 것으로서 운동하는 물체의 단위 시간에 있어서 속도의 변화를 나타내는 물리량

4 제동 용어의 정의
① **공주 거리** : 운전자가 위험을 느끼고 브레이크 페달을 밟아 브레이크가 실제 듣기 시작하기까지의 사이에 자동차가 주행한 거리
② **제동 거리** : 브레이크가 듣기 시작하여 자동차가 정지할 때까지의 거리
③ **정지 거리** : 운전자가 위험 물체를 보고 브레이크 페달을 밟아 차량이 정지할 때까지의 거리 즉, 공주 거리와 제동 거리를 합한 거리

5 반작용의 법칙(운동의 제3법칙)

어떤 물체가 다른 물체에 힘을 미칠 때는 다른 물체도 이 물체에 힘을 미치게 하며, 그 힘들은 서로 크기가 같고 방향은 반대이다.
① 힘은 두 물체 사이에 작용하는 상호 작용으로 한 힘을 작용이라 하면 다른 한 힘을 반작용이라 한다.

② 작용과 반작용은 크기가 같고 방향이 반대이다.
③ 작용과 반작용은 일직선상에서 다른 두 물체 사이에 동시에 일어난다.

6 스칼라량과 백터량

① **스칼라량** : 크기만을 나타내는 물리량으로 이동 거리, 속력, 질량, 에너지 등을 말한다.
② **백터량** : 크기와 방향을 함께 나타내는 물리량으로 변위, 속도, 가속도, 힘, 운동량, 충격량 등이다.

7 운동량

① **운동량** : 물체의 질량과 속도를 곱한 값
② **운동량의 단위** : 질량과 속도를 곱한 값 kg·m/s
③ **운동량의 방향** : 백터량으로 운동량의 방향은 속도의 방향과 같다.
④ **운동량의 크기** : 물체의 질량이 크고 속도가 빠를수록 크다.

8 충격량

① **충격량** : 물체가 충격 받은 정도를 나타내는 물리량으로 힘과 시간을 곱한 값
② **충격량의 단위** : 힘의 단위인 N 시간의 단위 s를 곱한 값 N·s
③ **충격량의 방향** : 충격량의 방향은 힘의 방향과 같다.

02 열과 일 및 에너지와의 관계

1 온도의 정의

① **온도** : 물체의 차고 뜨거운 정도를 숫자로 나타낸 물리량을 온도라 한다.
② **섭씨 온도** : 단위는 ℃, 얼음이 녹는점을 0℃, 물이 끓는점을 100℃로 하여 그 사이를 100등분한 온도 단위이다.
③ **화씨 온도** : 단위는 °F, 얼음이 녹는점을 32°F, 물이 끓는점을 212°F로 하여 그 사이를 180등분한 온도 단위이다.
④ **절대 온도** : 단위는 켈빈(K), 물질의 특이성에 의존하지 않고 눈금을 정의한 온도로 영하 273.15℃를 기준으로 하여, 보통의 섭씨와 같은 간격으로 눈금을 붙였다.
⑤ **랭킨 온도** : 단위는 랭킨(R), 절대 0도를 정점으로 하고, 화씨온도에 맞추어 얼음이 녹는점과 물이 끓는점 사이를 180등분 한 단위이다.

2 용어의 정의

① **열** : 온도에 변화를 주는 것으로 물체에 온도를 높이거나 상태를 변화시키는 원인을 말한다.
② **열량** : 열량의 단위는 칼로리(cal, 1cal = 4.18605J), 물체가 가지고 있는 열의 분량이다. 열량은 열이 물체에 미치는 효과이며, 1cal는 물 1g의 온도를 1℃ 높이는데 필요한 열량이다.
③ **비열** : 단위는 J/kg·℃, 어떤 물체 1kg의 온도를 1℃ 올리는 데 필요한 열량으로 비열은 물체를 가열하는 상태에 따라 달라진다. 특히 기체에서는 열팽창이 크기 때문에 정압 비열과 정적 비열로 나누어진다.
④ **현열** : 물질의 상태 변화가 없이 온도 변화에만 필요한 열량을 말한다.
⑤ **잠열** : 물질의 온도 변화가 없이 상태 변화에만 필요한 열량을 말한다.
⑥ **융해 잠열** : 융해점에서 단위 질량의 고체가 융해되어 같은 온도의 액체로 되는데 필요한 열량을 말한다.
⑦ **증발 잠열** : 어떤 물질 단위량을 액체로부터 같은 온도의 기체로 변화시키는데 필요한 열량이다. 즉 액체가 기화하기 위해서 비점까지 가열하는 열 또는 기체로 변화하기 위한 흡수 열을 말한다.
⑧ **비중** : 표준 대기압력 하에서 4℃인 물의 단위 체적 당 중량을 1로 하여 다른 액체나 고체의 단위 체적당 중량의 비를 구한 것으로 자동차와 관련된 물체의 비중은 강 7.85, 주철 7.21, 구리 8.93, 알루미늄 2.69, 마그네슘 1.74, 경유 0.80~0.88, 휘발유 0.7~0.75 등.
⑨ **임계점** : 액체와 기체가 공존하고 있을 때 그 온도나 압력 등의 상태를 점차 변화시키면 2가지 상이 접근하여 그 성상이 일치하는 점을 말한다.
⑩ **3중점** : 특정한 온도와 압력에서 물질의 상태가 기체, 액체, 고체의 3상이 모두 평형을 이루어 공존하는 상태의 점을 말한다.
⑪ **포화 한계선** : 일정한 조건하에 있는 어떤 상태 함수의 변화에 따라서 다른 양의 증가가 나타날 경우 앞의 것을 아무리 크게 변화시켜도 일정 한도에 머무르는 선을 말한다.
⑫ **액화점** : 기체가 냉각, 압축되어 액체로 변화되는 점을 말한다.
⑬ **중력** : 물체를 지구의 중심 방향으로 끌어당기는 힘을 말한다. 중력은 물체의 질량에 비례하고 물체 사이의 거리의 제곱에 반비례하며, 중력 가속도의 크기는 물체의 질량에 관계없이 항상 일정($9.8m/s^2$)하다.

3 일과 일률 및 에너지

1) 일과 일률

① **일**(work) : 일은 힘과 그 힘에 의하여 힘의 방향으로 이동한 거리와의 곱으로 표시되며, 에너지와 동일한 단위로서 SI 단위에서 N·m로 표시된다.

② **일률** : 단위 시간 동안에 한 일의 양을 나타내는 것으로 단위는 J/s 또는 W를 사용하며, 일률의 단위로 마력을 사용하기도 한다(1PS = 735.5W).

2) 에너지의 종류

① **에너지** : 일을 할 수 있는 능력. 에너지의 양은 할 수 있는 일의 양으로 나타낼 수 있다.

② **운동 에너지** : 운동하고 있는 물체가 가지고 있는 에너지. 즉 운동하는 물체가 일을 할 수 있는 능력의 정도를 나타내는 물리량이다. 물체에 해 준 일은 물체의 운동 에너지 변화와 같고 물체에 일을 해준 만큼 운동 에너지가 증가한다. 물체의 운동 에너지는 물체의 질량과 속도의 제곱에 비례한다. 즉 물체의 질량이 크고 속도가 빠를수록 물체의 운동 에너지는 크다.

③ **열 에너지** : 물체가 상태 변화 또는 온도 변화를 하는 경우에 물체가 얻거나 잃는 에너지.

④ **위치 에너지** : 어떤 특수한 위치에 인력·척력(斥力) 등의 일정한 힘을 받고 있는 물체가 표준 위치로 돌아 갈 때까지 일을 할 수 있는 능력을 말한다.

④ **탄성 에너지** : 탄성 물체가 외력의 작용을 받으면 변형을 하기 때문에 외력이 일을 한 것이 되고, 일량은 모두 물체 내에 비축되는 것을 탄성 에너지라고 한다.

4 열역학 제 0 ~ 3법칙

1) 열역학 제0법칙

온도가 서로 다른 물체를 접촉시키면 높은 온도의 물체는 온도가 내려가고 낮은 온도의 물체는 온도가 올라가서 두 물체의 온도 차이가 없어져 열평형이 되는 것. 어떤 밀폐된 계(系) 내의 복수 부분에서 그들 사이에 실제로 열 교환이 없는 경우에는 이들 부분은 모두 같다는 법칙을 말한다.

2) 열역학 제1법칙

에너지 보존 법칙으로 에너지는 형태가 변할 수 있을 뿐 새로 만들어지거나 없어질 수 없다고 정의한 법칙이다. 임의의 계(系)에 열 형태로 주어지는 에너지는 계가 실시하는 일과 계 내부 에너지 변화의 합과 같다는 법칙을 말한다.

3) 열역학 제2법칙

하나의 열원에서 얻어지는 열을 모두 역학적인 일로 바꿀 수 없다는 것으로 열은 고온의 물체에서 저온의 물체로 흐르지만 역으로 자연 그대로는 불가능하다. 따라서 열이 기계적 일로 변화하는 것은 고온의 물체에서 열이 공급되는 경우에 이루어진다는 법칙이다.

4) 열역학 제3법칙

어떠한 계에서도 엔트로피의 변화는 절대온도 0° K의 극한에서 0으로 된다는 것으로 모든 계는 유한의 양(陽) 엔트로피를 보유하고 절대온도 0°에서 0으로 된다는 법칙

03 자동차 공학 기본 단위

1 SI 기본 단위

양	단위의 명칭	단위 기호	정 의
길 이	미 터	m	1m는 빛이 진공에서 299792458분의 1초 동안 진행한 경로의 길이이다.
질 량	킬로그램	kg	킬로그램은 질량의 단위이며, 1kg은 킬로그램 국제원기의 질량과 같다.
시 간	초	s	1초는 세슘-133 원자의 바닥상태에 있는 두 초 미세 준위 사이의 천이에 대응하는 복사선의 9192631770 주기의 지속 시간이다.
전 류	암 페 어	A	1A는 진공 중에 1m의 간격으로 평행하게 놓여 있는 무한히 작은 원형 단면적을 갖는 무한히 긴 2개의 직선 모양의 도체의 각각에 일정한 전류를 통하게 하여 이들 도체의 길이 1m당 2×10^{-7} 뉴턴의 힘이 미치는 전류를 말한다.
열역학적 온 도	켈 빈	K	1켈빈은 물의 삼중점(三重點)에서 열역학적 온도의 1/273.16이다.
몰 질 량	몰	mol	1몰은 탄소-12의 0.012킬로그램에 존재하는 원자수와 같은 수의 요소 입자(원자, 분자, 이온, 전자, 그 밖의 입자)또는 요소 입자의 집합체(조성이 명확하지 않는 것에 한함)로서 구성된 계의 물질량이다.
광 도	칸 델 라	cd	1칸델라는 주파수 540×10^{12} 헤르츠의 단색 복사를 방출하고, 소정의 방향에서 복사 강도가 매스테라디안 당 1/683와트일 때의 광도이다.

2 SI 보조 단위

양	단위의 명칭	단위 기호	정 의
평 면 각	라 디 안	rad	라디안은 원의 원주 상에서 반지름의 길이와 같은 길이의 호를 잘랐을 때 이루는 2개의 반지름 사이에 포함된 평면각이다.
입 체 각	스테라디안	sr	스테라디안은 원의 중심을 꼭지 점으로 하여 그 원의 반지름을 일변으로 하는 정방형 면적과 같은 면적을 그 원의 표면에서 절취한 입체각이다.

3 SI 유도 단위

양	단위의 명칭	단위 기호
면 적	평방미터	m^2
체 적	입방미터	m^3
속 도	미터매초	m/s
가 속 도	미터매초제곱	m/s^2
파 수	매미터당개수	m^{-1}
밀 도	킬로그램매입방미터	kg/m^3
비 체 적	입방미터매킬로그램	m^3/kg

양	단위의 명칭	단위 기호
전 류 밀 도	암페어매평방미터	A/m^2
자계의 세기	암페어매미터	A/m
농 도	몰매입방미터	mol/m^3
휘 도	칸델라매입방미터	cd/m^2
각 속 도	라디안매초	rad/s
각 가 속 도	라디안매초제곱	rad/s^2

4 고유 명칭을 가진 SI 유도 단위

양	명칭	기호	다른 표기법	SI기초 단위에 의한 표기법
주파수, 진동수	헤르츠	Hz		s^{-2}
힘	뉴턴	N		$m \cdot kg \cdot s^{-1}$
압력, 기압, 변형력	파스칼	Pa	N/m^2	$m^{-1} \cdot kg \cdot s^{-2}$
에너지, 일, 열량	줄	J	$N \cdot m$	$m^2 \cdot kg \cdot s^{-2}$
동력, 복사속	와트	W	J/s	$m^2 \cdot kg \cdot s^{-1}$
전기량, 대전량	쿨롱	C		$s \cdot A$
전위, 전위차, 기전력	볼트	V	W/A	$m^2 \cdot kg \cdot s^{-3} \cdot A^{-1}$
전기 용량	패럿	F	C/V	$m^{-2} \cdot kg^{-1} \cdot s^4 \cdot A^2$
전기 저항	옴	Ω	V/A	$m^2 \cdot kg \cdot s^{-3} \cdot A^{-2}$
전기 전도도	지멘스	S	A/V	$m^{-2} \cdot kg^{-1} \cdot s^3 \cdot A^2$
자력선속	웨버	Wb	$V \cdot s$	$m^2 \cdot kg \cdot s^{-2} \cdot A^{-1}$
자력선 속 밀도	테슬러	T	Wb/m^2	$kg \cdot s^{-2} \cdot A^{-1}$
인덕턴스	헨리	H	Wb/A	$m^2 \cdot kg \cdot s^{-2} \cdot A^{-2}$
섭씨온도	섭씨도	℃		K
광 속	루멘	lm		$cd \cdot sr$
광 조 도	럭스	lx	lm/m^2	$m^{-2} \cdot cd \cdot sr$

5 고유 명칭을 사용하여 표시되는 SI 유도 단위 표기

양	명칭	기호	SI기초 단위에 의한 표기법
점 도	파스칼·초	Pa·s	$m^{-1} \cdot kg \cdot s^{-1}$
힘의 모멘트, 회전력	뉴턴·미터	N·m	$m^2 \cdot kg \cdot s^{-2}$
표 면 장 력	뉴턴매미터	N/m	$kg \cdot s^{-2}$
열속 밀도, 복사 조도	와트매제곱미터	W/m^2	$kg \cdot s^{-3}$
열 용량, 엔트로피	줄매켈빈	J/K	$m^2 \cdot kg \cdot s^{-2} \cdot K^{-1}$
비열 용량, 비엔트로피	줄매킬로그램·켈빈	J/(kg·K)	$m^2 \cdot s^{-2} \cdot K^{-1}$
비 에 너 지	줄매킬로그램	J/kg	$m^2 \cdot s^{-2}$
열 전 도 도	와트매미터·켈빈	W/(m·K)	$m \cdot kg \cdot s^{-3} \cdot K^{-1}$
에너지 밀도	줄매입방미터	J/m^3	$m^{-1} \cdot kg \cdot s^{-2}$
전기장의 세기	볼트매미터	V/m	$m \cdot kg \cdot s^{-3} \cdot A^{-1}$
전 하 밀 도	쿨롱매입방미터	C/m^3	$m^{-3} \cdot s \cdot A$
전기선 속 밀도	쿨롱매제곱미터	C/m^2	$m^{-2} \cdot s \cdot A$
유 전 율	패럿매미터	F/m	$m^{-3} \cdot kg^{-1} \cdot s^4 \cdot A^2$
투 과 율	헨리매미터	H/m	$m \cdot kg \cdot s^{-2} \cdot A^{-2}$
몰 에 너 지	줄매몰	J/mol	$m^2 \cdot kg \cdot s^{-2} \cdot mol^{-1}$
몰 엔트로피, 몰 열용량	줄매몰·켈빈	J/(mol·K)	$m^2 \cdot kg \cdot s^{-2} \cdot K^{-1} \cdot mol^{-1}$
(X선 및 γ선)의 조사선량	쿨롱매킬로그램	C/kg	$kg^{-1} \cdot s \cdot A$
흡수 조사율	그레이매초	Gy/s	$m^2 \cdot s^{-3}$
방 사 강 도	와트매스테라디안	W/Sr	$m^2 \cdot kg \cdot s^{-3} \cdot sr^{-1}$
방 사 휘 도	와트매평방미터스테라디안	$W \cdot m^{-2} \cdot Sr^{-1}$	$kg \cdot s^{-3} \cdot sr^{-1}$

6 SI 단위의 접두어

단위에 곱해지는 배수	SI 접두어 명칭	SI 접두어 배수	단위에 곱해지는 배수	SI 접두어 명칭	SI 접두어 배수
10^{24}	요타	Y	10^{-1}	데시	d
10^{21}	제타	Z	10^{-2}	센티	c
10^{18}	엑사	E	10^{-3}	밀리	m
10^{15}	페타	P	10^{-6}	마이크로	μ
10^{12}	테라	T	10^{-9}	나노	n
10^{9}	기가	G	10^{-12}	피코	p
10^{6}	메가	M	10^{-15}	펨토	f
10^{3}	킬로	k	10^{-18}	아토	a
10^{2}	헥토	h	10^{-21}	젭토	z
10^{1}	데카	da	10^{-24}	욕토	y

7 자동차 주요 제원의 단위

자동차의 주요 장치		SI 단위	종래의 단위	SI 단위로의 환산계수
질 량	공차 질량	kg		
	자동차 총질량	kg		
	섀시 질량	kg		
축 하 중	공차 상태	kN	kgf	9.08665×10^{-3}
	적차 상태	kN	kgf	9.08665×10^{-3}
	섀시 공차 상태	kN	kgf	9.08665×10^{-3}
원 동 기	총배기량	cm^3, L	cc	
	최고 출력	kW	PS	0.735499
	최대 토크	$N \cdot m$	$kgf \cdot m$	9.80665
	압축 압력	MPa	kgf/cm^2	9.08665×10^{-2}
	연료 소비율	$g/kW \cdot h$	$g/PS \cdot h$	1.35962
	분사 압력	MPa	kgf/cm^2	9.08665×10^{-2}
제어 장치	답력(踏力)	N	kgf	9.80665
	공기압	MPa	mmHg, kgf/cm^2	1.33322×10^{-4}
	제동력	kN	kgf	9.08665×10^{-3}
	감속도	m/s^2	G	9.80665
타이어	공기압	kPa	kgf/cm^2	9.08665×10
소음 방지 장치	소음값	dB	dB	
가 속 도		m/s^2	G	9.80665

자동차구조

적·중·예·상·문·제

01 | 힘과 운동의 관계

01 힘의 3요소에 해당하지 않는 것은?
① 방향 ② 속도
③ 크기 ④ 작용점

해설 힘의 3요소는 **작용점, 방향, 크기**를 말한다.

02 충격에 의해서 손상된 보디 및 프레임의 수리에 있어서 힘의 성질을 이해하여 두는 것이 차체 정렬의 가장 기본적인 핵심이다. 여기에서 힘의 성질 즉 힘의 3요소 중 틀린 것은?
① 힘의 크기 ② 힘의 분포
③ 힘의 방향 ④ 힘의 작용점

03 다음 빈칸에 가장 알맞은 말은?

> 힘은 물체 사이의 (　　) 작용이다.

① 원격 ② 끄는
③ 미는 ④ 상호

해설 물체의 운동 상태를 변화시켜 주거나 물체의 모양을 변형시켜 주는 원인이 되는 것을 힘이라 하며, 힘은 물체 사이에서 상호 작용을 한다.

04 한 물체에 작용한 힘의 합이 0인 경우 힘의 역학으로 맞는 것은?
① 움직이기 시작한다.
② 아무런 변화가 없다.
③ 속력이 빨라진다.
④ 점점 느려진다.

해설 한 물체에 작용하는 두 힘의 크기가 같고 방향이 반대이면 합력이 0이다. 힘의 합이 0인 경우 그 물체는 힘이 작용하지 않는 것과 같은 상태가 된다. 그러므로 아무런 변화가 없다.

05 뉴턴의 운동법칙에서 관성의 법칙이 적용되는 사례는?
① 높이가 다른 위치에서 유리컵을 각각 떨어뜨린다.
② 유리컵을 일정한 크기의 힘으로 계속 잡아당긴다.
③ 마찰이 없는 책상 위에서 유리컵이 일정한 속력으로 운동한다.
④ 종이위에 유리컵을 올려놓고 종이를 천천히 잡아당긴다.

해설 **뉴턴의 운동법칙**
① **관성의 법칙** : 외적인 힘이 작용하지 않는 한 정지하여 있거나 직선 운동을 하는 물체는 그 상태를 지속한다는 법칙을 말한다.
② **가속도의 법칙** : 물체 운동의 변화는 그 물체에 작용하는 외적인 힘의 방향으로 일어나며 이 외적인 힘의 크기에 비례한다는 법칙을 말한다.

 01. ②　02. ②　03. ④　04. ②　05. ③

CHAPTER 01　자동차 구조

③ **반작용의 법칙** : 어떤 물체가 다른 물체에 힘을 미칠 때는 다른 물체도 이 물체에 힘을 미치게 하며, 그 힘들은 서로 크기가 같고 방향은 반대인 법칙을 말한다.

06 힘과 운동의 관계로 나타나는 현상 중에 관성의 법칙과 거리가 먼 것은?

① 삽으로 흙을 떠서 버린다.
② 달리던 버스가 갑자기 정지하면 승객이 앞으로 쏠린다.
③ 망치 자루를 단단한 바닥에 쳐서 헐거워진 망치를 단단히 조인다.
④ 포탄을 발사하면 포신이 뒤로 밀린다.

해설 운동 관성이란 운동하던 물체는 직선 방향으로 운동 상태를 유지하려는 것으로 ①번, ②번, ③번의 경우에 해당한다.

07 다음 그림과 같이 실에 돌을 묶어 장치한 후 갑자기 아래로 잡아 당겼을 때 끊어지는 실의 위치와 그 이유를 옳게 설명한 것은?

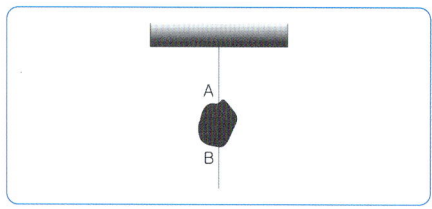

① A-돌의 가속도 ② A-돌의 관성
③ B-돌의 관성   ④ B-돌의 가속도

해설 외부로부터 물체에 힘이 작용하지 않거나 작용하더라도 힘의 합력이 0이면 운동하고 있는 물체는 계속 등속도 운동을 하고 정지하고 있는 물체는 계속 정지해 있다. 이를 뉴턴의 운동 제1법칙이라 한다. 따라서 그림에서 실을 아래로 잡아당기면 돌의 관성에 의해 B 부분이 끊어진다.

08 속도와 가속도 관계에서 가속도 운동의 내용으로 틀린 것은?

① 10층 건물 옥상에서 떨어뜨린 물체
② 브레이크를 밟아 정지하는 자동차
③ 연직 위로 던진 야구공
④ 직선도로에서 10m/s의 일정한 속력으로 달리는 자동차

해설 10m/s의 일정한 속력으로 주행하는 자동차는 등속도 운동이다.

09 자동차를 운전하다가 위험을 느끼고 브레이크 작동 시 정지 거리에 대한 설명으로 가장 적합한 것은?

① 공주 거리 + 초기 거리
② 제동 거리 + 최종 거리
③ 초기 거리 + 제동 거리
④ 공주 거리 + 제동 거리

해설 제동 용어의 해설
① 공주 거리 : 운전자가 위험을 느끼고 브레이크를 밟아 브레이크가 실제 듣기 시작하기까지의 사이에 자동차가 주행한 거리
② 제동 거리 : 브레이크가 듣기 시작하여 자동차가 정지할 때까지의 거리
③ 정지 거리 : 운전자가 위험물체를 보고 브레이크를 밟아 차량이 정지할 때까지의 거리 즉, 공주 거리와 제동 거리를 합한 거리

10 어떤 자동차로 마찰계수 0.3인 도로에서 제동했을 때 제동 초속도가 10m/s라면 약 몇 m 나가서 정지하겠는가?

① 12m   ② 15m
③ 16m   ④ 17m

해설 $L = \dfrac{v^2}{2 \cdot \mu \cdot g}$

정답 06. ④ 07. ③ 08. ④ 09. ④ 10. ④

L : 제동거리(m), v : 초속도(m/sec)
μ : 마찰계수, g : 중력가속도(9.8m/sec²)
$L = \dfrac{10^2}{2 \times 0.3 \times 9.8} = 17m$

11 다음 중 작용·반작용의 관계가 아닌 것은?

① 두 자석 사이에 작용하는 힘
② 조정 경기를 할 때 선수가 젓는 노와 물 사이에 작용하는 힘
③ 책상 위에 놓인 물체에 작용하는 중력과 수직 항력
④ 달리기 할 때 스타팅 블록과 사람의 발 사이에 작용하는 힘

해설 두 물체 사이에서 작용과 반작용은 크기가 같고 방향이 반대이며, 동일 작용선상에서 작용한다. 이 때 한쪽의 힘을 **작용**이라 하고 다른 쪽의 힘을 **반작용**이라 한다.

12 높은 곳에서 유리컵을 떨어뜨리면 시멘트 바닥에서는 깨지지만 솜 위에서는 잘 깨지지 않는다. 이러한 현상과 같은 원리로 설명이 가능한 것을 보기에서 모두 고르면?

보기
㉮ 에어백이 터지면서 사람을 보호한다.
㉯ 축구공을 몸을 뒤로 조금 빼면서 받는다.
㉰ 자전거를 타면서 중심을 잘 잡을 수 있다.

① ㉮, ㉯   ② ㉮, ㉰
③ ㉯, ㉰   ④ ㉮, ㉯, ㉰

13 충격량의 크기와 물체의 운동량 변화에 대한 설명으로 틀린 것은?

① 충격량과 운동량은 모두 벡터량이다.
② 시간을 길게 해도 충격량의 크기는 항상 같다.
③ 충격량은 운동량의 변화와 같다.
④ 충격량의 방향은 운동량 변화의 방향과 같다.

해설 충격량의 크기와 물체의 운동량 변화
① 충격량과 운동량은 모두 벡터량이다.
② 충격량은 운동량의 변화량과 같다.
③ 충격을 주는 힘이 클수록 충격량이 더 크다.
④ 충격을 받고 있는 시간이 길수록 충격량이 크다.

14 충격량과 운동량에 대한 설명으로 옳지 않은 것은?

① 충격량과 운동량은 모두 벡터량이다.
② 충격량과 크기는 운동량의 크기와 같다.
③ 충격량의 크기는 운동량의 변화와 같다.
④ 충격량의 방향은 운동량 변화의 방향과 같다.

정답 11. ③ 12. ① 13. ② 14. ②

02 | 열과 일 및 에너지와의 관계

01 물의 끓는점을 100℃로 하고 얼음의 녹는점을 0℃로 정하여 그 사이를 100등분한 온도를 무엇이라 하는가?

① 섭씨 온도 ② 화씨 온도
③ 절대 온도 ④ 랭킨 온도

해설 온도의 정의
① 섭씨 온도 : 얼음이 녹는점을 0℃, 물이 끓는 점을 100℃로 하여 그 사이를 100등분한 단위이다. 단위는 ℃.
② 화씨 온도 : 얼음이 녹는점을 32°F, 물이 끓는점을 212°F로 하여 그 사이를 180등분한 온도 단위이다. 단위는 °F.
③ 절대 온도 : 물질의 특이성에 의존하지 않고 눈금을 정의한 온도. 영하 273.15℃를 기준으로 하여, 보통의 섭씨와 같은 간격으로 눈금을 붙였다. 단위는 켈빈(K).
④ 랭킨 온도 : 절대 0도를 정점으로 하고, 화씨 온도에 맞추어 얼음이 녹는점과 물이 끓는점 사이를 180등분 한 단위이다. 단위는 랭킨(R)
⑤ 켈빈 온도 : 열역학적 온도 또는 절대 온도의 기호는 K 열역학 제2법칙에 따라 정해진 온도로 이론상 생각할 수 있는 최저 온도를 기준으로 하여 온도 단위를 갖는 온도를 말한다.

02 물의 끓는점을 212°F로 하고 얼음의 녹는 점을 32°F로 정하여 그 사이를 180 등분한 온도를 무엇이라 하는가?

① 섭씨 온도 ② 화씨 온도
③ 절대 온도 ④ 랭킨 온도

03 일정한 압력하에서 1kg의 액체를 같은 온도의 증기로 만드는데 필요한 열량을 무엇이라 하는가?

① 융해 잠열 ② 현열
③ 감열 ④ 증발 잠열

해설 융해 잠열과 증발 잠열
① 잠열 : 물질의 온도 변화가 없이 상태 변화에만 필요한 열량을 말한다.
② 융해 잠열 : 융해점에서 단위 질량의 얼음이 융해해야 같은 온도의 액체로 되는데 이때 필요한 열량을 말한다.
③ 현열 : 물질의 상태 변화가 없이 온도 변화에만 필요한 열량을 말한다.
④ 증발 잠열 : 어떤 물질 단위량을 액체로부터 같은 온도의 기체로 변화시키는 데 필요한 열량이다.

04 동일 부피에서 어떤 물질의 질량과 표준 물질의 질량비를 뜻하는 것은?

① 비중 ② 무게
③ 면적 ④ 체적

05 공기가 압축될 경우 실린더 내에서 일어나는 현상으로 맞는 것은?

① 체적이 증가한다.
② 온도가 상승한다.
③ 압력이 낮아진다.
④ 아무런 변화가 없다.

해설 실린더 내에서 공기가 압축되면 체적이 감소하고 온도가 상승하며, 압력이 높아진다.

06 물질이 고체로부터 직접 기체로 변화하는 과정을 무엇이라 하는가?

① 발열 ② 기화
③ 융해 ④ 승화

해설 용어의 정의
① 발열 : 평열(36~37℃) 보다 높은 온도로

정답 01. ① 02. ② 03. ④ 04. ① 05. ② 06. ④

37℃가 넘었을 때의 온도를 말한다.
② 기화 : 액체 상태에서 기체 상태로 상태변화를 일으키는 것
③ 융해 : 고체 상태에서 액체 상태로 상태변화를 일으키는 것
④ 승화 : 고체 상태에서 기체 상태로 상태변화를 일으키는 것(나프탈렌, 드라이아이스 등)

07 시스템 내의 동작 물질이 한 상태에서 다른 상태로 변화 하는 것은?
① 상태 변화 ② 경로
③ 가역 과정 ④ 이상 과정

해설 상태 변화란 물질의 상태가 온도・압력・자기장 등 일정한 외적 조건에 따라 한 상태에서 다른 상태로 변화하는 현상을 말한다.

08 물질에서 기체, 액체, 고체의 3상이 공존하는 상태를 무엇이라 하는가?
① 임계점   ② 3중점
③ 포화 한계선 ④ 액화점

해설 ① 임계점 : 액체와 기체가 공존하고 있을 때 그 온도나 압력 등의 상태를 점차 변화시키면 2가지 상이 접근하여 그 성상이 일치하는 점을 말한다.
② 3중점 : 특정한 온도와 압력에서 물질의 상태가 기체, 액체, 고체의 3상이 모두 평형을 이루어 공존하는 상태의 점을 말한다.
③ 포화 한계선 : 일정한 조건하에 있는 어떤 상태 함수의 변화에 따라서 다른 양의 증가가 나타날 경우 앞의 것을 아무리 크게 변화시켜도 일정 한도에 머무르는 선을 말한다.
④ 액화점 : 기체가 냉각, 압축되어 액체로 변화되는 점을 말한다.

09 주어진 온도에서 물질의 단위 체적당 질량을 무엇이라 하는가?

① 밀도   ② 비체적
③ 비열   ④ 압력

해설 용어의 정의
① 밀도 : 일정한 물질의 단위 체적 질량으로 단위는 g/cm³이고 물의 밀도는 1g/cm³이다.
② 비체적 : 단위 중량당의 체적으로 단위는 m³/kg이다.
③ 비열 : 어떤 물질 1g의 온도를 1℃ 또는 1K 높이는데 필요한 열량이다.
④ 압력 : 물체와 물체의 접촉면 사이에 작용하는 서로 수직으로 미는 힘이다.

10 중력에 대한 다음 보기의 설명 중 옳은 것을 모두 고른 것은?

보기
a. 중력은 물체의 질량에 비례한다.
b. 중력 가속도의 크기는 물체의 질량에 관계없이 일정하다.
c. 지구에서 중력 가속도의 크기는 극지방으로 갈수록 커진다.

① a, b   ② a, c
③ a, b, c ④ b, c

해설 지구의 만유인력과 자전에 의한 원심력을 합한 힘으로 지표 근처의 물체를 연직 아래 방향으로 당기는 힘이다. 만유인력을 중력이라고 하는 경우도 있다.

11 온도차에 의하여 시스템과 주위와의 사이에 교환되는 에너지는?
① 상태식   ② 열
③ 위치   ④ 운동

해설 열에너지는 물체를 이루는 원자와 분자의 미시적 운동 에너지와 위치 에너지를 모두 더한 양으로서 온도차에 의하여 시스템과 주위와의 사이에 교환된다.

정답 07. ① 08. ② 09. ① 10. ③ 11. ②

12 자동차 공학에서 사용하는 일(work)의 단위 설명으로 맞는 것은?

① 어떤 물체에 힘을 가하여 힘의 작용 방향으로 이동한 값
② 시간의 흐름에 따라 증가하는 속도
③ 단위 면적당 받는 힘의 크기
④ 순수한 물 1그램을 1℃ 올리는데 필요한 열량

해설 용어의 정의
① **일(work)** : 일은 힘과 그 힘에 의하여 힘의 방향으로 이동한 거리와의 곱으로 표시되며, 에너지와 동일한 단위로서 SI 단위에서 N·m로 표시된다.
② **가속** : 시간의 흐름에 따라 증가하는 속도
③ **압력** : 압력은 단위 면적당 받는 힘의 크기로 SI 단위에서 파스칼(Pa)을 사용한다.
④ **1cal** : 순수한 물 1그램을 1℃ 올리는데 필요한 열량

13 차량이 일정거리를 움직였다고 볼 경우 이때 적용될 수 있는 원리와 가장 관계가 깊은 것은?

① 힘 = 질량 × 가속도
② 일 = 중량 × 거리
③ 힘 = 질량 × (속도)^2
④ 일 = 가속도 × 거리

해설 일은 힘과 그 힘에 의하여 힘의 방향으로 이동한 거리와의 곱으로 표시된다.

14 물체가 갖는 운동 에너지와 위치 에너지에 무관하게 온도나 압력 등에 따라서 내부에 갖는 에너지를 무엇이라 하는가?

① 관성 에너지 ② 역학적 에너지
③ 외부 에너지 ④ 내부 에너지

해설 에너지의 정의
① **관성 에너지** : 속도의 변화에 대해 저항하는 성질의 에너지를 말한다.
② **역학적 에너지** : 역학적인 일에 의해 저장되는 에너지이며 운동 에너지와 위치 에너지의 합이다. 마찰 등이 없을 때에는 역학적 에너지 법칙이 적용된다.
③ **외부 에너지** : 운동 에너지와 위치 에너지로 구성되어 있다.
④ **내부 에너지** : 물체가 지니고 있는 에너지 중에서 물체가 전체적으로 이동하거나 회전하기 위해서 갖는 운동 에너지 이외의 물체 내부에 축적되는 에너지이다.
⑤ **운동 에너지** : 질량 m 인 물체가 속도 v 로 운동할 때 갖는 에너지를 말한다.
⑥ **위치 에너지** : 중력이나 정전기력과 같은 보존력이 작용하는 공간 내에 물체가 있을 때, 기준점으로부터의 물체의 위치에 따라서 정의되는 에너지를 말한다.

15 에너지 보존 법칙이라고도 하며 에너지는 형태가 변할 수 있을 뿐 새로 만들어지거나 없어질 수 없다고 정의한 법칙을 무엇이라고 하는가?

① 열역학 제1법칙
② 옴의 법칙
③ 키르히호프의 법칙
④ 보일-샤를의 법칙

해설 법칙의 정의
① **열역학 제1법칙** : 에너지 보존 법칙을 열 현상에까지 확대한 것. 임의의 계(系)에 열 형태로 주어지는 에너지는 계가 실시하는 일과 계 내부 에너지 변화의 합과 같다는 법칙을 말한다.
② **옴의 법칙** : 827년 독일의 물리학자 옴(George Simon Ohm)이 실험에서 증명한 법칙으로서 도체에 흐르는 전류(I)는 도체에 가해진 전압(E)에 정비례하고 그 도체의 저항(R)에는 반비례한다.

정답 12. ① 13. ② 14. ④ 15. ①

③ **키르히호프의 법칙** : 복잡한 회로의 전압·전류 및 저항을 다룰 때 이용되는 법칙으로 독일의 물리학자 키르히호프(Gustav Robert Kirchhoff)에 의해 전류(電流)와 열방사(熱放射)에 관한 법칙을 발견하였으며, 제1법칙인 전하의 보존법칙과 제2법칙인 에너지 보존 법칙이 있다.

④ **보일-샤를의 법칙** : 기체의 비체적(단위 중량의 기체가 점유하는 체적)은 일정한 온도 하에서 그 압력은 부피에 반비례한다는 법칙이다.

16 1마력은 매초 몇 cal의 발열량에 상당하는가?

① 약 176cal/s ② 약 184cal/s
③ 약 198cal/s ④ 약 201cal/s

해설 1ps = 632.5kcal/h 이므로
$\dfrac{632.5 \times 1,000}{60 \times 60} = 175.69 \text{cal/s}$

17 전기용접 할 때 발생 열량으로 알맞은 식은?[단, H(Cal), I(A), R(Ω), t(sec)]

① H = $(0.24)^2$IRt
② H = $0.24I^2Rt$
③ H = $0.24IR^2t$
④ H = $0.24IRt^2$

18 중량 1톤의 물체를 10초 사이에 7.5m 높이까지 올리는 기중기의 동력은 몇 마력(ps)인가?

① 5마력   ② 7.5 마력
③ 10 마력 ④ 75 마력

해설 $PS = \dfrac{F \times l}{75 \times t}$
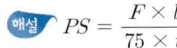
PS : 마력 F : 힘(kgf)

l : 거리(m) t : 시간(sec)
$PS = \dfrac{1,000 \times 7.5}{75 \times 10} = 10$

19 중량이 11,000 N인 승용 자동차를 리프트로 4초만에 1.6 m의 높이로 들어 올렸다. 이 때 리프트의 출력은?

① 4.4kW   ② 4.4PS
③ 44kW   ④ 44PS

해설 동력= 힘×속도/시간, (1N-m =1J, 1J/s=1W)

$P = \dfrac{11,000 \times 1.6}{4} = 4400W = 4.4KW$

03 | 자동차공학 기본 단위

01 다음 중 국제단위계(SI 단위)로 틀린 것은?

① m/s   ② Pa
③ m/s^2 ④ mile/h

해설 SI 단위의 종류
① 속도 : m/s,   ② 가속도 : m/s^2
③ 힘 : N   ④ 회전력 : N·m
⑤ 압력 : Pa   ⑥ 동점도 : m^2/s
⑦ 일, 에너지, 열량 : J   ⑧ 일률 : W

02 다음 중 국제단위계(SI단위)를 나타낸 것으로 틀린 것은?

① Km/h   ② N
③ m/s^2 ④ N·m

해설 ①번의 속도 단위는 m/s,
②번의 단위는 힘,
③번의 단위는 가속도,
④번의 단위는 에너지, 일, 열량의 단위이다.

 16. ① 17. ② 18. ③ 19. ① / 01. ④ 02. ①

03 국제단위계(SI 단위)에서 유도된 단위 중 기호(물리량 : 단위)가 틀린 것은?

① 비체적 : m^2/kg
② 가속도 : m/s^2
③ 각속도 : rad/s
④ 밀도 : kg/m^3

해설 비체적은 단위 질량당 역수이므로 비체적의 단위는 m^3/kg 이다.

04 다음 중에서 SI 단위가 아닌 것은?

① 길이 : m ② 비열 : J/kg℃
③ 시간 : sec ④ 동력 : PS

해설 동력의 SI 단위는 kW 이다.

05 다음 여러 가지 일, 열량 및 에너지 단위 중에서 kcal로 환산이 되지 않는 것은?

① Btu ② erg
③ kJ ④ Pa

해설 Pa, hPa, kPa, MPa, bar는 압력을 나타내는 단위이다.

06 국제단위계(SI단위)에서 힘의 단위로 맞는 것은?

① N ② m/s^2
③ Pa ④ N·m

해설 국제단위계에서 m/s^2은 가속도, Pa는 압력, N·m는 힘의 모멘트 단위이다.

07 국제단위계(SI)에서 회전력(torque)의 단위로 맞는 것은?

① N·m ② m/s^2
③ m^2/s ④ Pa

해설 ①은 회전력의 단위, ②는 가속도의 단위, ③은 동점도의 단위, ④는 압력의 단위이다.

08 국제단위계(SI단위)에서 속도의 단위로 맞는 것은?

① m^2/s ② m/s^2
③ ft^2/s ④ m/s

09 국제단위계(SI 단위)에서 토크의 단위는?

① m/s ② N·m
③ rad/s ④ Pa

해설 ①은 속도의 단위, ③은 각속도의 단위, ④는 압력의 단위이다.

10 자동차에서 바퀴의 구동력을 구하는 식으로 맞는 것은?

① 토크 × 거리 ② 토크 + 거리
③ 토크 - 거리 ④ 토크 ÷ 거리

해설 자동차가 주행할 때 타이어의 회전운동에 대한 저항을 이겨내기 위한 힘을 말하며, 구동력은 노면과 타이어의 마찰력 이상으로 증대되지 않으며, 구동력은 액슬축의 토크가 클수록, 타이어의 반경이 작을수록 커진다.
$F = \dfrac{T}{r}$ 여기서
F : 구동력, T : 토크, r : 거리(타이어 반경)

11 압력의 단위 표현으로 틀린 것은?

① kgf/cm^2 ② psi
③ bar ④ GHz

해설 THz, GHz, MHz, kHz, Hz는 주파수 단위.

정답 03. ① 04. ④ 05. ④ 06. ① 07. ① 08. ④ 09. ② 10. ④ 11. ④

12 다음 중 압력의 단위로 맞게 짝지어진 것은?

① G, dyn, kgf
② Pa, dyn, kgf
③ Pa, bar, kgf/cm²
④ N, dyn, kgf·m

해설 압력의 단위는 PSI, kgf/cm², kPa, Pa, cmHg, bar 등이 있다.

13 양 끝의 공간적 거리를 표현하는 단위로 가장 알맞은 것은?

① Kg중(킬로그램 중)
② lb(파운드)
③ m(미터)
④ ℃

14 국제단위계(SI단위)에서 동점도의 단위는?

① rad/s
② m/s²
③ m²/s
④ Gal

해설 SI 단위의 종류
① 속도 : m/s,   ② 가속도 : m/s²
③ 힘 : N   ④ 토크 : N·m
⑤ 압력 : Pa   ⑥ 동점도 : m²/s
⑦ 일에너지, 열량 : J ⑧ 일률 : W
⑨ 각속도 : rad/s

15 자동차 공학에서 사용되는 배기량 표현 단위로 틀린 것은?

① cc
② L
③ kΩ
④ cm³

해설 배기량의 단위는 CC, cm³, L로 표시한다.

16 다음 중 물체의 부피를 표현하는 단위로 틀린 것은?

① L(리터)   ② cm³(세제곱센티미터)
③ CC(씨씨)   ④ Ω(오옴)

해설 Ω은 전기 저항의 단위이다.

17 각도를 나타내는 등식 중에서 틀린 것은?

① 1회전 = 360°   ② 1° = 60′
③ 1′ = 60″   ④ 1 rad = 90°/π

해설 $1 rad = \dfrac{180°}{\pi} = 57.29°$

18 각 온도의 단위 중 틀린 것은?

① 섭씨 온도 : ℃   ② 화씨 온도 : °F
③ 절대 온도 : K   ④ 랭킨 온도 : D

해설 랭킨 온도 : 단위는 R로 나타내며, 분자 운동이 정지하는 온도(절대온도)를 0으로 하고 빙점을 491.67R, 비등점을 671.67R 로 하여 빙점과 비등점을 180 등분으로 나눈 눈금의 온도를 말한다.

19 다음 중 온도 단위가 절대온도, 섭씨온도, 화씨온도, 랭킨온도 순서대로 나열된 것은?

① ℃, R, K, °F
② K, ℃, °F, R
③ R, K, ℃, °F
④ °F, K, ℃, R

해설 온도의 정의
① 절대 온도 : 단위는 K이다.
② 섭씨 온도 : 단위는 ℃를 사용한다.
③ 화씨 온도 : 단위는 °F를 사용한다.
④ 랭킨 온도 : 단위는 R 이다.

정답 12. ③ 13. ③ 14. ③ 15. ③ 16. ④ 17. ④ 18. ④ 19. ②

20 다음 중에서 온도의 단위가 아닌 것은?

① ℃ ② °F ③ K ④ °P

21 다음 중 온도의 단위인 섭씨온도를 나타낸 기호는?

① ℃ ② °R ③ °K ④ °F

22 자동차의 속도를 알기 위해서는 기관 회전수를 알아야 한다. 기관 회전수를 표현하는 단위는?

① rpm ② kgf-m
③ kg/s ④ km/h

23 피스톤의 평균속도는 상사점과 하사점에서는 "0"이고 중간 지점에서는 최대가 되므로 이 피스톤의 속도를 평균한 것을 말한다. 이때 피스톤 속도 공식이 $\frac{2NL}{60}$ 일 때 단위로 가장 적절한 것은?[단, N은 분당 기관 회전수(rpm), L은 행정(m)]

① m/sec ② km/sec
③ km/h ④ km/min

해설 피스톤 평균속도는 피스톤은 왕복운동을 하고 있으며 상사점과 하사점에서 멈추고 중앙에서 최고 속도에 이른다. 피스톤 속도를 피스톤 평균속도로 나타내는 것으로서 12~13m/sec이다.

24 자동차 공학에 쓰이는 단위 환산으로 틀린 것은?

① 1PS = 75kgf·m/s
② 1kW = 102kgf·m/s
③ 1kcal = 1/427kgf·m
④ 1J = 1N·m

해설 1kcal는 427kgf·m 이다.

25 다음 중에서 "1atm"을 단위 환산했을 때 틀린 것은?

① 1.0332kgf/cm² ② 760mmHg
③ 10.33mAq ④ 1.01325mbar

해설 1atm = 14.695949psi,
1atm = 1.033227kgf/cm²
1atm = 101325Pa, 1atm = 101.325kPa
1atm = 1.01325bar, 1atm = 1013250dyne/cm²
1atm = 760mmHg, 1atm = 29.921inHg
1atm = 10332.274528mmH$_2$O,
1atm = 406.782462inchH$_2$O

26 자동차에서 흔히 사용하는 1마력(PS)을 와트(W)로 환산하면?

① 약 360W ② 약 632W
③ 약 735W ④ 약 860W

해설 1PS는 약 735W 이고 1HP는 약 746W이다.

27 다음 중에서 1PS를 단위 환산을 했을 때 틀린 것은?

① 75kgf·m/s ② 735N·m/s
③ 735J/s ④ 735kW

해설 1PS = 0.735.5kW, 735.5W 이다.

28 다음 등식 중에서 틀린 것은?

① 1L = 1,000cc
② 1L = 1,000mm³
③ 1cm³ = 1cc
④ 1cm³ = 0.001L

해설 1L는 1,000cm³이다.

정답 20.④ 21.① 22.① 23.① 24.③ 25.④ 26.③ 27.④ 28.②

29 다음 중 올바른 것은?

① 진공압력 = 계기압력+대기압
② 대기압 = 계기압력+진공압력
③ 절대압력 = 계기압력-대기압
④ 절대압력 = 대기압-진공압력

해설 압력의 정의
① 표준 대기 압력 : 지구의 중력이 $9.8m/s^2$이고 온도가 0℃일 때 단면적이 $1cm^2$이고 상단이 완전 진공인 수은주를 760mm 만큼 올릴 수 있는 대기의 압력을 말하며, 1atm으로 나타낸다. (1atm = 760mmHg = $1.033kg/cm^2$ = 10.33mAq = 1013.25mbar = 14.696PSI)
② 게이지 압력 : 대기압의 상태를 0으로 놓고 측정한 압력을 말하며, 압력 단위 뒤에 게이지를 뜻하는 g를 표기한다.(kg/cm^2g)
③ 절대 압력 : 대기가 전혀 없는 완전 진공에서 측정한 압력을 말하며, 압력 단위 뒤에 a(absolute)를 붙여 표기한다.(kg/cm^2a)
④ 진공 압력 : 대기압 이하의 압력을 말한다.

30 자동차에서 흔히 사용하는 진공압을 %로 나타낼 때 10% 진공압은 얼마(mmHg)인가?

① 76mmHg   ② 760mmHg
③ 785mmHg ④ 1,033mmHg

해설 1기압은 760mmHg 이므로 10%의 진공압은 $\frac{760mmHg}{10} = 76mmHg$이다.

31 일은 어떤 물체에 일정 크기의 힘을 작용시켜 힘의 방향으로 일정 거리만큼 움직였을 때 힘과 변위의 곱으로 나타낸다. 다음 중 일을 나타내는 단위는?

① km/s   ② kgf/s
③ kgf·m ④ kgf/m

해설 ① 속도 : m/s, m/min, km/h
② 가속도 : m/s^2, Gal, G
③ 힘 : N, dyn, kgf
④ 토크 : N·m, kgf·m
⑤ 압력 : Pa, bar, kgf/cm^2, atm
⑥ 일, 에너지, 열량 : J, kW·h, erg, kgf·m, PS·h, cal
⑦ 일률 : W, kgf·m/s, PS, kcal/h

32 국제단위계(SI 단위)에서 SI 단위의 접두어로 표시되는 것 중 접두어의 명칭, 읽는 방법, 단위에 곱해지는 배수를 나열한 것으로 틀린 것은?

① M : 메가 10^6
② μ : 마이크로 10^{-3}
③ G : 기가 10^9
④ n : 나노 10^{-9}

해설 SI 단위의 접두어
① da : 데카 10^1 ② h : 헥토 10^2
③ k : 킬로 10^3 ④ M : 메가 10^6
⑤ G : 기가 10^9 ⑥ T : 테라 10^{12}
⑦ P : 페타 10^{15} ⑧ E : 엑사 10^{18}
⑨ Z : 제타 10^{21} ⑩ Y : 요타 10^{24}
⑪ d : 데시 10^{-1} ⑫ c : 센티 10^{-2}
⑬ m : 밀리 10^{-3} ⑭ μ : 마이크로 10^{-6}
⑮ n : 나노 10^{-9} ⑯ p : 피코 10^{-12}
⑰ f : 펨토 10^{-15} ⑱ a : 아토 10^{-18}
⑲ z : 젭토 10^{-21} ⑳ y : 욕토 10^{-24}

33 국제단위계(SI단위)에서 가속도의 단위로 맞는 것은?

① m/s   ② N
③ m/s^2 ④ $kgf·cm^2$

정답 29. ④ 30. ① 31. ③ 32. ② 33. ③

chapter 01 자동차구조

2. 자동차의 분류

01 자동차의 분류

1 차체 모양에 의한 분류

1) 세단 (sedan)

고정된 지붕과 좌우에 문이 각 1개인 2도어와 각 2개인 4도어가 있으며, 실내에는 2열의 좌석이 있어 4~5명이 승차할 수 있다. 차량의 뒷부분에는 트렁크가 있는 것이 일반적이다.

세단

2) 리무진 (limousine)

운전석과 뒷좌석 사이에 칸막이가 설치된 6~8인승의 고급 승용차를 말한다. 오래된 것은 운전석이 객실 바깥쪽에 있어 지붕만 설치되어 있는 3~5인승의 상자형 자동차였다. 독일에서는 세단을 의미한다.

리무진

3) 쿠페 (coupe)

도어가 두 개인 2인승의 하드 탑 자동차로 2인승 2도어 쿠페라고 하며, 현재는 4~5인승으로 뒤 시트 부분의 루프가 짧고 경사가 큰 것은 쿠페라고 부르고 있다. 형상으로 볼 때 뒷좌석 부분의 지붕이 짧거나 또는 경사져 있는 승

쿠페

용차를 총칭한 것이며, 기능상으로는 앞좌석을 우선하여 캐주얼 분위기로 디자인한 자동차를 말한다. 형상으로는 트렁크가 있는 노치드 쿠페(notched coupe)와 가장 뒷부분(最後部)까지 가파르지 않게 되어 있는 페스트 백 쿠페가 있다.

4) 컨버터블 (convertible)

지붕을 임의대로 접을 수 있는 자동차를 말함. 포장된 지붕이 부드럽고 질긴 천이나 가죽으로 되어 있기 때문에 **소프트 톱**이라고도 불린다. 반대로 재질을 단단한 것으로 되어 있는 경우에는 **하드톱**이라고 한다.

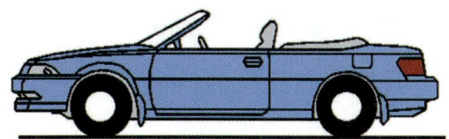
컨버터블

5) 로드스터 (roadster)

2~3인승 자동차로서 지붕을 포장으로 만든 자동차로 스포츠카라고도 부르는데 스포츠카의 모양과 비슷한데서 이러한 명칭이 붙여졌다.

로드스터

6) 스테이션 왜건 (station wagon)

루프를 뒤까지 하나로 덮어씌우고 뒷좌석 뒤의 실내에 화물실을 만들어 화물을 적재할 수 있도록 되어 있으며, 뒤에는 위로 들어 올려 열 수 있는 도어(tail gate)가 설치되어 있는 화객(貨客) 겸용 자동차이다. 주로 업무용으로 사용되고 있으나 스키, 캠프, 스쿠버 다이빙 등 레저용으로도 많이 이용한다.

스테이션 왜건

7) 하드 탑 (hard top)

강철 또는 플라스틱의 딱딱한 루프를 갖는 자동차로 처음에는 컨버터블에 탈착할 수 있는 방식이었으나 현재는 일체식으로 변화되었다. 특징으로는 컨버터블 형상으로 중앙에 기둥이 없고 사이드 윈도가 전개되어 해방감이 있다. 사이드 윈도 창틀이 없는 4도어 하드 탑도 있으며, 외관상의 분위기를 동일하게 하고 안전 강도상에서 기둥을 설치하는 필러드 하드 탑이 많아졌다.

하드 탑

8) 해치 백 (hatch back)

세단 또는 쿠페 뒷부분에 도어를 설치하

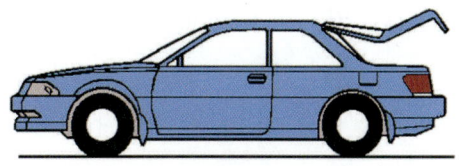
해치 백

여 승용차의 다용도성을 목적으로 하여 유행하였다. 밴이나 왜건과 비슷하지만 본래의 용도는 승용차이기 때문에 이러한 형상이 고안되었다. 리프트 백, 스윙 백, 오픈 백이라고 하며, 특징으로는 뒤 시트를 꺾어 접음으로서 넓은 화물실이 얻어진다.

9) 노치 백(notch back)

리어 윈도(rear window)와 트렁크 리드 사이가 경사면에 턱이 진 모양으로 되어 있는 것을 말함. 뒷좌석 승객 머리 위의 공간이 넓고, 트렁크 룸이 크게 열리는 장점이 있으며, 세단에 많이 이용되고 있다.

10) 캡 오버형(cab-over type)

캡(캐빈 : 운전실)이 엔진 위에 있는 것으로서 엔진이 운전실이나 차실 밑에 설치되는 형식이며, 주로 트럭이나 버스에서 적용되는 차체 형식이다. 자동차의 높이가 높고 시야가 좋으며, 자동차 길이가 동일할 때 적재함을 크게 할 수 있는 특징이 있다.

● 캡 오버형 트럭

11) 코치 버스(coach bus)

엔진을 차량의 뒷부분에 설치하여 튀어 나오지 않고 전체가 상자형으로 되어 있는 차체의 형식으로 현재 버스는 거의 이 형식이 적용되고 있다.

● 코치 버스

2 자동차 용도에 따른 분류

1) 스포츠 카

일반적으로 2·3도어 쿠페 또는 컨버터블로 거주성과 경제성보다 주행 성능을 중시한 자동차로 실내의 넓이나 승차감보다도 중심이 낮거나 공기저항이 적은 것이 특징이다. 엔진도 동력이나 가속성을 중시한다.

2) GT 카(grand touring car)

원거리 여행을 하는데 쾌적한 거주성과 조종성 및 안전성이 뛰어나며 대형 트렁크 등을 갖춘 승용차를 말한다.

3) RV 카(recreational vehicle car)

스포츠나 게임 등 야외에서 오락을 위해 주로 사용하는 레저용 자동차를 말한다.

4) SUV (sports utility vehicle)

활동적이고 실용적인 차량. 험한 길에서도 주행할 수 있는 4WD 오프 로드(off road) 지프형 자동차를 말한다.

02 구동 방식에 의한 분류

1 앞 엔진 앞바퀴 구동 자동차 (FF ; Front Engine Front Drive Car)

이 형식의 자동차는 엔진 및 트랜스액슬(변속기+종감속 기어)이 자동차의 앞부분에 설치되어 있으며, 자동차의 중심 앞쪽에서 구동력이 작용하여 주행한다. 주행 안정성이 우수하여 승용자동차에 많이 사용되며, 그 특징은 다음과 같다.

① 실내의 유효 공간을 넓게 활용할 수 있다.
② 자동차를 경량화 하여 연료 소비율이 향상된다.
③ 자동차의 중심 위치가 앞에 있기 때문에 횡풍의 영향에 대하여 안전성이 양호하다.
④ 앞바퀴로 구동하기 때문에 직진성이 양호하다.
⑤ 자동차의 중심 위치가 앞에 있기 때문에 제동시에 안전성이 양호하다.
⑥ 조향 방향과 동일한 방향으로 구동력이 전달되므로 조향 안정성이 양호하다.
⑦ 구동력이 외력의 저항을 상쇄하도록 작용하기 때문에 직진시 안정성이 향상된다.

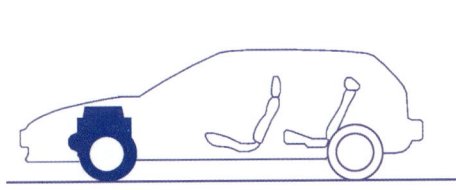
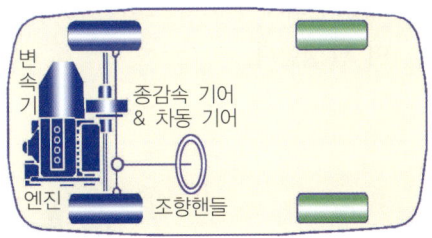

앞 엔진 앞바퀴 구동 자동차

2 앞 엔진 뒷바퀴 구동 자동차 (FR ; Front Engine Rear Drive Car)

이 형식은 엔진, 클러치, 변속기는 자동차의 앞부분에 설치되어 있으며, 종감속 기어 및 차동장치는 뒷부분에 설치되어 있다. 뒷바퀴의 접지 면적에 작용하는 구동력으로 주행하며 현재는 특수 자동차 및 화물자동차 등에서 많이 사용된다.

① 앞차축의 구조가 간단하며, 적재 상태에 따른 축하중의 편차가 적다.
② 온수(溫水)의 순환 경로와 난방용 공기의 경로가 짧아 차 실내의 난방이 빠르다.
③ 긴 추진축을 사용하므로 차실 내의 공간 이용도가 낮다.

④ 공차 상태에서 빙판길이나 등판 주행을 할 때 뒷바퀴가 미끄러지는 경향이 있다.
⑤ 긴 구동 라인을 사용하므로 진동 발생과 에너지 소비량이 앞 엔진 앞바퀴 구동 자동차보다 크다.

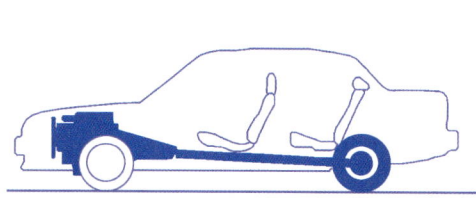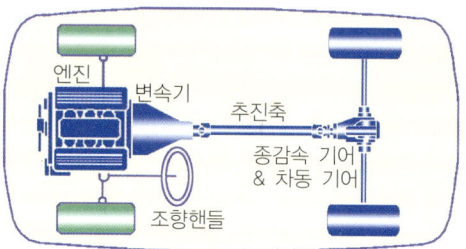

앞 엔진 뒷바퀴 구동 자동차

3 뒤 엔진 뒷바퀴 구동 자동차 (RR ; Rear Engine Rear Drive Car)

이 형식은 엔진 및 트랜스액슬이 자동차 뒷부분에 설치되어 있으며, 뒷바퀴의 접지 면적에 작용하는 구동력으로 주행한다. 주로 승합자동차에서 많이 사용된다.
① 앞차축의 구조가 간단하며, 동력전달 경로가 짧다.
② 언덕길이나 미끄러운 노면에서의 출발이 쉽다.
③ 변속 제어 기구의 길이가 길어진다.
④ 엔진 냉각이 불리하다.
⑤ 고속 선회에서 오버 스티어링(주행속도가 빨라짐에 따라 조향 각도가 작아지는 현상)이 발생한다.

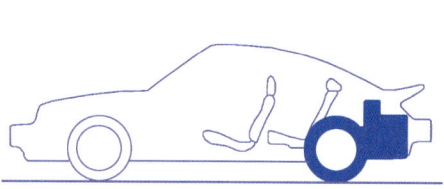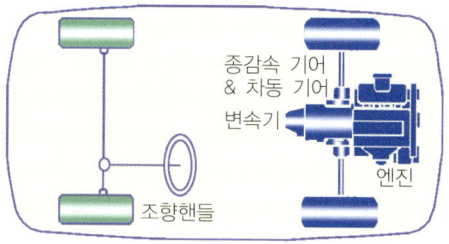

뒤 엔진 뒷바퀴 구동 자동차

4 앞 엔진 모든 바퀴 (4WD ; Four Wheel Drive) 구동 자동차

이 형식은 앞바퀴와 뒷바퀴 모두에 작용하는 구동력으로 주행하며, 엔진의 동력은 변속기 뒤에 설치되어 있는 트랜스퍼 케이스에 의해서 분배된다. 미끄러운 노면, 모래길, 등판 주행 및 험한 도로를 주행할 때 모든 바퀴를 구동하고, 평지 주행에서는 연료 소비량이 증가되므로 뒷바퀴의 구동력으로 주행한다.

① 등판성능 및 견인력이 향상된다.
② 부드러운 발진 및 가속성능이 향상된다.
③ 고속 주행 시 직진 안전성 향상된다.
④ 눈길, 미끄러운 노면, 모래 길, 험한 도로에서 견인력이 좋다.

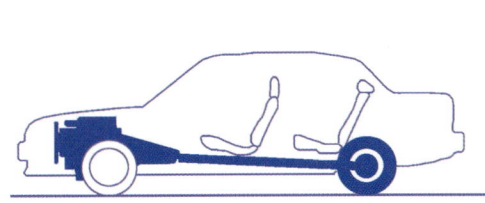 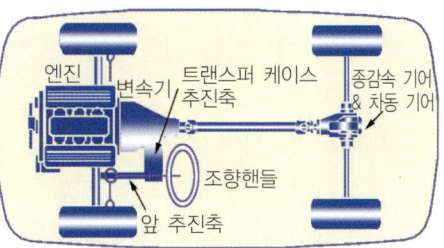

앞 엔진 모든 바퀴 구동 자동차

03 사용 연료에 의한 엔진의 분류

1 가솔린 엔진 자동차

① 혼합 가스를 높은 전압의 전기적인 불꽃으로 연소시켜 동력을 발생한다.
② 고속, 경쾌하여 승용자동차에서 많이 사용한다.
③ 엔진에 사용되는 연료는 가솔린이다.

2 디젤 엔진 자동차

① 순수한 공기만을 흡입, 압축한 후 압축열에 의한 자기착화 방식이다.
② 출력이 크기 때문에 대형 자동차 및 건설기계에 많이 사용된다.
③ 엔진에 사용되는 연료는 경유이다.

3 LPG 엔진 자동차

① 혼합가스를 전기적인 불꽃으로 연소시켜 동력을 발생한다.
② 액화석유가스가 베이퍼라이저를 통해 기체 상태로 변환된다.
③ 엔진에 사용되는 연료는 LPG(액화석유가스)이다.
④ CNG(압축천연가스)보다 열효율이 낮으며, 소형 엔진에 많이 사용된다.

4 CNG 엔진 자동차

① 혼합가스를 전기적인 불꽃으로 연소시켜 동력을 발생한다.

② 고압의 기체 상태로 실린더에 공급되기 때문에 열효율이 LPG보다 높다.
③ 엔진에 사용되는 연료는 CNG(압축천연가스)이다.
④ 인체에 무해(無害)하며, 모든 엔진에 적합하다.

5 전기 자동차

① 전기 에너지를 전동기에 공급하여 구동된다.
② 배터리, 제어기, 전동기, 구동장치 등으로 구성되어 있다.
③ 중량이 가볍고 에너지의 밀도가 크다.
④ 제어가 쉽고 자동차에 요구되는 토크가 쉽게 얻어진다.

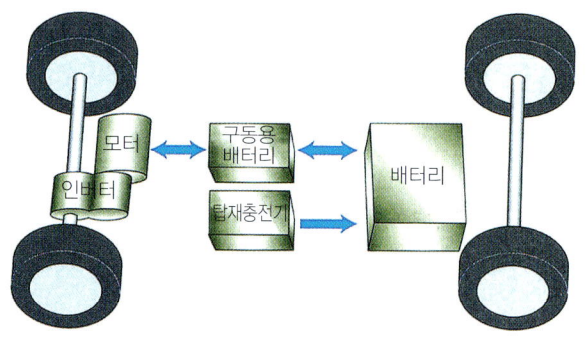
∴ 전기 자동차의 구조

6 하이브리드 자동차

① 엔진에 전기 모터가 조합된 동력장치를 탑재한 자동차이다.
② 병렬방식은 엔진만으로 동력이 부족한 경우 모터의 동력으로 주행을 보조하는 방식이다.
③ 직렬방식은 엔진은 발전기만을 구동하고 모터의 동력으로만 주행하는 방식이다.
④ 복합방식은 모터만으로 동력이 부족한 경우 엔진의 동력으로 주행을 보조하는 방식이다.

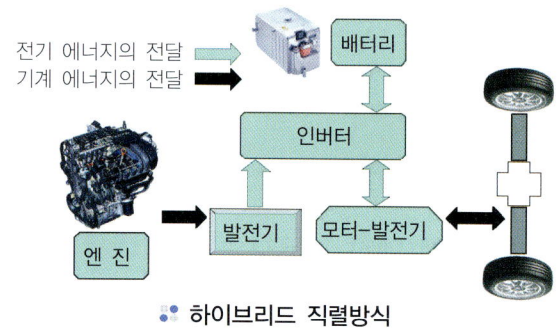
∴ 하이브리드 직렬방식

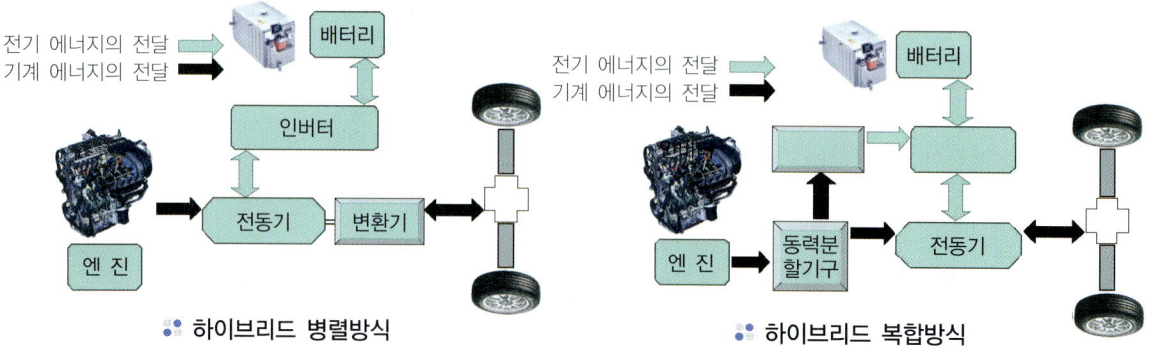
∴ 하이브리드 병렬방식   ∴ 하이브리드 복합방식

적·중·예·상·문·제

자동차구조

15_04

01 자동차의 차체 모양에 따른 분류로 고정된 지붕이 있고 트렁크 부분이 튀어 나와 있는 일반적인 승용차를 통칭하는 자동차는?

① 세단(Sedan)
② 쿠페(Coupe)
③ 컨버터블(Convertible)
④ 왜건(Wagon)

해설 차체 모양에 따른 자동차의 분류
① 세단(sedan) : 좌우에 문이 각 1개인 2도어와 각 2개인 4도어가 있으며, 실내에는 2열의 좌석이 있어 4~5명이 승차할 수 있다. 차량의 뒷부분에는 트렁크가 있는 것이 일반적이다.
② 쿠페(coupe) : 2개의 도어가 있으며, 지붕이 낮고 날씬한 모양의 차량이다.
③ 리무진 : 외관은 세단과 같으나 운전석과 객석 사이에 칸막이를 설치하고 보조 좌석을 설치한 7~8인승의 고급 차량이다.
④ 컨버터블 : 지붕을 접으면 오픈카가 되고, 지붕을 덮으면 쿠페형 승용차가 된다. 지붕의 재질이 천과 같이 부드러운 것으로 만들면 소프트 톱, 반대로 재질을 딱딱한 재료를 쓰면 하드톱이라고 한다.

16_04

02 가장 일반적인 승용차 형식으로 4도어에 실내 2열의 4~5인승 좌석이 있고 트렁크가 있는 형식은?

① 왜건(wagon)
② 라이트 밴(light van)
③ 트레일러(trailer)
④ 세단(sedan)

해설 차체 모양에 따른 분류
① 왜건 : 사람과 화물을 싣는 다용도의 보디를 가진 자동차를 말한다.
② 라이트 밴 : 화물 적재함이 상자형으로 되어 있고 운전실과 일체로 되어 있는 소형 밴을 말한다.
③ 트레일러 : 화물 등을 운반할 때 트랙터로 견인되는 차로서 적하 중량의 일부가 트랙터에 직접 지지되는 세미 트레일러와 트레일러 단독으로 적하 중량을 지지하는 트레일러가 있다.
④ 세단(sedan) : 좌우에 문이 각 1개인 2도어와 각 2개인 4도어가 있으며, 실내에는 2열의 좌석이 있어 4~5명이 승차할 수 있다. 차량의 뒷부분에는 트렁크가 있는 것이 일반적이다.

07_09

03 자동차의 차체 모양에 따른 분류로 외관은 세단과 같으나 운전석과 객석 사이에 칸막이를 설치하고 보조 좌석을 설치한 7~8인승의 고급 차량은?

① 리무진(Limousine)
② 쿠페(Coupe)
③ 컨버터블(Convertible)
④ 왜건(Wagon)

해설 차체 모양에 따른 분류
① 쿠페 : 2도어의 세단보다 지붕이 작고 차의 높이가 비교적 낮으며, 앞 1열의 주 좌석을 중시하는 상자형의 승용차이다.

 01. ① 02. ④ 03. ①

② 컨버터블 : 지붕을 접으면 오픈카가 되고, 지붕을 덮으면 쿠페형 승용차가 된다. 지붕의 재질이 천과 같이 부드러운 것으로 만들면 소프트 톱, 반대로 재질을 딱딱한 재료를 쓰면 하드톱이라고 한다.
③ 왜건 : 사람과 화물을 싣는 다용도의 보디를 가진 자동차

용어 해설
① 노치백 : 리어 윈도와 트렁크 리드 사이가 휘어져 있어 턱이 진 모양으로 되어 있는 것
② 해치백 : 리어 시트를 꺾어 접음으로서 넓은 화물실이 얻어진다.
③ 컨버터블 : 승용차에서 지붕을 임의대로 접을 수 있는 것.

07_01
04 자동차의 차체 모양에 따른 분류로 1열 또는 앞좌석의 승객을 중시한 2도어 박스형 승용차로 지붕이 짧고 차고도 낮은 자동차의 종류는?
① 세단(sedan)   ② 쿠페(coupe)
③ 리무진(limousine) ④ 왜건(wagon)

15_10
08 자동차의 차체 모양에 따른 분류로 일명 2 박스 카라고도 하는 해치백 세단(Hatch Back Sedan)의 형상은 어떤 것인가?

①  ②
③  ④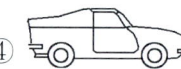

13_04
05 자동차를 용도 및 형상에 따라 분류할 때 상자형 승용차에 속하지 않는 것은?
① 세단   ② 쿠페
③ 리무진   ④ 컨버터블

08-03
09 자동차의 차체 모양에 따른 분류로 차체 후부가 계단 형상으로 되어 있으며, 차실과 트렁크 부의 공간이 커서 승용차의 표준형인 세단(sedan)의 한 종류는?
① 해치백(Hatch Back) 세단
② 패스트백(Fast Back) 세단
③ 플레인백(Plain Back) 세단
④ 노치백(Notch Back) 세단

07_04
06 자동차의 차체 모양에 따른 분류로 승용과 화물을 함께하는 다용도 자동차는?
① 세단(Sedan)
② 쿠페(Coupe)
③ 컨버터블(convertible)
④ 왜건(Wagon)

승용차 세단
① 해치 백 : 세단 또는 쿠페 뒷부분에 도어를 설치한 보디 형식이며, 승용차의 다용도성을 목적으로 유행한 것이다.
② 패스트 백 : 루프에서 리어 엔드(rear end)에 걸쳐 속도감을 나타내는 완만한 곡선을 가진 형식을 말한다.
③ 노치 백 : 리어 윈도(rear window)와 트렁크 리드 사이가 경사면에 턱이 진 모양으로 되어 있는 것을 말함.

14_10
07 자동차의 화물실과 객실이 한 공간으로 된 승용차는?
① 노치백   ② 리어백
③ 해치백   ④ 컨버터블

정답 04. ② 05. ④ 06. ④ 07. ③ 08. ② 09. ④

14_04

10 자동차의 차체 모양에 따른 분류로 노치백 세단(Notch back sedan)의 형상은?

①
②
③
④

① 노치백 : 리어 윈도와 트렁크 리드 사이가 휘어져 있어 턱이 진 모양으로 되어 있는 것.
② 해치백 : 리어 시트를 꺾어 접음으로서 넓은 화물실이 얻어진다.
③ 컨버터블 : 승용차에서 지붕을 임의대로 접을 수 있는 것.

11_10

11 캡 오버형 트럭의 특징이 아닌 것은?

① 엔진의 전체 또는 대부분이 운전실 하부에 들어가 있다.
② 자동차의 높이가 높고 시야가 좋다.
③ 엔진룸의 면적이 보닛 형에 비해 넓다.
④ 자동차 길이가 동일할 때 적재함을 크게 할 수 있다.

캡 오버형 트럭은 캡(캐빈 : 운전실)이 엔진 위에 있는 것으로서 엔진이 운전실이나 차실 밑에 들어가 있는 방식의 트럭을 말한다.

11_04

12 엔진이 운전석 아래에 설치된 형식으로 주로 버스나 트럭에 적용되는 차체형식은?

① 본네트(bonnet) 형
② 캡오버(cab-over) 형
③ 코치(coach) 형
④ 노치백(notch back) 형

차체 형상에 의한 분류
① 본네트형 : 엔진이 운전실 앞쪽에 설치되어 있는 형식의 자동차를 총칭하는 용어
② 캡 오버형 : 캡(캐빈 : 운전실)이 엔진 위에 있는 것으로서 엔진이 운전실이나 차실 밑에 설치되는 형식의 자동차를 총칭하는 용어
③ 코치형 : 엔진이 차량의 뒤쪽에 튀어나오지 않게 설치된 형식으로 현재 버스는 이 형식으로 되어 있다.
④ 노치백형 : 리어 윈도와 트렁크 리드 사이의 경사면에 턱이 진 모양으로 되어 있는 형식의 자동차로. 뒷좌석 승객 머리 위의 공간이 넓고, 트렁크 룸이 크게 열리는 장점이 있으며, 세단에 많이 이용되고 있다.

14_10

13 자동차의 차체모양 또는 용도에 따른 분류로 지프형 4WD 이며, 험로 주행 능력이 뛰어나 각종 스포츠 활동에 적합한 자동차는?

① 스포츠(Sports) 카
② GT(Grand Touring)
③ RV(Recreational vehicle)
④ SUV(Sports Utility Vehicle)

자동차의 용도
① 스포츠카 : 일반적으로 2·3도어 쿠페 또는 컨버터블로 거주성과 경제성보다 주행 성능을 중시한 자동차로 실내의 넓이나 승차감보다도 중심이 낮거나 공기저항이 적은 것이 특징이다. 엔진도 동력이나 가속성을 중시한다.
② 그랜드 투어링카(GT) : 유럽에서 국경을 넘어 원거리 여행을 하는데 쾌적한 거주성과 조종성 및 안전성이 뛰어나며 대형 트렁크 등을 갖춘 승용차를 말한다.
③ RV : 스포츠나 게임 등 야외에서 오락을 위해 주로 사용하는 레저용 자동차를 말한다.
④ SUV : 활동적이고 실용적인 차량. 험한 길(off-road)에서도 주행할 수 있는 4WD 오프로드(off road) 지프형 자동차를 말한다.

정답 10. ① 11. ③ 12. ② 13. ④

08_03
14 차체(body)의 도어(door)가 차량의 측면을 따라 개폐되는 도어 형식은?

① 힌지(hinge)형 개폐 도어
② 걸링(gulling) 도어
③ 슬라이딩(sliding) 도어
④ 여닫이 도어

01-10
15 전륜 구동식(FF)의 특징이 아닌 것은?

① 엔진이 횡으로 설치되어 실내 공간이 넓다.
② 후륜 구동에 비해 경량화 가능하다.
③ 직진성이 양호하다.
④ 전축과 후축에 중량이 골고루 배분되어 승차감이 좋다.

해설 전륜 구동식(FF)의 특징
① 엔진이 횡으로 설치되어 실내 공간이 넓다.
② 후륜 구동에 비해 경량화가 가능하다.
③ 직진성과 방향성이 양호하다.
④ 횡풍에 대한 안정성이 양호하다.
⑤ 제동시 안정성이 양호하다.

11_10
16 앞 엔진 뒷바퀴 구동식 자동차에 비하여 앞 엔진 앞바퀴 구동식 자동차의 장점이 아닌 것은?

① 연료 소비율이 향상된다.
② 차실 바닥이 편평하므로 거주성이 좋다.
③ 차량 중량이 감소된다.
④ 자동차 앞뒤 중량 배분이 균일하다.

해설 앞 엔진 앞바퀴 구동식 자동차의 장점
① 실내의 유효 공간을 넓게 활용할 수 있다.
② 자동차를 경량화 하여 연료 소비율이 향상된다.

③ 자동차의 중심 위치가 앞에 있기 때문에 횡풍의 영향에 대하여 안전성이 양호하다.
④ 앞 바퀴로 구동하기 때문에 직진성이 양호하다.
⑤ 자동차의 중심 위치가 앞에 있기 때문에 제동시에 안전성이 양호하다.
⑥ 조향 방향과 동일한 방향으로 구동력이 전달되므로 조향 안정성이 양호하다.
⑦ 구동력이 외력의 저항을 상쇄하도록 작용하기 때문에 직진시 안정성이 향상된다.

13_10
17 카고 트럭식의 화물자동차에 사용하고 있는 구동방식은?

① 앞 엔진 앞바퀴 구동방식
② 앞 엔진 뒷바퀴 구동방식
③ 뒤 엔진 앞바퀴 구동방식
④ 뒤 엔진 뒷바퀴 구동방식

해설 화물자동차는 엔진이 앞에 설치되어 있고 뒷바퀴를 구동하는 형식이다.

14. ③ 15. ④ 16. ④ 17. ②

chapter 01 자동차구조
3. 자동차 차체 및 프레임

01 자동차의 차체

차체는 섀시 위에 설치되어 있으며, 자동차의 외부 모형을 형성하는 부분으로 분리형과 일체형으로 구분된다.

1 차체의 요구 조건(성능)

① 가볍고 방청 성능이 우수할 것 ② 내구성이 우수할 것
③ 충돌 안전 성능이 우수할 것 ④ 강도와 강성이 적절할 것
⑤ 진동이나 소음이 적을 것

2 용도에 따른 분류

① **분리형** : 차체와 프레임이 분리되는 구조로 화물자동차 및 승합자동차에 많이 사용되고 있다.
② **일체형** : 차체의 지붕, 옆면, 바닥이 일체로 되어 있는 모노코크(monocoque body) 구조로 승용자동차 및 RV에 많이 사용되고 있다.

02 모노코크 보디(monocoque body ; 일체형)

현재 승용자동차 및 RV 차종의 보디는 독립된 프레임을 사용하지 않고 프레임을 보디의 일부분으로 하여 조립한 일체 구조로 된 것을 사용하며, 여기에 엔진, 변속기, 현가장치, 조향장치 등을 직접 부착한 구조를 모노코크 보디 또는 프레임 리스 보디라고 한다.

1 모노코크 보디 구조의 종류

모노코크 보디 구조의 종류는 크게 계란 껍질형, 라멘형, 충격 흡수형의 3가지 구조로

분류한다.

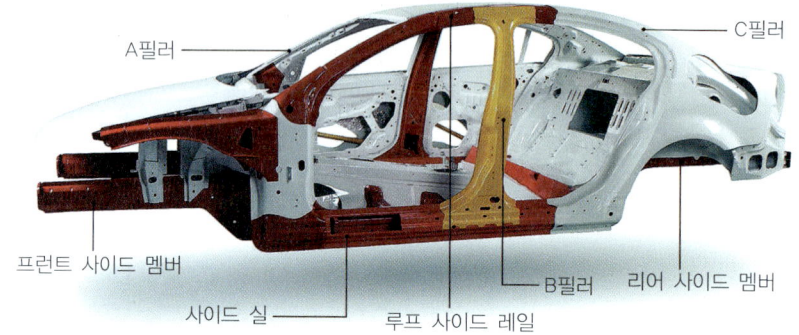

:: 모노코크 보디 구조

1) **계란 껍질형 구조** : 모노코크 보디를 계란 껍질형 구조의 형태로 보는 것은 균일한 얇은 껍질로 전체가 덮어 씌워지며, 일부에 가해진 외력을 전체에 분산하고 강도를 유지하는 형태이기 때문이다.

2) **라멘형 구조** : 라멘 구조는 철골 구조이다. 철골 구조는 볼트와 너트로 상호 결합된 형태인데 모노코크 보디는 용접으로 상호 결합되어 있기 때문이다.

3) **충격 흡수형 구조** : 모노코크 보디는 전면부와 후면부에 충격을 쉽게 받아들이는 구조의 형태로 설계된 부분이 있다. 이것은 충돌 및 추돌에 의해 운전자와 승객을 보호하기 위한 장치이다. 이러한 부분을 크러시 존(Crash Zone)이라 한다.

:: 크러시 존

2 모노코크 보디의 장점

모노코크 보디는 승용자동차 등 주로 경차량 및 소형 차량에 적용되고 있으며, 골격 부분으로는 프런트 보디, 언더 보디, 리어 보디로 구분된다.
① 자동차를 경량화시킬 수 있다.　　② 실내 공간이 넓다.
③ 충격 에너지 흡수 효율이 좋다.　　④ 정밀도가 커서 생산성이 높다.
⑤ 차고 및 무게 중심을 낮출 수 있다.
⑥ 박판(얇은 판) 구조이므로 점용접이 가능하다.
⑦ 보디 조립의 자동화가 가능하여 생산성이 높다.
⑧ 응력을 차체 표면에서 분산시킨다.

3 모노코크 보디의 단점

① 소음 진동의 전파가 쉬운 단점이 있다.
② 엔진과 현가장치 지지방법 등에 기술을 요한다.
③ 충돌시 하체가 복잡하여 복원 및 수리가 어려운 단점이 있다.
④ 충격력에 대해 차체의 저항력이 프레임 형식보다 낮다.

4 모노코크 보디의 프레스 가공

모노코크 보디는 패널의 조립에 적합하도록 보디의 외판, 내판을 성형하고 이것을 조합하여 제작한다. 이것을 프레스 가공이라 하는데 프레스 가공에는 다음과 같은 것들이 있다.

1) **플랜징** : 플랜징은 평판을 거의 직각으로 구부리는 프레스 가공법으로 구부러진 부분은 다른 부분보다 강도가 높다. 이것의 사용 예는 프런트 펜더의 휠 아치 부분, 사이드 멤버 부위 등이다.

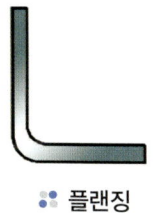
플랜징

2) **비딩** : 비딩은 성형되어 있는 재료의 일부에 보강과 장식의 목적으로 돌기 또는 요철을 추가하는 프레스 가공법이다.

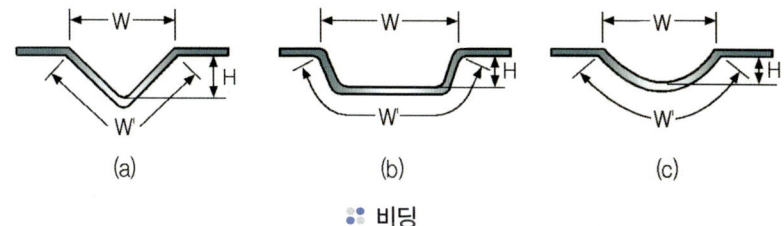
비딩

3) **바링** : 바링은 도어 패널 등 물 빼기 구멍 등의 주위에 채용하는 프레스 가공법으로 구멍 주위가 길게 빠져 나오는 모양으로 성형하면 이 부분의 강도가 증가하게 된다.

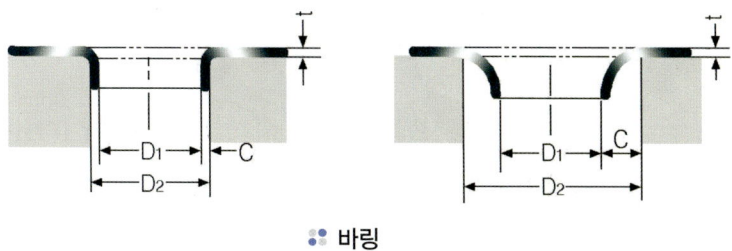
바링

4) **헤밍** : 헤밍은 도어의 아우터 패널과 이너 패널을 조립하기 위한 프레스 가공법이다.

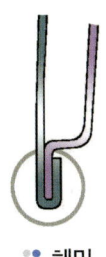
헤밍

5) **크라운** : 크라운은 패널의 곡면을 의미하는 것으로 완만한 곡면이나 급격한 곡면을 만들어 전체적인 강성을 유지하는 프레스 가공법이다. 크라운 기법에는 저크라운(완만한 곡면), 고크라운(급격한 곡면), 역크라운, 콤비네이션 크라운 등이 있으며, 크라운 성형을 부여하는 이유는 다음과 같다.

① 보디 전체에 강성이 향상된다.　　② 보디 스타일을 아름답게 한다.
③ 각 패널의 강도를 높인다.

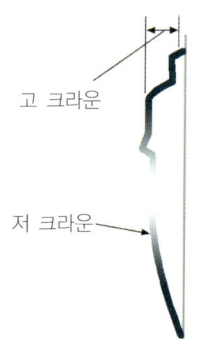

❖ 크라운

03　차체 부품의 명칭 및 구조

　모노코크 보디의 구조는 언더 보디와 어퍼 보디로 분류된다. 언더 보디는 차량의 바닥 부분으로서 프런트 사이드 멤버에서 리어 사이드 멤버까지를 말하며, 어퍼 보디는 차체의 바닥 부분을 제외한 부분으로 구분될 수 있다.

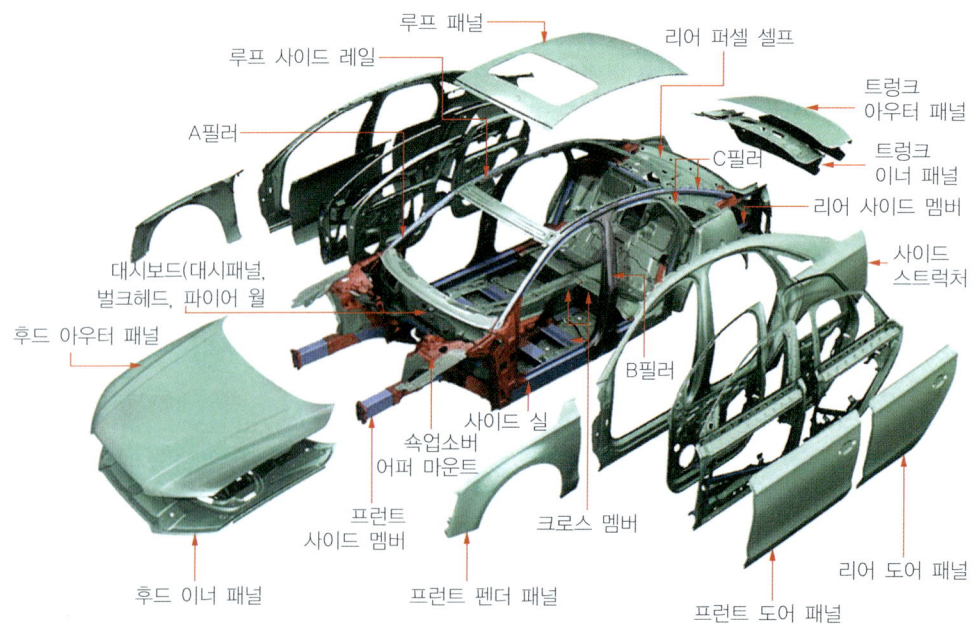

어퍼 보디를 3부분으로 나누면 프런트 보디와 사이드 보디, 리어 보디로 구분할 수 있다. 프런트 보디를 **엔진룸**이라 하고 사이드 보디를 **객실 룸**, 리어 보디를 **트렁크 룸**으로 분류하기도 한다. 다음은 각각의 보디에 대한 구조의 분류이다.

1 프런트 보디

프런트 보디는 엔진 이외에 여러 가지 장치 등을 장착하는 중요한 부분이기 때문에 충분한 강도와 강성을 가지며, 정밀도와 내구성을 가지고 조립되어 있다. 또한 충돌 시의 충격 에너지는 효율적으로 잘 흡수되어 바디의 변형에 의한 운전자와 승객의 안전을 높이는 구조로 되어 있다. 프런트 보디의 구조는 라디에이터 서포트 패널, 프런트 사이드 멤버, 펜더 에이프런, 카울 패널, 대시 패널 등으로 구성되어 있다. 프런트 보디의 구성품 중 카울 패널과 대시 패널의 특징은 다음과 같다.

1) 카울 패널

① 프런트 보디의 대시 패널 상부에 설치된다.
② 프런트 필러와 펜더 에이프런 패널이 좌우에 접합되어 있다.
③ 프런트 보디의 상단 구조와 객실의 크로스 멤버 역할을 담당한다.
④ 사각의 단면으로 구성되어 바디의 굽힘, 비틀림에 저항력이 있다.
⑤ 외기를 객실로 유입하고 와이퍼 링크가 내장되어 있다.

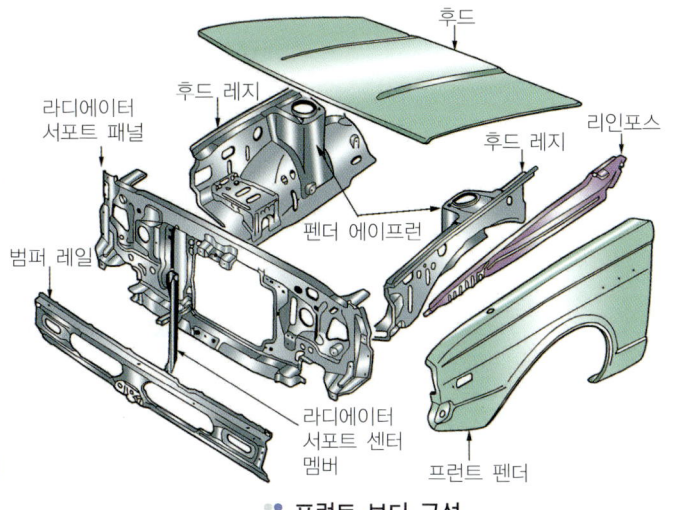

:: 프런트 보디 구성

2) 대시 패널

① 엔진 룸과 객실 룸을 구분하는 패널이다.
② 상단부에 카울 패널, 하단부에 프런트 플로어 패널과 각각 스포트 용접으로 접합되어 있다.
③ 객실 부분의 강성을 유지하는 중요한 역할을 한다.
④ 진동 방지 및 방음, 강성의 목적으로 2중 구조이며, 내부에는 아스팔트 시트 또는 플라스틱이 내장되어 있다.

3) 펜더 에이프런

① 서스펜션의 스트럿의 어퍼 마운트를 지지하는 부분이다.

② 휠 하우스의 역할을 한다.
③ 사이드 멤버와 대시 패널에 결합하여 서스펜션에서 받는 힘을 분산시킨다.

4) 라디에이터 서포트 패널
① 라디에이터, 콘덴서, 전동 팬, 센서 등을 지지하는 모듈화 구조이다.
② 라디에이터 패널은 프런트 패널이라고도 한다.
③ 라디에이터 패널은 플라스틱과 강판의 조합으로 이루어 졌다.

2 프런트 펜더 (front fender)

펜더 후사경, 방향지시등 등이 부착되며, 자동차의 앞바퀴를 덮어 주행 시 흙탕물 등의 비산을 방지하는 외관 패널이다.

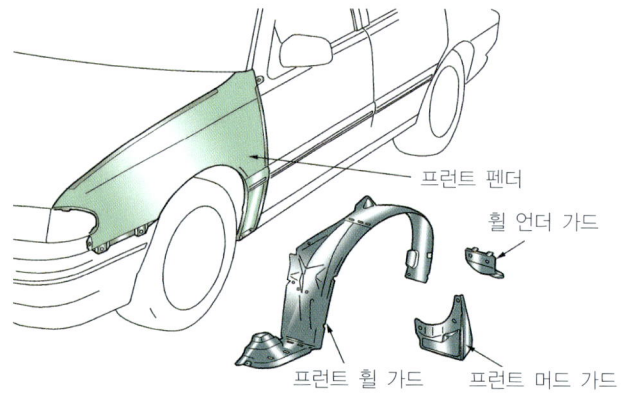

❖ 프런트 펜더의 구성

3 사이드 보디 (side body)

사이드 보디는 프런트 필러, 센터 필러, 리어 필러, 루프 레일, 사이드 실(로커 패널), 리어 휠 하우징 등으로 구성되어 있다.

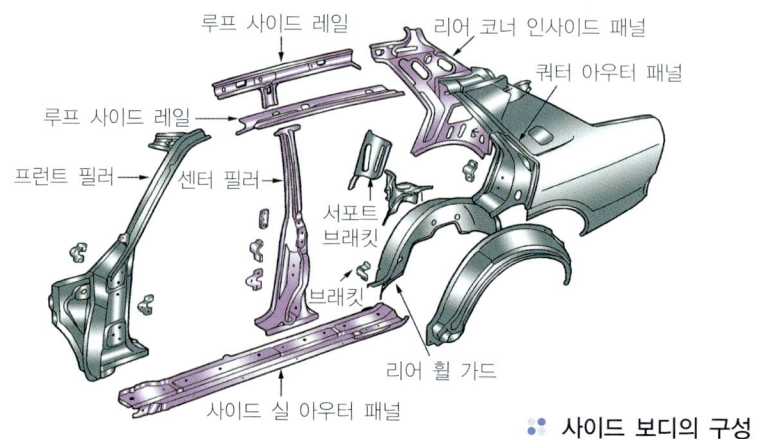

❖ 사이드 보디의 구성

1) 사이드 보디의 구조와 기능

① 주행 시 발생되는 상하 방향의 굽힘이나 비틀림 응력에 견딘다.
② 플로어 패널에서 받는 부하를 상부에 분산시킨다.
③ 측면 사고 시에 받는 변형을 억제한다.
④ 굽힘이나 비틀림 강성이 높은 폐단면으로 구성되어 있다.
⑤ 상단부는 루프 패널, 하단부는 플로어 패널과 스포트 용접으로 상호 결합되어 있다.
⑥ 각 개구부의 코너 부위는 응력 집중을 피하기 위해 둥글게 라운드를 형성시켰다.

2) 프런트 필러와 센터 필러

① 루프 레일과 3점 교차형 또는 T자형의 보강재가 중간에 삽입되어 있다.
② 센터 필러의 사각 단면 구조로 되어 있으며, 상단부는 시야를 확보하기 위해 가늘게 이루어져 있다.
③ 센터 필러의 하단부는 단면을 크게 하여 강성을 높이고 도어를 지지한다.

3) 사이드 실

① 프런트 필러, 센터 필러, 리어 휠 하우스와 견고하게 접합되어 있다.
② 사이드 실은 측면 충돌을 대비하여 상단부는 사각 단면의 넓은 구조로 되어 있다.
③ 사이드 실 내부에는 보강판(리인포스먼트)이 삽입되어 강도가 크다.

4 리어 보디 (rear body)

리어 보디는 리어 패널(백 패널, 앤드 패널), 리어 사이드 멤버, 리어 플로어 패널, 패키지 패널, 쿼터 패널, 트렁크 리드 등으로 구성되어 있다. 리어 펜더는 리어 보디의 주요 패널이며, 측면 뒷부분의 바깥쪽으로서의 기능과 병합되어 루프, 리어 필러, 리어 휠 하우징, 리어 패널 및 플로어와 각각 용접으로 결합되어 있으며, 보디의 강도 유지상 중요한 부분이다.

5 언더 보디 (under body)

언더 보디는 프런트 사이드 멤버로부터 리어 사이드 멤버에 이르는 보디 바닥의 전체로서 플로어 패널을 말한다. 플로어 패널의

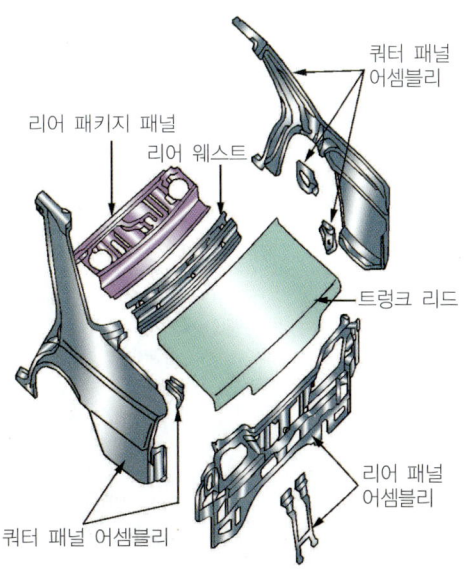

▣ 리어 보디의 구성

기능은 다음과 같다.
① 충돌 등 외력으로부터의 승객을 보호한다.
② 차량 외부로부터의 물, 먼지 등의 유입을 차단한다.
③ 하체부에 설치된 연료장치 계통을 보호한다.

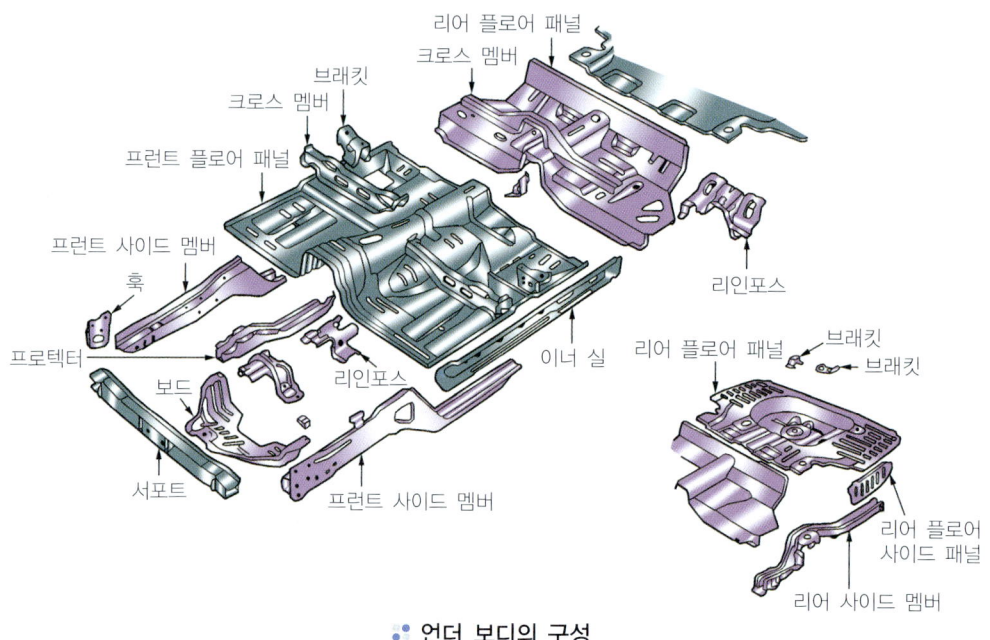

:. 언더 보디의 구성

6 도어(door)

도어는 사용이 빈번하므로 내구성, 안전성, 조작성 및 기능의 유지를 위한 설계가 충분히 되어야 한다.

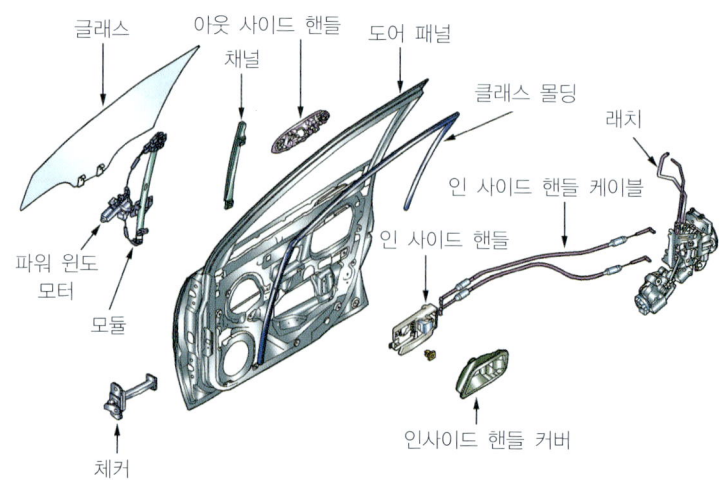

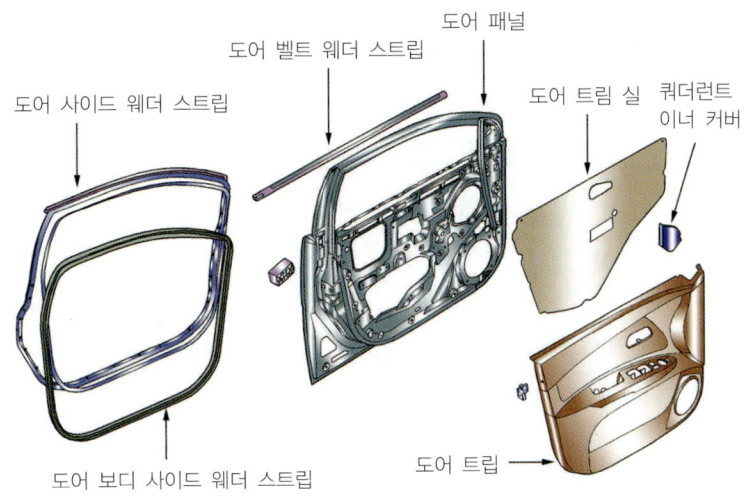

:: 도어의 구성

① **도어 본체 및 도어 힌지** : 도어는 세단용의 섀시 붙임형과 하드 탑용의 섀시리스형이 있다.
② **도어 잠금장치**(door lock) : 도어 잠금장치는 주행 중 갑자기 열리는 일이 없어야 하며, 개폐 조작감, 내구성, 조정이 용이하여야 한다.
③ **도어 글라스 및 조절기** : 도어의 유리는 4~5mm 정도의 강화 유리를 사용하며, 개폐는 조절기에 의해 상하로 작동한다.

7 자동차 창유리 (wind shield glass)

자동차의 앞면 창유리는 접합 유리이고 기타 창유리는 안전유리이어야 하며, 창유리 또는 창의 가시광선 투과율은 70% 이상 되어야 한다. 그리고 부착 방식으로는 웨더 스트립을 사용하는 가스킷과 밀봉제를 사용하여 보디에 붙이는 접착식이 있다.

8 그릴(grill)과 몰딩(molding)

① **그릴**(grill) : 프런트 그릴(라디에이터 그릴)과 카울 그릴, 리어 그릴 등이 있으며, 공기를 흡입, 배출하는 구멍이 부착되어 개구부를 보호하는 목적과 장식적인 요소를 지니고 있다.
② **몰딩**(molding) : 몰이라고도 부르며, 부착 부위별로 윈도 몰딩, 도어 몰딩, 트립 몰딩, 섀시 몰딩 등이 있다.

9 후드(hood ; 보닛)

후드는 엔진의 덮개이며, 엔진 룸의 점검 및 정비성을 감안하여 열 수 있는 면적을 크게 하며, 여는 방향은 앞에서 여는 방식과 뒤에서 여는 방식 두 가지가 있다.

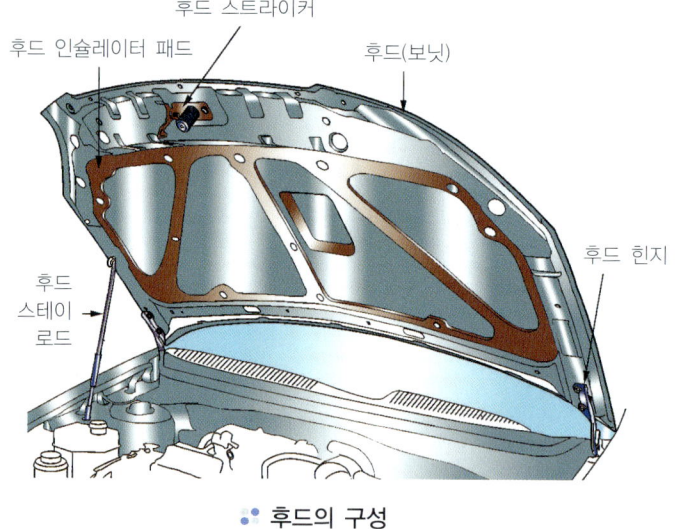

❖ 후드의 구성

10 범퍼 (bumper)

1) 설치 목적

① 범퍼는 충돌 및 접촉 사고시 해당 부분의 차체를 보호한다.
② 자동차 외관상의 아름다움을 부여한다.

2) 요구 성능

① 내충격성이 우수할 것
② 에너지 흡수성이 클 것
③ 법규의 충격요건을 만족할 것
④ 온도에 의한 신축성이 적을 것

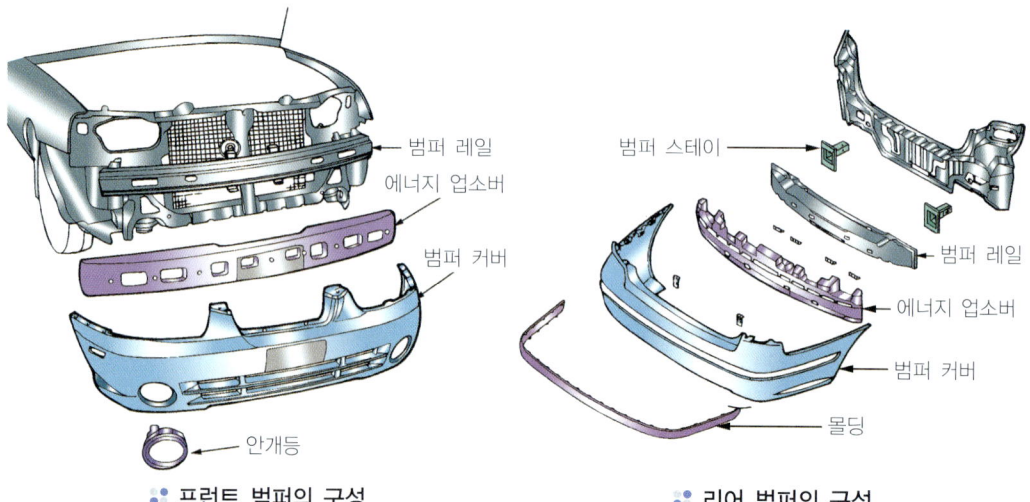

❖ 프런트 범퍼의 구성   ❖ 리어 범퍼의 구성

11 트렁크 리드(trunk lid)

트렁크 리드는 후드와 기능이 비슷하며, 트렁크 안의 물품을 물, 먼지, 도난 등으로부터 보호하는 기능이 요구되며, 특히 방수에 대해서는 도어와 마찬가지로 웨더 스트립으로 보디의 개구부와 리드의 주위를 밀폐시킨다.

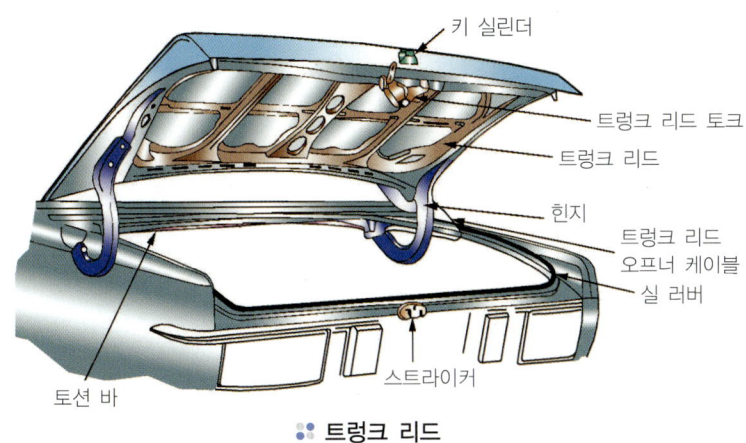

:: 트렁크 리드

04 자동차 프레임의 구조

프레임은 자동차 구조의 기본 뼈대가 되는 것으로 프레임에 엔진, 동력전달장치, 액슬 축, 휠 등이 부착되어 섀시를 형성한다. 프레임은 각 장치로부터 부하가 걸리는 것 이외에 승차 인원이나, 적하 하중을 받기 때문에 이에 견딜 수 있는 충분한 강도가 필요하다.

프레임은 자동차의 종류, 용도, 엔진의 설치 위치, 구동 방식 등에 의해 일반적으로 보통 프레임, 특수 프레임, 모노코크 보디(일체식)로 분류한다.

1 프레임의 기능

① 자동차의 골격으로 차체의 하중을 지지한다.
② 섀시를 구성하는 각 장치를 차체와 연결한다.
③ 앞뒤 차축에서 발생하는 반력을 지지한다.

2 프레임의 요구조건

① 충격과 휨에 견딜 수 있는 충분한 강성과 강도를 가지고 있을 것
② 비틀림에 견딜 수 있는 충분한 강성과 강도를 가지고 있을 것
③ 가볍고 방청 성능이 우수할 것

④ 분포 하중이 균일할 것
⑤ 진동이나 소음이 작을 것

3 프레임 차체의 특징

① 주행 소음의 차단 효과가 크다.
② 충돌시 승객 보호가 유리할 수 있다.
③ 진동이 적기 때문에 승차감이 좋다.
④ 작업의 조립성이 유리하다
⑤ 중량이 증가하는 단점이 있다
⑥ 차량의 전고(높이)가 높아지는 단점이 있다.

4 보통 프레임의 종류

1) H형 프레임

H형 프레임은 2개의 사이드 멤버에 여러 개의 크로스 멤버, 보강판, 서스펜션 멤버 등의 설치용 브래킷류를 볼트나 아크 용접으로 결

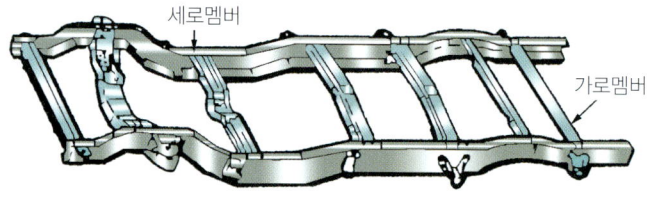

∴ H형 프레임

합하여 사다리 모양으로 제작한 프레임으로 일반적으로 버스나 트럭의 프레임에 사용한다.

2) 페리미터형 프레임

H형 프레임과 다른 점은 강성의 프레임이 승객 주위로 둘러싸여 있는 프레임으로 충돌시 승객을 보호할 목적으로 설계 되었으며, 프레임 레일의 승객석 위치상의 각 코너마다 토크 박스라 불리는 구분 지역을 만들어 전면, 중앙, 후면이 연결

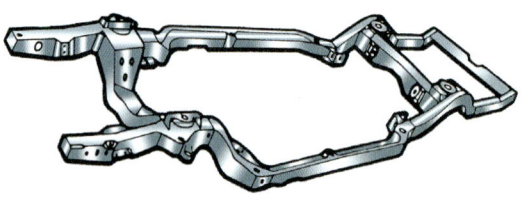

∴ 페리미터형 프레임

되어 있다. 토크 박스들은 중앙부는 강하게, 전·후면부는 유연성 있게 유지하며, 외국의 대형 고급 승용자동차에 사용되고 있다.

3) X형 프레임

X형 프레임은 사이드 멤버의 간격을 중앙으로 좁혀서 X형으로 한 것과 크로스 멤버를 X형으로 설치한 것이 있으며, X형재에 의해 프레임 전체의 굽힘 강성을 높이는 구조로 한 것이 있다.

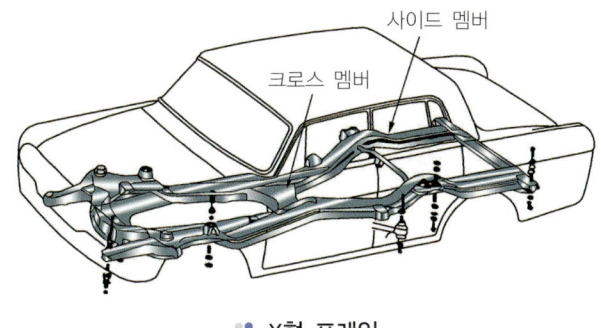

:: X형 프레임

5 특수 프레임의 종류

1) 백본형 프레임

백본형 프레임은 하나의 굵은 상자형 강관이나 I형 빔으로 되어 있기 때문에 엔진 및 보디를 부착하기 위한 크로스 멤버나 브래킷을 고정한 것으로 바닥 면이 낮아지고 중심을 낮게 할 수 있어서 주로 승용차에 사용한다.

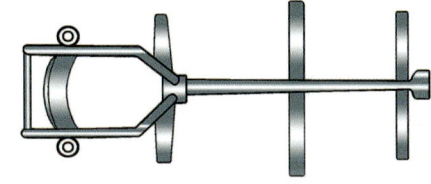

:: 백본형 프레임

2) 플랫폼형 프레임

플랫폼형 프레임은 프레임과 보디 바닥 면을 일체로 한 것이며, 이것은 보디와 조합시켜서 큰 상자형 단면을 만든 것으로 보디와 함께 휨 및 구부러짐에 대한 강성이 크다.

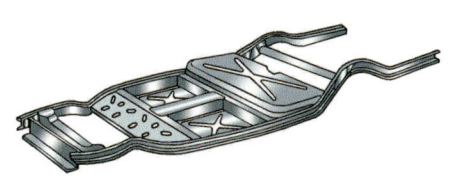

:: 플랫폼형 프레임

3) 트러스형 프레임

트러스형 프레임은 강관을 용접하여 트러스 구조로 만들어 프레임화한 것으로 중량이 가볍고 강성이 크나 대량 생산에 부적합하다.

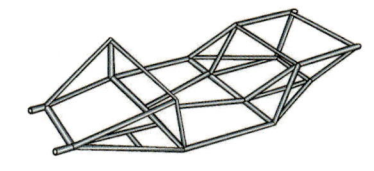

:: 트러스형 프레임

적·중·예·상·문·제

자동차구조

11_10
01 다음 중 차체(body)가 갖추어야 할 일반적인 조건이 아닌 것은?11_10
① 방청성능이 우수할 것
② 진동이나 소음이 작을 것
③ 강도와 강성이 우수할 것
④ 프레임과 차체가 반드시 일체로 된 구조일 것

해설 차체의 요구 조건(성능)
① 가볍고 방청 성능이 우수할 것.
② 내구성이 우수할 것.
③ 충돌 안전 성능이 우수할 것.
④ 강도와 강성이 적절할 것.
⑤ 진동이나 소음이 적을 것.

11_04
02 프레임(frame)과 차체(body)를 일체형으로 구성한 대표적인 차체 형식은?
① 모노코크(monocoque)
② 픽업(pick up)
③ 사다리형 프레임
④ 섀시(chassis)

해설 모노코크는 프레임과 보디를 일체로 제작한 차체로서 현재의 승용차 대부분이 이 형식을 사용하고 있다. 중량을 가볍게 하고 차체의 강성을 높일 수 있으며, 바닥이 낮은 특징이 있으나 엔진 및 현가장치를 보디에 직접 지지하기 때문에 진동이나 소음을 억제하기가 어렵다.

12_10
03 중소형 승용차에서 주로 사용하며, 프레임과 차체를 확실히 구별하지 않고 일체 구조로 된 차체의 명칭을 나타내는 용어가 아닌 것은?
① 언더 보디
② 모노코크형 보디
③ 프레임리스형 보디
④ 유닛 컨스트럭션형 보디

해설 모노코크 보디(단일체 구조 보디)는 프레임과 차체를 일체로 구성된 형식으로 중소형 승용자동차에 사용되며, 프레임 리스 또는 유닛 컨스트럭션이라고도 한다.

15_04
04 모노코크 보디가 앞 또는 뒤쪽에서 충격을 받았을 때 충돌 에너지를 흡수하여 찌그러지게 만든 부위는?
① 사이드 실
② 템퍼링
③ 크러시 포인트
④ 린포스먼트

해설 크러시 포인트 또는 크러시 존이란 자동차가 충돌했을 때 찌그러지면 그 변형에 따라 운동에너지를 흡수하여 승객에게 충격을 완화하는 부분(존)으로서 크러셔블 존이라고도 한다.

정답 01. ④ 02. ① 03. ① 04. ③

16_04
05 승용 및 RV 차량의 차체 구조에 많이 적용되고 있는 모노코크 보디의 장점으로 틀린 것은?

① 보디 조립의 자동화가 가능하여 생산성이 높다.
② 차고를 낮게 하고 무게 중심을 낮출 수 있다.
③ 차체 중량이 무거워 강성이 높다.
④ 충돌 시 충격 에너지 흡수 효율이 좋고 안정성이 높다.

해설 1. 모노 코크 보디의 장점
① 일체 구조이므로 휨, 비틀림 등에 잘 견딘다.
② 충격 흡수의 효과가 커 안전성이 높다.
③ 별도의 프레임을 두지 않으므로 차량의 중량이 가볍다.
④ 구조상 바닥면이 낮아지므로 실내 공간이 넓다.
⑤ 얇은 강판을 점 용접법으로 제작하므로 정밀도가 높고 생산성이 좋다.
2. 모노코크 보디의 단점
① 주행 장치로부터의 소음과 진동이 차체에 전달되기 쉽다.
② 엔진과 현가장치 지지방법 등에 기술을 요한다.
③ 충돌에 의한 보디의 손상 상태가 복잡하여 복원 수리가 까다롭다.
④ 충격력에 대한 저항력이 프레임 형식보다 낮다.

13_04
06 단체구조(unit construction) 또는 모노코크 보디(monocoque body)의 특징이 아닌 것은?

① 차체의 경량화에 유리하다.
② 외력을 차체 전체에 분사시키는 구조이다.
③ 트럭 등 주로 중차량에 적용되고 있다.
④ 박판 구조이므로 점용접이 가능하다.

해설 모노코크 보디의 특징
① 차체의 중량이 가볍고 강성이 높다.
② 정밀도가 높고 생산성이 좋다.
③ 차고를 낮게 하고 차량의 무게 중심을 낮출 수 있다.
④ 차실 바닥면을 낮게 하여 객실 공간을 넓게 할 수 있다.
⑤ 충돌시 충돌 에너지를 차체 전체로 분산시켜 흡수 효율이 좋고 안전성이 높다.
⑥ 소음이나 진동의 영향을 받기 쉽다.
⑦ 박판 구조이므로 점용접이 가능하다.

11_10
07 다음 중 모노코크 보디를 틀리게 설명한 것은?

① 충격 흡수 구조이다.
② 트럭에 많이 사용하는 프레임 구조이다.
③ 라멘 구조이다.
④ 차체를 일체형으로 용접한 구조이다.

해설 모노코크 보디는 프레임과 보디를 일체로 제작한 차체로서 현재의 승용차 대부분이 이 형식을 사용하고 있다. 중량을 가볍게 하고 차체 강성을 높일 수 있으며, 바닥이 낮은 특징이 있으나 엔진이나 현가장치를 보디에 직접 지지하기 때문에 진동이나 소음을 억제하기가 어렵다.

09_01
08 모노코크 보디의 특징이 아닌 것은?

① 차량의 중량을 가볍게 한다.
② 차실 바닥 면을 낮출 수 있다.
③ 충돌에너지를 차체 전체로 분산시킨다.
④ 주행소음의 차단 효과가 좋다.

정답 05. ③ 06. ③ 07. ② 08. ④

10_10

09 얇고 가벼운 고강도 패널의 결합체로 구성되어 있으며, 충격을 받았을 때 그 충격이 보디 전체까지 미치지 않도록 된 보디는?

① X 형 보디 ② 트러스형 보디
③ 모노코크 보디 ④ H형 보디

14_04

10 일체형 차체(모노코크 보디)의 특징을 설명한 것 중 틀린 것은?

① 단독 프레임이 없어 차량 중량이 가볍다.
② 서스펜션을 보디가 직접 지지하지 않기 때문에 소음 및 진동을 낮출 수 있다.
③ 구조상으로 바닥면이 낮아서 실내 공간이 넓다.
④ 휘고, 굽고, 비틀림에 강하고 충격흡수 효과가 높다.

해설 모노코크 보디의 특징
① 차체의 중량이 가볍고 강성이 높다.
② 정밀도가 높고 생산성이 좋다.
③ 차고를 낮게 하고 차량의 무게 중심을 낮출 수 있다.
④ 차실 바닥면을 낮게 하여 객실 공간을 넓게 할 수 있다.
⑤ 충돌시 충돌 에너지를 차체 전체로 분산시켜 흡수 효율이 좋고 안전성이 높다.
⑥ 소음이나 진동의 영향을 받기 쉽다.

08_10

11 판금 성형 가공시 제품을 보강하거나 장식을 목적으로 옆벽의 일부를 볼록하게 나오게 하거나 오목하게 들어가도록 띠를 만드는 가공은?

① 타출 ② 플랜징
③ 벌징 ④ 비딩

해설 용어의 뜻
① **타출**(penned beating) : 해머로 두들겨서 제작하는 방법으로 문양이 조각된 틀에 금속판을 넣고 안팎으로 두들겨서 성형한다.
② **플랜징**(flanging) : 판재의 가장자리를 곡선으로 굽힐 경우 플랜지가 되는 부분은 굽힘선에 따라서 늘어나거나 줄어들게 하는 방법.
③ **벌징**(bulging) : 원통 용기의 입구는 그대로 두고 아래 부분을 볼록하게 가공하는 방법이다. 튜브나 드로잉 된 제품을 2차로 성형하는 공정으로 제품의 외형을 변형시키는 가공이다.
④ **비딩**(beading) : 판금 제품을 보강하거나 장식을 목적으로 옆 벽의 일부를 볼록하게 나오게 하거나 오목하게 들어가도록 띠를 만드는 가공 방법이다.

09_09

12 판금 제품을 보강 또는 장식을 목적으로 옆벽의 일부를 블록 나오거나 오목 들어가게 띠를 만드는 가공법은?

① 비딩(beading)
② 벌징(bulging)
③ 플랜징(flanging)
④ 컬링(curling)

해설 용어의 정의
① **비딩**(beading) : 옆벽의 일부를 블록 나오거나 오목 들어가게 띠를 만드는 가공법
② **벌징**(bulging) : 금형 내에 삽입된 원통형 용기 또는 관에 높은 압력을 가하여 용기의 입구보다 중앙부분이 굵은 용기로 만드는 작업을 말한다.
③ **플랜징**(flanging) : 제품을 보강하기 위해 또는 성형 그 자체를 목적으로 하여 판금의 가장자리를 굽혀 플랜지를 만드는 작업
④ **컬링**(curling) : 공작물 단말의 단면을 프레스나 선반 등으로 둥글게 하는 가공법

정답 09. ③ 10. ② 11. ④ 12. ①

10_10
13 차체 부품 제작시 프레스 라인처럼 블록한 모양으로 만드는 작업을 무엇이라고 하는가?

① 비딩 ② 와이어링
③ 코이닝 ④ 크림핑

 ① 비딩 : 차체부품 제작시 프레스 라인처럼 블록한 모양으로 만드는 작업을 말한다.
② 와이어링 : 배선
③ 코이닝 : 상하 표면에 모양을 조각한 다이를 사용하여 판재를 넣고 압축력을 가하면 동전이나 메달의 장식과 같이 표면에 무늬를 만드는 가공법을 말한다.

16_04
14 도어의 아웃터 패널과 이너 패널을 조립하기 위한 프레스 가공법은?

① 플랜징 ② 비딩
③ 헤밍 ④ 전성

 ① 플랜징(flanging) : 판재의 가장자리를 곡선으로 굽힐 경우 플랜지가 되는 부분은 굽힘 선에 따라서 늘어나거나 줄어들게 하는 방법.
② 비딩(beading) : 판금 제품을 보강하거나 장식을 목적으로 옆 벽의 일부를 볼록하게 나오게 하거나 오목하게 들어가도록 띠를 만드는 가공 방법이다.
③ 헤밍(hemming) : 패널의 끝을 뒤집어 꺾어 접은 것을 말한다.
④ 전성 : 타격, 압연에 의해 얇은 판으로 넓게 펴질 수 있는 성질

13_10
15 차체의 각종 강판 패널에 일정한 곡률을 주어 성형하는 것을 무엇이라 하는가?

① 크라운 ② 보디 필러
③ 탬퍼링 ④ 백 홀더

14_04
16 차체 각종 패널에서 강판 표면에 크라운 성형을 부여하는 이유로 가장 거리가 먼 것은?

① 보디 전체에 강성이 향상된다.
② 보디 스타일을 아름답게 한다.
③ 각 패널의 강도를 높인다.
④ 패널의 부식 발생을 억제한다.

해설 부식 발생을 억제하기 위해서 차체(패널 등)를 수정한 후에 부식 방지제를 도포한다.

15_04
17 모노코크 보디의 각 부 구조에서 프런트 보디로 구분하기 어려운 패널은?

① 후드 패널
② 라디에이터 서포트 패널
③ 쿼터 패널
④ 에이프런 패널

해설 프런트 보디(front body)는 앞 엔진 자동차의 경우 엔진 이외에도 중요한 각 장치가 집결된 중요한 부분으로 라디에이터 코어 서포트 패널, 프런트 사이드 멤버, 서스펜션 크로스 멤버, 펜더 에이프런, 대시 패널, 카울 패널, 후드 패널 등을 상호 용접한 구조이다. 쿼터 패널은 리어 필러와 센터 필러 사이에 설치되어 있는 기둥을 말하며, 도어의 기둥으로 설치되어 있는 경우도 있다.

13_04
18 다음 중 승용차 프런트 보디의 구성품이 아닌 것은?

① 플로어 패널
② 앞 펜더 에이프런
③ 앞 사이드 프레임
④ 라디에이터 서포트 패널

 13. ① 14. ③ 15. ① 16. ④ 17. ③ 18. ①

16_04
19 모노코크 보디에서 프런트 보디 부분에 속하는 패널은?

① 라디에이터 서포트 패널
② 센터 플로어 패널
③ 사이드 실 아웃 패널
④ 쿼터 아웃 패널

해설 프런트 보디(front body) : 앞 엔진 자동차의 경우 엔진 이외에도 중요한 각 장치가 집결된 중요한 부분으로 라디에이터 서포트 패널, 서스펜션 크로스 멤버, 프런트 사이드 멤버, 펜더 에이프런, 대시 패널, 카울 패널, 후드 패널 등을 상호 용접한 구조이다.

09_01
20 승용차 보디 중 엔진룸을 구성하는 부품이 아닌 것은?

① 후드 패널
② 프런트 휠 하우스
③ 쿼터 아웃 패널
④ 라디에이터 서포트 패널

해설 리어 보디는 리어 패널(백 패널, 앤드 패널), 리어 사이드 멤버, 리어 플로어 패널, 패키지 패널, 쿼터 패널, 트렁크 리드 등으로 구성되어 있다.

15_10
21 엔진 룸 사고수리 마무리 단계에서 외형 패널의 단차를 수정하기 위해 조절해야 할 부품이 아닌 것은?

① 프런트 펜더   ② 후드 패널
③ 범퍼   ④ 휠 하우스

해설 엔진 룸 사고수리 마무리 단계에서 외형 패널의 단차를 수정하기 위해 조절해야 할 부품은 주로 외형부품으로 볼트 온 패널인 후드 패널, 프런트 펜더 패널, 프런트 도어와 범퍼, 헤드 램프 등의 단차와 간격을 조정해 준다.

10_01
22 모노코크 보디에서 엔진룸과 승객실 사이를 가로 지르는 패널은?

① 로커 패널   ② 대시 패널
③ 센터 필러   ④ 루프 패널

해설 대시 패널은 엔진룸과 객실 룸을 구분하는 패널로 상단 부위는 카울 패널과 하단 부위에는 프런트 플로어 패널과 각각 용접으로 결합되어 있으며, 객실 부분의 강성을 유지하는 중요한 부분이다.

12_10
23 자동차 차체에서 후드부의 구조 명칭으로 틀린 것은?

① 클립   ② 인슐레이터
③ 후드 힌지   ④ 도어 패널

16_04
24 다음 그림의 자동차 패널에서 ④번의 명칭은?

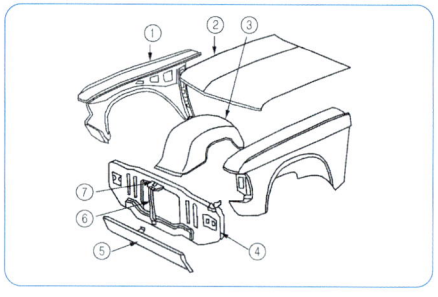

① 프런트 펜더
② 후드 록웰
③ 라디에이터 서포터
④ 범퍼 스토운 디플렉터

해설 ①은 프런트 펜더, ②는 후드, ③은 프런트 펜더 에이프런, ④는 라디에이터 컴플릿, ⑤는 라디에이터 로어 멤버, ⑥은 라디에이터 센터 서포트, ⑦은 후드 록 어셈블리를 뜻한다.

정답 19. ① 20. ③ 21. ④ 22. ② 23. ④ 24. ③

15_04
25 프런트 펜더를 장착하기 전에 무엇을 먼저 작업해야 하는가?

① 부식방지를 위해 코팅 처리한다.
② 샌더처리 후 조립한다.
③ 엠보싱 처리를 한다.
④ 조립될 부위에 종이를 끼워 조립한다.

11_04
26 사이드 보디 패널을 구성하는 부품이 아닌 것은?

① 사이드 이너 센터 패널
② 루프 사이드 레일
③ 프런트 필러 패널
④ 루프 센터 패널

> 해설) 사이드 보디는 프런트 필러, 센터 필러, 리어 필러, 루프 레일, 사이드 실(로커 패널), 리어 휠 하우징 등으로 구성되어 있다.

14_10
27 차체(body) 측면부에서 가장 큰 강성이 요구되는 부분은?

① 후드(hood)   ② 패널(panel)
③ 필러(pillar)   ④ 트렁크(trunk)

> 해설) 용어의 정의
> ① 후드(hood) : 자동차 앞부분의 엔진룸 또는 트렁크 룸을 덮는 것.
> ② 패널(panel) : 자동차에 있어서 일체로 프레스 된 외판(外板)이나 내판(內板)을 말한다.
> ③ 필러(pillar) : 지주(支柱)를 말하며, 루프를 지지하여 차체 강도(剛度)의 일부를 맡고 있다. 자동차를 옆에서 볼 경우 앞에서부터 순서대로 프런트 필러(A필러)·센터 필러(B필러) 및 리어 필러(C필러)라 부른다. 리어 필러는 쿼터 필러라고도 한다. 하드톱에서는 시계(視界)를 좋게 하고, 개방감을 얻기 위하여 센터 필러를 없앤 것도 있다.

④ 트렁크(trunk) : 화물을 넣어 두는 트렁크에서 온 용어로서 자동차에서는 러기지 컴파트먼트를 말한다. 트렁크 룸이라고도 부른다.

14_10
28 다음 중 자동차 차체 패널 교환 작업 비율이 가장 낮은 패널은?

① 리어 범퍼
② 쿼터 패널
③ 라디에이터 스포트 패널
④ 사이드 멤버

15_10
29 모노코크 보디(monocoque body)의 각 부 구조 중 리어 보디(rear body)에 속하는 것은?

① 라디에이터 서포트(radiator support)
② 프런트 펜더(front fender)
③ 펜더 에이프런(fender apron)
④ 트렁크 리드(trunk lid)

> 해설) 리어 보디는 리어 필러, 리어 휠 하우징, 리어 패널 및 트렁크 리드 등으로 구성된 부분이다.

08_02
30 승용차의 리어 보디(rear body)를 구성하는 구성품이 아닌 것은?

① 리어 범퍼(rear bumper)
② 트렁크 도어(trunk door)
③ 대시 패널(dash panel)
④ 리어 패널(rear panel)

정답) 25. ① 26. ④ 27. ③ 28. ④ 29. ④ 30. ③

16_04
31 모노코크 보디의 각부 구조 중 리어 보디에 속하지 않는 것은?

① 트렁크 리드 로크
② 에이프런
③ 테일 게이트
④ 백 패널

해설 프런트 보디(front body)는 앞 엔진 자동차의 경우 엔진 이외에도 중요한 각 장치가 집결된 중요한 부분으로 라디에이터 코어 서포트 패널, 서스펜션 크로스 멤버, 프런트 사이드 멤버, 펜더 에이프런, 대시 패널, 카울 패널, 후드 패널 등을 상호 용접한 구조이다.

15_04
32 쿼터 패널은 보디의 강도 유지상 중요한 패널이다. 측면 뒷부분의 쿼터 패널과 서로 병합되지 않는 패널은?

① 리어 휠 하우스
② 백 패널
③ 루프 패널
④ 트렁크 리드

해설 쿼터 패널은 보디의 뒤쪽 코너 부분을 이루는 패널이며, 트렁크 리드는 트렁크 룸을 개폐하는 뚜껑을 말한다.

15_04
33 차체 패널 중 용접 이음 방식으로 결합된 패널은?

① 엔진 후드
② 앞 펜더
③ 리어 쿼터 패널
④ 트렁크 리드

해설 엔진 후드, 앞 펜더, 트렁크 리드는 모두 볼트 온 패널이다.

08_10
34 자동차의 뒷부분 추돌로 인해 변형이 발생될 수 있는 패널로만 옳게 나열된 것은?

① 도어, 센터 필러, 사이드 실
② 트렁크 플로어, 사이드 멤버, 센터 루프
③ 휠 하우스, 트렁크 플로어, 리어 쿼터
④ 프런트 필러, 범퍼, 사이드 멤버

10_01
35 다음 중 언더 보디(플로어 패널)에 속하는 것은?

① 프런트 펜더
② 프런트 사이드 멤버
③ 리어 필러
④ 대시 패널

해설 차체 구조에서 언더 보디의 플로어 패널에 속하는 것은 프런트 사이드 멤버이다. 프런트 펜더, 리어 필러는 사이드 보디에 속하고, 대시 패널은 카울 패널에 속한다.

09_09
36 다음 중 언더 보디(under body) 패널에 속하지 않는 것은?

① 프런트 플로어
② 리어 크로스 멤버
③ 센터 필러 패널
④ 사이드 멤버

해설 센터 필러 패널은 사이드 보디에 속한다.

11_10
37 프런트 사이드 멤버로부터 리어 사이드 멤버에 이르는 보디 전체에 해당되는 것은?

① 리어 보디   ② 펜더 보디
③ 사이드 보디 ④ 언더 보디

정답 31. ② 32. ④ 33. ③ 34. ③ 35. ② 36. ③ 37. ④

해설 ▶ 보디의 구조
① 프런트 보디(front body) : 앞 엔진 자동차의 경우 엔진 이외에도 중요한 각 장치가 집결된 중요한 부분이다.
② 차실 부분 : 승용차의 경우 운전 조작 장치가 집결되어 있으며, 안전하고 쾌적한 실내 공간을 이룰 수 있도록 차량의 형식에 따른 설계 구조가 필요하다.
③ 리어 보디(rear body) : 리어 펜더는 리어 보디의 주요 패널이며, 측면 뒷부분의 바깥쪽으로서의 기능과 병합되어 루프, 리어 필러, 리어 휠 하우징, 리어 패널 및 플로어와 각각 용접으로 결합되어 있으며, 보디의 강도 유지상 중요한 부분이다.
④ 언더 보디(under body) : 프런트 사이드 멤버로부터 리어 사이드 멤버에 이르는 보디 전체를 말한다.
⑤ 프런트 펜더(front fender) : 펜더 후사경, 방향지시등 등이 부착되며, 자동차의 바퀴를 덮어 주행 시 흙탕물 등의 비산을 방지하는 외관 패널이다.
⑥ 사이드 보디(side body) : 거의 대부분은 개구부로 구성되어 프런트 보디, 루프 등과 결합되어 각 실의 측면을 형성한다.

10_10
38 모노코크 보디에서 측면 충격을 받았을 때는 로커 패널, 루프, 사이드 프레임, 도어 등이 이를 흡수하지만 한계를 넘으면 어느 것이 변형되는가?
① 프런트 보디   ② 플로어 패널
③ 리어 보디   ④ 카울 패널

해설 언더 보디는 프레임에 상당하는 부분으로 프런트 사이드 멤버, 리어 사이드 멤버, 크로스 멤버, 플로어 패널로 구성되어 있으며, 엔진 및 서스펜션, 구동장치를 지지하는 역할을 한다. 멤버에서 받는 외력은 언더 보디에서 사이드 보디에, 필러부에서 받는 외력은 루프 등에 응력이 분산되는데 한계를 넘어서면 플로어 패널이 변형된다.

13_04
39 다음 중 차체 밑 부분에 설치된 플로어 패널(floor panel)의 기능과 가장 거리가 먼 것은?
① 소물류의 수납 기능
② 차량 외부로부터의 물, 먼지 등의 유입 차단
③ 하체부에 설치된 연료장치 계통의 보호
④ 충돌 등 외력으로부터의 승객 보호

해설 ▶ 플로어 패널의 기능
① 충돌 등 외력으로부터의 승객 보호
② 차량 외부로부터의 물, 먼지 등의 유입 차단
③ 하체부에 설치된 연료장치 계통의 보호

08_10
40 모노코크 보디에는 전·후 충돌 등의 충격을 받았을 경우에 멤버 자체가 변형하여 차실에 영향을 미치는데, 이 영향이 적게 미치도록 차축이 설치되는 부분의 프레임을 부분적으로 굴곡을 두는 동시에 차축을 낮추는 효과를 가질 수 있는 것은?
① 댐퍼   ② 스토퍼
③ 킥업   ④ 쿠션

해설 킥업이란 전, 후 충돌 등의 충격을 받았을 경우에 멤버 자체가 변형하여 차실에 영향을 미치는데 이를 덜 미치도록 부분적으로 만든 굴곡을 말함, 쿠션은 완충장치, 댐퍼와 스토퍼는 힘이나 열전달을 막아주는 장치이다.

15_04
41 전면 충돌 시에 멤버 자체가 변형 되도록 하여 객실에 영향을 최소화하기 위하여 굴곡을 두는 것을 무엇이라 하는가?
① 비딩   ② 스토퍼
③ 마운트   ④ 킥업

정답 38. ② 39. ① 40. ③ 41. ④

15_10

42 모노코크 보디(monocoque body) 차량이 충격을 받았을 경우, 차실에 영향을 적게 미치도록 프레임에 부분적으로 굴곡을 두는 것은?

① 쿠션(cushion)　② 킥업(kick up)
③ 댐퍼(damper)　④ 스토퍼(stopper)

15_10

43 자동차에서 도어의 구성요소가 아닌 것은?

① 후드　　　② 힌지
③ 첵　　　　④ 로크

해설 후드는 자동차 앞부분의 엔진룸 또는 트렁크 룸을 덮는 것으로 보닛이라고도 한다.

11_10

44 차체(body)에서 측면 충돌 시 안전성을 증가시키기 위해 도어(door) 내부에 설치한 보강재는?

① 스트라이커(striker)
② 힌지(hinge)
③ 도어 레귤레이터(regulator)
④ 임펙트 바(impact bar)

해설 **도어 부품**
① **도어 로크 스트라이커** : 보디에 설치되어 있는 핀이나 훅이 도어 로크에 내장된 래치(latch 손톱)와 맞물려서 도어를 닫은 상태로 유지하는 것.
② **도어 힌지** : 도어를 개폐할 때 지지점(支持點)이 되는 장식.

14_10

45 프런트 도어의 구성품으로 틀린 것은?

① 인사이드 핸들
② 암 레스트 고정 스크루
③ 트림 훼스너
④ 디플렉터

해설 디플렉터는 바람의 진로를 비껴가게 하거나 한쪽으로 기울게 한다는 뜻으로 윈드 디플렉터, 에어 디플렉터 등이 있다.

11_10

46 도어 장착 후 단차를 조정하려 한다. 이때 조정해야 할 주된 부품은?

① 체크 링크
② 도어 래치
③ 도어 스트라이커
④ 도어 트림

09_09

47 자동차 도어 훅크 중 일반적으로 가장 많이 사용하는 방식은?

① 스핀들식
② 캠식과 슬라이드식
③ 랙크 피니언식과 훅크판식
④ 빗장과 코터식

13_10

48 자동차 차체(body)의 틈새 막이로 비바람이나 먼지 등이 차실로 들어오는 것을 방지하기 위해 도어나 앞 유리 등의 가장자리에 설치하는 것은?

① 선루프(sun roof)
② 스포일러(spoiler)
③ 웨더 스트립(weather strip)
④ 카울(cowl)

해설 ① **선 루프** : 햇빛을 받아들이기 위해 자동차 지붕의 일부 또는 전부를 개폐할 수 있도록 한 것.

 42. ②　43. ①　44. ④　45. ④　46. ③　47. ③　48. ③

② 스포일러 : 스포일러는 공기의 흐름을 방해하여 차체 주변의 기류를 조절하는 역할을 하는 것.
③ 웨더 스트립 : 차실과 트렁크 룸을 밀폐하여 외부 공기나 소리가 들어오지 않도록 도어 또는 트렁크 리드(화물실 덮개) 가장자리에 설치되어 있는 고무 패킹을 말함.
④ 카울 : 앞 창유리(프린트 윈도)와 연결되는 앞부분의 패널을 말한다.

15_04

49 도어와 보디 사이에 부착되어 비, 바람, 물 및 먼지의 침입을 방지함과 동시에 도어 개폐시의 충격완화와 진동방지의 역할을 하는 것은?
① 도어 프레임   ② 도어 웨더 스트립
③ 스펀지   ④ 글래스

해설 도어 웨더 스트립은 차실과 트렁크 룸을 밀폐하여 외부 공기나 소리가 들어오지 않도록 도어 또는 트렁크 리드(화물실 덮개) 가장자리에 설치되어 있는 고무 패킹으로 도어를 닫았을 때 충격을 흡수하거나 주행 중 도어 트렁크 리드의 진동을 억제하는 역할도 한다.

14_04

50 자동차 유리 부착방법의 종류가 아닌 것은?
① 접착식
② 글로뷸라식
③ 리머 마운트식
④ 플래시 마운트식

해설 자동차 유리 부착 방법
① 접착식 : 유리를 보디에 접착제를 바르고 부착하는 방식으로 몰딩을 접착하는 방식에 따라 직접 접착식과 플래시 마운트식이 있다.
② 리머 마운트식 : 보디와 유리 사이에 내후성 탄성이 풍부한 고무 제품의 웨더 스트립을 테두리에 배치하여 설치하는 방식

15_10

51 자동차에 사용하는 몰드의 역할로 적당하지 않은 것은?
① 차체 이음새 부분의 숨김
② 차체의 손상방지
③ 물의 안내
④ 차체 강도 증가

해설 자동차에 사용하는 몰드의 역할
① 차체 이음새 부분의 숨김
② 차체의 손상방지
③ 물의 안내

11_04

52 다음 중 차체(body)를 구성하는 외장 부품은?
① 프레임   ② 범퍼
③ 계기패널   ④ 시트

해설 범퍼는 차체 앞·뒤쪽에 설치하는 보호 장치로 충돌시의 충격을 흡수하고 보디를 보호하며, 장식의 기능도 겸하고 있다. 주로 범퍼 본체, 본체를 지지하고 보디에 연결하기 위한 암, 사이드부를 고정하는 축으로 구성되어 있다.
본체의 소재는 스틸에서 수지(PPPC 우레탄, FRP)까지 여러 종류가 있으며 충격 흡수 성능이나 복원력이 뛰어나고 자유롭게 디자인 할 수 있는 수지 범퍼가 많이 사용되고 있다.

14_04

53 차량의 충돌과 접촉 사고 시 충격을 흡수 및 완화하여 차체를 보호하는 것으로 외형의 미적 부분을 완성하는 부품은?
① 펜더   ② 범퍼
③ 도어   ④ 후드

정답 49. ② 50. ② 51. ④ 52. ② 53. ②

15_04
54 충돌 및 접촉사고 시 차체를 보호하는 것이 목적이지만 자동차 외관상의 아름다움도 함께 부여하는 것은?

① 범퍼　　② 프런트 펜더
③ 도어　　④ 그릴

11_10
55 5마일 범퍼에서의 충격흡수 기구로 적당하지 않는 것은?

① 스릴 방식
② 쇽업소버 방식
③ 에너지 흡수 폼 내장 방식
④ 허니컴 방식

해설 5마일 범퍼는 자동차가 5마일 이내의 속도로 추돌시에 원래대로 복원이 되는 범퍼를 말하며, 2005년 이후 국내에서 제작되는 승용차는 의무적으로 5마일 범퍼를 장착하여야 한다.

14_10
56 리어 범퍼 탈착 과정에 대한 내용으로 틀린 것은?

① 화물실 리어 트림 및 콤비네이션 램프 탈거
② 리어 범퍼 로워 마운팅 리테이너 탈거
③ 리어 범퍼 어퍼 마운팅 스크루 및 리테이너 탈거
④ 센터 필러 트림 탈거

08_03
57 트렁크 도어의 구조는 프레스 가공한 얇은 강판으로 안쪽에서 프레임을 포개어 점 용접한 것이다. 트렁크 도어 개폐시 균형을 잡기 위해 사용되는 것은?

① 트렁크 도어 힌지
② 토션 바
③ 도어 록
④ 도어 체커

09_09
58 트렁크 리드 탈거 작업에 속하지 않는 것은?

① 리드 어셈블리
② 리드 힌지 마운팅 볼트
③ 리드 래치 및 메인 와이어 링
④ 사이드 가니쉬

08_10
59 자동차 차체 중 일체 구조식에서 외판부분으로 짝지어진 것은?

① 대시 패널과 후드
② 타이어 에이프런과 앞 엔드 패널
③ 대시 패널과 타이어 에이프런
④ 후드와 앞 엔드 패널

10_01
60 자동차 프레임(frame)의 기능이 아닌 것은?

① 섀시를 구성하는 각 장치를 차체와 연결한다.
② 자동차의 골격으로 차체의 하중을 지탱한다.
③ 운전자의 거주공간을 제공한다.
④ 앞뒤 차축에서 발생하는 반력을 지지한다.

해설 프레임의 기능
① 자동차의 골격으로 차체의 하중을 지지한다.
② 섀시를 구성하는 각 장치를 차체와 연결한다.
③ 앞뒤 차축에서 발생하는 반력을 지지한다.

정답 54. ①　55. ①　56. ④　57. ②　58. ④　59. ④　60. ③

61. 천장 외피의 효과와 가장 거리가 먼 것은?

① 방열
② 방음
③ 방화
④ 미관

62. 자동차 구조에 대한 설명 중 잘못된 것은?

① 자동차는 엔진, 섀시, 보디, 전장품 등에 의해 구성된다.
② 섀시는 보디와 주행에 필요한 모든 장치를 포함한다.
③ 독립된 프레임이 없는 자동차의 무게와 힘은 보디가 지지한다.
④ 자동차의 골격이라 할 수 있는 기본 틀을 프레임이라 한다.

해설 자동차 섀시는 보디를 제외하고 주행에 필요한 모든 장치를 말한다.

63. 충분한 강성과 강도가 요구되며, 자동차의 기본 골격이 되는 부분은?

① 패널(panel)
② 엔진(engine)
③ 프레임(frame)
④ 범퍼(bumper)

해설 프레임은 자동차 구조의 기본 뼈대가 되는 것으로 프레임에 엔진, 동력전달장치, 액슬 축, 휠 등이 부착되어 섀시를 형성한다. 프레임은 각 장치로부터 부하가 걸리는 것 이외에 승차 인원이나, 적하 하중을 받기 때문에 이에 견딜 수 있는 충분한 강도가 필요하다.

64. 다음 중 보디 프레임(body frame)의 종류로 가장거리가 먼 것은?

① 페리미터형 프레임
② 사다리형 프레임
③ Y형 프레임
④ X형 프레임

해설 프레임(frame)의 종류
① H형 프레임 : H형 프레임은 2개의 사이드 멤버에 여러 개의 크로스 멤버, 보강 판, 서스펜션 멤버 등의 설치용 브래킷류를 볼트나 아크 용접으로 결합하여 사다리 모양으로 제작한 프레임으로 일반적으로 버스나 트럭의 프레임에 사용한다.
② 페리미터형 프레임 : H형 프레임과 다른 점은 강성의 프레임이 승객 주위로 둘러싸여 있는 프레임으로 충돌 시 승객을 보호할 목적으로 설계되었으며, 프레임 레일의 승객석 위치상의 각 코너마다 토크 박스라 불리는 구분 지역을 만들어 전면, 중앙, 후면이 연결되어 있다. 토크 박스들은 중앙부는 강하게, 전·후면부는 유연성 있게 유지하며, 외국의 대형 고급 승용차에 사용되고 있다.
③ X형 프레임 : X형 프레임은 사이드 멤버의 간격을 중앙으로 좁혀서 X형으로 한 것과 크로스 멤버를 X형으로 설치한 것이 있으며, X형재에 의해 프레임 전체의 굽힘 강성을 높이는 구조로 한 것이 있다.
④ 백본형 프레임 : 백본형 프레임은 하나의 굵은 상자형 강관이나 I형 빔으로 되어 있기 때문에 엔진 및 보디를 부착하기 위한 크로스 멤버나 브래킷을 고정한 것으로 바닥 면이 낮아지고 중심을 낮게 할 수 있어서 주로 승용차에 사용한다.
⑤ 플랫폼형 프레임 : 플랫폼형 프레임은 프레임과 보디 바닥 면을 일체로 한 것이며, 이것은 보디와 조합시켜서 큰 상자형 단면을 만든 것으로 보디와 함께 휨 및 구부러짐에 대한 강성이 크다.
⑥ 트러스형 프레임 : 트러스형 프레임은 강관을 용접하여 트러스 구조로 만들어 프레임화한 것으로 중량이 가볍고 강성이 크나 대량 생산에 부적합하다.

정답 61. ③ 62. ② 63. ③ 64. ③

14_10

65 일반적인 프레임(frame)의 종류로 틀린 것은?

① X형 프레임
② 회전(rotary)형 프레임
③ 페리미터(perimeter)형 프레임
④ 플랫폼(platform)형 프레임

> **해설** 프레임의 종류
> ① X형 프레임　② H형 프레임
> ③ 페리미터 프레임　④ 플랫폼형 프레임
> ⑤ 백보운형 프레임　⑥ 트러스형 프레임

09_01

66 자동차의 프레임 중 프레임과 보디 바닥면을 일체로 한 프레임은?

① 플랫폼형 프레임
② 백본형 프레임
③ X형 프레임
④ H형 프레임

14_04

67 자동차의 프레임 높이(height of chassis above ground)에 대한 설명으로 옳은 것은?

① 축거의 중앙에서 측정한 접지면과 프레임 윗면까지의 높이
② 축거의 가장 낮은 부위에서 측정한 프레임 하단부까지의 높이
③ 축거의 가장 낮은 부위에서 측정한 프레임 윗면까지의 높이
④ 축거의 중앙에서 측정한 접지면과 프레임 하단부까지의 높이

> **해설** 프레임의 높이는 축거의 중심에서 측정한 접지면과 프레임 윗면 사이의 높이를 말한다.

09_09

68 트럭 프레임의 일반적인 보강판 단면형이 아닌 것은?

① ㅁ형　② ㅅ형
③ ㄷ형　④ ㄴ형

09_10

69 자동차 차체 프레임의 파손이나 변형의 원인과 가장 거리가 먼 것은?

① 노후에 의한 자연적 발생
② 부분적인 집중하중으로 인한 발생
③ 충돌, 굴러 떨어진 사고에 의한 발생
④ 극단적인 굽힘 모멘트의 발생

정답　65. ②　66. ①　67. ①　68. ②　69. ①

chapter 01 자동차구조

4. 엔진의 구조 및 작동원리

01 엔진의 개요 및 작동

엔진이란 연료를 연소시켜 여기에서 발생한 열에너지(작동 유체가 팽창하는 힘)를 기계적 에너지인 크랭크축의 회전력으로 변환시켜 동력을 얻는 장치이다.

1 4행정 사이클 엔진의 개요

① 4행정 사이클 엔진은 크랭크축이 2회전하고, 피스톤은 흡입, 압축, 동력, 배기의 4행정(4 stroke)을 하여 1사이클(1 cycle)을 완성한다.
② 4행정 사이클 엔진이 1사이클을 완료하면 크랭크축은 2회전하며, 캠축은 1회전하고, 흡·배기 밸브는 1번 개폐한다.

2 4행정 사이클 엔진의 작동

1) 흡입 행정(intake stroke)

① 피스톤이 상사점에서 하사점으로 하강한다.
② 실린더 내의 부압에 의해서 혼합가스가 실린더에 흡입된다.
③ 흡입밸브는 열리고 배기밸브는 닫혀 있다.
④ 피스톤은 1행정을 완료하며, 크랭크축은 180°회전을 한다.

2) 압축 행정(compression stroke)

① 피스톤이 상승하는 행정으로 혼합가스를 연소실에 압축한다.
② 흡입밸브 및 배기밸브가 모두 닫혀 있다.
③ 피스톤은 2행정을 완료하며, 크랭크축은 360°회전을 하여 1회전하게 된다.
④ 압축을 하는 목적은 혼합가스의 온도를 상승시켜 연소를 쉽게 하고 폭발 압력을 증대시키기 위함이다.

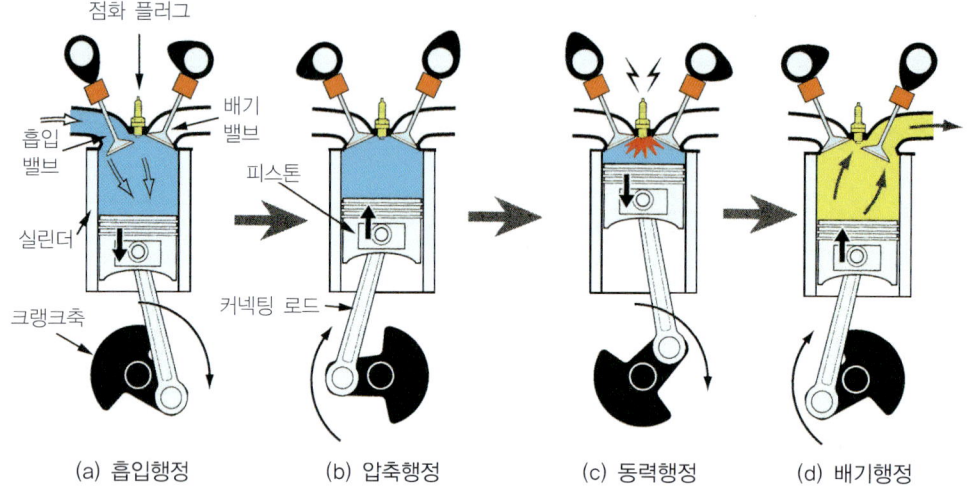

※ 4행정 사이클 엔진의 작동

3) 동력(폭발) 행정 (power stroke)

① 혼합가스가 급격히 연소하여 실린더 내의 압력이 상승한다.
② 피스톤이 하강하는 행정으로 흡입 및 배기밸브가 모두 닫혀 있다.
③ 피스톤에 가해진 압력이 커넥팅 로드를 통하여 크랭크축에 전달되어 회전한다.
④ 피스톤은 3행정을 완료하며, 크랭크축은 540° 회전을 한다.

4) 배기 행정 (exhaust stroke)

① 피스톤이 상승하는 행정으로 연소가스를 대기 중으로 배출한다.
② 흡입밸브는 닫히고 배기밸브는 열려 있다.
③ 피스톤은 4행정을 완료하며, 크랭크축은 720° 회전하여 1사이클을 완료한다.
④ 배기가스의 온도는 600~700℃이며, 배기가스의 압력은 3~4 kg/cm^2 이다.

3 4행정 사이클 엔진의 장단점

1) 장점

① 각 행정이 완전히 구분되어 있기 때문에 불확실한 곳이 없다.
② 흡입 행정에서의 냉각 효과로 각 부분의 열적 부하가 적다.
③ 저속에서 고속까지의 회전 속도 변화의 범위가 넓다.
④ 흡입 행정의 기간이 길어 체적 효율이 높다.
⑤ 블로바이 현상이 적어 연료 소비율이 적다.

⑥ 기동이 쉽고 불안전한 연소에 의한 실화가 발생되지 않는다.

2) 단점

① 밸브 기구가 복잡하고 이에 대한 정비가 필요하다.
② 밸브 기구의 부품수가 많아 충격이나 기계적 소음이 크다.
③ 폭발 횟수가 적기 때문에 실린더 수가 적을 경우 운전이 곤란하다.
④ 가격이 비싸고 마력당 중량이 무겁다.
⑤ 폭발 횟수가 적어 회전력의 변동이 크다.
⑥ 탄화수소(HC)의 배출량은 적으나 질소산화물(NOx)의 배출량이 많다.

02 엔진 주요부

1 실린더 헤드

1) 기 능

① 실린더 윗면에 설치되어 피스톤, 실린더와 함께 연소실을 형성한다.
② 압축과 폭발시 열에너지를 기계적 에너지로 변환한다.

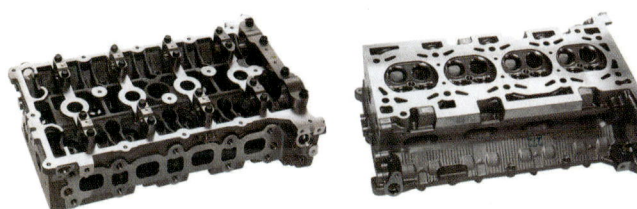

∷ 실린더 헤드

2) 알루미늄 합금 실린더 헤드를 사용하는 이유

① 열전도가 좋기 때문에 연소실의 온도를 낮게 유지할 수 있다.
② 압축비를 높일 수 있고 중량이 가볍다.
③ 냉각 성능이 우수하여 조기 점화의 원인이 되는 열점이 잘 생기지 않는다.

2 실린더 블록

① 실린더 블록은 엔진의 기초 구조물이다.
② 상부에는 피스톤이 상하 왕복 운동하는 실린더 부분으로 되어 있다.
③ 하부에는 크랭크축과 각 부품을 설치하기 위한 크랭크 케이스로 구성되어 있다.
④ 실린더 주위에는 연소열을 냉각시키기 위해 물 재킷이 설치되어 있다.

1) 실린더

① 실린더는 피스톤 행정의 약 2배가 되는 진원통형이다.
② 실린더는 피스톤이 상하 왕복 운동을 하도록 안내 역할을 한다.
③ 피스톤이 기밀을 유지하면서 동력을 발생시키는 역할을 한다.
④ 실린더 블록과 동일 재료로 만든 일체식 실린더가 있다.
⑤ 실린더 블록과 별개의 재질로 만든 라이너를 삽입한 실린더 라이너식이 있다.

∷ 실린더 블록

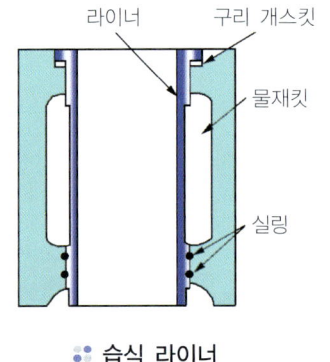

∷ 습식 라이너

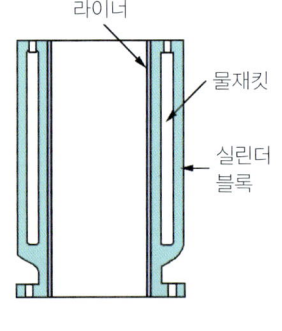

∷ 건식 라이너

2) 실린더 라이너식

① 습식 라이너의 바깥 둘레가 물 재킷으로 되어 냉각수와 직접 접촉된다.
② 습식 라이너가 건식 라이너보다 냉각 효과가 뛰어나다.
② 건식 라이너는 냉각수와 간접적으로 접촉된다.

3 피스톤 및 피스톤 어셈블리

1) 피스톤

① 실린더 내에 설치되어 12 ~ 13 m/sec 정도의 고속으로 왕복운동을 한다.
② 폭발 행정에서 발생된 압력을 커넥팅 로드를 통하여 크랭크축에 전달한다.
③ 피스톤 헤드는 연소실의 일부를 형성한다.
④ 피스톤 헤드는 혼합가스가 연소될 때 고온 고압에 노출된다.

2) 피스톤 링의 3대 작용

① 압축 및 폭발 행정에서 가스의 누출을 방지하는 기밀 작용(밀봉 작용)을 한다.
② 연소실에 엔진 오일이 유입되지 않도록 하는 오일 제어 작용을 한다.
③ 피스톤 헤드에 받는 열을 실린더 벽에 전달하는 열전도 작용(냉각 작용)을 한다.

3) 커넥팅 로드

① 커넥팅 로드는 소단부, 대단부, 본체로 구성되어 있다.
② 소단부는 부싱을 통하여 피스톤 핀과 연결된다.
③ 대단부는 크랭크 핀과 연결되어 있다.
④ 피스톤 헤드에 받는 폭발 압력을 크랭크축에 전달하는 역할을 한다.

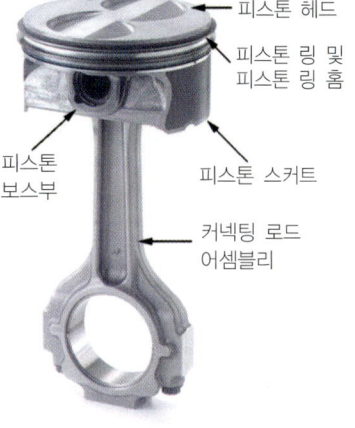

▪▪ 피스톤 어셈블리의 구조

4 크랭크축

① 피스톤의 왕복 운동을 회전 운동으로 변환시키는 역할을 한다.
② 엔진의 출력으로 외부에 전달하는 역할을 한다.
③ 흡입, 압축, 배기 행정에서는 크랭크축의 회전운동을 피스톤에 전달한다.

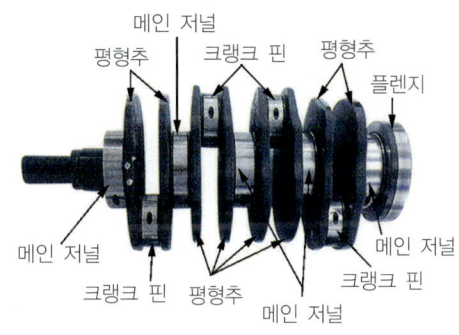

▪▪ 크랭크축

5 밸브 기구

1) 오버 헤드 밸브 기구

① **다이렉트형** : 캠이 밸브 스템 엔드 위에 설치된 리프터를 통하여 밸브를 개폐시킨다.
② **스윙암형** : 캠이 밸브 스템 엔드 위에 설치된 스윙암을 통하여 밸브를 개폐시킨다.

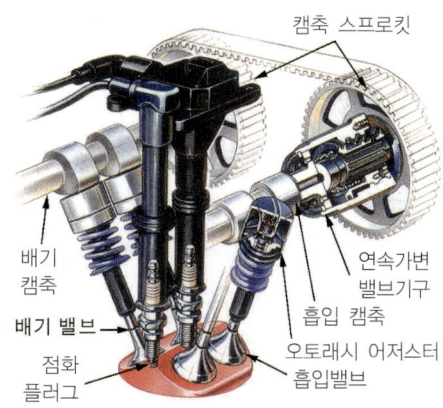

▪▪ 밸브 기구

③ **로커암형** : 캠이 로커암을 작동시키면 로커암이 밸브를 개폐시킨다.

2) **캠축**

① 크랭크축에서 전달되는 동력을 이용하여 캠을 구동시킨다.
② 흡입 및 배기밸브를 개폐시키는 역할을 한다.
③ 캠은 밸브의 수와 동일하게 설치되어 있다.

3) **밸브**

① 혼합기를 실린더에 유입하거나 연소가스를 대기 중에 배출한다.
② 압축 행정 및 동력 행정에서 가스의 누출을 방지하는 역할을 한다.
③ 열릴 때는 밸브 기구에 의해서, 닫힐 때는 스프링의 장력에 의해서 닫힌다.

4) **밸브 스프링의 서징 현상 방지법**

① 고유 진동수가 서로 다른 2중 스프링을 사용한다.
② 공진을 상쇄시키고 정해진 양정 내에서 충분한 스프링 정수를 얻도록 한다.
③ 부등 피치의 스프링을 사용한다.
④ 밸브 스프링의 고유 진동수를 높게 한다.
⑤ 부등 피치의 원뿔형 스프링을 사용한다.

03 냉각 장치

1 냉각 장치의 필요성

① 정상적인 작동 온도 85~95℃로 유지시키는 역할을 한다.
② 엔진의 작동 온도는 실린더 헤드 물 재킷부의 냉각수 온도로 표시한다.
③ 부품의 과열 및 손상을 방지한다.

2 공랭식 냉각 장치

① 자연 통풍식은 주행 중에 받는 공기로 엔진을 냉각시키는 방식이다.
② 강제 통풍식은 냉각팬을 회전시켜 강제로 다량의 공기를 보내어 냉각시키는 방식이다.
③ 실린더 및 실린더 헤드 둘레에 냉각핀이 설치되어 있다.
④ 냉각핀은 공기의 접촉 면적을 크게 한다.
⑤ 고주파 진동에 의해 파손되는 것을 방지하기 위해 리브가 설치되어 있다.

3 수냉식 냉각 장치

① 실린더 블록과 실린더 헤드에 냉각수 통로가 설치되어 있다.
② 물 펌프를 이용하여 냉각수를 순환시켜 엔진을 냉각시키는 방식이다.
③ 냉각수를 순환시켜 흡수한 열은 라디에이터에서 대기로 방출시킨다.
④ 냉각수는 방열기 → 출구 호스 → 물 펌프 → 워터 재킷 → 수온 조절기 → 방열기로 순환한다.

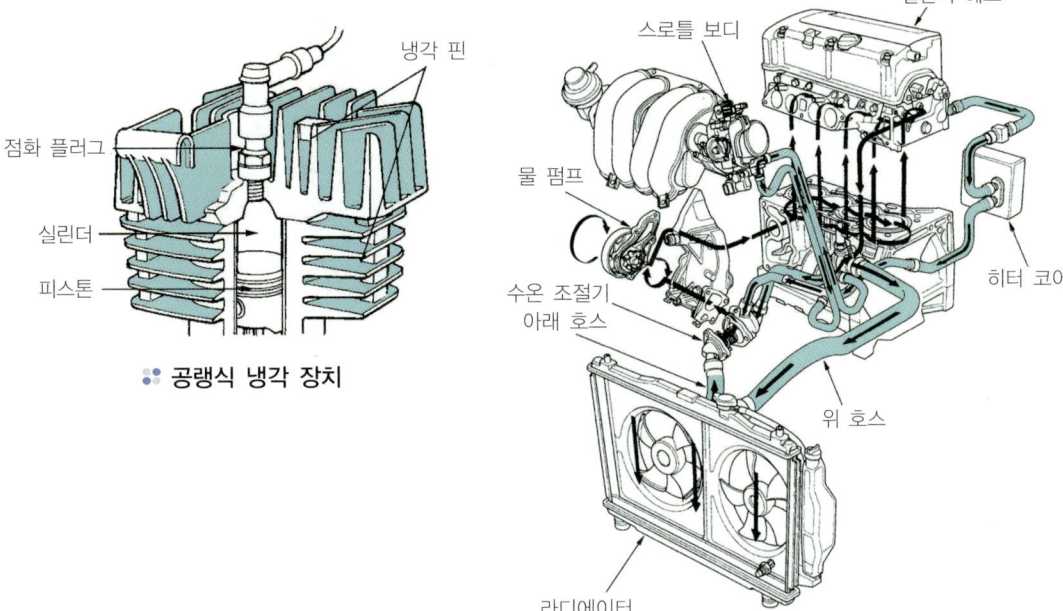

:: 공랭식 냉각 장치

:: 수냉식 냉각장치

4 압력식 라디에이터 캡

① 냉각 계통을 밀폐시켜 내부의 온도 및 압력을 조정한다.
② 냉각수의 비점을 112℃ 로 상승시킨다.
③ **압력 밸브** : 냉각 장치 내의 압력이 규정 이상으로 되면 열려 압력을 항상 일정하게 유지한다. 냉각 장치 내의 압력이 규정 이하이면 밸브가 닫힌다.
④ **진공 밸브** : 냉각수 온도가 저하되면 밸브가 열려 라디에이터 내의 압력을 대기압과 동일하게 유지시킨다.

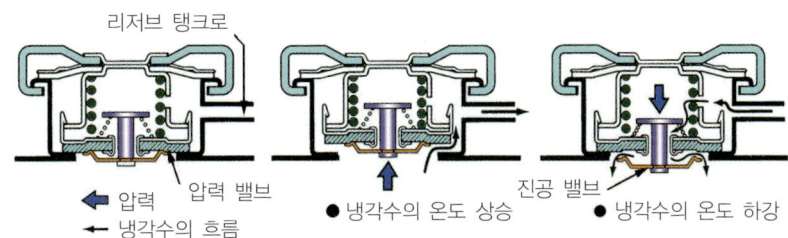

:: 압력식 라디에이터 캡

04 윤활 장치

1 윤활의 목적

① 각 운동 부분의 마찰을 감소시킨다.
② 마찰 손실을 최소화 하여 기계효율을 향상시킨다.

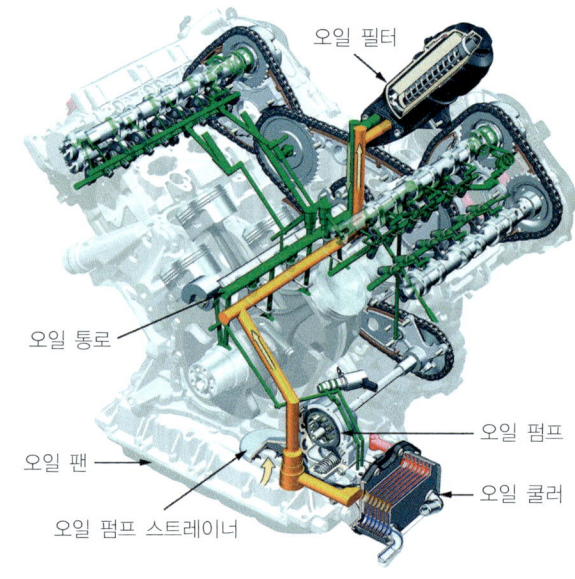

∴ 윤활 장치의 구성

2 윤활유의 구비조건

① 점도가 적당할 것
② 청정력이 클 것
③ 열과 산에 대하여 안정성이 있을 것
④ 비중이 적당할 것
⑤ 카본 생성이 적을 것
⑥ 인화점과 발화점이 높을 것
⑦ 응고점이 낮을 것
⑧ 기포 발생이 적을 것

3 윤활유의 작용

① **감마 작용** : 강인한 유막을 형성하여 마찰 및 마멸을 방지한다.
② **밀봉 작용** : 고온 고압의 가스가 누출되는 것을 방지한다.

③ **냉각 작용** : 마찰열을 흡수하여 방열하고 소결을 방지한다.
④ **세척 작용** : 먼지와 연소 생성물의 카본, 금속 분말 등을 흡수한다.
⑤ **응력 분산 작용** : 국부적인 압력을 오일 전체에 분산시켜 평균화시킨다.
⑥ **방청 작용** : 수분 및 부식성 가스가 금속부에 침투하여 부식되는 것을 방지한다.

4 윤활 장치의 구성 요소

① **오일 팬** : 오일을 저장 및 냉각한다.
② **펌프 스트레이너** : 오일 섬프 내의 오일을 오일펌프로 유도하고 오일펌프에 흡입되는 오일 내의 굵은 불순물을 여과한다.
③ **오일펌프** : 오일 팬 내의 오일을 흡입 가압하여 각 윤활부에 공급한다.
④ **오일 여과기** : 오일 속에 금속 분말, 연소 생성물, 수분 등의 불순물을 여과한다.
⑤ **유압 조절 밸브** : 윤활 회로 내의 압력이 과도하게 상승되는 것을 방지한다.
⑥ **유면 표시기** : 오일 팬에 저장되어 있는 오일량 및 오염도를 점검한다.
⑦ **유압계** : 오일펌프에서 윤활 회로에 공급되는 유압을 표시한다.
⑧ **오일 냉각기** : 오일의 높은 온도를 낮추어 70 ~ 80℃ 로 유지시키는 역할을 한다.

5 오일의 소비가 증대되는 원인

1) 오일이 연소되는 원인

① 오일 팬 내의 오일이 규정량 보다 높을 때
② 오일의 열화 또는 점도가 불량할 때
③ 피스톤과 실린더와의 간극이 클 때
④ 피스톤 링의 장력이 적을 때
⑤ 밸브 스템과 가이드 사이의 간극이 클 때
⑥ 밸브 가이드 오일 시일이 손상 되었을 때

2) 오일이 누설되는 원인

① 리어 크랭크축 오일 실이 파손 되었을 때
② 프런트 크랭크축 오일 실이 파손 되었을 때
③ 오일펌프 개스킷이 파손 되었을 때
④ 로커암 커버 개스킷이 파손 되었을 때
⑤ 오일 팬의 균열에 의해서 누출될 때
⑥ 오일 여과기의 오일 실이 파손 되었을 때

05 연료 장치

1 전자제어 가솔린 연료장치

1) 전자제어 연료 분사장치의 특징

① 각 실린더에 연료의 분배가 균일하고 엔진의 효율이 향상된다.
② 냉각수 온도 및 흡입 공기의 악조건에도 잘 견딘다.
③ 냉간 시동시 연료를 증량시켜 시동성이 향상된다.
④ 연료 소비율의 향상 및 가속시에 응답성이 신속하다.
⑤ 운전 성능의 향상 및 공기 흐름의 저항이 적다.
⑥ 감속시 배기가스의 유해 성분이 감소된다.
⑦ 베이퍼 록, 퍼컬레이션, 아이싱 등의 고장이 없다.
⑧ 엔진의 운전 조건에 가장 적합한 혼합기가 공급된다.

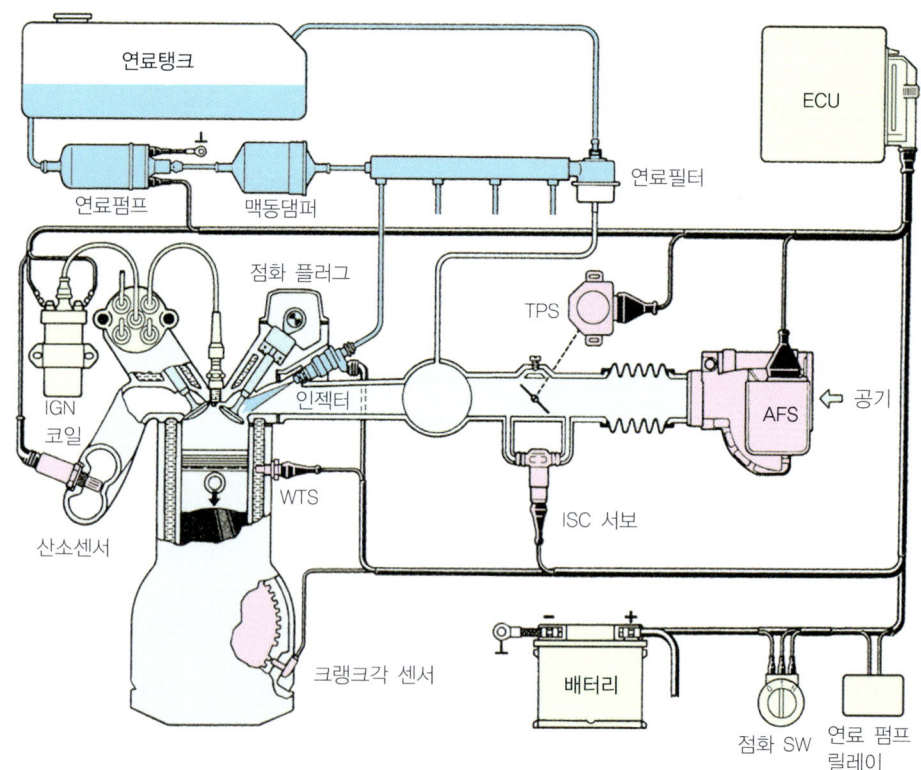

전자제어 연료 분사장치의 구성

2) 흡입 계통의 구성

① **서지 탱크(컬렉터 탱크)** : 공기의 맥동 흐름 및 흡입 간섭을 방지
② **스로틀 보디** : 스로틀 밸브, 공회전수를 제어하는 ISC-서보가 설치되어 있다.
③ **대시 포트** : 급감속시 스로틀 밸브가 급격히 닫히는 것을 방지한다.
④ **에어 밸브** : 엔진의 공회전수를 안정시키고 워밍업 시간을 단축시킨다.

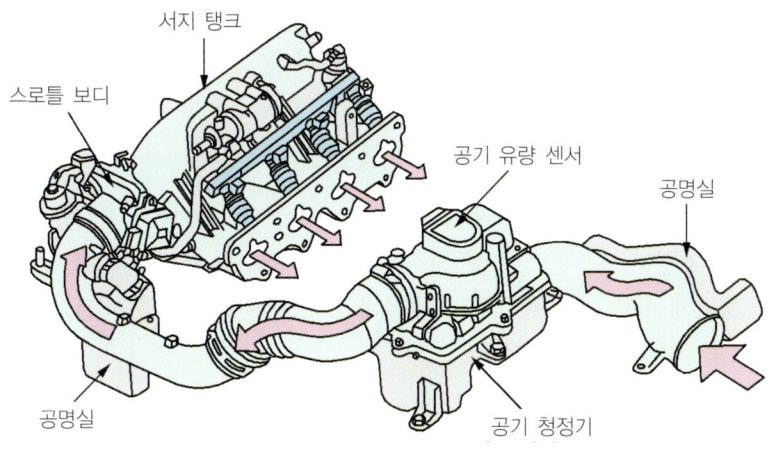

:: 흡입 계통의 구성

3) 연료 계통의 구성

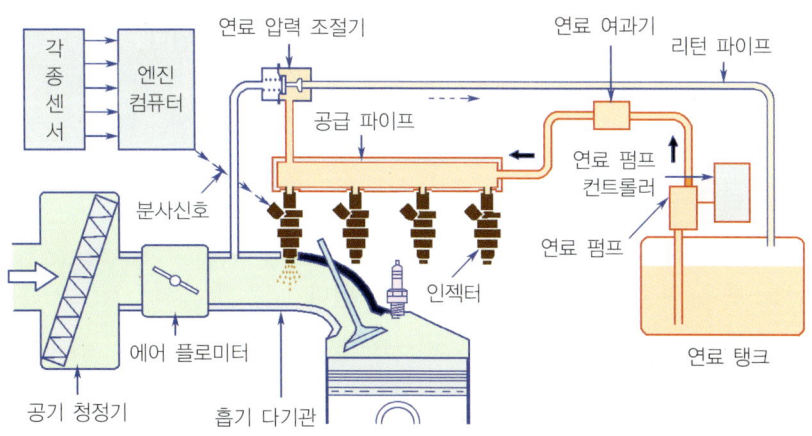

:: 연료 계통의 구성

① **연료 펌프** : 배터리 전원으로 구동되며, 연료를 인젝터에 공급한다. 첵 밸브는 연료 라인에 잔압을 유지, 베이퍼 록 방지, 엔진 재시동성을 향상시킨다. 릴리프 밸브는 연료 펌프에서 송출되는 연료의 압력을 일정하게 유지시킨다.

② **어큐뮬레이터** : 연료를 저장하여 엔진 작동시 연료 펌프의 맥동과 소음을 감소시킨다.
③ **연료 여과기** : 연료 속에 포함되어 있는 불순물을 여과한다.
④ **연료 압력 조절기** : 연료의 압력을 흡기 다기관의 진공에 대하여 $2.2\sim2.6\,kg/cm^2$의 차이로 유지시킨다.
⑤ **연료 분배 파이프** : 연료를 저장하여 분사에 의한 맥동적인 압력의 변화를 방지한다.
⑥ **인젝터** : 컴퓨터의 제어 신호에 의해 연료를 분사시키며, 연료의 분사량은 솔레노이드 코일에 통전되는 시간에 비례한다.

4) 제어 계통의 구성

제어 계통은 엔진 컴퓨터, 제어 릴레이, 수온센서, 흡기온도 센서, 스로틀 위치센서, 공전속도 조절기, 제1번 상사점 센서(캠축 위치센서), 크랭크각 센서 등으로 구성되어 있다. 전자제어 연료 분사장치는 엔진에 흡입되는 공기량과 엔진의 회전수를 근거로 기본 연료 분사량을 결정한다.

2 연료 분사 방식

1) 동기 분사(독립분사 순차분사)
① TDC 센서의 신호를 이용하여 분사 순서를 결정한다.
② 크랭크각 센서의 신호를 이용하여 분사시기를 결정한다.
③ 각 실린더마다 크랭크축이 2 회전할 때 연료가 분사된다.
④ 점화 순서에 의해 배기 행정시에 연료를 분사한다.

2) 그룹 분사
① 인젝터 수의 1/2 씩 제어 신호를 공급하여 연료를 분사한다.
② 엔진의 성능이 저하되는 경우가 없다.
③ 시스템을 단순화시킬 수 있는 장점이 있다.

3) 동시 분사(비동기 분사)
① 모든 인젝터에 분사 신호를 동시에 공급하여 연료를 분사시킨다.
② 냉각수온도 센서, 흡기온도 센서, 스로틀 위치 센서 등 각종 센서의 출력에 의해 제어한다.
③ 1 사이클당 2 회씩 연료를 분사시킨다.

06 LPG의 특징

① 가솔린 연료보다 가격이 저렴하기 때문에 경제적이다.
② 혼합기가 가스 상태로 실린더에 공급되기 때문에 CO의 배출량이 적다.
③ 옥탄가가 높고 연소 속도가 느리기 때문에 노킹이 적다.
④ 블로바이에 의한 오일의 희석이 적다.
⑤ 유황분의 함유량이 적기 때문에 오일의 오손이 적다.

07 배기가스 정화 장치

1 가솔린 자동차에서 배출되는 가스의 종류

① **연료 증발 가스** : 연료 탱크 내의 가솔린이 증발하여 대기로 방출되는 가스로 자동차에서 배출되는 전 탄소량의 15%를 차지한다.
② **블로바이 가스** : 피스톤과 실린더 사이에서 크랭크 케이스로 누출되는 가스로 자동차에서 배출되는 전 탄소량의 25%를 차지한다.
③ **배기가스** : 연료가 실린더 내에서 연소된 후 배기 파이프로 배출되는 가스로 자동차에서 배출되는 전 탄소량의 60%를 차지한다. 성분은 H_2O, CO, HC, NOx, 납산화물, 탄소입자 등이며, 인체에 유해한 가스는 일산화탄소(CO), 탄화수소(HC), 질소산화물(NOx)이다.

2 정화 장치의 구성

① **촉매 변환기** : 촉매를 이용하여 CO, HC, NOx를 산화 또는 환원시키는 역할을 한다.
② **EGR 밸브** : 컴퓨터의 제어 신호에 의해 EGR 밸브의 진공 통로가 열려 배기가스 일부를 재순환시켜 연소 온도를 낮추어 질소산화물(NOx)의 배출량을 감소시킨다. 공전 및 워밍업시에는 작동되지 않는다.
③ **캐니스터** : 엔진이 작동하지 않을 때 증발가스를 활성탄에 흡수 저장하고 엔진이 작동되어 일정 회전수가 되면 퍼지 컨트롤 솔레노이드 밸브를 통하여 서지 탱크로 유입된다.

3 촉매 변환기

배기다기관 아래쪽에 설치되어 배기가스가 촉매 변환기를 통과할 때 배기가스 속에 포함되어 있는 일산화탄소(CO), 탄화수소(HC), 질소산화물(NOx)을 촉매를 이용하여 산화 또는 환원시키는 역할을 한다.

1) 삼원 촉매 컨버터 (three way catalytic converter)

삼원은 배기가스 중 유독한 성분 CO, HC, NOx로 이들 3개의 성분을 동시에 감소시키는 장치이다. 배기관 도중에 설치되며, 촉매로서는 백금과 로듐이 사용된다. 유해한 CO(일산화탄소)와 HC(탄화수소)를 환원시켜 각각 무해한 CO_2(이산화탄소)와 H_2O(물)로 변화시키는데 충분한 산소가 필요하지만 NOx(산화질소)를 무해한 N_2(질소)로 변화시키는데 산소는 방해가 된다. 따라서 3가지 성분을 동시에 감소시키는 데는 혼합기를 산소의 과부족이 없는 이론 공연비에 가깝도록 조정할 필요가 있다.

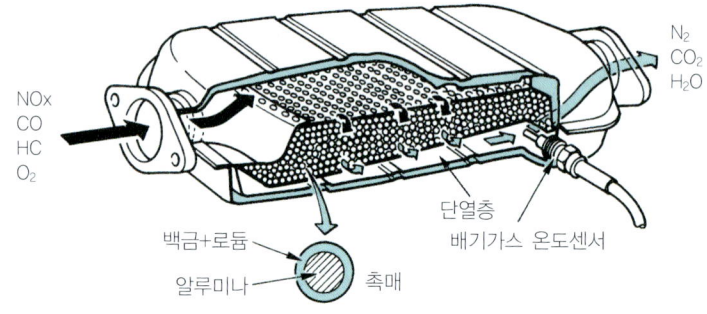

∴ 삼원 촉매 컨버터

2) 산화 촉매 컨버터 (catalytic converter for oxidation)

배기가스를 정화하는 장치로 배기가스에 외부의 공기를 가하여 300℃ 정도의 온도로 유지된 촉매의 중앙을 통과하여 유해한 CO(일산화탄소)와 HC(탄화수소)를 산화시켜 각각 무해한 CO_2(이산화탄소)와 H_2O(물)로 변환시키는 역할을 한다. 산화촉매로는 백금 또는 백금에 팔라듐을 첨가하여 사용한다.

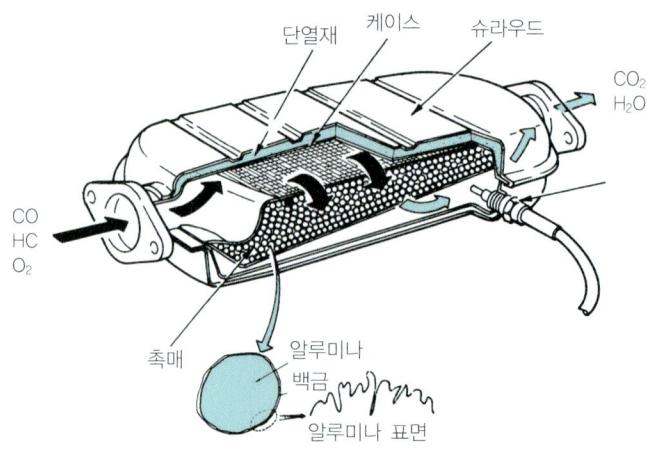

∴ 산화 촉매 컨버터

적·중·예·상·문·제

자동차구조

08_10

01 4행정 엔진의 크랭크축이 8회전 하였다면 이 엔진은 몇 사이클을 수행한 것인가?

① 2사이클 ② 4사이클
③ 6사이클 ④ 8사이클

[해설] 4행정 사이클 엔진은 크랭크축이 2회전하여 1사이클이 이루어지므로 크랭크축이 8회전한 경우는 4사이클이 완료된 것이다.

08_03

02 다음 중 실린더 블록에 관한 설명으로 옳은 것은?

① 실린더는 피스톤 행정의 약 2배의 길이로 열팽창을 고려해 타원형으로 되어 있다.
② 실린더와 실린더 블록을 별개로 만드는 경우에는 실린더 라이너를 설치한다.
③ 크랭크 케이스는 크랭크축이 설치되는 실린더 블록의 아래 부분을 말하며 오일 팬은 제외된다.
④ 건식 라이너는 냉각수와 직접 접촉되어 냉각효과가 뛰어나다.

[해설] 실린더 블록
① 실린더는 피스톤 행정의 약 2배의 길이로 진원통형이다.
② 실린더 블록과 동일 재료로 만든 일체식 실린더와 실린더 블록과 별개의 재질로 만든 라이너를 삽입한 실린더 라이너식이 있다.

③ 실린더 주위에는 연소열을 냉각시키기 위해 물 재킷이 설치되어 있다.
④ 실린더 하부에는 크랭크축과 각 부품을 설치하기 위한 크랭크 케이스로 구성되어 있다.
⑤ 건식 라이너는 냉각수와 간접 접촉되어 습식 라이너보다 냉각 효과가 떨어진다.

11_10

03 피스톤 링의 3대 작용이 아닌 것은?

① 기밀 유지 작용(밀봉 작용)
② 오일제어 작용(오일 긁어내리기 작용)
③ 열전도 작용(냉각 작용)
④ 피스톤 오일보급 작용

[해설] 피스톤 링의 3대 작용은 일봉 작용, 열전도 작용, 오일 제어 작용이다.

10_01

04 실린더 헤드의 밸브 개폐 기구에 직접적으로 속하지 않는 것은?

① 캠축
② 스로틀 밸브
③ 밸브 리프트
④ 로커암

[해설] 스로틀 밸브는 링키지나 와이어로 가속 페달에 연결되어 있으며, 엔진에 흡입되는 공기 또는 혼합기의 양을 조절하는 밸브이다. 얇은 원판을 중앙에 설치한 축을 중심으로 회전시켜 밸브를 개폐하는 버터플라이 밸브와 슬라이드식으로 개폐하는 슬라이드 밸브가 있다.

정답 01. ② 02. ② 03. ④ 04. ②

13_04
05 엔진에서 발생하는 밸브의 서징 현상을 방지하기 위한 방법이 아닌 것은?

① 스프링의 고유 진동수를 높인다.
② 피치가 서로 다른 2중 스프링을 사용한다.
③ 원추형 스프링의 사용을 피한다.
④ 부등 피치 스프링을 사용한다.

해설 서징 현상 방지법
① 피치가 서로 다른 2 중 스프링을 사용한다.
② 공진을 상쇄시키고 정해진 양정 내에서 충분한 스프링 정수를 얻도록 한다.
③ 부등 피치의 스프링을 사용한다.
④ 밸브 스프링의 고유 진동수를 높게 한다.
⑤ 부등 피치 스프링이나 원추형 스프링을 사용한다.

09_09
06 자동차의 수냉식과 공랭식 냉각장치 부품 중 공랭식 냉각계통에 있는 것은?

① 압력식 캡　② 서모스탯
③ 방열 핀　④ 라디에이터

해설 방열 핀(냉각 핀)은 공랭식 엔진의 실린더 등 장치를 냉각할 목적으로 장착한 지느러미 모양이며, 실린더 헤드나 실린더 블록에 설치하여 공기의 접촉 면적을 크게 하므로 냉각이 잘되도록 한다. 냉각핀은 알루미늄 합금을 사용하며, 고주파 진동을 방지하기 위하여 리브(rib)를 만들어야 한다.

12_10
07 내연기관의 냉각장치에서 냉각수가 순환하는 경로를 나타낸 것으로 맞는 것은?

① 방열기→출구호스→물 펌프→워터재킷→수온조절기→방열기
② 방열기→물 펌프→출구호스→워터재킷→수온조절기→방열기
③ 방열기→출구호스→물 펌프→수온조절기→워터재킷→방열기
④ 방열기→수온조절기→물 펌프→워터재킷→출구호스→방열기

06_04
08 다음 중 기관이 과열하는 원인에 속하지 않는 것은?

① 냉각 팬의 파손
② 냉각수 흐름 저항 감소
③ 엔진의 과부하
④ 냉각수에 이물질 혼입

06_04
09 윤활유의 구비조건이 아닌 것은?

① 비중이 적당할 것
② 인화점 및 발화점이 낮을 것
③ 점성과 온도와의 관계가 양호할 것
④ 카본 생성이 적으며 강인한 유막을 형성하여 쉽게 산화하지 말 것

해설 윤활유의 구비조건
① 점도가 적당할 것
② 청정력이 클 것
③ 열과 산에 대하여 안정성이 있을 것
④ 비중이 적당할 것
⑤ 카본 생성이 적을 것
⑥ 인화점과 발화점이 높을 것
⑦ 응고점이 낮을 것
⑧ 기포 발생이 적을 것

15_04
10 기관에서 윤활유 소비가 과다한 직접적인 원인으로 가장 거리가 먼 것은?

① 피스톤 링의 마모
② 실린더의 마모
③ 밸브 스템 실(seal)의 손상
④ 수온조절기(서모스탯)의 열림 유지

정답 05. ③　06. ③　07. ①　08. ②　09. ②　10. ④

해설 윤활유의 소비가 증대되는 원인은 연소와 누설이다.

14_10

11 기관의 크랭크축 베어링에서 오일 간극이 작을 경우 나타나는 현상으로 옳은 것은?

① 오일 간극으로 인해 유압이 저하된다.
② 마찰이 적어 기관의 연비가 좋아진다.
③ 유압이 낮아지고 축의 회전소음이 적어진다.
④ 유막이 파괴되어 베어링이 소결 된다.

해설 오일 간극이 적으면 유막이 파괴되어 마찰 및 마멸이 증대되고 소결 현상이 발생된다.

06_01

12 자동차용 센서 중 압전소자를 이용하는 것은?

① 스로틀 포지션 센서
② 조향각 센서
③ 맵 센서
④ 차고센서

해설 MAP 센서는 압전 소자를 이용하며, 흡기다기관 내의 절대 압력을 측정하여 실린더에 흡입되는 공기량을 간접적으로 검출하는 역할을 한다.

06_04

13 전자제어 분사장치에서 기본 분사시간을 결정할 때 입력받는 신호는?

① 스로틀 포지션 센서, 수온 센서
② 엔진 회전수, 수온 센서
③ 흡입 공기량 센서, 엔진 회전수
④ 흡입 공기량 센서, 스로틀 포지션 센서

해설 연료 분사 시간의 기준을 결정하는 요소(신호)는 흡입 공기량(MAP 센서 신호 또는 AFS 신호)과 엔진 회전수(CAS 신호)에 의해서 연료의 기본 시간이 결정된다.

06_04

14 전자제어 가솔린 엔진의 분사방식으로 가장 적절치 못한 것은?

① 순차분사   ② 병렬분사
③ 동시분사   ④ 그룹분사

해설 전자제어 엔진의 연료 분사방식에는 동시 분사, 그룹 분사, 순차 분사(동기분사, 독립 분사) 등이 있다.

06_04

15 자동차용 LPG 연료의 특성이 아닌 것은?

① 연소효율이 좋고 엔진이 정숙하다.
② 엔진 수명이 길고 오일의 오염이 적다.
③ 대기오염이 적고 위생적이다.
④ 옥탄가가 낮으므로 연소 속도가 빠르다.

해설 LPG 연료의 특징
① 가솔린 연료보다 가격이 저렴하기 때문에 경제적이다.
② 혼합기가 가스 상태로 실린더에 공급되기 때문에 CO의 배출량이 적다.
③ 옥탄가가 높고 연소 속도가 느리기 때문에 노킹이 적다.
④ 블로바이에 의한 오일의 희석이 적다.
⑤ 유황분의 함유량이 적기 때문에 오일의 오손이 적다.

09_01

16 가스를 한 곳에 모아 분배하기 위한 덕트나 파이프를 말하는 것은?

① 소음기
② 매니폴드
③ 가변흡기 제어장치
④ 개스킷

 11. ④ 12. ③ 13. ③ 14. ② 15. ④ 16. ②

17 공기 청정기(건식)의 흐름 효율저하를 방지하려면 정기적으로 엘리먼트를 빼내어 어떻게 하는가?

① 물걸레로 닦아낸다.
② 물속에 넣어 세척한다.
③ 경유에 세척한다.
④ 압축공기로 먼지 등을 불어낸다.

해설 공기 청정기는 공기가 엘리먼트를 통과할 때 공기 속의 불순물을 여과하는 역할을 하며, 정기적으로 엘리먼트를 빼내어 압축 공기를 이용하여 안쪽에서 밖으로 불어낸다.

18 배압(Back Pressure)의 설명으로 가장 거리가 먼 것은?

① 배압은 일종의 피스톤 운동에 저항하는 압력이다.
② 배압의 증가는 곧 출력의 증가를 초래한다.
③ 소음기와 같은 배기계통의 막힘이 배압 증가의 원인이 될 수 있다.
④ 크랭크 케이스 내의 압력 증가는 배압 상승의 원인이 될 수 있다.

해설 배압이란 배기가스가 받는 배출 저항을 말한다. 연소실에서 나온 배기가스는 급히 체적이 커지므로 배기 밸브·배기 포트·배기 다기관·배기관 및 소음기 등의 저항을 받는다. 이 저항이 크면 고속회전에서 연소 효율이 나빠지며, 연소가스가 배출되기 어려워지기 때문에 엔진의 출력이 저하한다.

19 자동차에서는 실린더 내에서 연소를 하고 남은 배기가스를 밖으로 내보내는 가스의 운동을 하게 된다. 이런 경우 배기가스에 배압이 상승한다면 그 이유로 가장 적합한 것은?

① 배기관의 막힘
② 오버사이즈 소음기
③ 2개로 설치된 테일 파이프
④ 새로 장착한 정품의 머플러

해설 배압은 엔진의 배기 행정 중 피스톤에 걸리는 배기가스의 압력으로 배기관이 많이 구부려졌거나 소음기의 구조가 복잡하여 배기가스의 흐름이 장애를 받으면 배압이 크고, 연소가스가 배출되기 어려워지기 때문에 엔진의 출력이 저하한다.

20 배기관의 배압이 상승하는 원인으로 맞는 것은?

① 배기관의 막힘
② 오버사이즈 소음기
③ 2개로 설치된 테일 파이프
④ 새로 장착한 정품의 머플러

21 자동차 가솔린 엔진에서 일반적으로 발생하는 유해가스가 아닌 것은?

① HC   ② CO
③ SO   ④ NOx

22 자동차에서 발생하는 유해 배출가스의 기본적인 종류가 아닌 것은?

① 배기 파이프에서 나오는 배기가스
② 기관의 크랭크 케이스에서 나오는 블로바이 가스
③ 연료탱크나 기화기 등에서 증발하는 연료증발 가스
④ 촉매 변환기의 촉매 가스

  17. ④ 18. ② 19. ① 20. ① 21. ③ 22. ④

해설 ▶ 자동차에서 배출되는 가스의 종류
① 연료 증발 가스 : 자동차에서 배출되는 전 탄소량의 15%
② 블로바이 가스 : 자동차에서 배출되는 전 탄소량의 25%
③ 배기가스 : 자동차에서 배출되는 전 탄소량의 60%

11_04
23 자동차 엔진의 유해가스 저감 대책과 직접적으로 관련되지 않은 것은?
① 촉매 변환기
② 더블 오버헤드 밸브
③ EGR 밸브
④ 캐니스터

해설 ▶ 배출가스 정화장치
① 촉매 변환기 : 촉매를 이용하여 CO, HC, NOx 를 산화 또는 환원시키는 역할을 한다.
② EGR 밸브 : 컴퓨터의 제어 신호에 의해 EGR 밸브의 진공 통로가 열려 배기가스 일부를 재순환시켜 연소 온도를 낮추어 질소산화물(NOx)의 배출량을 감소시킨다. 공전 및 워밍업시에는 작동되지 않는다.
③ 캐니스터 : 엔진이 작동하지 않을 때 증발가스를 활성탄에 흡수 저장하고 엔진이 작동되어 일정 회전수가 되면 퍼지 컨트롤 솔레노이드 밸브를 통하여 서지 탱크로 유입된다.

07_01
24 엔진의 배기가스 중에 NOx를 해가 없는 CO_2와 N_2로 변화시키는 장치는?
① 산화 촉매
② 산소 촉매
③ 환원 촉매
④ 질소 촉매

해설 ▶ 촉매 변환기(촉매 컨버터)
① 산화 촉매 변환기 : 백금 또는 백금에 팔라듐을 첨가하여 배기가스의 CO와 HC를 산화시켜 CO_2 와 H_2O 로 변환시켜 배출한다.
② 환원 촉매 변환기 : 백금과 로듐이 사용되며, 배기가스의 CO와 HC를 CO_2 와 H_2O 로 환원시키고 NOx는 N_2 로 환원시켜 배출한다.

13_10
25 고장진단 후 기관 해체 정비 시기의 판단 기준으로 옳은 것은?
① 냉각수 누수 : 규정값의 40% 이상일 때
② 압축압력 : 규정값의 70% 이하일 때
③ 연료 소비율 : 규정값의 60% 이상일 때
④ 윤활유 소비율 : 규정값의 50% 이상일 때

해설 ▶ 엔진의 해체 정비 시기
① 압축 압력 : 규정 압력의 70% 미만일 때
② 연료 소비율 : 표준 소비율의 60% 이상일 때
③ 오일 소비율 : 표준 소비율의 50% 이상일 때
④ 엔진의 내부적인 결함이 발생되었을 때

16_04
26 자동차 기관의 연비를 향상시키기 위한 대책이 아닌 것은?
① 동력전달장치의 마찰 감소
② 자체의 공기저항 감소
③ 차량의 중량 저감
④ 기관 냉각수 온도 저감

해설 ▶ 연비 향상을 위한 대책
① 차량의 중량을 저감시킨다.
② 동력전달장치의 마찰 감소에 의한 동력전달 손실 저감
③ 차체의 공기저항을 감소시킨다.

27 내연기관 작동시 실린더 내의 압력과 체적의 관계를 나타내는 선도는?
① 밸브개폐시기 선도
② 지압 선도
③ 변속 선도
④ 연소 선도

해설 ▶ 지압 선도란 엔진 연소실 내의 압력(지압)과 용적의 관계를 도면화 하여 엔진의 작동상태를 나타낸 것으로 PV 선도라고도 한다.

정답 23. ② 24. ③ 25. ② 26. ④ 27. ②

chapter 01 자동차구조
5. 섀시의 구조 및 작동원리

01 클러치

클러치는 엔진과 변속기 사이에 설치되어 있으며, 엔진의 동력을 변속기에 전달하거나 차단하는 역할을 한다.

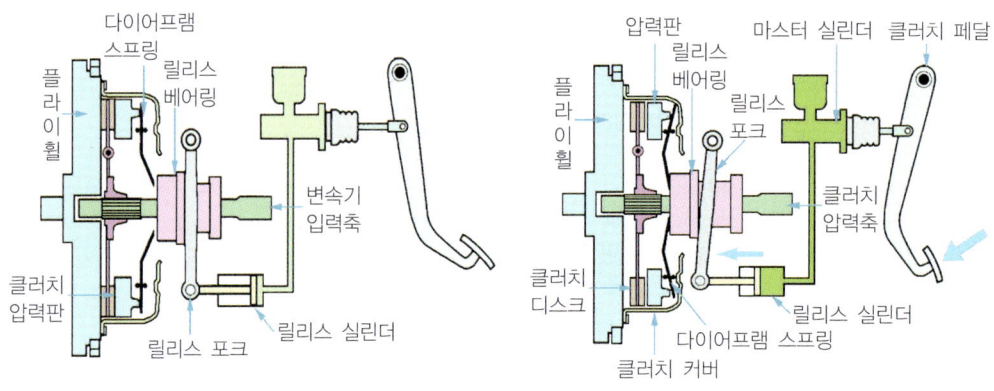

❖ 동력 전달 상태   ❖ 동력 차단 상태

1 클러치의 필요성

① 시동시 엔진을 무부하 상태로 유지하기 위하여 필요하다.
    → 엔진을 무부하 상태 유지
② 엔진의 동력을 차단하여 기어 변속이 원활하게 이루어지도록 한다.
    → 기어 바꿈을 위해
③ 엔진의 동력을 차단하여 자동차의 관성 주행이 되도록 한다.
    → 관성 운전을 위해

2 클러치의 구비 조건

① 동력의 차단이 신속하고 확실할 것.
② 동력의 전달을 시작할 경우에는 미끄러지면서 서서히 전달될 것.
③ 클러치가 접속된 후에는 미끄러지는 일이 없을 것.
④ 회전 부분은 동적 및 정적 평형이 좋을 것.
⑤ 회전 관성이 적을 것.
⑥ 방열이 양호하고 과열되지 않을 것.
⑦ 구조가 간단하고 고장이 적을 것.

02 변속기

1 기능

① 주행 조건에 알맞은 회전력으로 바꾸는 역할을 한다.
② 구동 바퀴에 엔진의 동력을 전달하는 역할을 한다.

2 필요성

① 출발 및 등판 주행시 큰 구동력을 얻기 위해 필요하다.
② 엔진의 회전력을 증대시키기 위해 필요하다.
③ 엔진을 무부하 상태로 유지하기 위해 필요하다.
④ 자동차의 후진을 위하여 필요하다.

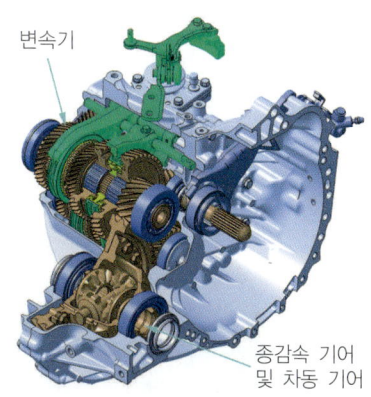

트랜스 액슬

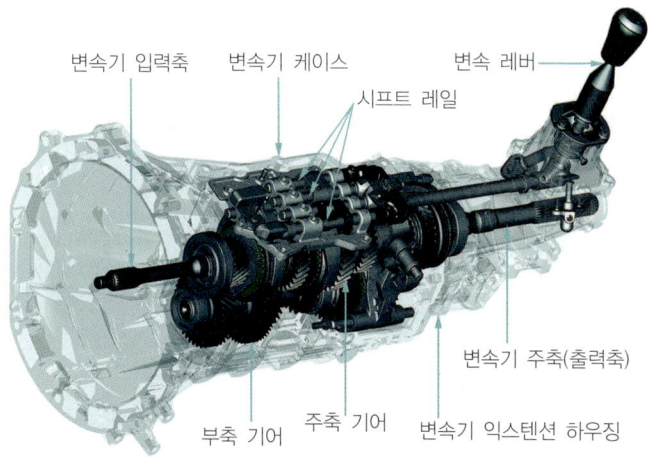

수동 변속기

3 구비 조건

① 단계 없이 연속적으로 변속될 것.
② 조작이 쉽고, 신속, 확실, 정숙하게 행해질 것.
③ 전달 효율이 좋을 것.
④ 소형 경량이고 고장이 없으며, 다루기 쉬울 것.

03 토크 컨버터

1 토크 컨버터의 기능

① 엔진에서 전달되는 동력을 유체의 운동 에너지로 변환시킨다.
② 유체 운동 에너지를 다시 동력으로 변환시켜 변속기에 전달한다.
③ 유체 클러치에 스테이터를 추가로 설치하여 회전력을 증대시킨다.
④ 유체 클러치를 사용하는 자동차는 클러치 페달이 없다.

2 토크 컨버터의 구조

① **펌프 임펠러** : 크랭크축에 연결되어 엔진이 회전하면 유체 에너지를 발생한다.
② **터빈 런너** : 변속기 입력축 스플라인에 접속되어 있으며, 유체 에너지에 의해 회전한다.
③ **스테이터** : 펌프 임펠러와 터빈 런너 사이에 설치되어 터빈 런너에서 유출된 오일의 흐름 방향을 바꾸어 펌프 임펠러에 유입되도록 한다.
④ 펌프 임펠러, 스테이터, 터빈 런너가 설치되어 있으며, 오일이 가득 채워져 있다.
⑤ **토크 변환율**은 2 ~ 3 : 1 이며, **동력전달 효율**은 97 ~ 98% 이다.

(a) 펌프

(b) 스테이터

(c) 터빈

• 토크 컨버터의 구조

04 여유 구동력

① 여유 구동력 = 최대 구동력 − 주행 저항이다.
② 여유 구동력은 등판(구배), 가속 등에 이용된다.
③ 구동력이 자동차의 주행 저항보다 크거나 같으면 차속을 유지한다.
④ 여유 구동력이 0 인 지점에서 자동차는 최고 속도를 낸다.

05 자재이음(유니버설 조인트)

① 자재이음은 2 개의 축이 동일 평면상에 있지 않은 축에 동력을 전달할 때 사용한다.
② 각도 변화에 대응하여 피동축에 원활한 회전력을 전달하는 역할을 한다.
③ 자재 이음은 십자형 자재이음(훅 조인트), 플렉시블 자재이음, 트러니언 자재이음, 등속 자재이음(CV 조인트)으로 분류된다.
④ 동력 전달 각도가 작은 추진축에는 십자형 자재 이음 또는 플렉시블 이음이 사용된다.
⑤ 동력 전달 각도가 큰 전륜 구동차의 액슬 축에는 CV 자재 이음이 사용된다.

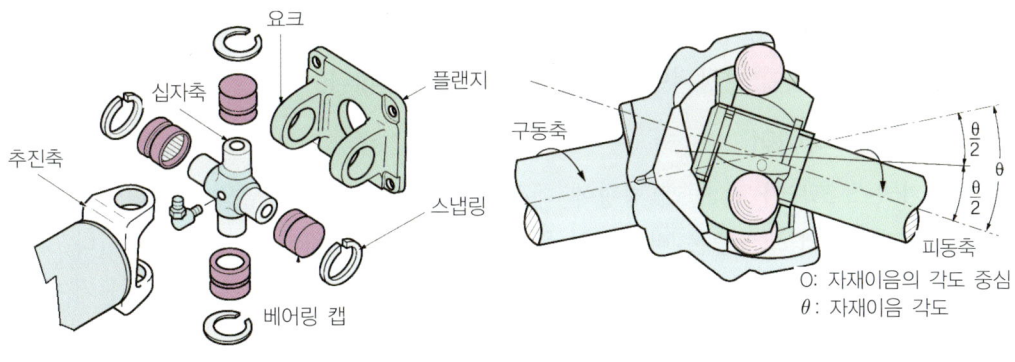

❖ 십자형 자재이음   ❖ 등속 자재이음

06 타이어

1 타이어 형상에 의한 분류

1) 바이어스 타이어(보통 타이어)

① 카커스의 코드가 사선 방향으로 설치된 타이어이다.

② 카커스의 코드가 타이어 원주 방향의 중심선에 대하여 보통 25~40°의 각도로 교차 시켜 접합된 타이어 이다.

③ 보통 바이어스 타이어의 튜브 타이어로 버스 및 트럭에 사용된다.

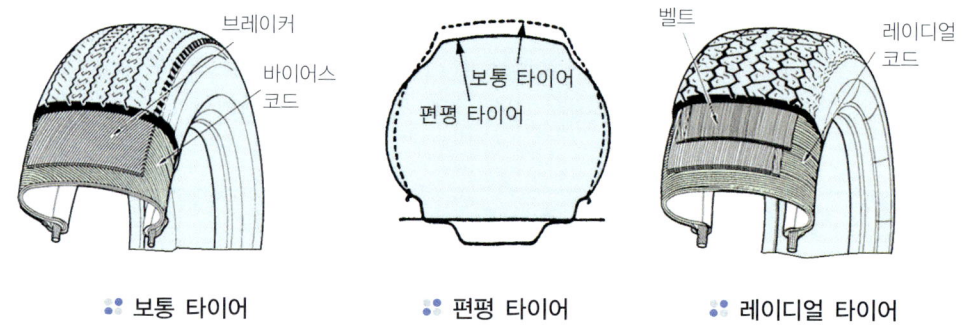

:: 보통 타이어   :: 편평 타이어   :: 레이디얼 타이어

2) 편평 타이어(광폭 타이어)

① 편평비로 표시된 것으로 보통 타이어보다 작다.
② 접지 면적이 크고 옆 방향 변형에 대해 강도가 크다.
③ 제동시, 출발시, 가속시 미끄러짐이 작고 선회성이 좋다.
④ 숄더부까지 트레드 패턴이 배열되어 있다.
⑤ 타이어 폭이 넓어 접지성이 좋다.
⑥ 코너링 성능이 향상되어 일반 타이어보다 안전하다.

3) 레이디얼 타이어

① 카커스 코드가 원 둘레 방향에 대하여 직각 방향으로 배열되어 있다.
② 브레이커의 코드층은 타이어의 원둘레 방향으로 교차시켜 배열되어 있다.
③ 원 둘레 방향의 압력은 브레이커가 지지하고 직각 방향의 압력은 카커스가 지지한다.
④ 선회시의 사이드슬립 또는 고속 주행시의 슬립에 의한 회전 손실이 적다.
⑤ 트레드가 얇기 때문에 방열성이 양호하다.
⑥ 보강대의 벨트가 단단하여 저속 주행시나 험한 도로에서 충격이 잘 흡수되지 않는다.

4) 스노 타이어

① 눈길에서 체인 없이 구동력 및 제동력이 향상된다.
② 보통 타이어보다 트레드 폭이 10~20% 넓고, 홈 깊이는 50~70% 정도 깊다.
③ 트레드 중앙부에 설치된 리브 패턴은 눈길에서 방향성을 유지시킨다.
④ 트레드 좌우측에 설치되어 있는 블록 패턴은 견인력을 유지시킨다.
⑤ 트레드가 50% 마멸되면 체인을 병용하여야 한다.

2 타이어의 구조

1) 트레드

① 노면에 접촉되는 부분으로 내마멸성의 고무로 형성되어 있다.
② 슬립의 방지와 열의 방산을 위하여 여러 가지의 패턴이 설치되어 있다.
③ 내부의 카커스 및 브레이커를 보호하기 위해 내마모성의 두꺼운 고무층으로 되어 있다.

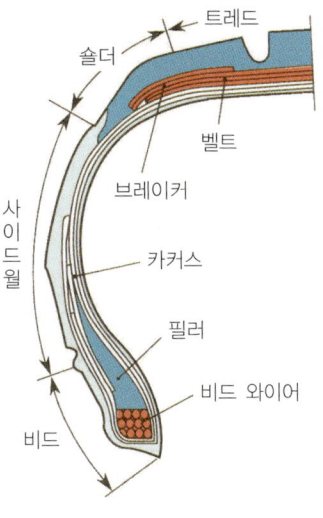

● 타이어의 구조

2) 카커스

① 내부의 공기 압력을 받으며, 타이어의 형상을 유지시키는 뼈대이다.
② 목면, 나일론, 폴리에스텔, 레이온, 강 등의 코드를 서로 경사지게 겹쳐 내열성의 고무로 밀착시킨 구조이다.
③ 코드층의 수를 플라이 수로 표시하며, 플라이 수가 클수록 큰 하중에 견딘다.
④ 승용차의 저압 타이어는 4~6 ply, 트럭 및 버스의 고압 타이어는 8~16 ply 로 되어 있다.

3) 브레이커

① 브레이커는 카커스와 트레이드 사이에 몇 겹의 코드층으로 설치되어 있다.
② 노면에서의 충격을 완화하고 트레이드의 손상이 카커스에 전달되는 것을 방지한다.
③ 트레드가 카커스에서 분리되는 것을 방지하는 역할을 한다.
④ 보통 2~4층의 거친 눈의 코드층을 고무로 싼 구조로 되어 있다.
⑤ 내열성이 양호하도록 밀착력이 강한 고무로 보호되어 있다.

4) 비드

① 비드는 타이어가 림에 부착 상태를 유지시키는 역할을 한다.
② 몇 줄의 비드 와이어(피아노 선)가 원 둘레 방향으로 설치되어 비드가 늘어남을 방지한다.
③ 비드는 타이어가 림에서 이탈되는 것을 방지하는 역할을 한다.

5) 타이어 밸브

① 타이어 밸브는 코어와 밸브 시트 등으로 구성되어 있다.
② 공기를 넣을 때는 열리고 보통 때는 밀착되어 공기가 누출되지 않도록 한다.
③ 일반 타이어에 사용하는 튜브 밸브와 튜브 리스 타이어에 사용되는 림 밸브로 구분된다.

3 타이어의 호칭

① 타이어의 호칭에는 타이어 폭, 타이어 내경 또는 타이어의 외경으로 표시한다.
② 경우에 따라서는 플라이 수 및 편평비 또는 각종 기호로 표시한다.
③ 편평비는 고속 주행의 안전성을 향상시키기 위해 작을수록 좋다.

$$편평비 = \frac{타이어\ 높이}{타이어\ 폭} \times 100$$

④ **저압 타이어의 호칭 치수** : 타이어 폭(inch) − 타이어 내경(inch) − 플라이수
⑤ **고압 타이어의 호칭 치수** : 타이어 외경(inch) × 타이어 폭(inch) − 플라이수

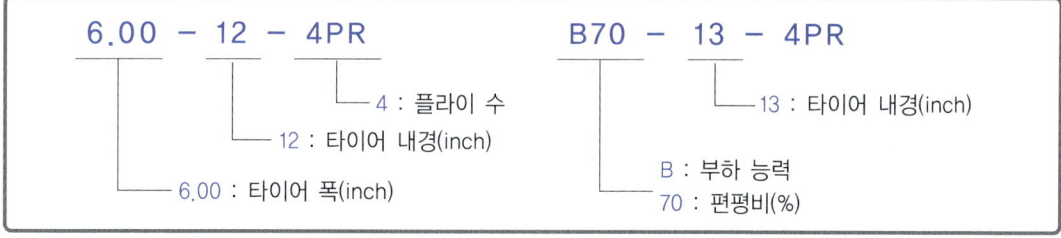

⑥ 레이디얼 타이어 호칭 치수

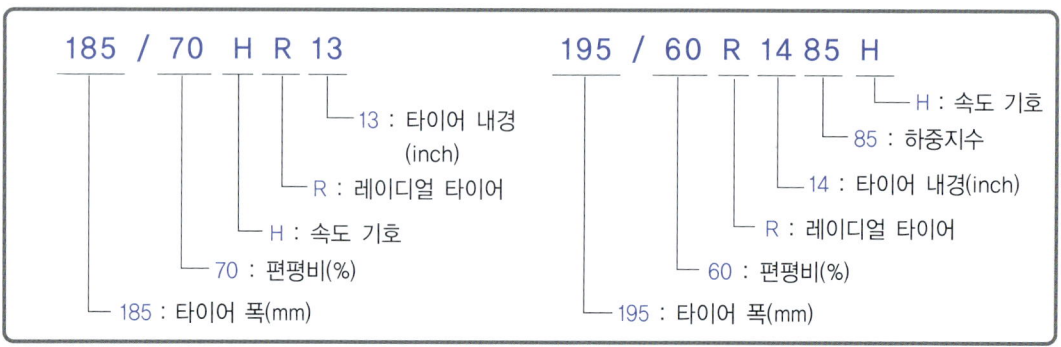

4 스탠딩 웨이브(Standing wave) 현상

타이어가 회전하면 이에 따라 타이어의 원주에서는 변형과 복원을 반복한다. 타이어의 회전속도가 빨라지면 접지부에서 받은 타이어의 변형(주름)이 다음 접지시점 까지도 복원되지 않고 접지의 뒤쪽에 진동의 물결이 일어난다. 이 현상을 스탠딩 웨이브라고 한다.

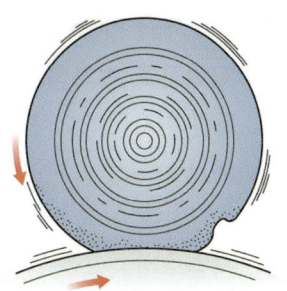

∷ 스탠딩 웨이브 현상

5 하이드로 플래닝(수막현상 ; Hydro planing)

자동차가 물이 고인 노면을 고속으로 주행할 때 타이어는 그루브(타이어 홈) 사이에 있는 물을 배수하는 기능이 감소되어 물의 저항에 의해 노면으로부터 떠올라 물위를 미끄러지듯이 되는 현상이 발생하게 되는데 이 현상을 수막현상이라 한다.

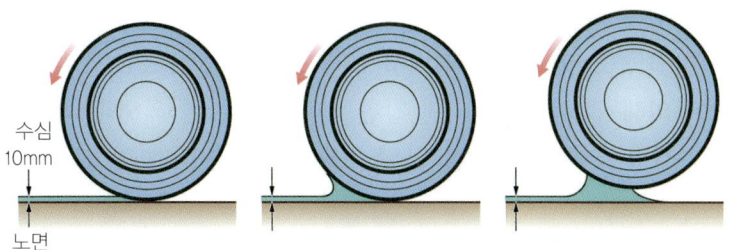

07 현가장치

1 현가장치의 기능

① 주행 중 노면에서 발생되는 진동이나 충격을 흡수 완화시킨다.
② 진동이나 충격이 승객에 직접 전달되는 것을 방지하여 승차감을 향상시킨다.
③ 진동이나 충격이 차체에 직접 전달되는 것을 방지하여 자동차의 안전성을 향상시킨다.

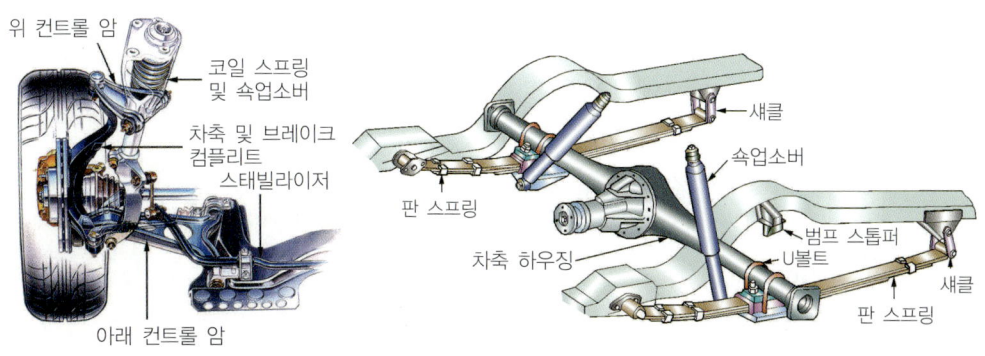

∷ 독립 현가장치   ∷ 일체차축 현가장치

2 현가장치의 구성

① **일체차축 현가장치** : 1개의 축에 좌우 바퀴가 설치되어 있는 형식의 현가장치.
② **독립 현가장치** : 좌우 바퀴가 각각 독립적으로 작용할 수 있도록 한 형식의 현가장치.
③ **섀시 스프링** : 차축과 프레임 사이에 설치되어 바퀴에 가해지는 진동이나 충격을 흡수한다.
④ **쇽업소버** : 스프링의 고유 진동을 제어하여 승차감을 향상시킨다.
⑤ **스태빌라이저** : 자동차의 롤링을 방지하여 평형을 유지한다.
⑥ **컨트롤 암 및 링크** : 프레임에 대하여 바퀴가 상하 운동을 할 때 최적의 위치로 유지시킨다.

3 판스프링

① 강판의 휨에 의한 탄성을 이용하며, 일체식 차축에 사용한다.
② 여러 장의 스프링 강판을 겹쳐서 센터 볼트와 클립으로 조립되어 있다.
③ 노면에 의해 진동이 발생되면 강판 사이의 마찰에 의해 감쇠된다.
④ 스프링 강판 끝 부분에 마찰 및 소음을 방지하기 위해 사일런트 패드가 설치되어 있다.

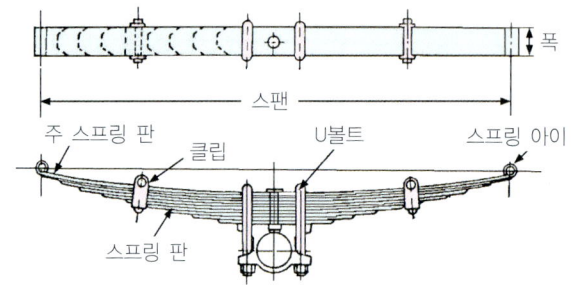

:. 판스프링의 구성

4 쇽업소버의 역할

① 주행 중 충격에 의해 발생된 스프링의 고유 진동을 흡수한다.
② 스프링의 상하 운동 에너지를 열에너지로 변환시킨다.
③ 스프링의 피로를 감소시킨다.
④ 로드 홀딩 및 승차감을 향상시킨다.
⑤ 진동을 신속히 감쇠시켜 타이어의 접지성 및 조향 안정성을 향상시킨다.

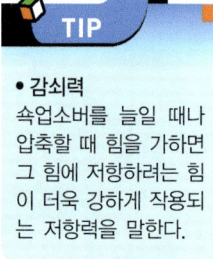

TIP

● **감쇠력**
쇽업소버를 늘일 때나 압축할 때 힘을 가하면 그 힘에 저항하려는 힘이 더욱 강하게 작용되는 저항력을 말한다.

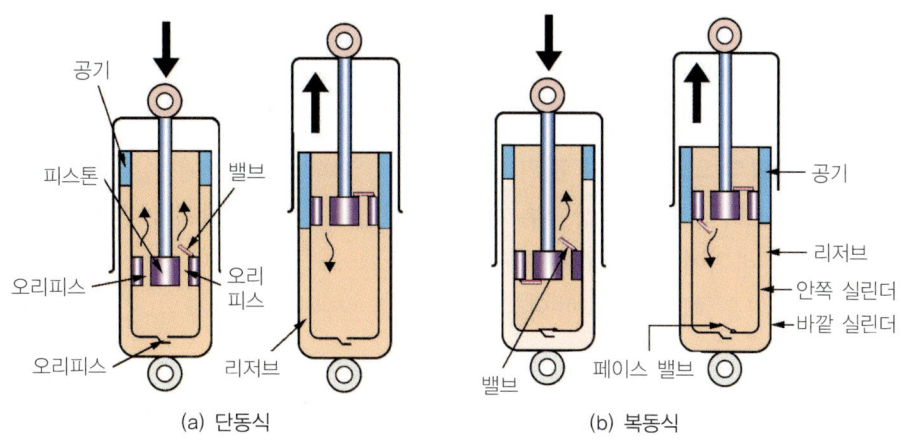

업소버의 작동

5 진동수와 승차감

① 걸어가는 경우 : 60~70cycle/min
② 뛰어가는 경우 : 120~160cycle/min
③ 양호한 승차감 : 60~120cycle/min
④ 멀미를 느끼는 경우 : 45cycle/min 이하
⑤ 딱딱한 느낌의 경우 : 120cycle/min 이상

08 휠 얼라인먼트

1 캠버

① 앞바퀴를 앞에서 보았을 때 타이어 중심선이 수선에 대해 0.5~1.5°의 각도를 이룬 것.
② 조향 핸들의 조작을 가볍게 한다.
③ 수직 방향의 하중에 의한 앞 차축의 휨을 방지한다.
④ 바퀴의 아래쪽이 바깥쪽으로 벌어지는 것을 방지한다.

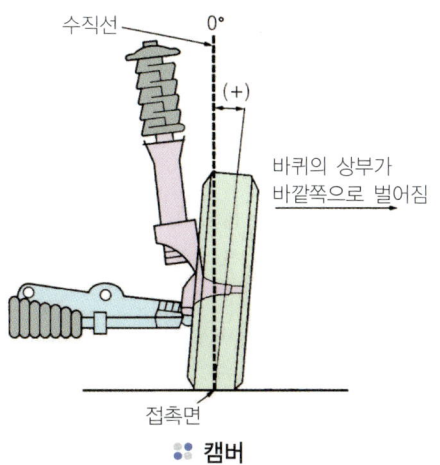

캠버

2 캐스터

① 앞바퀴를 옆에서 보았을 때 킹핀의 중심선이 수선에 대해 1~3°의 각도를 이룬 것.
② **플러스(정)의 캐스터** : 킹핀의 상단부가 뒤쪽으로 기울은 상태.
③ **마이너스(부)의 캐스터** : 킹핀의 상단부가 앞쪽으로 기울은 상태.
④ **0 의 캐스터** : 킹핀의 상단부가 어느 쪽으로도 기울어지지 않은 상태.
⑤ 주행 중 바퀴에 방향성(직진성)을 준다.
⑥ 조향 하였을 때 직진 방향으로 되돌아오는 복원력이 발생된다.

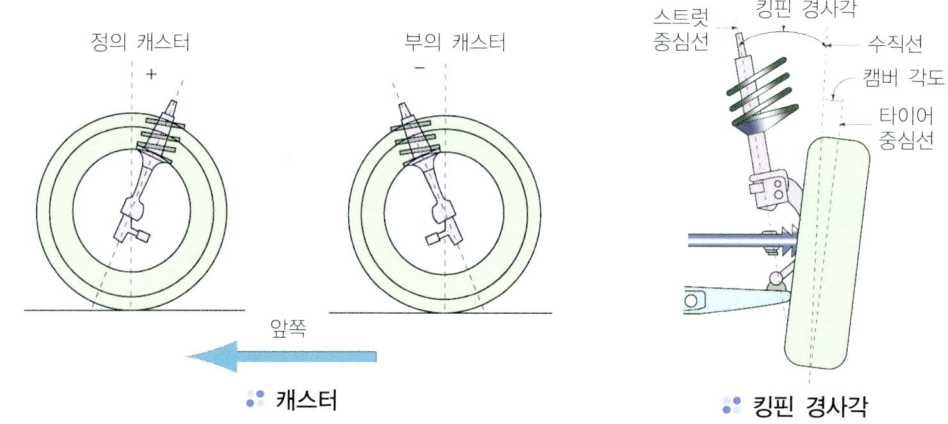

• 캐스터   • 킹핀 경사각

3 킹핀 경사각

① 앞바퀴를 앞에서 보았을 때 킹핀의 중심선이 수선에 대해 5~8°의 각도를 이룬 것.
② 캠버와 함께 조향 핸들의 조작력을 작게 한다.
③ 바퀴의 시미 모션을 방지한다.
④ 앞바퀴에 복원성을 주어 직진 위치로 쉽게 되돌아가게 한다.

4 토우-인

① 앞바퀴를 위에서 보았을 때 좌우 타이어 중심선간의 거리가 앞쪽이 뒤쪽보다 좁은 것.
② 토우-인은 보통 2~6 mm 정도이다
③ 앞바퀴를 평행하게 회전시킨다.
④ 바퀴의 사이드슬립의 방지와 타이어 마멸을 방지한다.
⑤ 조향 링키지의 마멸에 의해 토 아웃됨을 방지한다.
⑥ 토인은 좌·우 타이로드의 길이를 변화시켜 조정한다.

09 정지거리와 정지시간

자동차의 정지거리는 공주거리와 제동거리를 합한 거리이다. 이때까지 소요된 시간이 정지소요시간(공주시간+제동시간)이다.

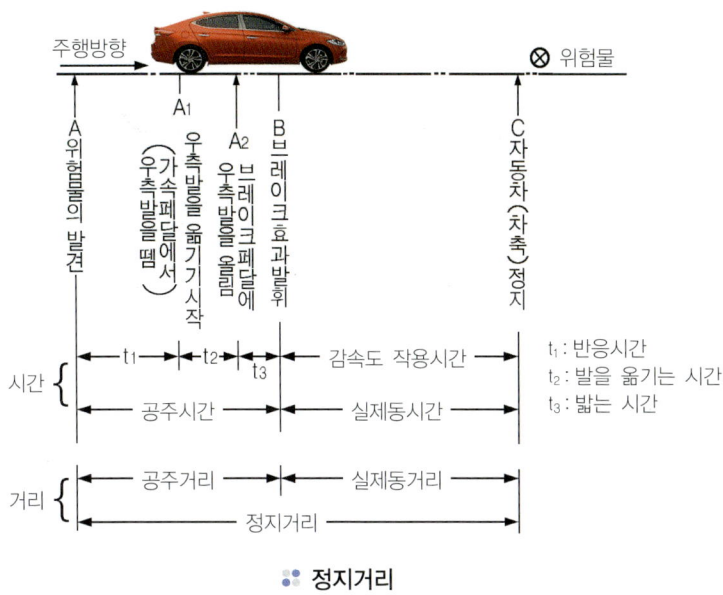

▶ 정지거리

① **공주거리와 공주시간** : 운전자가 자동차를 정지시켜야 할 상황임을 지각하고 브레이크 페달로 발을 옮겨 브레이크가 작동을 시작하는 순간까지의 시간을 공주시간이라고 한다. 이때까지 자동차가 진행한 거리를 공주거리라고 한다.

② **제동거리와 제동시간** : 운전자가 브레이크 페달에 발을 올려 브레이크가 막 작동을 시작하는 순간부터 자동차가 완전히 정지할 때까지의 시간을 제동시간이라 한다. 이때까지 자동차가 진행한 거리를 제동거리라고 한다.

③ **정지거리와 정지시간** : 운전자가 위험을 인지하고 자동차를 정지시키려고 시작하는 순간부터 자동차가 완전히 정지할 때까지의 시간을 정지시간이라고 한다. 이때까지 자동차가 진행한 거리를 정지거리라고 하는데 정지거리는 공주거리와 제동거리를 합한 거리를 말하며, 정지시간은 공주시간과 제동시간을 합한 시간을 말한다.

적·중·예·상·문·제

자동차구조

08_10
01 클러치 시스템의 필요조건이 아닌 것은?
① 회전부분의 평형이 좋아야 한다.
② 동력전달 효율을 높이기 위해 회전 관성이 커야 한다.
③ 방열이 잘되고 과열되지 않아야 한다.
④ 클러치 작용이 원활하고, 단속이 확실해야 한다.

해설 클러치의 구비조건
① 회전 부분의 평형이 좋을 것
② 동력의 차단이 신속하고 확실할 것
③ 회전 관성이 적을 것
④ 방열이 양호하여 과열되지 않을 것
⑤ 구조가 간단하고 고장이 적을 것
⑥ 접속된 후에는 미끄러지지 않을 것
⑦ 동력의 전달을 시작할 경우에는 미끄러지면서 서서히 전달될 것

10_01
02 변속기의 필요성과 거리가 먼 것은?
① 후진이 가능하게 하기 위해
② 엔진을 무부하 상태로 유지하기 위해
③ 엔진의 회전력 증대를 위해
④ 엔진의 구동력을 감소시키기 위해

해설 변속기의 필요성
① 엔진을 무부하 상태에 있게 한다.
② 후진을 한다.
③ 회전력을 증가시킬 수 있다.

08_03
03 자동변속기에서 엔진의 회전력을 받아 구동력을 증대시키는 장치는?
① 유압펌프   ② 토크 컨버터
③ 액추에이터   ④ 메카트로닉스

해설 토크 컨버터는 유체 클러치의 구조에 스테이터를 추가로 설치하여 엔진에서 전달되는 동력을 유체의 운동 에너지로 변환시켜 회전력을 2~3배로 증대시켜 변속기에 전달한다.

14_10
04 자동변속기에서 토크 컨버터의 주요 구성부품으로 틀린 것은?
① 펌프   ② 터빈
③ 스테이터 ④ 축압기

해설 축압기는 연료공급 펌프와 연료 분배기 사이에 설치되며, 엔진이 정지한 후 일정 시간동안 시스템의 잔압을 유지하는 역할을 한다.

09_01
05 반드시 시동을 건 상태에서 점검해야하는 항목은?
① 엔진 오일과 파워스티어링 오일의 양
② 자동변속기 오일과 냉각수의 양
③ 엔진의 냉각수와 자동변속기 오일의 양
④ 자동변속기와 파워스티어링 오일의 양

해설 자동변속기 오일과 파워 스티어링 오일의 양 점검은 엔진의 시동을 걸어 각 작동부분에 오일이 충분히 공급되도록 한 후 에 점검하여야 한다.

정답 01. ② 02. ④ 03. ② 04. ④ 05. ④

06 자동차의 여유 구동력에 관한 설명으로 틀린 것은?

① 최대 구동력과 주행저항의 차이이다.
② 최고속도에서의 여유 구동력은 영(0)이다.
③ 여유 구동력은 가속이나 구배에서 사용된다.
④ 최고속도에서의 여유구동력은 최대값이 된다.

해설 여유 구동력
① 최대 구동력과 주행저항과의 차이를 말한다.
② 최고 속도에서의 여유 구동력은 0 이다.
③ 여유 구동력은 가속이나 구배에서 사용된다.

07 자재이음 이란 두 개의 축이 어느 각도를 두고 교차할 때 자유로이 동력을 전달할 수 있는 장치를 말한다. 다음 중 자동차에서 주로 사용하는 자재이음의 종류가 아닌 것은?

① 슬립 조인트   ② 플렉시블 조인트
③ 등속 조인트   ④ 트러니언 조인트

해설 슬립 조인트는 추진축의 길이 변화에 대응하는 조인트이다. 자재 이음은 두 축이 일직선상에 있지 않고 어떤 각도를 가졌을 때 두 개의 축 사이에 동력을 전달할 목적으로 사용하여 각도 변화에 대응하는 것으로 등속 조인트, 트러니언 조인트, 플렉시블 조인트 등이 있다.

08 편평 타이어의 특성으로 틀린 것은?

① 눈길에서 체인을 사용하지 않는다.
② 숄더부까지 트레드 패턴이 배열되어 있다.
③ 타이어 폭이 넓어 접지성이 좋다.
④ 코너링 성능이 향상되어 일반 타이어보다 안전하다.

해설 편평 타이어(광폭 타이어)
① 타이어 단면의 높이와 폭의 비인 편평비로 표시된 것으로 보통 타이어보다 작다.
② 접지 면적이 크고 옆 방향 변형에 대해 강도가 크다.
③ 제동시, 출발시, 가속시 미끄러짐이 작고 선회성이 좋아 승용자동차에 많이 사용된다.
④ 숄더부까지 트레드 패턴이 배열되어 있다.
⑤ 타이어 폭이 넓어 접지성이 좋다.
⑥ 코너링 성능이 향상되어 일반 타이어보다 안전하다.

09 다음 자동차 타이어 사용공기압에 따른 분류의 설명으로 적합한 것은?

> 보기
> 20~40psi 공기압을 사용하는 기본형이며, 일반적으로 승용차에 사용된다.

① 저압 타이어   ② 고압 타이어
③ 초저압 타이어 ④ 초고압 타이어

해설 저압 타이어는 타이어의 공기 압력을 낮게 하여 노면과 접지 면적을 넓게 한 타이어이다.

10 타이어의 뼈대가 되는 중대한 부분으로써, 하중이나 충격에 완충 작용을 해야 하기 때문에 목면 또는 레이온이나 나일론 코드를 여러 층 엇갈리게 겹쳐서 내열성 고무로 접착시킨 구조로 되어 있는 것은?

① 비드(Bead)
② 브레이커(Breaker)
③ 트레드(Tread)
④ 카커스(Carcass)

정답 06. ④ 07. ① 08. ① 09. ① 10. ④

해설 타이어 각 부분의 기능
① 브레이커 : 고무로 피복된 코드를 여러 겹 겹친 층에 해당되며, 타이어 골격을 이루는 부분으로 노면에서의 충격을 완화하고 트레이드의 손상이 카커스에 전달되는 것을 방지한다.
② 카커스 : 타이어의 뼈대가 되는 부분으로서 공기의 압력을 견디어 일정한 체적을 유지하고 또 하중이나 충격에 따라 변형하여 완충작용을 한다.
③ 트레드 : 직접 노면과 접촉되어 마모에 견디고 적은 슬립으로 견인력을 증대시키는 역할을 한다.
④ 비드 : 자동차 타이어에서 내부에는 고탄소강의 강선(피아노선)을 묶음으로 넣고 고무로 피복한 링 상태의 보강 부위로 타이어 림에 견고하게 고정시키는 역할을 한다.
⑤ 사이드 월 : 자동차 바퀴에서 노면과 접촉을 하지 않지만 카커스를 보호하고 타이어 규격, 메이커 등 각종 정보가 표시되는 부분을 사이드 월이라고 한다.

10_10
11 타이어의 골격을 이루는 중요한 부분으로 플라이와 비드 부분의 총칭이며, 하중이나 충격에 완충 작용을 해야 하기 때문에 목면 또는 레이온이나 나일론 코드를 여러 층 엇갈리게 겹쳐서 내열성 고무로 접착시킨 구조로 되어 있는 것은?
① 비드(Bead)
② 브레이커(Breaker)
③ 트레드(Tread)
④ 카커스(Carcass)

15_04
12 타이어의 골격을 이루는 플라이와 비드 부분의 총칭으로, 타이어에서 트레드, 사이드 월, 벨트를 제거한 부분은?
① 비드(Bead)
② 브레이커(Breaker)
③ 트레드(Tread)
④ 카커스(Carcass)

09_01
13 자동차에서 사용하는 타이어 규격 표시 "205 55 R17에서 55의 의미는?
① 최고속도 허용 시간당 55마일을 의미함
② 타이어 폭에 대한 높이의 편평비가 55% 임을 의미함
③ 타이어 호칭 치수가 고압 타이어임을 의미함
④ 튜브가 없는 튜브리스 타이어를 의미함

해설 타이어 호칭 치수
205 55 R 17
① 205 : 타이어 폭(mm)
② 55 : 편평비(%)
③ R : 레이디얼 타이어
④ 17 : 타이어 내경 또는 림 직경(inch)

11_04
14 타이어 트레드 고무의 표면 마모 현상과 관계없는 것은?
① 얼라인먼트(토인, 토아웃)에 의한 횡력
② 커브를 돌 때의 횡력
③ 공기압, 하중, 속도, 도로상태 등의 사용조건
④ 하이드로 플래닝(hydro planing) 현상 시

해설 하이드로 플래닝은 수막현상이라고도 하며, 물이 고인 노면을 고속으로 주행하면 타이어가 물에 약간 떠 있는 상태가 되므로 자동차를 제어할 수 없게 되는 현상을 말한다.

 11. ④ 12. ④ 13. ② 14. ④

15 주행 중 타이어에서 발생할 수 있는 현상과 가장 거리가 먼 것은?

① 스탠딩 웨이브 현상
② 하이드로 플래닝 현상
③ 타이어 터짐
④ 베이퍼 록

> **해설** 용어의 정의
> ① 스탠딩 웨이브 현상 : 타이어의 공기압이 부족할 때 고속 주행 중 타이어의 접지부 뒤쪽에서 정상파가 발생되는 현상
> ② 하이드로 플래닝 현상 : 수막현상. 물이 고인 노면을 고속으로 주행하면 타이어가 물에 약간 떠 있는 상태가 되므로 자동차를 제어할 수 없게 되는 현상.
> ③ 베이퍼 록 : 액체를 사용하는 계통에서 열에 의하여 액체가 증기(베이퍼)로 변하여 어떤 부분이 폐쇄(lock)되므로 2계통의 기능을 상실하는 것.

16 고속 주행 중 타이어의 접지부가 후방에서 발생되는 물결모양으로 떠는 현상을 무엇이라고 하는가?

① 스탠딩 웨이브 현상
② 하이드로 플래닝 현상
③ 페이드 현상
④ 벤투리 효과

> **해설** 타이어 관련 용어의 정의
> ① 스탠딩 웨이브 현상 : 타이어의 공기압이 부족할 때 고속 주행 중 타이어의 접지부 뒤쪽에서 정상파가 발생되는 현상
> ② 하이드로 플래닝 현상 : 수막현상. 물이 고인 노면을 고속으로 주행하면 타이어가 물에 약간 떠 있는 상태가 되므로 자동차를 제어할 수 없게 되는 현상.
> ③ 코니시티 : 타이어를 굴렸을 때 회전방향에 관계없이 한쪽 방향으로만 발생하는 힘을 말한다.

17 판스프링에서 스프링의 진동을 빠르게 감쇠시킬 수 있게 하는 것은?

① 닙(Nip)
② 스팬(Span)
③ 판간 마찰(Inter Leaf Friction)
④ 스프링 아이(Spring Eye)

> **해설** 판스프링은 노면에 의해 진동이 발생되면 강판 사이의 마찰에 의해 감쇠작용을 한다.

18 자동차 현가장치에서 쇽업소버가 상하 진동을 흡수하는데 가장 관계가 깊은 힘은?

① 감쇠력
② 원심력
③ 구동력
④ 전단력

> **해설** 용어의 정의
> ① 감쇠력 : 쇽업소버를 늘일 때나 압축할 때 힘을 가하면 그 힘에 저항하려는 힘이 더욱 강하게 작용되는 저항력을 말한다.
> ② 원심력 : 물체가 원운동을 하고 있을 때 그 물체에 작용하는 원의 중심에서 멀어지려고 하는 힘으로써 구심력과 반대 방향으로 작용하여 균형을 이루게 하는 힘을 말한다.
> ③ 구동력 : 자동차가 주행할 때 타이어의 회전운동에 대한 저항을 이겨내기 위한 힘을 말하며, 구동력은 노면과 타이어의 마찰력 이상으로 증대되지는 않으며, 구동력은 액슬축의 토크가 클수록, 타이어의 반경이 작을수록 커진다.
> ④ 전단력 : 자르려고 하는 힘으로 재료 내의 서로 접근한 두 평행면에 크기는 같으나 반대 방향으로 작용하는 힘을 말한다.

정답 15. ④ 16. ① 17. ③ 18. ①

13_10
19 일반적으로 자동차의 승차감이 가장 좋은 진동수 범위는?

① 분당 10~30사이클
② 분당 30~50사이클
③ 분당 60~120사이클
④ 분당 150~180사이클

해설 진동수와 승차감
① 걸어가는 경우 : 60~70cycle/min
② 뛰어가는 경우 : 120~160cycle/min
③ 양호한 승차감 : 60~120cycle/min
④ 멀미를 느끼는 경우 : 45cycle/min 이하
⑤ 딱딱한 느낌의 경우 : 120cycle/min 이상

13_04
20 다음 중 자동차의 차륜 정렬 요소와 관계가 없는 것은?

① 토인　　② 캐스터
③ 터빈　　④ 캠버

해설 차륜 정렬 요소의 정의
① 캠버 : 앞 바퀴를 앞에서 보았을 때 타이어 중심선이 수선에 대해 30'~1°30'의 각도를 이룬 것. 즉 바퀴의 윗부분이 아래쪽보다 더 벌어진 상태를 말한다.
② 캐스터 : 앞 바퀴를 옆에서 보았을 때 킹핀의 중심선이 수선에 대해 1~3°의 각도를 이룬 것.
③ 킹핀 경사각 : 앞 바퀴를 앞에서 보았을 때 킹핀의 중심선이 수선에 대해 5~8°의 각도를 이룬 것.
④ 토인 : 앞 바퀴를 위에서 보았을 때 좌우 타이어 중심선간의 거리가 앞쪽이 뒤쪽보다 좁은 것.
⑤ 선회시 토아웃 : 선회시 안쪽 바퀴의 조향 각도가 바깥쪽 바퀴의 조향 각도보다 크기 때문에 발생된다.

12_10
21 바퀴 정렬장치에서 캠버에 대한 설명으로 틀린 것은?

① 캠버는 앞뒤 네 바퀴에 모두 존재하며 호칭도 동일하다.
② 캠버는 타이어의 마모에 관계있는 각도이다.
③ 바퀴가 수직일 때의 캠버를 10°라고 한다.
④ 크기는 수직선에 대한 바퀴중심선의 각도로서 표시한다.

해설 바퀴가 수직일 때의 캠버를 0(제로)의 캠버라 한다.

16_04
22 캐스터 설명 중 틀린 것은?

① 캐스터는 수직선을 기준으로 해서 조향축이 앞으로나 뒤로 기울어진 것이다.
② 플러스 캐스터는 조향축 상단이 뒤로 기울어질 때이다.
③ 마이너스 캐스터는 조향축 상단이 앞쪽으로 기울어질 때이다.
④ 캐스터 각이 0°일 때는 바퀴를 조향할 때 스핀들은 수직면 상의 궤도에서 움직인다.

해설 캐스터의 정의와 종류
① 캐스터의 정의 : 앞 바퀴를 옆에서 보았을 때 조향축의 중심선이 수선에 대해 1~3°의 각도를 이룬 것
② 플러스(정) 캐스터 : 조향축 상단부가 뒤쪽으로 기울은 상태
③ 마이너스(부) 캐스터 : 조향축 상단부가 앞쪽으로 기울은 상태
④ 제로(0) 캐스터 : 조향축 상단부가 어느 쪽으로도 기울어지지 않은 상태

정답　19. ③　20. ③　21. ③　22. ④

23 그림과 같이 자동차를 측면에서 보았을 때, 킹핀의 중심선이 노면에 수직인 직선에 대하여 어느 한쪽으로 기울어져 있는 상태를 무엇이라 하는가?

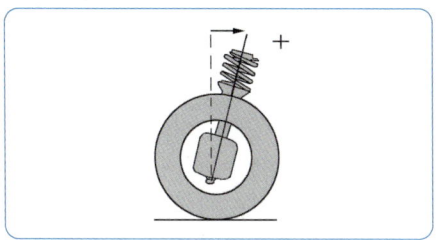

① 캠버 ② 캐스터
③ 토인 ④ 스러스트 각

24 휠 얼라인먼트에서 캐스터를 두는 목적으로 옳은 것을 모두 골라 나열한 것은?

> 보기
> ㉮ 앞바퀴가 수직방향의 하중에 의해 아래로 벌어지는 것을 방지한다.
> ㉯ 주행 중 앞바퀴에 방향성을 준다.
> ㉰ 조향시 직진방향으로 복원력이 발생된다.
> ㉱ 주행 중 앞차축의 주행 안정성을 향상 시킬 수 있다.

① ㉮, ㉯, ㉰
② ㉯, ㉰, ㉱
③ ㉮, ㉰, ㉱
④ ㉮, ㉯, ㉰, ㉱

해설 앞바퀴가 수직방향의 하중에 의해 아래로 벌어지는 것을 방지하기 위해 두는 것은 캠버이다.

25 그림은 자동차를 앞에서 보았을 때 앞바퀴와 현가장치의 그림으로 화살표의 휠 얼라인먼트 요소는?

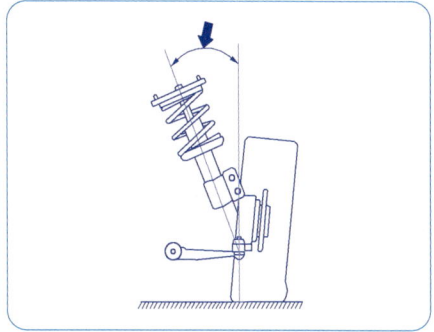

① 셋 백 ② 캐스터
③ 킹핀 경사각 ④ 스트러트 각

해설 킹핀 경사각은 자동차를 정면에서 보았을 때 킹핀 중심선이 수직선에 대하여 이루는 각도를 말한다.

26 자동차 휠 얼라인먼트에 대한 설명 중 틀린 것은?

① 뒷바퀴의 캠버는 뒷바퀴 토(toe)와 더불어 타이어 마모에 영향력이 있다.
② 마이너스 캠버와 토 아웃이 조합되면 타이어 트레드의 한쪽이 마모되기 쉽다.
③ 독립현가식 뒷바퀴 현가에서는 뒷바퀴의 캠버와 토는 차 높이에 따라 변화한다.
④ 주행 중 뒷바퀴 캠버가 크게 변해도 주행 중 안정성과는 상관없다.

정답 23. ② 24. ② 25. ③ 26. ④

15_10

27 바퀴 정렬에서 토인 조정은 무엇으로 하는가?

① 타이로드 ② 스트러트 바
③ 컨트롤 암 ④ 스태빌라이저 바

해설 토인은 좌우 타이로드의 길이를 변화시켜 조정한다.

14_04

28 긴 내리막길 주행 시 브레이크의 연속 사용으로 인해 드럼과 슈가 과열되어 브레이크 성능이 현저히 저하되는 현상은?

① 페이드 현상
② 노스다운 현상
③ 퍼컬레이션 현상
④ 베이퍼록 현상

해설 용어의 정의
① **노스 다운** : 자동차를 제동할 때 바퀴는 정지하고 차체는 관성에 의해 이동하려는 성질 때문에 앞 범퍼 부분이 내려가는 현상을 말한다.
② **퍼컬레이션** : 기화기 뜨개실의 가솔린이 엔진룸의 온도가 비정상적으로 상승하는 등의 원인으로 흡기다기관에 유출되어 혼합기가 농후해지는 현상
③ **베이퍼록** : 액체를 사용하는 계통에서 열에 의하여 액체가 증기(베이퍼)로 변하여 어떤 부분이 폐쇄(lock)되므로 2계통의 기능을 상실하는 것.

14_10

29 자동차를 운전하다가 위험을 느끼고, 브레이크 작동 시 정지거리로 옳은 것은?

① 공주거리 + 초기거리
② 제동거리 + 최종거리
③ 초기거리 + 제동거리
④ 공주거리 + 제동거리

해설 제동 용어의 해설
① **공주거리** : 운전자가 위험을 느끼고 브레이크를 밟아 브레이크가 실제 듣기 시작하기까지의 사이에 자동차가 주행한 거리.
② **제동거리** : 브레이크가 듣기 시작하여 자동차가 정지할 때까지의 거리.
③ **정지거리** : 운전자가 위험물체를 보고 브레이크를 밟아 차량이 정지할 때까지의 거리 즉, 공주거리와 제동거리를 합한 거리.

정답 27. ① 28. ① 29. ④

chapter 01 자동차구조
6. 전기의 구조 및 작동원리

01 전 류

① 도선을 통하여 전자가 이동하는 것을 전류라 한다.
② 전류의 흐름은 ⊕ 쪽에서 ⊖ 쪽으로 이동한다.
③ 전자의 이동은 ⊖ 쪽에서 ⊕ 쪽으로 이동한다.
④ 전류의 단위는 **암페어**(Amper), 기호는 **A**를 사용한다.
⑤ 전류의 양은 도체의 단면에서 임의의 한 점을 매초 이동하는 전하의 양으로 나타낸다.
⑥ **1A란** : 도체 단면에 임의의 한 점을 매초 1쿨롱의 전하가 이동할 때의 전류를 말한다.
⑦ **전류의 3대 작용** : 발열작용, 화학작용, 자기작용

02 전 압

① 도체에 전류를 흐르게 하는 전기적인 압력을 전압이라 한다.
② 전하가 적은 쪽으로 이동하려는 압력을 말한다.
③ 동종의 전하가 반발력이 작용하여 이종의 전하 쪽으로 이동하려는 압력을 말한다.
④ 단위로는 **볼트**(Volt), 기호는 **V**를 사용한다.
⑤ **1V란** : 1Ω의 도체에 1A의 전류를 흐르게 할 수 있는 전기적인 압력을 말한다.
⑥ 전류는 전압차가 클수록 많이 흐른다.

03 저 항

① 전류가 물질 속을 흐를 때 그 흐름을 방해하는 것을 저항이라 한다.
② 전선의 저항이 크면 흐르는 전류가 감소한다.

③ 전압이 동일하여도 도선이 가늘면 저항이 증가한다.
④ 저항의 단위는 **오옴**(Ohm), 기호는 Ω을 사용한다.
⑤ **1 Ω 이란** : 도체에 1 A 의 전류를 흐르게 할 때 1 V 의 전압을 필요로 하는 도체의 저항을 말한다.
⑥ 전압이 같아도 도선이 가늘면 전류가 잘 흐르지 못하고 도선이 굵으면 전류가 잘 흐른다.

04 저항의 연결법

1 직렬접속

① 직렬접속은 전압을 이용할 때 결선한다.
② 저항의 한쪽 리드에 다른 저항의 한쪽 리드를 차례로 연결하는 방법.
③ 직렬접속은 전압 강하가 많이 발생된다.
④ 합성 저항의 값은 각 저항의 합과 같다.
⑤ 각 저항에 흐르는 전류는 일정하다.
⑥ 전압과 용량이 동일한 축전지를 직렬 연결하면 전압은 개수 배가되고 용량은 1 개 때와 같다.

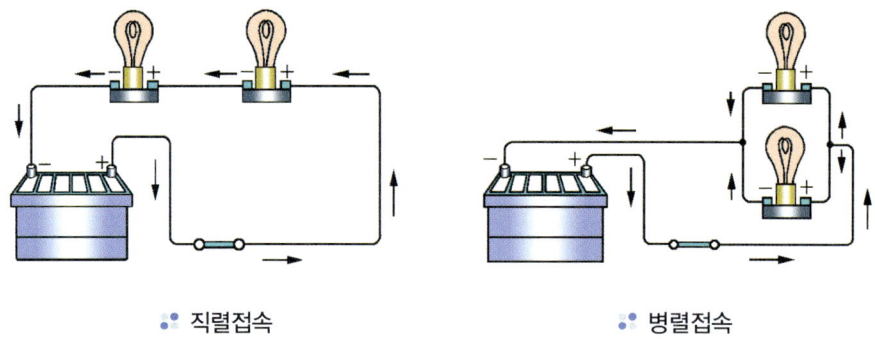

∴ 직렬접속 　　　　　　　　　∴ 병렬접속

2 병렬접속

① 병렬접속은 전류를 이용할 때 결선한다.
② 모든 저항을 두 단자에 공통으로 연결하여 적은 저항을 얻을 때 사용한다.
③ 합성 저항은 각 저항의 역수의 합의 역수와 같다.
④ 각 회로에 흐르는 전류는 상승한다.
⑤ 각 회로에 동일한 전압이 가해지므로 전압은 일정하다.
⑥ 전압과 용량이 동일한 전압의 축전지를 병렬 접속하면 전압은 1 개 때와 같고 용량은 개수 배가 된다.

3 직병렬 접속

① 전류와 전압을 동시에 이용할 때 결선한다.
② 직렬접속과 병렬접속을 혼합한 회로이다.
③ 합성 저항은 직렬 합성 저항과 병렬 합성 저항을 더한 값이 된다.
④ 전압과 전류는 모두 상승한다.

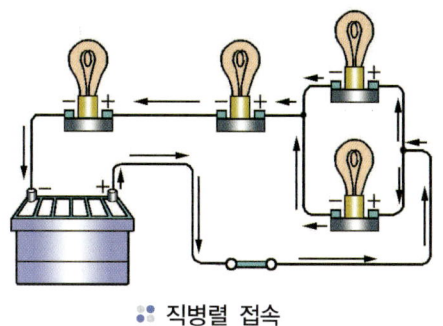

◦ 직병렬 접속

05 퓨즈

① 회로에 직렬로 설치된다.
② 단락 및 누전에 의해 과대 전류가 흐르면 차단되어 과대 전류의 흐름을 방지한다.
③ **재질** : 납(25%) + 주석(13%) + 창연(50%) + 카드뮴(12%)
④ 용융점(약 70℃)이 극히 낮은 합금으로 되어 있다.

06 플레밍의 왼손법칙 (Fleming's left hand rule)

왼손의 엄지손가락, 인지 및 가운데 손가락을 서로 직각이 되게 펴고, 인지를 자력선의 방향에, 가운데 손가락을 전류의 방향에 일치시키면 도체에는 엄지손가락 방향으로 전자력이 작용한다는 법칙으로 기동 전동기에 이용한다.

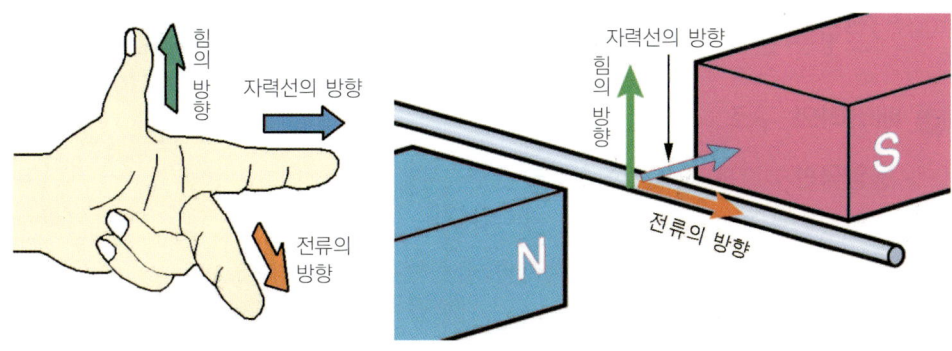

◦ 플레밍의 왼손 법칙

07 플레밍의 오른손 법칙 (Fleming's right hand rule)

오른손 엄지손가락, 인지, 가운데 손가락을 서로 직각이 되게 하고 인지를 자력선의 방향에, 엄지손가락을 운동의 방향에 일치시키면 가운데 손가락이 유도 기전력의 방향을 표시한다는 법칙으로 발전기에 이용한다.

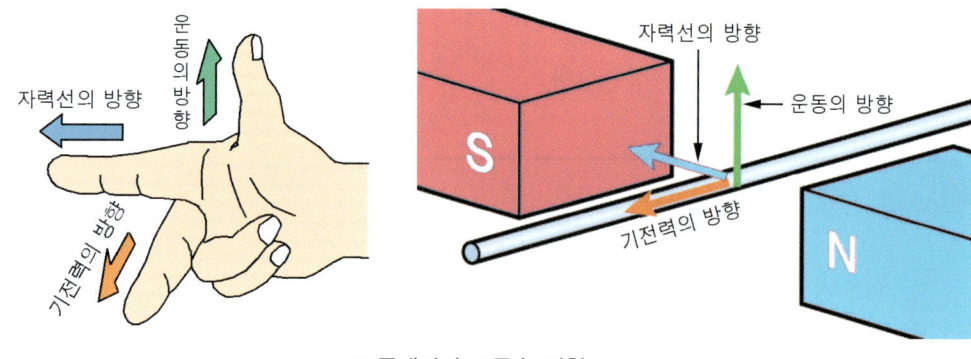

:: 플레밍의 오른손 법칙

08 배터리

1 배터리의 기능

① 기동 장치의 전기적 부하를 부담한다.
② 발전기 고장시 주행을 확보하기 위한 전원으로 작동한다.
③ 발전기 출력과 부하와의 언밸런스를 조정한다.

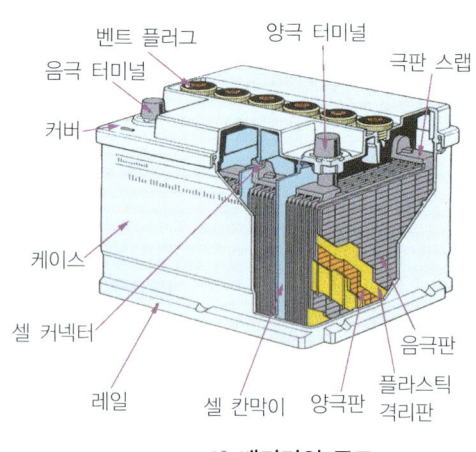

:: 배터리의 구조

2 배터리의 구조

① **양극판** : 격자 속에 이산화납을 묽은 황산으로 반죽하여 페이스트를 충전한 다음 건조시켜 화공 등의 공정에 의해 과산화납의 작용물질로 한 것.

② **음극판** : 격자 속에 납 분말을 묽은 황산으로 반죽하여 페이스트를 충전하여 해면상 납의 작용물질로 한 것으로 한 셀당 화학적 평형을 고려하여 양극판보다 1장 더 많다.

③ **격자** : 양극판과 음극판 사이에 설치되어 극판의 단락을 방지하며, 비전도성이어야 한다.

④ **셀** : 몇 장의 극판을 접속편에 용접하여 터미널 포스트와 일체가 되도록 한 것을 6개의 셀이 직렬로 접속되어 있다. 극판의 장수가 많으면 극판의 대항 면적이 증가되어 용량을 크게 할 수 있다.

3 정전류 충전

① 충전의 시작에서부터 종료까지 일정한 전류로 충전하는 방법이다.
② 표준 전류 : 축전지 용량의 10% 전류로 충전한다.
③ 충전이 완료 되면 셀당 전압은 2.6~2.7 V에서 일정값을 유지한다.
④ 충전이 진행되어 가스가 발생하기 시작하면 비중은 1.280 부근에서 일정값을 유지한다.
⑤ 충전이 진행되면 양극에서는 산소, 음극에서는 수소가 발생된다.

09 충전장치

1 필요성

① 발전기를 중심으로 전력을 공급하는 일련의 장치.
② 방전된 배터리를 신속하게 충전하여 기능을 회복시키는 역할을 한다.
③ 각 전장품에 전기를 공급하는 역할을 한다.
④ 교류 발전기와 발전 조정기로 구성되어 있다.

∷ 충전 장치

2 교류 발전기의 특징

① 3상 발전기로 저속에서 충전 성능이 우수하다.
② 정류자가 없기 때문에 브러시의 수명이 길다.
③ 정류자를 두지 않아 풀리비를 크게 할 수 있다.(허용 회전속도 한계가 높다)
④ 실리콘 다이오드를 사용하기 때문에 정류 특성이 우수하다.
⑤ 발전 조정기는 전압 조정기 뿐이다.
⑥ 경량이고 소형이며, 출력이 크다.

3 교류 발전기의 구조

① **스테이터** : 3상 교류가 유기된다.
② **로 터** : 회전하여 자속을 형성한다.
③ **슬립 링** : 브러시와 접촉되어 배터리의 여자 전류를 로터 코일에 공급한다.
④ **브러시** : 슬립 링에 압착되어 로터 코일에 배터리 전류를 공급하는 역할을 한다.
⑤ **실리콘 다이오드** : 스테이터 코일에 유기된 교류를 직류로 변환시키는 정류 작용을 하여 외부로 내보내며, 발전 전압이 낮을 때 축전지에서 발전기로 전류가 역류하는 것을 방지한다.

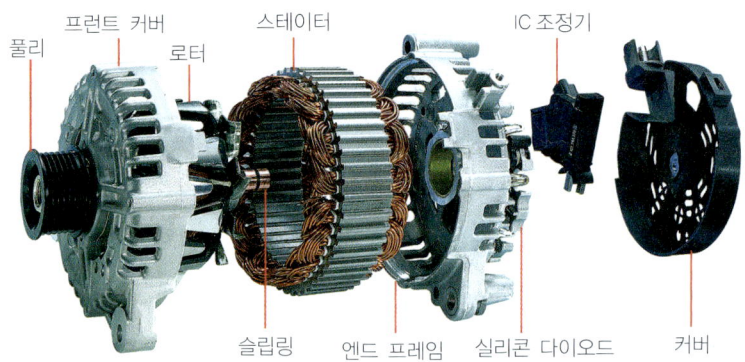

교류 발전기의 구성

10 등화 장치

야간에 자동차를 안전하게 주행하는 데는 전조등(헤드라이트), 미등, 계기등 외에 주차등, 차폭등, 번호등, 실내등, 후진등 등 많은 조명기구가 쓰인다. 또 방향 지시등, 제동등과 같이 보안, 신호용으로 등화 장치를 겸용하기도 한다.

1 전조등

1) 실드 빔 전조등
① 렌즈, 반사경, 필라멘트의 3 요소가 1 개의 유닛으로 된 전구이다.
② 내부에 불활성 가스가 봉입되어 있다.
③ 반사경은 글라스의 표면에 알루미늄 도금이 되어 있다.
④ 실드 빔은 필라멘트의 위쪽에 설치된 차광 캡에 의해 빛이 필라멘트 위쪽으로 향하는 것을 차단한다.

2) 세미 실드 빔 전조등
① 렌즈와 반사경이 일체로 되어 있는 전조등이다.
② 전구는 별개로 설치한다.
③ 공기가 유통되기 때문에 반사경이 흐려진다.
④ 필라멘트가 끊어지면 전구만 교환한다.

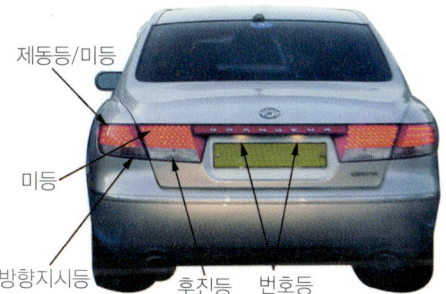

∴ 등화장치

2 방향 지시등
① 자동차의 주행 방향을 알리는 역할을 한다.
② 플래셔 유닛을 사용하여 방향 지시등에 흐르는 전류를 일정한 주기로 단속하여 점멸한다.
③ 작동이 확실하고 결함을 운전석에서 확인할 수 있어야 한다.
④ 점멸 주기는 1 분에 60~120 회 이내이어야 한다.
⑤ 등광색은 호박색이어야 한다.

3 비상등
① 고장이 발생된 경우 방향 지시등 램프를 앞뒤 좌우 모두 점멸시켜 자동차의 정지

상태를 나타내는 역할을 한다.
② 방향 지시등과 겸용으로 사용한다.
③ 방향 지시등의 전원은 점화 스위치에서 공급된다.
④ 비상 점멸등은 배터리 전원이 직접 공급된다.

11 계기판 경고등

경고등은 대부분 시동 스위치를 ON하면 점등되어 작동 유무를 운전자에게 알려주고 시동이 걸린 이후에는 소등되었다가 시스템에 고장이 발생하면 점등하는 방식을 사용하는데 일부 경고등은 점멸과 같은 특별한 방법으로 표시하기도 한다.

① **엔진 경고등** : 엔진 체크 경고등은 배출가스 제어에 관계되는 각종 센서와 작동부품의 고장이나 배출가스 증가 요인의 고장이 발생할 경우 점등된다.

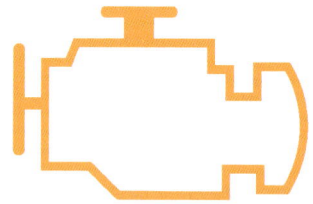
엔진 경고등

② **에어백 경고등** : 에어백은 탑승자의 중대한 위험이 미치는 강한 충격을 차량의 전방 또는 측면으로부터 받을 경우 팽창하여 운전자 또는 동승석 탑승자의 충격을 완화해주는 장치로 에어백 시스템의 고장 발생의 경우 운전자에게 위험을 인지시켜주는 기능을 한다.

에어백 경고등

③ **ABS 경고등** : ABS(Anti-lock Brake System)는 급제동 시 회전하던 바퀴가 잠기면서 미끄러지는 현상을 방지하여 조향 및 주행 안정성을 향상시켜 주는 장치이다. 시동 스위치 'ON'일 경우 점등되어 수 초 후 소등되면 정상이다. 시동 후 또는 주행 중 ABS 경고등이 점등된다면 ABS 시스템에 고장이 발생한 것이다.

∷ ABS 경고등

④ **브레이크 경고등** : 브레이크 경고등은 브레이크 계통에 이상이 있음을 운전자에게 인지시켜 주는 기능을 한다. 주차 브레이크가 채워진 경우, 브레이크 액이 규정치 이하로 낮아진 경우에는 점등된다.

∷ 브레이크 경고등

⑤ **타이어 공기압 경고등** : 타이어 공기압 경고 시스템은 각 타이어의 압력이 설정압력 이하로 감지될 경우 경고등을 점등시킨다.

∷ 타이어 공기압

⑥ **연료 경고등** : 연료 경고등은 연료 탱크 내의 연료 잔량이 규정 이하가 되었을 때 점등되며 연료 보충을 알려주는 역할을 한다.

∷ 연료 경고등

⑦ **충전 경고등** : 충전 경고등은 시동 후 발전기의 발전 불량을 의미하는 경고등이다. 주행 중 충전 경고등이 점등되면 발전기의 기능이 상실된 것으로 배터리의 보유 용량에 의한 시간 동안만 시동을 유지하고 주행할 수 있다.

∷ 충전 경고등

⑧ **엔진 오일 압력 경고등** : 엔진 오일의 압력이 부족한 경우에 점등된다.

∷ 엔진 오일 압력 경고등

적·중·예·상·문·제

01 전압에 대한 설명으로 맞는 것은?

① 한 개 보다 두 개의 전지를 직렬로 연결하였을 때 전구의 불빛이 더 밝아진다.
② 전압의 표시는 "A"로 표시한다.
③ 전압은 전자의 이동을 방해한다.
④ 전압은 전기의 양을 말한다.

02 전기회로에서 아래 그림이 나타내는 심벌의 명칭은?

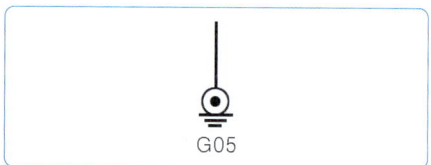

① 릴레이 ② 접지
③ 전구   ④ 퓨즈

03 전기회로에서 아래 그림이 나타내는 심벌의 명칭은?

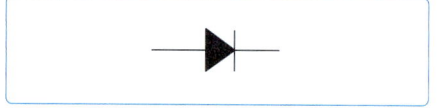

① 릴레이 ② 다이오드
③ 전구   ④ 퓨즈

04 다음 중 자동차용 축전지에 대해서 바르게 설명된 것은?

① 축전지 내의 각 셀은 병렬로 접속되어 있다.
② 축전지 내의 극판수가 많을수록 축전지 용량은 크게 할 수 있다.
③ 격리판은 도체이며 전해액이 이동될 수 없도록 격리할 수 있어야 한다.
④ 표준 충전 전류는 보편적으로 축전지 용량의 20% 정도가 적당하다.

해설 축전지 내의 각 셀은 직렬로 접속되어 있고, 격리판은 비전도성으로 전해액의 확산이 잘 되도록 격리되어 있어야 하며, 표준 충전 전류는 축전지 용량의 10% 정도가 적당하다.

05 자동차 전기장치에 관한 설명 중 틀린 것은?

① 자동차 전기장치에 전력을 공급하는 부품은 배터리와 발전기가 있다.
② 엔진 정지 시 전원은 배터리에 의해 공급되고 있다.
③ 엔진 시동 후 전원 공급은 발전기가 하지만 경우에 따라 배터리 전원도 사용한다.
④ 현재 대부분 승용차는 직류발전기를 주로 사용하고 있다.

해설 현재 대부분의 승용자동차는 교류 발전기를 주로 사용한다.

정답 01. ① 02. ② 03. ② 04. ② 05. ④

06 전조등에서 실드 빔형이란? `16_04`

① 렌즈, 반사경 및 전구를 분리하여 만든 것
② 렌즈, 반사경 및 전구를 일체로 만든 것
③ 렌즈와 반사경을 분리하여 만든 것
④ 반사경과 필라멘트를 분리하여 만든 것

해설 전조등
① 실드 빔형 전조등 : 내부에 불활성 가스(아르곤 가스)를 넣고 밀봉하며, 필라멘트, 리플렉터(reflector ; 반사경), 렌즈를 일체화한 헤드램프를 말한다.
② 세미 실드 빔형 전조등 : 렌즈와 반사경은 일체이나, 전구는 별개인 헤드램프를 말한다.

07 자동차 방향지시등에 대한 설명 중 올바른 것은? `09_01`

① 작동의 결함은 운전석에서 확인하지 못하는 구조로 되어 있다.
② 작동은 확실하여야 하고 임의로 조작할 수 없는 구조이어야 한다.
③ 방향지시등은 자동차의 진로 변경을 다른 자동차나 보행자에게 알려주기 위한 것이다.
④ 등색은 녹색이어야 한다.

해설 방향 지시등
① 자동차의 주행 방향을 알리는 역할을 한다.
② 플래셔 유닛을 사용하여 방향 지시등에 흐르는 전류를 일정한 주기로 단속하여 점멸한다.
③ 작동이 확실하고 결함을 운전석에서 확인할 수 있어야 한다.
④ 점멸 주기는 1 분에 60~120 회 이내이어야 한다.
⑤ 등광색은 호박색이어야 한다.

08 자동차 방향지시등에 대한 설명으로 옳은 것은? `15_10`

① 작동상태를 운전석에서 확인하지 못하는 구조로 되어 있다.
② 방향지시등은 옆면에 설치되면 안 된다.
③ 방향지시등은 자동차의 진로 변경을 다른 자동차나 보행자에게 알려주기 위한 것이다.
④ 등색은 녹색이어야만 한다.

해설 방향지시등은 자동차의 진로 변경을 다른 자동차나 보행자에게 알려주기 위한 것으로 작동 상태를 운전석에서 확인할 수 있어야 한다.

09 자동차의 비상등에 대한 설명 중 틀린 것은? `10_01`

① 자동차의 고장이나 긴급 사태가 발생하였을 경우 사용
② 다른 자동차나 보행자에게 알려주는 역할을 하고 있음.
③ 작동은 앞뒤, 좌우에 설치되어 있는 방향 지시등이 동시에 점멸하는 방식
④ 미등의 작동과 동일함

해설 비상등은 자동차가 고장을 일으켜 노상에 주차하고 있을 경우 또는 긴급 사태가 발생하였을 경우 다른 자동차가 주의하도록 점멸하는 램프를 말한다. 일반적으로 앞뒤 4개의 방향 지시등을 동시에 점멸시키는 방식이다.

정답 06. ② 07. ③ 08. ③ 09. ④

14_10
10 운전 중 파워 윈도우 스위치 작동으로 인해 발생되는 위험성(어린이의 장난 등)을 방지하기 위해서 사용되는 스위치는?

① 파워 윈도우 메인 스위치
② 운전석 뒤 파워 윈도우 스위치
③ 승객석 뒤 파워 윈도우 스위치
④ 파워 윈도우 록 스위치

> **해설** 파워 윈도우 록 스위치는 운전석을 뺀 다른 도어의 파워 윈도 스위치로 윈도가 작동이 되지 않도록 하는 스위치이다. 이는 운전 중 파워 윈도 스위치 작동으로 인해 발생되는 위험성(어린이의 장난 등)을 방지하기 위해서 사용된다.

10_10
11 차량 계기판 경고등 관련 내용을 설명한 것으로 잘못 설명한 것은?

① 유압 경고등은 유압이 규정이하면 점등 경고한다.
② 연료 경고등은 연료 유면이 규정이하면 점등 경고한다.
③ 브레이크 액 경고등은 브레이크 액면이 규정이하면 점등 경고한다.
④ 충전 경고등은 배터리 액이 규정이하면 점등 경고한다.

> **해설** 충전 경고등은 발전기 또는 발전 조정기의 고장으로 배터리에 충전이 이루어지지 않을 때 점등되어 운전자에게 알려주는 경고등을 말한다.

12_10
12 발전기가 충전되지 않을 때 점등되는 것은?

① 유압 경고등
② 충전 경고등
③ 연료 경고등
④ 브레이크 오일 경고등

> **해설** 경고등의 점등시기
> ① 유압 경고등 : 유압이 0.9kgf/cm² 보다 낮을 경우 점등된다.
> ② 연료 경고등 : 연료가 하한 라인보다 낮을 경우 점등된다.
> ③ 브레이크 오일 경고등 : 오일이 하한 라인보다 낮을 경우 점등된다.

14_04
13 브레이크가 작동되었음을 알리는 등은?

① 브레이크 오일 경고등(brake oil warning lamp)
② 계기등(instrument lamp)
③ 후진등(back up lamp)
④ 제동등(stop lamp)

정답 10. ④ 11. ④ 12. ② 13. ④

II

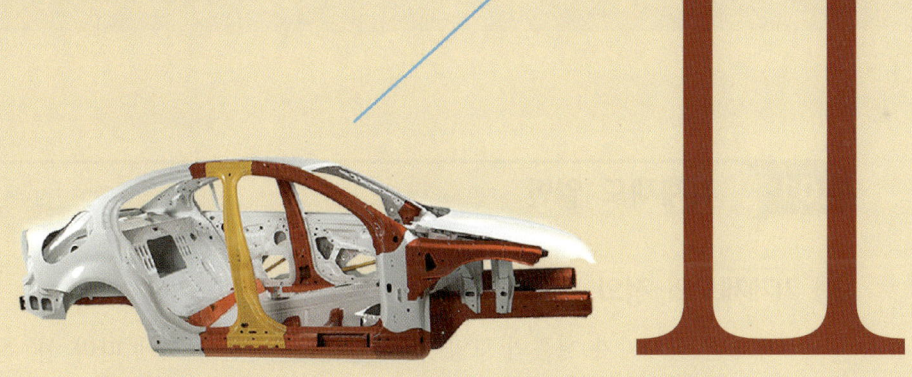

차체 재료 및 용접 일반

도면해독
차체의 재료
차체 용접
적중예상문제

chapter 02 차체재료 및 용접일반

1. 도면해독

01 기계제도 일반

1 기계제도의 정의

제도란 설계자가 제품의 모양이나 크기를 일정한 규칙에 따라 선, 문자, 기호 등을 이용하여 도면으로 작성하는 과정으로 설계자의 의도를 도면 사용자에게 확실하고 쉽게 전달하는데 목적이 있다.

(1) 도면의 용도에 따른 분류

① **계획도** : 만들고자 하는 물품의 계획을 나타낸 도면
② **주문도** : 주문자의 요구 내용을 제작자에 제시하는 도면
③ **견적도** : 제작자가 견적서에 첨부하여 주문품의 내용을 설명하는 도면
④ **승인도** : 제작자가 주문자와 관계자의 검토를 거쳐 승인을 받은 도면
⑤ **제작도** : 설계 제품을 제작할 때 사용하는 도면(부품도, 조립도 등)
⑥ **설명도** : 제품의 구조, 원리, 기능, 취급방법 등을 설명한 도면

(2) 도면의 내용에 따른 분류

① **조립도** : 기계나 구조물의 전체적인 조립 상태를 나타내는 도면
② **부분 조립도** : 규모가 크거나 복잡한 기계를 몇 개의 부분으로 나누어 그린 도면
③ **부품도** : 물품을 구성하는 각 부품에 대하여 상세하게 나타낸 도면
④ **상세도** : 필요한 부분을 확대 하여 상세하게 나타낸 도면
⑤ **전기 회로도** : 전기 회로의 접속을 표시하는 도면
⑥ **전자 회로도** : 전자 부품이 상호 접속된 상태를 나타낸 도면
⑦ **배관도** : 관의 배치를 표시하는 도면으로, 관의 굵기와 길이, 펌프 밸브 등의 위치와 설치 방법을 나타낸 도면

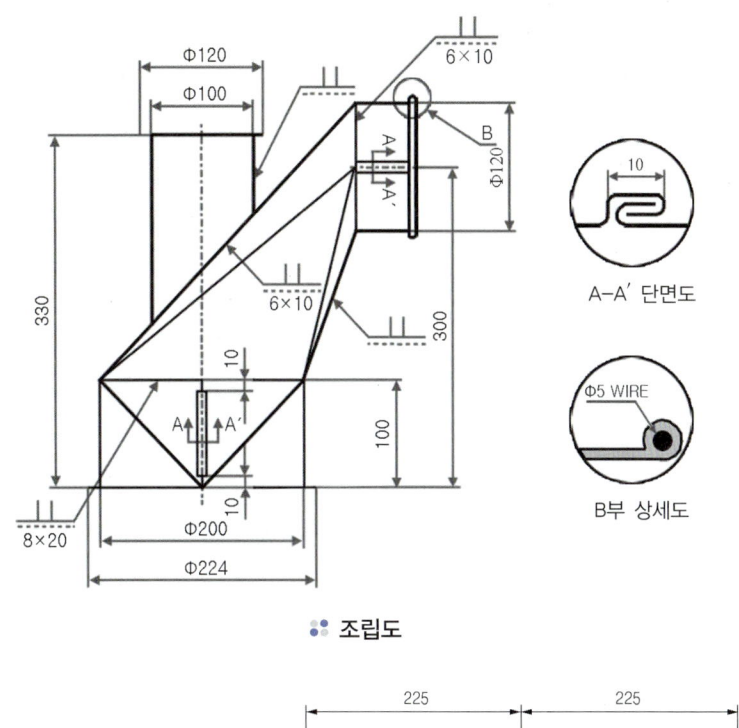

조립도

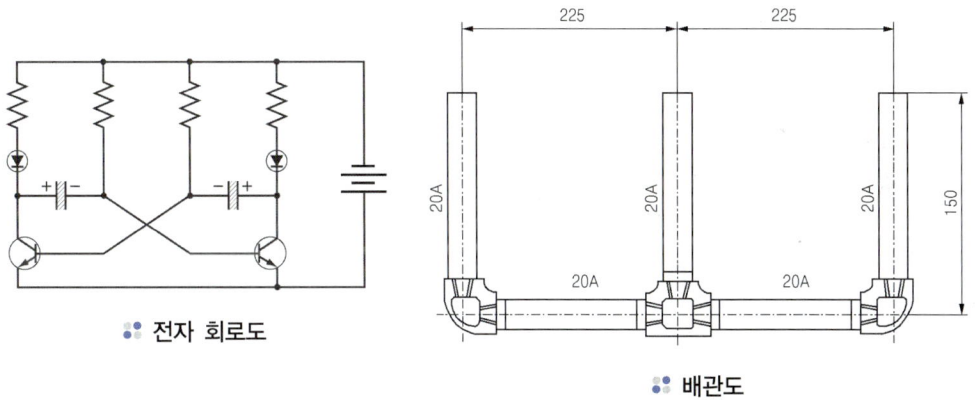

전자 회로도

배관도

⑧ **공정도** : 제조 과정에서 거쳐야 할 공정의 가공 방법, 사용 공구 및 치수 등을 상세히 나타내는 도면
⑨ **배선도** : 전선의 배치를 나타낸 도면
⑩ **전개도** : 입체물을 평면에 전개한 도면
⑪ **곡면 선도** : 유선형 물체인 선박, 자동차 등의 복잡한 곡면을 나타낸 도면
⑫ **기타** : 설치도, 배치도, 장치도, 외형도, 구조선도, 기초도, 구조도, 접속도, 계통도 등

(3) 제도 용구

1) 제도기

영식, 불식, 독일식의 3종류가 있으며, 주로 영식과 독일식이 사용된다.

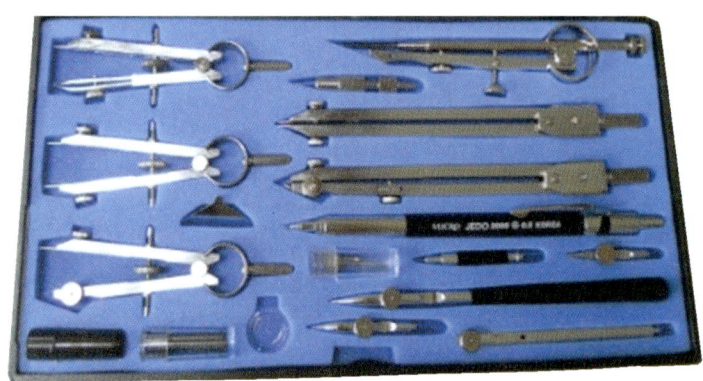

:: 제도기

2) 컴퍼스

① 원을 그릴 때 사용한다.
② 컴퍼스에 끼워진 연필심은 바늘 끝보다 0.5mm 짧게 올려서 사용한다.
③ 비임 컴퍼스→대형 컴퍼스→중형 컴퍼스→스프링 컴퍼스→드롭 컴퍼스 순으로 큰 원에서 작은 원으로 그릴 수 있다.
④ 원을 그릴 땐 6시 방향에서 시작하여 시계 방향으로 돌린다.

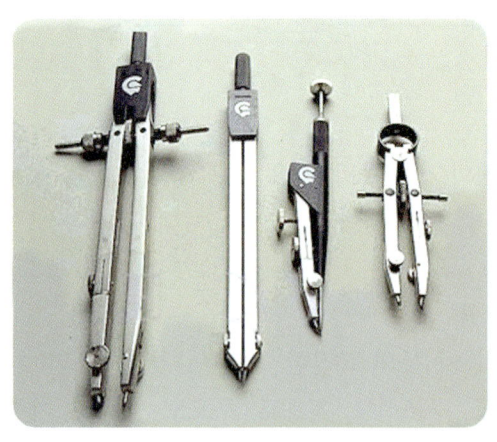

:: 컴퍼스 및 디바이더

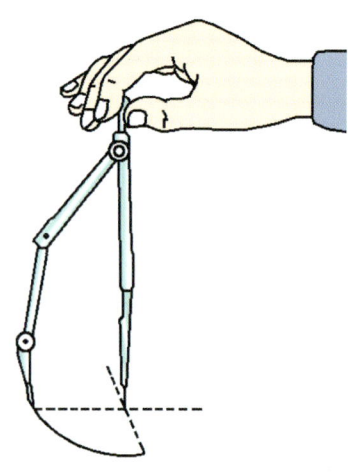

:: 컴퍼스의 원 그리기

3) 디바이더(분할기)

① 원호의 등분, 선의 등분, 길이나 치수를 옮길 때 사용한다.

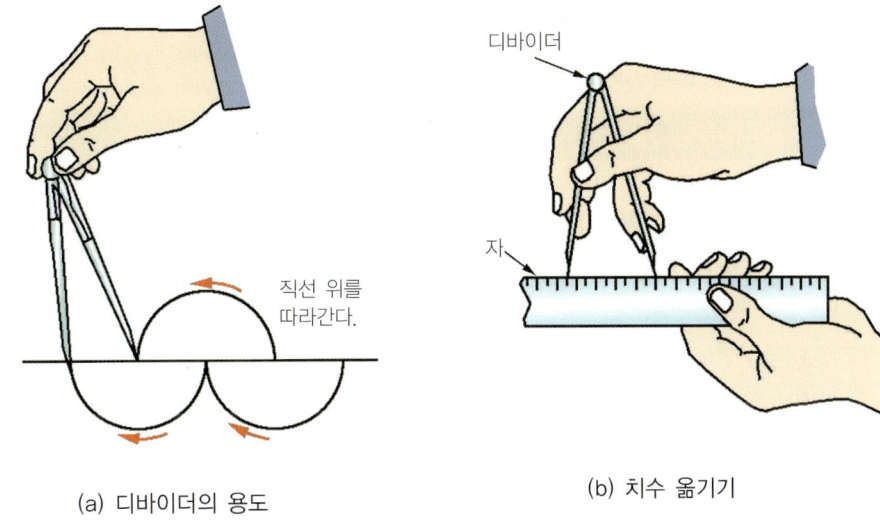

(a) 디바이더의 용도 (b) 치수 옮기기

◦ 디바이더의 용도

4) 자

① **삼각자** : 45°×45°×90°의 이등변 삼각자와 30°×60°×90°의 직각 삼각자로 된 2개가 1세트로 구성되어 있다.
② **T자** : 수평선, 삼각자 등과 함께 수직선 및 사선 그을 때 사용하며, 자의 줄긋는 부분은 완전한 직선이어야 한다.
③ **축척자(스케일)** : 길이를 잴 때 또는 길이를 줄여 그을 때 사용한다.
④ **운형자와 자유 곡선자** : 컴퍼스로 그리기 어려운 원호, 곡선을 그을 때 사용한다.
⑤ **형판** : 기본 도형(원, 타원)이나 문자, 숫자 등을 정확히 그릴 수 있다.

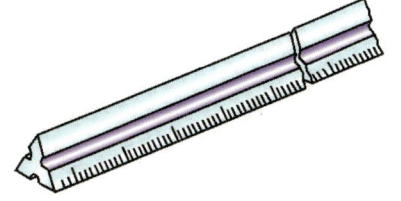

◦ 축척자

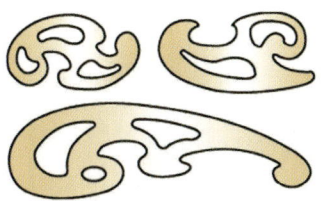

◦ 운형자

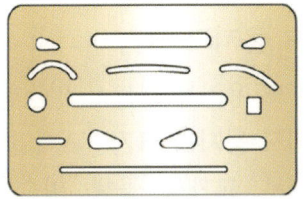

◦ 형판

2 제도의 규격

(1) 국가 규격

한 국가의 모든 이해 관계자들이 협의, 심의, 규정하여 한 국가 내에서 적용하는 규격을 국가 규격이라 한다.

국가 규격 명칭	규격기호	기 타
국제 표준화 기구 (International Organization for Standardization)	ISO	International Organization for Standardization
한국 산업 규격 (Korea Industrial Standards)	KS	Korea Standards Mark KS 마크
영국 규격 (British Standards)	BS	BSi Management Systems
독일 규격 (Deutsches Industrie for Normung)	DIN	DIN
미국 규격 (American National Standards Institute)	ANSI	ANSI American National Standards Institute
일본 공업 규격 (Japanese Industrial Standards)	JIS	J : Japan I : Industrial S : Standards

(2) KS의 부문별 기호

분류 기호	KS A	KS B	KS C	KS D	KS E	KS F	KS G	KS H
부문	기본	기계	전기	금속	광산	토건	일용품	식료품
분류 기호	KS K	KS L	KS M	KS P	KS R	KS V	KS W	KS X
부문	섬유	요업	화학	의료	수송기계	조선	항공	정보산업

3 제도 용지의 크기와 양식

(1) 제도 용지의 크기

① 제도 용지는 반드시 일정한 크기로 만든다.
② **제도 용지의 크기** : 'A계열'용지의 사용을 원칙으로 한다.
③ 신문, 교과서, 공책, 미술 용지 등은 B계열 크기만 사용한다.
④ 세로(a)와 가로(b)의 비는 $1 : \sqrt{2}$ (1.414213)

⑤ A_0 용지의 넓이 : 약 $1m^2$

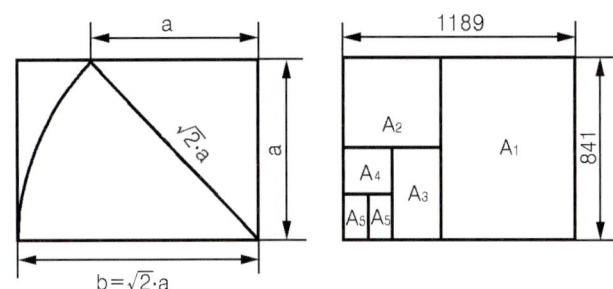

⑥ **제도 용지 크기의 종류** : A_0(전지), A_1(2절지), A_2(4절지), A_3(8절지), A_4(16절지)

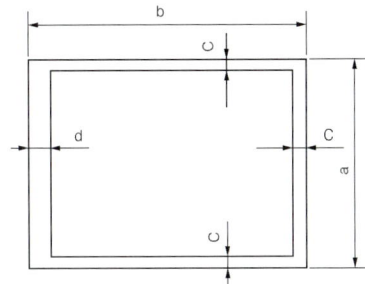

도면의 크기	A_0	A_1	A_2	A_3	A_4
a×b	841×1189	594×841	420×594	297×420	297×210
c(최소)	20	20	10	10	10
d (철하지 않을 때)	20	20	10	10	10
d(철할 때)	25	25	25	25	25

⑦ 큰 도면을 접을 때는 A_4크기로 접으며, 표제란이 겉으로 나오도록 한다.(원도는 일반적으로 접어서 보관하지 않고 말아서 보관하며, 복사도 등은 접어서 보관한다.)

(2) 도면의 성질에 따른 분류

도면의 성질에 따라 원도, 트레이스도, 청사진이 있다.

① **원도**(original drawing) : 제도 용지에 연필로 그린 도면이며, 그리는 순서는 중심선 → 외형선 → 은선 → 치수선 → 문자이다.

② **트레이스도**(traced drawing) : 연필로 그린 원도 위에 트레이싱 종이(tracing paper)를 놓고 연필이나 먹물로 그린 것으로 사도라고도 부른다.

※ **트레이싱 순서** : 원호를 그린다 → 가로선을 긋는다 → 세로선을 긋는다 → 경사선을 긋는다.

③ **청사진**(blue print) : 트레이스도를 약물을 칠한 감광지 위에 올려놓고 직사광선이나 전광을 쬐어서 만든 것이다.

(3) 도면의 양식

① **윤곽선** : 도면에 그려야 할 내용의 영역을 명확히 하고 제도 용지의 가장자리에 생기는 손상으로부터 기재 사항을 보호하기 위해 0.5mm이상의 실선을 사용한다.

② **중심 마크** : 도면의 사진 촬영 및 복사할 때 편의를 위해 사용하며, 상하 좌우 중앙의 4개소에 표시한다.

③ **표제란**
- 위치 : 도면의 오른쪽 아래에 반드시 위치한다.
- 기재 내용 : 도면 번호(도번), 도면 이름(도명), 척도, 투상법, 도면 작성일, 제도자 이름 등을 기입한다.

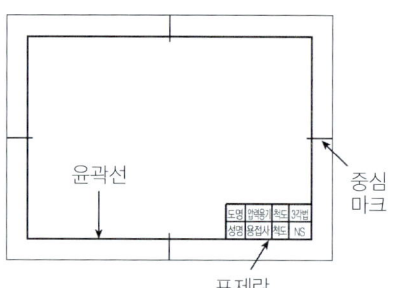

※ 반드시 도면에 윤곽선, 중심 마크, 표제란은 그려 넣어야 한다.

④ **재단 마크** : 복사한 도면을 재단할 때의 편의를 위해 도면의 4구석에 표시한다.

⑤ **도면의 구역** : 도면에서 특정 부분의 위치를 지시하는데 편리하도록 표시하는 것

⑥ **도면의 비교 눈금** : 도면의 축소나 확대, 복사의 작업과 이들의 복사 도면을 취급할 때의 편의를 위하여 표시하는 것

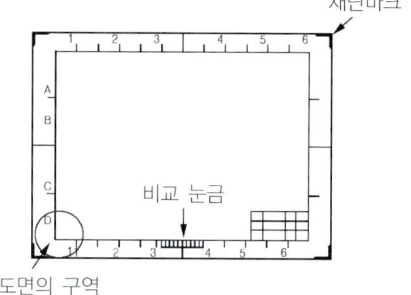

※ 재단 마크, 도면의 구역, 도면의 비교 눈금을 필요에 따라 그린다.

⑦ **부품란**
- 부품 번호는 부품에서 지시선을 빼어 그 끝에 원을 그리고 원안에 숫자를 기입한다.
- 숫자는 5 ~ 8mm 정도의 크기로 쓰고 숫자를 쓰는 원의 지름은 10 ~ 16mm로 한다. 한 도면에서는 같은 크기로 한다.
- 위치는 오른쪽 위나 오른쪽 아래에 기입한다. 그 크기는 표제란에 따른 크기로 하고 오른쪽 아래에 기입할 때에는 표제란에 붙여서 아래에서 위로 기입하고 품번, 품명, 재료, 개수, 공정, 무게, 비고 등을 기록한다.

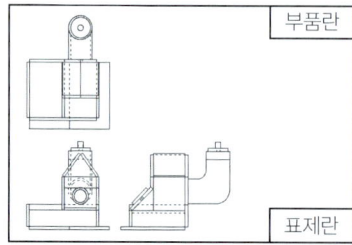
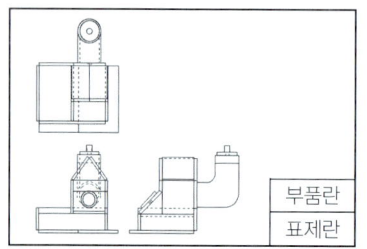

4 척도의 종류 및 기입

(1) 척도의 종류

척도란 물체의 크기와 이것을 그릴 때의 크기와의 비율을 말한다.

① **현척**(full size) : 물체의 크기와 같게 그린 것으로 모양과 크기를 잘 이해할 수 있으며, 오작을 만드는 일이 없기 때문에 널리 사용된다.

② **축척**(contraction scale) : 물체의 크기보다 줄여서 그린 것으로 주로 물체의 크기나 또는 모양이 간단할 때 사용한다. 물체의 크기와 복잡한 정도에 따라서 척도를 선택한다.

③ **배척**(enlarged scale) : 물체의 크기보다도 확대하여 그린 것이며 모양이 작은 부분품을 자세히 표시할 때 사용한다.

(2) 척도의 기입

① 척도는 원도를 사용할 때 사용하는 것으로서 축소 확대한 복사도에는 적용하지 않는다.

② A : B(A가 도면에서의 크기, B가 물체의 실제 크기)

③ 척도의 기입은 표제란에 기입하는 것이 원칙이나 표제란이 없는 경우에도 도명이나 품번에 가까운 곳에 기입한다.

④ 치수와 비례하지 않을 때 치수 밑에 밑줄을 긋거나 비례가 아님, 또는 NS(not to scale) 등의 문자 기입한다.

⑤ 도면에 기입되는 치수는 축척 및 배척을 하였더라고 현척의 치수를 기입하는 것과 같이 각 부분의 실물의 치수를 그대로 기입하고 표제란에 척도를 기입한다.

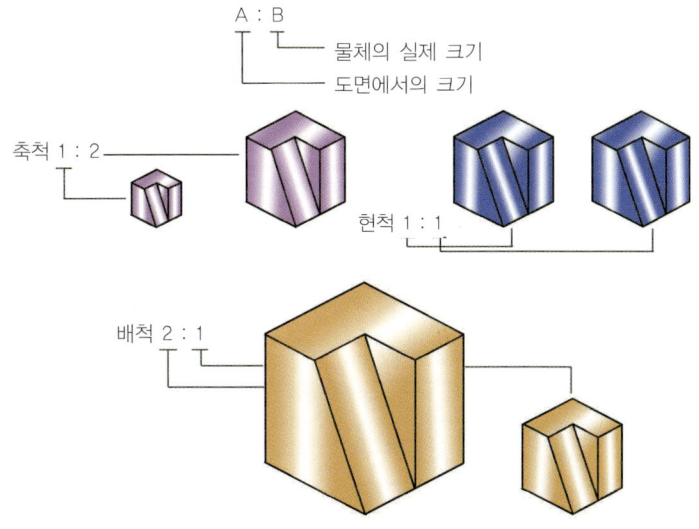

5 선

(1) 선의 종류

1) 굵기에 따른 선의 종류
선의 굵기는 한국 산업 규격(KS)에 따라 가는 선, 굵은 선, 아주 굵은 선으로 구분한다.
① **가는 선**: 굵기는 0.18~0.35mm
② **굵은 선**: 가는 선의 2배 정도 0.35~0.7mm
③ **아주 굵은 선**: 가는 선의 4배 정도 0.7~1.4mm

2) 선의 용도에 따른 분류
선은 용도는 한국 산업 규격(KS)에 따라 실선, 파선, 쇄선으로 구분한다.
① **실선**: 외형을 표시하는 실선의 굵기는 0.3~0.8mm, 치수선 및 치수 보조선, 지시선, 해칭선 등은 0.2mm이다.
② **파선(은선)**: 외형을 표시하는 실선 굵기의 약 1/2로 하며, 치수선보다 굵다.
③ **쇄선**: 가는 쇄선의 굵기는 0.2mm 이하, 굵은 쇄선은 0.3~0.8mm이다.

명칭	표시 방법	선의 종류	용도
외형선		굵은실선 (0.3~0.8mm)	물체의 보이는 겉모양을 표시하는 선
은 선		중간 굵기의 파선	물체의 보이지 않는 부분의 모양을 표시하는 선
중심선		가는 일점쇄선 또는 가는 실선	도형의 중심을 표시하는 선
지시선		가는 실선 (0.2mm 이하)	지시하기 위하여 쓰는 선
절단선		가는 일점쇄선으로 하고 그 양끝 밑 굴곡부 등의 주요한 곳에는 굵은 은선으로 한다. 또 절단선 양끝에 투상의 방향을 표시하는 화살표를 붙인다.	단면을 그리는 경우 그 절단 위치를 표시하는 선

명칭	표시 방법	선의 종류	용도
치수선 치수보조선	(L-50×50×6, 1000, 800, 600 도면)	가는 실선 (0.2mm 이하)	치수를 기입하기 위하여 쓰는 선
파단선	(파단 도면)	가는 실선 (불규칙하게 그린다)	물체의 일부를 파단한 곳을 표시하는 선 또는 끊어낸 부분을 표시하는 선
가상선	(가상선 도면)	가는 이점쇄선	• 도시된 물체의 앞면을 표시하는 선 • 인접 부분을 참고로 표시하는 선 • 가공 전 또는 가공 후의 모양을 표시하는 선 • 이동하는 부분의 이동 위치를 표시하는 선 • 공구, 지그 등의 위치를 참고로 표시하는 선 • 반복을 표시하는 선
피치선	(기어 도면)	가는 일점쇄선	•기어나 스프로킷 등의 이 부분에 기입하는 피치원이나 피치선 •방향을 변화할 때에는 끝을 굵게 이동하는 부분의 이동 위치를 참고로 표시하는 선
해칭선	(해칭 도면)	가는 실선 (0.2mm 이하)	절단면 등을 명시하기 위하여 쓰는 선

명칭	표시 방법	선의 종류	용 도
특수한 용도의 선	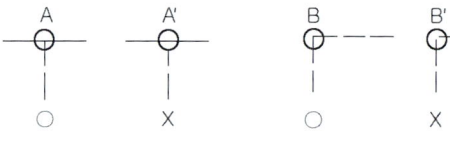 화염 경화	가는 실선	• 특수한 가공을 실시하는 부분을 표시하는 선
굵은 일점쇄선			

※ 도면을 작성하다 보면 한 도면에 두 종류 이상의 선이 같은 장소에 겹치는 경우가 있을 경우
① 외형선→② 은선→③ 절단선→④ 중심선→⑤ 무게 중심선의 순서로 표현한다.

(2) 선의 접속

① 파선이 외형선인 곳에서 끝날 때에는 이어지도록 한다.
② 파선과 파선이 접속하는 부분은 서로 이어지도록 한다.
③ 외형선의 끝에 파선이 접촉할 때에는 서로 잇지 않는다.
④ 두 파선이 인접될 때에는 파선이 서로 어긋나게 긋는다.

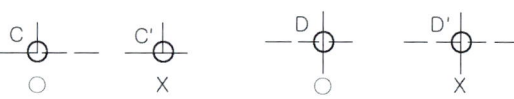

• 선의 접속

6 치수 기입 방법

(1) 치수 기입 요소

1) 치수 기입 방법

① 도면에는 완성된 물체의 치수를 기입한다.
② **길이 단위** : mm, 도면에는 기입하지 않는다.
③ **각도 단위** : 도(°), 분('), 초(″)를 사용한다.
④ 치수 숫자는 치수선에 대하여 수직 방향은 도면의 우변에서, 수평 방향은 하변에서 읽도록 기입한다.

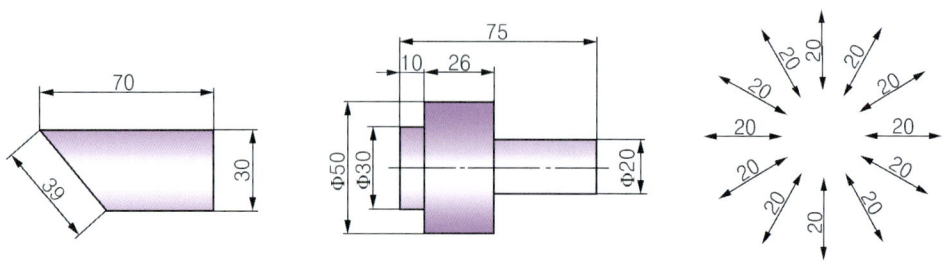

• 치수 숫자의 방향   • 경사진 치수선의 숫자 방향

2) 치수 보조 기호

치수와 함께 치수의 의미를 명확하게 나타내기 위해 사용하며, 치수 앞에 기호를 붙인다.

	기 호	읽 기	사 용 법
지름	∅	파이	지름 치수의 치수 수치 앞에 붙인다.
반지름	R	아르	반지름 치수의 치수 수치 앞에 붙인다.
구의 반지름	SR	에스아르	구의 반지름 치수의 치수 수치 앞에 붙인다.
정사각형의 변	□	사각	정사각형의 한 변의 치수의 치수 수치 앞에 붙인다.
판의 두께	t	티	판 두께의 치수의 수치 앞에 붙인다.
원호의 길이	⌒	원호	원호의 길이 치수의 치수 수치 위에 붙인다.
45° 모따기	C	시	45° 모따기 치수의 치수 수치 앞에 붙인다.
이론적으로 정확한 치수	▭	테두리	이론적으로 정확한 치수의 치수 수치를 둘러싼다.
참고 치수	( )	괄호	참고 치수의 치수 수치(치수 보조 기호를 포함)를 둘러싼다.

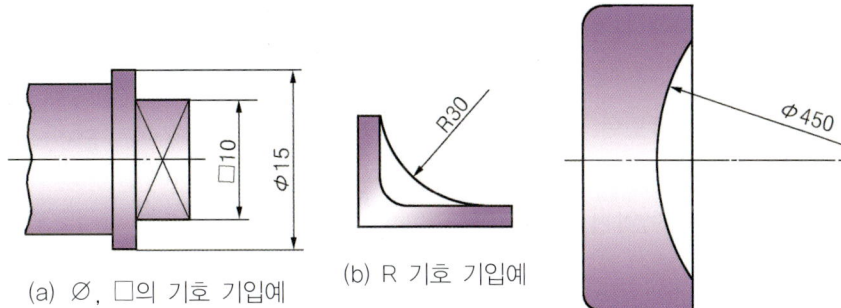

(a) ∅, □의 기호 기입예

(b) R 기호 기입예

(c) ∅의 기호 기입예

(d) 구 R의 기호 기입예

(e) 모따기 기호의 기입예

(f) 원호 기호의 기입예

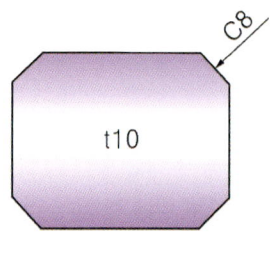

(g) 두께 기호의 기입 예

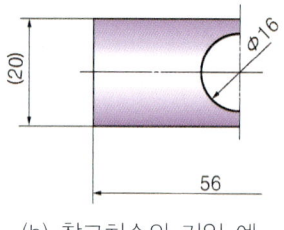

(h) 참고치수의 기입 예

3) 치수선

치수선은 0.2mm 이하의 가는 실선을 사용하며 양끝에 화살표를 붙인다.
① 외형선과 평행하고 외형선에서 약 8~10mm 간격으로 동일하게 긋는다.
② 치수선 중간 위 부분에 치수를 기입한다.
③ 원호를 표시하는 치수선은 호 쪽에만 화살표를 붙인다.
④ 원호의 지름을 표시하는 치수선은 수평선에 대하여 45° 직선으로 한다.

4) 치수 보조선

치수 보조선은 외형선에 직각으로 그리며, 치수선을 지나 2~3mm 정도 넘도록 그린다. 아울러 외형선에서 1mm 정도 띄어서 시작한다. 단 테이퍼부의 치수를 나타낼 때는 치수선과 60°의 경사로 긋는다.

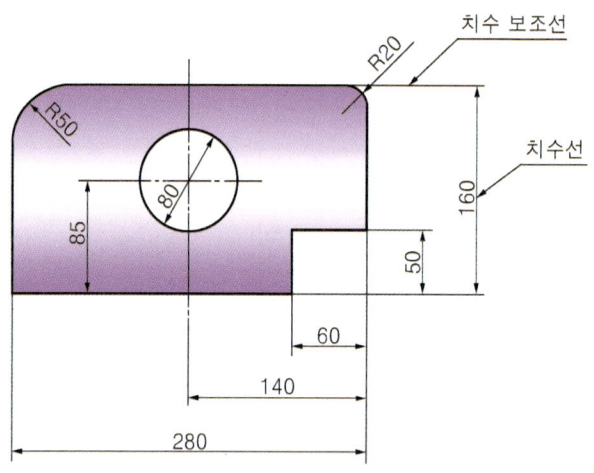

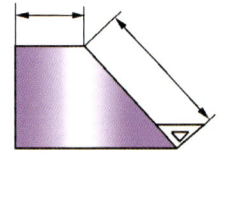

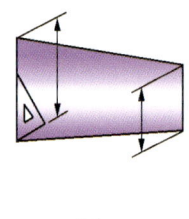

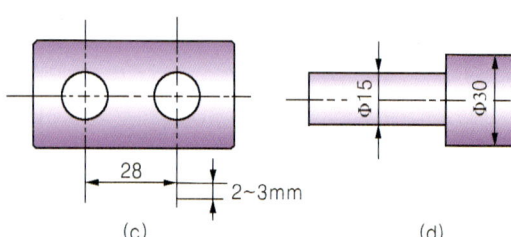

(a) (b) (c) (d)

∴ 치수선 및 치수 보조선 긋는 방법

5) 지시선

지시선은 치수 보조선 사이가 좁아 치수를 기입할 공간이 없거나 가공 방법, 부품 번호 등을 기입하기 위한 선이며, 일반적으로 경사지게 긋는다. 내용을 기입할 경우에는 지시선의 끝을 수평으로 긋고 그 위에 기입한다.

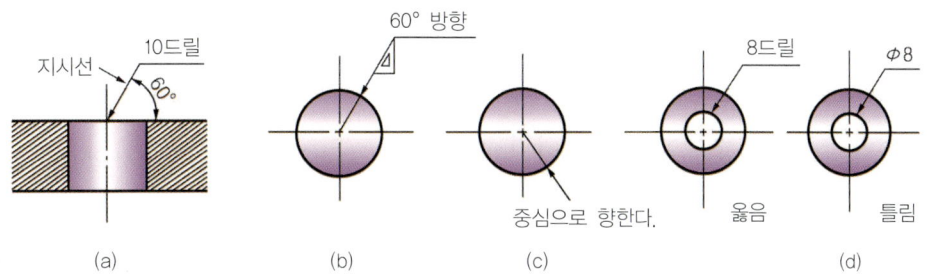

:: 지시선 긋는 방법

6) 화살표

화살표는 치수선 끝에 붙여서 한계를 표시하고 또, 지시선 끝에 붙여 지시되는 부분을 가리키는 선이며, 길이와 폭의 비율은 약 3 : 1이 되도록 하고, 길이는 2.5~3mm 정도로 한다. 또한 화살표는 프리핸드로 그리고 한 도면에서는 가능한 화살표의 크기를 같게 한다.

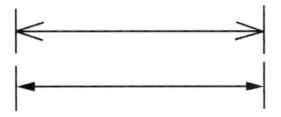

(a) 일반 도면의 치수선에 사용

(b) 치수선의 간격이 좁아 화살표를 그리기가 좋지 않을 때에 사용

(c) 토목 및 건축 제도에서 주로 사용

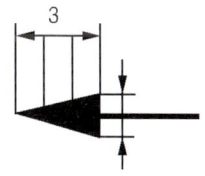

(d) 화살표의 크기
화살표 길이와 나비의 비율을 3 : 1 정도로 하면 좋음. 길이는 도면의 크기에 따라 2.5~3mm 정도

:: 화살표 긋는 방법

(2) 치수 기입의 원칙

① 도면에 길이의 크기와 자세 및 위치를 명확하게 표시한다.
② 가능한 한 주투상도(정면도)에 기입한다.
③ 치수의 중복 기입을 피한다.

④ 치수 숫자 세 자리를 끊는 표시인 콤머 등을 사용하지 않는다.
⑤ 치수는 계산할 필요가 없도록 기입한다.
⑥ 관련되는 치수는 한 곳에 모아서 기입한다.
⑦ 참고 치수는 치수 수치에 괄호를 붙인다.
⑧ 비례척에 따르지 않을 때의 치수 기입은 치수 숫자 밑에 굵은 선을 그어 표시해야 한다. 또는 NS(Not to Scale)로 표기한다.
⑨ 외형치수 전체 길이치수는 반드시 기입한다.

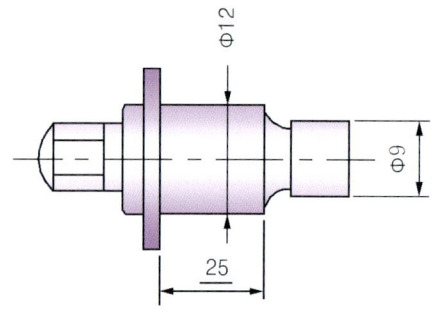

비례척이 아님의 표시 25숫자 밑에 밑줄

(3) 치수 기입의 실제

1) 일반 치수 기입 방법
① 치수 보조선과 치수선은 도면의 위쪽과 왼쪽으로 그린다.
② 치수선의 바로 위 중앙에 완성 치수를 기입한다.
③ 치수선과 치수 보조선은 가는 실선으로 그린다.
④ 치수 보조선은 치수선의 화살표에서 2~3mm 더 길게 긋는다.

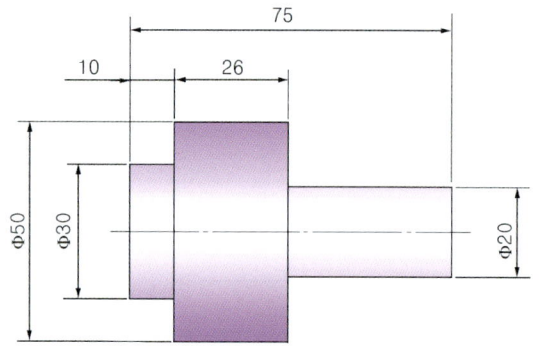

일반 치수 기입 방법

2) 정사각형 및 평면의 치수 기입
① **물체의 단면 모양이 정사각형일 때** : 한 변의 길이를 나타내는 수치 앞에 사각(□)기호를 붙인다.
② **평면을 나타낼 때** : 가는 실선으로 대각선 기호를 그린다.

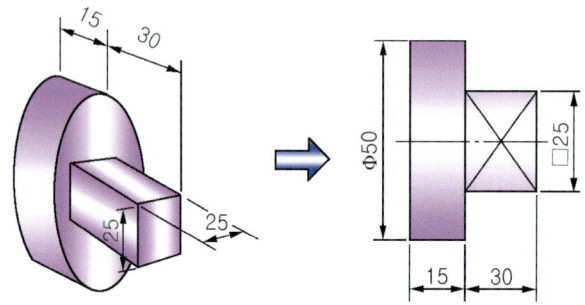

3) 원호의 치수 기입

① 원형이 명확한 경우에는 ∅기호를 생략한다.

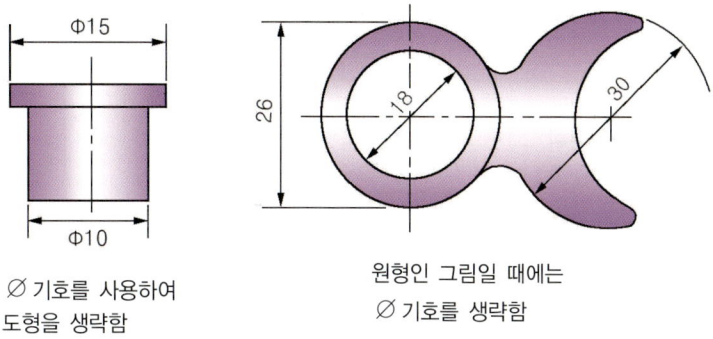

② 치수선은 원호의 중심을 향해 그으며, 원호 쪽에만 화살표를 기입한다.

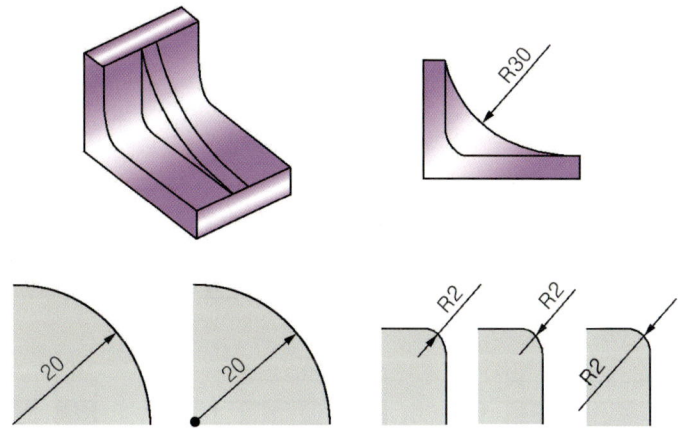

③ 중심을 표시할 필요가 있을 때는 + 자로 그 위치를 표시한다.

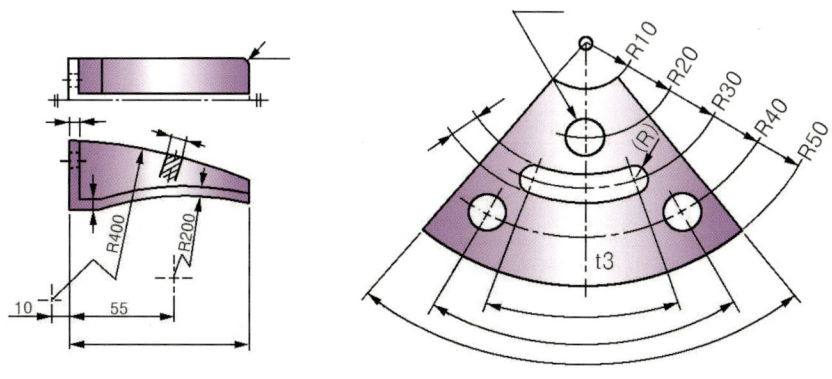

4) 호, 현 및 각도의 치수 기입 방법

① 원호의 길이는 그 원호와 동심인 원호를 치수선으로 사용한다.
② 현의 길이는 그 현에 평행한 수평선을 치수선으로 사용한다.
③ 각도 표시는 각도를 구성하는 두 변의 연장선 사이에 그린 원호를 사용한다.

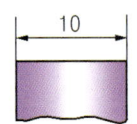 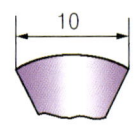 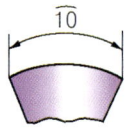 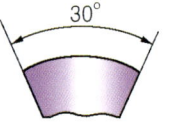

(a) 변의 길이 치수　(b) 현의 길이 치수　(c) 호의 길이 치수　(d) 각도 치수

5) 구멍의 치수 기입

드릴 구멍, 리머 구멍, 펀칭 구멍, 코어 등의 구별을 표시할 필요가 있을 때에는 숫자에 그 구별을 함께 기입한다.

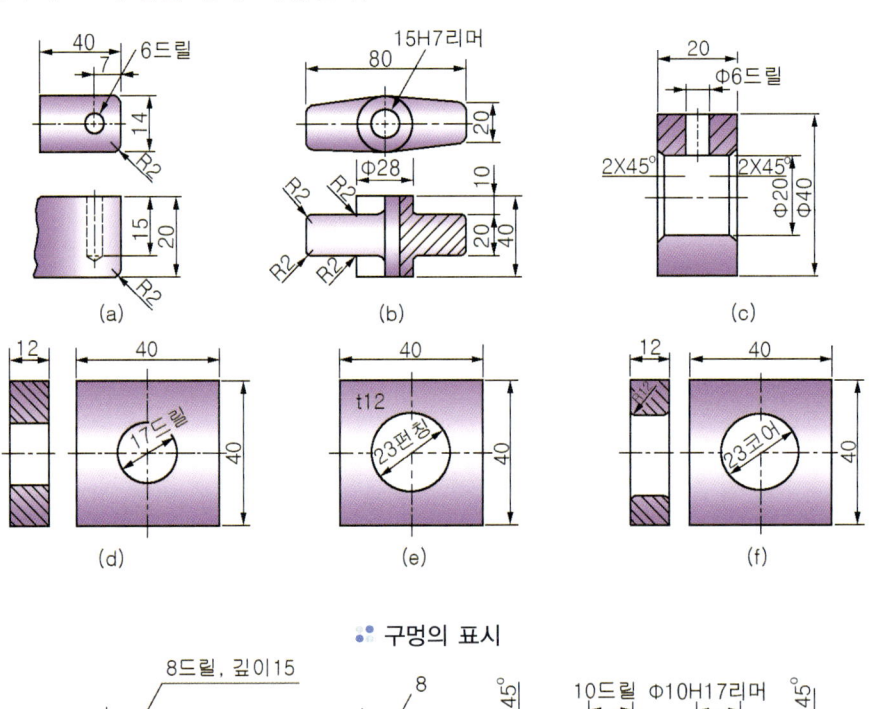

• 구멍의 표시

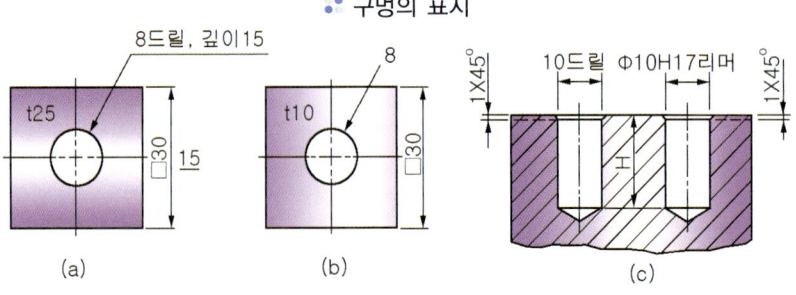

• 구멍의 깊이 표시

6) 직렬과 병렬 치수의 기입

① **직렬 치수 기입** : 한 지점에서 그 다음 지점까지 각각의 거리 치수를 기입한 것
② **병렬 치수 기입** : 기준면에서부터 각각의 지점까지 거리 치수를 기입한 것
③ **누진 치수 기입** : 병렬 치수 기입과 같으면서 1개의 연속된 치수선에 기입한 것

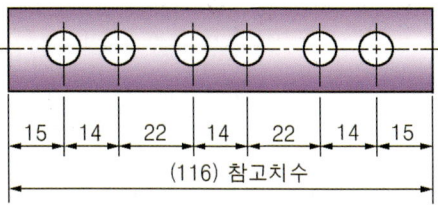
❖ 직렬 치수 기입

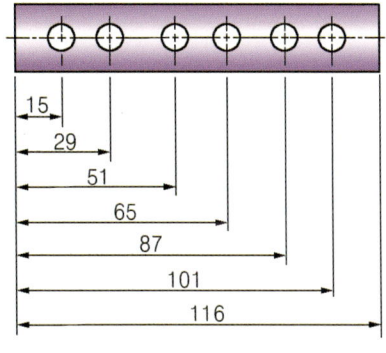
❖ 병렬 치수 기입

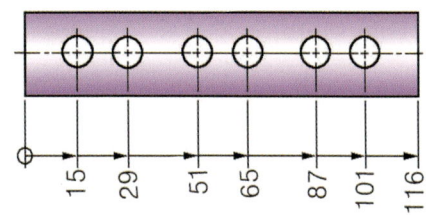
❖ 누진 치수 기입

7) 여러 개의 구멍의 치수의 기입

① 맨 처음 구멍과 두 번째 구멍, 맨 끝 구멍만 그리고, 나머지 구멍은 중심선과 피치선만 그린다.
② **길이가 길 때** : 절단선을 긋고 치수만 기입한다.

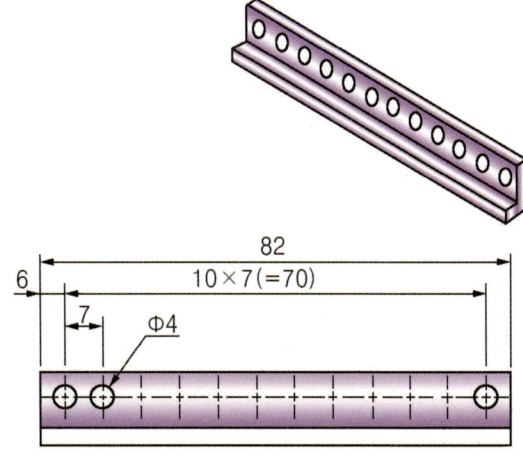
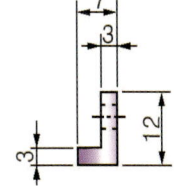

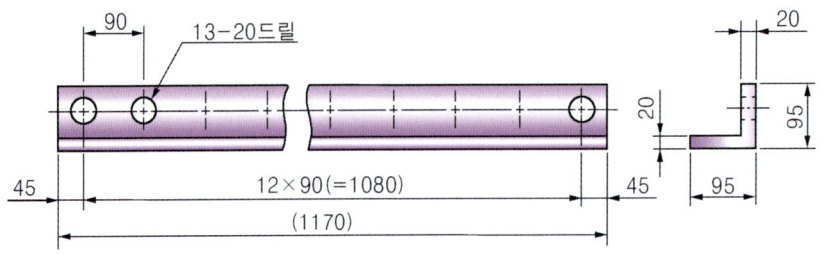

∴ 같은 구멍의 치수 표시

8) 테이퍼와 기울기
① 한쪽의 기울기를 구배라 하고, 양면의 기울기를 테이퍼라 한다.
② 테이퍼는 중심선 중앙위에 기입하고 기울기는 경사면에 따라 기입한다.
③ 테이퍼는 축과 구멍이 테이퍼 면에서 정확하게 끼워 맞춤이 필요한 곳에만 기입하고 그 외는 일반 치수로 기입한다.

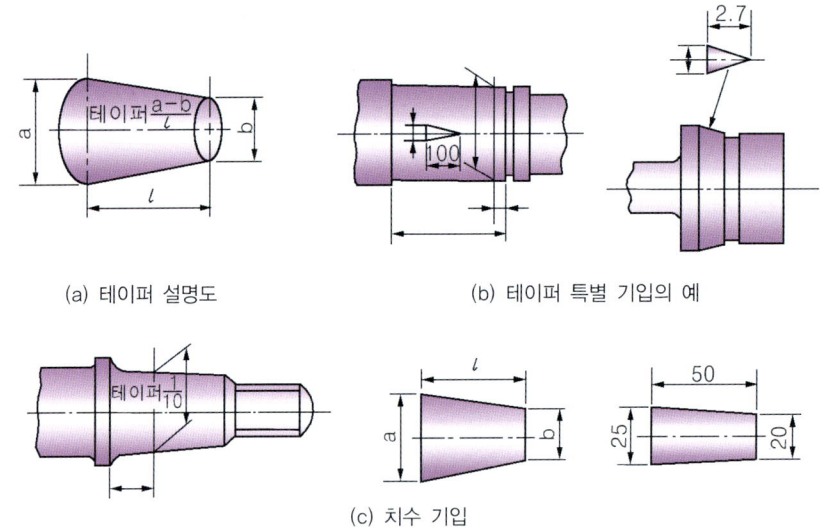

(a) 테이퍼 설명도　　(b) 테이퍼 특별 기입의 예

(c) 치수 기입

9) 기타 치수 기입법
① 치수에 중요도가 작은 치수를 참고로 나타낼 경우에는 치수 숫자에 괄호를 하여 나타낸다.
② 대칭인 도면은 중심선의 한쪽만을 그릴 수 있다. 이 경우 치수선은 원칙적으로 그 중심선을 지나 연장하며, 연장한 치수선 끝에는 화살표를 붙이지 않는다.
③ 치수표를 사용하여 치수 기입을 할 수 있다.

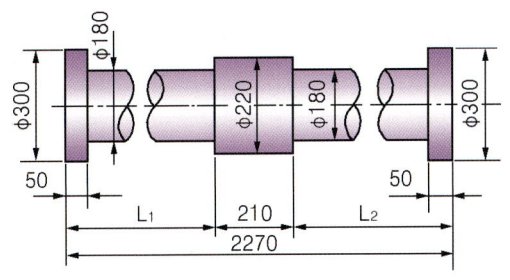

번호 기호	1	2	3
L₁	1100	1200	1350
L₂	960	860	710

10) 재료 기호 표기

재료 기호는 보통 3부분으로 표시하나 때로는 5부분으로 표시하기도 한다. 첫째자리는 재질(영어의 머리문자, 원소기호 등으로 표시), 둘째 자리는 제품명, 또는 규격, 셋째 자리는 재료의 종별, 최저 인장 강도, 탄소 함유량, 경·연질, 열처리, 넷째 자리는 제조법, 다섯째 자리는 제품 형상으로 표시된다.

> **예** **SF40** : S는 재질이 철이며, 제품명은 단조품으로 최저 인장 강도가 40kg/mm²이다.
> **FR1-0** : F는 재질이 강이며, R은 봉으로 1종 연질이다.
> **BsBMOR◎** : 황동, 비철 금속 머시인용 봉재로 연질이며, 압출로 만든 파이프이다.

	기호	기호의 뜻	기호	기호의 뜻
제 1위 기호 (재질 명칭)	Al	알루미늄	K	켈밋 합금
	AlA	알루미늄 합금	MgA	마그네슘 합금
	B	청동	NBS	네이벌 황동
	Bs	황동	Nis	양은
	C	초경 합금	PB	인청동
	Cu	구리	S	강
	F	철	W	화이트 메탈
제 2위 기호 (규격 및 제품명)	HBs	강력 황동	Zn	아연
	B	바 또는 보일러	R	봉
	BF	단조봉	HN	질화 재료
	C	주조품	J	베어링 재
	BMC	흑심가단주철	K	공구강
	WMC	백심가단주철	NiCr	니켈크롬강
	EH	내열강	KH	고속도강
	FM	단조재	F	단조품

	기호	기호의 뜻	기호	기호의 뜻
제 3위 기호 (종별 및 특성)	O	연질	T_4	담금질 후 상온시효
	1/4 H	1/4 경질	EH	특경질
	1/2 H	1/2 경질	T_2	담금질 후 풀림
	S	특질	W	담금질한 것
	3/4 H	3/4 경질	T_3	풀림
	H	경질	SH	초경질
제 4위 기호 (제조법)	Oh	평로강	Cc	도가니강
	Oa	산성 평로강	R	압연
	Ob	염기성 평로강	F	단련
	Bes	전로강	Ex	압출
	E	전기로강	D	인발
제 5위 기호 (형상 기호)	P	강판	8	8각강
	●	둥근강	▱	평강
	◎	파이프	I	I 형강
	□	각재	⊏	채널
	▽6	6 각강	L	L 형강

※ 재료 기호

① **냉간 압연 강판(SCP)** : 1종, 2종, 3종이 있다.
② **열간 압연 강판(SHP)** : SHP1, SHP2, SHP3이 있다.
③ **일반 구조용 압연강(SS)** : SS330, SS400, SS490, SS540이 있다.
④ **기계 구조용 탄소강(SM)** : SM10C, SM12C, SM15C, SM17C, SM20C, SM22C, SM25C, SM28C, SM30C, SM33C, SM35C, SM38C, SM40C, SM43C, SM45C
⑤ **탄소 공구강(STC)** : STC1, STC2, STC3, STC4, STC5, STC6, STC7이 있다. 단 불순물로서는 0.25% Cu, 0.25% Ni, 0.3% Cr을 초과해서는 안 된다.
⑥ **용접 구조용 압연강재** : SM400A·B·C, SM490A·B·C, SM490YA·YB, SM520B·C, SM570, SM490TMC, SM520TMC, SM570TMC

용접 구조용 압연 강재(KS D3515)의 SWS 표기는 한국 산업규격의 개정('97.10.22)에 의하여 SM으로 변경되었다. 즉 SM400A, B, C가 있으며, 400은 인장강도를 의미한다.

02 도면 해독(비 절삭 분야)

1 투상도 (projection)

(1) 투상도의 종류

투상도란 물체의 모양·위치 및 크기 등을 일정한 제도 법칙에 따라 한 평면 위에 정확하게 그려내는 방법을 말한다. 즉, 어떤 물체의 한 면 또는 여러 면을 1개의 평면 위에 그려 나타내는 방법이며, 목적·외관 및 관점과의 상호 관계 등에 따라 정투상법·사투상법 및 투시도법의 3가지가 있다.

1) 정투상도법

직사하는 평행 광선에 의해 물체가 투상면에 비쳐 나타난 투상을 말한다. 즉, 한 평면 위에 물체의 실제 모양을 정확하게 표현하는 방법이며, 기계 제도에서는 원칙적으로 이 방법을 사용한다.

보는 방향	투상도의 명칭
a 앞쪽	정면도(F) (front view)
b 오른쪽	우측면도(SR) (right side view)
c 뒤쪽	배면도(R) (rear view)
d 왼쪽	좌측면도(SL) (left side view)
e 위쪽	평면도(T) (top view)
f 아래쪽	저면도(B) (bottom view)

① 투상선이 투상면에 대하여 수직으로 투상되는 것
② 정투상법에서는 물체를 정면도, 평면도, 측면도 등으로 나타낸다.
③ **제3각법** : 물체를 제3면각에 놓고 정투상도법으로 나타낸 것

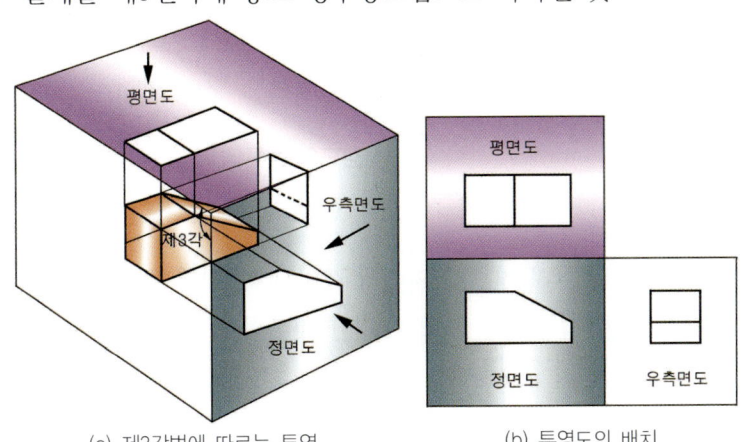

(a) 제3각법에 따르는 투영 (b) 투영도의 배치

❖ 제3각법

④ **제1각법** : 물체를 제1면각에 놓고 정투상도법으로 나타낸 것
⑤ 한 도면 내에서는 1각법과 3각법을 혼용하지 않는다.

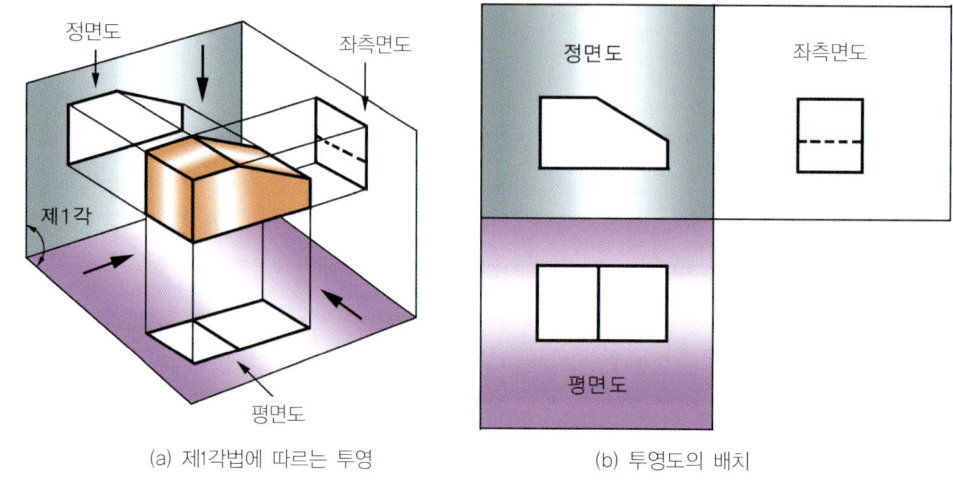

(a) 제1각법에 따르는 투영   (b) 투영도의 배치

:• 제1각법

2) 사투상도법

정투상도로 나타낼 때 경우에 따라서 선이 겹쳐져서 판단이 곤란한 경우가 있다. 이 경우 이해를 돕기 위하여 투상면에 대해 경사진 평행 광선에 의해 투상한 것이다.

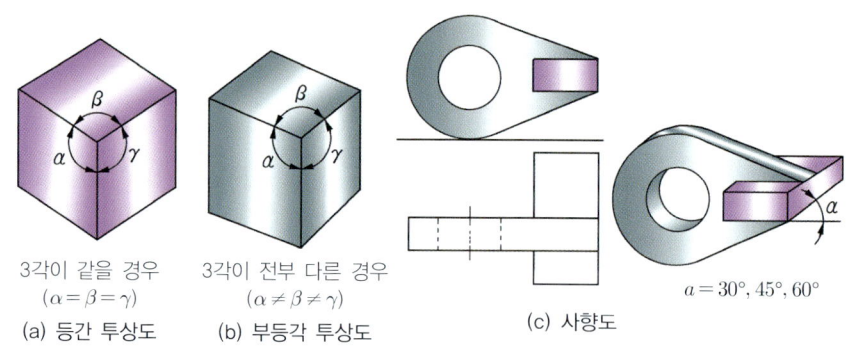

(a) 등각 투상도   (b) 부등각 투상도   (c) 사향도

3각이 같을 경우 ($\alpha = \beta = \gamma$)
3각이 전부 다른 경우 ($\alpha \neq \beta \neq \gamma$)
$a = 30°, 45°, 60°$

:• 사투상도의 종류

3) 투시도

원근감을 갖도록 그린 것으로 위에서 설명한 투상도에서는 투상선이 평행하게 되어 있으나 이것이 한 점에 집중하도록 그린 것이다.

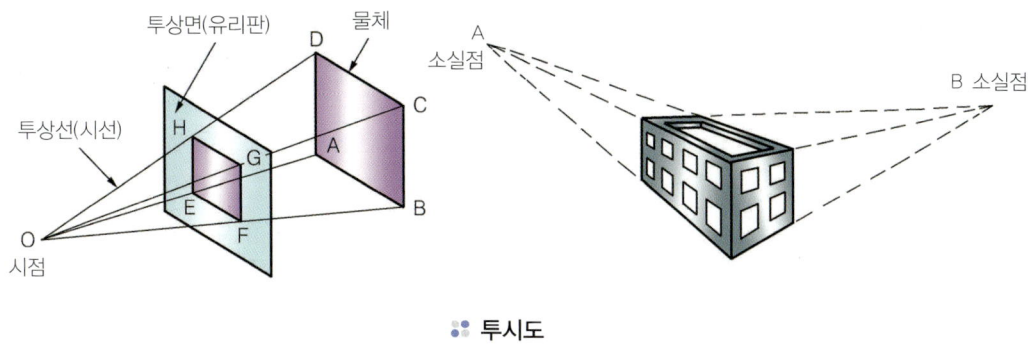

:: 투시도

(2) 제도에 필요한 도법

기계 제도는 정투상도법을 사용하여 그리는데 아래 그림과 같이 서로 직각으로 교차하는 투상면의 공간을 4등분하여 위쪽의 오른쪽으로부터 제1각법, 제2각법, 제3각법, 제4각법이라 한다.

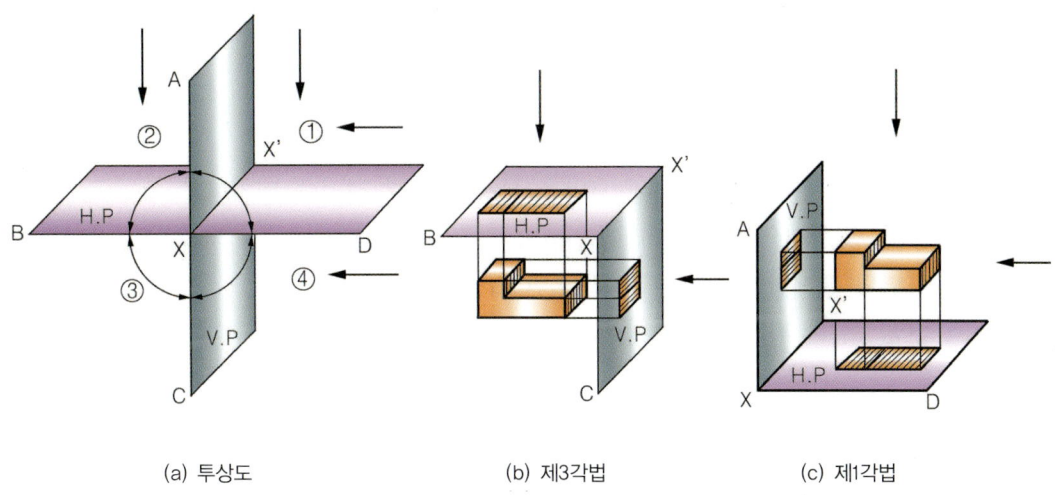

(a) 투상도   (b) 제3각법   (c) 제1각법

:: 정투상도

1) 제3각법

① 물체를 제3면각 안에 놓고 투상하는 방법이다.
② **투상방법** : 눈 → 투상면 → 물체
③ 정면도를 기준으로 투상된 모양을 투상한 위치에 배치한다.
④ 정면도를 중심으로 하여 위쪽에 평면도, 좌측에 좌측면도, 우측에 우측면도를 도시한다.
⑤ KS에서는 제 3각법으로 도면 작성하는 것이 원칙이다.
⑥ 도면의 표제란에 표시 기호로 표현 가능하다.

⑦ **장점** : 도면을 보고 물체의 이해가 쉽다.

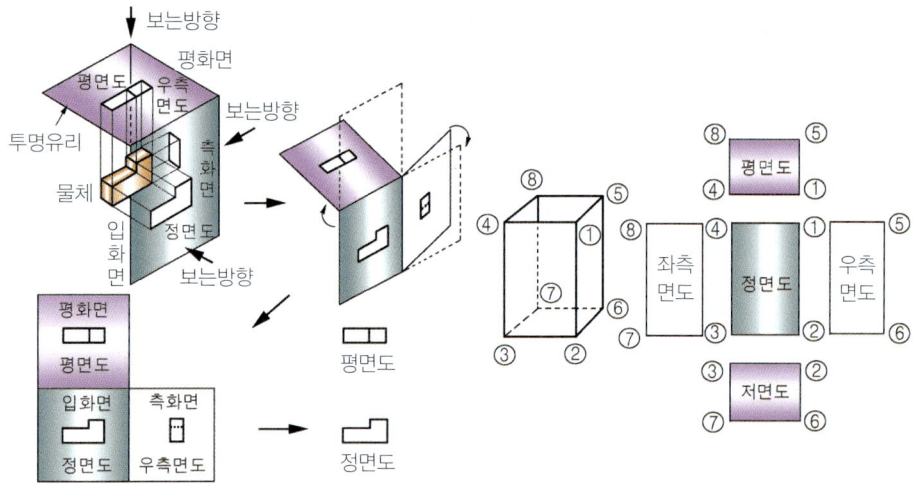

▪ 제3각법

2) 제1각법

① 물체를 제1면각 안에 놓고 투상하는 방법이다.
② **투상 방법** : 눈 → 물체 → 투상면
③ 정면도를 기준으로 투상된 모양을 투상한 반대 위치에 배치한다.
④ 정면도를 중심으로 하여 아래에 평면도, 좌측에 우측면도, 우측에 좌측면도를 도시한다.
⑤ 도면의 표제란에 표시 기호로 표현 가능하다.
⑥ **단점** : 실물 파악이 어려워 특수한 경우에만 사용한다.

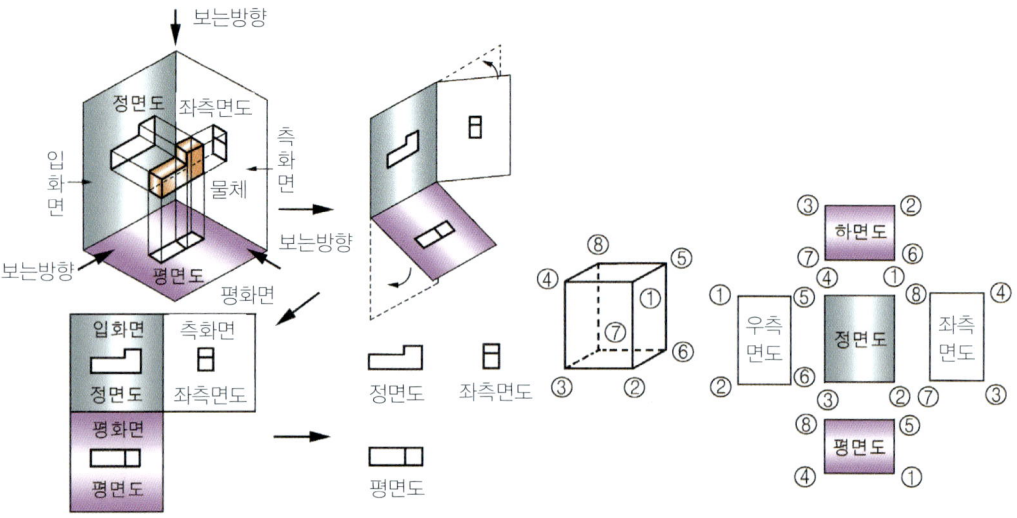

▪ 제1각법

3) 직선의 투상

① 한 화면에 수직인 직선은 점이 된다.
② 한 화면에 평행한 직선은 실제 길이를 나타낸다.
③ 한 면에 평행한 면의 경사진 직선은 실제 길이보다 짧게 나타난다.

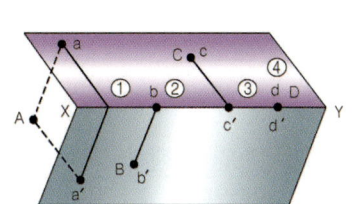
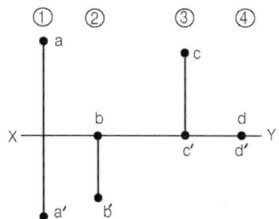

① 점이 공간에 있을 때(점 A)
③ 점이 평화면 위에 있을 때(점 C)
② 점이 입화면 위에 있을 때(점 B)
④ 점이 기선 위에 있을 때(점 D)

∷ 직선의 투상

(3) 도형의 표시

1) 투상도의 배치

① 언제나 정면도를 기준으로 평면도, 우측면도, 좌측면도, 배면도, 저면도를 배치한다.
② **평면형 물체** : 물체의 모양에 따라 정면도와 평면도, 정면도와 우측면도만 도시한다.
③ **원통형 물체** : 정면도와 평면도만 도시한다.
④ 측면도는 가능한 파선이 적은 쪽으로 투상한다.
⑤ 특별한 경우를 제외하고는 제3각법으로 한다.

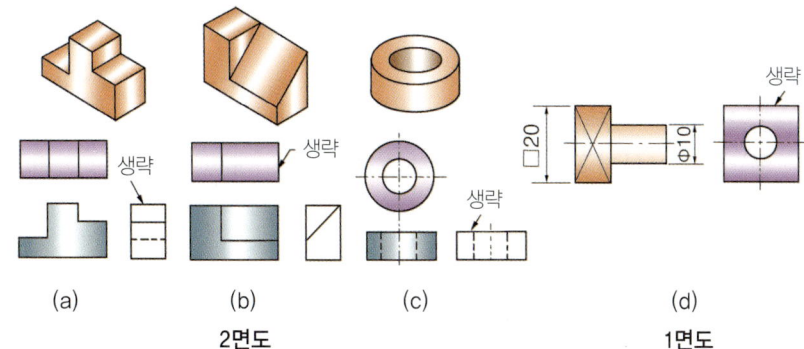

2) 정면도의 선정

① **정면도** : 물체의 모양, 기능 및 특징을 가장 잘 나타낼 수 있는 면으로 선택한다.
② **동물, 자동차, 비행기** : 측면을 정면도로 선정해야 특징이 잘 나타난다.
③ 정면도를 보충하는 평면도, 측면도, 저면도, 배면도의 투상 수는 가능한 적게 한다.
④ **정면도만으로 표시할 수 있는 물체** : 다른 투상도는 생략(치수 보조 기호 이용)

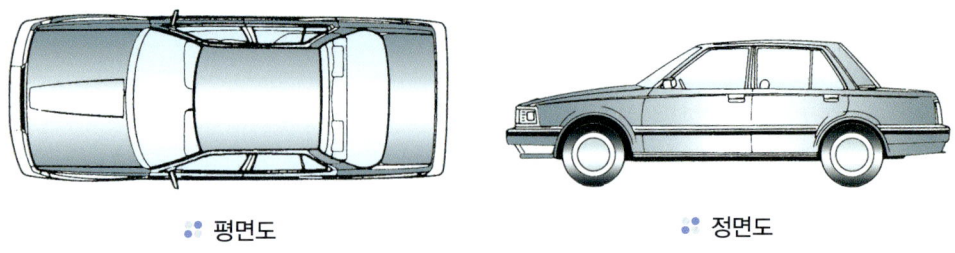

평면도   정면도

3) 투상도의 선정

① **정면도와 평면도만으로 물체를 알 수 있을 때** : 측면도 생략
② **물체의 오른쪽과 왼쪽이 같을 때** : 좌측면도 생략
③ **물체의 길이가 길 때** : 정면도와 평면도만으로 표시 가능할 때는 측면도 생략
④ **가공용 부품** : 가공하는 상태로 놓고 투상
⑤ **주로 기능을 표현** : 사용하는 상태로 놓고 투상

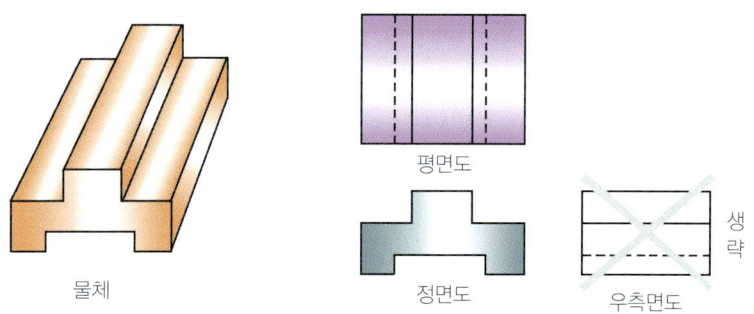

2 단면도

(1) 단면도 그리는 방법

① **단면도** : 보이지 않는 물체 내부를 절단하여 내부의 모양을 그리는 것
② 정면도만 단면도로 도시하고 평면도, 측면도는 단면 도시하지 않는다.

(a) 물체   (b) 절단면   (c) 단면도

③ 절단면은 중심선에 대하여 45°경사지게 일정한 간격으로 빗금을 긋는다.
④ **절단면 표시** : 해칭, 스머징을 사용한다.
⑤ 재료를 특별히 나타낼 필요가 있을 때는 아래와 같이 나타낸다.

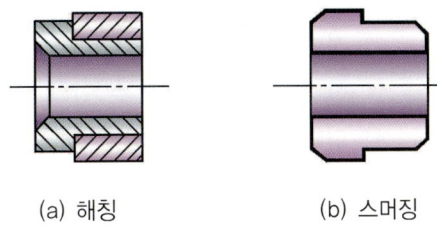

(a) 해칭　　　　(b) 스머징

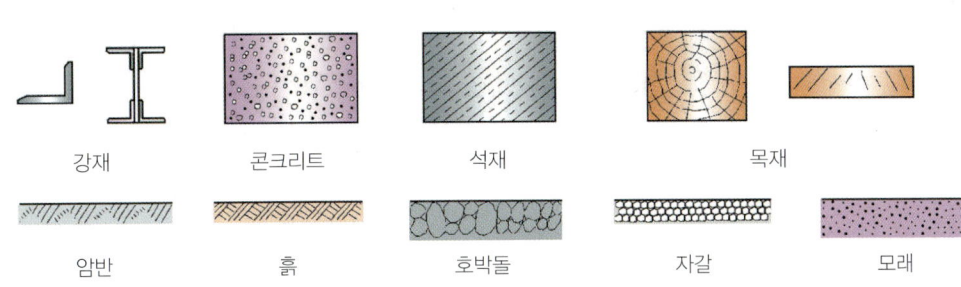

⑥ **절단선** : 끝부분과 꺾이는 부분은 굵은 실선, 나머지는 1점 쇄선을 사용한다.

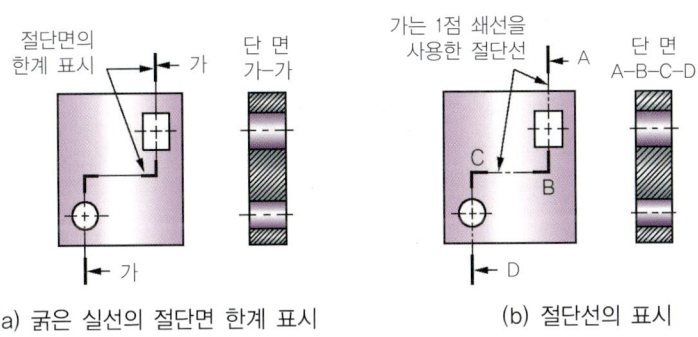

(a) 굵은 실선의 절단면 한계 표시　　　(b) 절단선의 표시

- 절단면을 설치하는 원리 : 안쪽의 모양을 더 명확하게 나타내기 위해 가상의 절단면을 설치하고 앞부분을 떼어 낸 다음 남겨진 부분의 모양을 그린 것을 단면도라고 한다.

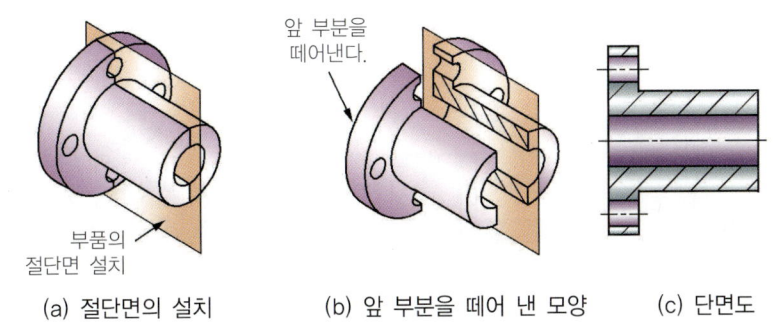

(a) 절단면의 설치　　(b) 앞 부분을 떼어 낸 모양　　(c) 단면도

⑦ 단면도 그리기
  ㉮ 절단면의 뒤에 나타나는 숨은선 중심선 등은 표시하지 않는 것이 원칙이나 부득이한 경우는 표시할 수 있다.
  ㉯ 절단 뒷면에 나타나는 내부의 모양은 원통면의 한계와 끝이 투상선으로 나타내야 한다.

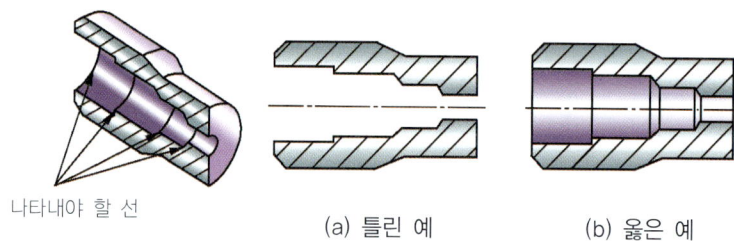

나타내야 할 선   (a) 틀린 예   (b) 옳은 예

(2) 단면도의 종류

1) 전단면도(온단면도)
① 물체를 2개로 절단하여 도면 전체를 단면으로 나타낸 것.
② 물체 전면(全面)을 직선으로 절단하여 앞부분을 잘라내고, 남은 뒷부분을 단면으로 그린 것을 말한다.
③ 물체의 전면(全面)을 단면도로 표시하는 것.
④ 단면선을 45°로 긋는 것을 원칙으로 한다.
⑤ 중심선을 지나는 절단 평면으로 전면을 자르는 것.

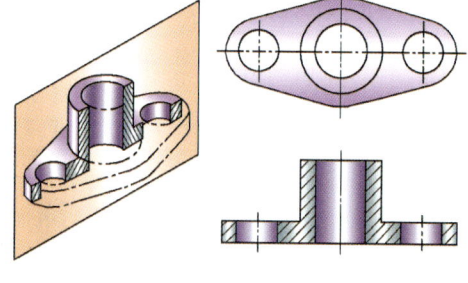

∴ 전단면도

2) 반단면도(한쪽 단면도)
① 물체의 상하 좌우가 대칭인 물체의 1/4을 절단하여 내부와 외형을 동시에 도시한다.
② 단면을 표시하는 해칭은 물체의 왼쪽과 위쪽에 한다.

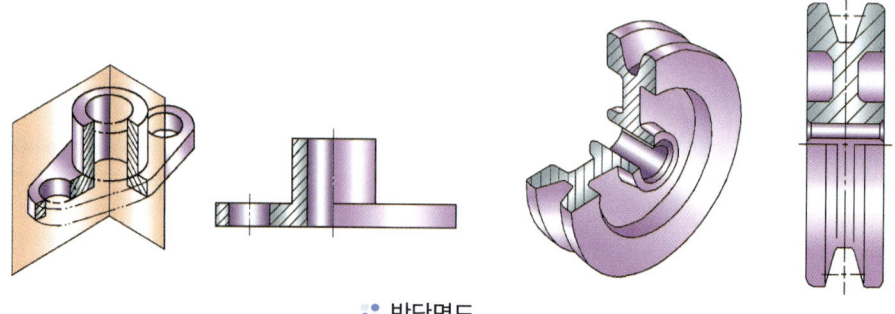

∴ 반단면도

3) 부분 단면도

일부분을 잘라내고 필요한 내부 모양을 그리기 위한 방법으로 파단선을 그어서 단면 부분의 경계를 표시한다.

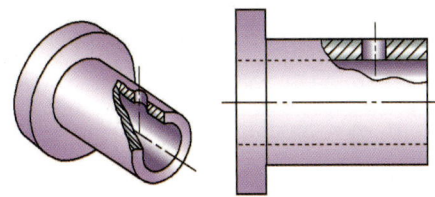

❖ 부분 단면도

4) 회전 단면도

① 핸들, 축, 형강 등과 같은 물체의 절단한 단면의 모양을 90° 회전하여 내부 또는 외부에 그리는 것을 말한다.
② 내부에 표시할 때는 가는 실선을 사용한다.
③ 외부에 표시할 때는 굵은 실선을 사용한다.

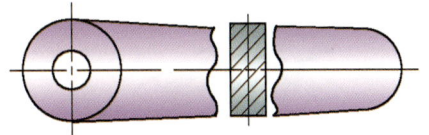

❖ 회전 단면도

5) 계단 단면도

복잡한 물체의 투상도 수를 줄일 목적으로 절단면을 여러 개 설치하여 1개의 단면도로 조합하여 그린 것으로 화살표와 문자 기호를 반드시 표시한다.

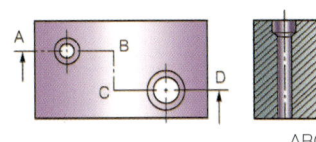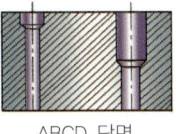

ABCD 단면

❖ 계단 단면도

6) 한 줄로 단면도 배치

① 투상도 그리기와 치수 기입을 이해하기 쉽도록 단면도의 방향을 같게 배열하여 표시하는 방법이다.
② 도면 여백이 충분한 경우 축의 중심 연장선 위에 단면도를 차례로 배열하며 순서는 반드시 지켜야 한다.

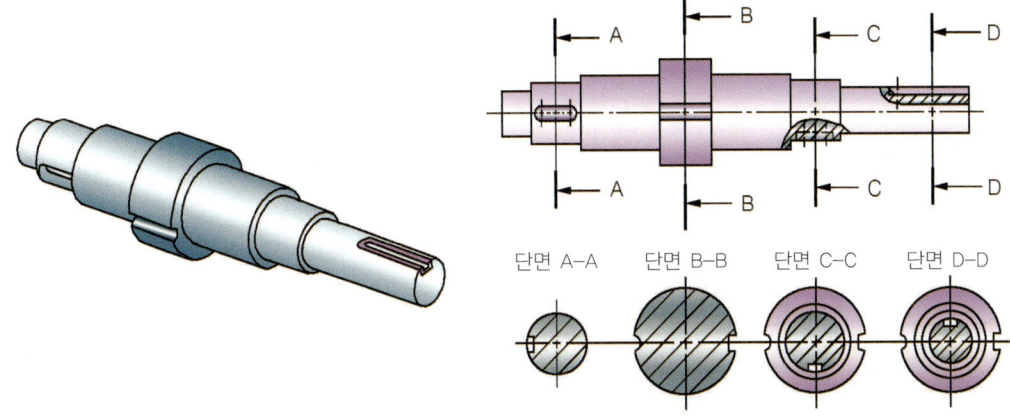

❖ 한 줄로 단면도 배치

7) 길이 방향으로 단면하지 않는 부품

① 길이 방향으로 단면해도 의미가 없거나 이해를 방해하는 부품은 길이 방향으로 단면을 하지 않는다.
② 얇은 물체인 개스킷, 박판, 형강의 경우는 한 줄의 굵은 실선으로 단면을 도시한다.

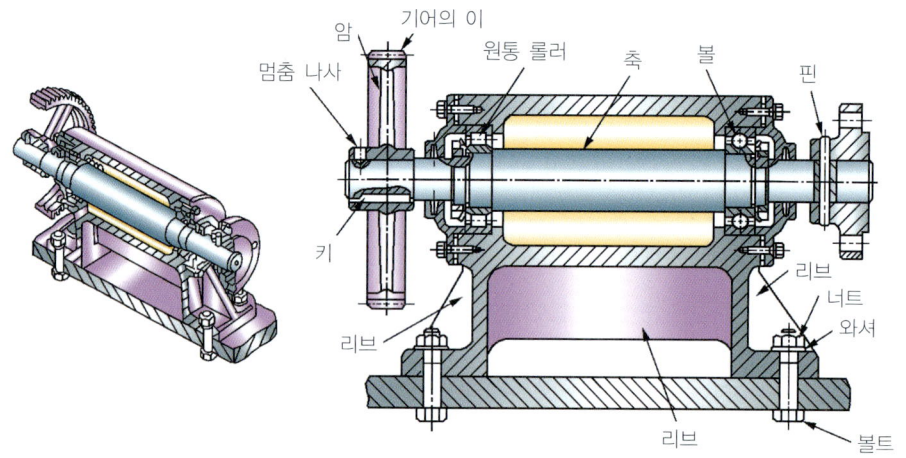

∴ 길이 방향으로 단면하지 않는 부품

③ **얇은 물체의 단면도**
   얇은 판, 형강 등은 단면이 얇아 해칭하기가 어려워 굵은 실선으로 나타낸다.

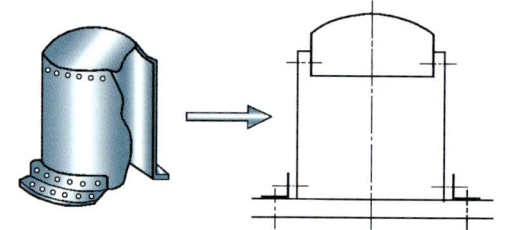

∴ 얇은 판의 단면도

8) 대칭 도형의 생략

① 대칭 기호를 사용하여 도형의 한쪽 생략
② **대칭 기호** : 중심선의 양 끝 부분에 짧은 2개의 평행한 가는 실선으로 표시

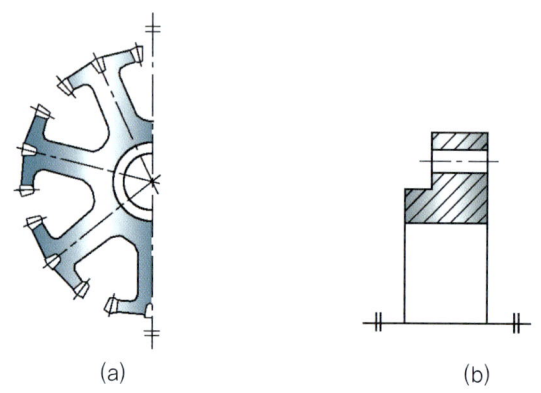

∴ 대칭 기호를 사용한 도형의 생략

③ 정면도가 단면도로 된 경우에는 정면도에 가까운 곳의 반을 생략하여 그린다.
④ 정면도에 외형이 나타나 있을 경우에는 정면도에 가까운 곳의 반을 그린다.

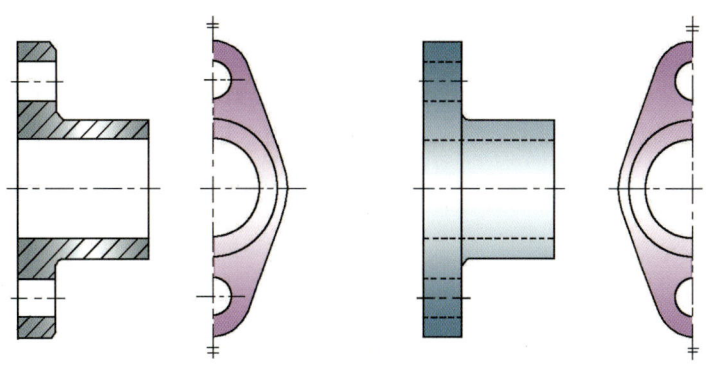

(a) 단면도의 경우   (b) 외형도의 경우
:: 대칭 도형의 생략

9) 중간부의 생략

① 축, 봉, 관, 테이퍼 축 등의 동일 단면형의 부분이 긴 경우에는 중간 부분을 잘라 단축시켜 그린다.
② 잘라 버린 끝 부분은 파단선으로 나타낸다.
③ 원형일 경우에는 끝 부분을 타원형으로 나타낸다.
④ 해칭을 한 단면에서는 파단선을 생략해도 좋다.

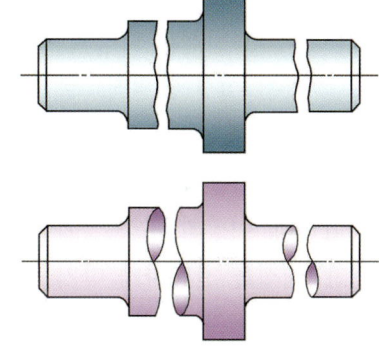

:: 중간 부분의 생략

10) 연속된 같은 모양의 생략

같은 종류의 리벳 구멍, 볼트 구멍, 등과 같이 같은 모양이 연속되어 있을 경우에는 그 양끝 부분 또는 필요 부분만 그리며 다른 곳은 생략하고 중심선만 그려 그 위치를 표시한다.

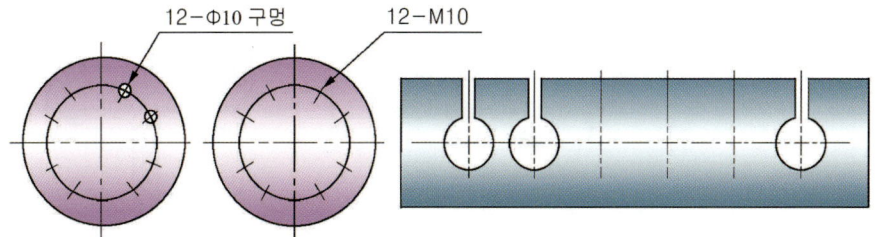

:: 연속된 같은 모양의 생략

11) 일부분에 특수한 모양을 갖는 경우

일부분에 특정한 모양 즉 키 홈이 있는 보스 구멍, 홈이 있는 관이나 실린더, 쪼개진 링 등을 가진 것은 그 부분이 그림의 위쪽에 나타나도록 그리는 것이 좋다.

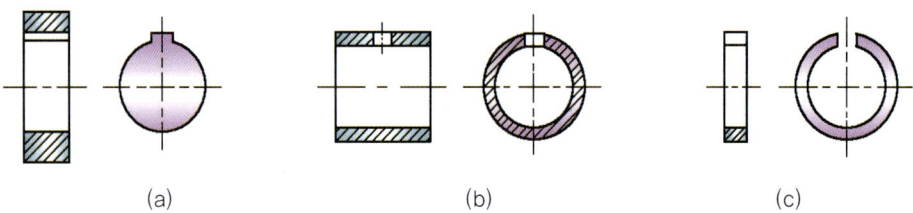

(a)   (b)   (c)

3 해칭 (hatching) 방법

단면이 있는 것을 표현하는 방법에는 해칭이 있으며, 규정으로는 단면이 있는 것을 명시할 경우에는 단면 전부 또는 주위를 해칭하거나 스머징(smudging, 단면 부분의 안쪽 주변을 푸른색 또는 빨간색 연필로 얇게 칠하는 것)을 하도록 되어 있다.

해칭의 원칙은 다음과 같다.
① 가는 실선을 원칙으로 하지만 혼동의 염려가 없는 경우에는 생략한다.
② 기본 중심선 또는 기선에 대하여 45° 기울기로 2~3mm 간격으로 긋는다. 그러나 45° 기울기로 분간하기 어려울 경우에는 해칭의 기울기를 30°, 60°로 한다.
③ 2개 이상의 부품이 가까이 있을 경우에는 해칭 방향이나 간격을 다르게 한다.
④ 해칭을 간단하게 하기 위하여 단면 가장자리를 연필 등으로 얇게 칠한다.
⑤ 해칭을 한 부분은 가능한 은선의 기입은 피하고, 또 그 부분에 치수를 기입하여야 할 경우에는 그 부분을 해칭하지 않는다.
⑥ 부품도에는 원칙적으로 해칭을 생략하거나, 조립도에 해칭하는 것은 부품 관계가 명확하게 되므로 기입하는 경우가 많다.

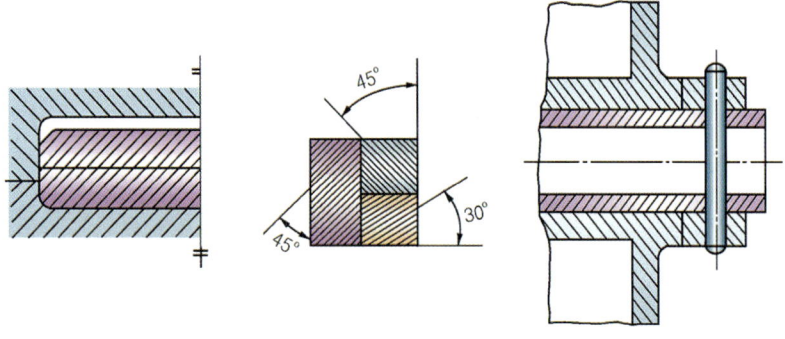

해칭과 각도의 예

4 전개도

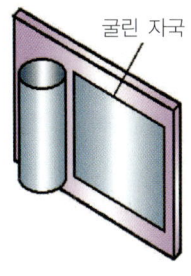
:: 원통의 전개원리

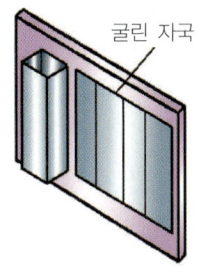
:: 사각통의 전개원리

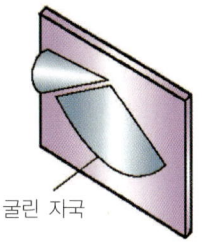
:: 원뿔의 전개원리

① 전개도는 입체의 표면을 평면 위에 펼쳐 그린 그림이다.
② 전개도를 다시 접거나 감으면 그 물체의 모양이 됨
③ **용도** : 철판을 굽히거나 접어서 만드는 상자, 철제 책꽂이, 캐비닛, 물통, 쓰레받기, 자동차 부품, 항공기 부품, 덕트 등

(1) 전개도 작성할 때 유의 사항

① 실제 치수로 하며, 가장자리, 겹치는 부분 및 접는 부분은 여유 치수를 두어야 한다.
② **문자나 숫자의 기호** : 전개 순서에 따라 중요 부분만 간략하게 표기한다.
③ 외형선은 0.5mm 이하, 전개선은 0.18mm 이하의 굵기로 한다.
④ **전개도법의 종류** : 평행선법, 삼각형법, 방사선법
⑤ 복잡한 형상은 3가지 방법을 혼용해서 전개한다.

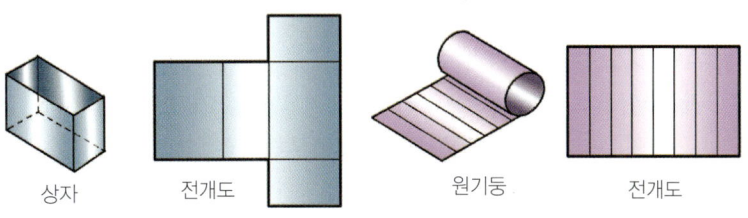
:: 평행선법

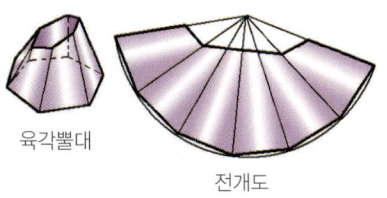
:: 삼각형법

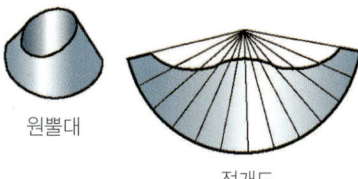
:: 방사선법

(2) 평행선 전개법

① **특징** : 물체의 모서리가 직각으로 만나는 물체나 원통형 물체를 전개할 때 사용한다.
② **그리는 방법** : 원둘레(πD)를 구해 수평선을 긋고, 12등분 하여 각 등분점에 수직선을 긋는다.
③ 평면도의 원둘레를 12등분 하여 정면도에 내려 긋는다.
④ 정면도의 각 점에서 수평선을 긋는다.
⑤ 정면도와의 교점을 이으면 전개도가 된다.

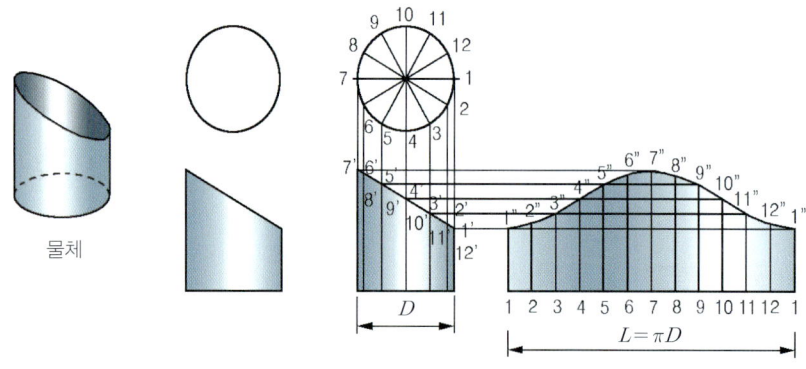

:* 평행선 전개법

(3) 방사선 전개법

① **특징** : 각뿔이나 원뿔처럼 꼭지점을 중심으로 부채꼴 모양으로 전개하는 방법이다.
② **그리는 방법** : 정면도와 평면도를 그린 후 평면도의 원둘레(πD)를 12등분 한다.
③ 정면도의 빗변과 평행하게 긋는다.
④ 점 O를 중심으로 정면도의 O'를 반지름으로 하여 원을 그린다.
⑤ 평면도 원의 등분 길이(x)를 재어 점 O부터 12등분 한다.

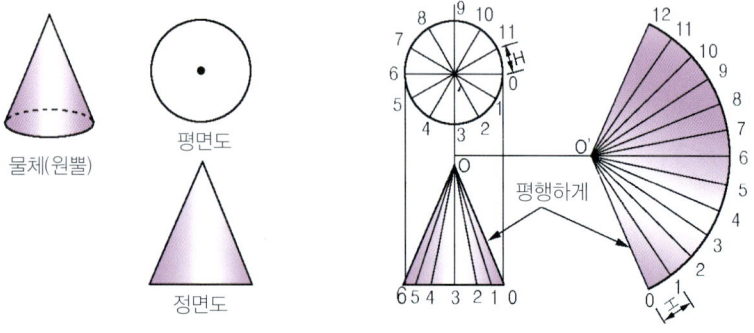

:* 방사선 전개법

(4) 삼각형 전개법

① **특징** : 꼭지점이 먼 각뿔이나 원뿔을 전개할 때 입체의 표면을 여러 개의 삼각형으로 나누어 전개하는 방법이다.

② **그리는 방법** : 정면도와 평면도를 그리고, 빗변의 실제 길이를 구한다.

③ 빗변의 실제 길이를 반지름으로 하는 원호를 그린 후 평면도 BC로 원호를 4등분한다.

④ 변 CD = DE 되게 정사각형을 그린다.

⑤ 겹치는 부분을 5mm 정도로 그린다.

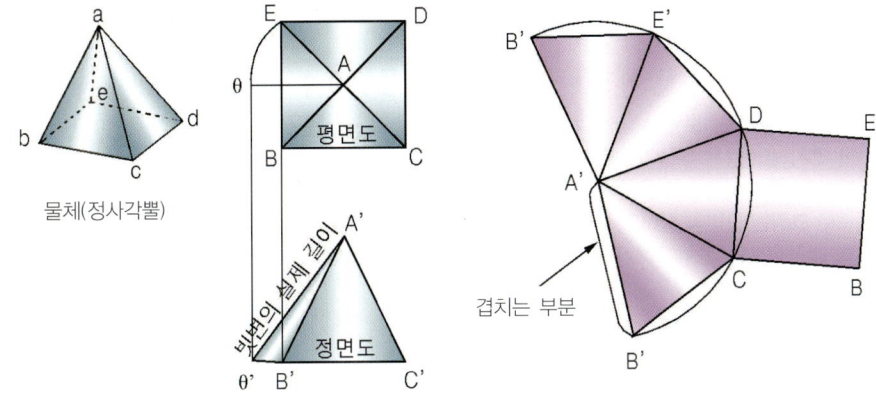

◆ 삼각형 전개법

● 자동차차체수리기능사

차체재료 및 용접일반

적·중·예·상·문·제

07_09
01 스케치에 의해 제작도를 완성할 때 제일 끝에 그리는 것은?

① 부분 조립도　② 부품도
③ 전체 조립도　④ 배치도

해설 스케치는 부품을 보면서 형상, 치수, 재료 등을 조사하여 같은 부품의 제작, 수리 또는 설계상의 참고 자료로 이용하기 위하여 프리핸드로 그리는 도면을 말하며, 스케치가 완료되면 최종적으로 전체 조립도를 그린다.

01_04
02 배선도라는 것은 어느 것인가?

① 관의 배치를 나타내는 도면
② 제조공정을 나타내는 도면
③ 전선의 배치를 나타내는 도면
④ 건물의 기초공사에 필요한 도면

해설 도면의 내용에 따른 분류
① 배선도 : 전선의 배치를 나타내는 도면,
② 배관도 : 관의 배치를 나타내는 도면,
③ 공정도 : 제조공정을 나타내는 도면

02_04
03 도면을 분류할 때 구조물 물품 등의 표면을 평면으로 나타내는 도면을 무슨 도면이라 하는가?

① 전개도　② 설치도
③ 배선도　④ 장치도

해설 구조물 물품 등의 표면을 평면으로 펼쳐서 나타내는 도면을 전개도라 한다.

03_10
04 디바이더(divider)의 사용 용도가 아닌 것은?

① 원을 그림　② 선의 등분
③ 치수를 옮김　④ 원의 등분

해설 디바이더는 선의 등분, 원의 등분, 치수를 옮길 때 사용한다.

06_01
05 컴퍼스를 이용하여 원을 그리는 방법에 대한 설명 중 올바르지 못한 것은?

① 연결대를 사용하여 큰 원을 그릴 때 컴퍼스 다리는 90°가 유지되도록 한다.
② 컴퍼스 바늘 끝과 연필심 끝의 길이는 연필심 끝을 바늘 끝보다 0.5mm 정도 길게 한다.
③ 원을 그리는 출발점은 원을 90° 씩 4등분한 후 수평선 아래쪽 270° 지점에서 출발한다.
④ 컴퍼스 바늘의 중심기로 바늘 끝을 중심에 올려놓아 사용하면 중심점의 구멍이 커지지 않는다.

해설 컴퍼스에 끼워진 연필심의 높이는 바늘 끝에서부터 약 0.5mm 높게 올려서 사용한다.

 01. ③　02. ③　03. ①　04. ①　05. ②

06 그리기 어려운 원호나 곡선을 그리는데 사용하는 제도 용구는?
① 삼각자 ② 템플릿
③ 운형자 ④ 스케일

해설 제도 용구의 용도
① 삼각자 : 45°×45°×90°의 이등변 삼각자와 30°×60°×90°의 직각 삼각자로 된 2개가 1세트로 구성되어 있다.
② 템플릿 : 플라스틱이나 아크릴로 만든 얇은 판에 여러 가지 크기의 원 또는 타원 등과 같은 기본 도형이나 각종 문자 기호 등을 그리는 제도 용구
③ 운형자 : 컴퍼스로 그리기 어려운 원호, 곡선을 그리는데 사용하는 제도 용구
④ 스케일 : 길이를 잴 때 또는 길이를 줄여 그을 때 사용하는 제도 용구

07 KS 규격 중 기계 부분은 어디에 해당하는가?
① KS B ② KS D
③ KS C ④ KS A

해설 KS B : 기계, KS D : 금속, KS C : 전기

08 도면을 접을 때 다음 중 도면의 어느 부분이 겉으로 드러나게 정리해야 하는가?
① 상세도가 있는 부분
② 부품도가 없는 부분
③ 표제란이 있는 부분
④ 어떻게 하여도 좋다.

해설 큰 도면을 접을 때는 A₄ 크기로 접으며, 표제란이 겉으로 나오도록 한다. 표제란에는 도면에 대한 기본 자료가 표기되어 있기 때문이다. 원 도면은 일반적으로 말아서 보관하며, 복사도면 등은 접어서 보관한다.

09 Ao 제도 용지의 크기는 어느 것인가?
① 1030 × 1456
② 1030 × 1189
③ 841 × 1456
④ 841 × 1189

해설 Ao 용지는 841 × 1189이다.
Bo 용지는 1030 × 1456이다.

10 제도 용지에 직접 작성되거나 컴퓨터로 작성된 최초의 도면으로 트레이스 도의 원본이 되는 도면은 무엇인가?
① 배치도 ② 스케치도
③ 원도   ④ 기초도

해설 제도 용지에 직접 작성되거나 컴퓨터로 작성된 최초의 도면으로 트레이스 도의 원본이 되는 도면을 원도라 한다.

11 제도에서 도면을 표시할 때 실물과 같은 크기로 그릴 경우의 척도이며, 읽지 않더라도 치수나 모양에 착오가 적은 특징을 가진 것은?
① 배척 ② NS
③ 축척 ④ 현척

해설 척도
① 현척 : 물체의 크기와 같게 그린 것으로 모양과 크기를 잘 이해할 수 있으며, 착오가 적기 때문에 많이 사용된다.
② 축척 : 물체의 크기보다 축소하여 그린 것으로 주로 물체가 크거나 또는 모양이 간단할 때 사용된다. 물체의 크기와 복잡한 정도에 따라 척도를 택한다.
③ 배척 : 물체의 크기보다 확대하여 그린 것으로 모양이 작은 부품을 상세히 표시할 때 사용된다.

정답 06. ③ 07. ① 08. ③ 09. ④ 10. ③ 11. ④

04_10
12 기계나 어떤 물체를 설계할 때 쓰이는 척도(스케일)가 아닌 것은?

① 실척 ② 축척
③ 공척 ④ 배척

해설 척도란 그림에 그려진 크기와 실물의 크기와 길이의 비율이며, 실물과 같은 크기를 그리는 경우를 **실척**, 실물보다 작게 그리는 경우를 **축척**, 실물보다 큰 경우를 **배척**이라 한다.

06_01
13 치수 40mm를 실척으로 그렸을 때 도면에 기입해야 할 치수는 얼마로 하는가?

① 10mm ② 20mm
③ 40mm ④ 80mm

해설 실척은 실물과 같은 크기로 그린 경우의 척도로서 실척으로 그리면 실물과 같은 크기로 기입한다.

02_10
14 가는 실선의 용도가 아닌 것은?

① 치수를 기입하기 위한 선
② 치수를 기입하기 위하여 도형에서 인출한 선
③ 대상물이 보이지 않는 부분의 모양을 표시하는 선
④ 단면도의 절단면을 나타내는 선

해설 가는 실선의 용도로는 치수선, 치수 보조선, 중심선, 수준면선, 회전단면선 등이 있다. 대상물이 보이지 않는 부분은 은선(가는 파선 혹은 굵은 파선)으로 나타낸다.

01_04
15 중심선, 은선, 외형선이 겹칠 때는 어느 선을 나타내 주어야 하는가?

① 중심선
② 은선
③ 외형선
④ 상황에 따라 다르다

해설 도면을 작성하다 보면 한 도면에 두 종류 이상의 선이 같은 장소에 겹치는 경우가 있을 경우 ① 외형선→② 은선→③ 절단선→④ 중심선→⑤ 무게 중심선 의 순서로 표현한다.

01_07
16 치수와 같이 사용되는 기호는 어느 부분에 기입하는가?

① 치수 숫자 뒤
② 치수 숫자 위
③ 치수 숫자 아래
④ 치수 숫자 앞

해설 치수 보조 기호는 치수와 함께 치수의 의미를 명확하게 나타내기 위해 사용하며, 치수 앞에 기호를 붙인다.

02_04
17 치수 보조 기호의 설명이 잘못 연결된 것은?

① ∅ : 지름 기호
② □ : 정사각형
③ SR : 구의 반지름
④ R : 모따기 기호

해설 R : 반지름 치수, C : 모따기 기호

15_10
18 도면에서 치수를 표기할 때 사용되는 보조 기호를 설명한 것으로 잘못된 것은?

① ∅ : 지름
② t : 작업시간
③ (12) : 참고치수
④ SR : 구의 반지름

해설 t : 판의 두께를 나타낸다.

정답 12. ③ 13. ③ 14. ③ 15. ③ 16. ④ 17. ④ 18. ②

19 기계제도를 할 때 도면에 기입하여야 할 것이 아닌 것은?

① 용도 ② 가공 정밀도
③ 재료 ④ 치수

20 다음 보기는 원도를 그리는 방법을 나열한 것이다. 그 순서가 맞는 것은?

> 보기
> 1. 도형을 그린다.
> 2. 도면의 크기, 도면의 배치 및 척도를 결정한다.
> 3. 기호 및 기타 설명 사항을 기입한다.
> 4. 치수선을 기입한다.

① 1-2-3-4 ② 2-1-3-4
③ 1-2-4-3 ④ 2-1-4-3

21 도면에서 ⌒20, ⌒40이 나타내는 것은?

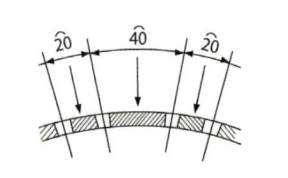

① 현의 길이
② 원호의 길이
③ 기울기
④ 대칭

22 도면에 NS로 표시된 것은 무엇을 뜻하는가?

① 도면의 나이
② 배척
③ 비례척이 아닌 것을 표시
④ 축척

> 해설) 도면의 척도를 표시할 때 그림의 형태가 치수와 비례하지 않을 때에 치수 밑에 밑줄을 긋거나 "비례가 아님" 또는 NS(Not to Scale) 등의 문자를 기입한다.

23 보기와 같은 도면의 설명으로 올바른 것은?

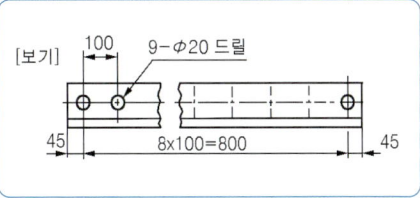

① L형강 양단 45mm 띄워서 100mm의 피치로 지름이 20mm, 깊이 9mm의 구멍을 8개 드릴로 뚫는다.
② L형강에 양단 45mm 띄워서 800mm의 사이에 100mm의 피치로 지름 20mm의 구멍을 9개 뚫는다.
③ L형강에 양단 45mm 띄워서 800mm의 사이에 지름 20mm 깊이 9mm의 구멍을 100개 드릴로 뚫는다.
④ L형강에 양단 45mm 띄어서 8mm의 피치로 지름 20mm 깊이 9mm의 구멍을 100개 드릴로 뚫는다.

> 해설) 9-Ø20 드릴에서 9는 9개의 구멍, Ø는 직경, 20은 20mm를 뜻한다.

정답) 19. ① 20. ④ 21. ② 22. ③ 23. ②

24 도면이 다음과 같이 표기 되어 있다. 올바른 설명은? (08_02)

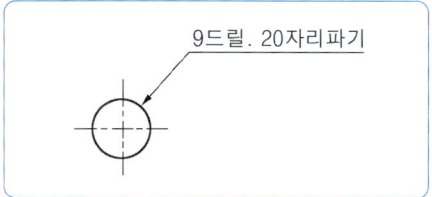

① 직경 9mm 드릴로 뚫는다.
② 구멍의 숫자는 20개이다.
③ 자리파기의 깊이는 9mm이다
④ 구멍의 수는 9 이고, 20개의 자리파기를 한다.

25 한국 산업표준(KS)에서 정투상도법은 원칙적으로 무엇을 사용함을 원칙으로 하는가? (14_10)

① 제 1각법   ② 제 2각법
③ 제 3각법   ④ 표고 투상법

해설 한국 산업규격(KS A 0111)에서는 정투상도를 제3각법으로 그리도록 하고 있다.

26 1각법으로 도면을 그릴 때 정면도를 기준으로 하면 다음과 같은 위치에 그리게 된다. 옳은 것은? (01_10)

① 평면도는 정면도 위에
② 우측면도는 정면도 오른쪽에
③ 좌측면도는 정면도 왼쪽에
④ 평면도는 정면도 아래에

해설 평면도는 정면도 아래, 우측면도는 왼쪽에, 좌측면도는 오른쪽에 도시한다.

27 제3각법에서 우측면도는 정면도의 어느 쪽에 위치하는가? (06_10)

① 상부   ② 하부
③ 좌측   ④ 우측

해설 제3각법은 물체를 제3각 안에 놓고 투상한 것으로 정면도를 중심으로 하여 위쪽에 평면도, 좌측에 좌측면도, 우측에 우측면도를 도시한다.

28 제 3각법에서 좌측면도는 정면도의 어느 쪽에 위치하는가? (07_01)

① 좌측   ② 우측
③ 상부   ④ 하부

해설 제 3각법
① 물체를 제 3각 안에 놓고 투상한 것.
② 평면도 : 정면도 상부
③ 좌측면도 : 정면도 좌측
④ 우측면도 : 정면도 우측

29 보기와 같은 겨냥도를 보고 3각법으로 제도한 것 중 맞는 것은? (04_10)

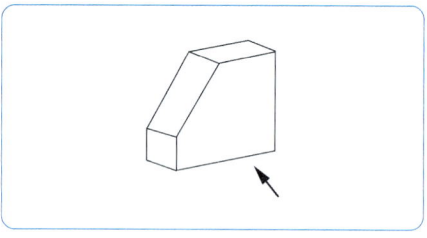

정답 24. ① 25. ③ 26. ④ 27. ④ 28. ① 29. ②

01_10
30 스케치도는 보통 어떤 도법에 의하여 그리는가?

① 회화법 ② 제1각법
③ 제3각법 ④ 투시도법

> 해설: 스케치도는 보통 3각법과 1각법을 사용하는데 주로 3각법을 사용한다.

08_03
31 아래와 같은 정면도에 해당되는 평면도는?

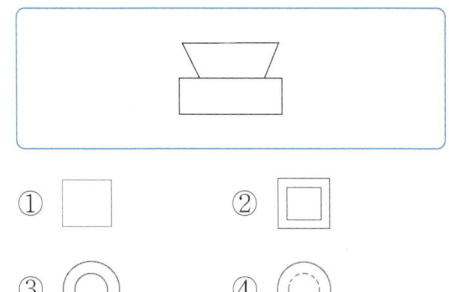

11_04
32 보기의 정면도를 보고 다음 중 평면도로 가장 적합한 투상도는?

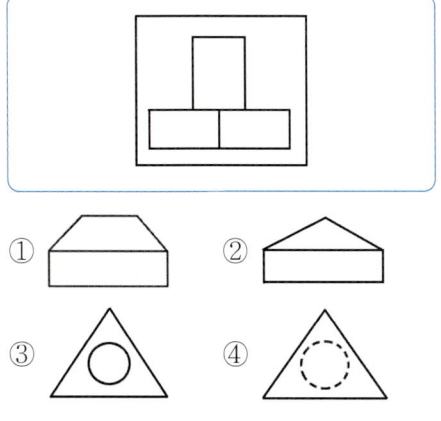

> 해설: 실제 모양은 다음과 같다.
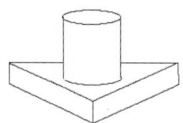

13_10
33 다음 보기와 같은 투상도를 보고 틀린 부분을 바르게 수정한 것은?

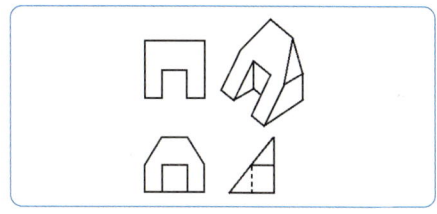

> 해설: 측면도와 평면도는 다음과 같다.

09_01
34 도면을 나타낼 때 전단면에 대한 설명으로 틀린 것은?

① 물체의 전면을 절단한 것이다.
② 물체의 전면을 단면도로 표시하는 것이다.
③ 단면선을 30°로 긋는 것을 원칙으로 한다.
④ 중심선을 지나는 절단 평면으로 전면을 자르는 것이다.

> 해설: 전단면
> ① 물체를 2개로 절단하여 도면 전체를 단면으로 나타낸 것.

정답 30. ③ 31. ④ 32. ③ 33. ③ 34. ③

② 물체의 전면을 절단한 것.
③ 물체의 전면을 단면도로 표시하는 것.
④ 단면선을 45°로 긋는 것을 원칙으로 한다.
⑤ 중심선을 지나는 절단 평면으로 전면을 자르는 것.

14_04
35 기계제도의 단면 표시법 중 얇은 판의 단면을 표시법으로 올바른 것은?

① 물체 전체를 나타내기가 복잡하므로 부분적으로만 나타낸다.
② 물체의 기본 중심선을 기준으로 하여 1/2절단한다.
③ 물체를 나타내기 힘들기 때문에 90도 회전시켜 나타낸다.
④ 물체를 하나의 굵은 실선으로만 나타낸다.

> **해설** 얇은 물체인 개스킷, 박판, 형강의 경우는 한 줄의 굵은 실선으로 단면을 도시하며, 얇은 판, 형강 등은 단면이 얇아 해칭하기가 어려워 굵은 실선으로 나타낸다.

08_03
36 보기와 같은 단면도는 어떤 물체의 단면도인가?

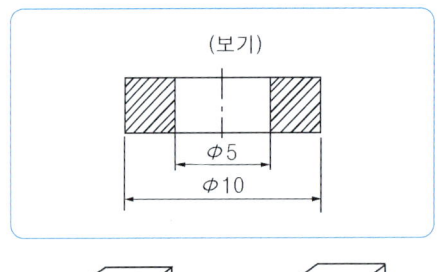

08_10
37 다음 그림 중 회전도시 단면도가 아닌 것은?

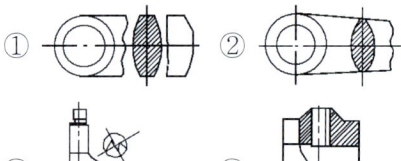

09_09
38 특정한 모양을 가진 물체를 도시한 그림으로 가장 옳은 것은?

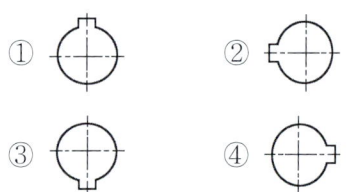

> **해설** 일부분에 특정한 모양 즉 키 홈이 있는 보스 구멍, 홈이 있는 관이나 실린더, 쪼개진 링 등을 가진 것은 그 부분이 그림의 위쪽에 나타나도록 그리는 것이 좋다.

15_04
39 링 끝이 절개된 부분을 도면에 표시할 때 그 부분이 어느 쪽에 나타나도록 그리는 것이 옳은가?

정답 35. ④ 36. ④ 37. ④ 38. ① 39. ①

11_10
40 해칭의 원칙 중 잘못된 것은?

① 가는 선을 원칙으로 한다.
② 기본 중심선이나 기선에 대하여 60°기울기로 한다.
③ 2개 이상의 부품이 가까이 있을 경우에는 해칭 방향이나 기울기를 다르게 한다.
④ 해칭을 간단하게 하기 위하여 단면 가장자리를 연필 등으로 얇게 칠한다.

해설 특별한 경우 외에는 45도로 하고, 다른 각도는 취하지 않는 것이 좋다. 단면상으로는 떨어져 있어도 실제로 이어져있는 부분은 같은 방향으로 해칭 한다.

14_04
41 45°로 자른 원뿔의 전개도는 어떤 방법을 이용하여 그리는 것이 편리한가?

① 평행선법   ② 삼각형법
③ 방사선법   ④ 혼합법

해설 전개도는 입체의 표면을 평면 위에 펼쳐 그린 그림으로 전개도를 다시 접거나 감으면 그 물체의 모양이 된다. 전개도법의 종류는 평행선법, 삼각형법, 방사선법이 있다.
① **평행선 전개도** : 물체의 모서리가 직각으로 만나는 물체나 원통형의 물체를 전개할 때 사용한다.
② **삼각형 전개도** : 꼭지점이 먼 각뿔이나 원뿔을 전개할 때 입체의 표면을 여러 개의 삼각형으로 나누어 전개하는 방법이다.
③ **방사선 전개도** : 각 뿔이나 원뿔처럼 꼭지점을 중심으로 부채꼴 모양으로 전개하는 방법이다.

14_10
42 그림과 같은 3편 L형 원통에서 B부분의 전개도로 가장 적합한 형상은?

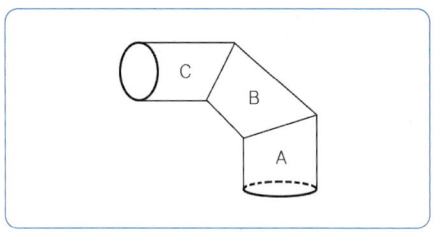

09_01
43 다음 그림에서 전개도는 어떻게 나타내는가?

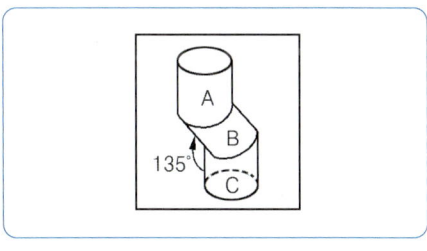

정답 40. ② 41. ③ 42. ④ 43. ④

2. 차체의 재료

01 금속의 성질

1 금속의 공통적 성질

① 실온에서 고체이며, 결정체이다.(단, 수은 제외)
② 빛을 반사하고 고유의 광택이 있다.
③ 가공이 용이하고, 연성·전성이 크다.
④ 열, 전기의 양도체이다.
⑤ 비중이 크고, 경도 및 용융점이 높다.

2 금속의 비중과 용융온도

(1) 금속의 비중

① 비중이 크다는 것은 무겁다는 것을 의미한다.
② 단위 용적의 무게와 표준물질(물 4℃)의 무게의 비를 **비중**이라 한다. 비중 4.5를 기준으로 이하를 **경금속**, 이상을 **중금속**이라 한다.
③ 금속 중에서 가장 가벼운 것은 **리튬**(Li)이며, 가장 무거운 것은 **이리듐**(Ir)이다.

경금속 [비중 4.5(g/cm³) 이하]	
리튬(Li)	0.53
칼륨(K)	0.86
칼슘(Ca)	1.55
마그네슘(Mg)	1.74
규소(Si)	2.33
알루미늄(Al)	2.7
티탄(Ti)	4.5

중금속 [비중 4.5(g/cm³) 이상]	
지르코늄(Zr)	6.05(β상)
바나듐(V)	6.16
안티몬(Sb)	6.62(26℃)
아연(Zn)	7.13
크롬(Cr)	7.19
망간(Mn)	7.43
철(Fe)	7.87
카드뮴(Cd)	8.64(26℃)
코발트(Co)	8.83
니켈(Ni)	8.90(25℃)
구리(Cu)	8.93
몰리브덴(Mo)	10.2
납(Pb)	11.34
이리듐(Ir)	22.5

(2) 용융 온도

금속을 가열하여 고체에서 액체로 되는 온도를 **용융 온도** 또는 **용융점**이라 한다. 이와 반대로 액체에서 고체로 되는 온도를 **응고 온도**라 하며 같은 금속에서 응고 온도와 용융 온도는 같다.

금속	용융 온도(℃)	금속	용융 온도(℃)
알루미늄(Al)	660.4	금(Au)	1064.43
베릴륨(Be)	1238	몰리브덴(Mo)	2020
카드뮴(Cd)	321.1	마그네슘(Mg)	650
크롬(Cr)	1875	망간(Mn)	1246
코발트(Co)	1495	니켈(Ni)	1453
구리(Cu)	1084.88	티탄(Ti)	1668
철(Fe)	1536	텅스텐(W)	3400

3 금속의 결정과 결정격자의 종류

(1) 금속의 결정

결정체인 금속이나 합금은 용융 상태에서 냉각되면 고체로 변화하게 되는데, 이와 같이 같은 물체의 상태가 다른 상으로 변하는 것을 **변태**라 한다.

① **결정 순서** : 핵 발생 → 결정의 성장 → 결정경계 형성 → 결정체
② **결정의 크기** : 냉각 속도가 빠르면 핵 발생이 증가하여 결정 입자가 미세해진다.

③ **주상정** : 금속 주형에서 표면의 빠른 냉각으로 중심부를 향하여 방사상으로 이루어지는 결정이다.
④ **수지상 결정** : 용융 금속이 냉각할 때 금속 각부에 핵이 생겨 나뭇가지와 같은 모양을 이루는 결정이다.
⑤ **편석** : 금속의 처음 응고부와 나중 응고부의 농도차가 있는 것으로 불순물이 주원인이다.

(2) 금속 결정격자의 종류

금속의 원자가 규칙적으로 배열된 상태를 **결정체**라고 하며, 그 1개의 결정체를 **결정입자**라고 한다. 그리고 1개의 결정 입자를 X선으로 보면 원자들이 규칙적으로 배열되어 있는데 이것을 **결정격자**라고 한다. 결정격자에는 체심입방격자(B.C.C), 면심입방격자(F.C.C), 조밀육방격자 등이 있다.

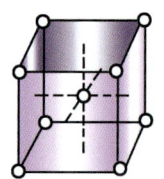 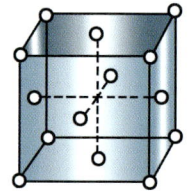 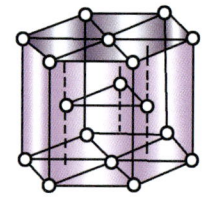

(a) 체심입방격자[9개]　　(b) 면심입방격자[14개]　　(c) 조밀육방격자[17개]

∴ 결정격자의 종류

(3) 금속의 소성 변형

1) 슬립
① 슬립은 금속 결정형의 원자 간격이 가장 작은 방향으로 층상 이동하는 현상이다.
② 재료에 인장력이 작용할 때 미끄럼 변화를 일으킨다.
③ 슬립 방향은 원자 간격이 작은(원자 밀도가 제일 큰) 방향으로 일어난다.
④ 소성 변형이 진행되면 저항이 증가하고 강도, 경도 증가한다.
⑤ 슬립이 일어나기 쉬운 면은 원자 밀도가 최대인 격자 면에서 발생한다.
⑥ 슬립에 대한 저항이 차차 증가하면 가공경화가 생긴다.

2) 경화
① **가공 경화** : 금속을 소성 가공하면 변형 증가에 따라 가공 경화(가공에 의해 단단해지는 성질)가 일어난다. 일반적으로 금속을 냉간 가공하면 경도 및 강도가 향상되는 특징이 있다. 즉 강도와 경도는 가공도의 증가에 따라 처음에는 증가율이 커지나 나중에는 일정해진다. 연신율은 이와 반대이다.
② **시효 경화** : 시간이 지남에 따라 단단해 지는 성질

3) 금속의 변태

① **자기변태**는 원자의 배열에는 변화가 없으나 768℃부근에서는 급격히 자기의 크기에 변화를 일으킨다.

② **동소변태**는 고체 내에서 결정격자의 형상 즉, 원자의 배열이 변화되는 것을 말한다.

예를 들면 순철(pure iron)에서는 α, γ, δ의 3개의 동소체가 있다. α철은 910℃이하에서는 체심입방격자이고, γ철은 910℃에서 1400℃사이에서는 면심입방격자이며, δ철은 1400℃에서 1530℃사이에서는 체심입방격자이다.

※ 오스테나이트는 γ철에 탄소를 고용한 γ고용체이고 페라이트는 α철에 탄소를 조금 고용한 α고용체이다.

> **TIP**
> • 자기변태 (퀴리 포인트)
> 자장에 놓인 순철에서 생긴 자기(磁氣)의 세기가 실온에서 온도가 상승됨에 따라 서서히 변화되어 768℃ 부근에서 자기의 세기가 급격히 변화하는 상태. 자기 변태가 일어날 때의 온도를 자기 변태점 또는 퀴리 포인트라 한다.

③ 순철의 변태점

A_0변태점 : 210℃, A_1변태점 : 720℃, A_2변태점(자기 변태점) : 768℃,
A_3변태점(동소 변태점) : 910℃, A_4변태점 : 1400℃

4 기계 재료의 조건

① 주조성, 소성, 절삭성 등이 양호해야 한다.
② 열처리성이 우수하며, 표면 처리성이 좋아야 한다.
③ 기계적 성질, 화학적 성질이 우수하고 경량화가 가능해야 한다.
④ 재료의 보급과 대량 생산이 가능하며, 제품 값과 관련한 경제성이 있어야 한다.

02 금속 재료 및 합금

1 재료의 성질

(1) 재료의 화학적 성질

1) 부식

① 금속은 접하고 있는 주위 환경, 즉 화학적 또는 전기 화학적인 작용에 의해 비금속성 화합물을 만들어 점차로 손실되어 가는데 이 현상을 부식이라 한다.
② 부식의 종류에는 **습 부식**(전기 화학적 부식), **건 부식**(화학적 부식)이 있다.
③ 금속의 부식은 습기가 많은 대기 중일수록 부식되기 쉽고, 대부분 전기 화학적 부식이다.

2) 내식성

① 금속의 부식에 대한 저항력 즉, 부식에 견디는 성질로 Cr, Ni 등이 우수한 성질을 보이고 있다.
② 금속이 부식되기 쉽다는 것은 화합물이 되기 쉽다는 것과 같은 뜻이다.
③ 기타 산에 잘 견디는 성질을 내산성(耐酸性)이라 하고 염기에 잘 견디는 성질을 내염기성이라 한다.

(2) 재료의 기계적 성질

① **강도** : 재료가 외부의 작용력에 대해서 재료 단면에 작용하는 최대 저항력을 나타내는 것이다.
② **경도** : 재료의 단단한 정도를 나타내는 것으로서 내마멸성을 알 수 있는 자료가 된다.
③ **연성** : 재료가 가느다란 선으로 늘어나는 성질이다.
④ **전성** : 타격, 압연에 의해 얇은 판으로 넓게 펴질 수 있는 성질이다.
⑤ **취성(메짐)** : 여린 성질, 즉 외부 작용을 가했을 때 재료가 부스러지고 깨지는 정도를 나타내는 성질이다.
   ㉮ **적열 취성**(red shortness) : 황(S)을 많이 함유한 강이 적열 상태에서 취성을 일으키는 성질이다.
   ㉯ **청열 취성**(blue shortness) : 강이 200~300℃ 정도에서 취성을 일으키는 성질이다.
   ㉰ **고온 취성**(hot shortness) : 황(S)이 황화철로 되어 결정립계에 분포하여 그 재질이 외부의 작용력에 대한 저항이 약해짐으로써 융점이 낮아져 고온에서 강의 가공성을 저하시키는 성질이다
⑥ **인성** : 질긴 성질, 즉 충격에 대한 재료의 저항을 나타내는 성질이다.
⑦ **소성** : 재료에 가한 힘이 크면 변형을 일으키며, 이때 힘을 제거하여도 원래의 상태로 완전히 복귀되지 않고 변형이 남게 되는 성질이다.
⑧ **탄성** : 재료에 가한 힘이 적은 경우에는 외부의 작용력을 제거하면 늘어났던 길이가 완전히 원래의 상태로 복귀되어 아무런 변형이 없는 성질이다.
⑨ **가소성** : 재료의 탄성한도 이상으로 응력을 가하면 응력을 제거하여도 변형이 원래의 상태로 되돌아오지 않고 그 형태를 유지하는 성질이다.
⑩ **가주성** : 재료를 가열했을 때 유동성을 증가하여 주물로 할 수 있는 성질이다.
⑪ **가단성** : 단조, 압연, 인발 등에 의해 변형할 수 있는 성질이다.

2 금속 재료의 합금

(1) 합금 (alloy)
① 금속의 성질을 개선하기 위하여 단일 금속에 한 가지 이상의 금속이나 비금속 원소를 첨가한 것
② 단일 금속에서 볼 수 없는 특수한 성질을 가지며 원소의 개수에 따라 이원 합금, 삼원 합금이 있다.
③ 종류로는 철 합금, 구리 합금, 경합금, 원자로용 합금, 기타 합금이 있다.

(2) 합금의 특성
① 인장 강도와 경도가 증가한다.
② 연신율과 단면 수축율이 감소한다.
③ 전기 저항이 증가하고, 열전도율이 감소한다.
④ 용융점이 낮아지고, 전성과 연성이 감소한다.
⑤ 담금질 효과와 주조성이 향상된다.
⑥ 내부식성, 내열성 및 내산성이 증가한다.
⑦ 색이 아름다워진다.

(3) 합금의 상태
① **공정** : 2개 이상의 금속이 융해 상태에서는 서로 잘 혼합되어 균일한 액체 상태를 형성하지만 응고 후에는 각각의 금속 성분이 분리 결정되어 기계적으로 혼합된 조직을 형성하고 있는 상태를 말한다.
② **공석점** : 고체 상태에서 고용체가 어느 일정 온도에서 동시에 2개가 석출되는 상태. 반응이 생기는 점이다.
③ **공석정** : 하나의 고용체로부터 2개의 고체가 일정한 비율로 동시에 나온 혼합물을 말한다.
④ **포석정** : 포석 반응에 의해 생긴 혼합물을 말한다.
⑤ **편석정** : 용융 금속이 응고할 때 처음 응고하는 부분과 나중에 응고하는 부분과 조성이 달라지거나 불순물이 한 곳에 모인 혼합물을 말한다.

03 금속의 열에 의한 영향

　금속은 온도차에 따라 조직의 변화가 일어나며 또한 그 성질이 변하게 되는데 일반적으로 온도가 높으면 당기는 힘은 적으나 잘 늘어나서 부드러운 형태가 된다.
① 금속은 온도차에 의하여 조직의 변화가 일어난다.
② 금속은 일반적으로 온도가 높으면 당기는 힘은 적으나 늘어나서 부드러워진다.
③ 자동차에 사용되고 있는 대부분의 금속 재료는 열처리된 재료이다.
④ 강재는 가열하면 강도는 저하된다.
⑤ 금속에 열을 가하면 조직의 변화가 일어난다.
⑥ 금속에 열을 가하면 성질 및 색깔이 변화한다.
⑦ 높은 온도를 가하여 가열되면 적은 힘에 의하여 잘 늘어난다.
⑧ 가열과 냉각을 반복하면 성질이 변화된다.

04 철강 재료

1 제철법과 탄소강

(1) 제철법

1) 용광로와 철광석의 종류
　용광로에서 철광석을 용해 환원시켜 선철(2.5~4.5%C)이 생산된다.
① **용광로** : 철광석을 녹여 선철을 만드는 로이며, 용광로의 크기 표시는 24시간 동안 산출된 선철의 무게(ton)로 한다.
② **철광석의 종류** : 철분을 40% 이상 함유한 것으로 자철광(철분 약 72%), 적철광(약 70%), 갈철광(약 55%), 능철강(약 40%)이 있다.

2) 선철의 특징
① 강(0.03~1.7%)보다 탄소가 많다(1.7~4.5%).
② 다른 철 합금보다 용융점이 낮다.
③ 유동성이 좋아서 주물을 만드는데 적당하다.
④ 강의 재료가 된다.
⑤ 전성이 작고 취성이 크다.
⑥ 인성과 가단성이 없어 단조에는 부적당하다.

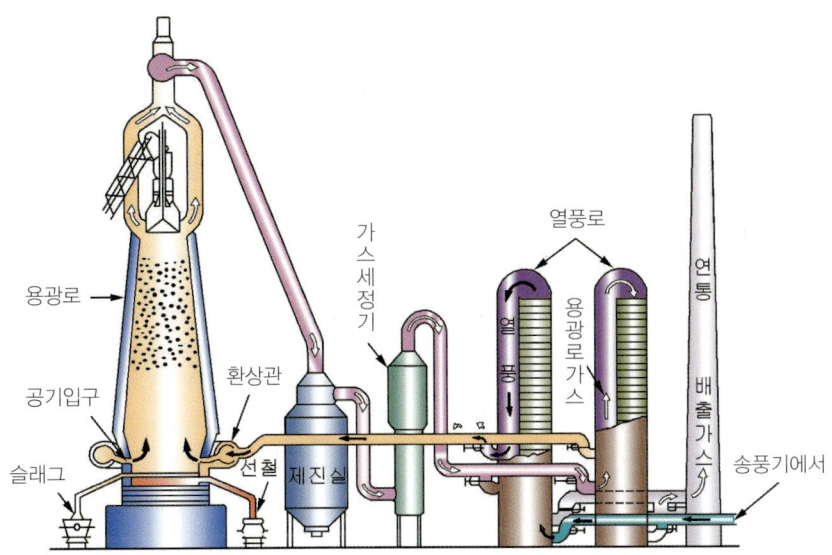

:: 용광로와 부속 설비

(2) 탄소강

1) 철강의 분류
철강은 탄소 함유량으로 분류하며, 선철에 탄소를 산화 제거시켜 제조한 것이 강이다.
① **순철** : 탄소 함유량 0.03% 이하
② **강** : 탄소 함유량 0.03~1.7%
③ **주철** : 탄소 함유량 1.7~6.68%

2) 탄소강의 분류
① **아공석강** : 0.85%C이하이고 조직이 초석 페라이트와 펄라이트로 된 것
② **공석강** : 0.85%C인 조직이 모두 펄라이트로 되어 있는 것
③ **과공석강** : 0.855%C 이상이고 조직이 초석 시멘타이트와 펄라이트로 되어 있는 것

3) 탄소에 의한 철강의 분류
① 극저 탄소강(0.03~0.12%C)
② 저탄소강(0.13~0.20%C)
③ 중탄소강(0.21~0.50%C)
④ 고탄소강(0.51~2.0%C)
⑤ 극연강(0.1%C 이하)
⑥ 연강(0.1~0.3%C)
⑦ 반경강(0.3~0.5%C)
⑧ 경강(0.5~0.8%C)
⑨ 최경강(0.8~2.0%C)

4) 탄소강의 특징
① 탄소 함유량은 약 0.05~1.7% 정도가 일반적이다.

② 저탄소강은 연질이어서 가공이 용이하나, 담금질효과가 거의 없다.
③ 고탄소강은 경질이어서 가공이 어려우나, 담금질효과가 매우 좋다.
④ 탄소 함유량이 많아질수록 연신율 및 충격값이 감소한다.
⑤ 탄소 함유량이 많아질수록 경도 및 항복점이 증가한다.
⑥ 탄소 함유량이 적을수록 인성이나 연성이 커진다.

5) 탄소강에 함유된 성분과 영향

① **망간(Mn)** : 황의 해를 제거하며, 고온 가공을 용이하게 한다. 강도, 경도, 인성을 증가하며, 고온에서 결정입자의 성장을 방해한다. 소성을 증가시키고 주조성을 좋게 하며, 담금질 효과를 크게 한다.
② **규소(Si)** : 강의 경도, 탄성한계, 인장강도가 증가된다. 연신률 및 충격값을 감소시킨다. 상온에서 가단성, 전성을 감소시키며, 결정입자가 거칠어진다.
③ **인(P)** : 강의 결정입자를 거칠게 하며, 상온에서 취성을 일으킨다. 경도와 강도를 증가시키지만 가공시 균열을 일으키며, 기공이 없는 주물을 만들 수 있다.
④ **황(S)** : 적열(고온) 취성을 일으키며, 인장강도, 연신율, 충격값이 저하된다. 강의 유동성을 방해하여 용접성이 나쁘며, 기공이 발생하지만 망간과 화합하여 절삭성을 개선한다.
⑤ **가스** : 산소, 질소, 수소 등이 있으며, 산소는 적열 취성을 일으키고 질소는 경도와 강도를 증가시키며, 수소는 헤어 크랙의 원인이 된다.

6) 강괴

① **림드강** : 평로 또는 전로 등에서 용해한 강에 페로망간을 첨가하여 가볍게 탈산시킨 다음 주형에 주입한 것으로 탄소 함유량은 보통 0.3%이하의 저 탄소강이 주로 사용된다. 구조용 강재 및 피복 아크 용접용 모재 등으로 사용된다.
② **킬드강** : 레이들 안에서 강력한 탈산제인 페로실리콘, 페로망간, 알루미늄 등을 첨가하여 충분히 탈산시킨 다음 주형에 주입하여 응고시킨 것으로 탄소 함유량은 0.3%이상이다. 강으로 재질이 균질하고 기계적 성질이 좋다.
③ **세미킬드강** : 탈산의 정도를 킬드강과 림드강의 중간 정도로 한 것으로 탄소 함유량은 0.15 ~ 0.3%이다. 경제성과 기계적 성질이 양자의 중간 정도이며, 일반 구조용 강, 두꺼운 판 등의 소재로 쓰인다.

2 강의 열처리와 표면 경화

(1) 강의 열처리 목적

① 강재의 경도 또는 인장력을 증가시킨다.

② 강재의 조직을 연화시킨다.
③ 강재의 조직을 미세화시킨다.
④ 강재의 편석 제거 및 균일화 한다.
⑤ 강재의 조직 안정화시킨다.
⑥ 강재의 내식성 개선 및 자성을 향상시킨다.
⑦ 표면만의 경화층을 형성시킨다.
⑧ 강재의 인성을 부여한다.

(2) 담금질

강을 A_3변태점(아공석강) 또는 A_1변태점(과공석강) 보다 30 ~ 50℃ 이상으로 가열한 후 수냉 또는 유냉으로 급랭시켜 강도와 경도를 증가시키는 열처리다. 담금질 액은 다음과 같다.

1) 질량 효과

재료의 크기에 따라 내·외부의 냉각 속도가 틀려져 경도가 차이나는 것을 질량 효과라 한다. 일반적으로 탄소강은 질량 효과가 크며 니켈, 크롬, 망간, 몰리브덴 등을 함유한 특수강은 임계 냉각 속도가 낮으므로 질량 효과도 작다. 또한 질량 효과가 작다는 것은 열처리가 잘 된다는 것이다.

2) 담금질 액

① **소금물** : 냉각 속도가 가장 빠르다.
② **물** : 처음은 경화능이 크나 온도가 올라 갈수록 저하한다.
③ **기름** : 처음은 경화능이 작으나 온도가 올라갈수록 커진다.
④ 염화나트륨 10% 또는 수산화나트륨 10% 용액은 냉각 능력이 크다.

(3) 뜨임 (Tempering)

담금질된 강을 A_1변태점 이하로 가열한 후 서서히 냉각시켜 담금질로 인한 취성을 제거하고 경도를 떨어뜨려 강인성을 증가시키기 위한 열처리이다.

1) 뜨임의 목적

① 경도는 낮아지나 인성이 좋아진다.
② 조직 및 기계적 성질을 안정화 한다.
③ 잔류 응력을 적게 하거나 제거한다.

2) 뜨임의 종류

① **저온 뜨임** : 내부 응력만 제거하고 경도 유지 150~200℃
② **고온 뜨임** : Sorbite 조직으로 만들어 강인성 유지 400 ~ 600℃

3) 뜨임 취성의 종류

① **저온 뜨임 취성** : 300 ~ 350℃ 정도에서 충격치가 저하되는 현상
② **뜨임 시효 취성** : 500℃ 정도에서 시간의 경과와 더불어 충격치가 저하되는 현상으로 Mo의 첨가로 방지가 가능하다.
③ **뜨임 서냉 취성** : 550 ~ 650℃ 정도에서 수냉 및 유냉한 것보다 서냉하면 취성이 커지는 현상

(4) 불림 (Normalizing)

① A_3 또는 Acm 변태점 이상 30 ~ 50℃의 온도 범위로 일정시간 가열해서 미세하고 균일한 오스테나이트로 만든 후 공기 중에서 서냉시키면 미세한 α 고용체와 Fe_3C로 조직이 변하여 기계적 성질이 향상된다.
② 단조된 재료나 주조된 재료의 내부 조직을 표준화 즉 균일화하기 위하여 공기 중에서 냉각한다.

(5) 풀림 (Annealing)

A_3변태점, A_1변태점 이상에서 30~50℃의 온도로 가열한 후 노속에서 서서히 냉각시키는 열처리이다.

1) 풀림의 목적

① 강을 연하게 하여 기계 가공성을 향상시킨다.(완전 풀림)
② 내부 응력을 제거한다(응력 제거 풀림)
③ 기계적 성질을 개선한다(구상화 풀림)

2) 풀림의 종류

① **완전 풀림** : A_3변태점 또는 A_1변태점 보다 30 ~ 50℃ 높은 온도로 가열하고 일정시간 유지한 다음 노 안에서 아주 서서히 냉각시키면 변태에 의하여 거칠고 큰 결정 입자가 붕괴되어 새로운 미세한 결정 입자가 되며, 내부 응력도 제거되어 연화된다.
② **확산 풀림** : 강의 오스테나이트를 A_3선 또는 Acm선 이상의 적당한 온도로 가열한 다음 장시간 유지하면 결정립 내에 짙어진 탄소, 인, 황 등의 원소가 확산되면서 농도차가 작아진다. 온도는 보통 1,200 ~ 1,300℃이다.
③ **응력 제거 풀림** : 주조, 단조, 압연, 용접 및 열처리에 의해 생긴 열응력과 기계가공에 의해 생긴 내부 응력을 제거할 목적으로 150 ~ 600℃ 정도의 비교적 낮은 온도에서 실시하는 풀림이다.
④ **구상화 풀림** : 구상화 열처리는 A_1변태점 바로 아래나 위의 온도에서 일정 시간을 유지한 다음 서냉하면 시멘타이트는 미세하게 분리되면서 계면 장력에 따라 구상화된다.

(6) 강의 표면 경화

① **침탄법** : 저탄소강을 탄소 또는 탄소가 많이 함유하는 재료(목탄, 골탄, 혁탄)로 표면을 싼 뒤에 노속에 넣어 밀폐시켜 900~950℃로 3~4시간 동안 가열하면 탄소가 재료의 표면에서 0.5~2mm를 침투되어 강의 표면을 단단하게 하는 것.

② **질화법** : 암모니아(NH_3) 가스 속에 강을 넣고 520℃에서 50~100시간 가열하면 Al, Cr, Mo 등이 질화되며, 질화가 불필요 하면 Ni, Sn 도금을 한다.

③ **청화법** : 탄소와 질소를 강의 표면에 침투시키는 것으로 시안화나트륨, 시안화칼륨, 염화물, 탄산염 등을 40~50% 첨가하여 염욕 중에서 600~900℃로 용해시키고 그 속에서 작업한다.

④ **화염 경화법** : 산소, 아세틸렌 불꽃을 이용하여 금속 표면을 적열상태로 가열하여 냉각수를 뿌려 표면을 경화시켜 경도를 증가시키는 것으로 화염 경화법은 주로 대형 가공물에 이용된다.

⑤ **고주파 경화법** : 고주파 열로 표면을 열처리하는 방법으로 경화 시간이 짧고 탄화물을 고용시키기가 쉽다. 고주파 경화법은 가열 후 수냉을 하고 특히 이동 가열에서는 분수 냉각법이 사용된다. 복잡한 형상의 소재도 쉽게 적응할 수 있고, 소요 시간이 짧아 많이 사용되고 있다.

⑥ 열 가공시 불꽃 색깔과 온도(℃)와의 관계

불꽃 색	온 도(℃)
암 적 색	600
적 색	700
담 적 색	850
황 적 색	900
황 색	1,000
담 황 색	1,100
백 색	1,200
휘 백 색	1,250
휘 백 색	1,300
휘 백 색	1,500

3 합금강

합금강은 탄소강에 다른 원소를 첨가하여 강의 기계적 성질을 개선한 강을 말하며, 특수한 성질을 부여하기 위하여 사용하는 특수 원소로는 Ni, Mn, W, Cr, Mo, V, Al 등이 있다.

(1) 합금강의 특징

① 기계적 성질이 개선된다.
② 내식, 내마멸성이 좋아진다.
③ 고온에서 기계적 성질의 저하 방지를 할 수 있다.
④ 담금질성이 개선된다.
⑤ 단접 및 용접성 등이 좋아진다.
⑥ 전기적·자기적 성질이 개선된다.
⑦ 결정 입자의 성장을 방지한다.

(2) 공구강

1) 공구강의 구비조건

① 고온에서 경도·강도를 유지할 것.
② 내마멸성이 클 것.
③ 강인성이 클 것.
④ 열처리가 쉬울 것.
⑤ 내충격성 및 내식성이 클 것
⑥ 가격이 저렴하고 취급이 쉬울 것

2) 공구강의 종류

① **합금 공구강** : 내마모성 및 담금질 효과를 개선하고 결정 입자가 미세하며, 고온 경도가 유지된다. 탄소강의 결점을 개선하기 위해 크롬, 니켈, 바나듐, 몰리브덴 등을 첨가한다.

② **고속도강(SKH)** : 텅스텐(W) 18%, 크롬(Cr) 4%, 바나듐(V) 1% 형과 텅스텐(W) 14%, 크롬(Cr) 4%, 바나듐(V) 1% 형이 있으며, 500~600℃부근에서 뜨임을 하면 담금질을 하였을 경우보다 경도가 높아진다. 600℃까지 경도가 유지되므로 고속 절삭이 가능하다.

③ **스텔라이트(주조 경질 합금)** : 금형에서 주조한 상태의 것을 연마하여 사용하는 공구이며, 열처리를 하지 않아도 충분한 경도를 지닌다. 스텔라이트의 주성분은 코발트(Co), 크롬(Cr), 텅스텐(또는 몰리브덴), 철이다. 열처리를 필요로 하지 않고, 고속도강의 2배인 절삭속도를 지닐 수 있으며, 800℃까지 경도를 유지하나 고속도강보다 인성과 내구성이 작다.

④ **초경합금**(WC, TiC, TaC) : 코발트(Co), 텅스텐(W), 크롬(Cr) 등 분말형의 탄화물을 프레스로 성형하여 소결시킨 것으로 강(steel)은 아니다. 초경합금은 고속도강보다 경도가 높고 내마멸성은 크나 여린 성질을 지니고 있다. 또 고온에서의 경도는 고속

도강보다 우수하여 절삭공구로 많이 사용된다.
⑤ **세라믹**(ceramic) : 알루미나(Al_2O_3)를 주성분으로 결합제를 사용하지 않고 소결시킨 공구이다. 제조방법은 알루미나를 1,600℃이상에서 소결 성형시키며, 특성은 내열성이 가장 높고, 고온 경도 및 내마멸성은 크나 비자성체, 비전도체이며 충격에 약하다.

(3) 스테인리스강

탄소강에 12% 이상의 크롬(Cr)을 첨가한 스테인리스강은 질산에 대해서는 녹이 생기지 않으나 황산이나 염산에 약하다.
① **페라이트계 스테인리스강** : Cr 13%와 Cr 18%인 것이 있으며, Cr 13%가 대표적이다. 펄라이트 조직으로 강인성 및 내식성이 있고 강자성체이며, 열처리에 의해 경화가 가능하다.
② **오스테나이트계 스테인리스강** : 내식 및 내산성이 Cr 13% 보다 우수하고 비자성체이며, 담금질로서 경화되지 않는다. 냉간 가공을 하면 경화되어 다소의 자성을 갖는다.

(4) 불변강

불변강은 비자성 강으로 니켈(Ni) 26%에서 오스테나이트 조직을 갖는다.
① **인바**(invar)**강** : 온도가 상승하더라도 길이의 변화가 적은 것으로 철에 니켈 36%, 망간 0.4%이 함유된 것이다.
② **슈퍼 인바**(super invar, 초 인바)**강** : 니켈(Ni) 29~40%(32%), 코발트(Co) 5%, 철 63%이며, 인바 강보다 열팽창률이 적다. 용도는 줄자, 경합금 피스톤의 보강 재료, 시계의 진자, 바이메탈 등이다.
③ **엘린바**(elinvar) : 니켈(Ni) 36%, 크롬(Cr) 12%를 함유한 것으로 탄성이 변화하지 않는다. 용도는 시계 부품, 정밀 계측기 부품으로 사용된다.
④ **퍼멀로이**(permalloy) : 니켈을 75~80% 함유한 것이다.
⑤ **플래티나이트**(platinite) : 철(Fe)-니켈(Ni) 42~46%, 코발트(Co) 18%를 함유한 것이며 용도는 전구, 진공관 도선용으로 사용한다.

(5) 규소강

규소를 0.5~4%를 함유한 강으로 잔류 자기와 항자력이 작고 자기 감응도가 큰 상자성체이며, 자기 히스테리시스(hysteresis)가 적기 때문에 발전기, 변압기, 전동기, 용접기의 철심으로 많이 사용한다.

4 주철 (Cast Iron)

(1) 주철의 개요

① 주철의 탄소 함유량은 1.7~6.68%이다.
② 실용적 주철은 2.5~4.5%이다.
③ 철강보다 용융점(1,150~1,350℃)이 낮아 복잡한 것이라도 주조하기 쉽고 또 값이 싸기 때문에 일반 기계 부품과 몸체 등의 재료로 널리 쓰인다.
④ 전·연성이 작고 가공이 안 된다.
⑤ 비중 7.1~7.3으로 흑연이 많아질수록 낮아진다.
⑥ 담금질, 뜨임은 안 되나 주조 응력의 제거 목적으로 풀림 처리는 가능하다.
⑦ **자연 시효** : 주조 후 장시간 방치하여 주조 응력을 제거하는 것이다.

(2) 주철의 특성

① 마찰저항이 크고 값이 싸다.
② 가공은 가능하나 용접성이 불량하다.
③ 내마모성이 크고 절삭성이 좋다.
④ 용융점이 낮고 유동성이 좋다.
⑤ 압축강도는 크나 인장강도가 적다.
⑥ 가단성, 전연성이 적고 취성이 크다.
⑦ 녹이 잘 생기지 않는다.
⑧ 담금질이나 뜨임이 잘 되지 않는다.
⑨ 고온에서도 소성변형이 잘 일어나지 않는다.

(3) 주철의 종류

1) 보통 주철(회주철 GC 1~3종)

① 인장 강도 10~20kg/mm²
② **조직** : 페라이트 + 흑연으로 주물 및 일반 기계 부품에 사용
③ **성분** : 탄소(C) 3.2~3.8%, 규소(Si) 1.4~2.5%, 망간(Mn) 0.4~1.0%, 인(P) 0.3~0.8%, 황(S) 0.06%
④ **특징** : 강성과 인성이 적고 단조가 되지 않으나, 용융점이 낮고 유동성이 좋아 주조가 쉽고 기계 가공 성능이 좋으며, 값이 싸다.

2) 고급 주철(회주철 GC : 4~6)

① 펄라이트 주철을 말한다.
② 인장 강도 25kg/mm² 이상

③ 고강도를 위하여 탄소(C), 규소(Si)량을 적게 한다.
④ **조직** : 펄라이트 + 흑연으로 주로 강도를 요하는 기계 부품에 사용

(4) 특수 주철의 종류

1) 합금 주철
① 특수 원소를 첨가하여 강도, 내열성, 내마모성을 개선
② **내열 주철(크롬 주철)** : 오스테나이트 주철로 비자성체 니크로실날
③ **내산 주철(규소 주철)** : 절삭이 안되므로 연삭 가공하여 사용
④ **고력 합금 주철** : 보통 주철 + Ni(0.5 ~ 2.0%) + Cr + Mo의 에시큘러 주철이 있다.

2) 미하나이트 주철
① 흑연의 형상을 미세하고 균일하게 하기 위하여 규소(Si), 규소-칼슘(Si – Ca) 분말을 첨가하여 흑연의 핵형성을 촉진시켜 재질을 개선한 주철이다.
② **인장 강도** : 35 ~ 45kg/mm^2
③ **조직** : 펄라이트 + 흑연(미세)
④ **특징** : 담금질이 가능하다. 고강도 내마멸 및 내열성의 주철로 공작기계의 안내면, 내연기관의 실린더 등에 사용한다.

3) 칠드 주철
① 용융 상태에서 금형에 주입하면 금형에 접촉된 부분만 백주철로 만든 것
② 각종의 롤러, 기차 바퀴에 사용한다.
③ 규소(Si)가 적은 용선에 망간을 첨가하여 금형에 주입

4) 구상 흑연 주철(노듈러 주철, 덕타일 주철)
① 용융 상태에서 마그네슘(Mg), 세륨(Ce), 마그네슘-구리(Mg – Cu) 등을 첨가하여 흑연을 편상에서 구상화로 석출시킨다.
② **기계적 성질** : 인장 강도는 50 ~ 70kg/mm^2(주조 상태), 풀림 상태에서는 45 ~ 55kg/mm^{2}이다. 연신율은 12 ~ 20%정도로 강과 비슷하다.
③ **조직** : 시멘타이트형(Mg 첨가량이 많고 C, Si가 적으며, 냉각 속도가 빠를 때), 펄라이트형(시멘타이트와 페라이트의 중간), 페라이트형(Mg 첨가량이 적당, C 및 특히 Si가 많고, 냉각 속도 느릴 때) 만들어진다.
④ 성장도 적으며, 산화되기 어렵다.
⑤ 가열 할 때 발생하는 산화 및 균열 성장을 방지한다.

5) 가단주철
① **백심 가단주철(WMC)** : 탈탄이 주목적. 산화철을 가하여 950℃에서 70 ~ 100시간

가열한다.

② **흑심 가단주철(BMC)** : 산화철(Fe_3C)의 흑연화가 목적이며, 2단계(1단계 850 ~ 950℃(유리 Fe_3C → 흑연화), 2단계 680 ~ 730℃(펄라이트 중에 Fe_3C → 흑연화)로 풀림(가열 시간은 각각 30~40시간)한다.

③ **고력 펄라이트 가단주철(PMC)** : 흑심 가단주철에 2단계를 생략한 것(풀림 흑연 + 펄라이트 조직)이다.

④ **가단주철의 탈탄제** : 철광석, 밀 스케일, 헤어 스케일 등의 산화철을 사용한다.

05 비철금속 재료

1 구리 및 구리 합금

(1) 구리의 특성

① 비자성체이며, 전기 및 열의 양도체이다.
② 전성 연성이 좋아 가공이 용이하다.
③ 표면에 녹색의 염기성 탄산구리 등의 녹이 생겨 보호피막의 역할을 하므로 내식성이 크다.
④ 아름다운 광택과 귀금속적 성질이 우수하다.
⑤ 비중은 8.96 용융점 1,083℃이며 변태점이 없다.
⑥ 아연(Zn), 주석(Sn), 니켈(Ni), 은(Ag) 등과 쉽게 합금을 만들 수 있다.
⑦ 황산, 염산에 용해되며 습기, 탄산가스, 해수에 녹이 생긴다.
⑧ 소성 가공률이 클수록 인장 강도와 경도는 증가하지만 연신율 및 단면 수축률은 감소한다.

(2) 구리 합금

1) 황동

① 황동은 구리(Cu)와 아연(Zn)의 합금이다.
② 가공성, 주조성, 내식성, 기계적 성질이 개선된다.
③ 인장강도는 아연이 40% 정도일 때 최대이며, 연신율은 아연이 30% 부근에서 최대가 된다.
④ 황동의 종류는 구리와 아연의 함유 비율에 따라 구분한다.
⑤ **톰백** : 구리에 아연을 8~20% 함유한 것으로 연성이 커서 장식용에 사용되며 황금색이다.

⑥ **7-3 황동** : 황금색을 띠며, 아연이 30%인 합금으로 상온에서 전성이 있어 압연, 드로잉 등의 가공이 쉬우나 열간 가공은 곤란하다.

⑦ **6-4 황동(문츠 메탈)** : 주황색의 띠며, 아연이 35~45% 인 합금으로 인장 강도는 크나 연신율이 작기 때문에 냉간 가공성이 나쁘다.

2) 특수 황동의 종류

① **쾌삭 황동** : 6·4 황동에 납을 1.5~3.7% 첨가한 것으로 절삭성이 개선되지만 강도와 연신율은 감소한다.

② **네이벌 황동** : 6·4 황동에 주석 1%를 첨가한 것으로 아연의 산화 및 탈아연 부식을 방지, 해수에 대한 내식성을 개선한다.

③ **애드미럴티 황동** : 7·3 황동에 주석 1%를 첨가한 것으로 아연의 산화 및 탈아연 부식을 방지, 해수에 대한 내식성을 개선한다.

④ **델타 메탈** : 6·4 황동에 철을 첨가한 것으로 강도가 크고 내식성이 좋다.

⑤ **양은** : 7·3 황동에 니켈을 5~20%를 첨가한 것으로 내열성, 내식성, 가공성이 우수하다.

3) 청동

① 청동은 구리(Cu)와 주석(Sn)의 합금이다.

② 강도가 크고 내마멸성이 크며, 주조성이 우수하여 대부분 주조품으로 사용된다.

③ 강도 및 경도는 주석이 15% 이상에서 급격히 증대되며, 연신율은 주석이 4%에서 최대가 된다.

④ **포금** : 구리 88%, 주석 10%, 아연 2%의 합금으로 내식성, 내마멸성이 우수하여 일반 기계부품, 밸브, 코크, 기어, 선박용 프로펠러 등에 사용된다.

⑤ **알루미늄 청동** : 구리에 15% 이하의 알루미늄 합금으로 내식성, 내열성, 내마멸성이 우수하나 주조성이 나쁘다.

⑥ **인청동** : 청동에 0.05~0.5%의 인을 함유한 것으로 탄성, 내식성, 내마멸성이 커 베어링, 밸브 시트 등에 사용된다.

⑦ **니켈 청동** : 구리 50~65%, 아연 20~30%, 니켈 15~20%의 합금으로 기계적 성질, 내식성, 내마모성이 우수하여 기계 부품, 온도 조절용 바이메탈, 스프링 등에 사용된다.

2 알루미늄과 알루미늄 합금

(1) 알루미늄의 특성

① 비중이 2.7로 작고, 용융점은 600℃ 정도이다.

② 전성과 연성이 좋으며, 400 ~ 500℃에서 연신율이 최대이다.
③ 표면에 산화 막이 형성되어 있어 내부식성이 우수하다.
④ 열전도성 및 전기 전도성이 구리 다음으로 좋다.
⑤ 변태점이 없으며, 색깔은 은백색이다.
⑥ 알루미늄은 순도가 높을수록 강도, 경도는 저하하지만, 철, 구리, 규소 등의 불순물 함유량에 따라 성질이 변한다.
⑦ 냉간 또는 열간 가공성이 뛰어나므로 판, 원판, 리벳, 봉, 선 등으로 쉽게 소성 가공할 수 있다.
⑧ 경도와 인장 강도는 냉간 가공도의 증가에 따라 상승하나 연신율은 감소한다.

(2) 알루미늄의 합금

1) 주조용 알루미늄 합금

① **실루민** : 알루미늄(Al)-규소(Si)계 합금으로 주조성, 내부식성, 기계적 성질이 우수하다.
② **Y 합금** : 알루미늄(Al), 구리(Cu), 마그네슘(Mg), 니켈(Ni)의 합금으로 내열성이 커 피스톤, 실린더 헤드의 재료로 사용한다.
③ **로엑스 합금** : 알루미늄(Al), 규소(Si), 니켈(Ni), 구리(Cu), 마그네슘(Mg)의 합금으로 열팽창 계수 및 비중이 작고 내마멸성 및 고온 강도가 큰 특징이 있어 피스톤의 재료로 사용된다.
④ **라우탈** : 알루미늄(Al), 구리(Cu), 규소(Si)의 합금으로 490~510 ℃로 담금질한 다음 120~145 ℃에서 16~48시간 뜨임을 하면 기계적 성질이 좋아진다. 열처리와 가공을 적당히 조합함으로써 두랄루민과 같은 정도의 강도를 갖는 것을 만들 수가 있다. 용도는 자동차·항공기·선박 등의 부분품으로 사용된다.
⑤ **하이드로날륨** : 알루미늄(Al), 마그네슘(Mg)의 합금으로 다른 주물용 알루미늄 합금에 비하여 내식성, 강도, 연신율이 우수하고, 절삭성이 매우 좋다.

2) 단조용 알루미늄 합금

① **두랄루민** : 알루미늄(Al), 구리(Cu), 마그네슘(Mg), 망간(Mn), 불순물로 규소(Si)를 첨가한 합금으로 가볍고 강인하여 단조용으로 우수한 재료로 항공기, 자동차보디의 재료로 사용된다. 고온(500 ~ 510℃)에서 용체화 처리한 다음, 물에 담금질하여 상온에서 시효시키면 기계적 성질이 향상된다.
② **초두랄루민** : 알루미늄(Al), 구리(Cu), 망간(Mn)에 마그네슘(Mg)을 0.5~1.5%정도 첨가한 것. 두랄루민을 개량한 것으로 두랄루민 보다 마그네슘은 증가, 규소는 감소시킨다. 항공기의 주요 구조 재료나 리벳 등에 사용된다.

3 니켈

① 은백색의 금속으로 면심입방격자 이다.
② 비중이 8.90이고 용융온도가 1,453℃이다.
③ 상온에서는 강자성체이지만 358℃ 부근에서 자기 변태하여 그 이상에서는 강자성이 없어진다.
④ 황산, 염산에는 부식되지만 유기화합물이나 알칼리에는 잘 견딘다.
⑤ 대기 중 500℃이하에서는 거의 산화하지 않으나, 500℃이상에서 오랫동안 가열하면 취약해지고, 750℃이상에서는 산화 속도가 빨라진다.
⑥ 전연성이 크고 상온에서도 소성 가공이 용이하며, 열간 가공은 1,000 ~ 1,200℃에서, 풀림 열처리는 800℃정도에서 한다.

4 아연

① 비중이 7.3이고 용융온도가 420℃이다.
② 격자상수는 조밀육방 격자의 회백색 금속이다.
③ 주조성이 좋아 다이캐스팅용 합금으로 광범위하게 사용된다.
④ 가공성이 비교적 좋아 실온에서의 냉간 가공도 가능하다.
⑤ 수분이나 이산화탄소의 분위기에서는 표면에 염기성 탄산아연의 피막이 발생되어 부식이 내부로 진행되지 않으므로 철판에 아연 도금을 하여 사용한다.
⑥ 건조한 공기 중에서는 거의 산화되지 않지만, 산, 알칼리에 약하며 Cu, Fe, Sb 등의 불순물은 아연의 부식을 촉진시키고, Hg은 부식을 억제한다.
⑦ 주조한 상태의 아연은 결정립경이 커서 인장 강도나 연신율이 낮고 취약하므로 상온 가공을 할 수가 없다. 그러나 열간 가공하여 결정립을 미세화하면 상온에서도 쉽게 가공할 수가 있다.
⑧ 순수한 아연은 가공 후 연화가 일어나지만 불순물이 많으면 석출 경화가 일어난다.

5 납

① 납은 비중이 11.36인 회백색 금속으로 용융 온도가 327.4℃로 낮고 연성이 좋아 가공하기 쉬워 오래 전부터 사용되어 왔다.
② 불용해성 피복이 표면에 형성되기 때문에 대기 중에서도 뛰어난 내식성을 가지고 있으므로 광범위하게 사용된다.
③ 납은 자연수와 바닷물에는 거의 부식되지 않으며, 황산에는 내식성이 좋으나 순수한 물에 산소가 용해되어 있는 경우에는 심하게 부식되며, 질산이나 염산에도 부식된다.

④ 알칼리 수용액에 대해서는 철보다 빨리 부식된다.
⑤ 열팽창 계수가 높으며, 방사선의 투과도가 낮다.
⑥ 축전지의 전극, 케이블 피복, 활자 합금, 베어링 합금, 건축용 자재, 땜납, 황산용 용기 등에 사용되며, X선이나 라듐 등의 방사선 물질의 보호재로도 사용된다.

06 비금속 재료

1 비금속 공구 재료

(1) 결합제의 구비조건

① 결합력의 조절범위가 넓을 것.
② 열이나 연삭 액에 대해 안정될 것.
③ 원심력, 충격에 대한 기계적 강도가 있을 것.
④ 성형이 좋을 것.

(2) 연삭숫돌 결합제의 종류

① **서멧** : 니켈, 코발트(cobalt) 등의 금속과 세라믹스로 이루어지는 내열 재료이며, 용융점이 높은 금속, 예를 들면 코발트 분말과 세라믹스, 탄화타이타늄・탄화텅스텐 등 여러 탄화물과 산화물의 입자 조각을 배합하여 프레스로 굳히고 금속이 확산을 일으켜 소결될 정도의 온도로 가열하여 제조한다.

② **비트리파이드**(vitrified) : 연삭숫돌의 무기질 결합제이며, 점토와 숫돌 입자를 혼합하여 고온으로 구워서 굳힌 것으로 결합도를 광범위하게 조절할 수 있다. 숫돌바퀴의 대부분이 여기에 속하며, 거친 연삭, 정밀 연삭의 어느 경우에도 적합하지만 강도가 약하여 지름이 크거나 얇은 숫돌바퀴에는 부적합하다.

③ **실리케이트**(silicate) : 연삭숫돌의 무기질 결합제이며, 규산나트륨을 주재료로 한 결합제로 만든 것으로 대형의 숫돌바퀴를 만들 수 있다. 고속도강 같이 균열이 생기기 쉬운 재료나 또는 발열을 피해야 할 경우의 연삭에 사용하며, 비트리파이드 숫돌바퀴보다 결합도가 낮으므로 중연삭을 할 때는 적합하지 않다.

④ **일래스틱 결합재** : 유기질의 결합제로 사용하는 것으로 셀락, 고무, 레지노이드, 비닐 등이 사용되며, 어느 것이나 숫돌에 탄성이 있고, 얇은 숫돌을 만들 수 있으나 열에 약하다. 일반적으로 절단용 숫돌에 많이 사용된다.

⑤ **금속 결합재** : 철, 구리, 황동, 니켈 등의 작은 입자와 다이아몬드 입자를 혼합하여 분말 야금한 것으로 다이아몬드 숫돌이 대표적이다.

2 제진 재료

제진 재료는 진동 및 소음을 약하게 하고 감쇠시키는 소재로 고무계와 아스팔트계의 재료가 사용되며, 가격이 싸고 제진 성능이 높기 때문에 아스팔트계가 많아 사용된다. 아스팔트 시트를 2장의 강판 사이에 끼운 다음 일체로 만들어진 대시 패널(대시보드), 실내 바닥의 시트 등에도 사용된다.

3 강화 유리

성형 판유리를 연화온도에 가까운 500~600℃로 가열하고, 압축한 냉각공기(40~50℃)에 의해 급랭시켜 유리 표면 부분을 압축 변형, 내부를 인장 변형하여 강화시킨 유리이다. 보통 유리에 비해 굽힘 강도는 3~5배, 내 충격성도 3~8 배나 강하며, 내열성도 우수하다.

4 비금속 재료의 약어

① **ABS** : ABS 수지(Acrylonitrile-butadiene styrene resin)
② **Cer** : 세라믹(ceramics)
③ **Con** : 콘크리트(concrete)
④ **FR** : 섬유강화 플라스틱(fiber reinforced)
⑤ **FRM** : 섬유강화 금속(fiber reinforced metals)
⑥ **FRP** : 섬유강화 플라스틱(fiber reinforced plastic)
⑦ **FRTP** : 섬유강화 열가소성 플라스틱(fiber reinforced thermoplastics)
⑧ **M** : 금속(metal)
⑨ **P** : 플라스틱(plastics)
⑩ **PA** : 폴리아미드(Polyamide)
⑪ **PAR** : 폴리아릴레이트(Polyarylate)
⑫ **PBT** : 폴리부틸렌 테레프탈레이트(Polybutylene terephthalate)
⑬ **PC** : 투명 플라스틱(poly carbonates)
⑭ **PE** : 폴리에틸렌(polyethylene)
⑮ **PEEK** : 폴리에테르 에테르케톤(Polyether Ether Ketone)
⑯ **PET** : 폴리에틸렌 테레프탈레이트(polyethylene terephthalate)
⑰ **PMMA 수지** : 아크릴 수지(Polymethly Methacrylate resin)
⑱ **POM** : 폴리아세탈(Polyacetal, Polyoxymethylene)
⑲ **PP** : 폴리프로필렌(polypropylene)
⑳ **PPE** : 폴리페닐렌에테르(poly(phenylene ether)

㉑ PPS : 폴리페닐렌 설파이드(poly(phenylene sulfide)
㉒ PUR : 열경화성 폴리우레탄(Polyurethane)
㉓ PVC : 염화비닐 수지(polyvinyl chloride resin)
㉔ R : 고무(rubber)
㉕ TPUR : 열가소성 폴리우레탄(Thermoplastic polyurethane)
㉖ UR : 우레탄 고무(urethane rubber)

07 강판 재료

1 열간 압연 강판(재료 기호 SHP)

탄소 함유량이 0.05% 이하의 저탄소강 강괴를 롤러로 열간 압연 가공하여 판 상태로 제조된 강판으로 냉간 압연 강판의 소재로 사용한다. 열간 압연 강판은 산화 피막의 생성으로 표면이 거칠고 소성 가공성이 불량한 특징이 있다. 1.6~6mm 두께의 비교적 두꺼운 강판으로서 800℃ 이상의 온도에서 열간 압연된 것으로 자동차의 섀시 프레임, 펜더 에이프런, 대시 패널, 플로어, 도어 이너 패널, 서스펜션 암, 범퍼, 디스크 휠, 브레이크 슈, 리인포스먼트(reinforcement) 등에 사용된다.

2 냉간 압연 강판(재료 기호 SCP)

냉간 압연 강판은 열간 압연 강판을 산세처리 후 상온 상태에서 롤러로 압연 가공된 것이며, 경도 조정 표면의 균일한 강판으로 표면이 매끄럽고 소성 가공성이 우수하며, 기계적 성질 및 용접성이 양호한 특징이 있다. 두께 0.5~1.4mm의 비교적 얇은 강판으로서 자동차의 펜더, 보닛, 루프, 트렁크 리드, 도어 아우터 패널, 휠 캡 등에 사용된다.

3 고장력 강판

자동차의 경량화 목적과 패널의 두께를 얇게 함에 의해서 충분한 강도를 유지할 수 있도록 개발된 강판으로 냉간 압연 강판에 비해 인장 강도가 크고 항복점이 높다. 고장력 강판은 열간 압연에 의하여 제조되는 열간 압연 고장력 강판과 냉간 압연에 의하여 제조되는 냉간 압연 고장력 강판이 있으며, 400~600℃의 온도에서 합금화 열처리한 후 최종 냉각한다.

(1) 고장력 강판의 특징

① 소석(작은 돌 종류) 등에 부딪쳐도 국부적인 패임 현상이 없다.
② 충돌 시 에너지 흡수성이 우수하다.

③ 성형성과 용접성이 우수하다.
④ 가공 경화 특성이 높다.
⑤ 인장 강도(340MPa 이상)가 크고 항복점(300MPa)이 높다.
⑥ 두께를 얇게 할 수 있어 중량을 가볍게 할 수 있다.
⑦ 내식성, 내충격성, 내마모성이 요구되는 구조물에 적합하다.

(2) 고장력 강판의 종류

① **고용 강화형 강판** : 인장 강도가 340~440MPa 급의 강판으로 구성은 실리콘과 망간, 인 등 고용강화 원소를 첨가하여 강도를 높인다.
② **석출 강화형 강판** : 인장 강도가 440~590MPa 급의 강판으로 구성은 실리콘과 망간, 인, 탄소, 질소와의 석출물을 강(鋼) 안에서 형성하는 니오븀(niobium), 티타늄 등의 원소를 첨가하여 강도를 높인다. 프레스 성형성(가공성)이 그리 좋지 않기 때문에 범퍼의 보강재나 빔 등 평면적인 부재에 이용되고 있다.
③ **복합 조직형 강판** : 인장 강도가 590~980MPa 급의 강판으로 구성은 연성이 높은 페라이트상과 단단한 마르텐사이트상 2종류의 결정입자가 혼합된 조직의 강판으로서 강도와 연성의 균형이 좋은 재료이다.

4 표면 처리 강판

표면 처리 강판은 방청 강판이라고도 하며, 강판의 표면에 아연(Zn)과 니켈(Ni) 등으로 도금 처리된 강판을 말한다. 표면 처리 강판은 도장 강판과 도금 강판으로 분류하며, 도장 강판에는 징크로 메탈 강판과 유기 복합 강판이 있고 도금 강판에는 전기 아연 도금 강판과 침적 아연 도금 강판, 합금화 아연 도금 강판 등이 있다.

(1) 도장 강판

① **징크로 메탈 강판** : 강판의 표면에 도전성의 도료를 도포하고 그 도막에 의해서 방청층을 형성한 것으로서 아연 크롬계 도료를 사용한 강판이다.
② **유기 복합 강판** : 도금 강판의 표면에 유기 도료를 도포하여 방청효과를 높인 강판이다.

(2) 도금 강판

① **전기 아연 도금 강판** : 전기 도금에 의해 강판 표면에 고순도의 아연을 석출한 강판이다.
② **침적 아연 도금 강판** : 용융 아연 중에 침적 도금한 강판이다.
③ **합금화 아연 도금 강판** : 아연 도금 후 열처리에 의해 철과 아연 합금의 2층 도금 구조를 형성한 강판이다.

5 제진 강판

제진 강판은 차체의 경량화와 함께 주행 시의 방음, 제진 효과에 의한 쾌적성 향상의 목적으로 개발된 강판으로 차체의 내판 패널에 주로 사용한다. 제진 강판을 샌드위치 강판 또는 라미네이트 강판, 방진 강판이라고도 하며, 2매의 얇은 강판 사이에 진동이나 소음을 흡수하기 위해 아스팔트 시트나 특수 수지, 기타 비금속 재료(PP 또는 나이론)를 삽입한 강판을 말한다.

제진 강판의 사용예로 대시 패널을 들 수가 있는데 대시 패널은 엔진룸과 객실룸을 구분하는 패널로 엔진의 소음이 객실로 유입되는 것을 방지하기 위해 2매의 성형된 강판사이에 아스팔트 시트를 넣고 강판의 주위를 스포트 용접에 의해 제작된 패널을 말한다.

6 스테인리스 강판

저탄소강에 크롬과 니켈 합금 원소를 첨가하여 내식성, 내마모성이 우수하며, 표면이 미려해 자동차 부품 등 여러 산업에 사용되고 있다. 자동차의 머플러, 연료탱크 등에 사용되는 제품으로 배기가스와 연료에 포함되어 있는 황 성분에 견디는 내산화성이 뛰어나다. 또한 자동차용의 경우 심 가공이 많아 성형성이 뛰어난 특성을 가지고 있다.
① 인성과 연성이 크고 가공경화가 심하며, 열처리가 잘된다.
② 내식, 내열, 내한성이 우수하다.
③ 크롬산화 피막이 표면을 보호하므로 내부를 보호한다.

08 합성수지

합성수지는 각종의 화합물질로부터 화학반응에 의해서 합성된 고분자의 유기화합물로서 가소성을 가진 재료의 총칭이며 플라스틱이라 한다.

1 합성수지의 특징과 소재의 종류

(1) 합성 수지의 특징

① 비중이 0.9 ~ 2.3정도로 가볍고 튼튼하다.
② 내식성, 방습성이 우수하다.
③ 방진, 방음, 절연, 단열성을 가지고 있다.
④ 투명하여 채색이 자유롭고 내구성이 크다.
⑤ 유연성이 있어 복잡한 형상의 성형이 우수하다.

⑥ 가공성이 크기 때문에 성형이 간단하여 대량 생산적이다.
⑦ 산, 알칼리, 오일, 화학 약품에 강하다.
⑧ 비중과 강도의 비인 비강도가 비교적 높다.
⑨ 열에 약하고 유기용제에는 침식되거나 부풀어 오르는 경우가 있다.

(2) 합성수지의 문제점

① 산업 폐기물로서 환경오염의 원인이 된다.
② 보수기법의 미흡으로 경제적 자원의 손실이 많다.

(3) 합성수지의 성질

1) 열가소성 수지(thermoplastic resin)

① 열을 가하면 용융 유동하여 가소성을 갖게 되고 냉각하면 고화(固化)되어 성형되는 것으로서 이와 같은 가열용융, 냉각고화 공정의 반복이 가능하게 되는 수지 즉 열을 가하여 성형한 후 다시 열을 가하면 형태를 변형시킬 수 있는 수지이다.
② **종류** : 폴리에틸렌(PE), 폴리프로필렌(PP), 폴리스티렌(PS), 메타크릴(PMMA), 폴리염화비닐(PVC), 폴리염화비닐리덴(PVDC), ABS 수지 등이 있다.
③ 자동차 부품에 많이 사용된다.
④ 태우면 연기가 나지 않는다.
⑤ 불을 대면 녹아서 다른 성형품을 만들 수 있다(조직이 파괴되지 않음).

2) 열경화성 수지(thermosetting resin)

① 경화된 수지는 재차 가열하여도 유동상태로 되지 않고 고온으로 가열하면 분해되어 탄화되는 비가역적 수지 즉 열을 가하여 성형한 후 다시 열을 가해도 형태가 변하지 않는 수지로서 경도가 높고, 용제에 강한 성질을 갖는다.
② **종류** : 초산비닐(PVAC), 불포화폴리에스테르(UP), 폴리우레탄(PUR), 페놀 수지(PF), 우레아 수지(UF), 멜라민 수지(MF), 에폭시 수지, 요소 수지, 실리콘(규소) 수지 등이 있다.
③ 자동차 범퍼나 시트에 많이 사용된다.
④ 태우면 연기가 발생한다.
⑤ 불을 대면 녹지 않으며, 조직이 파괴된다.

2 합성수지의 소재별 특성

① **폴리에틸렌**(PE ; polyethylene) : 내열성이 40~82℃, 열가소성, 내마모성, 내약품성, 내용제성, 가격이 저렴하며 엔진 커버, 인스트루먼트 내의 에어 덕트, 워셔 탱크, 트림류, 트렁크 트림, 연료 탱크, 휠 캡 등에 사용된다.

② **폴리프로필렌**(PP ; polypropylene) : 내열성이 55~110℃, 열가소성, 경량, 내마모성, 내피로성, 내용제성이며, 범퍼, 스티어링 휠, 라디에이터 팬, 배터리 케이스, 하니스 커넥터, 가니쉬 류, 인스트루먼트 패널, 도어 트림, 브레이크 리저버 탱크, 팬 슈라우드 등에 사용된다.

③ **폴리염화비닐**(PVC ; polyvinyl chloride) : 내열성이 55~75℃, 열가소성, 불연성, 내약품성이며, 인스트루먼트 부품, 헤드라이닝, 도어 트림, 시트 표피, 휠 하우스 커버, 몰딩 등에 사용된다.

④ **아크릴부타엔스틸렌**(ABS ; acrylonitrile-butadien-styrene) : 내열성이 70 ~ 107℃, 열가소성, 성형성, 내충격성, 도장 도금성의 성질을 가지고 있으며, 바디 외판, 라디에이터 그릴, 인스트루먼트 패널, 콘솔 박스, 가니쉬 류, 몰딩, 헤드라이트 리플렉터, 리어 와이퍼 암, 도어 미러 스테이, 대시 패널 흡음재 등에 사용된다.

⑤ **폴리우레탄**(PUR ; 열경화성, TPUR ; 열가소성) : 내열성이 60~80℃, 성형성, 내충격성, 내건성, 내약품성, 유연성, 도장성의 성질을 가지고 있으며, 범퍼, 범퍼 페이스, 시트 쿠션, 트림류, 도료, 접착제, 단열재 등에 사용된다.

⑥ **폴리아미드**(PA ; Polyamide) : 내열성이 126~182℃, 기계적 강도, 내마모성, 내불꽃성, 전기적 성질, 내약품성 등의 성질을 가지고 있으며, 라이에이터 탱크, 브레이크 리저버 탱크, 쿨링팬, 하니스 커넥터, 오일 필러 캡, AT 시프트 레버의 베이스 수지, AT 및 CVT 오일 스트레이너, 허브 베어링 리테이너, 스로틀 보디 등에 사용된다.

⑦ **폴리 카보네이트**(PC ; polycarbonate) : 내열성이 138~143℃, 열가소성, 내충격강도, 투명성, 내열성의 성질을 가지고 있으며, 범퍼, 미터 커버, 헤드라이트 렌즈, 인스트루먼트 패널, 라디에이터 그릴, 도어 핸들, 미터 패널의 카울, 범퍼 등에 사용된다.

⑧ **불포화 폴리에스텔**(UP ; unsaturated polyester) : 내열성이 60~205℃, 열경화성, 기계적 강도, 치수 안전성 등의 성질을 가지고 있으며, 바디 외판, 스포일러, 휠 캡, 히터 유닛 케이스 등에 사용된다.

⑨ **유리섬유강화플라스틱**(FRP ; fiber reinforced plastic) : 내열성이 200~280℃, 열경화성, 내충격성, 강성, 내열성 등의 성질이 있으며, 바디 외판, 스포일러, 헤드램프 하우징 등에 사용된다.

⑩ **열가소성 합성고무**(TPR ; thermoplastic rubber) : 내열성이 60℃, 열가소성의 성질을 가지고 있으며, 엔진 마운팅, 호스류, 벨트류, 범퍼 스토퍼 등에 사용된다.

⑪ **폴리에틸렌 테레프탈레이트**(PET ; polyethylene terephthalate) : 기계적 강도, 내열성, 치수 정밀도, 헤드라이트 리플렉터, 리어 와이퍼 암, 도어 미러의 스테이, 대시 패널 흡음재 등에 사용된다.

01 | 금속의 성질

15_10
01 일반적인 금속의 특징 중 맞지 않는 것은?

① 최저 용융 온도의 금속은 Hg(-38.4℃), 최고 용융 온도의 금속은 W(3,410℃)이다.
② 최소의 비중은 Li(0.53), 최대 비중은 Ir(22.5)이다.
③ 일반적으로 용융 온도가 높으면 금속의 비중이 크다.
④ 내열성과 경량성을 동시에 만족하는 재료를 얻기 쉽다.

해설 내열성과 경량성을 동시에 만족하는 재료를 얻기가 어렵다.

01_07
02 금속 재료의 일반 성질을 설명한 것 중 맞지 않는 것은?

① 금속 재료의 대부분이 부식되는 결점이 있다.
② 재료를 파괴하지 않고도 절단과 절제가 가능하여 가공성이 좋다.
③ 재료의 결정 입자가 크기 때문에 재료의 강약이나 상태 변화가 용이하다.
④ 금속 재료는 불에 녹이거나 가열하여 적당한 형태로의 변형이 가능하다.

해설 재료의 결정 입자가 크면 재료의 강도가 약할 뿐만 아니라 파손되기 쉽다. 따라서 재료의 모양을 바꾸기가 어렵다.

10_10
03 다음 중 경금속에 속하는 것은?

① Ti   ② Fe
③ Cr   ④ Cu

해설 경금속과 중금속의 구분
① 경금속 : 비중이 4.5 이하인 금속
② 중금속 : 비중이 4.5 이상인 금속
③ 비중 : Ti는 4.35, Fe는 7.87, Cr은 7.1, Cu는 8.93 이다.

10_01
04 금속의 비중과 관련된 설명으로 틀린 것은?

① 비중이 4.5이하인 것은 경금속이다.
② 동일 금속이라도 금속의 순도 온도 가공법에 따라 변화된다.
③ 단조, 압연, 드로잉 등의 가공된 금속은 주조상태인 것보다 비중이 작다.
④ 상온에서 가공한 금속의 비중은 가열한 후 서냉 한 것보다 비중이 작다.

해설 일반적으로 단조, 압연, 인발 등으로 가공된 금속은 주조 상태보다 비중이 크며, 상온 가공한 금속을 가열한 후 급냉시킨 것이 서냉시킨 것보다 비중이 작다.

정답 01. ④ 02. ③ 03. ① 04. ③

14_04
05 다음 비철 금속재료 중에서 비중이 가장 낮은 것은?

① 알루미늄(Al)
② 니켈(Ni)
③ 구리(Cu)
④ 마그네슘(Mg)

해설 금속의 비중
① 알루미늄 : 2.71   ② 니켈 : 8.84
③ 구리 : 8.96   ④ 마그네슘 : 1.74.

13_04
06 시스템 내의 동작물질이 한 상태에서 다른 상태로 변화 하는 것은?

① 상태변화   ② 경로
③ 가역과정   ④ 이상과정

해설 상태변화란 물질의 상태가 온도·압력·자기장 등 일정한 외적 조건에 따라 한 상태에서 다른 상태로 변화하는 현상을 말한다.

06_10
07 금속이 응고할 때 핵에서 성장하는 결정이 나무 가지와 같은 모양을 취하면서 불규칙적인 모양으로 성장해 가는 결정은?

① 침상정
② 주상정
③ 입상정
④ 수지상 결정

해설 금속 결정체의 종류
① 침상정 : 바늘 모양으로 뾰족한 결정체
② 주상정 : 기둥 모양의 결정체
③ 입상정 : 알갱이나 낟알 모양의 결정체

15_04
08 체심입방격자의 원자 수는 모두 몇 개 인가?

① 8   ② 9
③ 14   ④ 17

해설 체심입방격자는 입방체의 각 모서리와 입방체의 중심에 1개의 원자가 배열된 결정구조이다. 모서리 8개 + 중심에 1개 = 9개이다. 그리고 면심입방격자의 원자 수는 14개, 조밀육방격자의 원자 수는 17개이다.

16_04
09 금속의 슬립에 대하여 설명한 것 중 틀린 것은?

① 슬립(slip)이 일어나기 쉬운 면은 원자 밀도가 제일 큰 격자면이다.
② 슬립방향은 원자밀도가 제일 큰 방향이다.
③ 슬립에 대한 저항이 차차 증가하면 가공경화가 생긴다.
④ 슬립선은 변형이 진행됨에 따라 그 수가 적어진다.

해설 금속의 슬립
① 슬립은 금속 결정형의 원자 간격이 가장 작은 방향으로 층상 이동하는 현상이다.
② 재료에 인장력이 작용할 때 미끄럼 변화를 일으킨다.
③ 슬립 방향은 원자 간격이 작은(원자 밀도가 제일 큰) 방향으로 일어난다.
④ 소성 변형이 진행되면 저항이 증가하고 강도, 경도 증가한다.
⑤ 슬립이 일어나기 쉬운 면은 원자 밀도가 최대인 격자 면에서 발생한다.
⑥ 슬립에 대한 저항이 차차 증가하면 가공경화가 생긴다.

정답 05. ④   06. ①   07. ④   08. ②   09. ④

02 | 금속 재료 및 합금

10 금속이 상온 가공에 의하여 강도, 경도가 커지고 연신율이 감소하는 성질은?
① 가공 경화 ② 시효 경화
③ 취성   ④ 전성

해설 용어의 정의
① **가공 경화** : 금속을 변형시켰을 때 변형 부분이 원래의 상태보다 단단하게 되는 현상으로 철사를 굽혔다 폈다 하는 것을 여러 번 반복했을 경우 절단되는 원인은 가공 경화가 되기 때문이다. 가공 경화가 되면 강도, 경도는 증가하고 연신율은 감소한다.
② **시효 경화** : 금속을 열처리한 후 시간이 경과함에 따라 단단해지는 현상을 말한다.
③ **취성** : 굽힘이나 비틀림 작용을 반복하여 가할 때 잘 부서지고 잘 깨지는 성질을 말한다.
④ **전성** : 금속을 압연 또는 두드리는 경우 판으로 늘어나는 성질로서 금, 알루미늄, 구리는 이러한 성질이 크다.

11 강판을 늘리거나 줄이는 가공을 하면 소성 변형을 일으켜 재질이 단단해지는 것을 무엇이라고 하는가?
① 열 변형   ② 탄성
③ 가공 경화 ④ 청열 취성

해설 용어의 정의
① **탄성** : 물체에 외력을 가하면 변형이 되고 외력을 제거하면 원형으로 돌아오는 성질
② **가공 경화** : 금속을 변형시켰을 때 변형 부분이 원래의 상태보다 단단하게 되는 현상
③ **청열 취성** : 강이 200~300℃정도에서 취성이 발생되는 성질.

12 순철의 결정 구조(동소체)로 틀린 것은?
① α철   ② β철
③ γ철   ④ δ

해설 순철에는 α, γ, δ의 3개의 동소체가 있다.

13 912~1400℃에서 면심입방격자의 원자 배열을 갖는 것은 어느 것인가?
① α철   ② γ철
③ β철   ④ δ철

해설 순철의 변태는 온도에 따라서 다르다.
α철 : 체심입방격자(상온~910℃),
γ철 : 면심입방격자(910℃~1400℃),
δ철 : 체심입방격자(1400℃~1536.5℃)

14 오스테나이트는 어떤 조직을 말하는가?
① 체심입방격자
② 면심입방격자
③ 육정격자
④ 정방정격자

해설 오스테나이트는 γ철에 탄소를 고용한 γ고용체(면심입방격자)이고 페라이트는 α철에 탄소를 조금 고용한 α고용체이다.

15 순철의 자기 변태점 온도는?
① 721℃   ② 768℃
③ 913℃   ④ 1,400℃

해설 자장에 놓인 순철에서 생긴 자기(磁氣)의 세기가 실온에서 온도가 상승됨에 따라 서서히 변화되어 768℃ 부근에서 자기의 세기가 급격히 변화하는 상태. 자기 변태가 일어날 때의 온도를 자기 변태점 또는 퀴리 포인트라 한다.

정답 10. ① 11. ③ 12. ② 13. ② 14. ② 15. ②

08_03

16 기계 부품으로 사용될 재료의 조건으로 틀린 것은?

① 쉽게 구할 수 있는 재료
② 열에 대한 변형이 용이한 재료
③ 기계의 성능을 장기간 유지 할 수 있는 재료
④ 가공이 용이한 재료

해설 기계 재료의 구비조건
① 주조성, 소성, 절삭성 등이 양호해야 한다.
② 열처리성이 우수하며, 표면 처리성이 좋아야 한다.
③ 기계적 성질, 화학적 성질이 우수하고 경량화가 가능해야 한다.
④ 재료의 보급과 대량 생산이 가능하며, 제품 값과 관련한 경제성이 있어야 한다.

08_03

17 금속 재료의 기계적 성질을 옳게 설명한 것은?

① 금속 재료가 가지고 있는 물리적 성질
② 금속 재료가 가지고 있는 화학적 성질
③ 금속 재료가 가지고 있는 각 원소의 성질
④ 외부로부터 힘을 가했을 때 나타나는 성질

해설 기계적 성질과 물리적 성질
① 금속 재료의 기계적 성질 : 외부로부터 힘을 가했을 때 나타나는 성질로 연성, 전성, 인성, 취성, 강도, 가단성, 가주성, 경도, 피로 등의 성질이 이에 속한다.
② 금속 재료의 물리적 성질 : 열, 광학, 전기, 자기(磁氣) 등에 의해 나타나는 성질로 비중, 용융점, 비열, 열팽창, 열전도, 전기 전도 등이 이에 속한다.

01_07

18 금속 재료에 외부로부터 어떤 힘을 가하였을 때 나타나는 성질을 무엇이라 하는가?

① 금속 재료의 변태성
② 금속 재료의 기계적 성질
③ 금속 재료의 외강성
④ 금속 재료의 화학적 성질

11_04

19 경도란 다음 중 무엇을 뜻하는가?

① 금속의 두꺼운 정도
② 금속의 굵은 정도
③ 금속의 단단한 정도
④ 금속의 두꺼운 정도

해설 경도는 재료의 단단한 정도를 나타내는 것으로서 내마멸성을 알 수 있는 자료가 된다.

09_09

20 다음 중 가장 경도가 높은 조직은?

① 시멘타이트   ② 마르텐사이트
③ 펄라이트   ④ 오스테나이트

해설 강의 표준 조직에서 경도가 가장 높은 것은 시멘타이트이고 담금질 조직에서 경도가 가장 높은 것은 마르텐사이트이다.

14_10

21 재료가 타격이나 압연에 의해 얇고, 넓게 펴지는 성질은?

① 전성   ② 인성
③ 취성   ④ 연성

해설 금속의 기계적 성질
① 전성 : 타격, 압연에 의해 얇은 판으로 넓게 펴질 수 있는 성질
② 인성 : 굽힘이나 비틀림 작용을 반복하여 가

정답 16. ② 17. ④ 18. ② 19. ③ 20. ① 21. ①

할 때 외력에 저항하는 성질. 끈기가 있고 질긴 성질
③ 취성(메짐) : 잘 부서지고 잘 깨지는 성질
④ 연성 : 가느다란 선으로 늘일 수 있는 성질
⑤ 경도 : 재료의 단단한 정도를 나타내는 것으로 내마멸성을 알 수 있는 자료가 된다.
⑥ 강도 : 재료의 단면에 작용하는 최대 저항력

22 강철은 200~300℃에서 연신률이 최저로 되고 강도는 최고로 되는 이른바 여리고 약하게 되는데 이러한 성질을 무엇이라고 하는가?

① 청열 취성　　② 적열 취성
③ 저온 취성　　④ 고온 취성

해설 취성 : 금속에 외력을 가했을 때 잘 부서지고 잘 깨지는 성질로서 인성에 반대되는 성질.
① 청열 취성 : 강이 200~300℃ 정도에서 취성이 발생되는 성질을 말한다.
② 적열 취성 : 강이 900℃ 이상에서 황이나 산소가 철과 화합하여 취성이 발생되는 성질을 말한다.
③ 저온 취성 : 강성이 상온 이하로 내려가면 취성이 발생되어 충격이나 피로에 약해지는 성질을 말한다.
④ 백열 취성 : 강철에 유황의 함유량이 많을 때 1050~1100℃에서 취성이 발생되는 현상을 말한다.

23 금속에 일정 값 이상의 힘을 가하면 변형이 되어 원래대로 돌아오지 않는 성질을 무엇이라고 하는가?

① 소성　　② 탄성
③ 체결　　④ 블랭킹

해설 외력을 제거하면 변형의 대부분은 없어지고 거의 원래의 상태로 돌아오는 조금의 변형이 남는 변형을 탄성 변형이라 하고, 이런 성질을 탄성이라 하며, 반대의 성질을 소성이라 한다.

24 자동차 차체의 변형된 강판을 변형 교정하고자 할 때 이용하는 성질은?

① 전성　　② 소성
③ 취성　　④ 가주성

해설 용어의 정의
① 소성 : 재료에 가한 힘이 크면 변형을 일으키며, 이때 힘을 제거하여도 원래의 상태로 완전히 복귀되지 않고 변형이 남게 되는 성질이다.
② 가주성 : 재료를 가열했을 때에 유동성을 증가하여 주물로 할 수 있는 성질이다.

25 금속의 성질 중 기계적 성질인 것은?

① 인성　　② 비중
③ 비열　　④ 열전도

해설 비중, 용융점, 비열, 선팽창 계수, 열전도, 전기 전도는 금속의 물리적 성질이며 연성, 전성, 인성, 취성, 강도, 가단성, 가주성, 경도, 피로는 금속의 기계적 성질이다.

26 다음 설명 중 틀린 것은?

① 취성 : 와이어와 같이 늘어나기 쉬운 성질
② 인성 : 질기고 강인한 성질
③ 전성 : 얇은 판으로 넓게 퍼지는 성질
④ 연성 : 가늘게 늘어나기 쉬운 성질

해설 취성(메짐)은 잘 부서지고 잘 깨지는 성질이며, 와이어와 같이 늘어나기 쉬운 성질은 연성이다.

정답　22. ①　23. ①　24. ②　25. ①　26. ①

13_10
27 금속이나 합금이 고체 상태에서 어떤 온도가 되면 각종 성질이 급격히 변화하는가?

① 공정점　　② 변태점
③ 공석점　　④ 용융점

해설 용어의 정의
① 공정점 : 2개의 성분 금속이 용융되어 있을 때는 융합이 되어 균일한 액체를 형성하나 응고 후에는 성분 금속이 각각 결정으로 분리되는데 2개의 금속이 기계적으로 혼합된 조직을 형성하는 점이다.
② 변태점 : 금속이 변태를 일으키는 온도이다.
③ 공석점 : 고체 상태에서 고용체가 어느 일정 온도에서 동시에 2개가 석출되는 상태. 반응이 생기는 점이다.
④ 용융점 : 금속에 열을 가하면 그 금속이 녹아서 액체로 될 때의 온도이다.

09_09
28 하나의 고용체로부터 2개의 고체가 일정한 비율로 동시에 나온 혼합물을 무엇이라고 하는가?

① 공정　　② 포석정
③ 공석정　　④ 편석정

해설 용어의 정의
① 공정 : 2개 이상의 금속이 융해 상태에서는 서로 잘 혼합되어 균일한 액체 상태를 형성하지만 응고 후에는 각각의 금속 성분이 분리 결정되어 기계적으로 혼합된 조직을 형성하고 있는 상태를 말한다.
② 포석정 : 포석 반응에 의해 생긴 혼합물을 말한다.
③ 공석정 : 하나의 고용체로부터 2개의 고체가 일정한 비율로 동시에 나온 혼합물을 말한다.
④ 편석정 : 용융 금속이 응고할 때 처음 응고하는 부분과 나중에 응고하는 부분과 조성이 달라지거나 불순물이 한 곳에 모인 혼합물을 말한다.

03 | 금속의 열에 의한 영향

05_10
29 금속의 열에 대한 설명 중 틀린 것은?

① 금속은 온도차에 의하여 조직의 변화가 일어난다.
② 금속은 일반적으로 온도가 높으면 당기는 힘은 적으나 늘어나서 부드러워진다.
③ 자동차에 사용되고 있는 대부분의 금속재료는 열처리된 재료이다.
④ 강재는 가열하면 강도가 올라간다.

해설 강재는 가열하면 강도는 저하된다.

08_02
30 금속의 열에 대한 열 영향을 설명한 것이다. 가장 옳은 것은?

① 금속에 열을 가하면 조직의 변화가 일어나지 않는다.
② 금속에 열을 가하면 성질은 변하지 않고 색깔만 변화한다.
③ 높은 온도를 가하여 가열되면 적은 힘에 의하여 잘 늘어난다.
④ 가열과 냉각을 반복해도 성질은 변화되지 않는다.

해설 금속의 열에 대한 영향
① 금속에 열을 가하면 조직의 변화가 일어난다.
② 금속에 열을 가하면 성질 및 색깔이 변화한다.
③ 높은 온도를 가하여 가열되면 적은 힘에 의하여 잘 늘어난다.
④ 가열과 냉각을 반복하면 성질이 변화된다.

정답 27. ②　28. ③　29. ④　30. ③

13_04
31 금속은 온도차에 따라 조직의 (①)가 일어나며 또한 그 (②)이 변하게 되는데 일반적으로 온도가 높으면 당기는 힘은 (③) 잘 (④)부드러운 형태가 된다. ( )속에 들어갈 단어를 바르게 나열한 것은?

① 변화-성질-적으나-늘어나서
② 파괴-조직-크나-부풀어
③ 융화-모양-올라가나-늘어나서
④ 괴리-조직-상승되나-일어나

04 | 철강 재료

07_04
32 다음 중 용광로의 크기는 어떻게 표시하는가?

① 1시간 동안 산출된 선철의 무게를 톤으로 표시
② 1회 제철할 수 있는 무게로 표시
③ 24시간 동안 산출된 선철의 무게를 톤으로 표시
④ 10시간 동안 제철할 수 있는 무게를 표시

> 해설 용광로의 크기는 24시간 동안에 산출할 수 있는 선철의 무게를 톤(ton)으로 표시한다.

11_10
33 다음 철광석 중 철분이 가장 많은 것은?

① 자철광   ② 적철광
③ 갈철광   ④ 농철광

> 해설 철광석에는 자철광, 적철광, 갈철광, 능철광이 있으며, 순수한 것일 경우 철분의 함량은 자철광이 72.4%, 적철광이 70%, 갈철광이 59.9%, 능철광이 48.3%이다. 철광석은 철분이 40% 이상 이어야 하며, 불순물이 적은 것을 재료로 한다. 특히, 인과 황의 성분이 0.1% 미만이라야 한다.

10_01
34 선철의 특성 중 틀린 것은?

① 강보다 탄소가 많다.
② 전성이 작고 취성이 크다.
③ 취성이 작고 인성은 크다.
④ 강의 재료가 된다.

> 해설 선철이란 고로에서 철광석으로부터 제조된 그대로의 것을 말하며, 보통 탄소가 1.7~4.5%를 함유하고 있다. 단조에는 부적당하지만, 다른 철 합금보다 용융점이 낮고 유동성이 좋아서 주물을 만드는데 적당하다.

02_04
35 철강의 분류는 무엇에 의해 하는가?

① 조직   ② 성질
③ 탄소량   ④ 제작법

> 해설 철강은 선철에 탄소를 산화 제거시켜 제조한 것이 강이다. 순철은 0~0.03%의 탄소함유, 강은 0.03~1.7%의 탄소함유, 주철은 1.7~6.68%의 탄소를 함유한 것이다.

03_10
36 철강은 성분적으로 보아서 그 속에 함유된 무엇의 양에 따라 그 철강의 성질이 좌우되는가?

① 순철   ② 선철
③ 탄소   ④ 수소

 31. ① 32. ③ 33. ① 34. ③ 35. ③ 36. ③

12_10
37 금속의 성질을 결정하는 가장 큰 요인은?
① 성분의 함량 ② 결정 입자
③ 담금질 정도 ④ 탄소 함유량

11_10
38 탄소강에 함유하여 기계적 성질에 큰 영향을 주는 원소는?
① 규소 ② 탄소
③ 망간 ④ 인

13_10
39 철에 얼마의 탄소가 함유된 것을 탄소강이라고 하는가?
① 0.01~0.03%
② 0.035~1.7%
③ 2.3~3.5%
④ 25~35%

해설) 철강은 탄소 함유량으로 분류하며, 선철에 탄소를 산화 제거시켜 제조한 것이 강이다. 순철은 0~0.03%의 탄소를 함유, 강은 0.03~1.7%의 탄소를 함유, 주철은 1.7~6.68%의 탄소를 함유한 것이다.

07_04
40 탄소강에서 C = 0.86%를 함유하고 조직이 모두 펄라이트로 되어 있는 것은?
① 아공석강 ② 공석강
③ 과공석강 ④ 초공석강

해설) 탄소 0.85%를 함유하고 조직이 모두 펄라이트로 되어있는 것이 공석강, 탄소 0.85%이하이고 조직이 초석 페라이트와 펄라이트로 된 것이 아공석강, 탄소 0.85%이상을 함유하고 조직이 초석 시멘타이트와 펄라이트로 되어 있는 것을 과공석강이라 한다.

11_10
41 아공석강은 탄소가 몇 % 이하 함유된 강을 말하는가?
① 0.025~0.77%
② 0.25~0.77%
③ 0.77~2.0%
④ 2.0~4.3%

해설) 탄소 0.85%를 함유하고 조직이 모두 펄라이트로 되어있는 것이 공석강, 탄소 0.85(0.025~0.77)%이하이고 조직이 초석 페라이트와 펄라이트로 된 것이 아공석강, 탄소 0.85%이상을 함유하고 조직이 초석 시멘타이트와 펄라이트로 되어 있는 것을 과공석강이라 한다.

16_04
42 탄소강의 설명 중 맞지 않는 것은?
① 탄소 함유량은 약 0.05~1.7% 정도가 일반적이다.
② 탄소 함유량이 많아질수록 연신율 및 충격값이 감소한다.
③ 탄소 함유량이 많아질수록 경도 및 항복점이 증가한다.
④ 탄소 함유량이 많아질수록 비중 및 열전도율이 증가한다.

해설) 탄소강의 특징
① 탄소 함유량은 약 0.05~1.7% 정도가 일반적이다.
② 저탄소강은 연질이어서 가공이 용이하나, 담금질효과가 거의 없다.
③ 고 탄소강은 경질이어서 가공이 어려우나, 담금질효과가 매우 좋다.
④ 탄소 함유량이 많아질수록 연신율 및 충격값이 감소한다.
⑤ 탄소 함유량이 많아질수록 경도 및 항복점이 증가한다.

정답) 37. ④ 38. ② 39. ② 40. ② 41. ① 42. ④

43 탄소강의 설명 중 맞지 않는 것은? [11_04]

① 담금질에 의하여 탄소강이 경화되는 정도는 탄소함유량, 담금질 온도, 냉각속도에 변화한다.
② 탄소강의 탄소 함유량은 0.3% 이상이어야 한다.
③ 산화방지를 위한 무산화 가열법에는 질소, 알곤 가스가 사용된다.
④ Cr, Ni, Mo를 함유한 합금강은 질량의 효과가 커 열처리가 잘된다.

해설 질량 효과(mass effect) : 담금질 시 재료의 크기에 따라 냉각속도가 내부와 외부가 다르기 때문에 경도 차이가 생기는 것을 말한다. 니켈-크롬-몰리브덴의 합금강은 내열성 및 담금질 효과가 커 크랭크축 재질로 사용된다.

44 탄소에 의한 철강의 분류에 해당되지 않는 것은? [16_04]

① 연강　　② 경강
③ 고탄소강　④ 니켈

해설 탄소강은 탄소의 함유량에 따라 극저 탄소강(0.03~0.12%), 저탄소강(0.13~0.20%), 중탄소강(0.21~0.50%), 고탄소강(0.51~2.0%)이라 하며, 더욱 세분화 하면 극연강(0.1%C 이하), 연강(0.1~ 0.3%C), 반경강(0.3~ 0.5%C), 경강(0.5~ 0.8%C), 최경강(0.8~ 2.0%C)으로 분류한다.

45 탄소강에서 탄소량이 증가하면 용해되는 온도는 어떻게 되는가? [10_10]

① 같다.
② 높아진다.
③ 낮아진다.
④ 탄소의 양과는 무관하다.

해설 탄소량이 증가할수록 인장강도는 커지고, 연신율은 낮아진다. 또한, 탄소가 증가할수록 용해되는 온도는 낮아진다.

46 탄소강 중 탄소량이 적을수록 인성은? [02_01]

① 적어진다.　② 변동이 없다.
③ 커진다.　　④ 전혀 없다.

해설 탄소강은 탄소량이 적을수록 인성이나 연성이 커진다.

47 철의 5대 원소에 해당하지 않는 것은? [15_04]

① 구리(Cu)　② 망간(Mn)
③ 규소(Si)　　④ 인(P)

해설 철의 5대 원소와 영향
① 망간(Mn) : 황의 해를 제거하며, 고온 가공을 용이하게 한다. 강도, 경도, 인성을 증가하며, 고온에서 결정입자의 성장을 방해한다. 소성을 증가시키고 주조성을 좋게 하며, 담금질 효과를 크게 한다.
② 규소(Si) : 강의 경도, 탄성한계, 인장강도가 증가된다. 연신률 및 충격값을 감소시킨다. 상온에서 가단성, 전성을 감소시키며, 결정입자가 거칠어진다.
③ 인(P) : 강의 결정입자를 거칠게 하며, 상온에서 취성을 일으킨다. 경도와 강도를 증가시키지만 가공시 균열을 일으키며, 기공이 없는 주물을 만들 수 있다.
④ 황(S) : 적열(고온) 취성을 일으키며, 인장강도, 연신율, 충격값이 저하된다. 강의 유동성을 방해하여 용접성이 나쁘며, 기공이 발생하지만 망간과 화합하여 절삭성을 개선한다.
⑤ 가스 : 산소, 질소, 수소 등이 있으며, 산소는 적열 취성을 일으키고 질소는 경도와 강도를 증가시키며, 수소는 헤어 크랙의 원인이 된다.

정답 43. ④　44. ④　45. ③　46. ③　47. ①

08_02
48 탈산이 완전히 된 강은?
① 림드강 ② 킬드강
③ 세미킬드강 ④ 선철

해설 강괴의 분류
① 림드강 : 평로나 전로에서 정련된 용강을 페로망간으로 가볍게 탈산된 강
② 킬드강 : 노내에서 강탈산제인 페로실리콘, 알루미늄 등으로 충분히 탈산시킨 강
③ 세미킬드강 : 킬드강과 림드강의 중간 정도로 탈산한 강

10_10
49 강의 열처리 주요 목적이 아닌 것은?
① 조직의 거대화
② 강재의 연화
③ 강재 중의 편석 제거
④ 표면만의 경화층을 형성시킴

해설 강의 열처리 목적
① 강재의 경도 또는 인장력을 증가
② 강재의 조직을 연화
③ 강재의 조직을 미세화
④ 강재의 편석 제거 및 균일화
⑤ 강재의 조직 안정화
⑥ 강재의 내식성 개선 및 자성 향상
⑦ 표면만의 경화층 형성
⑧ 강재의 인성 부여

08_10
50 강의 열처리 분류에 속하지 않는 것은?
① 불림 ② 단조
③ 풀림 ④ 담금질

해설 강의 열처리 분류
① 담금질 : 강을 A_3변태점 또는 A_1변태점보다 30~50℃ 이상으로 가열한 후 수냉 또는 유냉으로 급랭시켜 강도와 경도를 증가시키는 열처리다.
② 뜨임 : 담금질된 강을 A_1변태점 이하로 가열한 후 서서히 냉각시켜 담금질로 인한 취성을 제거하고 경도를 떨어뜨려 강인성을 증가시키기 위한 열처리이다.
③ 풀림 : 단조 가공할 때 생기는 가공경화나 내부 응력을 제거하기 위해 변태점 이상의 적당한 온도로 가열하여 서서히 냉각시키는 열처리이다.
④ 불림 : 재료의 내부에 존재하는 잔류 응력을 제거하기 위해 변태점 이상 30~50℃의 온도에서 일정한 시간 가열하여 미세한 조직으로 만든 후 공기 중에서 서서히 냉각시키는 열처리이다.

14_10
51 담금질 할 때 냉각속도를 가장 빠르게 하는 냉각제는?
① 소금물 ② 물(18℃)
③ 기름 ④ 글리세린

해설 담금질 액
① 소금물 : 냉각 속도가 가장 빠르다.
② 물 : 처음은 경화능이 크나 온도가 올라 갈수록 저하한다.
③ 기름 : 처음은 경화능이 작으나 온도가 올라 갈수록 커진다.
④ 염화나트륨 10% 또는 수산화나트륨 10% 용액은 냉각 능력이 크다.

14_04
52 뜨임(tempering)의 목적으로 틀린 것은?
① 경도는 낮아지나 인성이 좋아진다.
② 조직 및 기계적 성질을 안정화 한다.
③ 잔류 응력을 적게 하거나 제거한다.
④ 탄성한도를 감소시킨다.

해설 뜨임은 내부 응력을 제거하거나 인성을 개선하기 위하여 재가열하는 조작을 말하며, 저온 뜨임의 온도는 150~200℃ 정도로 가열하여 잔유 응력을 제거하고, 고온 뜨임의 온도는 400~600℃ 정도로 가열하여 조직 및 기계적 성질을 안전화 한다.

 48. ②　49. ①　50. ②　51. ①　52. ④

53 열처리 방법 중에서 저온 뜨임을 할 때의 적정 온도는?

① 상온　② 150℃
③ 500℃　④ 600℃

54 금속의 냉간 가공 중 가공 경화와 내부 응력을 제거하기 위한 열처리 작업 방법은?

① 뜨임　② 불림
③ 담금질　④ 풀림

해설 강의 열처리
① 담금질 : 강을 A₃변태점 또는 A₁변태점보다 30~50℃ 이상으로 가열한 후 수냉 또는 유냉으로 급랭시켜 강도와 경도를 증가시키는 열처리다.
② 뜨임 : 담금질된 강을 A₁변태점 이하로 가열한 후 서서히 냉각시켜 담금질로 인한 취성을 제거하고 경도를 떨어뜨려 강인성을 증가시키기 위한 열처리이다.
③ 풀림 : 단조 가공할 때 생기는 가공경화나 내부 응력을 제거하기 위해 변태점 이상의 적당한 온도로 가열하여 서서히 냉각시키는 열처리이다.
④ 불림 : 재료의 내부에 존재하는 잔류 응력을 제거하기 위해 변태점 이상 30~50℃의 온도에서 일정한 시간 가열하여 미세한 조직으로 만든 후 공기 중에서 서서히 냉각시키는 열처리이다.

55 표면 경화 열처리 방법에 해당하지 않는 것은?

① 침탄법
② 질화법
③ 고주파 경화법
④ 항온 열처리법

해설 표면 경화법
① 청화법(시안화법) : 시안화나트륨, 시안화칼륨, 염화물. 탄산염 등을 40~50% 첨가하여 염욕 중에서 600~900℃로 용해시키고 그 속에서 작업하여 탄소와 질소를 강의 표면에 침투시키는 것.
② 침탄법 : 저탄소강을 탄소 또는 탄소가 많이 함유하는 재료(목탄, 골탄, 혁탄)로 표면을 싼 뒤에 노속에 넣어 밀폐시켜 900~950℃로 오랫동안 가열하면 탄소가 재료의 표면에서 0.5~2mm를 침투되어 강의 표면을 단단하게 하는 것.
③ 질화법 : 암모니아로 표면을 경화시키는 방법으로 질소가 철과 화합하여 굳은 질화물이 형성되어 경도가 크고 내마멸성과 내식성이 크다.
④ 화염 경화법 : 산소, 아세틸렌 불꽃을 이용하여 경도를 증가시키는 표면 경화법으로 금속 표면을 적열상태로 가열하여 냉각수를 뿌려 표면을 경화시키는 방법. 화염 경화법은 주로 대형 가공물에 이용된다.
⑤ 고주파 경화법 : 고주파 전류를 이용하여 경도를 증가시키는 표면 경화법으로 금속 표면에 코일을 감고 고주파/고전압의 전류를 흐르게 하여 표면이 가열된 후 냉각수를 뿌려 표면을 경화시키는 방법. 고주파 경화법은 담금질 시간이 짧아 복잡한 형상에 이용된다.

56 공작물의 표면부를 경화시키는 방법이 아닌 것은?

① 침탄법　② 청화법
③ 표면 웅칭　④ 어닐링

해설 어닐링(annealing)은 풀림을 말하며, 가공 중에 발생한 재료의 가공 경화나 내부 응력을 제거하기 위한 열처리. A₃또는 A₁변태점보다 30~50℃ 높게 가열하여 노(가열노) 중에서 냉각시켜 열처리에 의해 경화된 재료나 가공 경화된 재료를 연화시키며 가공 중에 형성된 내부 응력을 제거하기 위한 열처리.

정답　53. ②　54. ④　55. ④　56. ④

07_09
57 다음 질화법에 관한 설명 중 틀린 것은?

① 질화법에 대한 화학 방정식은 $NH_3 \rightarrow N + 3H$ 이다.
② 질화강의 탄소 함유량은 0.25~0.4%C 이다.
③ 질화층의 경도를 높이기 위하여 첨가 되는 원소는 Al, Cr, Mo 등이 있다.
④ 질화법은 재료 중심부의 경화에 그 목적이 있다.

해설 질화법은 합금강을 암모니아 가스와 같이 질소를 포함하고 있는 물질로 강의 표면을 경화시키는 방법으로 침탄법에 비해 경화층이 얇고 조작시간이 길다. 표면 경화법에는 침탄법, 질화법, 청화법, 화염 경화법, 고주파 경화법 등이 있는데, 이들은 모두 표면은 경도가 높고 내부에는 원래의 재질을 가져 충격을 흡수할 수 있게 하는 열처리법이다.

58 금속재료를 열 가공할 때의 불꽃 색깔과 온도를 표시한 것 중 틀리는 것은?

① 적색 - 700℃
② 황색 - 900℃
③ 담황색 - 1,100℃
④ 백색 - 1,200℃

해설 열 가공시 불꽃 색깔과 온도(℃)와의 관계

불꽃 색	온 도(℃)
암 적 색	600
적 색	700
담 적 색	850
황 적 색	900
황 색	1,000
담 황 색	1,100
백 색	1,200
휘 백 색	1,250
휘 백 색	1,300
휘 백 색	1,500

10_01
59 산소-아세틸렌 불꽃으로 강의 표면만을 가열하여 열이 중심부에 전달되기 전에 급랭시키는 것은?

① 질화법 ② 침탄법
③ 화염 경화법 ④ 고주파 경화법

16_04
60 공구강의 구비조건 중 틀린 것은?

① 열처리가 쉽고 단단할 것
② 고온에서 경도를 유지할 것
③ 내식성이 클 것
④ 강인성과 내충격성이 약할 것

해설 공구강의 구비조건
① 고온에서 경도·강도를 유지할 것.
② 내마멸성이 클 것. ③ 강인성이 클 것.
④ 열처리가 쉬울 것. ⑤ 내충격성이 클 것
⑥ 내식성이 클 것

10_01
61 다음 중 알루미나(Al_2O_3)를 주성분으로 하는 것은?

① 고속도강 ② 초경질합금
③ 다이아몬드 ④ 세라믹

해설 공구강의 종류
① 고속도강 : 하이스라고도 하며, 0.8%의 탄소와 18%의 텅스텐, 4%의 크롬, 1%의 바나듐을 합금한 강으로 고온 경도가 커 고속 절삭에 사용할 수 있다.
② 초경질 합금 : 금속 산화물(WC, TiC, TaC에 코발트를 첨가)의 분말형 금속 원소를 프레스로 성형한 다음 소결하여 만든 합금으로 경도가 크고 내열성, 내마멸성이 높다.
③ 다이아몬드 : 경도가 크므로 절삭 공구에 사용되며, 연삭숫돌의 드레서, 유리 절삭에 이용된다.
④ 세라믹 : 알루미나를 주성분으로 결합제를 사용하여 소결시킨 공구이다.

정답 57. ④ 58. ② 59. ③ 60. ④ 61. ④

13_10

62 산화물 Al₂O₃를 1600℃ 이상에서 소결 성형하여 만드는 재료는?

① 합금공구강 ② 고속도강
③ 초경합금 ④ 세라믹

해설 세라믹은 알루미나(Al₂O₃)가 주성분인 결합제와 소결시킨 소재로서 내식성, 비자성체, 비전도체이나 잘 부러지는 결점이 있다.

14_10

63 Fe(철)에 12% 이상의 Cr(크롬)을 합금시켜 강한 보호 피막을 생성시킴으로서 부동태화 되어 녹이 발생하지 않게 한 강은?

① 스테인리스강
② 고속도강
③ 합금공구강
④ 탄소공구강

해설 스테인리스 강은 Cr계 스테인리스강과 Cr-Ni계 스테인리스강이 있으며, 내식성 및 강인성이 있으나 염산에는 침식된다.

14_10

64 다음 중 불변강에 속하지 않는 것은?

① 인바(invar)
② 고속도강(Nigh speed steel)
③ 엘린바(Elinbar)
④ 플라티나이트(Platinite)

해설 불변강(invariable steel)은 온도에 의한 성질의 변화가 극히 적은 강재로서 팽창계수에서는 인바강, 플라티나이트 탄성계수에는 엘린바 등을 말한다.

08_03

65 불변강인 엘린바의 주요 성분 원소가 아닌 것은?

① 니켈 ② 크롬
③ 인 ④ 철

해설 엘린바는 인바의 성분인 Fe의 일부를 크롬으로 치환한 것으로 니켈 36%, 크롬 12%, Fe가 52%의 것이다. 팽창계수가 작고 탄성계수의 온도변화에 따른 변화가 적다.

13_10

66 용접기 내부에 설치된 철심의 재료로 적당한 것은?

① 고속도강 ② 주강
③ 규소강 ④ 니켈강

해설 규소강은 규소를 0.5~4%를 함유한 강으로 상자성체이며 자기 히스테리시스(hysteresis)가 적기 때문에 발전기, 변압기, 전동기, 용접기의 철심으로 많이 사용한다.

07_04

67 강과 비교한 주철의 특성이 아닌 것은?

① 마찰저항이 낮고 절삭가공이 용이하다
② 안정강도 및 인성이 작다
③ 담금질이나 뜨임이 잘 되지 않는다.
④ 고온에서도 소성변형이 잘 일어나지 않는다.

해설 주철의 특징
① 마찰저항이 크고 값이 싸다.
② 가공은 가능하나 용접성이 불량하다.
③ 내마모성이 크고 절삭성이 좋다.
④ 용융점이 낮고 유동성이 좋다.
⑤ 압축강도는 크나 인장강도가 적다.
⑥ 가단성, 전연성이 적고 취성이 크다.
⑦ 녹이 잘 생기지 않는다.
⑧ 담금질이나 뜨임이 잘 되지 않는다.
⑨ 고온에서도 소성변형이 잘 일어나지 않는다.

정답 62. ④ 63. ① 64. ② 65. ③ 66. ③ 67. ①

68 주철을 설명한 내용으로 가장 거리가 먼 것은?

① 유동성이 좋다.
② 압축 강도는 크나 인장 강도가 부족하다.
③ 녹이 잘 생기고, 내마모성이 작다.
④ 마찰저항이 크고, 값이 싸다.

해설 주철은 염산, 질산 등의 산에는 약하지만 알칼리에는 강하며, 내마모성이 크다.

69 내마멸성이 좋고, 내연기관의 실린더, 피스톤 링 재료로 사용되는 주철은?

① 고력 합금 주철
② 내열 주철
③ 내마멸성 합금 주철
④ 내식 내열 주철

해설 합금 주철은 1개 또는 2개 이상의 특수 금속 원소를 첨가하여 강도·내마멸성 및 내열성 등을 향상시킨 주철로 브레이크 드럼·파이프 및 실린더 라이너, 피스톤 링 등에 사용되며 첨가 금속의 원소는 니켈·크롬·구리·몰리브덴·알루미늄·티타늄 및 바나듐 등이다.

05 | 비철금속 재료

70 비철금속에 들지 않는 것은?

① 황동판
② 청동 주물
③ 알루미늄판
④ 합금강

해설 합금강이란 탄소강에 특수 원소를 하나 이상 배합한 합금을 말한다. 탄소강은 철과 탄소를 주성분으로 한 합금을 말한다.

71 구리의 특성 중 설명이 틀린 것은?

① 전기 및 열의 양도체이다.
② 전성 연성이 좋아 가공이 용이하다.
③ 화학적 저항력이 커서 부식이 쉽다.
④ 아름다운 광택과 귀금속적 성질이 우수하다.

해설 구리의 특성
① 전기 및 열의 양도체이고 비자성체이다.
② 아름다운 광택과 귀금속적 성질이 우수하다.
③ 전성 연성이 좋아 가공이 용이하다.
④ 표면에 녹색의 염기성 탄산구리 등의 녹이 생겨 보호피막의 역할을 하므로 내식성이 크다.

72 순동의 성질로 틀린 것은?

① 전기 및 열의 전도성이 우수하다.
② 가공성이 우수하다.
③ 잘 부식되지 않는다.
④ 비중은 2.7이다.

해설 순동의 성질
① 전기 및 열의 양도체이고 비자성체이다.
② 아름다운 광택과 다른 금속과 합금하여 귀금속적 성질을 얻을 수 있다.
③ 전성 연성이 좋아 가공이 용이하다.
④ 표면에 녹색의 염기성 탄산구리 등의 녹이 생겨 보호피막의 역할을 하므로 내식성이 크다.
⑤ 비중은 8.96이고 용융점은 1083℃이다.

73 Cu(구리) – Za(아연) 합금을 무엇이라 하는가?

① 황동
② 청동
③ 베어링강
④ 스프링강

해설 합금의 성분 및 용도
① 황동(Cu + Zn) : 가공성, 주조성, 내식성, 기계적 성질이 개선된다.

정답 68. ③ 69. ③ 70. ④ 71. ③ 72. ④ 73. ①

② **청동**(Cu + Sn) : 주조성이 좋고 내식성과 내마멸성이 좋으므로, 예로부터 화폐, 종, 미술 공예품, 동상, 병기, 기계 부품, 베어링 및 각종 일용품 재료로 사용되어 왔다.
③ **베어링강**(고탄소 크롬강) : 내구성이 크며, 담금질 직후 반드시 뜨임 필요
④ **스프링 강**(Si – Mn, Cr – Mn, Cr–V, SUS) : 자동차, 내식, 내열 스프링

11_04
74 다음 황동의 설명 중 틀린 것은?
① 구리와 아연의 함유 비율에 따라 구분한다.
② 7-3 황동은 아연 70%, 구리 30% 이다.
③ 6-4 황동은 주황색을 띠며 인장강도가 높다.
④ 7-3 황동은 황금색을 띠며 연신율이 좋다.

해설 황동
① 황동은 구리와 아연의 함유 비율에 따라 구분한다.
② **톰백** : 구리에 아연을 8~20% 함유한 것으로 연성이 커서 장식용에 사용되며 황금색이다.
③ **7-3 황동** : 황금색을 띠며, 아연이 30%인 합금으로 상온에서 전성이 있어 압연, 드로잉 등의 가공이 쉬우나 열간 가공은 곤란하다.
④ **6-4 황동** : 주황색의 띠며, 아연이 35~45%인 합금으로 인장 강도는 크나 연신율이 작기 때문에 냉간 가공성이 나쁘다.

15_04
75 황동계 합금에 관한 설명 중 가장 거리가 먼 것은?
① Zn 40%에서 인장강도가 최대이다.
② 7 : 3황동은 주로 냉간 가공의 프레스 성형에 사용된다.
③ 6 : 4황동은 열간 가공 혹은 주조용으로 사용된다.
④ Zn 40%에서 연신률이 최대이다.

해설 황동
① 아연이 40% 정도일 때 인장강도가 최대이다.
② 연신율은 아연이 30% 부근에서 최대가 된다.
③ 아연의 함유량에 따라 톰백, 7-3 황동, 6-4 황동으로 구분된다.

02_01
76 색상이 아름답고 장식품에 주로 쓰이는 황동은?
① 문츠메탈
② 포금
③ 톰백
④ 7.3 황동

해설 톰백은 아연 8~20%와 구리의 합금으로 색상이 아름다워 장식품에 주로 쓰인다.

09_09
77 다음 합금 중에서 구리에 아연 8~20%를 첨가한 것은?
① 문츠메탈   ② 델타메탈
③ 톰백   ④ 포금

해설 비철 금속 재료
① **문츠 메탈** : 구리 60%에 아연을 40%정도를 합금시켜 인장강도를 향상시킨 6·4 황동이다.
② **델타 메탈** : 6·4 황동에 철을 첨가한 것으로 강도가 크고 내식성이 좋다.
③ **톰백** : 아연을 8~20% 함유한 것으로 연성이 크다.
④ **포금** : 구리 88%, 주석 10%, 아연 2%의 합금으로 내식성, 내마멸성이 우수하여 일반기계 부품, 밸브, 코크, 기어, 선박용 프로펠러 등에 사용된다.

정답 74. ② 75. ④ 76. ③ 77. ③

08_10
78 6 : 4 황동에 주석 1% 정도를 첨가한 황동은?

① 애드미럴티 ② 네이벌 황동
③ 쾌삭 황동 ④ 문츠메탈

해설 특수 황동
① 쾌삭 황동 : 6·4 황동에 납을 1.5~3.7% 첨가한 것으로 절삭성이 개선되지만 강도와 연신율은 감소한다.
② 네이벌 황동 : 6·4 황동에 주석 1%를 첨가한 것으로 아연의 산화 및 탈아연 부식을 방지, 해수에 대한 내식성을 개선한다.
③ 애드미럴티 황동 : 7·3 황동에 주석 1%를 첨가한 것으로 아연의 산화 및 탈아연 부식을 방지, 해수에 대한 내식성을 개선한다.
④ 델타 메탈 : 6·4 황동에 철을 첨가한 것으로 강도가 크고 내식성이 좋다.

09_01
79 비철금속 중 구리(55~65%), 아연(15~30%), 니켈(5~20%)의 합금이며, 내열성, 내식성, 가공성이 우수한 합금은?

① 로엑스(Lo-ex)
② 황동(bronze)
③ 양은(nickle silver)
④ 켈밋(kelmet alloy)

해설 양은은 7·3 황동에 니켈을 5~20%를 첨가한 것으로 내열성, 내식성, 가공성이 우수하다.

06_01
80 구리 88%, 주석 10%, 아연 2%의 합금으로서 주조성, 기계적 성질, 내식성, 내마모성이 우수하여 기계부품의 중요 부분에 널리 사용되는 청동은?

① 포금 ② 알루미늄 청동
③ 인청동 ④ 니켈 청동

해설 청동
① 포금 : 구리 88%, 주석 10%, 아연 2%의 합금으로 내식성, 내마멸성이 우수하여 일반기계 부품, 밸브, 코크, 기어, 선박용 프로펠러 등에 사용된다.
② 알루미늄 청동 : 구리에 15% 이하의 알루미늄 합금으로 내삭성, 내열성, 내마멸성이 우수하나 주조성이 나쁘다.
③ 인청동 : 청동에 0.05~0.5%의 인을 함유한 것으로 탄성, 내식성, 내마멸성이 커 베어링, 밸브 시트 등에 사용된다.
④ 니켈 청동 : 구리 50~65%, 아연 20~30%, 니켈 15~20%의 합금으로 기계적 성질, 내식성, 내마모성이 우수하여 기계 부품, 온도 조절용 바이메탈, 스프링 등에 사용된다.

10_01
81 다음 자동차에 쓰이는 비철금속의 용도를 설명한 것 중 용도의 예를 잘못 표시한 것은?

① 브론즈 주물 – 대형 탱크롤리 차의 대형 밸브
② 알루미늄 청동 주물 – 크랭크 케이스
③ 켈밋 합금 – 기관 베어링
④ 와이(Y) 합금 – 피스톤

해설 비철금속의 용도
① 브론즈(bronze) 합금은 주석 청동이라 하며, 주석 청동은 장신구, 무기, 불상, 종 등의 금속제품으로 오래전부터 실용되어 왔으며, 기계주물용으로 사용한다.
② 알루미늄 청동은 기계적 성질 및 내열, 내식성이 좋아 선박, 항공기, 자동차 등의 부품용으로 사용된다.
③ 켈밋 합금은 베어링에 사용되는 구리 합금에 대표적으로 사용된다.
④ 와이(Y) 합금은 내열성이 커서 피스톤 재료로 사용한다.

정답 78. ② 79. ③ 80. ① 81. ②

12_10
82 알루미늄의 물리적 성질 중 설명이 잘못된 것은?

① 비중이 약 2.7로서 가볍다.
② 용융점이 낮아 용해가 용이하다.
③ 전연성이 우수하다.
④ 격자 상수는 체심입방격자이다.

해설 **알루미늄의 성질**
① 비중이 작다(2.7).
② 용융점이 낮다(660℃).
③ 전연성이 좋다.
④ 전기 및 열의 양도체이다.
⑤ 표면에 산화막이 형성되어 있어 내식성이 우수하다.
⑥ 유동성 및 주조성이 불량하다.

13_04
83 자동차용 차체 재료로 사용되는 알루미늄 재료의 특성과 관계없는 것은?

① 비중이 작고 용융점이 낮다.
② 전·연성 좋다.
③ 열전도성, 전기 전도성이 좋다.
④ 표면에 산화막이 형성되지 않아 내식성이 떨어진다.

06_10
84 알루미늄이 자동차에 사용되는 이유 중 틀린 것은?

① 가볍다
② 열이 전달되기 쉽다.
③ 자유로운 형태로 가공이 가능하다.
④ 강도가 철보다 강하다.

해설 알루미늄의 강도는 철보다 약하다. 그러나 합금을 하면 강도가 크게 올라가고 무게도 가벼워진다.

08_03
85 알루미늄의 특성으로 틀린 것은?

① 용융점이 철보다 높다.
② 무게는 철의 약 ⅓이다.
③ 열전달이 철보다 높다.
④ 전기 도전율이 구리보다 낮다.

해설 알루미늄의 용융점은 660℃이고, 철의 용융점은 1536.5℃이다.

06_10
86 다음 중 알루미늄을 같은 부피로 놓고 비교할 때 알루미늄 무게는 철의 약 얼마 정도인가?

① 1/2   ② 1/3
③ 1/5   ④ 1/7

해설 철의 비중은 7.90이고, 알루미늄의 비중은 2.7이므로, 알루미늄의 무게는 철의 약 1/3에 해당한다.

08_02
87 알루미늄이 자동차 부품으로 사용되는 이유가 아닌 것은?

① 가볍다.
② 열전달이 쉽다.
③ 성형성이 좋다.
④ 용접성이 뛰어나다.

해설 알루미늄은 유동성이 불량하여 용접성이 떨어진다.

11_10
88 주조용 알루미늄 합금 중에서 Al – Si계 합금은?

① 실루민   ② Y합금
③ 로엑스 합금 ④ 라우탈

정답 82. ④ 83. ④ 84. ④ 85. ① 86. ② 87. ④ 88. ①

해설
① 로엑스 합금 : 실루민에 구리, 마그네슘, 니켈을 소량 첨가한 것으로 내열성이 좋고 열팽창계수가 y합금보다 작아 피스톤 재료로 많이 사용된다.
② y합금 : 알루미늄, 구리, 마그네슘, 니켈의 합금으로 강인성을 가지고 있으나 높은 온도에서 열팽창 계수가 크다.
③ 두랄루민 : 알루미늄, 구리, 마그네슘, 망간의 합금으로 가볍고 강인하여 단조용으로 우수한 재료로 항공기, 자동차보디의 재료로 사용된다.
④ 실루민 : 알루미늄-규소계 합금으로 기계적 성질이 우수하고 수축도 비교적 적으며, 주조성이 우수하여 실린더 헤드, 크랭크 케이스 등의 다이캐스팅에 이용된다.
⑤ 라우탈 : 알루미늄에 구리 4 %, 규소 5 %를 가한 주조용 알루미늄 합금으로 490~510 ℃로 담금질한 다음 120~145 ℃에서 16~48시간 뜨임을 하면 기계적 성질이 좋아진다. 열처리와 가공을 적당히 조합함으로써 두랄루민과 같은 정도의 강도를 갖는 것을 만들 수가 있다. 용도는 자동차·항공기·선박 등의 부분품으로 사용된다.

15_10
89 주조용 알루미늄 합급 중에서 Al-Si계 합금은?

① 실루민   ② Y합금
③ 로엑스 합금   ④ 라우탈

해설 ① 실루민 : 알루미늄(Al)-규소(Si)계 합금으로 기계적 성질이 우수하고 수축도 비교적 적으며, 주조성이 우수하여 실린더 헤드, 크랭크 케이스 등의 다이캐스팅에 이용된다.
② Y 합금 : 알루미늄(Al), 구리(Cu), 마그네슘(Mg), 니켈(Ni)의 합금으로 강인성을 가지고 있으나 높은 온도에서 열팽창 계수가 크다.
③ 로엑스 합금 : 실루민(Al-Si)에 구리(Cu), 마그네슘(Mg), 니켈(Ni)을 소량 첨가한 것으로 내열성이 좋고 열팽창 계수가 Y 합금보다 작아 피스톤 재료로 많이 사용된다.
④ 라우탈 : 알루미늄(Al)에 구리(Cu) 4%, 규소(Si) 5%를 가한 주조용 알루미늄 합금으로 490~510 ℃로 담금질한 다음 120~145 ℃에서 16~48시간 뜨임을 하면 기계적 성질이 좋아진다. 열처리와 가공을 적당히 조합함으로써 두랄루민과 같은 정도의 강도를 갖는 것을 만들 수가 있다. 용도는 자동차·항공기·선박 등의 부분품으로 사용된다.
⑤ 두랄루민 : 알루미늄(Al), 구리(Cu), 마그네슘(Mg), 망간(Mn)의 합금으로 가볍고 강인하여 단조용으로 우수한 재료로 항공기, 자동차보디의 재료로 사용된다.

16_04
90 알루미늄 합금의 성분이 잘못된 것은?

① 실루민(Silumin) : Al+Si
② 두랄루민(Duralumin) : Al+Cu+ Ni+Fe
③ Y합금(Y alloy) : Al+Cu+Ni+Mg
④ 로엑스 합금(Lo – Ex alloy) : Al + Si + Ni + Cu + Mg

해설 두랄루민 : 알루미늄(Al), 구리(Cu), 마그네슘(Mg), 망간(Mn)의 합금으로 가볍고 강인하여 단조용으로 우수한 재료로 항공기, 자동차보디의 재료로 사용된다.

04_10
91 알루미늄 합금 중 실루민의 주성분은?

① Al-Cu   ② Al-Mg
③ Al-Si   ④ Al-Cu-Si

해설 보통 실민(silmin) 또는 알팩스라고 하며, 규소(Si)가 10-14%, 나머지가 알루미늄인 합금을 말한다.

11_10
92 알루미늄 합금 중에서 열팽창계수가 가장 작은 것은?

① 실루민   ② 두랄루민
③ Y합금   ④ 로엑스(Lo-Ex)

89. ①   90. ②   91. ③   92. ①

13_04

93 알루미늄+구리+마그네슘+망간의 합금으로, 비중에 비하여 강도가 크므로 무게를 가볍게 해야 하는 항공기나 자동차 재료로 활용되는 것은?

① 주철합금 ② 황동
③ 두랄루민 ④ 알루미늄

해설 두랄루민은 구리 3.5~4.5%, 마그네슘 1~1.5%, 규소 0.5%, 망간 0.5~1% 나머지가 알루미늄의 합금으로 가볍고 강인하여 단조용으로 우수한 재료로 항공기, 자동차 보디의 재료로 사용된다.

07_04

94 비중에 비하여 강도가 크므로 무게를 중요시 하는 항공기나 자동차 재료로 사용되는 것은?

① y합금 ② 알코아 19s
③ 두랄루민 ④ 알코아 14s

15_10

95 아연에 대한 설명 중 틀린 것은?

① 산, 알칼리에서 부식을 촉진한다.
② 재결정은 가공도가 크면 실온에서 일어난다.
③ 격자 상수는 조밀육방격자이다.
④ 비중은 9.8이며 용융점은 320℃이다.

해설 아연의 특성
① 비중이 7.30이고 용융온도가 420℃이다.
② 격자상수는 조밀육방 격자의 회백색 금속이다.
③ 주조성이 좋아 다이캐스팅용 합금으로 광범위하게 사용된다.
④ 가공성이 비교적 좋아 실온에서의 냉간 가공도 가능하다.
⑤ 수분이나 이산화탄소의 분위기에서는 표면에 염기성 탄산아연의 피막이 발생되어 부식이 내부로 진행되지 않으므로 철판에 아연도금을 하여 사용한다.
⑥ 건조한 공기 중에서는 거의 산화되지 않지만, 산, 알칼리에 약하며 Cu, Fe, Sb 등의 불순물은 아연의 부식을 촉진시키고, Hg은 부식을 억제한다.
⑦ 주조한 상태의 아연은 결정립경이 커서 인장강도나 연신율이 낮고 취약하므로 상온 가공을 할 수가 없다. 그러나 열간 가공하여 결정립을 미세화하면 상온에서도 쉽게 가공할 수가 있다.
⑧ 순수한 아연은 가공 후 연화가 일어나지만 불순물이 많으면 석출 경화가 일어난다.

13_04

96 납의 성질을 잘못 설명한 것은?

① 전성이 크고 연하다.
② 인체에 유독한 금속이다.
③ 공기나 물에는 거의 부식되지 않는다.
④ 내알칼리성이다.

해설 납의 성질
① 납은 비중이 11.36인 회백색 금속으로 용융온도가 327.4℃로 낮고 연성이 좋아 가공하기 쉬워 오래 전부터 사용되어 왔다.
② 불용해성 피복이 표면에 형성되기 때문에 대기 중에서도 뛰어난 내식성을 가지고 있으므로 광범위하게 사용된다.
③ 납은 자연수와 바닷물에는 거의 부식되지 않으며, 황산에는 내식성이 좋으나 순수한 물에 산소가 용해되어 있는 경우에는 심하게 부식되며, 질산이나 염산에도 부식된다.
④ 알칼리 수용액에 대해서는 철보다 빨리 부식된다.
⑤ 열팽창 계수가 높으며, 방사선의 투과도가 낮다.
⑥ 축전지의 전극, 케이블 피복, 활자 합금, 베어링 합금, 건축용 자재, 땜납, 황산용 용기 등에 사용되며, X선이나 라듐 등의 방사선 물질의 보호재로도 사용된다.

정답 93. ③ 94. ③ 95. ④ 96. ④

06 | 비금속 재료

97 비금속 공구 재료 중 맞지 않는 것은?

① 서멧(Cermet)은 세라믹스 +메탈이다.
② 연삭숫돌의 무기질 결합재로 비트리파이드(vitrified) 결합재와 실리케이트(silicate) 결합재가 있다.
③ 금속 결합재로는 다이아몬드 숫돌이 대표적이다.
④ 인조연삭, 연마재로는 다이아몬드, 에머리(Emery) 등이 있으며 버핑할 때 연마재로 쓴다.

98 가격이 싸고 제진 성능도 높기 때문에 가장 많이 사용되고 있는 제진 재료는?

① 우레탄계 제진재료
② 수지 고무계 제진재료
③ 수지 구속형 제진재료
④ 아스팔트계 제진재료

해설 제진 재료는 진동 및 소음을 약하게 하고 감쇠시키는 소재로 고무계와 아스팔트계의 재료가 사용되며, 가격이 싸고 제진 성능이 높기 때문에 아스팔트계가 많아 사용된다. 아스팔트 시트를 2장의 강판 사이에 끼운 다음 일체로 만들어진 대시 패널(대시보드), 실내 바닥의 시트 등에도 사용된다.

99 자동차 타이어에 사용되지 않는 고무는?

① 합성고무   ② 연질고무
③ 천연고무   ④ 경질고무

해설 고무나무의 분비 유액(latex)을 응고시킨 생고무를 주원료로 하고, 아연화, 탄산마그네슘, 카본블랙 등을 첨가하여 가류시켜 만든 것이다. 연질고무는 탄성이 뛰어나고 내수성, 전기 절연성이 크다.

100 자동차의 재료로 쓰이는 강화유리는 보통 판유리를 몇 ℃ 정도에서 가열하여 열처리 하는가?

① 200   ② 600
③ 1000   ④ 2000

해설 성형 판유리를 연화온도에 가까운 500~600℃로 가열하고, 압축한 냉각공기(40~50℃)에 의해 급랭시켜 유리 표면 부분을 압축 변형, 내부를 인장 변형하여 강화시킨 유리이다. 보통 유리에 비해 굽힘 강도는 3~5배, 내 충격성도 3~8배나 강하며, 내열성도 우수하다.

101 플라스틱과 같은 비금속 재료는 일반적으로 내열온도가 낮은데 열 변형 개시 온도가 어느 범위의 것이 가장 많은가?

① 30~60℃   ② 40~100℃
③ 50~100℃   ④ 60~120℃

102 섬유강화 플라스틱의 약호로 맞는 것은?

① UR   ② TPUR
③ FRP   ④ PC

해설
① UR : 우레탄 고무(urethane rubber)
② TPUR : 열가소성 폴리우레탄(Thermoplastic polyurethane)
③ FRP : 섬유강화 플라스틱(fiber reinforced plastic)
④ PC : 투명 플라스틱(poly carbonates)

정답 97. ④ 98. ④ 99. ② 100. ② 101. ② 102. ③

14_04

103 시트 패드를 만드는 재료이며 야자 섬유 대신에 폴리에스테르계의 화학 섬유를 우레탄계의 접착제로 굳힌 재료는?

① PUR
② 탄성 우레탄
③ 팜록
④ ABS

해설 PUR : 열경화성 폴리우레탄(Polyurethane)은 내열성이 60 ~ 80℃, 성형성, 내충격성, 내건성, 내약품성, 유연성, 도장성의 성질을 가지고 있으며, 범퍼, 범퍼 페이스, 시트 쿠션, 트림류, 도료, 접착제, 단열재 등에 사용된다.

07 | 강판 재료

10_10

104 자동차에 쓰이는 강판 중 제일 많이 쓰이는 강판 재료의 탄소 함유량은 몇 % 정도 인가?

① 0.01~0.05
② 0.1~0.4
③ 1.0~1.6
④ 1.8~2.2

해설 강판의 재료로는 탄소 함유량 0.1~0.2%의 연강, 탄소 함유량 0.2~0.3%의 반연강, 탄소 함유량 0.3~0.4의 반경강을 주로 사용한다.

01_07

105 강판의 강도는 무엇으로 나타내는가?

① 인장 강도
② 전단 강도
③ 압축 강도
④ 굽힘 강도

해설 강판은 인장 시험하여 끊어지는 지점의 강도(인장강도)로 나타낸다. 단위는 kgf/cm²로 안전율은 인장강도를 허용응력으로 나눈 값을 말한다.

15_10

106 차체 재료에서 인장강도를 허용응력으로 나눈 비를 무엇이라 하는가?

① 변형률
② 반력
③ 안전율
④ 전단력

해설 안전율이란 재료의 인장강도(또는 극한강도)를 허용응력으로 나눈 비율을 말한다.

즉, 안전율 = $\dfrac{\text{인장강도(또는 극한강도)}}{\text{허용응력}}$

14_10

107 승용차의 패널을 만드는데 주로 쓰이는 냉간 압연 강판의 특징으로 틀린 것은?

① 표면이 매끄럽다.
② 기계적 성질이 좋다.
③ 얇은 판도 만들 수 있다.
④ 800℃ 이상 고온으로 가열하여 늘린 강판이다.

해설 냉간 압연 강판은 열연 코일을 소재로 표면 스케일을 제거하고(산세공정) 두께 0.15~3.2mm 정도까지 압연한 후 풀림과 조질 압연을 거쳐 생산된다. 냉간 압연 강판은 열간 압연 강판에 비해 두께가 얇고 두께 정밀도가 우수하며 표면이 매끄럽고 가공성이 우수하다.

15_10

108 탄소강에서 냉간 압연 강판 표시 기호는?

① SCP
② SHP
③ SS
④ SBB

해설 재료 기호
① SCP : 냉간 압연 강판
② SHP : 열간 압연 강판
③ SS : 일반구조용 압연강재
④ SBB : 보일러용 압연강재

정답 103. ① 104. ② 105. ① 106. ③ 107. ④ 108. ①

09_09
109 자동차의 구조 중 주로 차의 내부 패널용으로 사용되는 강판은?

① 열간 압연 강판
② 열간 압연 고장력 강판
③ 냉간 압연 강판
④ 알루미늄 강재

> **해설** 철강 재료
> ① **열간 압연 강판** : 프레임, 멤버, 디스크 휠 등에 사용되고 있는 1.6~6mm 두께의 비교적 두꺼운 강판으로서 800℃ 이상의 온도에서 열간 압연된 것.
> ② **고장력 강판** : 보통 강판에 비하여 인장강도가 크고 항복점이 높으며, 패널의 두께를 얇게 할 수 있어 자동차의 중량을 가볍게 할 수 있다.
> ③ **냉간 압연 강판** : 열간 압연 강판을 상온에서 다시 얇게 만든 것으로 강도 부재 이외의 차체 대부분에 사용하는 두께 0.5~1.4mm의 비교적 얇은 강판으로서 열간 압연 강판을 롤(rolled)로 냉간 압연하여 규정된 두께로 열처리한 것. 승용차 보디의 대부분은 냉간 압연 강판을 사용하고 있다.
> ④ **알루미늄 강재** : 경량, 내식성이 우수하며, 라디에이터, 콘덴서, 이배퍼레이터 등의 열교환기에 많이 사용되고 있다.

15_04
110 고장력 강판이 일반 강판에 비해 가장 우수한 점은?

① 인장 강도와 항복점
② 내열성과 내식성
③ 탄성과 소성
④ 용접성과 도장성

> **해설** 고장력강은 연강의 강도를 높이기 위하여 적당한 합금원소를 소량 첨가한 것으로 강도, 경량, 내식성, 내충격성, 내마모성이 요구되는 구조물에 적합하며, 인장 강도는 340~980MPa, 항복점은 300~880MPa 이상인 합금을 말한다.

14_10
111 고장력 강판의 장점으로 틀린 것은?

① 소형화
② 높은 견고성
③ 소음 진동의 개선
④ 내구성

> **해설** 고장력 강판은 보통 강판에 비하여 인장 강도가 크고 항복점이 높으며, 패널의 두께를 얇게 할 수 있어 자동차의 중량을 가볍게 할 수 있다.

06_10
112 자동차에 사용되는 고장력 강판의 종류가 아닌 것은?

① 단독 조직형
② 고용 강화형
③ 석출 강화용
④ 복합조직 강화형

> **해설** 고장력 강판의 종류
> ① **고용 강화형 강판** : 인장 강도가 340~440MPa 급의 강판
> ② **석출 강화형 강판** : 인장 강도가 440~590MPa 급의 강판
> ③ **복합 조직형 강판** : 인장 강도가 590~980MPa 급의 강판

14_04
113 일반적으로 고장력 강판이 고장력의 특성을 잃어버리는 온도는?

① 300℃ 이상부터
② 600℃ 이상부터
③ 900℃ 이상부터
④ 1100℃ 이상부터

> **해설** 차체의 외판에 사용되는 일반 압연 강판보다 인장 강도가 큰 강판으로서 열간 압연에 의하여 만들어지는 열간 압연 고장력 강판과 냉간 압연에 의하여 만들어지는 냉간 압연 고장력 강판이 있으며, 멤버나, 브래킷, 범퍼 등에 사용된다. 400~600℃의 온도에서 합금화 열처리한 후 최종 냉각한다.

정답 109. ③ 110. ① 111. ① 112. ① 113. ②

13_10
114 석출 강화형 강판의 재료가 아닌 것은?

① 티탄(Ti)   ② 니오브(Nb)
③ 바나듐(V)   ④ 인(P)

해설 석출 강화형 강판은 티탄(티타늄 Ti), 니오븀(Nb), 바나듐(V)등의 금속을 탄소(C)나 질소(N)와 결합시켜 첨가하고 강의 내부 구조를 변화시킨 것. 가공성이 그리 좋지 않기 때문에 범퍼의 보강재나 빔 등 평면적인 부재에 이용되고 있다.

11_04
115 차체의 경량화와 함께 주행시 소음을 감소시키기 위해 사용되는 강판은?

① 양면 처리 강판
② 아연 도금 강판
③ 제진 강판
④ 단면 처리 강판

해설 제진 강판은 방진 강판이라고도 하며, 두 장의 강판 사이에 합성수지를 끼워 넣어 강판의 진동을 흡수하고 차실 내의 소음을 낮추는 역할을 한다.

13_10
116 스테인리스 강판에 관한 설명으로 맞지 않은 것은?

① 인성과 연성이 크고 가공경화가 심하며, 열처리가 잘된다.
② 내식, 내열, 내한성이 우수하다.
③ 크롬산화 피막이 표면을 보호하므로 내부를 보호한다.
④ 염산에 침식되지 않으며, 강도가 좋다.

해설 스테인리스 강은 Cr계 스테인리스강과 Cr-Ni계 스테인리스강이 있으며, 내식성 및 강인성이 크고 강철의 산화를 막을 수 있는 특징이 있지만 염산에는 침식되는 성질이 있다.

15_04
117 강판을 소성 가공할 때 열간 가공과 냉간 가공을 구분하는 온도는?

① 피니싱 온도   ② 용해 온도
③ 변태 온도   ④ 재결정 온도

08 | 합성수지

10_01
118 다음 합성수지의 공통적인 성질 중 틀린 것은?

① 가볍고 튼튼하다.
② 전기 절연성이 좋다.
③ 단단하고 열에 강하다.
④ 산·알칼리 등에 강하다.

해설 ① 가볍고 튼튼하다.
② 비중과 강도의 비인 비강도가 비교적 높다.
③ 전기 절연성이 우수하다.
④ 열에 약하다.
⑤ 가공성이 크기 때문에 성형이 간단하여 대량 생산적이다.
⑥ 산, 알칼리, 오일, 화학 약품에 강하다.
⑦ 투명하여 채색이 자유롭고 내구성이 크다.

09_01
119 자동차의 재료 중 많이 쓰이는 비금속 재료는 합성수지(플라스틱)인데 그 특징을 설명한 것으로 틀린 것은?

① 착색하기가 쉽고 내구성이 있다.
② 내식성이 우수하고 열전도율이 낮다.
③ 비중과 내열성이 다른 금속보다 비교적 크다.
④ 가소성이 크고 대량 생산이 쉬운 장점이 있다.

해설 ① 비중이 0.9~1.3으로 가볍다.

정답 114. ④ 115. ③ 116. ④ 117. ④ 118. ③ 119. ③

② 내식성 및 방습성이 우수하다.
③ 방진(防振), 방음(防音), 절연(絶緣), 단열성(斷熱性)이 우수하다.
④ 착색, 엠보싱, 광택처리, 도장 등의 2차 가공이 쉽다.
⑤ 유연성이 있어 복잡한 형상의 성형이 우수하다.
⑥ 가소성 및 내구성이 크다.
⑦ 산, 알칼리, 기름, 화학약품에 강하지만 내열성이 낮다.

06_10
120 열가소성 수지에 대한 설명 중 잘못된 것은?

① 열을 가하면 부드러워지는 수지
② 가열하면 끊어져 경화되는 수지
③ 열을 가하면 가소성이 나타나는 수지
④ 가열 수정과 용접이 가능한 수지

해설 ① 열가소성 수지 : 성형한 후에도 가열하면 연하여지고 냉각되면 다시 본래 상태로 굳어지는 성질이 있다.
② 열경화성 수지 : 가열하면 경화되는 수지로 가열하면서 가압 및 성형하면 다시 가열하여도 연해지지 않거나 용융되지 않는다.

15_04
121 열가소성 플라스틱은?

① PP   ② UR
③ TPUR   ④ PC

해설 열가소성 수지는 폴리염화비닐 수지(PVC), 폴리스티렌 수지(PS), 폴리에틸렌 수지(PE), 나일론 수지, 아크릴 수지, 열가소성 폴리우레탄(TPUR)이다.

13_04
122 열경화성 수지에 해당되지 않는 것은?

① 폴리에틸렌 수지   ② 페놀 수지
③ 멜라민 수지   ④ 규소 수지

해설 열경화성 수지는 열을 가하여 성형한 후 다시 열을 가해도 형태가 변하지 않는 수지로서 페놀 수지, 요소 수지, 멜라민 수지, 폴리에스테르 수지, 실리콘(규소) 수지, 에폭시 수지, 폴리우레탄 수지, 등이 있다. 폴리에틸렌 수지는 열가소성 수지이다.

15_10
123 열경화성 수지의 종류가 아닌 것은?

① 페놀   ② 멜라민
③ 폴리에스테르   ④ 아크릴

14_04
124 합성수지 중 열경화성 수지로 옳은 것은?

① 폴리스티렌   ② 폴리에틸렌
③ 아크릴 수지   ④ 페놀 수지

해설 수지의 종류
① 천연수지 : 로진 세라믹 탈민 고무, 라텍
② 열가소성 수지 : 성형한 후에도 가열하면 연하여지고 냉각되면 다시 본래 상태로 굳어지는 성질이 있다. 폴리염화비닐 수지, 폴리스티렌 수지, 폴리에틸렌 수지, 나일론 수지, 아크릴 수지
③ 열경화성 수지 : 가열하면 경화되는 수지로 가열하면서 가압 및 성형하면 다시 가열하여도 연해지지 않거나 용융되지 않는다. 페놀 수지, 유리 수지, 에폭시 수지, 불포화에틸렌 수지, 폴리우레탄, 폴리에스테르, 멜라민 수지, 실리콘 수지, 요소 수지

05_10
125 다음 합성수지 중 열경화성 수지는 어느 것인가?

① 폴리 에틸렌   ② 폴리 프로필렌
③ 폴리 카보네이트 ④ 폴리 에스텔

정답 120. ② 121. ③ 122. ① 123. ④ 124. ④ 125. ④

08_03
126 범퍼의 재료로 쓰이지 않는 플라스틱의 재료는?
① ABS   ② PC
③ PUR   ④ TPUR

해설 비금속 재료의 약어
① ABS : ABS 수지(Acrylonitrile-butadiene styrene)
② PC : 투명 플라스틱(poly carbonates)
③ PUR : 열경화성 폴리우레탄(Polyurethane)
④ TPUR : 열가소성 폴리우레탄(Thermoplastic polyurethane)

10_10
127 라디에이터 그릴에 가장 많이 사용되고 있는 재료는?
① ABS 수지   ② 강판
③ 아연 다이캐스팅 ④ 알루미늄

해설 ABS 수지(acrylonitrile butadiene styrene resin)는 아크릴로니트릴, 부타디엔, 스티렌 3종류의 공중합성수지로 열을 가하면 연화되고 냉각하면 경화되는 열가소성수지 중에서는 내열, 내저온, 내충격성이 높기 때문에 자동차의 라디에이터 그릴, 콘솔 박스, 계기판의 기재로 많이 사용된다.

16_04
128 차체의 사이드 머드가드에 사용되는 재료와 거리가 먼 것은?
① FRP   ② PP
③ 고장력 강판 ④ RIM 우레탄

해설 펜더(윙 또는 사이드 머드 가드)는 자동차가 주행할 때 타이어에 의해서 비산되는 작은 돌, 피치, 흙 등으로 보디의 상처나 더러움을 방지하는 역할을 한다. 종전에 재질은 고무계가 주류를 이루었지만 내구성에 문제가 있어 최근에는 PP, FRP, ABS 수지, RIM 우레탄, 합성고무가 중심이 되고 있다.

13_10
129 인스트루먼트 패널의 기재용 재료에 적당하지 않은 것은?
① 변성 PPE   ② PP
③ ABS   ④ TPO

해설 기재용 재료
① 변성 PPE(변성 폴리페닐렌에테르) : 변형 폴리페닐렌 옥사이드라고 하는 플라스틱이다. 내열성이 있어 공업용품, 가정 전화 제품, 상자, 자동차 부품 등에 사용되고 있다.
② PP(폴리프로필렌) 소재 : 성형시의 유동성, 치수 안정성이 좋고 광택이 나고 외관도 아름답다. 또한 내약품성이 좋고, 내굴곡 피로성(耐屈曲疲勞性)이 뛰어나며, 밀도 및 내열성도 값싼 범용(汎用) 플라스틱 중에서는 최고이다. 전기 기기의 하우징, 자동차 부품, 가정 잡화, 용기 등에 많이 쓰인다.
③ ABS(아크릴로니트릴 부타디엔 스티렌) 소재 : 엷은 아이보리색의 고체로 착색이 용이하고 표면광택이 좋으며 기계적, 전기적 성질 및 내약품성이 우수하여 가정용·사무실용 전자제품 및 자동차의 표면 소재로 주로 사용
④ PTO 소재 : 폴리프로필렌 복합수지로 자동차 범퍼에 사용되고 있다.

13_04
130 리어 스포일러 재료의 특징으로 거리가 먼 것은?
① 경질의 재료로 PVC, PUR 등이 사용된다.
② 경질의 재료로서 두께, 형 빼기 방향에 주의한다.
③ 경질 재료의 강성 확보를 위해 인서트재를 삽입하고 있다.
④ 방수성이 확보되어야 하며 인서트재의 방청에 주의하여야 한다.

해설 리어 스포일러는 경질의 재료로 PVC, FRP 등이 사용된다.

 126. ① 127. ① 128. ③ 129. ④ 130. ①

chapter 02 차체재료 및 용접일반

3. 차체 용접

01 용접 일반 및 설비에 관한 사항

1 용접 일반

(1) 용접의 특징

① 기밀성, 유밀성, 수밀성의 유지가 우수하다.
② 재료 및 경비를 절감할 수 있다.
③ 제품의 가공 형상을 자유롭게 할 수 있다.
④ 제품의 성능 및 수명을 향상시킨다.
⑤ 이음의 효율을 향상시킬 수 있다.
⑥ 공정수가 감소된다.
⑦ 열에 의한 잔류 응력으로 균열이 발생되기 쉽다.
⑧ 응력 집중에 민감하다.
⑨ 열에 의해 재질이 변질되기 쉽다.
⑩ 제품이 열에 의해 변형과 수축이 생기기 쉽다.
⑪ 용접부의 검사가 어렵다.

(2) 용접법의 분류

1) 기계적 이음 방법

접합하고자 하는 2개 이상의 접합 부분을 볼트(bolt), 키(key), 리벳(rivet), 핀(pin), 코터(cotter) 등으로 접합하는 방법

2) 화학적 이음 방법

화학적 이음 방법은 유리, 수지 등을 접합할 때 이용하는 방법으로 열가소성 수지 중에서 비결정성의 수지는 적당한 용제로 녹이기 쉬우므로 수지의 접합면에 적당한

용제를 도포하면 용제의 작용으로 표면이 팽윤, 연화되었을 때 양면을 붙여 가벼운 압력으로 압착시키는 방법.

3) 야금적 이음 방법

금속과 금속을 10^{-8}cm 까지 접근시켜 원자사이의 인력으로 접합시키는 방법으로 융접(fusion welding), 압접(pressure welding), 납접(soldering and brazing)이 있다.

① **융접** : 접합 부분을 용융 또는 반용융 상태로 하고 여기에 용접봉 즉 용가재를 첨가하여 접합시키는 방법

② **압접** : 접합 부분을 열간 또는 냉간 상태에서 압력을 가하여 접합시키는 방법

③ **납접** : 접합하고자 하는 재료 즉 모재는 녹이지 않고 모재보다 용융점이 낮은 금속을 녹여 표면 장력으로 접합시키는 방법

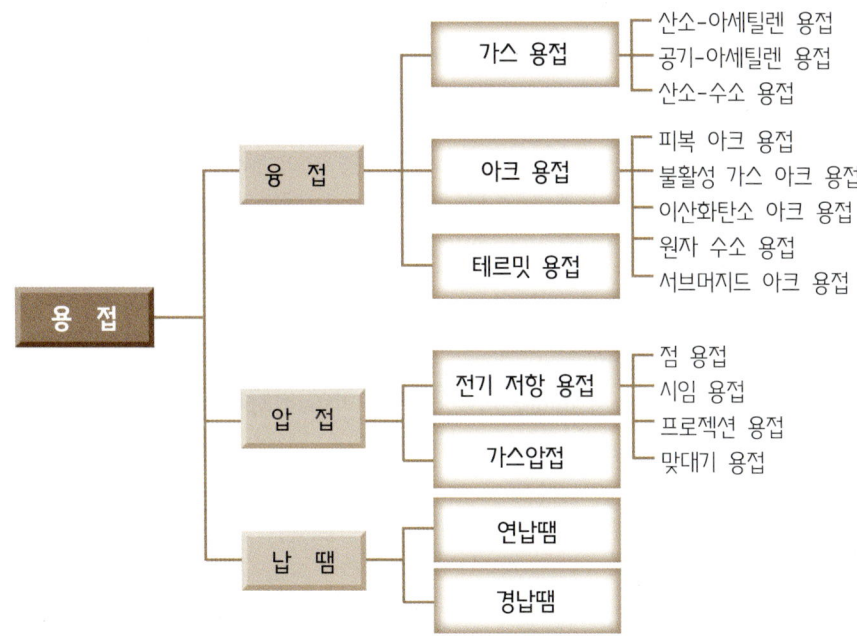

(3) 융접의 분류

1) 가스 용접

① **산소 아세틸렌 용접** : 산소와 아세틸렌의 혼합 가스의 연소열을 이용하는 용접.

② **산소 수소 용접** : 산소와 수소의 혼합 가스의 연소열을 이용하는 용접.

2) 아크 용접

① **피복 아크 용접** : 교류 용접에서 아크를 안정시키기 위해 피복제를 입힌 용접봉을 사용하여 아크열을 이용하는 용접

② **불활성 가스 아크 용접** : 전극 주위에 불활성(아르곤)가스를 분출시켜 그 속에서 아크열을 이용하는 용접으로 미그(MIG) 용접과 티그(TIG) 용접이 있다. 또한 아르곤 가스와 이산화탄소 가스 등을 혼합 사용하는 용접법을 MAG용접이라 하는데 혼합 가스를 사용하면 스팩터가 적고 슬랙이 거의 생기지 않아 비드 형상이 양호한 용접이 된다.

③ **이산화탄소 아크 용접** : 이산화탄소를 사용하는 반자동 용접으로 솔리드 와이어 또는 플럭스 코드 와이어를 사용하여 용접한다.

④ **원자 수소 용접** : 수소 기류 중에서 2개의 텅스텐 전극 사이에 아크를 발생시키면 수소 분자는 수소 원자로 해리되고, 이 때 나오는 열을 이용하는 용접

⑤ **서브머지드 아크 용접** : 미세한 입상의 플럭스를 접합부에 부어 모아 그 속에 와이어를 송급하여 와이어와 모재 사이에서 발생하는 아크열을 이용하는 용접

3) 테르밋 용접

산화철과 알루미늄의 화학반응을 이용하여 생긴 고온의 화학 반응열을 이용하여 용접하는 것으로 전기가 없는 곳에서도 사용가능하다. 하지만 오늘날 그 사용이 점점 줄어들고 있다.

4) 전자빔 용접

고 진공 중에 전자 빔을 가속 충돌시켜 충돌에너지에 의해 피용접물을 고온으로 용융 용접한다.

5) 메이저(maser) 용접

레이저 빛 대신 전자파(microwave)를 이용하여 전자파의 증폭 발진을 일으켜 용접한다. 철판의 절단도 가능하다.

(4) 압접의 분류

1) 전기 저항 용접

① **점용접**(spot welding) : 2개의 모재를 겹쳐 전극사이에 끼워 넣고 전류를 흐르게 하여 접촉면이 전기저항에 의하여 발열되어 접합부가 용융될 때 압력을 가해 접합시키는 용접.

② **시임 용접** : 용접부를 겹쳐 한 쌍의 롤러 사이에 끼우면 롤러의 회전에 의해 접합선에 따라서 연속적으로 용접하는 방법으로 점용접의 전극 대신에 롤러 모양의 전극을 이용하여 접합하는 용접.

③ **프로젝션 용접** : 금속 전극의 돌기부에 접합부를 접촉시켜 압력을 가하고 전류를 통전시키면 전기저항 열의 발생을 비교적 작은 특정 부분에 한정시켜 접합하는 용접

④ **맞대기 용접** : 2개의 금속을 용접기에 설치하여 맞대고 전류를 통전시키면 접촉부가

전기저항 열에 의해 용융될 때 압력을 가해 접합시키는 용접.

2) 가스 압접

가스 압접은 맞대기 할 부분을 가스 불꽃으로 가열하여 적당한 온도가 되었을 때 압력을 가하여 접합하는 방법으로 산소-아세틸렌 불꽃이 많이 사용된다.
① 접합부에 탈탄 층이 없다.
② 전력이 필요 없다.
③ 장치가 간단하여 시설, 수리비가 싸다.
④ 작업이 기계적이며, 작업자의 숙련이 필요 없다.
⑤ 압접의 소요 시간이 짧다.
⑥ 접합부에 첨가 금속 또는 용제가 필요 없다.

(5) 납땜의 분류

접합하고자 하는 재료, 즉 모재는 녹이지 않고 모재보다 용융점이 낮은 금속을 녹여 표면 장력으로 접합시키는 방법으로 450℃ 이하의 온도에서 접합하는 **연납땜**과 450℃ 이상의 온도에서 접합하는 **경납땜**으로 분류한다.

2 용접 설비

(1) 카바이드 (calcium carbide)

카바이드는 석회석과 석탄 또는 코크스를 혼합하여 높은 온도로 가열한 다음 용융 화합하면 칼슘과 탄소의 화합물이 된다. 이 카바이드에 물을 작용시키면 아세틸렌가스가 발생하고 소석회가 남는다. 이때 순수한 카바이드 1kg에서 348 L의 아세틸렌(C_2H_2)이 발생한다.

(2) 아세틸렌 발생기

아세틸렌 발생기의 종류에는 카바이드에 물을 부어서 아세틸렌을 발생시키는 **주수식**, 많은 양의 물에 작은 양의 카바이드를 투하하여 아세틸렌을 발생시키는 **투입식**, 통에 들어있는 카바이드를 물에 담가 아세틸렌을 발생시키는 **침지식** 등이 있다.

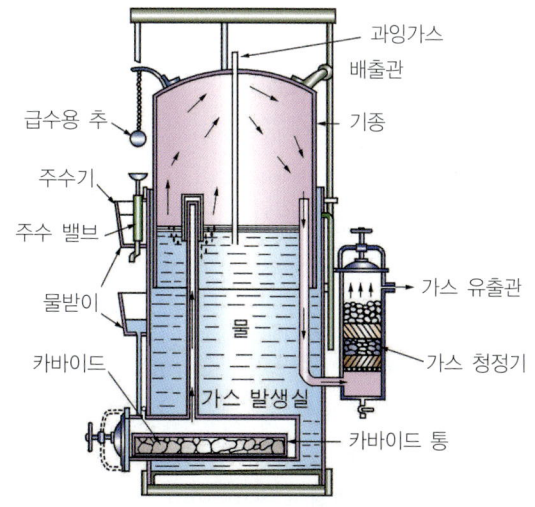

:: 주수식 발생기의 구조

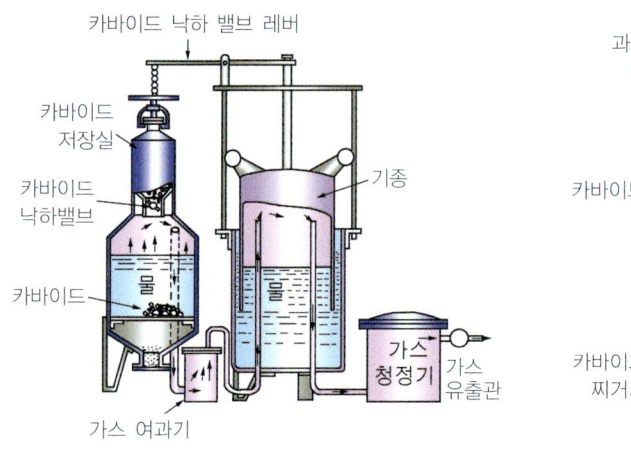
▪ 투입식 발생기의 구조

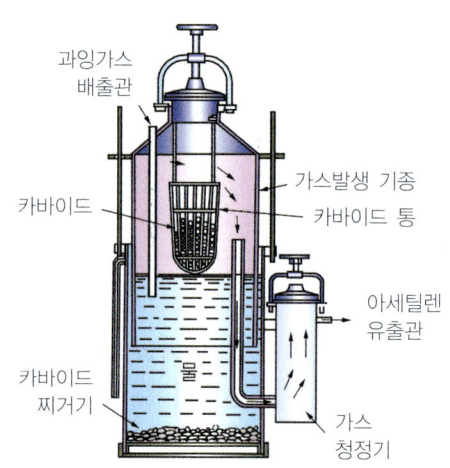
▪ 침지식 발생기의 구조

(3) 용해 아세틸렌

연강제의 봄베(bombe)에 석면, 규조토, 숯, 석회 등의 구멍이 많은 물질을 넣고 이것에 아세톤을 포화될 때까지 흡수시켜 정제된 아세틸렌에 압력을 가하여 15℃에서 15기압으로 충전시킨 것

1) 특징
① 운반이 편리하며, 순도가 높아 높은 온도의 불꽃을 얻을 수 있다.
② 폭발 위험성이 적으며, 용접 부분의 강도 저하가 없다.
③ 카바이드 찌꺼기가 없다.
④ 불순물에 의한 용접부의 강도 저하가 없다.

2) 아세틸렌의 위험성
① 아세틸렌은 공기 중에서 가열하면 405~480℃ 부근에서 자연 발화하고 505~515℃에서 폭발한다.
② 아세틸렌 15%와 산소 85%가 혼합된 경우가 폭발 위험성이 가장 크다.
③ 아세틸렌은 충격, 진동, 마찰 등에 의해 폭발하는 경우가 있으며, 특히 압력이 높을수록 위험성이 크다.
④ 아세틸렌은 구리(Cu), 은(Ag), 수은(Hg)과 접촉되어 발생된 화합물은 건조 상태의 120℃ 부근에서 폭발성을 갖는다.
⑤ 폭발성 화합물은 습기, 녹, 암모니아가 있는 곳에서 생성되기 쉽다.
⑥ 1기압 이하에서는 폭발 위험성은 없으나 1.5기압 이상으로 압축하면 충격, 가열 등의 자극을 받아 폭발할 위험성이 있으며, 2기압 이상으로 압축하면 분해 폭발을 일으킨다.

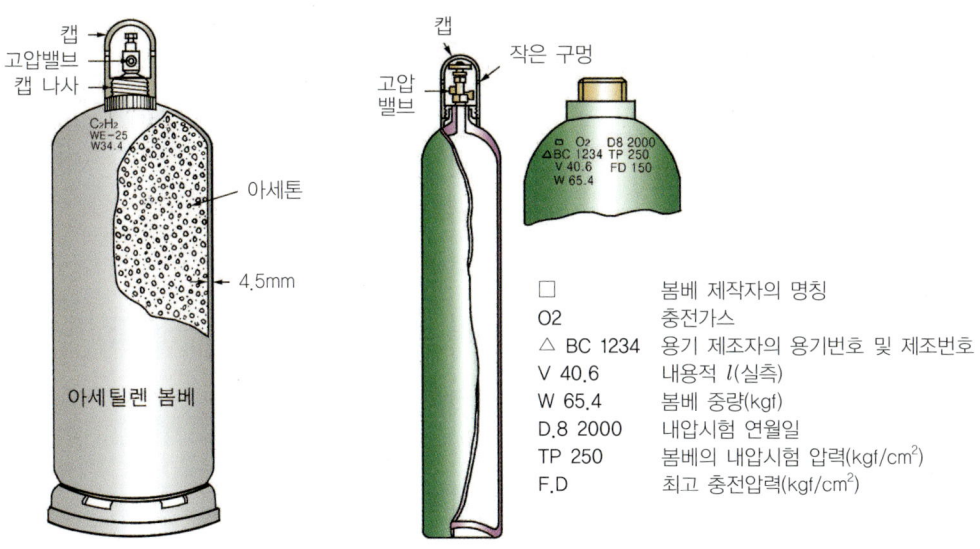

:: 아세틸렌 봄베의 구조   :: 산소 봄베의 구조 및 각인 기호

(4) 산소(oxygen)

산소는 공기 중에 약 21%가 존재하는 원소로 수소, 아세틸렌 등의 가연성 가스와 화합하여 연소 작용을 일으키도록 도와주는 지연성(支燃性) 가스이다.

1) 산소의 화학 및 물리적 성질

① 대부분 원소와 직접 화합하여 산화물을 만든다.
② 물질의 연소를 도와주는 지연성 가스이다.
③ 물에 약간 용해된다.
④ 연소되기 쉬운 기체에 산소를 혼합하여 점화하면 폭발적으로 연소한다.
⑤ 비점은 −183℃, 융점은 −219℃ 이다
⑥ −119℃에서 50기압 이상으로 압축하면 담황색의 액체로 변화된다.
⑦ 무색, 무미, 무취의 기체이다.
⑧ 1L의 중량은 0℃ 1기압에서 1.429g이고 공기의 1.105배의 중량이다.

2) 산소 봄베의 각인 내용

봄베는 35℃에서 150기압의 고압으로 충전되어 있으며, 봄베의 내용적은 33.7L, 40.7L, 46.7L 등의 3종류가 가장 많이 사용되고 있다.

① 봄베 제조자의 명칭 또는 상호
② 충전 가스의 명칭
③ 봄베 제작자의 봄베 기호 및 제조 번호

④ 내용적(L)
⑤ 제조 년월일
⑥ 내압시험 압력(숫자만)
⑦ 최고 충전압력
⑧ 봄베의 중량(밸브 및 캡을 포함하지 않음)

(5) 충전가스 용기의 색별 표시

가스의 명칭	봄베의 도색	충전 구멍의 나사
산　　소	녹　색	오른 나사
수　　소	주황색	왼 나사
탄산가스	청　색	오른 나사
염　　소	갈　색	오른 나사
암모니아	백　색	오른 나사
아세틸렌	황　색	왼 나사
프 로 판	회　색	왼 나사
아 르 곤	회　색	오른 나사

(6) 용제(flux)

용제는 금속을 가열할 때 산화 및 질화 작용에 의해 형성되는 산화물이나 질화물을 용융시켜 슬래그를 만들거나 용융 온도를 낮게 하는 역할을 하며, 용제는 분말이나 액체로 된 것이 있다. 분말로 된 것은 물이나 알코올에 개어서 용접봉이나 용접부에 칠하여 사용하거나 용접부에 뿌려서 사용하며, 액체는 용접봉에 묻혀서 사용한다.

(7) 교류 아크 용접기

교류 아크 용접기는 일반적으로 많이 사용되고 있으며, 용접장치 본체의 주요부분을 차지하는 변압기는 입력 전원을 아크 용접에 적합한 전압으로 조정하여 전류를 높이는 역할을 한다. 종류에는 용접 전류를 조정하는 방법에 따라 가동 철심형과 가동 코일형, 탭 전환형 등이 있다.

1) 용접봉 홀더(전극 홀더)

용접봉 홀더는 그림에 나타낸 형식이 일반적으로 사용되고 있으며, 용접봉의 철심을 물고 용접 전류를 용접봉에 전달하면서 모재의 용접 및 운봉을 하는 기구로서 기계적으로 강하고 내열성

● 용접봉 홀더

이 큰 구조로 되어 있다. 또한 손잡이 부분은 절연이 되어 있으며, 정격 용접 전류와 용접봉 지름에 따른 용접 홀더의 규정된 규격은 다음과 같다.

종류	정격 용접 전류(A)	용접봉 지름(mm)
125호	125	1.6 ~ 3.2
160호	160	3.2 ~ 4.0
200호	200	3.2 ~ 5.0
300호	300	4.0 ~ 6.0
400호	400	5.0 ~ 8.0
500호	500	6.4 ~ 10.0

2) 보호 장비

아크의 빛은 가시광선, 적외선 및 자외선 등의 강한 광선을 발생하므로 똑바로 쳐다보면 결막염이나 각막염 등을 일으키며, 이들의 광선이나 용접의 스패터(spatter)가 피부에 닿으면 화상을 입는다. 이러한 재해를 방지하기 위하여 그림에 나타낸 것과 같은 보호구를 착용하여야 한다.

∷ 헬멧   ∷ 용접 장갑   ∷ 와이어 브러시

∷ 핸드 실드   ∷ 슬래그 해머   ∷ 가스 용접 안경

3) 차광도 번호와 용접 전류

아크 불빛은 적외선과 자외선을 포함하고 있어 눈을 보호하기 위하여 빛을 차단하는 차광 유리를 사용하여야 한다.

① 가스 용접용 차광 렌즈

차광도 번호	모재 두께	차광도 번호	모재 두께
2	연납땜	3~4	경납땜
가스 용접			
4~5	3.2mm 두께 이하	5~6	3.2~12.7mm 두께
6~8	12.7mm 두께 이상		
산소 절단			
3~4	25.4mm 두께 이하	4~5	25.4~152.4mm 두께
5~6	152.4mm 두께 이상		

② 전기 아크 용접용 차광 렌즈

차광도 번호	용접 전류	차광도 번호	용접 전류
6	30A 이하	10	100~200A
7	30~45A	11	150~250A
8	45~75A	12	200~300A
9	75~130A	13	300~400A

02 가스 용접 및 절단

1 가스 용접

가스 용접은 가연성 가스(아세틸렌, 석탄 가스, 수소 가스, LPG 등)와 지연성 가스(산소, 공기)의 혼합으로 가스가 연소할 때 발생하는 열(약 3,000℃ 정도)을 이용하여 모재를 용융 시키면서 용접봉을 공급하여 접합하는 방법이다.

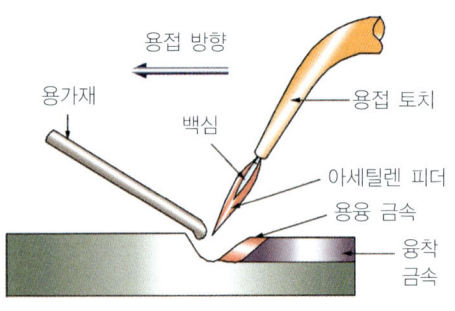

• 산소 아세틸렌 용접

(1) 가스 용접의 특징

① 가열 열량의 조절이 쉽고 설비비용이 저렴하며 운반이 편리하다.
② 용접 및 절단이 가능하며 응용 범위가 넓다.
③ 아크 용접에 비해 유해 광선이 적다.

④ 박판 용접에 적당하며, 용접 기술이 쉽다.
⑤ 용접부의 가열 범위를 조정하기 쉽다.
⑥ 열효율이 낮고 폭발 위험성이 있다.
⑦ 금속이 탄화나 산화하기 쉽다.
⑧ 가열 범위가 넓고, 가열 시간이 길어 용접 응력이 크다.
⑨ 열의 집중성이 나빠 효율적인 용접이 어렵고 변형이 발생된다.
⑩ 용접 강도를 저하시키며, 쉽게 녹이 발생될 수 있다.

(2) 토치 (torch)

① 산소와 아세틸렌을 적당한 비율로 혼합시켜 용접 불꽃을 만드는 기구이다.
② 토치는 손잡이, 혼합실, 팁의 3 부분으로 구성되어 있으며, 손잡이 부분에는 호스 연결부가 있다.
③ 토치의 용량은 1시간에 소비하는 혼합가스의 양으로 표시한다.
④ 토치 용량의 크기에 따라 저압식($0.07kg/cm^2$ 이하), 중압식($0.07 \sim 1.3kg/cm^2$), 고압식($1.3kg/cm^2$ 이상) 토치로 분류한다.
⑤ 토치는 KS 규격의 구조에 따라 A형(독일식 토치로 니들 밸브가 없다)과 B형(프랑스식 토치로 니들 밸브가 있다)으로 구분한다.
⑥ 현재 국내에서 많이 사용되는 토치는 B형 토치를 많이 사용하고 있다.

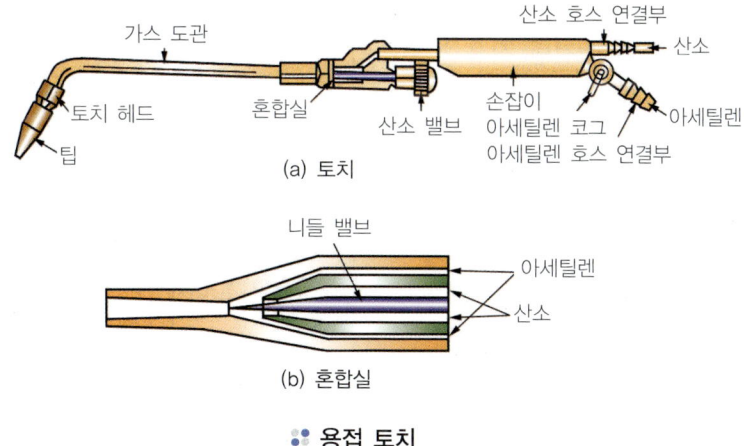

:: 용접 토치

(3) 토치 팁 (torch tip)

① 독일식은 두께 1mm를 1번, 두께 2mm를 2번이라고 한다.
② **프랑스식은 100번** : 표준 불꽃으로 용접하였을 때 1시간당 아세틸렌 가스 소비량이 100L라는 의미이다.
③ 독일식 1번은 프랑스식 100번과 같다고 생각하면 된다.

④ **KS규격** : A형은 A1, A2, A3 B형은 B00, B0, B1, B2로 규정되어 있다.

팁의 종류	특징	팁 번호
A형 (독일식 불변압식)	니들 밸브가 없다. 팁 교환으로 조절한다.	용접할 수 있는 강판의 두께 팁 번호 1은 판 두께 1mm를 의미
B형 (프랑스식 가변압식)	니들 밸브가 있다. 불꽃 조절이 용이하다.	1 시간당 소비되는 아세틸렌 소비량 팁 번호 100은 소비량이 100 L를 의미

(4) 불꽃의 종류

토치에 점화를 하면 산소와 아세틸렌이 화합하여 수소와 일산화탄소가 되며, 수소는 다시 산소와 화합하여 수증기를, 일산화탄소도 산소와 화합하여 탄산가스가 된다. 불꽃의 최고 온도는 3,000~3,500℃ 정도이다.

① **표준(중성) 불꽃** : 아세틸렌과 산소가 1 : 1의 비율로 혼합된 가스에 점화하여 얻는 불꽃으로 일반적인 용접에서 사용한다. 특징은 용접하는 불꽃의 상태에 따라 다르지만 일반적으로 회백색을 띤 백색 불꽃이 되고 그 주위를 길게 2차 불꽃이 약간 날리며 섬세한 투명색을 띠게 된다.

② **탄화 불꽃** : 아세틸렌의 양이 많은 불꽃으로 산화작용이 일어나지 않기 때문에 산화를 방지할 필요가 있는 스테인리스, 알루미늄, 모넬메탈, 니켈 강 등의 용접에 사용되며, 금속 표면에 침탄 작용을 일으키기 쉽다.

③ **산화 불꽃** : 산소의 양이 많은 불꽃으로 금속을 산화시키는 성질이 있으므로 황동, 구리 등의 용접에 이용하며, 히스테리상이 나타난다. 구리, 아연 등은 고온의 열을 받으면

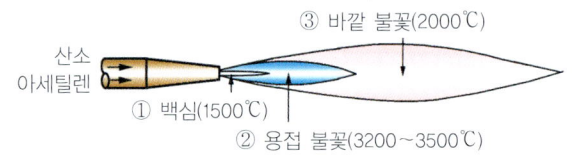

:. 산소 아세틸렌 불꽃의 구성

기화하는 성질이 있기 때문에 산화 불꽃으로 용접을 하면 금속 표면에 산화물이 형성되어 기화되는 것을 방지한다.

(5) 산소 아세틸렌 용접시 가스 압력

① **산소 압력** : 일반적으로 2~5 kg/cm²
② **아세틸렌 압력** : 일반적으로 0.2~0.5 kg/cm², 최대 사용 압력은 1.3kg/cm² 이하

(6) 역류, 역화, 인화 현상

산소-아세틸렌 가스 용접 중에 발생될 수 있는 불안정 요소로 역류, 역화, 인화 현상이 발생될 수 있다. 이러한 현상들이 일어나는 원인은 다음과 같다.

1) 역류(Contra flow)

가스 용접에서는 일반적으로 산소의 압력이 아세틸렌가스의 압력보다 높게 사용되므로 팁 끝이 막히거나 하여 고압 산소가 밖으로 흐르지 못하고, 산소보다 압력이 낮은 쪽인 아세틸렌 호스 쪽으로 흘러 폭발의 위험이 있는 현상을 말한다.

역류의 원인으로는 산소 압력이 과다할 경우, 아세틸렌(C_2H_2)의 공급량이 부족한 경우 등을 들 수 있으며, 방지책으로는 팁을 깨끗이 청소한다. 아울러 역류가 발생하였을 경우 산소를 먼저 차단한 후 아세틸렌을 차단시키면 된다.

2) 역화(Back fire)

역화는 토치의 취급이 잘못되었을 때 순간적으로 불꽃이 토치의 팁 끝에서 "빵빵" 또는 "탁탁"하는 소리를 내며 불길이 팁 속으로 들어갔다가 정상이 되거나 또는 불길이 꺼지는 현상을 말한다. 역화의 원인은 작업물이 팁 끝에 닿았을 때, 팁 끝이 과열 되었을 때, 가스압력이 적당하지 않을 때, 팁 조임 불량일 때 주로 일어난다. 팁 끝이 모재에 닿아 순간적으로 막히거나 팁 끝의 가열 및 조임 불량, 가스 압력이 부적당할 때 폭음이 나면서 불꽃이 꺼졌다가 다시 나타나는 현상을 말한다. 역화를 방지하려면 팁의 과열을 막고, 토치 기능을 점검한다. 역화가 발생하였을 경우는 우선 아세틸렌을 차단 후 산소를 차단하여야 한다.

3) 인화(Flash back)

역류, 역화에 비하여 매우 위험한 것으로 팁 끝이 순간적으로 막혀 가스가 분출되지 못하고 불꽃이 토치의 가스 혼합실까지 들어오는 현상을 말한다. 인화를 방지하기 위해서는 가스 유량을 적당하게 조정하며, 팁을 항상 깨끗이 청소한다. 아울러 토치 및 각 기구를 항상 점검한다. 인화가 발생하였을 경우 우선 아세틸렌을 차단 후 산소를 차단한다.

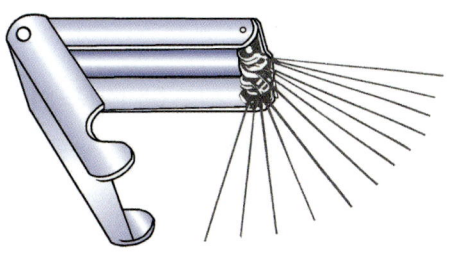

❖ 팁 구멍 클리너

(7) 토치 취급시 주의사항

① 토치는 사용 전에 점검하고 역화 등의 원인을 일으키지 않도록 청소할 것.
② 토치를 함부로 분해하지 말고 소중히 다루어야 한다.
③ 점화되어 있는 상태의 토치를 함부로 방치하지 말 것.

④ 점화되어 있는 상태의 토치를 산소 봄베나 아세틸렌 봄베 등에 가까이 방치하지 말 것.
⑤ 작업 중 점화되어 있는 상태에서 토치로 절단한 모재를 두드려 떨어뜨리거나 모재를 밀거나 끌어당기지 않도록 할 것
⑥ 토치의 각 밸브에서 가스의 누설이 없는지 비눗물을 이용하여 확인한 후 사용할 것.
⑦ 사용 중 토치 팁이 과열된 경우에는 산소만 분출시키면서 물속에 넣어 냉각시킨 후 물을 제거하여 다시 사용할 것.
⑧ 작업 중 팁에 용융된 금속이 부착된 경우는 불을 끄고 산소를 분출시키면서 팁 구멍 클리너를 이용하여 제거한다.
⑨ 팁을 교환할 경우 산소 및 아세틸렌 밸브를 모두 잠그고 행하며, 가스가 누설되지 않도록 단단히 죄어 설치한다.
⑩ 토치에 점화할 때는 아세틸렌 밸브를 열고 점화 라이터를 이용하여 점화한 후 산소 밸브를 서서히 열어 표준 불꽃으로 만든다.
⑪ 토치에 기름, 그리스 등을 바르지 말 것.
⑫ 토치의 불꽃을 소화할 경우 밸브를 한꺼번에 닫지 말고 아세틸렌과 산소를 서서히 닫아서 불꽃이 작아지면 아세틸렌 밸브를 먼저 닫은 후 산소 밸브를 닫는다.

(8) 용해 아세틸렌 취급시 유의사항

① 저장실에는 착화에 위험이 없어야 한다.
② 용기는 반드시 세워서 취급하여야 한다.
③ 용기의 온도를 40℃ 이하로 유지하며 이동시에는 반드시 캡을 씌워야 한다.
④ 동결 부분은 35℃ 이하의 온수로 녹이며, 누설 검사는 비눗물을 사용한다.

(9) 산소 용기를 취급할 때 주의 할 점

① 타격, 충격을 주지 않는다.
② 직사광선, 화기가 있는 고온의 장소를 피한다.
③ 용기 내의 압력이 너무 상승(170kg/cm²)되지 않도록 한다.
④ 밸브가 동결되었을 때 더운물 또는 증기를 사용하여 녹여야 한다.
⑤ 누설 검사는 비눗물을 사용한다.
⑥ 용기 내의 온도는 항상 40℃ 이하로 유지하여야 한다.
⑦ 용기 및 밸브 조정기 등에 기름이 부착되지 않도록 한다.
⑧ 저장실에 가스를 보관시 다른 가연성 가스와 함께 보관하지 않는다.

(10) 용접용 호스

① 사용 압력에 충분히 견디는 구조여야 된다.
② 호스의 크기는 6.3mm, 7.9mm, 9.5mm의 3종이 있다. 일반적으로 7.9mm가 많이 사용된다.
③ 길이는 필요 이상 길게 하지 말고, 5m정도로 한다.
④ 충격이나 압력을 주지 말아야 된다.
⑤ 호스 내부의 청소는 압축 공기를 사용한다.
⑥ 빙결된 호스는 더운물로 사용하여 녹인다.
⑦ 가스 누설 검사는 비눗물을 사용한다.
⑧ 호스의 색은 산소의 경우 녹색 또는 검정색을 사용하고 아세틸렌의 경우는 적색을 사용한다.
⑨ 산소는 90kg/cm², 아세틸렌은 10kg/cm²의 내압 시험에 합격하여야 한다.
⑩ 호스의 연결은 고압 조임 밴드를 사용한다.

2 가스 절단

(1) 가스 절단의 원리

일반적으로 산소 – 아세틸렌 불꽃으로 약 850 ~ 900℃정도로 예열하고, 고압의 산소를 분출시켜 철의 연소 및 산화(산소와 금속의 화학 작용)로 절단한다.

(2) 가스 절단의 조건

① 금속의 산화 연소하는 온도가 그 금속의 용융 온도보다 낮을 것.
② 연소되어 생성된 산화물의 용융 온도가 그 금속의 용융 온도보다 낮고 유동성이 있을 것.
③ 재료의 성분 중 연소를 방해하는 원소가 적어야 한다.

(3) 양호한 절단면을 얻기 위한 조건

① 드래그는 가능한 작을 것
② 절단 모재의 표면 각이 예리할 것
③ 절단면이 평활할 것
④ 슬래그의 이탈이 양호할 것
⑤ 경제적인 절단이 이루어질 것

(4) 절단에 영향을 주는 요소

① 팁의 모양 및 크기

② 산소의 순도(99.5%)와 압력
③ 절단 속도
④ 예열 불꽃의 세기
⑤ 팁의 거리 및 각도
⑥ 사용 가스
⑦ 절단재의 재질 및 두께 및 표면 상태

(5) 산소의 순도가 저하될 때 현상

① 절단 속도가 느려진다.
② 산소의 소비량이 많아진다.
③ 절단 개시까지의 시간이 길어진다.
④ 절단면이 거칠어진다.
⑤ 슬래그의 박리성이 나빠진다.

(6) 산소 아세틸렌 가스 절단

① 산소 압력 조정기 압력을 3~5kg/cm²로 설정한다.
② 아세틸렌 압력 조정기 압력을 0.3~0.4kg/cm²로 설정한다.
③ **토치 각도** : 팁이 진행하는 방향과 90~105° 정도로 한다.
④ **토치 팁 거리** : 백심 끝에서 1.5~2.0mm 정도로 유지한다.
⑤ **예열 온도** : 약 850~900℃ 정도로 예열한 후 절단 산소 밸브를 열어 강판을 절단한다.

03 전기 아크 용접

1 전기 아크 용접

(1) 전기 아크 용접의 원리

전기 아크 용접은 모재와 용접봉 사이에서 발생하는 높은 아크열을 이용하여 모재의 일부분과 용접봉을 녹여서 용접하는 방법이다. 전기 아크 용접은 일반적으로 용접기가 소형이고 이동이 편리한 피복 아크 용접을 많이 사용한다.

(2) 피복 아크 용접

피복 아크 용접은 피복제를 입힌 용접봉과 모재 사이에서 발생하는 5,000℃ 정도의 아크열을 이용하여 모재의 일부와 용접봉을 녹여서 용접하는 방법으로 전기 용접이라고도 불린다.

(3) 피복 아크 용접의 특징

① 열효율이 높고 효율적인 용접을 할 수 있다.
② 폭발의 위험이 없다.
③ 변형이 적고 기계적 성질이 양호한 용접부를 얻을 수 있다.
④ 전격의 위험이 있다.
⑤ 아크 광선에 의한 피해를 줄 수 있다.

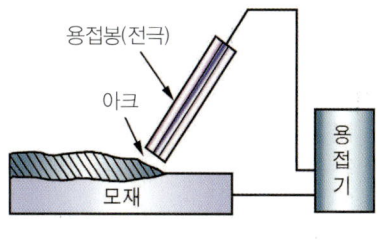

❖ 피복 아크 용접

(4) 피복 아크 용접의 전원

피복 아크 용접에서 사용하는 전원은 교류와 직류가 모두 사용되며, 아크를 발생하는 전압은 교류의 경우 75~135V, 직류의 경우는 50~80V이다. 아크가 발생된 후에 아크를 지속하는데 필요한 전압은 20~30V이며, 아크를 발생하는데 소비된 전류의 60%는 금속의 녹임, 25%는 금속의 증발, 15%는 방산 열로 소비된다.

2 용접기의 종류

(1) 교류 아크 용접기

교류 아크 용접기는 일종의 변압기이며, 아크가 다소 불안정하지만 값이 싸기 때문에 많이 사용한다. 종류에는 가동 코일형, 가동 철심형, 탭 전환형 등이 있다.

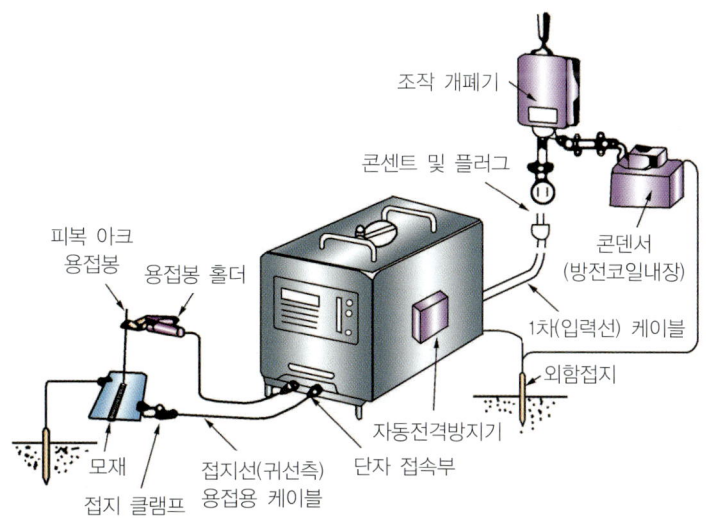

(2) 직류 아크 용접기

직류 아크 용접기는 아크가 안정되고 얇은 판의 용접이 가능하다. 종류에는 전동 발전형, 엔진 구동형, 정류기형 등이 있다.

① **정극성**(DCSP : Direct Current Straight Polarity) : 모재를 ⊕극에, 용접봉을 ⊖극에 연결하는 방식으로 ⊕극에서 발생하는 열이 많은 관계로 용접봉의 용융 속도는 늦고 모재 쪽의 용융 속도가 빠르기 때문에 모재의 용입이 깊어 두꺼운 판재의 용접에 널리 사용한다.
② **역극성**(DCRP : Direct Current Reverse Polarity) : 모재에 ⊖극을, 용접봉에 ⊕극을 연결하는 방식으로 용접봉의 용융속도가 빠르고 모재의 용입이 얕은 관계로 얇은 판, 비철금속, 주철 등의 용접에 사용한다.

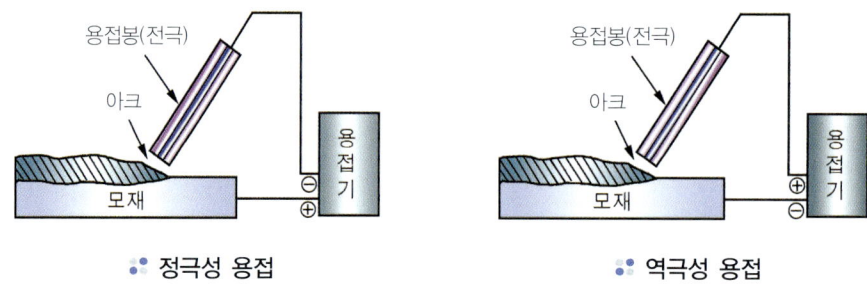

∴ 정극성 용접　　　　　　　　　∴ 역극성 용접

(3) 용접기의 용접 전원 특성

① 아크의 발생이 용이하고 안정하게 유지할 수 있을 것.
② 아크의 길이가 변화하여도, 전류의 변화가 적을 것.
③ 단락이 되었을 때 흐르는 전류는 적어야 한다.
④ 부하 전류가 변화하여도 단자 전압이 변화하지 않을 것.
⑤ 무부하 전압을 유지하여야 한다.(교류 용접 : 70~80V, 직류 용접 : 40~60V)

(4) 아크 용접 작업

1) 아크의 길이

① 아크 전압은 아크 길이를 결정하는 변수이다.
② 적정 아크 길이는 심선 지름과 대략 같은 정도가 좋다.
③ 아크 길이가 길면 용융 금속의 산화, 질화가 쉽다.
④ 아크 길이가 길면 용입이 나쁘고 스패터가 많이 발생한다.
⑤ 아크 길이가 짧으면 용입이 나쁘고 슬래그 혼입의 원인이 된다.

2) 금속 아크 용접시 용융 속도

① 용융 속도는 단위 시간당 소비되는 용접봉의 길이 또는 중량으로 표시된다.
② 용접봉의 용융 속도는 전압에 관계없이 아크 전류에 정비례한다.
③ 용융 속도는 아크 전압의 변화 즉, 아크 길이에 거의 관계가 없는 것은 용융이 전극의 전압 강하에 수반되는 전력(용접봉의 전압 강하×아크 전류)에 의한 것이기 때문이다.

3) 용접 속도
① 모재에 대한 용접선 방향의 아크 속도를 용접 속도라 한다.
② **용접 속도에 영향을 주는 요소** : 용접봉의 종류, 용접 전류 값, 이음의 모양, 모재의 재질, 위빙의 유무

3 전기 아크 용접용 기구

(1) 용접용 케이블
① 2차 측 케이블은 유연성이 요구되므로 전선 지름이 0.2 ~ 0.5(mm)의 가는 구리선을 수백선 내지 수천선 꼬아서 만든 캡 타이어 전선을 사용한다.
② 1차 측 케이블은 고정된 선으로 유동성이 없어야 하므로 단선으로 지름(mm)을 사용하여 그 크기를 표시한다.
③ 2차 측(용접 홀더) 케이블이 가늘거나 너무 길면 케이블 내부 저항의 증가로 인하여 아크의 발생이 저하된다.
④ 2차 측 케이블은 2차 전류가 1차 전류보다 크기 때문에 굵게 한다.

(2) 용접봉 홀더

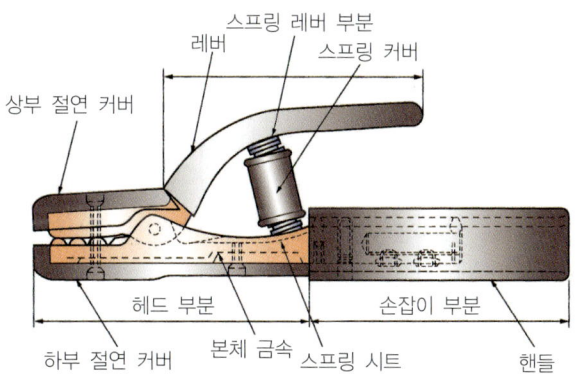

▪ 용접봉 홀더

① 용접봉 끝 부분의 심선을 물고 용접 전류를 전하는 역할을 한다.
② 지름이 다른 용접봉을 쉽게 물고 뺄 수 있어야 한다.
③ 용접봉을 고정하는 부분 외에는 절연되어 있어야 한다.
④ 홀더는 가볍고 튼튼해야 하며, 규격은 다음과 같다.

종류	정격 용접 전류 (A)	용접봉 지름 (mm)
125호	125	1.6 ~ 3.2
160호	160	3.2 ~ 4.0
200호	200	3.2 ~ 5.0
300호	300	4.0 ~ 6.0
400호	400	5.0 ~ 8.0
500호	500	6.4 ~ 10.0

(3) 접지 클램프 (Ground clamp)

① 모재와 용접기를 케이블로 연결할 때 접속하는 것
② 클램프를 사용하기도 하고 러그 등을 사용하여 작업대에 고정하기도 한다.

4 피복 아크 용접봉

(1) 용접봉의 심선

용접봉의 심선은 불순물 함유량이 적은 것이 바람직하며, 심선의 지름은 1.0mm, 1.4mm, 2.0mm, 2.6mm, 3.2mm, 4.0mm, 5.0mm, 6.0mm, 7.0mm, 8.0mm의 10가지가 있으나 일반적으로 3.2~6.0mm가 많이 사용된다.

(2) 용접봉 피복제의 역할

용접봉 피복제는 심선의 바깥쪽에 규사, 산화티타늄, 산화철 등을 입히며, 그 기능은 다음과 같다.

① 중성 또는 환원성 분위기를 만들어 대기 중의 산소나 질소의 침입을 방지하고 용융금속을 보호한다.
② 아크를 안정시킨다.
③ 용융점이 낮은 가벼운 슬래그를 만든다.
④ 용접 금속의 탈산 및 정련 작용을 한다.
⑤ 용접 금속에 적당한 합금 원소를 첨가한다.
⑥ 용적을 미세화하고 용착효율을 높인다.
⑦ 용융금속의 응고와 냉각속도를 지연한다.
⑧ 모든 자세의 용접을 가능케 한다.
⑨ 슬래그의 제거가 쉽고 파형이 고운 비드를 만든다.
⑩ 모재 표면의 산화물을 제거하여 완전한 용접이 되도록 한다.
⑪ 전기 절연 작용을 한다.

(3) 용접봉 취급할 때 고려사항

① 용접 목적과 사용조건을 감안하여 선택해야 한다.
② 용접봉의 플럭스는 건조한 장소에 보관하도록 한다.
③ 용접봉은 건조된 것을 사용하도록 한다.
④ 용접봉은 모재의 재질과 비슷한 것을 선택하여야 한다.
⑤ 용접자세, 사용 전류의 극성과 이음의 모양을 감안하여 선택해야 한다.

5 용접부의 결함

결함의 종류	원 인	대 책
언더컷	• 용접 전류가 너무 높을 때 • 부적당한 용접봉 사용시 • 용접 속도가 너무 빠를 때 • 용접봉의 유지 각도가 부적당 할 때	• 용접 전류를 낮춤 • 조건에 맞는 용접봉 종류와 직경 선택 • 용접 속도를 느리게 함 • 유지 각도를 재조정함
오버랩	• 용접 전류가 너무 낮을 때 • 부적당한 용접봉 사용시 • 용접 속도가 너무 늦을 때 • 용접봉의 유지 각도가 부적당 할 때	• 용접 전류를 높임 • 조건에 맞는 용접봉 종류와 직경 선택 • 용접 속도를 빠르게 함 • 유지 각도를 재조정함
용입 부족	• 용접 전류가 낮을 때 • 용접 속도가 빠를 때 • 용접 홈의 각도가 좁을 때 • 부적합한 용접봉 사용시	• 슬래그 피복성을 해치지 않는 범위에서 전류 높임 • 용접 속도를 느리게 함 • 이음 홈의 각도, 루트 간격을 크게 하고 루트면의 치수를 적게 함 • 용입이 깊은 용접봉을 선택함
기공	• 수소 또는 일산화탄소 과잉 • 용접부의 급속한 응고 • 모재 가운데 유황함유량 과대 • 기름 페인트 등이 모재에 묻어 있을 때 • 아크 길이, 전류 조작의 부적당 • 용접 속도가 너무 빠를 때	• 저수소계 용접봉 등으로 용접봉을 교환 • 위빙을 하여 열량을 높이거나 예열 • 이음의 표면을 깨끗이 청소 • 정해진 전류 범위 안에서 약간 긴 아크를 사용하거나 용접법을 조절 • 적당한 전류를 사용 • 용접 속도를 늦춤
슬래그 혼입	• 이음의 설계가 부적당 할 때 • 봉의 각도가 부적당 할 때 • 전류가 낮을 때 • 슬래그 융점이 높은 봉을 사용 할 때 • 용접 속도가 너무 느려 슬래그가 선행할 때 • 전층의 슬래그 제거가 불완전 할 때	• 루트 간격을 넓혀 용접 조작을 쉽게 하고, 아크 길이 또는 조작을 적당히 함 • 봉 각도를 조절함 • 전류를 높임 • 용접부를 예열하고. 슬래그의 융점이 낮은 것을 선택 • 용접 전류를 약간 높이고 용접 속도를 조절하여 슬래그의 선행을 막음 • 전층 비드의 슬래그를 깨끗이 제거할 것
스패터	• 전류가 높을 때 • 건조되지 않은 용접봉 사용 시 • 아크 길이가 너무 길 때 • 용접봉 각도가 부적당 할 때	• 적정 전류를 사용 • 봉을 충분히 건조하여 사용 • 아크 길이를 조절 • 용접봉 각도를 조절

04 점(Spot) 용접

1 전기 저항 용접

전기 저항 용접을 **압접**이라 부르며, 주울의 법칙을 이용한다.

(1) 저항 용접의 원리

저항 용접은 용접하려는 재료(2매 이상)를 서로 접촉시켜 놓고 이것에 전류를 통하면 저항 열로 접합면의 온도가 높아졌을 때 가압하여 용접한다. 이때의 저항 열은 주울의 법칙에 의해 계산한다.

$$H ≒ 0.24 I^2 R t$$

여기서, I : 전류, R : 저항, t : 시간

(2) 전기 저항 용접의 종류

① **점(sport) 용접** : 2개의 모재를 겹쳐 전극사이에 끼워 넣고 전류를 흐르게 하여 접촉면이 전기 저항에 의하여 발열되어 접합부가 용융될 때 압력을 가해 접합하는 용접.
② **시임 용접** : 용접부를 겹쳐 한 쌍의 롤러 사이에 끼우면 롤러의 회전에 의해 접합선에 따라서 연속적으로 용접하는 방법으로 점 용접의 전극 대신에 롤러 모양의 전극을 이용하여 접합하는 용접.
③ **프로젝션 용접** : 금속 전극의 돌기부에 접합부를 접촉시켜 압력을 가하고 전류를 통전시키면 전기 저항 열의 발생을 비교적 작은 특정 부분에 한정시켜 접합하는 용접
④ **맞대기 용접** : 2개의 금속을 용접기에 설치하여 맞대고 전류를 통전하면 접촉부가 전기 저항 열에 의해 용융될 때 압력을 가해 접합하는 용접.

2 점 (sport) 용접

점 용접은 접합면의 일부가 녹아 바둑 알 모양(너겟 ; nugget)의 단면으로 용접이 된다. 전기 저항 용접의 3대 요소는 **가압력**, **용접 전류**, **통전 시간**으로 용접에 있어 가장 큰 영향을 미치며, 3대 요소 이외에 모재의 표면 상태, 전극의 재질 및 형상, 용접 간격 등이 있다.

(1) 점(스포트) 용접의 장점

① 재료가 절약되고 공정수가 줄어든다.
② 접합부의 표면이 평활하여 외관이 아름답다.

③ 작업 속도가 빠르고 용접 후 변형이 거의 없다.
④ 구멍을 가공할 필요가 없다.
⑤ 가스나 용접봉이 필요 없다.
⑥ 모재의 기계적 성질을 거의 변화시키지 않는다.
⑦ 연삭 및 연마 작업이 필요하지 않다.
⑧ 기술적인 숙련이 필요 없다.
⑨ 가압의 효과에 의해 조직이 양호하다.

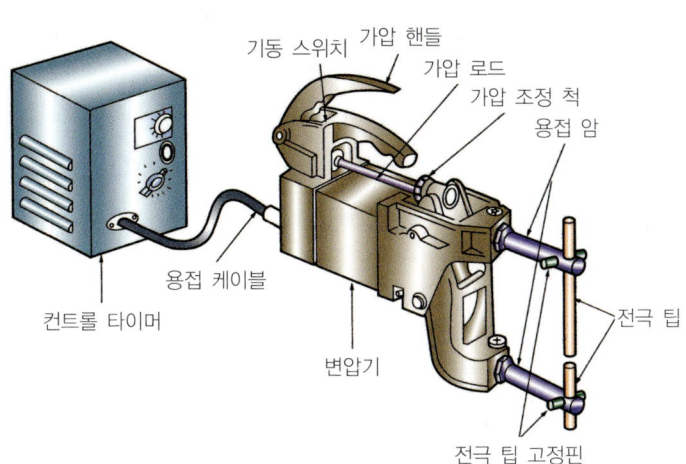

∴ 스포트 용접기

(2) 스폿 용접의 단점

① 용접 결과를 판정하는 좋은 비파괴 검사법이 없다.
② 외부에서 육안 점검으로는 용접상태의 양부를 알 수 없다.
  이러한 단점 때문에 차체수리 작업에 사용되는 스폿 용접기는 신뢰도가 매우 높은 것이 요구되며, 본 용접 전에는 반드시 용접되는 동일한 재료로 시험용접을 해야 한다.

(3) 패널 접합시 점(sport) 용접이 사용되는 이유

① 보디 패널과 같은 박판 패널의 결합에 가장 튼튼하고 신뢰성이 높다.
② 열 영향부가 좁아 변형 발생이 거의 일어나지 않는다.
③ 용접 시간이 짧아 대량 생산에 적합하다.
④ 기계적 성질을 변화시키지 않는다.
⑤ 용접부의 균열, 내부응력 발생이 없다.
⑥ 구멍을 가공할 필요가 없고 숙련을 요하지 않는다.

(4) 스포트 용접의 공정

스포트 용접은 가압, 통전, 냉각의 3단계 공정으로 이루어진다. 즉 **가압 밀착 시간 – 통전 융합 시간 – 냉각 고착 시간**의 공정을 거쳐야 한다.

(5) 스포트 용접기 사용 전 점검 사항

① 용접하려는 패널의 두께.
② 용접하고자 하는 부분의 형상(클램프 암 및 팁의 적합성 여부확인)
③ 용접할 부분의 표면 상태(용접하고자 하는 부분은 가능한 깨끗한 상태가 좋다. 녹이나 먼지, 구도막 등은 깨끗이 제거한 상태에서 용접하는 것이 좋다.)

(6) 전극부의 팁 직경

① 전극부의 팁 직경은 용접하려는 패널 두께에 따라 정해진다.
② 일반적으로 팁 직경은 용접하려는 패널 두께의 2배에 3mm를 더한 값이다.
③ 팁의 직경을 구하는 공식은 다음과 같다.

$$d = 2T + 3mm$$

(7) 전극 팁의 각도

① 전극 팁의 각도는 90~120°가 적당하다.
② 전극부가 뾰족할 때는 용접 전류의 흐름은 저하되고 가압력이 집중되므로 용접부에 깊은 자국이 남는다.
③ 전극부가 너무 편평한 큰 지름인 경우는 큰 용접 전력을 필요로 한다.
④ 전극 팁이 마모되어 둥글게 되거나 버섯형으로 된 경우에는 팁 커터 등을 이용해서 바른 원추형으로 수정해 주어야 한다.
⑤ 좋은 용접 결과를 얻기 위해서는 자주 연마해서 사용하는 것이 좋다.

(8) 용접 암과 전극의 선택

용접 암과 전극의 선택은 용접하려는 부분에 적합하고 가능한 짧은 것을 사용해야 하며, 건에 장착할 경우에는 다음과 같은 사항에 주의해야 한다.
① 상하의 암은 평행하게 장착한다.
② 전극을 바르게 상하 정렬 시킨다.
③ 전극 팁의 접촉면을 평행하게 다듬질 한다.

(9) 타점의 간격

① 스폿 용접할 때 주의할 것은 타점의 간격이다.
② 타점 간격이 좁게 되면 충분한 강도로 용접되지 않기 때문에 1T 패널의 용접 시 타점 간격은 최소한 20~25mm 정도로 하는 것이 좋다.
③ 패널 두께에 따라 용접 간격이 달라 질 수 있는데 최대 40~45mm 정도로 용접해 주는 것이 좋다.

④ 용접 간격이 너무 좁게 되면 이미 용접되어 있는 부위로 전류가 빠져 나와 단락되는 경우가 있는데 이것을 무효전류라 한다. 이렇게 용접되는 부위는 완전히 밀착이 되지 않고 접합 강도가 떨어지게 된다.

⑤ 스포트 용접은 용접하는 끝단 부위에서 적어도 스포트 팁 직경만큼의 길이를 띄운 후에 용접을 해주는 것이 좋다.

⑥ 팁 직경은 1T 패널을 기준으로 약 5mm 정도가 되기 때문에 5mm 정도를 띄운 후에 용접하는 것이 좋다.

(10) 시험 용접

① 시험 용접은 용접하려는 동일 재질과 두께의 시험편을 준비하여 시험 용접을 한 후 본 용접을 실시해야 한다.

② 정확한 강도 여부를 판단하기 위해 시험 용접된 시편 2매를 탈거 해 본다.

③ 시편 패널을 탈거했을 때 용접된 부위에 3㎜ 이상의 구멍이 뚫렸을 경우에는 용접 조건이 맞추어졌음을 의미한다.

④ 시편 패널을 탈거했을 때 구멍이 뚫리지 않거나 구멍이 적은 경우에는 다시 용접 조건을 재설정해 주어야 한다.

3 심 (seam) 용접

용접부를 겹쳐 한 쌍의 롤러 전극 사이에 끼우면 롤러의 회전에 의해 접합선에 따라서 연속적으로 용접하는 방법으로 점 용접의 전극 대신에 롤러 모양의 전극을 이용하여 접합하는 용접 방법이다. 기밀, 수밀이나 유밀이 필요한 이음에 많이 사용한다.

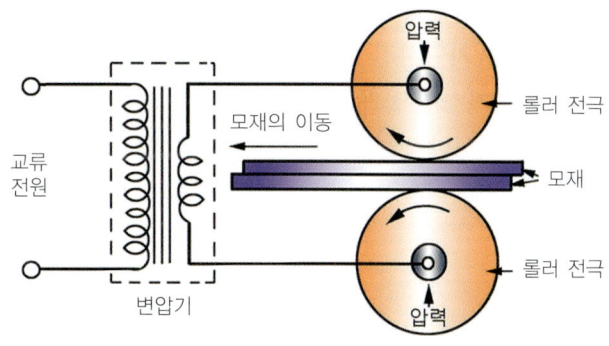

심 용접의 원리

4 프로젝션 용접

동일한 크기로 여러 개의 돌기부 전극에 접합부를 접촉하고 전류를 집중시켜 흐르게 하였을 때 발생된 저항 열로 용융시킴과 동시에 가압하여 접

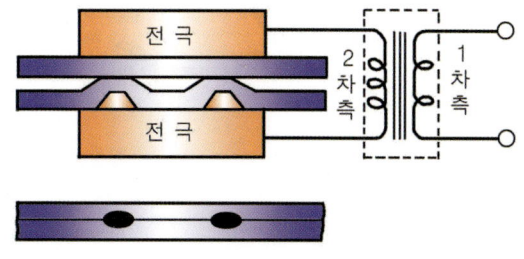

프로젝션 용접의 원리

합시키는 용접 방법이다. 플로어 보디의 조립 공정이나 엔진룸 등에 스터드 볼트 또는 너트를 용착시키는 작업에 사용한다.

5 맞대기 용접

2개의 금속을 용접기에 설치하여 맞대고 전류를 통전시키면 접촉부가 전기 저항의 열에 의해 용융될 때 압력을 가하여 접합시키는 용접 방법이다.
① **업셋 용접** : 접합 단면을 전극으로 해서 통전하고 압접 온도에 도달하면 가압하여 접합하는 맞대기 저항 용접이다.
② **플래시 용접** : 접합 단면을 가볍게 접촉시키면서 전류를 통전할 때 발생하는 불꽃으로 가열하여 가압 접합하는 맞대기 저항 용접이다.
③ **퍼커션 용접** : 축적된 전기 에너지를 맞대기 면에 급격히 방전하여 발생하는 아크로 가열하고 충격적 압력으로 접합하는 맞대기 저항 용접이다.

05 탄산가스(CO_2) 용접

CO_2 가스 용접은 MAG(Metal Active Gas Welding)라고도 부르며, 용접 부분에 CO_2 가스(실드가스)를 분사시켜 금속 와이어(전극 봉)와 모재 사이에서 발생하는 아크를 공기와 차단시킨 상태에서 열에 의해 모재를 가열 융합시켜 용접하는 방법이다.

CO_2가스 용접과 MIG 용접의 차이점은 사용하는 실드 가스가 활성가스와 불활성가스의 차이이며, CO_2가스 아크 용접은 활성가스인 탄산가스를 사용하고 MIG 용접은 불활성가스인 아르곤이나 헬륨을 사용한다.

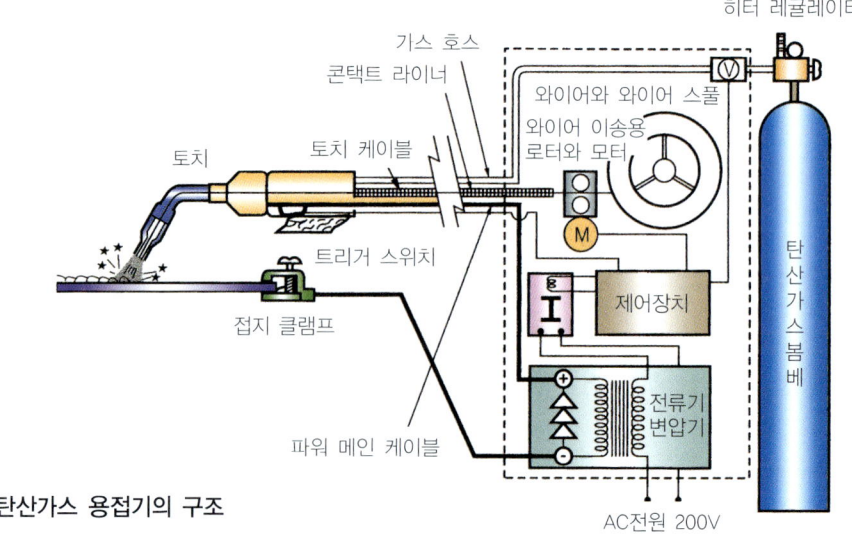

▶ 탄산가스 용접기의 구조

1 CO_2 가스 용접의 장·단점

장점	단점
① 가는 와이어를 자동 또는 반자동으로 공급하므로 고속 용접이 가능하다. ② 가시 아크이므로 시공이 편리하고, 스패터가 적어 아크가 안정하다. ③ 전자세 용접이 가능하고 조작이 간단하다. ④ 잠호 용접에 비해 모재 표면에 녹과 거칠기에 둔감하다. ⑤ 미그 용접에 비해 용착 금속의 기공 발생이 적다. ⑥ 용접 전류의 밀도가 크므로 용입이 깊다. ⑦ 산화 및 질화가 없는 양호한 용착 금속을 얻을 수 있다. ⑧ 보호가스가 저렴한 탄산가스여서 용접경비가 적게 든다. ⑨ 강도와 연신성이 우수하다. ⑩ 용착 금속 중에 수소 함유량이 적어 수소에 의한 결함이 거의 없다.	① 이산화탄소 가스를 사용하므로 작업량 및 환기에 유의한다. ② 비드 외관이 다른 용접에 비해 거칠다 ③ 고온 상태의 아크 중에서는 산화성이 크고 용착 금속의 산화가 심하여 기공 및 그 밖의 결함이 생기기 쉽다.

2 금속 와이어의 종류

금속 와이어에는 솔리드(solid) 와이어, 용제(flux) 와이어, 복합 와이어, 자성 용제 와이어 등이 있다.

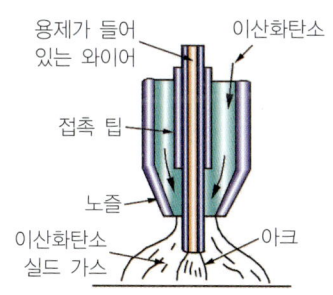

(a) 용제가 들어 있는 와이어

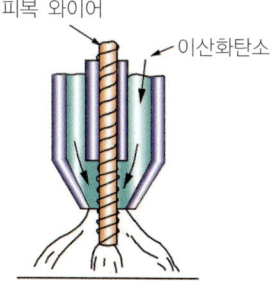

(b) 피복 와이어 방식

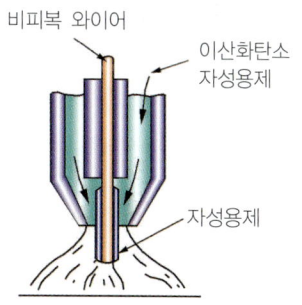

(c) 자성용제 방식

:: 금속 와이어의 종류

※ 솔리드 와이어 지름에 따른 용접 적정 전류

와이어 지름	용접 전류	와이어 지름	용접 전류
0.6mm	40~90A	1.0mm	70~180A
0.8mm	50~120A	1.2mm	80~350A
0.9mm	60~150A	1.6mm	300~500A

3 탄산가스의 아크 용접의 원리

① 탄산가스 아크 용접은 용접 와이어를 전극으로 하여 와이어와 모재 사이에 아크를 발생시켜 그 열에 의해 모재를 용융시켜 접합하는 방법이다.
② 탄산가스 아크 용접은 저 전류, 저 전압을 사용하므로 모재의 열 변형이 적다.
③ 모재를 녹여서 용접이 가능하여 열 변형이 쉬운 박판 패널의 용접에 적합하다.
④ 자동차 차체의 강판은 가는 와이어(0.6~0.9mm가 일반적)를 사용한다.

4 탄산가스의 역할

① 탄산가스는 용융부를 대기로부터 차단하여 산화와 질화를 방지한다.
② 보호가스에 의해 대기 중의 산소와 접촉을 차단하여 연소를 억제한다.
③ 전류를 집중하여 용융부에 흐르게 함으로써 변형이 적은 용접이 이루어진다.
④ 탄산가스는 순도가 99.5% 이상이어야 한다.

5 이산화탄소 아크 용접의 종류

① 솔리드 와이어 이산화탄소법
② 솔리드 와이어 혼합 가스법 : $CO_2 + O_2$법, $CO_2 + Ar$법, $CO_2 - Ar - O_2$법
③ 용제가 들어 있는 와이어 CO_2법

6 용접 조건

충분한 용접 결과를 얻으려면 용접 전류, 아크 전압, 팁과 모재간의 거리, 토치의 각도와 용접 방향, 실드 가스의 량, 용접 속도 등의 조건 설정이 큰 요인으로 그 중에 용접 전류, 아크 전압, 실드 가스의 양 등은 용접 조건에 따라 설정이 달라지므로 사용 시에는 반드시 확인이 필요하다.

(1) 용접 전류

① 용접 전류는 모재의 용입 깊이 및 와이어의 용융속도에 영향을 미친다.
② 용접 전류는 깊이에 따라 용입 깊이, 비드의 높이, 비드의 폭 등이 커진다.
③ 용접 전류는 아크의 안전성과 스파크의 발생량에도 영향을 주기 쉽다.

(2) 아크 전압
: 아크 전압은 알맞은 용접결과를 얻기 위해서는 적당한 아크의 길이(모재와 와이어 사이의 거리)가 필요하다. 아크의 길이는 아크 전압에 의해 결정된다.

(3) 용접 음에 의한 아크 전압의 판단

아크 전압의 형태는 용접 음에 따라 판단이 가능하다. 알맞은 전압의 용접 음은 경쾌한 연속음을 발생하고, 부적당한 전압에서는 탁한 음이 발생한다.

(4) 실드 가스의 양

① 실드 가스의 양이 많으면 오히려 실드 효과를 얻지 못한다.
② 일반적으로 와이어 직경의 10배를 더한 것이 표준적인 가스의 양이다.
③ 노즐과 모재간의 거리, 용접 전류, 용접 장소(바람의 발생 유무)등에 따라 조정한다.
④ 실드 가스가 부족하면 용접부가 타게 되고 식은 후에는 표면이 패이게 된다.
⑤ 실드 가스가 부족하면 용접면 주위는 부식이 발생하고 적색으로 변색되는 일이 많다.

7 팁과 모재간의 거리

① 팁과 모재간의 거리는 일반적으로 8~15mm가 적당하다.
② 팁과 모재간의 거리가 멀게 되면 와이어의 용융속도가 빠르고, 전류가 감소하며, 용입 깊이도 감소한다.

8 토치의 각도

토치는 모재에 대해 10~15° 정도의 각을 유지하여야 하며, 토치 이동 속도는 1분당 1m 정도이다.

9 가접

가접은 맞대기 용접할 부분의 형태 보존과 용접 시 열 변형을 방지하기 위해 용접부에 점 모양으로 여러 개의 용접을 하는 것을 말한다. 가접의 간격은 패널 형태 및 프레스 라인의 형태에 따라 다소 차이는 있지만 일반적으로 15~30mm 정도이다.

10 용접 불량의 원인

(1) 블랙 홀 비드

① 실드 불량(가스 양 부족, 바람, 노즐의 막힘) ② 모재의 부식, 오일의 부착
③ 용접부의 냉각속도 과대   ④ 와이어 오염
⑤ 아크의 길이가 길다.

(2) 언더 컷

① 아크의 길이가 길다.   ② 토치가 지나치게 눕혀서 진행한다.

(3) 오버랩

① 용접 속도가 늦다.   ② 아크의 길이가 짧다.

(4) 용입 부족

① 용접 전류가 낮다.   ② 아크의 길이가 길다.
③ 와이어의 끝이 용접부에 접촉되었다.   ④ 루트 간격이 너무 좁다.

⑤ 와이어 공급이 너무 빠르다. ⑥ 용접 겹침이 너무 좁다.

(5) 스패터가 다량 발생
① 아크의 길이가 길다. ② 모재의 부식, 오일의 부착.
③ 토치를 지나치게 세워서 진행한다. ④ 용접 전류가 높다.

(6) 비드 불량
① 콘택트 팁이 마모되어 와이어가 일정하게 공급되지 않는다.
② 토치의 이동 속도가 일정하지 않다.

(7) 녹아 흘러내림
① 용접 전류가 높다. ② 패널의 간격이 너무 넓다.

06 기타 용접

1 불활성 가스 용접

불활성 가스 아크 용접은 아르곤(Ar), 헬륨(He) 등 고온에서도 금속과 반응하지 않는 불활성 가스의 분위기 속에서 텅스텐(TIG 용접) 또는 금속(MIG 용접) 봉을 전극으로 하여 모재와의 사이에서 아크를 발생시켜 그 열로 용접하는 방법이다.

(1) 불활성 가스 아크 용접의 종류
① **TIG 용접**(Tungsten Inert Gas arc welding) : 불활성 가스 분위기 속에서 전극으로 텅스텐 봉을 사용하는 용접
② **MIG 용접**(Metal Inert Gas arc welding) : 불활성 가스 분위기 속에서 전극으로 비피복 금속 봉을 사용하는 용접

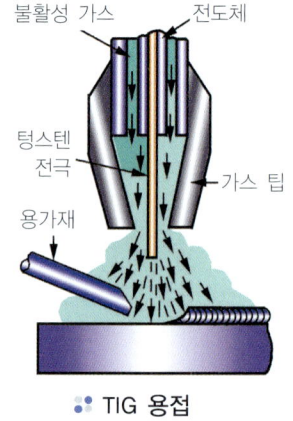
TIG 용접

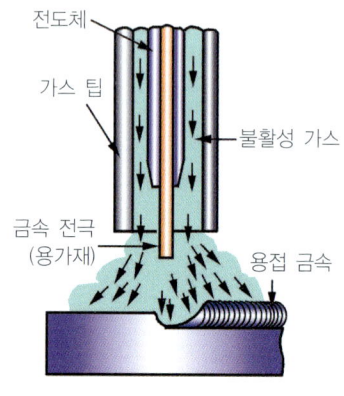
MIG 용접

(2) 불활성 가스 아크 용접의 장·단점

1) 장점
① 고 능률적이며 전 자세 용접에 적합하다.
② 피복제와 용제는 필요 없다.
③ 피복제 대신 보호 가스로 불활성 가스인 헬륨(He), 아르곤(Ar) 등을 사용한다.
④ 산화가 쉬운 금속의 용접에 적합하다.
⑤ 알루미늄(Al) 등 비철 금속 용접이 용이하다.
⑥ 용착부의 제반 성질이 우수하다.

2) 단점
① 장비가 고가이며, 설비비가 비싸다.
② 실외 작업에서 바람이 부는 곳에서 사용하기 곤란하다.
③ 슬래그가 형성되지 않아 냉각속도가 빨라 용착금속의 기계적 성질이 변할 수 있다.
④ 토치가 용접부에 닿을 수 없는 경우 용접이 곤란하다.

(3) TIG 아크 용접

1) TIG 아크 용접의 특징
① TIG 아크 용접은 텅스텐 전극을 사용하여 발생한 아크열로 모재와 용가재를 용융시켜 모재와 함께 접합한다.
② 전자 방사 능력을 높이기 위하여 토륨을 1~2% 함유한 토륨 텅스텐 봉이 사용된다.
③ 전극은 비용극식, 비소모식이라 하며 용접 전원으로는 직류, 교류가 모두 쓰인다.
④ 직류 정극성은 높은 전류, 용접봉은 끝을 뾰족하게 가공, 용입이 깊고, 비드 폭은 좁아지며, 용접 속도가 빠르다.
⑤ 직류 역극성은 청정 작용이 있다. 특수한 경우 Al, Mg 등의 박판 용접에만 쓰이고 있다. 용입이 얕고, 비드 폭은 넓어진다. 정극성에 비해 전극이 가열되어 소모되기 쉬워 전극 지름이 4배정도 큰 사이즈를 사용한다.

2) TIG 아크 용접의 보호 가스
① 실드 가스는 주로 아르곤이 사용되나 헬륨이 사용되기도 한다.
② 아르곤이 헬륨에 비하여 이온화 에너지가 작아 아크의 발생이 용이하다.
③ 아르곤이 헬륨보다 무거워 아래보기 용접자세에서 용융부의 보호성이 양호하다.
④ 아르곤이 헬륨보다 가격이 저렴하다.
⑤ 헬륨은 고온의 아크열로 용입이 증가하여 열전도가 높은 알루미늄 합금 용접에 적당하다.

(4) MIG 아크 용접

1) MIG 아크 용접의 특징
① MIG 아크 용접은 소모 전극 와이어를 일정한 속도로 용융지에 송급하면서 전류를 통하여 와이어와 모재 사이에서 아크가 발생되도록 하는 용접법이다.
② 전극 자체가 용접봉이어서 녹으므로 **용극식**, **소모식**이라 한다.
③ 전류의 밀도가 TIG 용접의 2배, 일반 용접의 4~6배로 매우 크고 용적 이행은 스프레이 형이다.
④ 전 자세 용접이 가능하고 판 두께가 3~4mm 이상의 Al·Cu합금, 스테인리스강, 연강 용접에 이용된다.

2) MIG 아크 용접의 용융 금속 이행 아크법의 종류
① **단락 아크법** : 아크 전압을 낮게 하여 전극과 용융금속 풀이 일정한 주기마다 간헐적으로 접촉시켜 용융 금속을 이동시키는 방법이다.
② **스프레이 아크법** : 단락 아크법보다 훨씬 높은 전압과 전류를 이용하여 용접봉의 지름보다 작은 용융 금속의 방울이 아크를 타고 나가 모재에 용착시키는 방법이다.
③ **펄스(맥동) 아크법** : 스프레이 아크법보다 낮은 전류를 이용하며, 간헐적으로 전류의 높은 맥동에 의해 용융 금속의 방울을 모재 쪽으로 이동시키는 방법이다.

3) 와이어 공급 방식의 종류
① **푸시(Push) 방식** : 반자동 용접에 적합하며, 직경이 작고 연한 와이어가 너무 길면 송급 롤러 부분에서 구부러짐이 일어나기 쉬워 원활한 공급이 되지 않는 경우가 있다.
② **풀(Pull) 방식** : 전자동 용접에 적합하며, 공급시 마찰저항을 적게 하여 와이어 공급을 원활하게 한 방식으로 직경이 작고 연한 와이어에 이용한다.
③ **푸시 풀 방식** : 공급 튜브가 길고 연한 재료에 사용이 가능하나 조작이 불편하다.

2 서브머지드 아크 용접

서브머지드 아크 용접은 용접부에 입자상의 용제를 공급하고 용제 속에서 아크를 발생시켜 연속적으로 용접하는 것으로 용접선이 짧거나 용접선이 구부러진 경우 용접장치의 조작이 어렵다.

3 스터드 용접

(1) 스터드 용접의 원리
스터드 용접은 볼트나 환봉 등을 강판이나 형강에 직접 용접하는 방법으로 볼트나 환봉을 피스톤형의 홀더에 끼우고 모재와 볼트 사이에 순간적으로 아크를 발생시켜 용접하는 방법이다.

(2) 스터드 용접의 특징

① 자동 아크 용접이다.
② 볼트, 환봉, 핀 등을 용접한다.
③ 0.1~2초 정도의 아크가 발생한다.
④ 셀렌 정류기의 직류 용접기를 사용한다. 교류도 사용 가능하다.
⑤ 짧은 시간에 용접되므로 변형이 극히 적다.
⑥ 철강재 이외에 비철 금속에도 쓸 수 있다.
⑦ 아크를 보호하고 집중하기 위하여 도기로 만든 페롤을 사용한다.

4 레이저 용접

(1) 레이저 빔 용접의 원리

유도 방사에 의한 빛의 증폭이란 뜻으로, 레이저에서 얻어진 접속성이 강한 단색 광선으로 강렬한 에너지를 가지고 있으며, 이때의 광선 출력을 이용하여 접합한다.

(2) 레이저 빔 용접의 특징

① 용접 장치는 고체 금속형, 가스 방전형, 반도체형이 있다.
② 아르곤, 질소, 헬륨으로 냉각하여 레이저 효율을 높일 수 있다.
③ 원격 조작이 가능하고 육안으로 확인하면서 용접이 가능하다.
④ 에너지 밀도가 크고, 고융점을 가진 금속에 이용된다.
⑤ 정밀 용접도 가능하다.
⑥ 불량 도체 및 접근하기 곤란한 물체도 용접이 가능하다.

07 용접준비 및 시공에 관한 사항

1 용접 이음의 준비

(1) 홈 가공

① 용접 작업에서 판의 두께가 두꺼울수록 내부까지 용착되기 어려워 완전히 용착시켜 이음 효율 등을 높이기 위해 접합부의 끝 부분을 적당히 깎아서 용접 홈을 만든다.
② 용입이 허용하는 한 홈 각도는 작은 것이 좋다.
(일반적으로 피복아크 용접에서 54~70°).

③ 용접 균열에 관점에서는 루트 간격은 좁을수록 좋으며 루트 반지름은 되도록 크게 한다.

(2) 가접

① 홈 안에 가접은 피하고 불가피한 경우 본 용접 전에 갈아낸다.
② 응력이 집중하는 곳은 피한다.
③ 전류는 본 용접보다 높게 하며, 용접봉의 지름은 가는 것을 사용한다. 또한 너무 짧게 하지 않는다.
④ 시·종단에 엔드 탭을 설치하기도 한다.
⑤ 가접도 본 용접에 비하여 기량이 떨어지면 안 된다.
⑥ 가접용 지그 등을 사용하여 부재의 형상을 유지한다.

(3) 이음부의 청소
이음부의 녹, 수분, 스케일, 페인트, 유류, 먼지, 슬래그 등은 기공 및 균열의 원인이 되므로 와이어 브러시, 그라인더, 쇼트 브라스팅, 화학약품 등으로 제거한다.

(4) 홈의 보수
맞대기 용접은 판 두께 6mm 이하 한쪽 또는 양쪽에 덧살 올림 용접을 하여 깎아 내고 규정 간격으로 홈을 만들어 용접하며, 6~16mm인 경우는 두께 6mm정도의 뒤판을 대서 용접하여 용락을 방지한다.

2 용접 지그의 사용 목적

① 제품의 정밀도를 향상할 수 있다.
② 아래보기 자세로 용접 할 수 있다.
③ 용접시 발생되는 변형 방지와 역변형을 주어 정밀도를 향상시킨다.
④ 대량 생산시 조립작업을 단순화 자동화로 능률을 향상시킨다.

3 용접 이음의 기본 형식

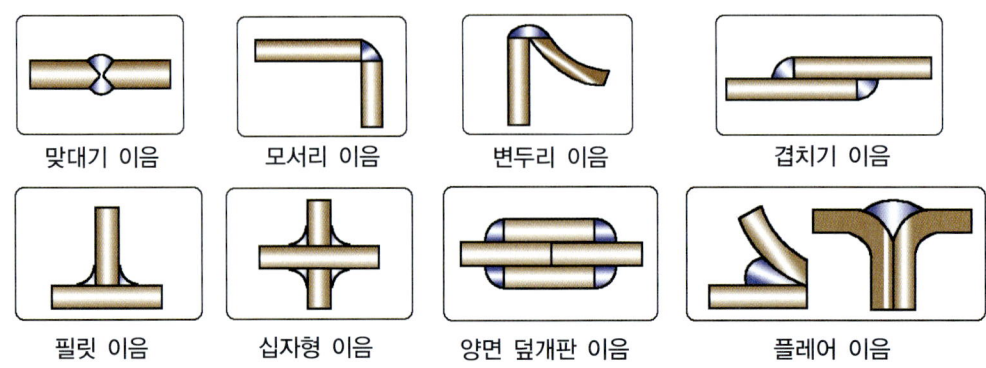

4 용접 홈

1) 홈 형상의 종류
① **한면 홈 이음** : I형, V형, r형(베벨형), U형, J형
② **양면 홈 이음** : 양면 I형, X형, K형, H형, 양면 J형

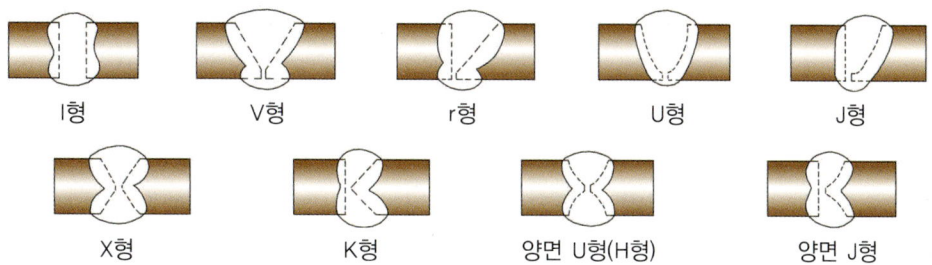

2) 홈 형상에 따른 판 두께
① **I형** : 6mm까지
② **V형, J형** : 6~9mm
③ **X형, K형** : 12mm 이상
④ **U형** : 16~50mm
⑤ **H형** : 50mm 이상

5 용접 순서

① 용접 전 용접이 불가능한 곳이 없도록 충분히 검토한다.
② 용접물 중심에 대하여 대칭으로 용접하여 변형이 생기지 않도록 한다.
③ 동일 평면 내에 많은 이음이 있을 때에는 수축은 가능한 자유단으로 보낸다.
④ 수축이 큰 이음을 먼저하고 작은 이음은 나중에 한다.
⑤ 중립축에 대하여 모멘트 합이 0이 되도록 한다.

6 변형의 교정

① **박판에 대한 점 수축법** : 가열 온도 500~600℃, 가열시간은 30초 정도, 가열부지름 20~30mm, 가열 즉시 수냉 한다.
② 형재는 직선 수축법을 사용한다.
③ 가열 후 해머질 하여 변형을 교정한다.
④ 두꺼운 판에 대해 가열 후 압력을 가하고 수냉하는 방법으로 변형을 교정한다.
⑤ 롤러에 걸어 변형을 교정한다.
⑥ 절단하여 정형 후 재 용접하여 변형을 교정한다.
⑦ 피닝법을 사용하여 변형을 교정한다.

7 결함의 보수

① 기공 또는 슬래그 섞임이 있을 때는 그 부분을 깎아 내고 재 용접한다.
② 언더컷이 있을 때는 가는 용접봉을 사용하여 파인 부분을 용접한다.
③ 오버랩이 있을 때는 덮인 일부분을 깎아내고 재 용접한다.
④ 균열일 때는 균열 끝에 정지 구멍을 뚫고 균열부를 깎아 낸 후 홈을 만들어 재 용접한다.

8 알루미늄 합금 패널 용접시 주의사항

① 가열 상태 및 용융 온도를 파악하기 어렵다.
② 열전도성이 우수하여 국부 가열이 어렵다.
③ 모재의 용융을 일정하게 유지가 어렵다.
④ 용접전 와이어 브러시 또는 화학약품을 사용하여 산화막을 제거하여야 한다.
⑤ 용접 부위에 기공이 발생하기 쉽다.
⑥ 용접 부위에 균열이 발생하기 쉽다.

08 용접 후 연삭에 관한 사항

1 용접 후의 가공

① 용접 후 기계 가공을 하는 경우에 용접부에 잔류 응력이 풀려지는 경우에 변형우려가 있으므로 잔류 응력 제거를 한다.
② 굽힘 가공할 것은 균열 발생 우려가 있으므로 노내 풀림 처리를 한다.
③ 철강 용접의 천이 온도의 최고 가열 온도는 400~600℃ 이다.

2 패널 용접 후 작업

① 패널 용접의 플랜지 면의 밀착이 불완전할 경우는 소음 발생의 원인이 된다.
② 차체 패널 중 플랜지 부위의 플러그 용접 후 덧살 부분을 제거할 때는 디스크 그라인더를 이용한다.
③ 패널 용접 작업 후 처리 작업은 부식 방지제 도포, 패널 실링제 도포, 플러그 용접 부위를 그라인딩 작업을 하여야 한다.

적·중·예·상·문·제

차체재료 및 용접일반

14_10
01 용접의 특징을 설명한 것으로 틀린 것은?
① 리벳 이음에 비해 기밀 및 수밀성이 우수하다.
② 용접부의 이음 강도는 주조물에 비해 신뢰도가 낮다.
③ 이음 형상을 임의대로 선택할 수 있다.
④ 재료의 두께에 거의 영향을 받지 않는다.

해설 용접의 특징
① 기밀성, 유밀성, 수밀성의 유지가 우수하다.
② 재료 및 경비를 절감할 수 있다.
③ 제품의 가공 형상을 자유롭게 할 수 있다.
④ 제품의 성능 및 수명을 향상시킨다.
⑤ 이음의 효율을 향상시킬 수 있다.
⑥ 공정수가 감소된다.
⑦ 열에 의한 잔류 응력으로 균열이 발생되기 쉽다.
⑧ 응력 집중에 민감하다.
⑨ 열에 의해 재질이 변질되기 쉽다.
⑩ 제품이 열에 의해 변형과 수축이 생기기 쉽다.
⑪ 용접부의 검사가 어렵다.

15_10
02 용접의 단점이 아닌 것은?
① 기계적인 성질이 변화하기 쉽다.
② 내부 응력이 발생되어 균열이 발생되기 쉽다.
③ 리벳이음에 비해 기밀성과 수밀성이 우수하다.
④ 작업자의 기능에 의해 영향을 받기 쉽다.

해설 용접의 장점
① 작업 공정을 줄일 수 있다.
② 형상의 자유화를 추구 할 수 있다.
③ 리벳이음에 비해 기밀성과 수밀성이 우수하다.
④ 중량 경감, 재료 및 시간이 절약된다.
⑤ 이종 재료의 접합이 가능하다.
⑥ 보수와 수리가 용이하다.(주물의 파손부 등)

02_10
03 차체 이음방법이 아닌 것은?
① 기계적 이음방법
② 화학적 이음방법
③ 야금적 이음방법
④ 접촉식 이음방법

해설 기계적인 이음이란 보통 볼트와 너트에 의한 이음을 말한다. 화학적 이음이란 유리, 수지 등을 접합할 때 접합면에 용제를 도포하고 가벼운 압력으로 압착시키는 이음이며, 야금적 이음이란 열에 의해 재료를 녹여서 접합시키는 이음을 말한다.

03_01
04 다음 패널 이음의 방법 중 그 종류가 기계적 이음인 것은?
① 스포트 용접   ② 미그 용접
③ 납접   ④ 볼트 접합

해설 기계적 이음에는 볼트 접합, 용접이음에 점용접, 가스 아크 용접, 전기 아크 용접, 납접 등이 있다.

정답 01.② 02.③ 03.④ 04.④

CHAPTER 02 차체재료 및 용접일반 **247**

11_10
05 용접법의 분류 중 융접(fusion welding)의 설명으로 틀린 것은?

① 용접하려는 두 금속을 국부 가열 용융시킨다.
② 용가재를 용융시켜 용접이 이루어진다.
③ 용접 금속 표면에 산화막이 형성되어 접합을 촉진시킨다.
④ 용제(flux)를 사용하므로 슬래그(slag)가 형성된다.

해설 용접의 종류
① 융접 : 접합 부분을 용융 또는 반용융 상태로 하고 여기에 용접봉 즉 용가재를 첨가하여 접합하는 방법
② 압접 : 접합 부분을 열간 또는 냉간 상태에서 압력을 주어 접합하는 방법
③ 납접 : 접합하고자 하는 재료 즉 모재는 녹이지 않고 모재보다 용융점이 낮은 금속을 녹여 표면 장력으로 접합시키는 방법

16_04
06 모재는 녹이지 않고 모재보다 용융점이 낮은 금속을 녹여 표면장력으로 접합시키는 용접은?

① 퍼커션 용접   ② 프로젝션 용점
③ 납땜 용점   ④ 업셋 용접

해설 각 용접의 정의
① 퍼커션 용접 : 축적된 전기 에너지를 맞대기 면에 급격히 방전시켜 발생하는 아크로 가열하고 충격적 압력으로 접합하는 방법
② 프로젝션 용접 : 용접할 모재에 돌기를 만들어 접촉시킨 후 통전 가압해서 용접하는 방법
③ 납땜 용접 : 접합하고자 하는 재료 즉 모재는 녹이지 않고 모재보다 용융점이 낮은 금속을 녹여 표면 장력으로 접합시키는 방법
④ 업셋 용접 : 접합 단면을 전극으로 해서 통전하고 압접 온도에 도달하면 가압력을 가하여 접합하는 맞대기 저항 용접

10_10
07 다음은 어떤 용접은 특징을 설명한 것인가?

> 접합하고자 하는 재료. 즉, 모재는 녹이지 않고, 모재보다 용융점이 낮은 금속을 녹여 표면장력으로 접합시키는 방법.

① 퍼커션 용접   ② 프로젝션 용접
③ 납땜 용접   ④ 업셋 용접

04_02
08 가스 용접에 관한 설명 중 틀린 것은?

① 가연성 가스와 공기 및 산소를 혼합 연소시켜 연소열을 이용, 금속을 녹여 접합하는 방법이다.
② 가스 용접의 가연성 가스로는 아세틸렌, 프로판, 수소가스 등이 있다.
③ 일반적으로 산소 아세틸렌 용접을 가장 많이 사용한다.
④ 자기 스스로 연소할 수 있는 지연성 가스를 사용하여 금속과 금속을 접합한다.

해설 자기 스스로 연소할 수 있는 가스는 가연성 가스이다. 이 가연성 가스의 열을 이용하여 용접봉과 모재를 녹여서 접합한다.

08_03
09 레이저 빛 대신 전자파(microwave)를 이용하여 전자파의 증폭 발진을 일으켜 용접하는 것은?

① 레이저(laser)빔 용접
② 메이저(maser) 용접
③ 전자빔 용접
④ 프로젝션 용접

해설 레이저 전자파의 큰 에너지 밀도를 이용하여 철판의 절단이나 용접 등에도 널리 응용된다.

 05. ③   06. ③   07. ③   08. ④   09. ②

10 가스 압접의 특징 중 맞지 않는 것은?

① 접합부에 탈탄 층이 없다.
② 장치가 간단하여 시설 수리비가 싸다.
③ 작업자의 숙련도에 크게 좌우되지 않는다.
④ 용접봉과 용재를 필요로 한다.

해설 가스 압접의 특징
① 접합부에 탈탄 층이 없다.
② 전력이 필요 없다.
③ 장치가 간단하여 시설, 수리비가 싸다.
④ 작업이 기계적이어 작업자의 숙련이 필요 없다.
⑤ 압접의 소요 시간이 짧다.
⑥ 접합부에 첨가 금속 또는 용제가 필요 없다.

11 아세틸렌 용기내의 아세틸렌은 게이지 압력이 얼마이상 되면 폭발할 위험이 있는가?

① 0.2kg/cm²   ② 0.6kg/cm²
③ 0.8kg/cm²   ④ 1.5kg/cm²

해설 아세틸렌 가스는 150℃에서 2기압 이상의 압력을 가하면 폭발할 위험이 있으며, 위험 압력은 1.5기압이다.

12 충격 가열 등의 자극으로 폭발할 수 있는 아세틸렌의 압력은?

① 0.2kg/cm²   ② 0.5kg/cm²
③ 0.8kg/cm²   ④ 1.5kg/cm²

해설 1기압 이하에서는 폭발 위험성은 없으나 1.5 기압 이상으로 압축하면 충격, 가열 등의 자극을 받아 폭발할 위험성이 있으며, 2기압 이상으로 압축하면 분해 폭발을 일으킨다.

13 산소에 대한 설명이다. 틀린 것은?

① 산소는 그 비중이 공기보다 크며, 대개의 원소와 직접 화학반응을 일으켜 산화한다.
② 산소는 다른 원소와 급격히 산화하면 빛과 열을 발하여 연소상태가 된다.
③ 산소는 다른 원소와 화합하지 않아도 자체의 폭발력을 가지고 있다.
④ 산소는 무색, 무취, 무미의 기체이다.

해설 산소는 대부분 원소와 직접 화합하여 산화물을 만들며, 연소되기 쉬운 기체에 산소를 혼합하여 점화하면 폭발적으로 연소한다.

14 산소는 산소병에 몇 도에서 150 기압으로 충전하는가?

① 35℃   ② 45℃
③ 55℃   ④ 65℃

해설 산소는 35℃에서 150 기압으로 충전하고 아세틸렌은 15℃에서 15기압으로 충전한다.

15 산소 용기는 약 몇 ℃, 몇 기압을 표준으로 하여 충전되어 있는가?

① 35℃, 150 기압
② 45℃, 130 기압
③ 50℃, 100 기압
④ 55℃, 80기압

해설 산소의 주입은 순도 99.5% 이상의 산소를 35℃에서 150기압으로 압축하여 용기에 충전한다.

정답 10. ④ 11. ④ 12. ④ 13. ③ 14. ① 15. ①

01_04

16 산소와 아세틸렌은 각각 용기에 몇 기압, 몇 kg/cm² 로 충전되어 있는가?

① 150 기압, 15.8 kg/cm²
② 130 기압, 14.6 kg/cm²
③ 120 기압, 13.7 kg/cm²
④ 100 기압, 12.5 kg/cm²

해설 산소는 35℃에서 150기압으로 압축하여 충전, 아세틸렌은 15℃에서 15기압으로 압축하여 충전한다. 1기압 = 1.0332kg/cm²이므로, 15기압을 단위 환산하면, 15×1.0332 = 15.498kg/cm²이다.

11_04

17 산소 봄베에 각인된 기호 T.P가 뜻하는 것은?

① 내압시험 압력   ② 최고 충전 압력
③ 용기 기호   ④ 용기 중량

해설 T. P는 Test Pressure 의 약자로 내압시험의 압력을 뜻한다.

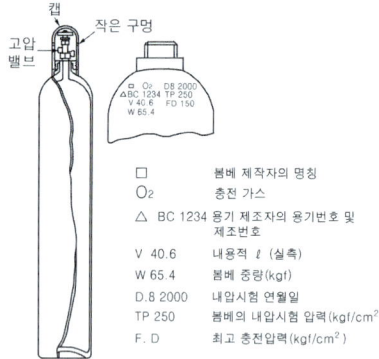

16_04

18 용접에 사용되는 가스의 종류와 나사 방향, 용기 색깔이 틀린 것은?

① 산소 – 오른 나사 – 녹색
② 탄산가스 – 오른 나사 – 청색
③ 아세틸렌 – 오른 나사 – 황색
④ 프로판 – 왼 나사 – 회색

해설 아세틸렌을 조작하는 밸브의 나사는 왼나사로 되어 있다.

07_09

19 산소 아세틸렌 용접에서 플럭스가 하는 작용은?

① 균열 방지   ② 열확산 방지
③ 산화 방지   ④ 과열 방지

해설 플럭스(flux : 용제)는 용접 및 가스 절단시에 생기는 금속의 산화물 또는 비금속 개재물을 용해하여 용융 온도가 낮은 슬래그를 만들고 용융 금속의 표면에 떠올라 용착금속의 성질을 양호하게 하는 역할을 한다.

12_10

20 용접 및 가스 절단시 산화물이나 기타 유해물을 분리제거 하기 위해 사용하는 것은?

① 자동역류 방지장치
② 호스 체크 밸브
③ 봄 트롤리
④ 플럭스

해설 플럭스(flux : 용제)는 용접 및 가스 절단시에 생기는 금속의 산화물 또는 비금속 개재물을 용해하여 용융 온도가 낮은 슬래그를 만들고 용융 금속의 표면에 떠올라 용착금속의 성질을 양호하게 하는 역할을 한다.

08_10

21 교류 아크 용접기 종류가 아닌 것은?

① 발전기형   ② 가동 철심형
③ 가동 코일형   ④ 탭 전환형

해설 교류 아크 용접기는 용접 전류를 조정하는 방법에 따라 가동 철심형과 가동 코일형, 탭 전

정답 16. ① 17. ① 18. ③ 19. ③ 20. ④ 21. ①

환형 등이 있다. 발전기형 용접기는 직류 아크 용접기로 엔진의 구동으로 직류 발전기를 회전시켜 직류 전원을 얻는 방식의 용접기이다.

22 피복 금속 아크 용접용 기구에 속하지 않는 것은?

① 접지 클램프　② 홀더
③ 이송 롤러　　④ 케이블

해설 피복 금속 아크 용접용 기구
① **용접용 케이블** : 전원에서 용접기까지 연결하는 1차 케이블과 용접기에서 용접봉 홀더나 모재까지 연결하는 2차 케이블이 있다.
② **용접봉 홀더** : 용접봉의 철심을 물고 용접 전류를 용접봉에 전달하면서 모재의 용접 및 운봉을 하는 기구로서 기계적으로 강하고 내열성이 큰 구조로 되어 있다.
③ **접지 클램프** : 용접기에서 모재까지 연결하는 2차 케이블을 모재에 접속시키는 기구이다.

23 용접 작업시의 보호구에 대한 설명으로 틀린 것은?

① 보호구는 작업의 관계없이 아무것이나 착용하면 된다.
② 필요한 수량을 준비하여 항상 사용 가능 하도록 정비하여 둔다.
③ 가능한 한 작업자 개개인이 전용 보호구를 사용하도록 한다.
④ 보호구의 올바른 사용법을 익혀둔다.

해설 보호구는 가스 용접의 경우 용접 안경, 모자, 장갑, 용접 앞치마 전기 아크 용접의 경우 헬멧 또는 핸드 실드, 장갑, 앞치마, 팔 커버 등을 착용하고 용접 작업을 하여야 한다.

24 산소 아세틸렌 가스 용접할 때 가장 적합한 복장은?

① 장갑 및 헬멧
② 장갑, 용접 안경 및 헬멧
③ 모자, 장갑 및 헬멧
④ 용접 안경, 모자 및 장갑

25 가스 용접 시 가장 적합한 보안경의 차광 번호는?

① #0~2　　② #4~5
③ #9~10　④ #11~12

해설 가스 용접은 모재 두께 3.2mm 이하의 용접이 일반적이므로 용접 안경의 차광도 번호는 4~5를 사용한다.

26 100A이상 300A 미만의 아크용접 작업 시 알맞은 차광유리의 규격은?

① 6~7번　　② 8~9번
③ 10~12번　④ 13~14번

해설 차광도 번호와 용접 전류 : 아크 불빛은 적외선과 자외선을 포함하고 있어 눈을 보호하기 위하여 빛을 차단하는 차광 유리를 사용하여야 한다.
① 8번 : 45~75A　　② 9번 : 75~130A
③ 10번 : 100~200A　④ 11번 : 150~250A
⑤ 12번 : 200~300A　⑥ 13번 : 300~400A

27 차체에서 용접을 할 때 차광도가 없는 보안경을 사용하여도 되는 용접작업은?

① 가스 절단　② 가스 용접
③ CO_2용접　④ 저항 용접

정답 22. ③　23. ①　24. ④　25. ②　26. ③　27. ④

해설 차체에서 용접을 할 때 차광도가 없는 보안경을 사용하여도 되는 용접 작업은 저항 용접인 스폿 용접으로 스폿 용접 시에는 페이스 커버를 사용하는 것이 좋다.

08_02
28 산소 아세틸렌 가스 용접기의 설명으로 틀린 것은?

① 용접 강도를 저하시킨다.
② 쉽게 녹이 발생 할 수 있다.
③ 강판의 비틀림 현상이 없어진다.
④ 열을 좁은 범위로 집중시키기 어렵다.

해설 산소 아세틸렌 용접은 열을 받는 부위가 넓어서 용접 후의 변형이 심하게 발생된다.

12_10
29 다음 보기의 용접법 중에서 열원의 온도와 열의 집중도가 가장 낮고 변형이 가장 큰 용접법은?

① 플라즈마 젯트 용접
② TIG 용접
③ MIG 용접
④ 산소 아세틸렌가스 용접

해설 산소 아세틸렌 가스 용접의 단점은 열의 집중성이 나빠 효율적인 용접이 어렵고 가열 범위가 넓어 용접 응력이 크며, 변형이 크다.

14_10
30 가스 용접 팁에 관한 설명으로 틀린 것은?

① A형 팁은 가변압식 토치에 사용된다.
② A형 팁의 번호는 판의 두께를 표시한다.
③ B형 팁은 프랑스식이다.
④ 100호는 표준 불꽃으로 1시간 동안 소비되는 아세틸렌의 양이 100L이다.

해설 토치의 구조에 따라 인젝터에 니들 밸브가 없는 A형(독일식 토치 : 불변압식 토치)과 인젝터 내의 니들 밸브에 의해 압력과 유량을 조절하는 B형(프랑스식 : 가변압식 토치)으로 분류한다. A형은 팁의 헤드에 인젝터와 혼합실이 있기 때문에 구조가 B형보다 간단하다.

10_10
31 가스 용접 팁의 구멍 크기의 선택 요건이 아닌 것은?

① 용기 내의 가스의 양
② 금속의 열 전도성
③ 철판 재료의 두께
④ 철판 재료의 질량

01_07
32 용접이나 절단 토치의 끝에 붙이는 불꽃이 나오는 구멍 부분의 명칭은?

① 팁(Tip)   ② 필터
③ 아크   ④ 팁 홀더

해설 용접기 팁의 명칭
① 팁 : 용접 토치나 절단 토치의 끝에 불꽃이 나오는 구멍
② 팁 홀더 : 팁을 잡아주는 것

07_09
33 아세틸렌과 산소를 1 : 1로 혼합 공급하여 연소시킬 때 온도는?

① 약 1,000℃
② 약 2,000℃
③ 약 3,200℃
④ 약 4,000℃

해설 산소와 아세틸렌을 1 : 1로 혼합하여 연소시킬 때 불꽃의 최고 온도 부분은 3000~3500℃까지 달한다.

 28. ③ 29. ④ 30. ① 31. ① 32. ① 33. ③

34 산소-아세틸렌 불꽃 중 히스테리상을 나타내는 불꽃은 어는 것인가?

① 분화 상태의 화염
② 중성 화염
③ 과산화염
④ 아탄소상의 염

해설 탄화 불꽃은 산소보다는 아세틸렌의 비율이 높을 때의 불꽃, 중성 화염은 표준 불꽃으로 1 : 1의 비율, 과산화염은 산화 불꽃으로 산소의 비율이 높을 때의 불꽃으로 히스테리상을 나타낸다.

35 가스 용접기에서 아세틸렌의 사용 압력으로 적당한 것은?

① 0.1~0.2kg/cm²
② 0.3~0.5kg/cm²
③ 0.7~1.0kg/cm²
④ 1.5~2.0kg/cm²

해설 산소 아세틸렌 용접시 가스 압력은 산소 2~5 kg/cm², 아세틸렌 0.2~0.5 kgf/cm²이며, 아세틸렌 가스는 최대 1.3 kg/cm² 이하로 사용하여야 한다.

36 산소-아세틸렌 가스 용접시 가스의 압력은 얼마로 조정하는가?

① 산소 : 0.5~1 kg/cm², 아세틸렌 : 0.5~1 kg/cm²
② 산소 : 1~2 kg/cm², 아세틸렌 : 0.5~1 kg/cm²
③ 산소 : 2~5 kg/cm², 아세틸렌 : 0.2~0.5 kg/cm²
④ 산소 : 5~10 kg/cm², 아세틸렌 : 0.2~0.5 kg/cm²

37 용해 아세틸렌은 몇 기압 이하에서 사용하여야 하는가?

① 약 1.3기압
② 약 1.5기압
③ 약 2기압
④ 약 2.5기압

해설 용해 아세틸렌 봄베 사용 시 주의사항
① 봄베를 눕혀놓지 말 것
② 봄베에 충격을 가하지 말 것
③ 사용 압력은 1.3기압 이하로 할 것
④ 화기를 가까이 하지 말 것

38 가스 용접기의 역화 원인이 아닌 것은?

① 팁의 끝이 과열되지 않았을 때
② 작업물이 팁의 끝이 닿았을 때
③ 가스 압력이 적당하지 않을 때
④ 팁의 조임이 완전하지 않았을 때

해설 역화의 원인
① 토치의 팁에 석회분이 끼었을 때
② 가스압력과 유량이 부적당할 때
③ 산소의 공급이 과다할 때
④ 토치의 팁이 과열되었을 때
⑤ 토치의 성능이 불량할 때

39 토치를 취급하는 방법으로 옳지 못한 것은?

① 불이 붙은 토치를 함부로 방치하지 않는다.
② 팁이 과열되었을 때 불을 끈 후 산소만 조금씩 분출시키면서 물에 넣어 냉각시킨다.
③ 토치의 점화는 반드시 점화 라이터로 한다.
④ 팁을 함부로 놓으면 끝이 상하므로 부드러운 먼지 위나 모래 위에 놓는다.

정답 34. ③ 35. ② 36. ③ 37. ① 38. ① 39. ④

해설 팁 끝이 모래나 먼지로 인해 막히지 않도록 주의 하여야 한다.

07_09
40 용접의 가스 분출구에 묻은 카본을 제거할 때 다음 중에서 가장 적당한 것은?

① 동선이나 놋쇠선
② 줄(file)
③ 철선이나 동선
④ 시멘트 바닥

해설 작업 중 팁에 용융된 금속이 달라붙어 구멍이 가늘게 되거나 오물이 부착되어 불꽃의 상태가 올바르지 않을 경우 불을 끄고 산소만 조금씩 분출시키면서 유연한 구리나 황동으로 만든 바늘 및 팁 구멍 클리너로 팁 구멍의 오물을 제거한 후 사용할 것.

10_10
41 산소 용기의 취급상 주의할 점으로 적합하지 않는 것은?

① 용기의 온도를 65℃로 보존한다.
② 직사광선, 화기가 있는 고온의 장소를 피한다.
③ 충격을 주지 않는다.
③ 용기 및 밸브 조정기 등에 기름이 묻지 않도록 한다.

해설 산소 용기를 취급할 때 주의 할 점
① 충격을 주지 말 것
② 40℃이하를 유지할 것
③ 직사광선을 피할 것
④ 봄베의 밸브, 조정기 등에 기름을 묻히지 말 것
⑤ 밸브 개폐는 조용히 할 것
⑥ 누설 점검은 비눗물을 사용할 것

08_10
42 아세틸렌 도관은 어떤 색인가?

① 흑색   ② 청색
③ 녹색   ④ 적색

해설 도관(호스)의 색은 아세틸렌의 경우는 적색을 사용하고 산소의 경우 녹색 또는 검정색을 사용한다.

11_10
43 가스 용접 장치의 취급상 주의사항 중 틀린 것은?

① 산소 용기 연결부에 기름이나 그리스가 묻지 않도록 주의한다.
② 새 호스를 장착할 경우는 미리 호스 내부에 공기를 통과시켜 내부의 먼지 등을 제거한다.
③ 산소의 연결부 나사의 방향은 다른 가스와 혼동 되지 않도록 왼나사로 되어 있다.
④ 작업 종료 후 레귤레이터의 조정 나사를 풀어 놓는다.

해설 아세틸렌의 연결부 나사의 방향은 다른 가스와 혼동되지 않도록 왼나사로 되어 있고 산소의 연결부 나사의 방향은 오른나사로 되어 있다.

09_09
44 가스 용접에서 모재와 불꽃과의 거리는 대략 어느 정도로 하는 것이 좋은가?

① 0~1mm   ② 2~3mm
③ 5~7mm   ④ 10~15mm

해설 토치에 불꽃을 점화하여 중성 불꽃으로 조정하여 불꽃의 백심 끝을 모재의 표면에서 2~3mm가 될 때까지 접근하여 표면을 용융시킨다.

정답 40. ① 41. ① 42. ④ 43. ③ 44. ②

45 가스 용접 시 모재의 두께가 얼마 이하이면 용접이음에 개선면(beveling)이 필요 없는가?

① 1.2mm ② 2.2mm
③ 3.2mm ④ 4.2mm

> 해설) 용접이음의 접합면은 3.2mm 이하에서는 접합면을 가공하지 않지만 그 이상은 모재의 두께에 따라 V홈, H홈, X홈 등으로 가공하여 용접하여야 한다.

46 산소 절단의 원리를 설명한 것으로 옳은 것은?

① 산소 절단은 산소와 철의 화학 작용에 의한다.
② 산소 절단시의 화학 반응열은 예열에 이용된다.
③ 산소 절단은 산소와 철의 화학 반응열을 이용한다.
④ 철에 포함되는 많은 탄소는 절단을 방해한다.

> 해설) 산소 절단은 산소-아세틸렌 불꽃으로 약 850~900℃ 정도로 예열하고, 고압의 산소를 분출시켜 철의 연소 및 산화(산소와 금속의 화학 작용)로 절단한다.

47 산소, 아세틸렌 가스를 이용하여 패널을 절단하려고 한다. 이때 절단 작업이 잘 이루어지기 위한 사항 중 옳은 것은?

① 모재의 산화 연소하는 온도가 그 금속의 용융점보다 낮을 것.
② 생성된 금속 산화물의 용융 온도는 모재의 용융 온도보다 높을 것.
③ 생성된 산화물은 유동성이 좋아야 하고 그것이 산소 압력에 의해 잘 밀려 나가지 말아야 한다.
④ 금속의 화합물 중 연소되지 않은 물질이 많을 것.

> 해설) 가스 절단의 조건
> ① 금속의 산화 연소하는 온도가 그 금속의 용융 온도보다 낮을 것.
> ② 연소되어 생성된 산화물의 용융 온도가 그 금속의 용융 온도보다 낮고 유동성이 있을 것.
> ③ 재료의 성분 중 연소를 방해하는 원소가 적어야 한다.

48 가스 절단에서 양호한 절단면을 얻기 위한 조건으로 틀린 것은?

① 드래그 길이가 작을 것
② 절단면 표면의 각이 예리 할 것
③ 드래그의 층이 높고 노치가 클 것
④ 슬래그 이탈이 양호할 것

> 해설) 양호한 절단의 조건
> ① 드래그 길이는 작을 것.
> ② 절단 모재의 표면 각이 예리할 것.
> ③ 절단면이 평활할 것.
> ④ 슬래그의 이탈이 양호할 것.

49 양질의 절단면 품질에 영향을 줄 수 있는 요소가 아닌 것은?

① 절단재의 온도
② 절단 산소의 유량
③ 절단량
④ 절단 산소의 순도와 압력

> 해설) 가스 절단시 양호한 절단면은 절단 팁의 형상, 산소의 압력, 절단재의 온도, 산소의 순도, 산소의 유량에 의해서 얻어진다.

정답) 45. ③ 46. ① 47. ① 48. ③ 49. ③

15_10
50 가스 절단 작업을 할 때 산소의 순도가 미치는 영향이 아닌 것은?

① 순도가 저하되면 절단 개시 시간이 짧아진다.
② 순도가 저하되면 절단 속도가 저하된다.
③ 순도가 저하되면 산소 소비량이 많아진다.
④ 순도가 높아지면 토치가 쉽게 막힌다.

해설 가스 절단 작업을 할 때 산소의 순도가 미치는 영향
① 순도가 저하되면 절단 개시 시간이 짧아진다.
② 순도가 저하되면 절단 속도가 저하된다.
③ 순도가 저하되면 산소 소비량이 많아진다.

09_09
51 가스 절단 시 산소의 순도가 저하될 때 나타나는 현상이 아닌 것은?

① 절단 속도 저하
② 산소 소비량 증대
③ 슬랙의 박리성 양호
④ 절단면의 거침

해설 산소의 순도가 저하될 때 나타나는 현상
① 절단 속도가 느려진다.
② 산소의 소비량이 많아진다.
③ 절단 개시까지의 시간이 길어진다.
④ 절단면이 거칠어진다.
⑤ 슬래그의 박리성이 나빠진다.

08_10
52 다음 중 가스 용접에 의한 절단 작업시 가장 적당치 않는 것은?

① 산소 용기의 압력 조정기 압력을 10~15 kg/cm²로 설정한다.
② 아세틸렌 압력 조정기 압력을 0.3~0.4kg/cm²로 설정한다.
③ 불의 강약 조정은 아세틸렌 밸브를 고정해 둔채 산소 밸브로 조정한다.
④ 불을 점화할 때 아세틸렌 밸브를 조금 열고, 산소 밸브를 아주 미세하게 열고 용접용 라이터로 점화한다.

해설 산소 용기의 압력 조정기 압력은 보통 아세틸렌 압력 조정기 압력의 10배 정도로 3~5kg/cm²로 설정한다.

08_10
53 강판의 절단방법 중 산소-아세틸렌 가스에 의한 절단 방법이 있는데, 화염 접촉은 화염 끝이 절단면에서 얼마나 떨어지는 것이 가장 좋은가?

① 1.5mm   ② 2.5mm
③ 3.5mm   ④ 4.0mm

해설 산소 아세틸렌 가스로 강판을 절단하는 경우에는 팁 끝과 강판의 거리를 1.5~2.0mm 정도로 유지하고 약 850~900℃ 정도로 예열한 후 절단 산소 밸브를 열어 강판을 절단한다.

08_10
54 가스 절단에서 예열온도가 몇 도 정도일 때 산소로 불어내는가?

① 60 ~ 100℃
② 200 ~ 300℃
③ 400 ~ 500℃
④ 800 ~ 900℃

해설 산소 아세틸렌가스에 강판을 절단하는 경우에는 팁 끝과 강판의 거리 1.5~2.0mm 정도로 유지하고 약 850~900℃ 정도로 예열한 후 절단 산소 밸브를 열어 강판을 절단한다.

정답 50. ④ 51. ③ 52. ① 53. ① 54. ④

55 자동차 보디 수정 시 손상 부분을 가스 용접기로 절단할 때의 특징에 대한 설명으로 옳은 것은?

① 절단이 불가능 하다.
② 매우 정밀하게 절단할 수 있다.
③ 절단된 면이 깨끗하게 된다.
④ 복잡한 손상부도 빠르게 절단할 수 있다.

56 신품 패널과 차체 패널을 겹쳐서 절단할 때 유의해야 할 사항으로 틀린 것은?

① 차체 측의 절단면은 용접선을 최소화되도록 한다.
② 겹치는 부분을 충분히 넓게 해서 조립할 때 위치 확인이 용이하게 한다.
③ 새 부품이 변형되지 않게 무리한 힘을 주지 않는다.
④ 절단은 쇠톱이나 에어 톱을 사용한다.

57 가스 절단 결함 중 균열의 원인이 아닌 것은?

① 탄소 함유량이 많다.
② 합금 성분이 많다.
③ 불꽃이 너무 강하다.
④ 모재의 예열이 충분하지 못하다.

58 다음 가스 절단 작업의 결함의 종류가 아닌 것은?

① 기공　　② 드래그
③ 슬래그　④ 균열

해설　기공은 용착금속 속에 남아있는 가스에 의한 구멍으로 용접 작업의 결함에 속한다.

59 가스 용접시 가연성 가스 탱크의 저장 위치는 최소한 얼마 이상의 거리를 유지하여야 하는가?

① 5m 이상　② 12m 이상
③ 20m 이상　④ 30m 이상

60 가스로 펜더(FENDER)를 용접할 때 안전 작업에 결여된 사항은?

① 산소 누설검사는 비눗물로 하는 것이 좋다.
② 점화시 산소 밸브를 열어 불을 붙이고 아세틸렌 밸브를 연다.
③ 보호 안경을 착용한다.
④ 펜더를 먼저 가열한 후 용접봉을 가열함이 좋다.

해설　점화시 아세틸렌 밸브를 먼저 열어 점화시키고 불꽃의 크기를 조절한 다음, 산소의 밸브를 조절하여 푸른 불꽃의 크기를 조절한다.

61 전기 아크 용접기의 장점이 아닌 것은?

① 이동과 운반이 용이하다.
② 높은 전력 효과를 얻을 수 있다.
③ 화재 위험이 없어 소화 장비가 불필요하다.
④ 장치 구조가 간단하여 고장 발생률이 낮다.

해설　전기 아크 용접기는 직류 아크 용접기와 교류 아크 용접기가 있으며, 직류 아크 용접에서는 비피복 용접봉을 사용하고 교류 아크 용접에서는 피복 용접봉을 사용한다. 또한 용접 작업에서는 화재의 위험이 많아 소화기가 필요하다.

정답　55. ④　56. ②　57. ③　58. ①　59. ④　60. ②　61. ③

10_10
62 전기 아크 용접기의 장점이 아닌 것은?

① 가동부분이 적기 때문에 고장 발생률이 낮다.
② 높은 전력효과를 얻을 수 있다.
③ 피복 용접봉만을 사용해야 한다.
④ 이동과 운반이 용이하다.

> 해설) 전기 아크 용접기는 직류 아크 용접기와 교류 아크 용접기가 있으며, 직류 아크 용접에서는 비피복 용접봉을 사용하고 교류 아크 용접에서는 피복 용접봉을 사용한다.

12_10
63 피복 금속 직류 아크 용접의 정극성에 관한 사항으로 틀린 것은?

① 용접 홀더를 +극, 모재는 −극을 사용한다.
② 모재의 용입이 깊다.
③ 용접봉의 용융이 느리다.
④ 비드 폭이 좁다.

> 해설) 정극성 용접은 모재를 ⊕극에, 용접봉을 ⊖극에 연결하는 방식으로 ⊕극에서 발생하는 열이 많은 관계로 용접봉의 용융 속도는 늦고 모재 쪽의 용융 속도가 빠르기 때문에 모재의 용입이 깊어 두꺼운 판재의 용접에 널리 사용한다.

14_04
64 피복 금속 아크 용접의 직류 역극성에 대한 내용으로 틀린 것은?

① 용접봉에 −극, 모재에 +극
② 모재의 용입이 얕다.
③ 용접봉의 용융이 빠르다
④ 비드의 폭이 넓다.

> 해설) 역극성 용접은 모재에 ⊖극을, 용접봉에 ⊕극을 연결하는 방식으로 용접봉의 용융속도가 빠르고 모재의 용입이 얕은 관계로 얇은 판, 비철금속, 주철 등의 용접에 사용한다.

07_04
65 직류 역극성을 사용하는 용접법은?

① 얇은 판 용접   ② 두꺼운 판 용접
③ 파이프 용접   ④ 마그네슘 용접

> 해설) 직류 역극성 용접은 얇은 판, 비철금속, 주철 등의 용접에 사용된다.

15_04
66 피복 금속 아크 용접기의 용접 전원의 특성 중 관계없는 것은?

① 아크의 발생이 용이하고 안정하게 유지할 수 있을 것.
② 아크의 길이가 변화하여도, 전류의 변화가 적을 것.
③ 단락 전류가 클 것.
④ 부하 전류가 변화하여도 단자 전압이 변화하지 않을 것.

> 해설) 단락이 되었을 때 흐르는 전류는 적어야 한다.

13_04
67 용접 전압의 설명으로 맞지 않는 것은?

① 아크 길이를 결정하는 변수이다.
② 적정 아크 길이는 심선 지름과 대략 같은 정도가 좋다.
③ 아크 길이가 길면 용융 금속의 산화, 질화가 쉽다.
④ 철분계 용접봉은 아크 길이의 조정이 필요하다.

> 해설) 철분계 용접봉의 아크 길이도 심선 직경의 1배 이하로 하는 것이 일반적이다.

정답 62. ③   63. ①   64. ①   65. ①   66. ③   67. ④

68 피복 금속 아크 용접시 용융 속도에 관한 설명 중 관련 없는 것은?
① 단위 시간당 소비되는 용접봉의 길이
② 용융 속도 = 아크 전류 × 용접봉 전압 강하
③ 아크의 전압
④ 단위 시간당 소비되는 용접봉의 무게

해설 용융 속도
① 용융 속도는 단위 시간당 소비되는 용접봉의 길이 또는 중량으로 표시된다.
② 용접봉의 용융 속도는 전압에 관계없이 아크 전류에 정비례한다.
③ 용융 속도는 아크 전압의 변화 즉, 아크 길이에 거의 관계가 없는 것은 용융이 전극의 전압 강하에 수반되는 전력(용접봉의 전압 강하 × 아크 전류)에 의한 것이기 때문이다.

69 피복 아크 용접에서 용접 속도에 영향을 주는 요소가 아닌 것은?
① 용접봉의 종류 ② 모재의 재질
③ 용접 전압 값   ④ 이음의 모양

해설 용접 속도에 영향을 주는 요소
① 용접봉의 종류 ② 용접 전류 값
③ 이음의 모양   ④ 모재의 재질
⑤ 위빙의 유무

70 피복 금속 아크 용접의 용접 특징에 대한 설명으로 옳은 것은?
① 용접봉의 이송 속도가 너무 느리면 비드는 지나치게 좁아진다.
② 용접 전류 값이 높으면 용접봉의 용해가 빠르고 큰 용융지가 생기고 스패터가 많이 발생된다.
③ 용접 전류가 너무 낮으면 비드 폭이 넓어진다.
④ 용접봉의 이송 속도가 너무 빠르면 비드 폭이 넓어진다.

해설 용접봉의 이송 속도가 너무 느리면 비드 폭이 넓어지고, 용접 전류가 너무 낮으면 비드 폭이 좁아지며, 오버랩이 발생되고 용접봉의 이송 속도가 너무 빠르면 비드 폭이 좁아진다.

71 용접 작업시간 50분 중 아크 시간이 35분이고 휴식 시간이 15분일 경우 이 용접기의 사용률은 얼마인가?
① 15%   ② 35%
③ 50%   ④ 70%

해설
$$사용률 = \frac{아크\ 시간}{아크\ 시간 + 휴식\ 시간} \times 100$$
$$사용률 = \frac{35}{35+15} \times 100 = 70\%$$

72 전기 아크 용접에서 케이블이 가늘거나 너무 길면 어떤 현상이 생기는가?
① 전류 부족   ② 전압 강하
③ 아크 저하   ④ 전하 저하

해설 용접 홀더의 케이블이 가늘거나 너무 길면 케이블 내부 저항의 증가로 인하여 아크의 발생이 저하된다.

73 용접 케이블의 단면적이 22mm², 정격 용접 전류 (125A), 사용 용접봉 지름이 (1.6~3.2mm)인 경우 규정된 용접 홀더는?
① 125호   ② 160호
③ 200호   ④ 400호

정답 68. ③ 69. ③ 70. ② 71. ④ 72. ③ 73. ①

해설 용접 홀더의 규격

종류	정격 용접 전류 (A)	용접봉지름 (mm)
125호	125	1.6 ~ 3.2
160호	160	3.2 ~ 4.0
200호	200	3.2 ~ 5.0
300호	300	4.0 ~ 6.0
400호	400	5.0 ~ 8.0
500호	500	6.4 ~ 10.0

08_03
74 용접기에서 1차선에 비하여 2차선을 굵은 선으로 하는 이유는?

① 전선의 유연성을 좋게 하기 위해서이다.
② 2차 전류가 1차 전류보다 크기 때문이다.
③ 2차 전압이 1차 전압보다 높기 때문이다.
④ 2차선의 열전도를 보다 크게 하기 위해서이다.

해설 선의 굵기는 전류와 비례한다. 즉, 2차 전류가 1차 전류보다 크기 때문에 2차 전류가 잘 흐르도록 선의 굵기를 굵게 하였다.

09_09
75 아크 용접봉에서 피복제의 작용이 아닌 것은? 09_09

① 슬래그가 되어 용융 금속을 보호하고 냉각속도를 느리게 한다.
② 심선보다 빨리 녹으며, 산성 분위기를 만든다.
③ 용융 금속과 반응하여 탈산 정련 작용을 한다.
③ 용착 금속을 양호하게 하기 위해서 작용된다.

해설 용접봉의 피복제 작용

① 중성 또는 환원성 분위기를 만들어 대기 중의 산소나 질소의 침입을 방지하고 용융금속을 보호한다.
② 아크를 안정시킨다.
③ 용융점이 낮은 가벼운 슬래그를 만든다.
④ 용접 금속의 탈산 및 정련 작용을 한다.
⑤ 용접 금속에 적당한 합금 원소를 첨가한다.
⑥ 용적을 미세화하고 용착효율을 높인다.
⑦ 용융 금속의 응고와 냉각속도를 지연한다.
⑧ 모든 자세의 용접을 가능케 한다.
⑨ 슬래그의 제거가 쉽고 파형이 고운 비드를 만든다.
⑩ 모재 표면의 산화물을 제거하여 완전한 용접이 되도록 한다.
⑪ 전기 절연 작용을 한다.

09_01
76 피복 금속 아크 용접기에 사용되는 용접봉의 피복제의 역할 중 틀린 것은?

① 아크의 안정, 집중 등을 향상시켜 아크 유지를 용이하게 한다.
② 용접 금속의 탈산, 정련 작용을 한다.
③ 용융 금속의 응고 및 냉각속도를 급속하게 한다.
④ 박리성이 좋은 슬래그를 만든다.

08_02
77 용접봉 사용에 대한 설명 중 틀린 것은?

① 용접 목적과 사용조건을 감안하여 선택해야 한다.
② 용접봉의 플럭스는 건조한 장소에 보관하도록 한다.
③ 용접봉은 건조된 것을 사용하도록 한다.
④ 용접봉은 용접할 금속에 관계없이 모두 사용할 수 있다.

해설 용접봉은 용접할 금속에 따라 선택하여 사용하여야 한다.

74. ②　75. ②　76. ③　77. ④

09_01
78 모재의 열 영향부가 경화할 때 비드 끝단에 일어나기 쉬운 균열은?
① 유황 균열 ② 토(toe) 균열
③ 비드 아래 균열 ④ 은점

해설 열 영향부의 균열
① **유황 균열** : 제강 압연 중에 편석 된 황 화합물은 필름상태로 존재 하며, 이것이 응력을 받을 경우 층상의 형상이 갈라져 균열을 유발하는 것
② **토 균열** : 용접부의 끝단에서 발생되는 모재의 균열로 용접 덧 살 또는 지나치게 볼록한 용접부의 형상에서 기인한 응력의 집중으로 발생된다.
③ **비드 아래 균열** : 비드 아래 균열은 용접부위에 수소가 있을 때 잘 발생된다.
④ **루트 균열** : 루트 간격이 너무 넓은 경우, 루트 용접부에 응력이 집중되는 경우에 균열이 발생한다.
⑤ **micro 균열** : 용접 금속 내부에 발생하며, 외부까지 발생하지 않는 모상의 미세한 균열

15_04
79 용접 시 열영향부의 균열이 아닌 것은?
① 비드 밑 균열
② 토(Toe) 균열
③ 비드 균열
④ 크레이터 균열

11_10
80 용접 결함에 속하는 것은?
① 언더컷과 오버랩
② 플럭스와 메탈론
③ 물턴 풀과 아크메탈
④ 블로홀과 너켓

해설 용접부의 결함
① **언더컷** : 용접 전류가 과대하거나 용접봉이 가늘 때 생기는 용착 금속과 모재의 경계선에 오목 부분이 생기는 현상
② **오버랩** : 용융 금속이 모재와 융합되어 모재 위에 겹치는 현상

12_10
81 전기 용접시 용접부의 결함이 아닌 것은?
① 오버랩 ② 언더컷
③ 슬래그 혼입 ④ 피복

해설 용접부의 결함
① **오버랩** : 용융 금속이 모재와 융합되어 모재 위에 겹치는 현상
② **기공** : 용착금속 속에 남아있는 가스로 인한 구멍
③ **슬래그 혼입** : 녹은 피복재가 용착 금속 표면에 떠 있거나 용착금속 속에 남아 있는 현상
④ **언더컷** : 용접선 끝에 생기는 작은 홈

09_09
82 차체 용접에서 용입 불량의 원인은?
① 용접 전류가 낮다.
② 용접 겹침이 너무 넓다.
③ 와이어 공급율이 너무 느리다.
④ 모재에 과도한 산소가 공급되었다.

해설 용입 불량의 원인
① 용접 전류가 낮다.
② 용접 속도가 빠르다.
③ 용접 홈의 각도가 좁다.
④ 용접봉의 선택이 부적합하다.

13_10
83 홈의 각도가 좁고 용접 전류가 적으며, 용접 속도가 적당치 않은 경우에 나타나는 용접 결함은?
① 스패터 ② 용입 부족
③ 언더컷 ④ 기공

정답 78. ② 79. ④ 80. ① 81. ④ 82. ① 83. ②

해설 **용접부의 결함**
① **스패터** : 용해된 금속의 산화물 등이 용접 중에 비산(슬래그 및 금속입자)되어 모재에 부착된 것을 말함.
② **언더컷** : 용접에서 용접 전류가 과대하거나 용접봉이 가늘 때 생기는 용착 금속과 모재의 경계선에 오목한 부분이 생기는 현상
③ **오버랩** : 용융 금속이 모재와 융합되어 모재 위에 겹치는 현상
④ **기공** : 습기가 있는 용접봉을 사용한 경우, 모재에 불순물이 포함되어 있는 경우, 용접 전류가 과대한 경우, 용착 금속의 냉각 속도가 빠른 경우 등에 의해 가스가 배출되지 못하고 용착 금속에 잔류되어 구멍이 형성되는 현상이다.

11_10
84 용접 중에 용융 금속에서 녹은 금속 입자나 슬래그가 아크 힘으로 비산되어 나오는 현상을 무엇이라 하는가?

① 기공　　　　② 슬래그
③ 드롭 플릿　　④ 스패터

해설 **용접부의 결함**
① **슬래그 혼입** : 녹은 피복재가 용착 금속 표면에 떠 있거나 용착금속 속에 남아 있는 현상

10_10
85 다음 중 스패터(spatter) 발생의 원인이 아닌 것은?

① 용융 금속 내 가스 기포가 방출될 때
② 용접 전류가 높을 때
③ 아크의 길이가 짧을 때
④ 피복재 중 수분의 함량이 많을 때

해설 **스패터의 발생 원인**
용해된 금속의 산화물 등이 용접 중에 비산하는 쇠 부스러기 또는 금속입자를 말하며, 발생 원인은 다음과 같다.
① 용접 전류가 높을 경우
② 건조되지 않은 용접봉을 사용하는 경우
③ 아크의 길이가 긴 경우
④ 용접봉의 각도가 부적당한 경우
⑤ 용융 금속 내의 가스 기포가 방출되는 경우
⑥ 피복재 중에 수분의 함량이 많은 경우

09_09
86 기공 또는 용융 금속이 튀는 현상이 생겨 용접한 부분의 바깥 면에 나타나는 작고 오목한 구멍을 무엇이라 하는가?

① 플래시(flash)　② 피닝(peening)
③ 플럭스(flux)　④ 피트(pit)

해설 ① **플래시(flash)** : 저항용접(플래시 용접)에서 과대 전류로 인하여 불꽃이 튀어 용접부가 패이는 것
② **피닝(peening)** : 용접부의 변형을 경감시키고 잔류응력을 완화시키며, 용접 금속의 균열을 방지하기 위해 용접부위를 해머로 연속적으로 두드려 표면층을 소성변형시키는 조작이다.
③ **플럭스(flux)** : 용접할 때 산화물, 질화물 또는 기타 바람직하지 않은 성분이 형성되는 것을 방지하는 데 사용하는 가용성 물질 또는 기체.
④ **피트(pit)** : 기공 또는 용융 금속이 튀는 현상이 생겨 용접한 부분의 바깥 면에 나타나는 작고 오목한 구멍

12_10
87 아크 용접 작업 중의 안전 사항으로 틀린 것은?

① 슬래그 제거는 빨리하여야 하므로 집게나 용접 홀더로 제거한다.
② 보호구를 착용하여 스패터에 의한 화상을 방지한다.
③ 슬래그는 작업자 반대쪽으로 향하여 제거하여 준다.
④ 안전 홀더를 사용하고 안전 보호구를 착용한다.

해설 슬래그를 제거할 때 열에 의해 화상을 입을 우려가 있으므로 용접부가 냉각된 후 안전 홀더와 전용의 해머를 이용하여 제거하여야 한다.

정답　84. ④　85. ③　86. ④　87. ①

01_10
88 전기 용접 작업에 대한 안전 사항 중 옳지 않은 것은?
① 어스선은 큰 것을 사용하고 접촉이 잘 되게 붙인다.
② 용접봉 코드는 되도록 짧게 하여야 하며 여기에 맞게 용접기를 놓는다.
③ 코드의 피복이 찢어졌으면 곧 수리하며 접속부분은 절연물을 감는다.
④ 차광안경을 사용하지 않고 작업한다.

해설 전기 용접에서 아크에서 발생하는 자외선과 적외선에 의해 안구에 화상을 입을 우려가 있으므로 차광 유리가 끼워진 핸드 실드나 헬멧을 사용하고 작업하여야 한다.

08_03
89 전기용접 작업할 때의 주의사항 중 틀린 것은?
① 피부를 노출하지 않도록 한다.
② 슬래그(slag) 제거 때는 보안경을 착용하고 한다.
③ 가열된 용접봉 홀더는 물에 넣어 냉각시킨다.
④ 우천시 옥외 작업을 금한다.

해설 용접봉 홀더를 물에 넣어 냉각시키면 감전의 위험이 있다.

02_01
90 전기 용접기를 두어도 무방한 장소는?
① 옥외 비바람이 치는 장소
② 수증기 또는 습도가 높은 장소
③ 먼지가 대단히 많은 장소
④ 주위 온도가 상온에서 −1℃ 이내의 장소

06_01
91 다음 중 전기 저항 용접의 종류에 옳지 않은 것은?
① 스포트 용접   ② 심 용접
③ 프로젝션 용접 ④ 라이트 용접

해설 전기 저항 용접의 종류
① 점(스포트) 용접 : 2개의 모재를 겹쳐 전극사이에 끼워 넣고 전류를 흐르게 하여 접촉면이 전기저항에 의하여 발열되어 접합부가 용융될 때 압력을 가해 접합시키는 용접.
② 시임 용접 : 용접부를 겹쳐 한 쌍의 롤러 사이에 끼우면 롤러의 회전에 의해 접합선에 따라서 연속적으로 용접하는 방법으로 점 용접의 전극 대신에 롤러 모양의 전극을 이용하여 접합하는 용접.
③ 프로젝션 용접 : 금속 전극의 돌기부에 접합부를 접촉시켜 압력을 가하고 전류를 통전시키면 전기저항 열의 발생을 비교적 작은 특정 부분에 한정시켜 접합하는 용접
④ 맞대기 용접 : 2개의 금속을 용접기에 설치하여 맞대고 전류를 통전시키면 접촉부가 전기저항 열에 의해 용융될 때 압력을 가해 접합시키는 용접.

11_10
92 용접하려는 두 개의 용접물 사이에 전류를 통하여 열을 발생시켜, 그 열로 용접할 면은 녹이고 위에서 가압시켜 압착 용접시키는 용접을 무엇이라 하는가?
① 전기 아크 스포트 용접
② 전압 변환 스포트 용접
③ 전류 접촉 스포트 용접
④ 전기 저항 스포트 용접

88. ④ 89. ③ 90. ④ 91. ④ 92. ④

13_04

93 전기 저항 용접할 때 발생 열량으로 알맞은 식은?[단, H(Cal), I(A), R(Ω), t(sec)]

① $H = (0.24)^2 IRt$
② $H = 0.24I^2 Rt$
③ $H = 0.24IR^2 t$
④ $H = 0.24IRt^2$

해설 저항 R(Ω)의 도체에 전류 I(A)가 흐를 때 1초 마다 소비되는 에너지 $I^2 \times R(W)$은 모두 열이 된다. 이때의 열을 주울 열이라 한다. 공식은 주울열 $H = 0.24 \times I^2 \times R \times t (cal)$이다.

11_04

94 점 용접(spot welding)의 특징으로 틀린 것은?

① 작업 속도가 빠르다.
② 기술적인 숙련을 필요로 하지 않는다.
③ 표면을 평활하게 할 수 있다.
④ 용접 후 변형이 크다.

해설 점 용접의 특징
① 접합부의 표면을 평활하게 할 수 있다.
② 재료가 절약되고 작업 공정수가 줄어든다.
③ 작업 속도가 빠르다. 용접 후 변형이 거의 없다.
④ 기술적인 숙련이 필요 없다.
⑤ 가압의 효과에 의해 조직이 양호하다.

10_01

95 자동차 제조공정 시 보디에 가장 많이 사용하는 용접은?

① 전기 아크 용접
② 전기 저항 스포트 용접
③ 가스 용접
④ 가스 실드 아크 용접

해설 점 용접의 특징
① 조작이 거의 기계적이어서 기능의 우열에 영향이 적다.
② 용접시간이 짧아 대량생산에 적합하다.
③ 설비가 복잡하고 값이 비싸다.

16_04

96 보디의 접합 시 전기 저항 스폿(spot) 용접을 사용하는 이유가 아닌 것은?

① 변형 발생이 거의 일어나지 않는다.
② 기계적 성질을 변화시키지 않는다.
③ 용접부의 균열, 내부 응력 발생이 없다.
④ 육안 점검으로 용접부 상태를 쉽게 파악할 수 있다.

해설 스폿 용접을 많이 사용하는 이유
① 열 영향부가 좁아 변형 발생이 거의 일어나지 않는다.
② 박판 용접 및 대량 생산에 적합하다.
③ 기계적 성질을 변화시키지 않는다.
④ 용접부의 균열, 내부응력 발생이 없다.
⑤ 구멍을 가공할 필요가 없고 숙련을 요하지 않는다.

07_01

97 자동차 보디에 전기 저항 스포트 용접이 사용되고 있는 이유와 장점이 아닌 것은?

① 용접시 용재를 사용한다.
② 신뢰할 수 있는 용접 방법이다.
③ 용접이 빨리된다.
④ 얇은 판이 갈라지지 않게 용접된다.

정답 93. ② 94. ④ 95. ② 96. ④ 97. ①

08_03

98 보디의 접합시 전기 저항 스포트 용접을 하는 이유가 아닌 것은?

① 변형 발생이 일어나지 않는다.
② 기계적 성질을 변화시키지 않는다.
③ 용접부의 균열, 내부응력 발생이 없다.
④ 모재와 동등한 상태를 유지 할 필요가 없다.

10_10

99 전기 저항 용접의 3대 요소 중 틀린 것은?

① 용접 도전율   ② 용접 전류
③ 가압력   ④ 용접 시간

해설 전기 저항 용접은 2개의 모재를 겹쳐 전극사이에 끼워 넣고 전류를 흐르게 하여 접촉면이 전기저항에 의하여 발열되어 접합부가 용융될 때 압력을 가해 접합시키는 용접으로 3대 요소는 용접 전류, 가압력, 통전 시간이다.

08_10

100 점 용접의 3대 요소에 해당 없는 것은?

① 통전 시간   ② 전극의 가압력
③ 용접 전류   ④ 모재의 두께

03_01

101 스포트 용접의 공정에 들지 않는 것은?

① 예열 접속시간
② 가압 밀착시간
③ 통전 융합시간
④ 냉각 고착시간

해설 점 용접은 가압, 통전, 냉각의 3단계 공정으로 이루어진다.

06_04

102 저항 용접인 점 용접(spot welding)에서 행하여 지지 않는 시간은 다음 중 어느 것인가?

① 스퀴즈 타임(squeeze time)
② 스페어 타임(spare time)
③ 웰드 타임(weld time)
④ 홀드 타임(hold time)

해설 점 용접 시간의 구분
① 스퀴즈 타임 : 초기 가압 시간
② 웰드 타임 : 용접 시간
③ 홀드 타임 : 용접 지속 시간

03_10

103 다음은 점 용접의 조건을 설명한 것이다. 옳지 않은 것은?

① 보통 점 용접에서는 고전압, 소전류의 전원을 저전압, 대전류로 만든다.
② 용접부에서 발생되는 열량은 통전 시간에 비례한다.
③ 가압력이 너무 세면 용접 개시 때 발열이 크다.
④ 도선의 재료는 전기, 열전도성이 우수하고 충격이나 연속 사용에 견디어야 한다.

해설 가압력이 크면 용접 개시시의 발열이 적고, 가압력이 적으면 용접 결과가 균일하지 않게 된다.

12_10

104 자동차 보디(body) 수리용 저항 점 용접기의 종류가 아닌 것은?

① 펜치(pincer)형 용접 건
② 투인 스폿 건(twin spot gun)
③ 프로드(prod)형 용접 건
④ 호크(Hoke)형 용접 건

 98. ④ 99. ① 100. ④ 101. ① 102. ② 103. ③ 104. ④

105 스포트 용접을 하고자 할 때 용접 준비 시 중요 사항이 아닌 것은?

① 용접 시간
② 용접하려는 판의 두께
③ 용접하려는 부분의 형상
④ 용접할 부위의 판 표면 상태

해설 **스포트 용접 준비 중요 사항**
① 용접하려는 패널의 두께.
② 용접하고자 하는 부분의 형상(클램프 암 및 팁의 적합성 여부확인)
③ 용접할 부분의 표면 상태

106 스폿(spot) 용접에서 전극부의 팁 직경은 무엇에 따라 결정되는가?

① 전류의 세기 ② 암의 형상
③ 판의 두께   ④ 용접 시간

해설 스폿 용접에서 전극부의 팁은 전류를 흐르게 하는 출입구가 되기 때문에 팁의 직경이 너무 크거나 적어도 너겟이 작게 형성된다. 따라서 전극부의 팁 직경은 용접하려는 판의 두께에 따라 정해지며, 일반적으로 팁의 직경은 용접하려는 판 두께의 2배에 3mm를 더하거나 뺀 것이 된다.

107 전기 저항 스포트 용접기의 용접 암과 전극의 선택에서 주의 사항으로 틀린 것은?

① 상하의 암은 평행하게 장착한다.
② 전극을 바르게 상하 정렬시킨다.
③ 전극 팁의 접촉면을 완전히 평행하게 다듬질 한다.
④ 용접하려고 하는 부분에 적합하고 가능한 긴 것을 사용한다.

해설 용접 암과 전극의 선택은 용접하려는 부분에 적합하고 가능한 짧은 것을 사용해야 한다.

108 전기 저항 스포트 용접 시 접합면의 일부가 녹아 바둑 알 모양의 단면으로 변화된 것을 무엇이라 하는가?

① 너겟   ② 헤밍
③ 크라운 ④ 홀

해설 너겟(nugget)은 스폿 용접의 타흔(打痕)으로 스폿 용접에 의하여 정확하게 녹아 붙은 부분으로서 원(圓) 모양으로 약간 들어가 있는 단면을 말한다. 이것이 크면 그 만큼 용접의 강도도 강하다. 헤밍은 패널의 끝을 뒤집어 꺾어 접은 것을 말한다.

109 전기 저항 스포트 용접기의 타점 간격은 1mm 판일 때 강도상 필요한 최저 간격은 얼마인가?

① 0.5~5mm   ② 1~10mm
③ 5~15mm   ④ 20~25mm

해설 **스포트 용접의 타점 간격**
① 너겟과 너겟의 최소 거리 : 20~25mm
② 너겟과 너겟의 최대 거리 : 40~45mm

110 전기 저항 스포트 용접기의 시험 용접된 시편(3mm)을 탈거 후 너깃의 구멍 직경으로 가장 적합한 것은?

① 3mm 이상   ② 7mm 이상
③ 10mm 이상 ④ 15mm 이상

해설 스포트 용접 작업 시 시편을 사용해서 시험 용접할 때 시편을 탈거 후 한쪽 시편에 약 3mm 정도의 홀이 발생되었을 경우에 용접 조건이 정확히 맞추어졌다고 할 수 있다.

정답 105. ① 106. ③ 107. ④ 108. ① 109. ④ 110. ①

02_04

111 스포트 용접 작업시 주의사항을 설명하였다. 틀린 것은?

① 용접하고자 하는 너겟의 거리는 일정하게 유지한다.
② 용접 작업시 끝단에서는 약 5mm 정도를 띄운다.
③ 용접 작업시 전극 팁의 각도는 약 80도 정도가 된다.
④ 용접시 용접과 냉각 효율을 높이기 위해서 충분한 가압력(90kgf 이상)이 요구된다.

해설 스포트(점) 용접 작업시에 전극의 팁 각도는 90~120°가 적당하다.

07_04

112 다음 중 패널 교환시 스포트 용접을 할 때 올바르지 못한 것은?

① 패널 귀퉁이에 가깝게 하지 말아야 한다.
② 스포트 용접의 피치 간격은 최대한 좁아야 한다.
③ 스포트 점수는 신차보다 10~20% 많아야 한다.
④ 도막이나 오물을 제거하고 스포트 용접해야 한다.

해설 스포트 용접의 피치(타점) 간격
① 너겟과 너겟의 최소 거리 : 20~25mm
② 너겟과 너겟의 최대 거리 : 40~45mm

04_10

113 전기 저항 스포트 용접기를 사용하여 차체 패널 양면 접합 작업 중 스파크가 발생하면서 차체 패널에 구멍이 발생하였다. 원인에 해당하는 것은?

① 전극 팁의 지름이 크다.
② 모재의 두께에 비교하여 전류가 높다.
③ 전극 팁 끝의 이물질 부착
④ 모재와 전극 팁의 접촉 불량

해설 전류의 세기는 용접부의 발열 온도와 비례한다. 즉, 전류가 너무 높으면 용접부의 발열 온도가 높아서 모재가 얇을 경우 구멍이 발생한다.

11_04

114 전기 저항 스포트 용접기를 사용하여 차체 패널의 양면 접합 작업 중 스파크가 발생하면서 차체 패널에 구멍이 발생하였다. 원인과 가장 거리가 먼 것은?

① 패널에 이물질이 부착되었다.
② 모재의 두께와 비교하여 전류가 낮다.
③ 전극 팁 끝에 카본이 과다 부착되었다.
④ 모재와 전극 팁에 접촉이 불량하다.

해설 모재의 두께에 비하여 전류가 낮으면 접합부가 용융 불량으로 접합이 불량하게 된다.

08_03

115 전기 저항 용접법 중 주로 기밀, 수밀, 유밀성을 필요로 할 때 가장 적합한 용접은?

① 점 용접
② 시임 용접
③ 플래시 용접
④ 프로젝션 용접

해설 전기 저항 용접의 종류에는 점 용접, 시임 용접, 프로젝션 용접이 있다. 시임 용접은 원판상의 롤러 전극에 재료를 끼워 가압하면서 전류를 통하여 띠 모양으로 접합하는 방법으로 수밀이나 유밀이 필요한 이음에 많이 사용한다.

정답 111. ③ 112. ② 113. ② 114. ② 115. ②

11_10
116 전기 저항 용접법의 일종으로 피 용접물에 동일한 크기로 여러 개의 돌기부에 전류를 집중시켜 흐르게 하여 저항 열로 용융시킴과 동시에 가압하여 접합시키는 방식을 무엇이라 하는가?

① 점(spot) 용접
② 시임(Seam) 용접
③ 프로젝션 용접
④ 버트 용접

해설 전기 저항 용접의 종류
① **점(스포트) 용접** : 2개의 모재를 겹쳐 전극사이에 끼워 넣고 전류를 흐르게 하여 접촉면이 전기저항에 의하여 발열되어 접합부가 용융될 때 압력을 가해 접합시키는 용접.
② **시임 용접** : 용접부를 겹쳐 한 쌍의 롤러 사이에 끼우면 롤러의 회전에 의해 접합선에 따라서 연속적으로 용접하는 방법으로 점 용접의 전극 대신에 롤러 모양의 전극을 이용하여 접합하는 용접.
③ **프로젝션 용접** : 금속 전극의 돌기부에 접합부를 접촉시켜 압력을 가하고 전류를 통전시키면 전기저항 열의 발생을 비교적 작은 특정 부분에 한정시켜 접합하는 용접
④ **맞대기 용접** : 2개의 금속을 용접기에 설치하여 맞대고 전류를 통전시키면 접촉부가 전기 저항 열에 의해 용융될 때 압력을 가해 접합시키는 용접.

10_01
117 플로어 보디의 조립 공정이나 엔진룸 등에 스터드 볼트 또는 너트를 용착시키는 작업에 사용하는 용접은?

① 시임 용접
② 프로젝션 용접
③ 플래시 용접
④ 전기 저항 스포트 용접

13_04
118 다음 전기 저항 용접 중 맞대기 용접에 해당하는 것은?

① 점 용접
② 시임 용접
③ 프로젝션 용접
④ 플래시 용접

해설 맞대기 용접의 종류
① **업셋 용접** : 접합 단면을 전극으로 해서 통전하고 압접 온도에 도달하면 가압하여 접합하는 맞대기 저항 용접이다.
② **플래시 용접** : 접합 단면을 가볍게 접촉시키면서 전류를 통전할 때 발생하는 불꽃으로 가열하여 가압 접합하는 맞대기 저항 용접이다.
③ **퍼커션 용접** : 축적된 전기 에너지를 맞대기 면에 급격히 방전하여 발생하는 아크로 가열하고 충격적 압력으로 접합하는 맞대기 저항 용접이다.

16_04
119 탄산가스 아크 용접에 대한 설명 중 틀린 것은?

① 비철금속 용접에는 사용할 수 없다.
② 비드 외관이 타 용접에 비해 양호하다.
③ 전자세 용접이 가능하고 조작이 간단하다.
④ 보호가스가 저렴한 탄산가스라서 다른 특수용접에 비해 비용이 적게 든다.

해설 이산화탄소 아크 용접의 장·단점
(1) 장점
① 가는 와이어로 고속 용접이 가능하며 수동 용접에 비해 용접 비용이 저렴하다.
② 가시 아크이므로 시공이 편리하고, 스패터가 적어 아크가 안정하다.
③ 전자세 용접이 가능하고 조작이 간단하다.
④ 잠호 용접에 비해 모재 표면에 녹과 거칠기에 둔감하다.
⑤ 미그 용접에 비해 용착 금속의 기공 발생이 적다.
⑥ 용접 전류의 밀도가 크므로 용입이 깊고, 용접속도를 매우 빠르게 할 수 있다.

정답 116. ③ 117. ② 118. ④ 119. ②

⑦ 산화 및 질화가 되지 않은 양호한 용착 금속을 얻을 수 있다.
⑧ 보호가스가 저렴한 탄산가스라서 용접경비가 적게 든다.
⑨ 강도와 연신성이 우수하다.

(2) 단점
① 이산화탄소 가스를 사용하므로 작업량 환기에 유의한다.
② 비드 외관이 타 용접에 비해 거칠다
③ 고온 상태의 아크 중에서는 산화성이 크고 용착 금속의 산화가 심하여 기공 및 그 밖의 결함이 생기기 쉽다.

수분제거 처리를 한 제3종이 탄산가스 아크용접에 적합하다.

해설 이산화탄소는 반응성이 매우 강한 가스이지만 가격이 저렴하고 용입이 깊다는 장점이 있어서 연강이나 합금강 용접에서 광범위하게 사용된다. 그러나 이산화탄소는 가스의 특성상 단락이행(short circuit)과 입상용적 이행 모드만이 나타나기 때문에 저전류 범위에서 아크가 불안하고 아크 소음이 크다. 또한, 스패터 발생량이 많다는 취약점을 개선하기 위해 새로운 용접기 및 용접재료가 다양하게 개발되고 있다.

04_02
120 이산화탄소 아크 용접에 관한 사항으로 가장 적합한 것은?

① 용접속도가 수동 용접의 10~20배 정도나 된다.
② 전자세 용접이 가능하고 열의 집중이 좋으므로 용접 능률이 좋다.
③ 가시 아크이므로 시공이 편리하다.
④ 열에너지 손실이 적고 조작이 편리하다.

01_07
121 다음 중 CO_2 아크 용접에 대한 설명이 잘못된 것은?

① 탄산가스는 대체로 저탄소강이나 연강판에 사용되며 비철금속에는 아르곤 가스가 사용된다.
② 탄산가스는 아크의 녹은 자리가 얕고 저열형 이며 아르곤 가스는 고열형이다.
③ 탄산가스는 탄소와 산소의 결합물로서 아크의 고열을 받으면 일산화탄소와 산소로 분해된다.
④ 탄산가스는 제1종부터 3종까지 있는데

10_10
122 이산화탄소 아크 용접에 관한 설명으로 맞는 것은?

① 비소모 전극 방식의 용접법이며, 보호 가스나 용제가 필요 없다.
② 보호 가스로는 질소가 사용된다.
③ 와이어의 굵기가 매우 적으므로 아크 불꽃은 육안으로 직접보아도 별 문제가 없다.
④ 불활성가스 대신 탄산가스를 사용한 용극식 용접법이며, 아크 불빛이 강하여 맨눈으로 직접보아서는 안 된다.

해설 아크 불빛이 가시 불꽃이므로 맨눈으로 직접 보아서는 안된다.

11_04
123 MIG 용접과 거의 같은 방식으로 불활성가스 대신 CO_2가스를 사용하며, 적당한 탈산제(Si, Mn)를 포함한 와이어를 사용하는 용접은?

① 테르밋 용접
② 서브머지드 용접
③ MIG 용접
④ 탄산가스 아크 용접

정답 120. ③ 121. ② 122. ④ 123. ④

해설 용접
① 테르밋 용접 : 산화철과 알루미늄의 화학반응을 이용하여 생긴 고온의 화학 반응열을 이용하여 용접하는 방법
② 서브머지드 아크 용접 : 미세한 입상의 플럭스를 접합부에 부어 모아 그 가운데에 와이어를 송급하여 와이어와 모재와의 사이의 아크를 발생시켜 용접하는 방법으로 아크가 보이지 않아 잠호 용접이라고 한다.
③ MIG 용접 : 고온에서도 금속과 반응을 하지 않는 불활성 가스(아르곤, 헬륨 등)의 분위기 속에서 금속봉을 전극으로 하여 모재와의 사이에서 아크를 발생시켜 접합시키는 용접

07_01
124 이산화탄소 아크 용접장치에 속하지 않는 것은?

① 용접 전원
② 토치
③ 와이어 송급 장치
④ 용접 송급 장치

09_01
125 탄산가스 아크 용접에 사용되지 않는 가스는?

① CO_2
② CO_2+H_2
③ CO_2+O_2
④ CO_2+O_2+Ar

12_10
126 연강 및 고장력강용 솔리드 와이어 YGW11에서 GW의 의미는 무엇인가?

① 용접 와이어
② 보호 가스
③ 매그(MAG) 용접
④ 주요 적용

해설 11은 보호가스, 주요 적용 강의 종류, 와이어의 화학성분, GW는 MAG 용접의 약자이다.

13_04
127 탄산가스 아크 용접에 사용하는 솔리드 와이어의 지름 1.2[mm]에 알맞은 전류 범위는?

① 30~80[A]
② 50~120[A]
③ 70~180[A]
④ 80~350[A]

해설 솔리드 와이어 지름에 따른 용접 적정 전류
① 0.6mm : 40~90A
② 0.8mm : 50~120A
③ 0.9mm : 60~150A
④ 1.0mm : 70~180A
⑤ 1.2mm : 80~350A
⑥ 1.6mm : 300~500A

15_04
128 차체 박판 용접 시 CO_2 아크 용접 요령에서 거리가 가장 먼 것은?

① 토치의 기울기는 10~15° 정도이다.
② 토치 이동 속도는 1분당 1m 정도이다.
③ 맞대기 용접은 연속적으로 용접한다.
④ 모재와 팁의 거리는 10mm 전후이다.

14_04
129 CO_2용접에서 용입 부족의 원인으로 틀린 것은?

① 루트 간격이 너무 좁다.
② 용접 전류가 낮다.
③ 와이어 공급이 너무 빠르다.
④ CO_2가스의 순도가 높다.

해설 용입 부족의 원인
① 용접 전류가 낮다.
② 아크의 길이가 길다.
③ 와이어의 끝이 용접부에 접촉되었다.
④ 루트 간격이 너무 좁다.
⑤ 와이어 공급이 너무 빠르다.
⑥ 용접 겹침이 너무 좁다.

정답 124. ④ 125. ② 126. ③ 127. ④ 128. ③ 129. ④

06_04
130 CO_2 용접 방법 중 용입 부족의 결함사항이 발생하였을 때 원인이 아닌 것은?

① 용접 겹침이 너무 좁다.
② 용접 전류가 낮다.
③ 와이어 공급률이 너무 빠르다.
④ 모재에 과다한 산소가 공급되었다.

해설 모재에 과다한 산소가 공급되면 모재가 과열되어 용입이 과하게 된다.

03_01
131 탄산가스(CO_2) 용접시 비드 외관이 불량하게 되었을 경우 그 시정 조치로서 올바른 것은?

① 운봉 속도를 빠르게 한다.
② 모재를 과열시킨다.
③ 운봉속도를 고르게 한다.
④ 아크 전압을 높게 한다.

해설 적당한 운봉의 속도, 적당한 크기의 아크 전압, 고른 운봉 속도, 모재의 적당한 온도가 용접시 비드를 고르게 만든다.

15_10
132 탄산가스 아크 용접은 바람으로 인해 작업에 영향을 받는다. 바람의 속도가 얼마 이내 일 때 방풍장치 없이 작업이 가능한가?

① 1~2m/sec   ② 3~4m/sec
③ 5~6m/sec   ④ 7~8m/sec

06_10
133 CO_2가스는 아크용접 작업 중에 CO_2가스의 분출상태가 불량할 때 산화된 기포가 발생하므로 이것을 개선하기 위해 와이어에 첨가하는 원소는?

① Cu   ② S
③ Al   ④ Si

09_09
134 차체 수리시 패널부를 CO_2용접기로 맞대기 이음을 하려고 한다. 가장 알맞은 방법은?

① 스포트 용접   ② 연속 용접
③ 플러그 용접   ④ 필릿 용접

해설
① **스포트 용접** : 점 용접으로 2개의 모재를 겹쳐놓고 대전류를 흐르게 하면 접촉 저항열에 의해 용융될 때 압력을 가하여 접합하는 용접으로서 자동차, 항공기에 많이 사용되고 있다. 스포트 용접은 두께 6mm 이하의 판재 용접에 적합하며 0.4~3.2mm가 가장 능률적이다.
② **연속 용접** : 겹치지 않고 끝과 끝을 맞대어 끊임없이 용접하는 방법으로 보통 길이가 30~40mm 정도의 길이로 계속해서 용접을 진행해 나가는 것.
③ **플러그 용접** : 패널의 구조상 스포트 용접을 할 수 없는 부분의 용접에 사용한다. 상판(上板)에 지름 4~8mm정도로 뚫린 구멍을 MIG 용접으로 그 구멍을 녹여 메우는 것(두께 1mm 이하 : 4~6mm, 두께 1~3mm : 6~8mm)
④ **필릿 용접** : T자형의 용접을 말한다.

13_04
135 패널에 구멍을 뚫고 구멍 주위를 계속 용접하여 용접 살이 찰 때까지 용접을 하는 방법은?

① 플라즈마 용접   ② 플러그 용접
③ 프로젝션 용접   ④ 스포트 용접

해설
① **플라즈마 용접** : 플라즈마 아크 용접은 고속으로 분출되는 비이행형 아크(플라즈마 제트)를 이용한 용접이다.
② **플러그 용접** : 패널의 구조상 스포트 용접을 할 수 없는 부분의 용접에 사용한다. 상판(上板)에 지름 4~8mm 정도로 뚫린 구멍을 MIG 용접으로 그 구멍을 녹여 메우는 것(두께 1mm

정답 130. ④ 131. ③ 132. ① 133. ② 134. ② 135. ②

이하 : 4~6mm, 두께 1~3mm : 6~8mm)
③ 프로젝션 용접 : 점 용접의 변형으로 용접부에 돌기를 만들어 전류를 집중시켜 가압하여 접합시키는 용접이다.
④ 스포트 용접 : 점 용접으로 2개의 모재를 겹쳐 놓고 대전류를 흐르게 하면 접촉 저항 열에 의해 용융될 때 압력을 가하여 접합하는 용접으로서 자동차, 항공기에 많이 사용되고 있다. 스포트 용접은 두께 6mm 이하의 판재 용접에 적합하며 0.4~3.2mm가 가장 능률적이다.

08_02
136 CO_2 아크용접 방법 중 플러그 용접에 가장 적합하지 않은 사항은?

① 용접 부위를 청결하게 해야 한다.
② 용접하지 않는 부위도 반드시 와이어 브러시로 청소한다.
③ 플러그 용접은 패널 교환에 많이 사용한다.
④ 5~8mm 정도의 구멍을 뚫어 놓는다.

14_10
137 차체부품으로 센터 필러 신품 패널의 플랜지 부위에 구멍을 뚫어 플러그 용접을 하기 위한 핀칭 가공의 지름으로 적당한 것은?(단, 2겹 패널이다.)

① 1~2mm   ② 3~5mm
③ 6~8mm   ④ 10~13mm

해설 플러그 용접은 패널의 구조상 스포트 용접을 할 수 없는 부분의 용접에 사용한다. 상판(上板)에 지름 6~8mm(두께 1mm이하 : 4~6mm, 두께 1~3mm : 6~8mm)정도로 뚫린 구멍을 MIG 용접으로 그 구멍을 녹여 메우는 것.

14_10
138 이산화탄소 아크 용접에 사용되는 탄산가스(CO_2 gas)의 순도로 옳은 것은?

① 90.5% 이상   ② 95.5% 이상
③ 98.5% 이상   ④ 99.5% 이상

13_10
139 CO_2 용접 작업시 이산화탄소의 농도가 최소 몇 %일 때 두통이나 뇌빈혈을 일으키는가?

① 0.1~0.2   ② 3~4
③ 10~15   ④ 20~30

01_04
140 CO_2 용접시 지켜야 할 안전수칙이 아닌 것은?

① 아크 용접의 불꽃으로부터 보호하기 위하여 보호 장비를 착용한다.
② 용접용 가죽 장갑을 착용한다.
③ 작업복에 인화 물질이 없어야 한다.
④ 연료 탱크는 그대로 놓고 용접을 한다.

해설 연료 탱크와 같은 인화 물질은 화재 발생의 원인이 되므로 용접시 안전한 곳으로 이동시킨 후 물을 넣고 용접 작업을 수행해야 한다.

13_04
141 아르곤(Ar) 또는 헬륨(He) 등의 가스로 아크 및 용접부를 둘러싸게 하여 용접부를 대기 중의 산소, 질소의 침입을 차단하면서 용접하는 용접은?

① 플라스마 용접
② 탄산가스 아크 용접
③ 인버터 용접
④ 불활성 가스 아크 용접

해설 불활성가스 아크 용접 : 불활성 가스 아크 용접은 아르곤(Ar), 헬륨(He) 등 고온에서도 금속과 반응하지 않는 불활성 가스의 분위기 속에서 텅스텐(TIG 용접) 또는 금속(MIG 용접)봉을 전극으로 하여 모재와의 사이에서 아크를 발생시켜 용접하는 방법이다.

 136. ② 137. ③ 138. ④ 139. ② 140. ④ 141. ④

142 알루미늄으로 제작된 실린더 헤드에 균열이 생겼다면 다음 중 어떤 용접이 가장 적합한가?

① 전기 피복 아크 용접
② 불활성 가스 아크 용접
③ 산소-아세틸렌가스 용접
④ LPG 용접

해설 불활성가스 아크 용접 : 실드 가스는 주로 아르곤이 사용되나 헬륨이 사용되기도 한다. 헬륨을 사용하면 고온의 아크로 인하여 용입이 증가하여 열전도가 높은 알루미늄 합금 등을 용접하는데 적당하다.

143 티그 용접에서 모든 금속에 사용되며, 아크 안정성과 낮은 전류(200A)에서 청정작용이 있고 Al, Cu합금, Ti와 활성 금속 용접에 좋은 보호 가스는?

① Ar
② Ar(95%)-H₂(5%)
③ Hg
④ Hg-Ar

144 티그 용접의 설명으로 맞지 않는 것은?

① 산화토륨을 1~2% 첨가한 것은 전자 방출이 쉽다.
② 역극성에 사용되는 전극봉 지름이 정극성에 사용되는 용접봉 지름보다 크다.
③ 정극성의 경우 전극봉 끝은 원뿔 형태로 가공한다.
④ 전극봉의 원뿔 각도가 작으면 용입은 감소한다.

해설 전극봉의 원뿔 각도가 작으면 용입은 깊고 비드 폭은 좁아지며 용접 속도가 빠르다.

145 티그 용접에서 보호가스 설명으로 틀린 것은?

① 아르곤이 헬륨에 비하여 아크 발생이 쉽다.
② 아르곤이 헬륨보다 무거워 아래보기 자세에서 양호하다.
③ 아르곤이 헬륨보다 아크 온도가 높아 용융부의 크기가 크다.
④ 헬륨은 고온의 아크열로 용입이 증가 열전도가 높은 Al합금 용접에 적합하다.

해설 아르곤은 헬륨보다 아크열이 낮아 용입이 얕아 박판 용접에 적합하다.

146 패널의 용접 이음 방법 중 그 종류가 아닌 것은?

① 스포트 용접
② 미그(MIG) 용접
③ 납점
④ 볼트 접합

해설 볼트 접합은 기계적인 접합법이다.

147 미그 아크 용접에는 불활성 가스를 사용하는데 불활성 가스인 헬륨가스, 아르곤 가스 등은 소모 가스로서는 값이 비싸기 때문에 실드 가스로서는 무엇이 가장 많이 쓰이는가?

① 수소가스
② 질소가스
③ 탄산가스
④ 산성가스

정답 142. ② 143. ① 144. ④ 145. ③ 146. ④ 147. ③

14_10
148 불활성 가스 아크 용접 와이어의 선택에 있어 고려할 사항으로 틀린 것은?

① 모재의 화학적 성질
② 모재의 기계적 성질
③ 사용할 보호 가스
④ 용접부의 이음 형상

05_01
149 MIG 용접에서 전류의 맥동에 의해 용접메탈이 이행되는 아크법은 어느 것인가?

① 단락 아크법(dip arc transfer)
② 스프레이 아크법(spray arc transfer)
③ 펄스 아크법(pulse arc transfer)
④ 브라스팅 아크법(blasting arc transfer)

해설 ① 단락 아크법 : 아크 전압을 낮게 하여 전극과 용융금속 풀이 일정한 주기마다 간헐적으로 접촉시켜 용융금속을 이동시키는 방법
② 스프레이 아크법 : 단락 아크법보다 훨씬 높은 전압과 전류를 이용하여 용접봉의 지름보다 작은 용융금속 방울이 아크를 타고 나가 모재에 용착시키는 방법
③ 펄스(맥동) 아크법 : 스프레이 아크법보다 낮은 전류를 이용하며, 간헐적으로 전류의 높은 맥동에 의해 용융금속 방울을 모재쪽으로 이동시키는 방법

08_10
150 MIG 용접에서 와이어 공급 방식이 아닌 것은?

① 푸시(Push)식
② 풀(Pull)식
③ 푸시-풀(Push-Pull)식
④ 더블 푸쉬(Double-Push)식

해설 ① 푸시(Push) 방식 : 반자동 용접에 적합
② 풀(Pull) 방식 : 공급시 마찰저항을 적게 하여 와이어 공급을 원활하게 한 방식으로 직경이 작고 연한 와이어에 이용
③ 푸시 풀 방식 : 공급 튜브가 길고 연한 재료에 사용이 가능하나 조작이 불편하다.

10_01
151 미그(MIG)용접에 있어서 용접 토치와 본체를 연결하는 중요 케이블이 아닌 것은?

① 플렉시블 라이너(flexible liner)
② 파워 메인 케이블(power main cable)
③ 가스 호스(gas tube) 및 제어리드
④ 네오프렌 튜브(neoprene tube)

해설 네오프렌은 합성고무의 일종이다.

15_04
152 미그 아크(MIG Arc) 용접 토치 케이블의 구조 중 용접 와이어를 콘택트 팁 끝까지 운반하기 위한 접속선은?

① 가스 호스
② 파워 메인 케이블
③ 플렉시블 라이너
④ 제어 회로 리드

01_01
153 MIG 용접에서 박판일 경우 0.6~0.8mm의 와이어를 쓰고 있다. 용접면과 팁 앞 끝과의 거리는 어느 것인가?

① 0.1~0.5mm   ② 0.6~0.8mm
③ 1~4.0mm   ④ 5.0~10.0mm

해설 MIG 용접에서 용접면(모재)과 팁 간의 거리는 와이어의 직경 × 12mm로 계산한다. 그러므로 와이어의 직경이 0.6~0.80이므로, 모재와 팁 간의 거리는 7.2~9.6mm가 된다.

148. ①   149. ③   150. ④   151. ④   152. ③   153. ④

154 미그 아크 용접시 토치를 아래로 향하고 용접할 때의 경사도는?
① 10°~20° ② 15°~30°
③ 20°~40° ④ 25°~45°

해설 토치는 아래보기 용접의 경우 토치의 노즐은 수직선에서 15~30° 기울여 유지하고 용접면과 팁 선단과의 거리는 약 5~10mm 정도가 적당하다.

155 볼트나 환봉 등을 강판이나 형강에 직접 용접하는 방법으로 볼트나 환봉을 피스톤형의 홀더에 끼우고 모재와 볼트 사이에 순간적으로 아크를 발생시켜 용접하는 방법은?
① 산소 용접
② 서브머지드 아크 용접
③ 테르밋 용접
④ 스터드 용접

해설 용접의 종류
① 산소 용접 : 아세틸렌과 산소 혼합물의 연소열을 이용하여 강 또는 철제를 접합하는 방법
② 서브머지드 아크 용접 : 서브머지드 아크 용접은 용접부에 압자상의 용제를 공급하고 용제 속에서 아크를 발생시켜 연속적으로 용접하는 것으로 용접선이 짧거나 용접선이 구부러진 경우 용접장치의 조작이 어렵다.
③ 테르밋 용접 : 테르밋 용제를 사용하여 이때 발생하는 고열을 이용하여 강 또는 철재를 접합하는 방법

156 모재의 열 변형이 거의 없으며, 이종 금속의 용접이 가능하고 미세하고 정밀한 용접을 할 수 있으며, 비접촉식 용접 방식으로 모재에 손상을 주지 않는 특징을 가진 용접은?
① 산소 용접   ② 전기 용접
③ 레이저 용접 ④ 스터드 용접

해설 레이저 용접의 특징
① 용접 장치는 고체 금속형, 가스 방전형, 반도체형이 있다.
② 아르곤, 질소, 헬륨으로 냉각하여 레이저 효율을 높일 수 있다.
③ 원격 조작이 가능하고 육안으로 확인하면서 용접이 가능하다.
④ 에너지 밀도가 크고, 고융점을 가진 금속에 이용된다.
⑤ 정밀 용접도 가능하다.
⑥ 불량 도체 및 접근하기 곤란한 물체도 용접이 가능하다.

157 열적 핀치 효과를 가진 절단 방법은?
① 금속 아크 절단
② 플라즈마 제트 절단
③ TIG 절단
④ 탄소 아크 절단

해설 플라즈마 용접 및 절단은 열적 핀치 효과와 자기적 핀치 효과를 이용하는데 열적 핀치 효과는 냉각으로 인한 단면 수축으로 전류 밀도를 증대하는 방법이고 자기적 핀치 효과는 방전 전류에 의해 자장과 전류의 작용으로 단면을 수축하여 전류 밀도가 증대되는 것이다.

158 텅스텐 전극과 모재 사이에 아크를 발생시키고 아르곤 가스를 공급하여 절단하는 방법은?
① TIG 아크 절단
② MIG 아크 절단
③ 서브머지드 아크 절단
④ 플라즈마 아크 절단

정답 154. ② 155. ④ 156. ③ 157. ② 158. ①

08_03
159 용접 작업시 용접 홈을 만드는 이유가 될 수 없는 것은?

① 용입을 좋게 하기 위해서
② 용접 이음 효율을 높이기 위해서
③ 용접 변형을 적게 하기 위해서
④ 용접봉의 소비를 적게 하기 위해서

해설 용접 작업에서 판의 두께가 두꺼울수록 내부까지 용착되기 어렵기 때문에 완전히 용착시켜 이음 효율 등을 높이기 위해 접합부의 끝부분을 적당히 깎아서 용접 홈을 만든다.

11_04
160 홈 맞대기 용접의 용접부의 명칭 중 틀린 것은?

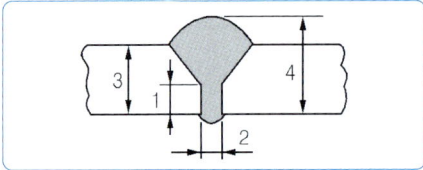

① 루트 면-1   ② 루트 간격-2
③ 판의 두께-3   ④ 살 올림-4

해설 살 올림은 표면으로부터 용착금속의 맨 윗부분까지의 거리이다.

08_02
161 용접부의 청소는 각종 용접이나 용접 시작 전에 실시한다. 용접부 청정에 대한 설명으로 틀린 것은?

① 청소 상태가 나쁘면 슬래그, 기공 등의 원인이 된다.
② 청소 방법은 와이어 브러시, 그라인더, 쇼트 브래스팅 등으로 한다.
③ 청소 상태가 나쁠 때 가장 큰 결함이 슬래그 섞임이고, 오버랩이 발생한다.
④ 화학 약품에 의한 청정은 특수한 용접법 외에는 사용하지 않는다.

해설 용접부의 오버랩은 모재에 비하여 용접봉이 굵은 것을 선택하였거나 용접부를 충분히 가열하지 않은 경우에 발생된다.

07_09
162 용접 지그의 사용 목적이 아닌 것은?

① 가능한 한 아래보기 자세로 할 수 있게 한다.
② 용접시 발생되는 변형 방지와 역변형을 주어 정밀도를 향상시킨다.
③ 대량 생산시 조립작업을 단순화 자동화로 능률을 향상시킨다.
④ 재료의 절약 및 작업자의 안전을 확보한다.

10_01
163 용접에서 이음의 기본 형식에 들지 않는 것은?

① 맞대기 이음   ② 변두리 이음
③ 모서리 이음   ④ K 이음

해설 용접 이음의 기본 형식
① 맞대기 이음   ② 모서리 이음
③ 변두리 이음   ④ 겹치기 이음
⑤ T 이음   ⑥ 십자 이음
⑦ 한쪽 덮개 판 이음 ⑧ 필렛 이음
⑨ 양쪽 덮개 판 이음

11_10
164 맞대기 용접 이용에서 "I"형 이음에 해당되는 것은?

정답 159. ④ 160. ④ 161. ③ 162. ④ 163. ④ 164. ③

해설 ①의 기호는 H형, ②의 기호는 U형, ③의 기호는 I형, ④의 기호는 V형 이음이다.

10_01

165 다음 용접 홈 형상 중에서 판 두께가 가장 얇은 판의 용접에 적용하는 것은?

① "I"형 홈　　② "V"형 홈
③ "X"형 홈　　④ "H"형 홈

해설 홈 형상에 따른 판 두께
① I형 : 6mm까지
② V형, J형 : 6~9mm
③ X형, K형 : 12mm 이상
④ U형 : 16~50mm
⑤ H형 : 50mm 이상

14_10

166 리어 쿼터 패널(C필러)을 절단 후 복원 수리 시 용접이음 방법으로 알맞은 것은?(단, 판 두께가 6mm이하이다.)

① I형 이음　　② V형 이음
③ N형 이음　　④ H형 이음

해설 용접 이음의 홈 형상에 따른 판 두께
① I형 : 6mm까지
② V형, J형 : 6~9mm
③ X형, K형 : 12mm 이상
④ U형 : 16~50mm
⑤ H형 : 50mm 이상

06_01

167 다음은 판의 두께에 따른 용접이음의 적용도이다. 가장 적당한 것은? (단, 얇은 판 → 두꺼운 판)

① V형 이음 → I형 이음 → X형 이음 → U형 이음 → H형 이음
② V형 이음 → I형 이음 → U형 이음 → X형 이음 → H형 이음
③ I형 이음 → V형 이음 → X형 이음 → U형 이음 → H형 이음
④ I형 이음 → V형 이음 → U형 이음 → X형 이음 → H형 이음

해설 맞대기 용접 이음의 홈 간극에 의한 분류
① I형 : 수동용접에서는 판 두께가 6mm이하인 경우에 주로 사용한다.
② V형 : 한쪽 방향에서 완전한 용입을 얻으려고 할 때에 사용하며, 판의 두께가 두꺼워지면 용착 금속의 양이 증대되고 변형이 생길 수도 있으므로 너무 두꺼운 판에 사용하는 것은 적합하지 않다.
③ X형 : 양쪽 방향에서 용접하여 완전한 용입을 얻는 데 사용하며, 두꺼운 판의 용접에 적합하다.
④ U형 : 두꺼운 판을 한쪽 방향에서 용접하여 충분한 용입을 얻으려고 할 때 사용하며, 두꺼운 판의 용접에서는 비드의 나비가 좁고, 용착 금속의 양도 적다.
⑤ H형 : 두꺼운 판을 양쪽 방향에서 용접하여 충분한 용입을 얻으려고 하는 용접이다.
⑥ ∨형, K형 : T형 이음 등에서 충분한 용입을 얻기 위하여 사용한다.
⑦ J형 : ∨형이나 K형 홈보다 두꺼운 판에 사용한다.

10_01

168 재료기호 SM40C에서 40 이란 숫자가 나타내는 뜻은?

① 인장강도의 평균치
② 탄소 함유량의 평균치
③ 가공도의 평균치
④ 경도의 평균치

해설 재료기호 SM40C에서 SM은 기계 구조용이며, 40은 탄소 함유량의 평균치를 나타내는 것이다.

정답 165. ①　166. ①　167. ③　168. ②

15_04
169 용접선 시작부와 종단부의 결함을 줄이기 위하여 시작부와 종단부에 모재와 같은 재질의 보조 판을 붙여서 용접하는 경우가 있는데 이 보조 판을 무엇이라 하는가?

① 엔드 탭   ② 가우징
③ 스캘럽   ④ 스트롱 백

해설 엔드 탭(end tap) : 비드의 시점과 종점에 붙인 보조 판을 말함.

15_04
170 차체 패널 중 용접 이음 방식으로 결합된 패널은?

① 엔진 후드
② 앞 펜더
③ 리어 쿼터 패널
④ 트렁크 리드

해설 엔진 후드, 앞 펜더, 트렁크 리드는 모두 볼트 온 패널이다.

16_04
171 알루미늄 합금 패널의 용접 작업에 관한 설명으로 틀린 것은?

① 알루미늄 합금은 가열 온도를 확인하기가 어렵다.
② 알루미늄 합금 패널은 열 전도성이 우수하여 국부 가열이 어렵다.
③ 알루미늄 합금 패널의 산화 막은 손상되지 않도록 용접해야 한다.
④ 알루미늄 합금의 용접부위에 기공이 발생하기가 쉽다.

해설 알루미늄 합금 패널 용접시 주의사항
① 가열 상태 및 용융온도를 파악하기 어렵다.
② 열전도성이 우수하여 국부가열이 어렵다.
③ 모재의 용융을 일정하게 유지가 어렵다.
④ 용접 전 와이어 브러시 또는 화학약품을 사용하여 산화 막을 제거하여야 한다.
⑤ 용접 부위에 기공이 발생하기 쉽다.
⑥ 용접 부위에 균열이 발생하기 쉽다.

15_10
172 차체 박판의 맞대기 용접 방법으로 옳은 것은?

① 단속적으로 용접한다.
② 스폿 용접으로 작업한다.
③ 플러그 용접으로 작업한다.
④ 패널 앞·뒤 모두 용접한다.

해설 차체 박판의 맞대기 용접 방법으로는 단속 용접과 연속 용접이 있다. 현장작업 시 주로 사용되는 용접은 단속 용접으로 점 형태의 모양으로 한 포인트 한 포인트 이어가는 용접을 말한다.

11_10
173 가스 용접장치 정비 시 안전 유의사항으로 옳지 않는 것은?

① 공구를 다룰 때는 규정에 맞게 안전하게 작업하도록 주의한다.
② 공구는 항상 정리 정돈된 상태에서 사용하고, 깨끗이 닦고 충격을 가해서 푼다.
③ 압력 용기는 튼튼하므로 용기의 나사가 풀리지 않을 때는 충격을 가해서 푼다.
④ 부품 교환 및 보수를 할 때는 동일한 부품 및 규격품으로 교환 및 보수를 하여야 한다.

해설 압력 용기에 충격을 가하면 폭발의 위험이 있다.

정답 169. ① 170. ③ 171. ③ 172. ① 173. ③

174 바디의 패널 교환 부품의 절단위치 설정 조건으로 틀린 것은?

① 다른 부품의 변형을 유발시키지 않는 곳
② 탈착 부품이 많아도 용접이 쉬운 곳
③ 용접 길이가 짧고, 도장 보수가 쉬운 곳
④ 탈착 부품의 조립에 지장이 없는 곳

175 가스 용접의 안전작업 중 적합하지 않은 것은?

① 토치에 점화시킬 때에는 산소 밸브를 먼저 열고 다음에 아세틸렌 밸브를 연다.
② 산소 누설 시험에는 비눗물을 사용한다.
③ 토치 끝으로 용접물의 위치를 바꾸면 안된다.
④ 가스를 들이 마시지 않도록 한다.

해설 가스 용접은 아세틸렌 밸브를 먼저 열어 토치에 점화한 다음, 산소 밸브를 조금씩 열어 불꽃 조절을 하여야 한다.

176 산소 용접에서 안전한 작업수칙으로 옳은 것은?

① 기름이 묻은 복장으로 작업한다.
② 산소 밸브를 먼저 연다.
③ 아세틸렌 밸브를 먼저 연다.
④ 역화 하였을 때는 아세틸렌 밸브를 빨리 잠근다.

해설 산소 용접 작업에서 점화할 때는 아세틸렌 밸브를 먼저 열고 산소 라이터를 이용하여 점화한 후 산소 밸브를 열어 불꽃을 조정하여야 한다.

177 용접 작업시 유해 광선으로 눈에 이상이 생겼을 때 응급처치 요령으로 적당한 것은?

① 온수 찜질 후 치료한다.
② 냉수 찜질 후 치료한다.
③ 바람을 마주보고 눈을 깜박거린다.
④ 안약을 넣고 안대를 한다.

해설 용접 작업시 유해 광선으로 눈에 이상이 생긴 경우는 안구에 화상을 입은 것으로 냉수 찜질을 한 후 치료하여야 한다.

178 차체 판 두께가 서로 다른 재료 또는 열용량이 서로 다른 재료를 가스용접 할 경우 용접부의 보호를 위하여 가장 적합한 사항은?

① 두 판의 중간 부분에서 불꽃을 대도록 한다.
② 용접 속도를 느리게 한다.
③ 열용량이 큰 쪽의 모재에서 불꽃을 대도록 한다.
④ 얇은 판 쪽의 모재에서 불꽃을 대도록 한다.

해설 열용량이 서로 다른 재질의 용접은 열용량이 큰 쪽에, 모재의 두께가 서로 다른 경우의 용접은 두꺼운 쪽에 불꽃을 대도록 하여야 한다.

정답 174. ② 175. ① 176. ③ 177. ② 178. ③

06_10
179 가스 용접 준비를 위한 가스용기 운반 시 가장 안전한 방법은?

① 로프로 묶어 이동시킨다.
② 전자석을 이용한다.
③ 높은 곳에서 낮은 곳으로 떨어뜨린다.
④ 용기를 높은 곳에서 낮은 곳으로 내릴 때는 레일을 이용하여 서서히 내린다.

해설 용기를 높은 곳에서 낮은 곳으로 내릴 때는 레일을 이용하여 서서히 내리고 평지에서는 가스 용접 전용의 운반 기구를 이용하여 운반하여야 한다.

10_01
180 다음 중 용접작업과 관련된 안전사항으로 틀린 것은?

① 용접 시에는 소화기를 준비한다.
② 전기 용접은 옥내 작업만 한다.
③ 용접 홀더는 항상 파손되지 않은 것을 사용한다.
④ 산소 아세틸렌 용접에서 가스 누출 검사 시는 비눗물을 사용하여 검사한다.

해설 전기 용접은 우천 시를 제외하고는 옥외에서도 작업할 수 있다.

13_10
181 패널 용접 플랜지 면의 밀착이 불완전할 경우 발생되는 문제점은?

① 공기 저항이 크다.
② 소음의 원인이 된다.
③ 배수가 잘 안된다.
④ 실링을 할 수 없다.

14_04
182 차체 패널 중 플랜지 부위의 플러그 용접 후 덧살 부분을 제거할 때 가장 적당한 공구는?

① 디스크 샌더 페이퍼
② 디스크 와이어 브러시
③ 디스크 그라인더
④ 페이퍼 그라인더

07_04
183 패널 용접작업 후 처리 작업에 속하지 않는 것은?

① 부식 방지제 도포 작업
② 패널 실링제 도포 작업
③ 플러그 용접 부위를 그라인딩 작업
④ 맞대기 용접 부위에 바로 도장 작업

정답 179. ④　180. ②　181. ②　182. ③　183. ④

III

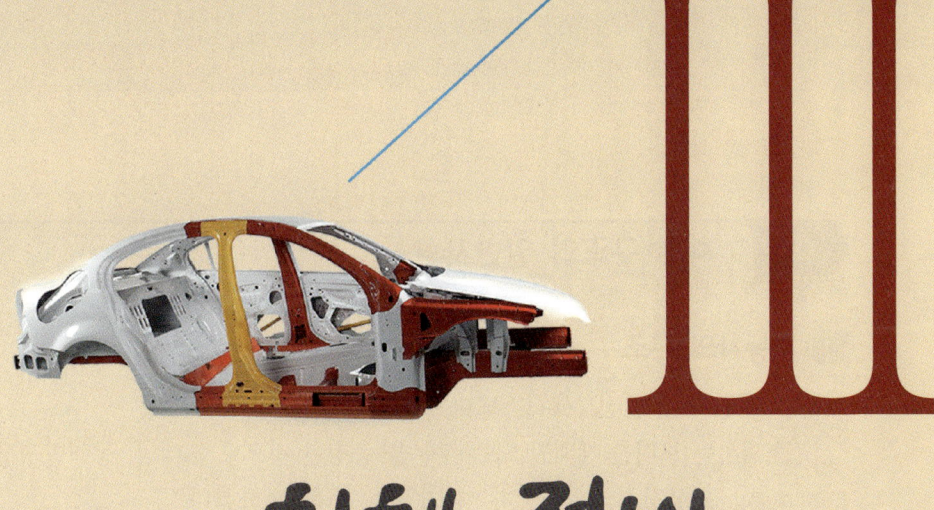

차체 정비

차체 수정
차체 판금
자동차 도장
적중예상문제

chapter 03 차체정비

1. 차체 수정

01 차체 구조의 일반사항

1 자동차의 구조

① 자동차는 엔진, 섀시, 보디, 전장품 등으로 구성된다.
② 섀시는 보디를 제외한 모든 부분을 총칭한 것으로 프레임, 동력발생장치, 동력전달장치, 조향장치, 제동장치, 현가장치 등을 포함한다.
③ 독립된 프레임이 없는 자동차의 무게와 힘은 보디가 지지한다.
④ 자동차의 골격이라 할 수 있는 기본 틀을 **프레임**이라 한다.

2 차체의 구조

(1) 모노코크 보디

모노코크 보디는 차량의 일부에 가해진 충격이나 하중을 차체 표면에 분산하며, 충격을 받았을 때 차실 내부의 안전성을 확보하기 위하여 **충격 흡수 부위**(크러시 존 : 손상되기 쉬운 장소)를 각각 임의의 장소에 설치한 충격 흡수 구조로 하고 있다. 모노코크 보디는 계란 껍질 구조, 라멘 구조, 충격 흡수형 구조로 분류한다.

① **계란 껍질 구조** : 외력이 껍질 전체에 골고루 분산하여 강도를 유지한다.

② **라멘(rahmen) 구조** : 상자 모양의 구조물을 상호 용접하여 연속으로 단단하게 이어진 구조이다.

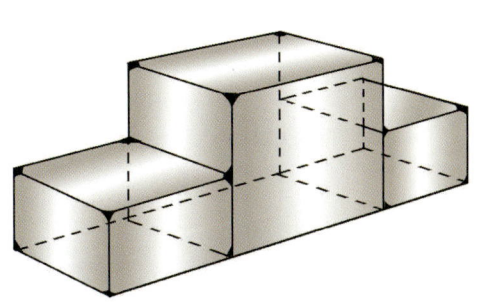

③ **충격 흡수 구조** : 보디 각 부분에 가해진 외력을 크러시 포인트에서 흡수하면서 순차적으로 전달된다.

(2) 범퍼

① 범퍼는 차체 앞·뒤쪽에 설치되어 충돌 시의 충격을 흡수하고 보디를 보호하며 외형의 미적 부분을 완성한다.
② 주로 범퍼 본체, 본체를 지지하고 보디에 연결하기 위한 암, 사이드 부분을 고정하는 축으로 구성되어 있다.
③ 최근에는 충격 흡수 성능이나 복원력이 뛰어나고 자유롭게 디자인할 수 있는 수지 범퍼가 많이 사용되고 있다.

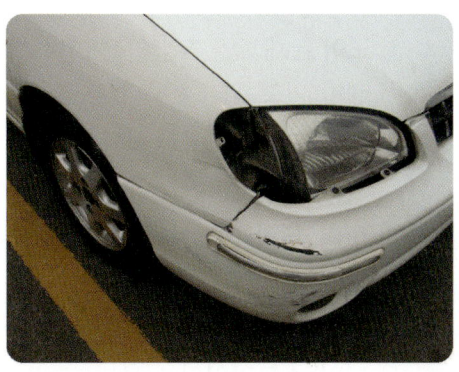

(3) 라디에이터 그릴 및 몰딩

① **라디에이터 그릴** : 라디에이터의 공기 통로이며, 외형의 미적 부분을 완성한다.
② **몰딩** : 주행 중 비산되는 돌 등 이물질의 충돌 방지 역할 및 외형의 미적 부분을 완성한다.

(4) 후드(보닛)

① 엔진 룸의 덮개 역할로 내부 부품을 보호한다.
② 엔진 소음을 감소하는 기능을 한다.
③ 충돌 사고 시의 안전성을 확보한다.
④ 고급 차량은 내부에 방음 방열용 우레탄 커버를 사용한다.
⑤ 후드 이너 패널에는 홀, 크라운 등 구부러지기 쉬운 구조로 한다.
⑥ 후드 래치 및 스트라이커에 안전 고리를 설치한다.

(5) 도어의 구성

① **도어 본체** : 골격이 되는 이너 패널에 강성을 높이기 위해 리인포스먼트를 보강하여 헤밍 가공으로 접합한 구조로 되어 있다.
② **도어 힌지** : 도어와 본체의 개폐지점이 되는 부품으로 도어 측과 보디 측에 볼트로 체결되는 것이 기본형이지만 용접으로 체결되는 경우도 있다.
③ **도어 체커** : 도어의 열림량을 제어하는 기능을 한다.
④ **도어 록** : 주행 중 도어가 열리지 않도록 하는 잠금장치이며, 외부 및 실내에서 개폐가 가능하다.
⑤ **도어 스트라이커** : 보디 측 필러에 설치되어 도어 래치와 연결되어 있다.
⑥ **도어 아웃사이드 핸들(아웃 핸들)** : 도어를 바깥쪽에서 열 수 있도록 되어 있으며,

손잡이의 역할이다.

⑦ **도어 인사이드 핸들(인 핸들) 및 노브** : 도어를 안쪽에서 열 수 있도록 되어 있다.
⑧ **도어 윈도우 레귤레이터** : 도어 윈도우 글래스는 보통 4~5mm의 강화유리를 사용하고 이것을 글래스 홀더에 부착하여 윈도우 레귤레이터에 연결된다. 윈도우 레귤레이터는 글래스를 승강하는 장치로서 도어 이너 패널에 부착되어 있다. 레귤레이터 핸들이나 파워 윈도우 모터의 조작에 의해서 글래스 런 찬넬을 따라 글래스가 상, 하로 작동된다.
⑨ **도어 미러** : 도어 미러는 전동식과 수동식이 있으며, 측면 및 후방의 시계 확보에 영향을 미친다.

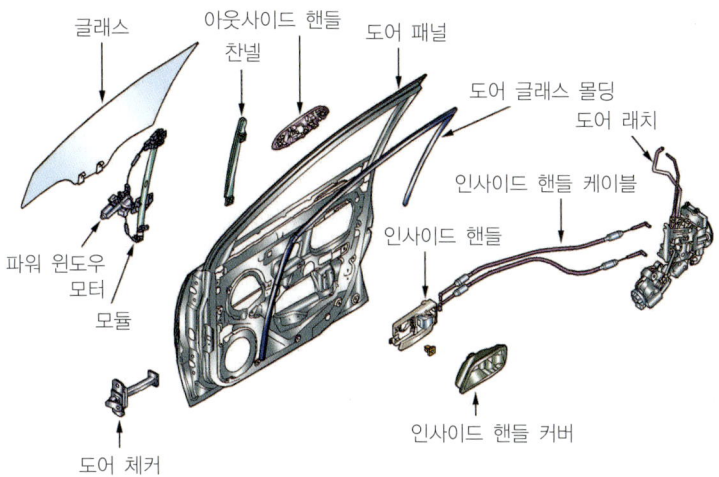

(6) 트렁크 리드

① 트렁크 내의 화물을 물, 먼지, 도난으로부터 보호한다.
② 와이어식 또는 전동식에 의해 개폐가 이루어진다.
③ 화물실의 출입을 용이하게 하고 개폐시 균형을 잡기 위해 토션 바 스프링을 장착하였다.
④ 힌지와 스트라이커의 상하, 좌우 이동에 의해 조정된다.

(7) 킥업

전, 후 충돌 등의 충격을 받았을 경우에 멤버 자체가 변형하여 차실에 영향을 미치는데 이를 덜 미치도록 부분적으로 만든 굴곡을 **킥업**이라 한다.

3 체결용 기계요소

(1) 나사

1) 미터나사
① 나사산의 각도가 60°이다.
② 나사산의 크기를 피치(mm)로 표시한다.
③ 나사의 호칭은 수나사의 바깥지름으로 한다.
④ 미터 보통 나사와 미터 가는 나사로 나누어 사용하고 기호는 M이다.
⑤ 미터나사는 체결용 나사이다.

2) 애크미 나사
① 애크미 나사는 동력전달용 나사이며, 사다리꼴 나사라고도 한다.
② **나사산의 각도** : 미터 계열은 30°, 인치 계열은 29°, 미터나사보다 피치가 크다.
③ 강도가 크고 동력전달이 정확하다.
④ 정밀도가 높으며, 마모에 의한 조정이 쉽다.

3) 나사의 표시 방법
① **나사의 호칭** : 미터나사는 M8, 유니파이 나사는 No.4-40UNC
② **나사의 등급** : 미터나사는 1급, 2급, 3급으로 표시, 유니파이 나사는 3A, 2A, 1A
③ **나사산의 감긴방향** : 왼나사와 오른나사
④ **M30×8** : M은 나사의 종류이고 30은 나사의 호칭 이름이며, 8은 나사 피치를 나타낸 것이다.

(2) 리벳

리벳은 강판이나 형강을 결합하는 이음 못으로 리벳 이음은 강도뿐만 아니라 기밀을 요하는 곳 또는 주로 힘의 전달이나 강도만을 목적으로 하는 곳에 사용한다.

1) 리벳 이음의 특징
① 잔류 응력이 발생하지 않는다.
② 현장 조립일 경우 용접 이음보다 작업이 쉽다.
③ 경합금 등에 신뢰성이 있다.
④ 강판 두께에 한계가 있으며, 이음 효율이 낮다.

2) 리벳의 크기와 길이 표시
① **크기 표시** : 리벳은 지름 × 길이로 표시한다.
② **길이 표시** : 리벳은 리벳팅 할 수 있는 깊이가 중요하다. 따라서 머리 부분을 제외한 길이 즉, 깊이가 리벳에 중요하다.

02 차체 손상 진단

1 개요

① **손상 진단의 역학적 기초지식** : 운동의 법칙, 힘의 과학, 에너지
② 힘은 물체의 운동 상태를 바꾸거나 물체에 변형을 초래한다.
③ 자동차에 가해진 외력을 **충격력**이라 한다.
④ **힘의 3요소** : 힘의 크기, 힘의 방향, 힘의 작용점

2 차체의 손상 진단

(1) 프레임의 점검 사항 및 방법

1) 프레임의 파손 및 변형의 원인
① 극단적인 휨 모멘트의 발생
② 충돌이나 전복 사고의 발생
③ 부분적인 집중 하중으로 인한 발생

2) 프레임의 파손 및 변형 점검 방법
① 육안 점검
② 자기 탐상법
③ 침투 탐상법
④ 염색 탐상법
⑤ 형광 탐상법

(2) 차체 손상 진단 방법

1) 차체 손상 진단의 착안 사항
① 상대 물체의 종류
② 충돌시의 속도
③ 충돌 각도
④ 충돌 부위

2) 차체 손상 진단 시 확인 사항
① 상대 물체의 종류
② 외력의 크기
③ 외력의 방향
④ 외력의 접촉 부위

3) 차체 손상 진단의 영역
① 직접 충돌 부위를 진단해야 한다.
② 간접 충돌 부위를 진단해야 한다.
③ 엔진, 새시 분야를 진단해야 한다.
④ 승객석 전장 부품을 진단해야 한다.

4) 응력이 집중되는 부위
① 구멍(홀)이 있는 부위
② 곡선 부위

③ 단면적이 적은 부위　　　　　④ 패널과 패널이 겹쳐지는 부위

5) 모노코크 보디의 충격 흡수 부분
① 각이 있는 곳(킥업 부위)　　　② 구멍이 뚫린 곳
③ 두께가 변화된 곳

6) 보디에 미치는 충격을 완화하기 위한 방법
① 우물 정(井)자 형태로 보디를 만든다.
② 두께를 바꾸거나 구멍을 뚫는다.
③ 각도를 급격히 굽히거나 보강재를 용접한다.
④ 일부러 약한 부분을 만들어 부서지도록 한다.

3 승용차 손상 진단

(1) 프런트 보디 손상 진단

1) 앞면 중앙부에 외력이 가해진 경우
① 라디에이터 코어 지지부와 좌우 부위를 점검한다.
② 좌우 후드 레지 패널은 엔진 룸 쪽으로 끌리는 경향이 있으므로 이 부위의 변형 유무를 점검한다.
③ 프런트 크로스 멤버와 좌우 사이드 멤버가 붙어 있는 부위를 점검한다.
④ 좌우 사이드 멤버는 안쪽으로 밀리는 경향이 있으므로 텐션 로드 브래킷이나 서스펜션 멤버가 설치된 부위를 점검한다.

2) 앞면의 좌 또는 우측 끝 부분에 외력이 가해진 경우
① 프런트 사이드 멤버와 크로스 멤버를 점검한다.
② 라디에이터 서포트 중심과 좌우 부위를 점검한다.
③ 후드의 평면 부위와 좌우 부위를 점검한다.

(2) 보디 중앙부의 손상 진단

1) 도어 부위에 외력이 가해진 경우
① 프런트 패널의 상하가 설치된 부위의 점검
② 센터 필러의 상하 설치 부위 근처의 점검
③ 사이드 실의 변형 유무 점검
④ 루프 및 루프 사이드 패널의 점검
⑤ 대시 인스트루먼트 패널 및 시트의 점검
⑥ 프런트 필러 상하 설치 부위의 점검

2) 사이드 실 부위에 외력이 가해진 경우
① 사이드 실 이너(side seal inner)의 점검
② 플로어 점검

(3) 리어 보디 손상 진단
① 리어 플로어 부분(예비 타이어 하우징부) 점검
② 리어 사이드 멤버의 형상 및 단면 형상의 변화 부분(킥업 부위, 스프링 부착 부위) 점검
③ 리어 휠 하우징 부착 부위 점검
④ 리어 펜더 이너 부위 점검
⑤ 루프의 리어 펜더와 접합부 및 센터 필러 부착 윗부분 점검
⑥ 승차된 사람과 적재물의 관성에 의한 시트의 손상 점검

(4) 도어 부분의 손상 진단
① 프런트 필러 상하 설치부 점검
② 사이드 실(seal) 점검
③ 루프 사이드 패널 점검

4 트럭의 손상 진단

트럭의 손상 진단은 우선 적재물에 의한 영향을 고려하여야 한다. 즉 적재 방법, 적재량에 의해 발생하는 관성을 고려하여야 하며, 앞뒤 바퀴에 대한 하중의 분포도가 다르기 때문에 이러한 상태를 충분히 이해하고 손상 진단을 하여야 한다.

(1) 캡(cap)의 손상 진단

1) 구조상의 유의점
① 부착 방식이 고정식 또는 틸트식인가를 점검한다.
② 멀티식인 경우 각 지지점은 어떤 구조인가를 점검한다.
③ 대시 인스트루먼트 패널이 볼트 고정식인가 용접 고정인가를 점검한다.
④ 플로어 멤버의 유무를 점검한다.
⑤ 사이드 펜더의 조립 방법과 단면의 형상을 점검한다.

2) 일반적인 점검 부위
① 프런트 필러를 점검한다.
② 도어 내의 판을 점검한다.
③ 리어 필러(이너 부분 포함)를 점검한다.

④ 백 패널(이너 패널 포함)을 점검한다.
⑤ 루프 패널(루프 사이드 패널 포함)을 점검한다.
⑥ 고정식 캡의 경우 브래킷 부위를 점검한다.
⑦ 틸트 캡의 경우 캡, 힌지, 토션 바, 브래킷, 리어 캡 등을 점검한다.
⑧ 플로어 및 기관 커버를 점검한다.
⑨ 플로어 멤버를 점검한다.
⑩ 실내의 각 계기판 등을 점검한다.

(2) 보디의 손상 진단

1) 정면 충돌의 경우
① 프레임의 전면(前面) 및 앞 입판의 변형과 파손을 점검한다.
② 각 장니(障泥)의 설치부와 변형을 점검한다.
③ 사이드 멤버, 크로스 멤버를 점검한다.
④ 리어 보디의 이동으로 인한 부착 부위의 손상을 점검한다.

2) 뒷부분 충돌의 경우
① 각 장니의 설치부와 변형을 점검한다.
② 상판부의 능곡(陵谷)을 점검한다.
③ 각 설치 볼트를 점검한다.
④ 깔판, 크로스 멤버, 사이드 멤버를 점검한다.

(3) 프레임의 손상 진단
① 프레임의 형식
② 판 두께 및 그 구조
③ 충돌시 하중 분포 상태
④ 가해진 외력의 요소 및 분포 상태

03 차체 파손 분석

1 차체 파손 분석

차체의 파손은 외부파손과 내부파손으로 나눌 수 있다.
① **외부 파손** : 충돌 점에서 그 힘이 확산되는 파손 형태
② **내부 파손** : 현저한 파손의 내면에는 잘 보이지 않는 변형의 또 다른 파손 형태

(1) 외부 파손 분석

① **1차원 파손** : 직접적인 충돌의 파손 형태로 범퍼나 패널의 변형, 후드, 도어, 트렁크 리드 등의 변형과 프레임의 변형 등을 들 수 있다.

② **2차원 파손** : 직접적인 충돌의 영향을 받은 부분의 힘 전달로 간접적인 충돌의 변형 형태로 패널 변형이나 루프, 금이 간 유리, 비틀어진 도어 등이 해당한다.

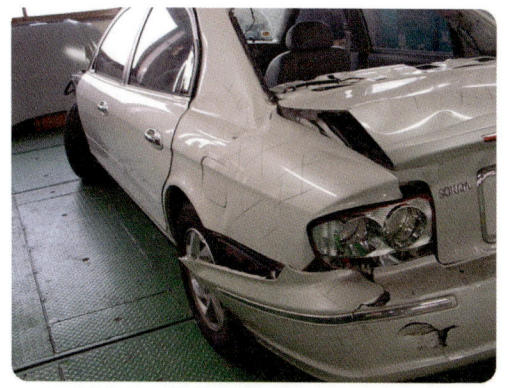

∷ 1차원 파손

∷ 2차원 파손

③ **3차원 파손** : 엔진 및 하체 부품들의 기계적인 파손 형태로 엔진 블록, 트랜스 액슬 케이스, 드라이브 샤프트 등의 변형 등이 이에 해당한다.

④ **4차원 파손** : 차량 인테리어의 파손 형태로 전기장치의 파손 및 인스트루먼트 패널 파손 및 변형 등을 들 수 있다.

∷ 3차원 파손

∷ 4차원 파손

⑤ **5차원 파손** : 외관상 부품의 파손으로 몰딩의 파손, 벗겨진 페인트 등의 손상 등이 이에 해당한다.

(2) 내부 파손 분석

　　내부 파손은 외부 파손과 달리 파손된 범위가 어디까지이며, 힘의 전달된 경로가 어디까지인지 파악하는 것으로 내부 파손의 형태는 차체의 변형된 형태를 보고 명명한 것으로 차체 및 사이드 멤버의 변형 형태가 주된 요인이다. 대표적인 변형의 형태는 스웨이 변형, 새그 변형, 콜랩스 변형, 트위스트 변형, 다이아몬드 변형의 5가지로 구분된다.

① **스웨이 변형**(Sway Strain) : 사이드 웨이 변형과 같은 형태로 센터 라인을 중심으로 좌측 또는 우측으로 변형된 상태를 말한다.

② **새그 변형**(Sag Strain) : 프런트 사이드 멤버의 상단 부위에 현저히 나타나는 휨 상태의 변형으로 데이텀 라인의 차원에서 수직적으로 정렬이 되지 않고 휘어진 형태를 말한다. 사이드 멤버의 두면이 동시에 위로 휘어진 상태를 킥업 변형이라 하고 두면이 동시에 아래로 휘어진 상태를 킥다운 변형이라 한다.

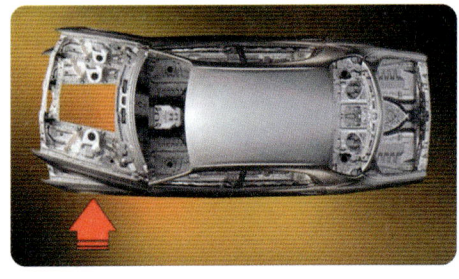

❖ 스웨이 변형　　　　　　　　　　❖ 새그 변형

③ **콜랩스 변형**(Collapse Strain) : 붕괴 상태의 변형으로 건물이 붕괴될 때의 상태 변화를 뜻하며, 사이드 멤버 한쪽 면 또는 전체 면이 붕괴된 형태의 변형으로 전체의 길이가 짧아진 형태의 변형을 말한다.

④ **트위스트 변형**(Twist Strain) : 꼬임 변형이라고도 하며, 데이텀 라인에서 평행하지 않은 형태를 말한다. 즉, 프런트 사이드 멤버가 한쪽은 내려가고 한쪽은 올라간 형태로 서로 엇갈린 상태의 변형을 말한다.

❖ 콜랩스 변형　　　　　　　　　　❖ 트위스트 변형

⑤ **다이아몬드 변형**(Diamond Strain)
: 차체의 한쪽 면이 전면이나 후면 쪽으로 밀려난 형태로 사각형의 구조물이 다이아몬드 형태의 변형을 일으킨 것으로 차체 전체를 통해서 일어난다. 다이아몬드 변형 형태는 차량의 한 코너에 충격이 가해짐으로서 파생되는데 이 현상은 비교적 심각한 파손 형태라 할 수 있다.

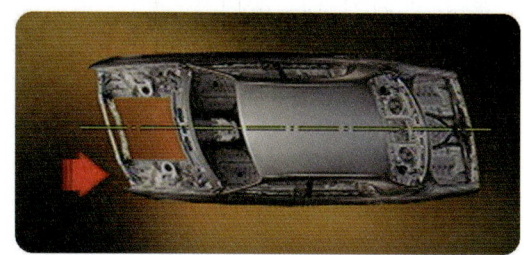
:: 다이아몬드 변형

(3) 손상 분석 시 주의 깊게 보아야 할 위치

① 응력 집중이 쉬운 장소
② 충격이 직접 가해진 부위
③ 충격이 가해진 곳의 내측 부위
④ 플라스틱 등 파손이 되기 쉬운 부품

2 충돌 손상 분석의 4개 요소

충돌 손상의 분석에서 게이지 판독과 파손 분석의 모든 관점은 4개의 기본적인 중요 요소에 기초를 두고 있다. 충돌 손상의 분석 4개 요소는 센터 라인, 데이텀 라인, 레벨, 치수로 분류된다.

① **센터 라인**(Center Line) : 센터 라인은 차량의 전후방향 면에서 그 가상 중심축을 말하는 것으로 차량의 중심을 가로지르는 데이텀의 길이에 해당하는 것이다. 언더 보디의 평형 정렬 상태 즉, 센터 핀의 일치 여부를 확인하여 차체 중심선의 변형을 판독하는 것이다. 센터 라인에서 변형된 파손을 분석할 수 있는 대표적인 것은 스웨이 변형이다.

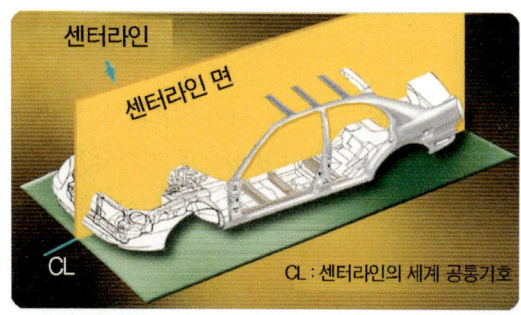
:: 센터 라인

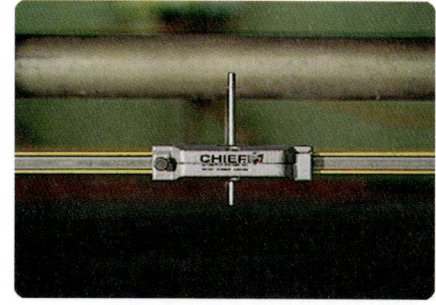
:: 센터 핀의 일치 확인

② **데이텀 라인**(Datum Line) : 데이텀 라인은 센터링 게이지 수평 바의 높낮이를 비교

측정하여 언더 보디의 상하 변형을 판독하는 것으로 높이의 치수를 결정할 수 있는 가상 기준선(면)을 말한다.

③ **레벨**(Level) : 레벨은 센터링 게이지 수평 바의 관찰에 의해 언더 보디의 수평상태를 판독하는 것으로 차체의 모든 부분들이 서로 평행한 상태에 있는 가를 고려하는 높이 측면의 가상 기준 축이다. 레벨은 단지 수평인가, 아닌가 그리고 앞, 뒤로 평행인가, 아닌가만 고려하면 된다. 레벨로 측정이 가능한 변형은 꼬임 변형, 새그 변형이다.

데이텀 라인

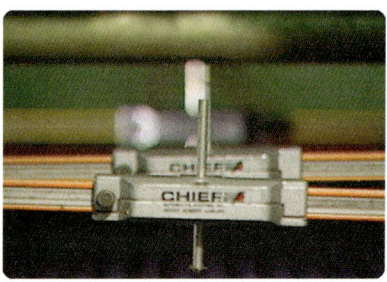

레벨

④ **치수** : 치수는 제작사에서 만든 차체 치수도를 말한다.

3 프레임의 기준선

① 타이어가 지면에 닿는 면
② 프레임 중앙 수평부분의 위면
③ 프레임 중앙 하부 수평부분의 밑바닥
④ 앞뒤 차축의 중심선
⑤ 리어 스프링 브래킷 중심을 통한 선

04 차체 프레임 수정용 기기

모노코크 보디의 발달에 의해 얇은 판으로 된 패널의 구조로 되어 있으므로 정비 작업이 내부에서 밀어내는 작업으로부터 외부에서 잡아당기는 작업 방식으로 전환되었기 때문에 보디 프레임 수정기의 사용이 적당하다. 보디 프레임 수정기의 종류는 다음과 같다.

1 이동식 보디 프레임 수정기

① 일체식 빔을 프레임 사이에 배치하고 수정 장치를 설치하여 작업하는 형식이다.
② 바퀴가 설치되어 차체 정비를 한 차량까지 자유로이 이동시킬 수 있다.
③ 작업장 바닥이나 기둥 등에 고정하지 않아도 된다.

④ 1회 고정으로 1방향 밖에 잡아당길 수 없다.
⑤ 다른 방향으로 동시에 잡아당기는 작업이 불가능하다.
⑥ 차종 마다 전용의 지그 브래킷이 사용된다.
⑦ 전용 브래킷은 차체 고정과 계측이 동시에 이루어져 효과적이다.
⑧ 정밀도가 높은 작업을 짧은 시간 안에 할 수 있다.
⑨ 당기는 방향(각도)의 변경이 가능하다.
⑩ 벤치를 정반으로서 사용할 수 있으므로 언더보디의 정확한 높이의 측정이 가능하다.

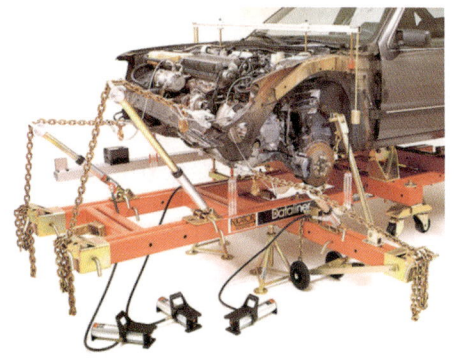
이동식 보디 프레임 수정기(1)

이동식 보디 프레임 수정기(2)

2 폴식 보디 프레임 수정기

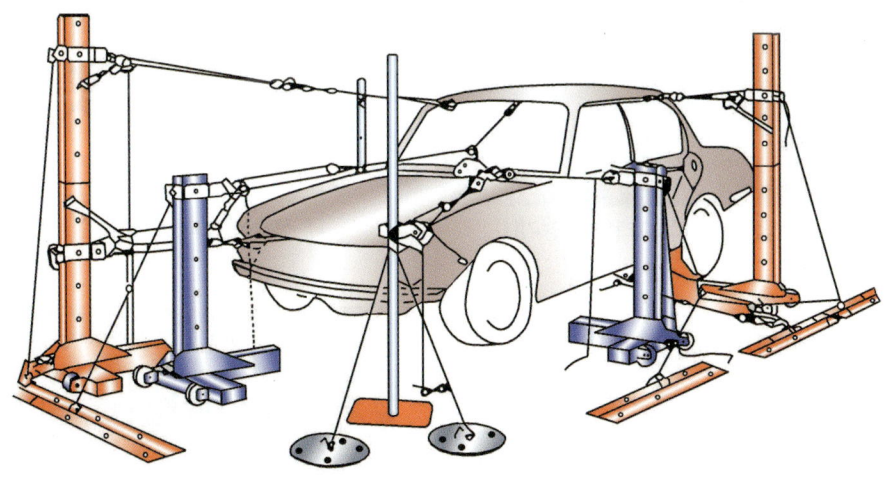
폴식 보디 프레임 수정기

① 폴식 보디 프레임 수정기는 하나의 마스터 폴을 이용한다.
② 체인 또는 와이어 케이블 등으로 보디나 프레임의 파손 부분을 묶는다.

③ 체인 또는 케이블을 윈치 유압 램 등으로 잡아당기는 작업을 하는 수정기다.
④ 폴을 세우는 방법은 바닥에 지주를 세워서 하는 방법과 폴 자체를 바닥에 고정시키는 방법의 두 가지가 있다.
⑤ 폴의 이동은 이동식 보디 프레임 수정기보다 간편하게 사용하기 쉽다.
⑥ 작업 면적이 넓고 바닥이 단단하고 튼튼한 지주가 필요하다.
⑦ 언더 보디 부위의 높이 치수 측정이 어렵다.
⑧ 작업에 숙련이 필요하고 작업 시간이 오래 걸린다.

3 정치식(고정식) 보디 프레임 수정기

① 지주가 4개의 지주와 손상 차량을 올려놓을 수 있는 정반이 있다.
② 여러 방향으로 동시에 수리 차를 잡아당길 수 있다.
③ 프레임을 여러 곳에서 직접 고정시킬 수가 있어 밸런스가 유지된다.
④ 대파된 부분의 수리에 있어 강력한 압력을 가할 수가 있다.
⑤ 작업과정에서도 중간 측정이 용이하다.
⑥ 검사 장치는 프레임의 각 부분의 길이, 높이, 옆이 굽은 것, 세로로 굽은 것, 비틀린 것, 휠 얼라인먼트 및 휠베이스 등의 측정검사가 되도록 되어 있는 수정기이다.

정치식 보디 프레임 수정기(1)

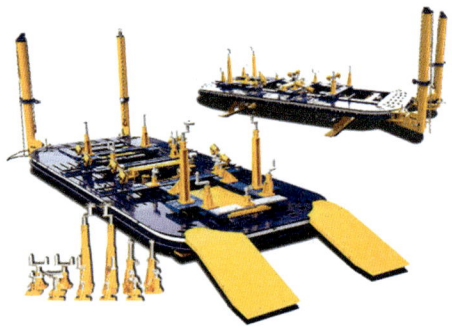
정치식 보디 프레임 수정기(2)

4 바닥식(상식) 보디 프레임 수정기

① 수정기는 바닥에 묻거나 바닥에 직접 부착시킨 레일에 차체를 고정시킨다.
② 끌어당기는 장치도 바닥 레일에 같이 고정시켜 보디 프레임을 수정한다.
③ 차체를 유지하는 스탠드, 2곳 이상을 동시에 끌어당길 수 있는 장치, 4개소 이상

바닥식 보디 프레임 수정기

을 고정할 수 있는 앵커 장치와 보디 프레임의 이상을 측정하는 게이지로 구성된 수정기이다. 현재는 거의 사용되지 않는다.

05 센터링 게이지

1 계측 작업

(1) 계측의 목적
① 손상된 차체의 점검은 육안 점검과 계측기에 의한 점검으로 분류한다.
② 계측기에 의한 점검이 육안 점검보다는 더욱 정밀성을 띄게 된다.
③ 차체가 내부적으로 손상된 상태는 육안으로 점검하기가 어렵다.
④ 그래서 반드시 계측 장비를 사용한 계측이 동시에 이루어져야 한다.

(2) 차체 계측의 조건
① 차체를 수평으로 확실히 고정하여야 한다.
② 차체의 계측기기를 사용하여야 한다.
③ 차체 치수도를 활용하여야 한다.

(3) 계측 작업에 사용되는 계측기의 종류
① 센터링 게이지
② 유니버설 메저링 시스템
③ 트램 트랙킹 게이지
④ 지그 벤치 시스템

2 센터링 게이지

(1) 센터링 게이지의 용도
① 언더 보디의 중심부를 측정하여 프레임의 수평 상태 즉, 이상 상태를 확인한다.
② 센터링 게이지는 상하, 좌우, 비틀림의 변형을 측정한다.

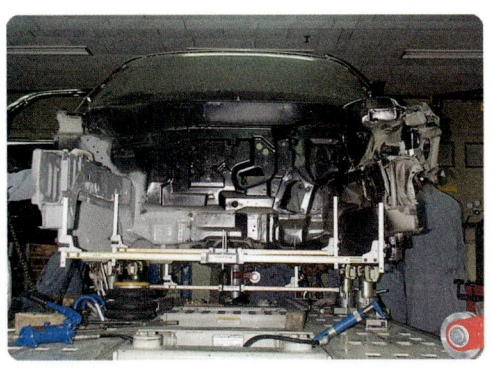

∴ 센터링 게이지에 의한 계측 작업

(2) 센터링 게이지의 구성 요소

① **수평 바** : 좌우의 폭을 조절할 수 있다.
② **센터 핀** : 수평 바의 중심에 배치되어 있다.
③ **행거 로드** : 수평 바 끝에 배치되어 언더 보디 및 사이드 멤버에 부착한다.

❖ 센터링 게이지의 구성 요소

(3) 센터링 게이지의 설치

① 게이지는 반드시 차량을 전면 부위에서 후면 부위까지 네 부분으로 구분하여 설치한다.
② 베이스(기준)는 반드시 게이지 설치를 해야 한다.
③ 게이지를 부착하려면 게이지 홀, 스프링 훅, 마그네틱을 사용할 수 있다.
④ 센터 사이드 핀을 정확하게 설치한다.
⑤ 크로스 바의 설치 지점을 확인하고 설치한다.
⑥ 차체 프레임의 행거 로드 높이를 수평으로 조절하여 건다.
⑦ 게이지 1개를 기준 참조점에 걸고, 다음 게이지는 파손 부위, 휨 부위에 건다.

(4) 게이지의 조작과 정비시 주의사항

① 센터링 게이지는 센터 유닛을 중심으로 하여 서로 좌·우측으로 움직이는 두 개의 수평 바에 의하여 작동된다.
② 센터 유닛의 조준 핀은 항상 게이지의 정확한 중심에 위치해 있어야 한다.
③ 게이지의 관리는 항상 청결을 유지하고 주기적으로 점검해 주어야 한다.
④ 게이지를 차량에 부착하기 전에 마그넷 키퍼를 분해한다.
⑤ 게이지를 설치하기 전에 스케일 홀더를 양손으로 잡고 센터 유닛 쪽으로 단단하게 밀어 준다.
⑥ 게이지의 중심에 자리가 잡히지 않을 때는 먼지의 축적이나 내부 베어링의 손상 가능성에 대하여 점검한다.
⑦ 폭의 조정이 필요하면 고정 스크루를 풀고 조정한다.

(5) 게이지 판독 및 필요한 작업 방법

① 센터 라인과 레벨을 동시에 읽는다.
② 센터 라인과 레벨의 수정 후 데이텀을 점검한다.
③ 차체의 중간 부분에 변형이 존재하거나 그 원인에 의하여 전면이나 후면에 변형이 발생하였을 경우 반드시 제일 먼저 중간 부분을 수정하여야 한다.

④ 수리 작업을 진행하는 동안 필요에 따라 수시로 점검할 필요가 있다.
⑤ 게이지 판독의 최종 목표는 센터 라인, 데이텀, 레벨의 점검을 위함이다.

(6) 변형 판별

① **프레임의 상하 굽음** : 수평 바의 높이가 가지런하지 않은 경우
② **프레임의 좌우 굽음** : 센터 핀이 일직선상에 놓이지 않은 경우
③ **프레임의 비틀림** : 게이지가 센터 핀을 중심으로 좌우로 교차하는 경우

3 데이텀 라인 게이지

① 프레임 기준선에 의해 프레임 각부 높이의 이상 상태를 점검 측정하는 게이지다.
② 프레임 차트의 프레임 기준선으로부터 일정한 치수를 내어 가지고 데이텀 라인 게이지의 수평 코드 또는 수평 바에 치수를 옮겨 앞뒤 네 곳이 일직선상에 있으면 프레임 각부의 높이가 정상이다.
③ 계측 작업의 주의 사항으로는 수평으로 확실히 고정, 계측기기에 손상이 없을 것, 보디 치수 자료의 활용 등이다.

06 트램 트랙킹 게이지

1 트램 트랙킹 게이지의 용도

① 트램의 길이를 측정하여 비교한다.
② 사이드 멤버의 직선 길이를 측정하여 비교한다.
③ 프레임의 대각선 길이를 측정하여 비교한다.

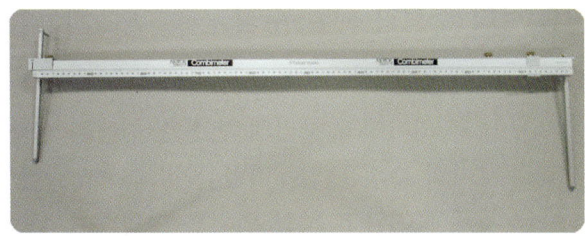
:: 트램 트랙킹 게이지

④ 보디의 직선 또는 대각 길이를 측정하여 비교한다.
⑤ 포인트 간의 거리를 측정하여 비교한다.
⑥ 장애물이 있는 부위의 거리를 측정하여 비교한다.
⑦ 엔진 룸, 윈도우 부분의 개구부의 길이를 측정하여 비교한다.

2 트램 트랙킹 게이지로 측정이 가능한 항목

① 사이드 멤버의 일그러짐이나 상하로 굽은 상태
② 사이드 멤버의 좌우로 굽은 상태

③ 로어 암과 후드 레지의 위치
④ 로어 암 니백(knee back)
⑤ 리어 보디의 일그러진 곳과 상하의 휨
⑥ 프레임의 일그러진 상태
⑦ 프런트 서스펜션의 굽음
⑧ 리어 액슬의 흔들림
⑨ 옆으로 굽은 프레임의 앞 부위

3 트램 트랙킹 게이지 측정 작업시 주의 사항

트램 트랙킹 게이지의 계측

① 측정자는 계측할 홀에 확실하게 고정한다.
② 측정자는 필요 이상으로 길게 하지 않는다.
③ 홈 중심을 측정하기 어려울 경우에는 홈 끝 부분을 이용한다.
④ 측정점의 높이 차가 있으면 오차가 생기기 쉽다.

07 차체 복원수리에 관한 사항

1 보디 수정의 기본

(1) 보디 수정과 패널 수정

1) 보디 수정
① 넓은 의미에서 보디의 변형을 원래의 상태로 복원하는 작업이다.
② 보디의 수정은 입체적인 관점에서 생각하여 수정한다.
③ 차체에 전달된 힘의 범위를 확인하여 수정한다.
④ 작업 전 작업 공정을 계획한다.

보디 수정은 입체적인 감각으로 생각

2) 패널 수정
① 각각의 패널에 대한 요철이나 비틀림 변형을 수정하는 작업이다.
② 패널 수정은 평면상으로 생각하여 수정한다.
③ 패널에 전달된 힘의 범위를 확인하여 수정한다.
④ 작업 전 작업 공정을 계획한다.

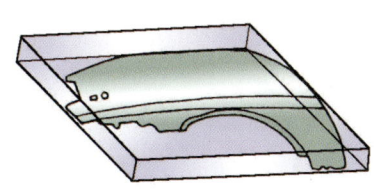 

∷ 패널 수정은 평면적으로 생각

(2) 보디 수정의 3요소
① **고정** : 손상된 차량을 차체수정 장비를 이용하여 수정작업을 실시할 때 작업 중 차량이 움직이지 않도록 고정하는 것으로 기본 고정과 추가 고정으로 나눌 수 있다.
② **인장** : 충격을 받아 힘이 전달된 방향을 확인하면 당김(인장) 방향과 지점을 결정한다. 안전한 인장 방향의 원칙은 힘이 전달되어진 방향의 반대방향(역방향)으로 인장하는 것이 원칙이다.
③ **계측** : 센터링 게이지와 트램 트랙킹 게이지에 의한 계측 작업은 손상된 차체를 완벽하게 수리하여 품질에 대한 신뢰성을 회복하기 위함이다.

(3) 차체의 고정

1) 고정의 목적과 방법
① 고정이란 손상된 차량을 수정 작업할 때 작업 중 움직이지 않도록 한다.
② 인장력을 차체 전체 및 수정 장비에 고정한 부분에 균등하게 분산한다.
③ 기본적인 고정과 인장 작업의 필요에 따라 추가되는 고정이 있다.
④ 고정 부분이 헐거워지거나 강도가 부족한 위치를 피해서 선택한다.
⑤ 인장 작업 중 인장 방향으로 차체가 이동하지 않도록 방지하는 역할을 한다.
⑥ 확실한 고정으로 확실한 작업이 이루어지도록 해야 한다.

2) 기본 고정
① 기본 고정은 사이드 실 아래의 플랜지부로 전후, 좌우의 4개소가 원칙이다.

② **기본 고정의 효과**
  ㉮ 차체의 미끄럼을 방지한다.
  ㉯ 차체의 무게 중심점을 기준으로 차체가 회전하려는 모멘트 발생을 억제한다.
  ㉰ 힘의 작용 범위를 최소화하고 인장력의 분산을 방지하여 효율을 극대화한다.
  ㉱ 손상되지 않은 패널에 대한 비틀림 변형을 방지한다.
  ㉲ 차체의 전후, 좌우, 상하 어느 방향에서도 자유롭게 인장 작업이 가능하다.

기본 고정(1)

기본 고정(2)

3) 추가 고정

① 사고 유형에 따라 체인과 클램프, 유압 램 등을 이용 힘의 분산을 제한할 수 있는 곳에 고정한다.

② **추가 고정의 효과**
  ㉮ 기본 고정을 보강한다.
  ㉯ 모멘트의 발생을 제거한다.
  ㉰ 지나친 인장을 방지한다.
  ㉱ 용접부를 보호한다.
  ㉲ 힘의 범위를 제한한다.

추가 고정

(4) 차체의 인장

1) 차체의 인장
① 힘이 전달된 방향을 확인하고 인장 방향과 지점을 결정한다.
② 힘이 전달되어진 방향의 반대방향(역방향)으로 인장하는 것이 원칙이다.
③ 앞에서 인장할 때에는 똑바르게 앞에서부터 인장 작업을 한다.
④ 옆에서 인장할 때에는 바디에 대응하여 직각 방향으로 인장 작업을 한다.
⑤ 경사지게 인장하면 힘이 분산되어 충분한 효과가 없다.
⑥ 힘이 가해진 장소에서 제일 먼 거리에서부터 복원한다.

차체의 인장

2) 프레임의 상하 굽음을 수정하는 방법
① 체인과 플랜지 훅을 사용하여 사이드 멤버를 고정시킨다.
② 굽은 부분은 잭으로 밀어 올린다.
③ 굴곡의 수정과 동시에 가압상태로 사이드 멤버의 위쪽 또는 아래쪽 주름을 수정한다.

(5) 프레임 수정 작업시 유의할 사항
① 힘을 받은 먼 곳부터 수정해 나간다.
② 당기는 작업은 체인의 상태가 직각 또는 수평이 되게 한다.
③ 한 번에 수정하려 하지 말고 패널의 형태를 관찰하면서 서서히 당긴다.
④ 클램프는 안전 고리를 연결하여 사고를 방지한다.

2 패널 수정 작업

패널 수정 작업은 수공구 및 인출 장비를 사용하여 패널을 수정하는 작업으로 펜더나 도어, 후드, 트렁크 리그, 루프 패널, 쿼터 패널, 사이드 실 등 외형적인 변형 부위를 수정하는 것이 패널 수정 작업이라 할 수 있다.

(1) 수리 방법의 종류

1) 인출 수정

인출 수정은 패널 내측에서 손과 스푼이 들어가지 않는 폐단 부위를 패널의 외부에서 인출 장비를 활용하여 수정하는 방법이다.

① 인출 수정의 특징

㉮ 표면에서 이루어지는 작업으로 관련부품을 탈거할 때 부대 작업이 거의 없다.
㉯ 부대작업이 거의 없기 때문에 시간 단축이 가능하다.
㉰ 타출 수정에 비해 수정 면이 거칠고 세밀하지 못하다.
㉱ 작업 후 퍼티를 도포하는 것이 원칙이다.

2) 타출 수정

① 타출 수정은 해머, 돌리를 주로 사용하여 수정 작업을 한다.
② 필요에 따라서 스푼과 정을 병행 사용하여 수정 작업을 한다.
③ 패널 내측에 손과 스푼이 들어가야 하는 조건이 따른다.
④ 그렇지 않은 경우에는 차량으로부터 부품을 떼어내는 것이 바람직하다.

(2) 패널의 변형 확인 방법

1) 눈으로 확인하는 방법

손상 부위를 비스듬하게 직시하면서 빛(자연광, 형광 빛)을 이용하여 눈으로 판단한다. 눈으로 확인하기 전에는 반드시 도막 표면에 부착되어 있는 먼지나 흙과 같은 이물질을 제거한다.

2) 손으로 확인(촉각)

패널 표면에 손바닥을 가볍게 대고 상하, 좌우로 움직여 손바닥에 닿은 감촉으로 변형을 확인한다. 손이 움직이는 방향은 손상이 없는 면에 손을 대고 손상 면을 통과하여 손상이 없는 반대편 부분을 지나치면서 손바닥의 감각으로 변형을 확인한다.

3) 공구를 사용하여 확인하는 방법

시각과 촉각으로 손상 부위를 확인하기 어려울 경우에는 여러 가지 공구들을 사용해서 변형 부위를 확인할 수 있는데 그 방법으로는 분필을 사용하는 방법, 보디 파일을 사용하는 방법, 디스크 샌더를 사용하는 방법 등이 있다.

(3) 외부 패널의 수리 방법

① 소성 변형과 탄성 변형이 같이 있으면 소성 변형 부분을 먼저 수리한다.
② 변형부가 넓은 경우에는 강하게 힘을 가하지 않고 슬라이딩 해머 전체를 손으로 당기며 수정 작업하는 것이 좋다.

③ 아우터 패널의 가늘고 긴 변형은 압축 작업을 하여 복원한다.
④ 프레스 선이나 각진 부분은 프레스 라인 부위 및 각진 부위에 맞는 정을 사용하여 복원한다.
⑤ 프레스 선을 수정할 때는 평행하게 해서 수정을 한다.

(4) 바디 패널 교환 부품의 절단 위치 설정 조건
① 다른 부품의 변형을 유발시키지 않는 곳
② 용접 길이가 짧은 곳
③ 도장 보수가 쉬운 곳
④ 탈착 부품의 조립에 지장이 없는 곳

(5) 패널 제거 후 마무리 작업
① 용접부위는 샌더 등으로 연마
② 접합면의 부식 및 이물질 제거
③ 패널 집합면의 정형 및 부품 주변의 변형 수정

08 차체 수리용 장비에 관한 사항

1 힘의 성질
① 형태나 면적이 변화하는 부위에서 응력(힘)이 집중되어 파손이 된다.
② **응력이 집중되는 부위** : 구멍이 있는 곳, 단면적이 적은 곳, 곡면이 있는 곳
③ 물체의 중심을 벗어난 장소에 힘을 가하면 회전하려는 모멘트가 발생한다.
④ 순간적인 힘은 비교적 좁은 범위로 전달된다.
⑤ 천천히 가해진 힘은 전체적으로 넓은 범위로 전달된다.
⑥ 사고 차 수리 시에 충격(힘)을 받은 장소에서 제일 먼 거리에서부터 수리하여 복원한다.

2 차체 프레임 교정기
① 교정용 장비 선택 시 사용자는 사전에 장비에 대한 지식을 파악하여야 한다.
② 프레임 교정기는 고정 장치, 인장 장치, 에어 공급 장치, 유압 장치 등으로 구성되어 있다.
③ 프레임 교정 작업 전에 바디 수정기의 작동 상태, 클램프의 톱니 상태, 바디 수정기의 유압 호스 누유 상태 등을 확인하여야 한다.
④ 인장 작업은 바디 구조에 대해 수평, 직각 방향으로 행한다.

3 가반식 유압 보디 잭

(1) 가반식 유압 보디 잭의 구성

가반식 유압 보디 잭은 펌프, 스피드 커플러, 램(유압 실린더), 어태치먼트 등으로 구성되어 있다.

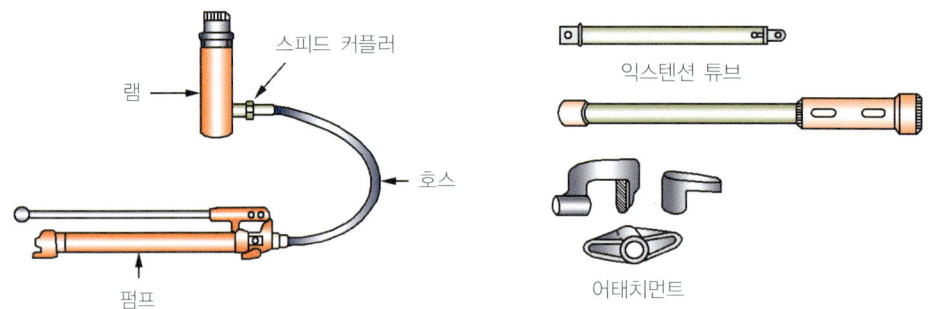

◦ 가반식 유압 보디 잭

① **유압 펌프** : 램의 구동원이 되는 유압을 발생시키는 펌프로 소형 경량의 밴텀형, 표준형 중 작업용, 대형 펌프 및 기타 압축 공기에 의해 구동되는 에어 펌프 및 전동식 펌프 등이 있다.

② **고압 호스** : 펌프와 램을 연결하여 펌프에서 발생한 유압을 램으로 보내는 내압 내유성의 호스이다.

◦ 유압 펌프

③ **스피드 커플러** : 호스와 램을 연결하는 역할을 한다.
④ **램** : 펌프의 유압을 받아 상하로 움직이는 플런저로 미는 작업용, 잡아끄는 작업용, 좁은 곳을 넓히는 작업용 또한 깊은 곳을 넓히는 작업용 등 그 종류가 많다.
⑤ **어태치먼트** : 램에 부착시켜 보디 각 부분의 복잡한 형상에 적합하도록 여러 가지 형태로 구성되어 있는 작업 장치이다.

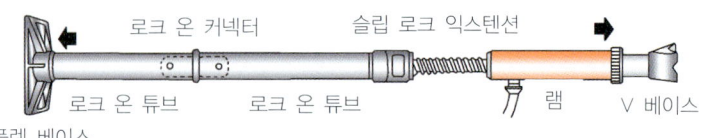

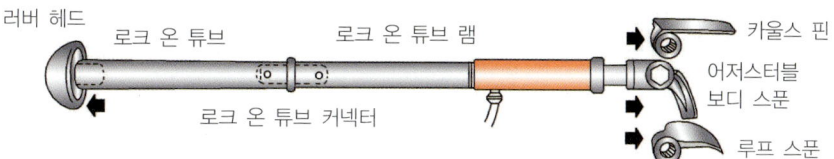

• 누르기 작업의 어태치먼트

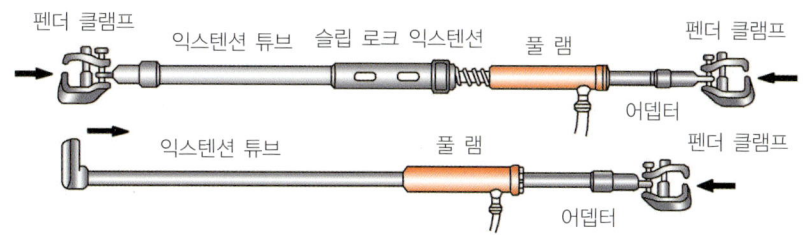

• 직선 당김 작업의 어태치먼트

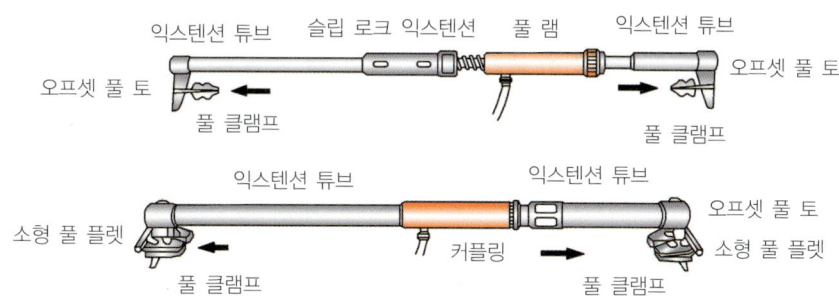

• 오프셋 당김 작업 어태치먼트

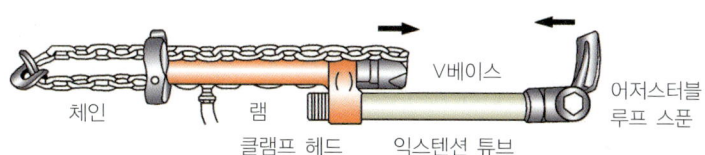

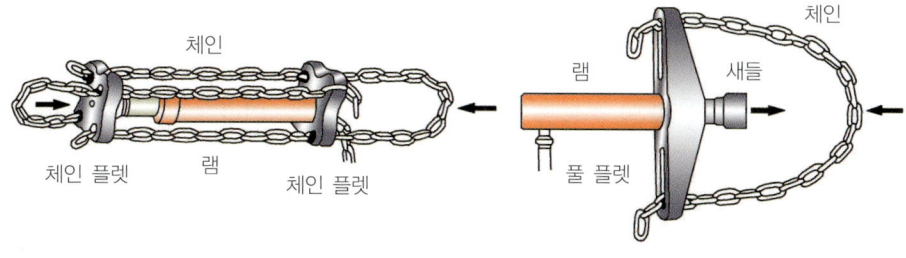

체인 당김

• 당기기 작업의 어태치먼트

(2) 가반식 유압 보디 잭 실제 자동차에 응용 부분

1) 보디에 응용
① 도어를 여는 부위에 적용
② 센터 필러의 밀어내는 작업
③ 뒤 패널 밀어내기 작업
④ 앞 창유리 실과 테두리의 수정

2) 프레임에 응용
① 리어 프레임 사이드 패널 수정
② 휠 하우징의 불완전한 수정
③ 트럭 프레임의 휨 바로잡기

(3) 유압 보디 잭의 사용상 주의 사항
① 램에 무리한 힘을 가하지 말 것
② 램 플런저가 늘어나면 유압을 상승시키지 않도록 할 것
③ 나사 부분을 보호할 것
④ 유압 계통에 먼지가 들어가지 않도록 할 것
⑤ 호스의 취급에 주의할 것
⑥ 고열에 의한 펌프 실린더의 패킹 등 변질에 주의할 것

4 클램프를 사용하는 기술

① 클램프의 사용 방법을 숙지한 후 사용하여야 한다.
② 인장 작업으로 힘이 가해지면 톱니가 패널에 박히는 구조로 되어 있다.
③ 클램프의 볼트를 강하게 체결하면 패널을 파고 들어가는 힘도 커지는 구조로 되어 있다. 필요 이상의 힘으로 조이면 클램프의 수명이 단축된다.
④ 체인을 곧바로 편 상태에서 인장이 이루어져야 한다.
⑤ 클램프에 힘을 가하는 경우 힘의 방향은 톱니 부분의 중심을 통과하는 연장선상에 위치하도록 하여야 한다.
⑥ 클램프는 가능한 많은 종류를 사용하고 부착하는 부위나 인장 방향에 맞는 것을 사용하여야 한다.

09 차체 수리용 공구에 관한 사항

1 해머 (hammer)

① **고르기 해머** : 고르기 해머는 한쪽은 4각이며, 반대쪽은 둥근 양두용 해머와 한쪽만 사용하는 2가지가 있다. 중량은 300~450g 정도이며, 자루는 균형을 이루기 위해 자루의 머리 부분이 약간 가늘게 되어 있다.

② **표준 해머**(standard hammer) : 표준 해머는 맨 처음 거친 부분에서부터 마지막 고르기까지 사용한다.

③ **딘킹 패머**(dinking hammer) : 딘킹 해머는 자루 목이 길며, 정밀 고르기 용으로 사용한다.

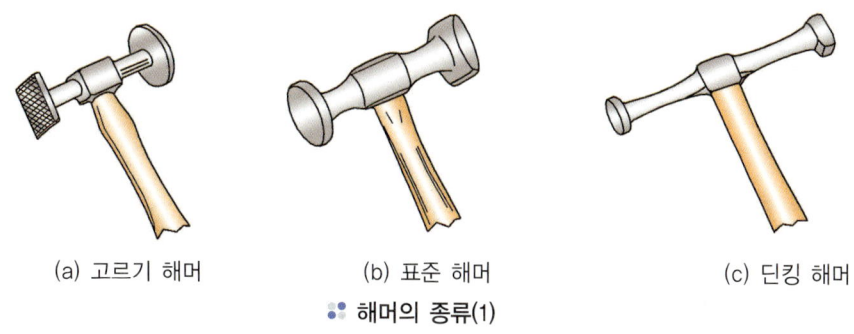

(a) 고르기 해머   (b) 표준 해머   (c) 딘킹 해머

❖ 해머의 종류(1)

④ **픽 해머**(pick hammer) : 픽 해머는 움푹 들어간 곳을 펴는데 사용한다.

⑤ **크로스 페인 해머**(cross pein hammer) : 크로스 페인 해머는 픽 해머와 동일한 목적으로 사용되며, 해머 머리 반대쪽은 고르기 용으로 사용할 수 있도록 되어 있다.

⑥ **조르기 해머** : 조르기 해머는 머리에 까칠까칠한 이가 붙어 있으며, 늘어지거나 늘어난 철판을 수축(오무리는 작업)하는데 사용한다.

(a) 픽 해머   (b) 크로스 페인 해머   (c) 조르기 해머

❖ 해머의 종류(2)

⑦ **펜더 범핑 해머**(fender bumping hammer) : 펜더 범핑 해머는 길게 휘어진 모양이며, 머리가 둥글게 되어 있어 거친 부분 작업용으로 깊은 부분의 작업에 적합하다.

⑧ **리버스 커브 해머**(reverse curve hammer) : 리버스 커브 해머는 특수 고르기 용이다.

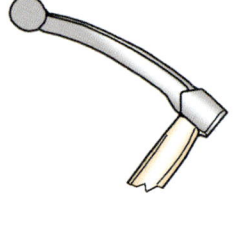
∴ 펜더 범핑 해머

⑨ **나무 해머** : 나무 해머는 머리 면이 60 ~ 70mm이며, 패널의 거친 고르기와 위치 잡는 작업에 사용되는데 나무이므로 패널에 상처나 흔적이 생기지 않고 철판이 늘어나는 경우가 없다. 보디의 정형 작업에 알맞다.

⑩ **고무 해머**(rubber hammer) : 고무 해머는 나무 해머보다 무거워 알루미늄 패널 등의 작업에 알맞다.

2 돌리 블록 (dolly block)

돌리 블록은 각종 해머의 밑받침 역할을 하는 것이며, 패널 표면을 편평하고 매끄럽게 하는데 사용한다.

① **양두 돌리** : 양두 돌리는 양면으로 된 돌리이며, 한쪽은 로 크라운(low crown), 다른 한쪽은 하이 크라운으로 되어 있어 두드려 펴거나 고르기 작업에 사용된다.

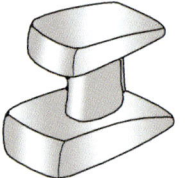
∴ 양두 돌리

② **만능 돌리** : 만능 돌리는 가장 널리 사용되는 돌리이며, 하이 크라운, 로 크라운, 오목 면이나 각 내기, 에지(edge) 등에서 사용하며, 소형물이나 좁은 곳에서 사용할 수 있는 장점이 있다.

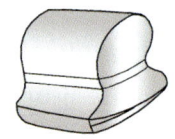
∴ 만능 돌리

③ **범용 돌리** : 범용 돌리는 레일을 절단하여 놓은 형상이며, 가늘고 긴 면과 4각 베드면의 로 크라운 양면을 갖춘 넓은 평면 패널의 정형 작업에 적합하다.

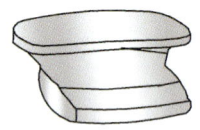
∴ 범용 돌리

④ **힐 돌리**(heel dolly) : 힐 돌리는 낮은 평면과 둥근형의 각을 지닌 것이며, 모서리와 각 작업에 적당하다.

⑤ **레드우스 돌리 및 신트 돌리** : 편평하고 매끄러운 면과 로 크라운 면을 가진 얇은형의 돌리이며, 좁은 곳이나 창의 내부 작업에 사용된다.

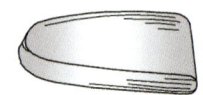
∴ 레드우스 돌리

⑥ **조르기 돌리** : 조르기 돌리는 늘어난 철판의 냉간 조르기나 용접 부위를 편평하고 매끄럽게 하는 등의 작업에 사용한다.

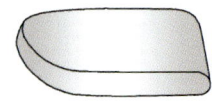
∴ 신트 돌리

⑦ **곡면 돌리**(cure dolly) : 곡면 돌리는 긴 곡면과 하이 크라운 및 로 크라운의 양면을 조합하여 전체가 테이퍼 되어 있어 보디의 곡면 및 좁은 부분의 정형 작업에 사용한다.

⑧ **라운드 돌리**(round dolly) : 라운드 돌리는 하이 크라운과 로 크라운의 둥근 헤드면을 가진 장구 모양의 소형 돌리로서 좁은 곳의 작업에 사용한다.

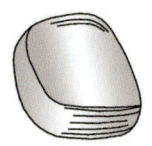

∴ 플렉시블 돌리

⑨ **앤빌 돌리 및 돔 돌리**(anvil dolly & dome dolly) : 넓은 로 크라운 면을 가진 자루가 달린 돌리이며, 가열 작업시 손을 뜨겁게 하지 않아 작업이 편리하다.

⑩ **그리드 돌리**(grid dolly) : 그리드 돌리는 냉간 조르기 작업의 전용으로 사용한다.

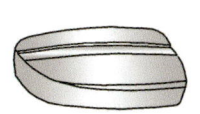 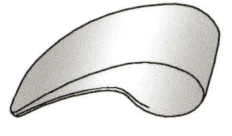  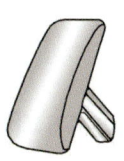

(a) 드로잉 돌리   (b) 베드 돌리   (c) 라운드 돌리   (d) 앤빌 돌리

∴ 돌리 블록(3)

3 보디 스푼 (body spoon)

보디 스푼은 돌리만으로는 작업이 곤란해지므로 손이 들어가지 않는 좁은 곳에서 돌리의 대용으로 사용된다.

① **범퍼용 스푼** : 날카로운 양 끝으로 되어 있어 로 크라운과 하이 크라운을 적당히 선택해서 작업을 할 수 있다.

② **중(重) 작업용 플라이 스푼** : 길이가 길고 튼튼해 힘이 많이 드는 거친 작업에 적합하다.

③ **숏 플라이 다듬질 스푼** : 자루가 짧으며, 보디 내부의 부품에 틈이나 패널 에지 등의 좁은 곳의 작업에 적합하다.

④ **하이 크라운 스푼** : 폭이 넓고 바짝 구부러진 스푼이며, 루프 레일과 패널 사이에 끼워서 루프 패널의 하이 크라운 부분 등의 정형 작업에 적합하다.

⑤ **낫형 다듬질 스푼** : 낫 모양으로 된 스푼이며, 길고 오목한 곳의 고르기 작업에 적합하다.

⑥ **드립 몰딩 스푼** : 스푼의 끝이 약간 우그러져 물받이 밑 부분과 같이 좁은 곳의 작업에 적합하다.

⑦ **초박형 스푼** : 끝이 얇으며, 패널 등의 이중벽 부분 등 일반적인 스푼이 들어가지 못하는 좁은 곳의 작업에 적합하다.

⑧ **스프링 해머 스푼** : 얇은 강판을 프레스 성형하여 제작한 것이며, 스프링 해머 작업의 전용 스푼이다.

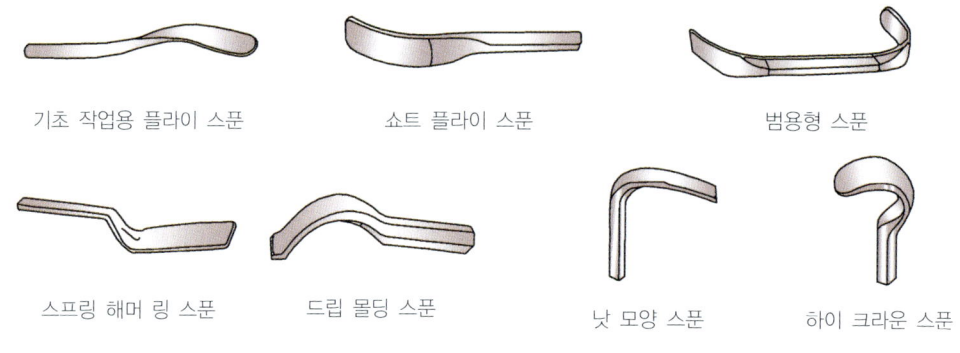

기초 작업용 플라이 스푼   쇼트 플라이 스푼   범용형 스푼

스프링 해머 링 스푼   드립 몰딩 스푼   낫 모양 스푼   하이 크라운 스푼

∴ 보디 스푼

4 보디 파일(body file : 보디용 줄칼)

보디 파일은 주로 패널 수정 후 마지막 고르기 작업, 연납 피막. 플라스틱 퍼기 연마 작업에 사용되며, 평형의 만능 파일, 곡면 파일, 반달형 파일, 변형 곡면 파일, 곡면 반월형 파일 등이 있다. 보디 파일의 홀더는 대패 모양이며, 두 개의 손잡이로 작업시 균형을 잡게 된다.

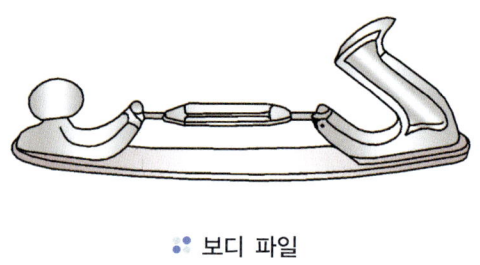

∴ 보디 파일

5 차체 수정에 사용되는 동력 공구(power tool)

차체 수정에 사용되는 동력 공구에는 전기식과 압축 공기식이 있으며, 종류는 에어 파워 치즐, 커터, 스포트 드릴 커터, 에어 톱, 에어 드릴, 디스크 그라인더, 에어 그라인더, 벨트 샌더, 디스크 샌더, 에어 샌더 등이 있다.

(1) 에어 파워 치즐(air power chisel)

권총 모양으로 되어 있으며, 몸통 부분에 압축 공기에 의해 작동하는 피스톤이 있어 끝에 설치된 작업 공구로 철판, 리벳 등을 절단할 수 있다.

(2) 커터(cutter)

전기나 압축 공기를 이용하여 철판을 절단하는 것이며, 고정 칼과 움직이는 칼로 되어 있고 움직이는 칼 구조의 커터는 칼이 상하로 움직여 철판을 절단하는 것과 회전하여 절단하는 것이 있다.

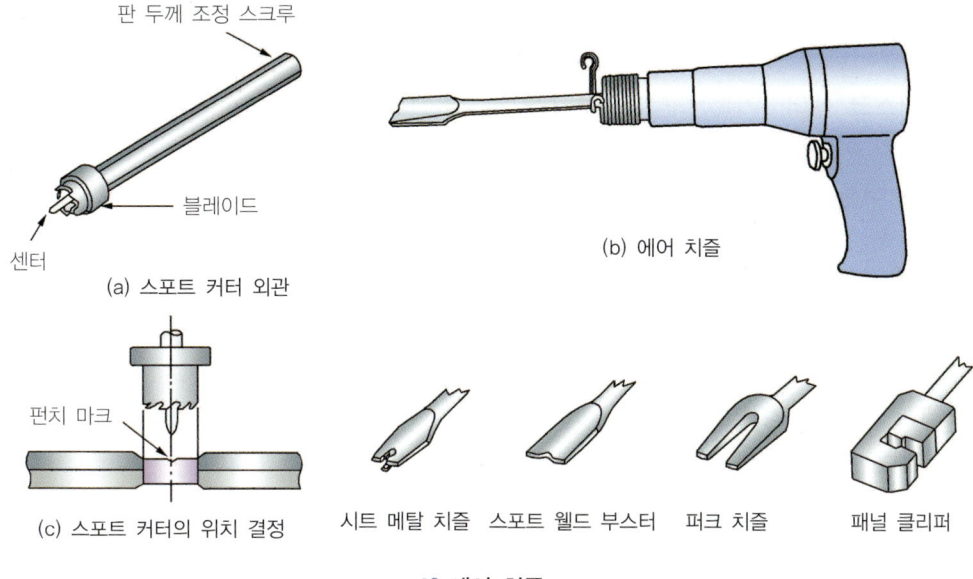

❖ 에어 치즐

(3) 그라인더

그라인더는 디스크 그라인더 및 에어 그라인더로 구분할 수 있고, 골격부의 절단작업이나 연마 작업, 용접부위의 연삭 작업, 구도막 제거 작업에 사용된다.

(4) 샌더 (sander)

주로 패널 수정 및 차체 수정 작업에서 구도막을 제거 하거나 용접된 면을 연삭할 때 사용하며, 도장 작업을 할 때 연마 및 깎아내는 공구로 디스크 샌더, 벨트 샌더, 스트레이트 샌더, 스트레이트 라인 샌더, 오비탈 샌더(orbital sander) 등이 사용된다.

❖ 샌더의 종류

① **벨트 샌더 용도** : 일반의 샌더를 사용하기에 불편한 부위의 연마용으로 작게 패인 부분이나 스폿용접 부분의 도막 제거에 사용된다.
② **디스크 샌더** : 기존 도막(구도막)을 제거하는데 사용한다.
③ **거친 연마용 샌더** : 오비탈 샌더, 더블액션 샌더, 기어액션 샌더
④ **면 만들기용 샌더** : 스트레이트 라인 샌더

10 차체 분해 및 조립에 관한 사항

1 프런트 범퍼 탈거

① 라디에이터 그릴 어퍼 커버 장착 클립을 분리한다.
② 프런트 범퍼 사이드 측 마운팅 스크루를 풀어 사이드 측을 분리한다.
③ 프런트 범퍼 하단에 장착된 클립을 분리한다.
④ 잠금 핀을 눌러 안개등 커넥터를 분리하고 프런트 범퍼를 탈거한다.
⑤ 장착은 탈거의 역순으로 한다.

2 리어 범퍼 탈거

① 트렁크 트림을 탈거한다.
② 커넥터를 분리하고 장착된 너트를 푼다.
③ 리어 콤비네이션 램프를 탈거한다.
④ 리어 범퍼 사이드 측 클립 및 스크루를 풀어 사이드 측을 분리한다.
⑤ 리어 범퍼 하단에 장착된 볼트를 푼다.
⑥ 리어 범퍼 메인 커넥터를 분리한다.
⑦ 리어 범퍼 장착 스크루 및 클립을 풀고 리어 범퍼 어셈블리를 탈거한다.
⑧ 장착은 탈거의 역순으로 한다.

3 트렁크 리드 탈거

① 클립 리무버를 사용하여 클립을 제거하고 트렁크 리드 트림을 탈거한다.
② 커넥터 및 와이어링을 분리한다.
③ 트렁크 장착 볼트를 푼 후 트렁크 리드를 탈거한다.
④ 트렁크 리드 래치 커넥터를 탈거한다.
⑤ 트렁크 리드 래치 장착 볼트를 풀고 케이블을 분리한 후 래치 어셈블리를 탈거한다.
⑥ 장착은 탈거의 역순으로 한다.

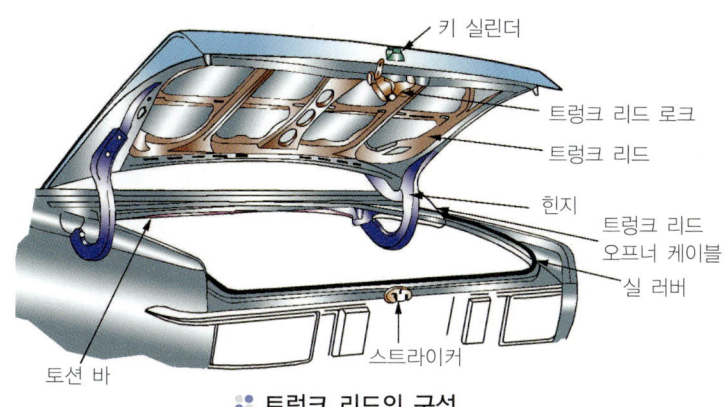

::트렁크 리드의 구성

4 프런트 펜더 탈거

① 프런트 범퍼를 탈거한다.
② 전조등을 탈거한다.
③ 프런트 휠 가드 장착 스크루를 푼다.
④ 펜더 인슐레이터 패드 장착 클립을 분리한 후 펜더 인슐레이터 패드를 탈거한다.
⑤ 장착된 스크루 및 볼트를 풀고 프런트 범퍼 사이드 마운팅 브래킷을 탈거한다.
⑥ 스크루 드라이버 또는 리무버를 이용하여 델타 가니시를 탈거한다.
⑦ 펜더 장착 볼트 및 너트를 풀고 펜더를 탈거한다.
⑧ 장착은 탈거의 역순으로 한다.

5 차체 패널을 교환할 때 주의 사항

① 보강 판이 없는 위치를 선택한다.
② 응력이 집중되지 않는 장소를 선택한다.
③ 교환되는 부위의 마무리 작업이 쉬운 장소를 선택한다.
④ 교환 작업에 필요한 부품이 비교적 적은 장소를 선택한다.

11 차체 수리 전반에 관한 사항

1 보강 판의 끝부분을 둥글게 하는 이유

① 균열을 방지한다.
② 응력이 집중되는 것을 방지한다.
③ 절손을 방지한다.

2 대충 펴기 작업

대충 펴기 작업을 러핑작업이라 하며, 대충 펴기 작업은 변형된 패널을 대충 손상 전의 상태로 되돌리는 작업을 말한다. 대충 펴기에 사용되는 공구에는 해머, 돌리, 정, 스터드 용접기 등이 있다.

(1) 대충 펴기 순서

대충 펴기 작업 순서는 **프레스 라인 수정 – 면 수정 – 홀 수정**의 순이다.

(2) 대충 펴기 작업의 종류

대충 펴기 작업에는 주로 해머와 돌리를 사용한 대충 펴기 작업, 라인 치즐(정)을 사용한 대충 펴기 작업, 핀, 와셔 용접기에 의한 대충 펴기 작업 등이 있다.

3 패널 수축 작업

(1) 가스 용접기에 의한 수축 작업

① **수축의 원리** : 강판의 열 변형(팽창, 수축)을 이용한다.
② **불꽃의 조정과 가열 방법**
  ㉮ 중간 불꽃으로 가열 위치는 변형 부위 중심이 적당하다.
  ㉯ 변형되지 않은 곳에 불꽃을 가하지 않는다.
  ㉰ 패널에 직각으로 토치를 접근시킨다.
  ㉱ 백화와 토치의 간격은 3 ~ 5mm 정도가 좋다.
  ㉲ 가열 온도는 불꽃이 닿는 부분이 담적색 또는 황적색(800 ~ 900℃)으로 변색되는 정도가 적당하다.
  ㉳ 동작은 신속하게 실시한다.
  ㉴ 토치의 불꽃은 사용 후 소화한다. 계속 작업을 할 경우는 토치 스탠드를 사용하여 작업에 방해가 되지 않게 하고, 이 때 불꽃은 차량을 향하지 않게 주의한다.
③ **해머의 타격하는 순서** : 해머와 돌리를 사용하여 가열 부위를 수축한다. 가열한 주변부터 일정방향으로 가격하고 늘어난 패널을 중심으로 모아 최종적으로 중심부를 가격함으로서 기본 작업이 이루어진다.

(2) 전기에 의한 수축 작업

기본적으로 가스 용접기를 사용하는 경우와 같고 열원으로 전기를 사용한다. 사용하는 장비에 핀, 와셔 용접기의 전극부를 수축용 어댑터로 교환하여 사용한다.
① **특징**
  ㉮ 전기에 의한 수축 작업은 항상 일정하게 열을 가할 수 있다.

㈏ 조작이 간단하고 시간이 짧다.
㈐ 가열 면적이 적고 수축할 장소를 적절하게 수축할 수 있다.
㈑ 순간적인 고온(약 1,000℃) 상태이므로, 상온에서도 냉각 효과가 있다.
㈒ 열원이 전기이므로 패널에 (+), (−)의 전극이 필요하다.

② **조작과 가열 방법** : 전극은 도막을 제거한 패널을 가볍게 누르고 스위치를 넣으면 전류가 흐르고 자동적으로 정지한다. 전류의 저하를 막기 위해 어스의 위치는 작업 장소 근처에 도막을 완전히 제거하고 설치한다. 넓은 범위를 수축 작업할 경우 패널의 외측에서 내측을 향하게 수정하고 간격은 점점 좁혀가면서 수정한다. 수정작업에 있어서 유의점은 다음과 같다.

㈎ 같은 장소를 여러 번 가열하지 않는다.(고온에 의해 패널이 경화되기 쉽다.)
㈏ 작업의 용이성을 위해 지나친 사용에 주의한다.
㈐ 늘어남이 없는 부위는 사용하지 않는다.(수축 효과가 높기 때문에 작업 전보다 큰 변형이 생길 수 있다.)
㈑ 수축 종료 후 표면을 샌더로 연마할 때 지나친 힘을 가하면 변형될 우려가 있다.

(3) 해머와 돌리에 의한 수축 작업

해머와 돌리에 의한 수축에 사용되는 해머의 면과 돌리의 표면에는 줄눈과 같은 눈이 있다. 패널의 늘어난 부위를 해머의 타격에 의해 조여 들면서 수축한다.

4 헤밍

헤밍은 도어의 아우터 패널과 이너 패널을 조립하기 위해 이너 패널의 끝부분이 아우터 패널의 끝부분을 감싸는 프레스 가공법이다.

12 차체 치수 및 도면에 관한 사항

1 차체의 치수

차체의 치수는 차량이 제작되어 나올 때 제작사에서 만든 차체 치수도를 말한다.

2 차체 치수도의 종류

차체 치수도는 프런트 보디, 사이드 보디, 어퍼 보디, 언더보디, 리어 보디, 엔진룸, 실내, 트렁크 룸 등을 기본으로 하여 정리 되어 있다.

(1) 차체 치수도의 표시법

계측하는 2점간의 거리 표시에는 직선거리 치수와 평면 투영 치수의 2가지 방법이 사용되고, 직선거리 치수는 프런트 보디, 사이드 보디, 양쪽 모두를 병용한 언더 보디가 있다.

1) 직선거리 치수
① 직선거리 치수라는 측정하려는 2개의 측정 점을 직선으로 연결하는 치수이다.
② 이 경우 트램 게이지의 측정자는 양측 모두 같은 길이로 한다.
③ 일반적인 트램 게이지는 정확한 기준 평면이 설계되어 있는 계측 시스템을 이용하는 것이 원칙이다.
④ 보통 직선거리 치수법은 측정용 포인트 사이를 똑바르게 연결한 치수법으로 트램 게이지로도 정확한 측정이 가능하다.

2) 평면 투영 치수
① 평면 투영이란 물체를 상, 하, 옆, 전, 후로부터 보고 그 형태를 평면 위에 나타낸 모습을 말한다.
② 평면 투영 치수는 보디의 중심선에 대하여 평행한 수평선의 길이를 나타내는 치수법이다. 때문에 높이나 좌우의 차이는 무시되고 평면상의 치수법이라 할 수 있다.

(2) 기준점
① **홀의 기준점** : 홀의 중심으로 나타낸다.
② **부품 선단의 기준점** : 부품의 플랜지 선단의 각도를 나타낸다.
③ **돌기 엠보싱의 기준점** : 돌기 엠보싱의 정점(頂點)에서 나타낸다.
④ **계단부의 기준점** : 표면 계단 부위의 단부(端部)를 나타낸다.
⑤ 볼트 체결부의 기준점
⑥ 2중 겹침 패널의 기준점

적·중·예·상·문·제

01 | 차체 구조의 일반사항

01 자동차 구조에 대한 설명 중 잘못된 것은?
① 자동차는 엔진, 섀시, 보디, 전장품 등에 의해 구성된다.
② 섀시는 보디와 주행에 필요한 모든 장치를 포함한다.
③ 독립된 프레임이 없는 자동차의 무게와 힘은 보디가 지지한다.
④ 자동차의 골격이라 할 수 있는 기본 틀을 프레임이라 한다.

해설 자동차 섀시는 보디를 제외한 모든 부분을 총칭한 것으로 프레임, 동력발생장치, 동력전달장치, 조향장치, 제동장치, 현가장치 등을 포함한다.

02 얇고 가벼운 고강도 강판재의 패널 결합체이기 때문에 어느 한계를 넘지 않는 충격을 받았을 때 그 충격이 보디 전체까지 미치지 않도록 된 보디는?
① X형 보디   ② 트러스형 보디
③ 모노코크 보디 ④ H형 보디

해설 모노코크 보디는 충격을 받았을 때 차체 표면에서 응력을 분산시킨다.

03 보디 프레임(body) 구조의 종류로서 강판을 서로 겹쳐서 만들어져 있는 프레임(frame)은?
① 페리미터 프레임
② 모노코크 보디 프레임
③ 볼트 온 스택 프레임
④ 플랫폼형 프레임

04 자동차의 차체는 철 금속의 어떤 성질을 이용한 것인가?
① 가공경화   ② 소성
③ 탄성   ④ 취성

해설 외력을 가하면 변형이 되고 외력을 제거하면 원래의 상태로 돌아오지 않고 다소의 변형을 남게 하는 성질을 소성이라 한다. 자동차의 차체는 소성을 이용한 것이다.

05 차량의 충돌과 접촉사고 시 충격을 흡수 및 완화하여 차체를 보호하는 것으로 외형의 미적 부분을 완성하는 부품은?
① 펜더   ② 범퍼
③ 도어   ④ 후드

해설 범퍼는 차체 앞·뒤쪽에 설치하는 보호 장치로 충돌시의 충격을 흡수하고 보디를 보호하며 장식의 기능도 겸하고 있다. 주로 범퍼 본체, 본체를 지지하고 보디에 연결하기 위한 암, 사이드 부분을 고정하는 축으로 구성되어 있다.

정답 01. ② 02. ③ 03. ② 04. ② 05. ②

15_04
06 충돌 및 접촉사고 시 차체를 보호하는 것이 목적이지만 자동차 외관상의 아름다움도 함께 부여하는 것은?

① 범퍼　　② 프런트 펜더
③ 도어　　④ 그릴

11_10
07 차체(body)에서 측면 충돌 시 안전성을 증가시키기 위해 도어(door) 내부에 설치한 보강재는?

① 스트라이커(striker)
② 힌지(hinge)
③ 도어 레귤레이터(regulator)
④ 임팩트 바(impact bar)

해설_ 도어 본체는 골격이 되는 이너 패널에 강성을 높이기 위해 리인포스먼트(임팩트 바)를 보강하여 헤밍 가공으로 접합한 구조로 되어 있다.

08_02
08 도어 또는 후드 등의 아우터 패널과 이너 패널을 조립하기 위한 프레스 가공법은?

① 플랜징　　② 비딩
③ 바링　　④ 헤밍

해설_ ① 플랜징 : 평판을 거의 직각으로 구부리는 프레스 가공법으로 구부러진 부분은 다른 부분보다 강도가 높다.
② 비딩 : 성형되어 있는 재료의 일부에 보강과 장식의 목적으로 돌기 또는 요철을 추가하는 프레스 가공법이다.
③ 바링 : 도어 패널 등 물 빼기 구멍 등의 주위에 채용하는 프레스 가공법으로 구멍 주위가 길게 빠져 나오는 모양으로 성형하면 이 부분의 강도가 증가하게 된다.
④ 헤밍 : 도어의 아우터 패널과 이너 패널을 조립하기 위해 이너 패널의 끝부분이 아우터 패널의 끝부분을 감싸는 프레스 가공법이다.

11_10
09 도어 장착 후 단차를 조정하려 한다. 이때 조정해야 할 주된 부품은?

① 체크 링크
② 도어 래치
③ 도어 스트라이커
④ 도어 트림

해설_ 도어 스트라이커 는 보디 측 필러에 설치되어 있으며, 도어를 장착한 후 단차를 조정할 수 있다.

08_03
10 트렁크 도어의 구조는 프레스 가공한 얇은 강판으로 안쪽에서 프레임을 포개어 점 용접한 것이다. 이때에 트렁크 도어 개폐시 균형을 잡기 위해 쓰이는 것은 무엇인가?

① 트렁크 도어 힌지
② 토션 바
③ 도어 록
④ 도어 체커

15_04
11 쿼터 패널은 바디의 강도 유지 상 중요한 패널이다. 측면 뒷부분의 쿼터 패널과 서로 병합되지 않는 패널은?

① 리어 휠 하우스
② 백 패널
③ 루프 패널
④ 트렁크 리드

해설_ 쿼터 패널은 보디의 뒤쪽 코너 부분을 이루는 패널이며, 트렁크 리드는 트렁크 룸을 개폐하는 뚜껑을 말한다.

 06. ①　07. ④　08. ④　09. ③　10. ②　11. ④

11_04

12 모노코크 차체에서 충돌이 일어나면 그 충돌력이 어떤 모양으로 충돌점에서 퍼져 나가는가?

① 원뿔형 ② 사각형
③ 원형 ④ 직선형

해설 모노코크 차체에서 충돌이 발생하면 충돌력은 세기가 클수록 충돌 점에서 원뿔의 각도가 작은 형태로 전파된다.

12_10

13 모노코크 바디에는 전, 후 충돌 등의 충격을 받았을 경우에 사이드 멤버 자체가 변형하여 객실에 영향을 덜 미치도록 부분적으로 굴곡을 주는데 이것을 무엇이라고 하는가?

① 쿠션 ② 킥업
③ 댐퍼 ④ 스트퍼

해설 킥업이란 전, 후 충돌 등의 충격을 받았을 경우에 멤버 자체가 변형하여 차실에 영향을 미치는데 이를 덜 미치도록 부분적으로 만든 굴곡을 말한다.

15_04

14 전면 충돌 시에 멤버 자체가 변형 되도록 하여 객실에 영향을 최소화하기 위하여 굴곡을 두는 것을 무엇이라 하는가?

① 비딩 ② 스토퍼
③ 마운트 ④ 킥업

15_10

15 모노코크 바디(monocoque body) 차량이 충격을 받았을 경우, 차실에 영향을 적게 미치도록 프레임에 부분적으로 굴곡을 두는 것은?

① 쿠션(cushion)
② 킥업(kick up)
③ 댐퍼(damper)
④ 스토퍼(stopper)

해설 킥업이란 전, 후 충돌 등의 충격을 받았을 경우에 멤버 자체가 변형하여 차실에 영향을 미치는데 이를 덜 미치도록 부분적으로 만든 굴곡을 말함, 쿠션은 완충장치, 댐퍼와 스토퍼는 힘이나 열전달을 막아주는 장치

12_10

16 각 차종의 조립에서 부품의 장착 방식이 다른 것은?

① 라디에이터 코어 서포트 어퍼
② 프런트 펜더 에이프런
③ 엔진 후드
④ 대시 패널

해설 라디에이터 코어 서포트 어퍼, 프런트 펜더 에이프런, 대시 패널은 용접으로 접합되어 있고 엔진 후드는 힌지와 볼트로 결합하는 기계적인 접합이다.

13_04

17 프레임의 파손 및 변형의 원인으로 옳지 않은 것은?

① 극단적인 휨 모멘트의 발생
② 충돌이나 전복 사고발생
③ 자연으로 인한 부식발생
④ 부분적인 집중하중으로 인한 발생

해설 금속이 그 표면에서 산이나 물에 의해 화학반응으로 녹스는 현상을 부식이라 한다.

정답 12. ① 13. ② 14. ④ 15. ② 16. ③ 17. ③

13_04
18 차체에 장착된 부품을 취급할 때의 사항으로 적절하지 않은 것은?

① 내장 트림이나 시트 류는 고정 위치를 확인해 가면서 조심스럽게 떼어낸다.
② 필요 범위보다 조금 넓게 해주면 나중 작업이 편리하다.
③ 인스트루먼트 패널은 부분 부품으로 하나하나 탈착한다.
④ 접착식 몰딩은 열을 가하면 깨끗하게 붙여지고 떼어지기도 한다.

해설 인스트루먼트 패널은 하나의 부품으로 용접에 의해 접합되어 있어 탈착할 수 없다.

06_10
19 자동차 보디(body)에서 좌우의 프런트 필러(front pillar) 사이를 연결하는 부재로써 보디의 비틀림 강성을 보강하기 위한 중요한 부분은?

① 프런트 보디 ② 카울
③ 루프 ④ 리어 보디

해설 카울 패널은 프런트 보디 상부에 위치하며, 좌우의 프런트 필러와 펜더 에이프런이 접합되어 있다. 사각 단면의 형상으로 보디의 굽힘과 비틀림 강성을 보강하는 역할을 한다.

13_10
20 자동차 도어(Door)에서 가장 부식하기 쉬운 부분은 주로 어느 부분인가?

① 상부 ② 하부
③ 중앙부 ④ 전면 다 같다.

10_10
21 미터 나사에 대한 설명 중 틀린 것은?

① 나사산의 각도는 60°이다.
② 애크미 나사보다 피치가 크다.
③ 바깥지름으로 호칭치수를 표시한다.
④ 피치는 mm로 표시한다.

해설 애크미 나사는 사다리꼴 나사라고도 한다. 동력 전달용으로 이용되며, 나사산의 각도는 미터 계열의 경우 30°, 인치 계열의 경우 29°, 미터나사보다 피치가 크다.

16_04
22 미터 나사에 대한 설명 중 틀린 것은?

① 동력 전달용 나사이다.
② 나사산의 각도는 60°이다.
③ 바깥지름으로 호칭치수를 표시한다.
④ 피치는 mm로 표시한다.

해설 미터나사(metric thread)
① 나사산의 각도가 60°이다.
② 나사산의 크기를 피치(mm)로 표시한다.
③ 나사의 호칭은 수나사의 바깥지름으로 한다.
④ 미터 보통 나사와 미터 가는 나사로 나누어 사용하고 기호는 M이다.
⑤ 미터나사는 체결용 나사이다.

06_04
23 나사의 표시방법 중 포함되지 않는 것은?

① 나사의 호칭
② 나사의 등급
③ 나사산의 감긴 방향
④ 나사의 강도

해설 나사의 호칭(미터나사는 M8, 유니파이 나사는 No.4-40UNC), 나사의 등급(미터나사는 1급, 2급, 3급으로 표시, 유니파이 나사는 3A, 2A, 1A), 나사산의 감긴 방향:왼나사와 오른나사

18. ③ 19. ② 20. ② 21. ② 22. ① 23. ④

13_04
24 M30×8로 표시된 나사에서 30은 무엇을 나타낸 것인가?
① 호칭지름 ② 골지름
③ 인장강도 ④ 나사 피치

해설 M30×8에서 M은 나사의 종류이고 30은 나사의 호칭 이름이며, 8은 나사 피치를 나타낸 것이다.

12_10
25 다음 중 리벳 크기를 나타낸 것은?
① 길이 × 면적
② 길이 × 무게
③ 지름 × 무게
④ 지름 × 길이

해설 리벳은 축 지름, 머리부의 지름, 머리부의 높이, 길이(깊이)로 표시한다.

02_01
26 리벳의 길이 표시 방법으로 옳은 것은?
① 머리 부분을 포함한 전체길이
② 머리 부분을 제외한 길이
③ 어느 것이나 관계없다.
④ 머리 부분의 길이

해설 리벳은 리벳팅을 할 수 있는 깊이가 중요하다. 따라서 머리 부분을 제외한 길이 즉, 깊이가 리벳에서 중요하다.

02 | 차체 손상 진단

10_10
27 자동차 사고는 운행 중인 자동차가 외부적인 힘을 받아 일어나는 경우가 많기 때문에 역학적인 기초지식을 가지고 진단해야 정확성을 가할 수 있다. 그 역학적인 기초 지식으로 타당하지 않는 것은?
① 운동의 법칙 ② 힘의 과학
③ 에너지   ④ 미끄러짐

해설 자동차는 운행 중에 어떠한 외부의 힘을 받아 사고가 발생하므로 운동의 법칙, 힘의 과학, 에너지 등에 관하여 역학적인 기초지식이 필요하다.

03_01
28 충격에 의해서 손상된 바디 및 프레임의 수리에 있어서 힘의 성질을 이해하여 두는 것이 차체 정렬의 가장 기본적인 핵심이다. 여기에서 힘의 성질 즉 힘의 3요소 중 틀린 것은?
① 힘의 크기   ② 힘의 분포
③ 힘의 방향   ④ 힘의 작용점

해설 힘의 3요소는 작용점, 방향, 크기를 말한다.

08_10
29 자동차 차체 프레임의 파손이나 변형의 원인과 가장 거리가 먼 것은?
① 노후에 의한 자연적 발생
② 부분적인 집중 하중으로 인한 발생
③ 충돌, 굴러 떨어진 사고에 의한 발생
④ 극단적인 굽힘 모멘트의 발생

해설 프레임의 파손 및 변형의 원인
① 극단적인 휨 모멘트의 발생
② 충돌이나 전복 사고의 발생
③ 부분적인 집중 하중으로 인한 발생

 24. ① 25. ④ 26. ② 27. ④ 28. ② 29. ①

16_04
30 사고로 인한 프레임 파손이나 변형의 원인이 아닌 것은?

① 추돌
② 굴러 떨어진 사고
③ 극단적인 굽음 모멘트 발생
④ 장기적인 사용에 의한 노후

11_10
31 자동차 사고 시 차체의 손상에 대한 진단을 할 때 착안해야 할 사항과 거리가 가장 먼 것은?

㉮ 충돌 속도   ㉯ 충돌 각도
㉰ 충돌 부위   ㉱ 충돌 거리

해설 차체 손상 진단의 목적은 사고에 의한 손상 발생이 상대 물체의 종류, 충돌속도, 충돌각도, 충돌부위 등에 의해 손상 범위가 다르므로 이를 정확히 진단하기 위함이다.

13_10
32 차체 손상 진단시 확인 사항으로 잘못된 것은?

① 가해진 외력의 모양
② 가해진 외력의 크기
③ 가해진 외력의 방향
④ 가해진 외력의 접촉 부위

해설 차체 손상 진단 시 확인할 사항은 사고에 의한 손상이 상대 물체의 종류, 외력의 크기, 외력의 방향, 외력의 접촉 부위 등에 의해 손상 범위가 다르므로 이를 정확히 진단하기 위함이다.

05_10
33 차체 손상 진단에서 착안해야 할 점과 관계가 깊지 않은 것은?

① 장치의 관성부분
② 형상의 변화부분
③ 단면 형상의 변화부분
④ 지점 부분

해설 차체의 손상은 가해진 외력의 크기, 방향, 접촉 부위 및 그 분포 상태가 집중적인 경우와 분산된 경우 등에 의해 그 상태가 달라진다. 그리고 차체에 사용된 부재의 성질, 판 두께, 형상, 조립 상태 등에 의해 손상 발생의 경향도 달라지므로 형상의 변화 부분, 단면 형상의 변화 부분, 지점 부분을 세밀하게 점검하여야 한다.

16_04
34 차체의 손상 진단에 착안해야 할 점과 관계가 깊지 않는 것은?

① 육안 판단을 우선한다.
② 계측기를 사용한다.
③ 내부 파손 영역을 확인한다.
④ 차체 치수도의 측정 지점을 확인한다.

07_04
35 차체 손상 진단의 영역 중 틀린 것은?

① 직접 충돌 부위를 조사, 기록해야 한다.
② 간접 충돌 부위는 조사할 필요 없다.
③ 엔진, 섀시 분야를 조사해야 한다.
④ 승객석 전장 비품을 조사해야 한다.

해설 차체 손상의 진단 영역
① 직접 충돌 부위를 조사해야 한다.
② 간접 충돌 부위를 조사해야 한다.
③ 엔진, 섀시 분야를 조사해야 한다.
④ 승객석 전장 비품을 조사해야 한다.

정답 30. ④ 31. ④ 32. ① 33. ① 34. ① 35. ②

11_10
36 자동차 차체에 충격력을 받았을 경우 파손 및 변형되기 쉬운 곳 즉 응력 집중이 많은 곳을 나열하였다. 이에 속하지 않는 곳은?
① 코너부
② 패널 평면부
③ 두께가 변화된 곳
④ 구멍 뚫린 주변

해설 충격력을 받았을 경우 쉽게 변형되는 부위 즉, 응력이 집중되는 부위는 구멍이 있는 부위, 곡선 부위, 단면적이 적은 부위, 패널과 패널이 겹쳐지는 부위 등이다.

15_04
37 정면으로 충격을 받은 자동차 프레임에는 응력이 집중될 우려가 있다. 이때 프레임의 어느 부분을 우선 살펴야 하는가?
① 평면 부위   ② 천공 부위
③ 고정 부위   ④ 천장 부위

해설 천공 부위는 홀 및 구멍이 있는 부위로 충격에 의해 쉽게 변형되도록 만들어진 부분이다.

06_01
38 모노코크 보디의 충격 흡수 부분으로 틀린 것은?
① 패널에 구멍을 낸다.
② 패널 두께를 변화시킨다.
③ 패널을 급각도로 변화시킨다.
④ 패널에 보강대를 부착한다.

해설 충격의 흡수 부분
① 각이 있는 곳(킥업 부위)
② 구멍이 뚫린 곳
③ 두께가 변화된 곳

03_01
39 보디에 미치는 충격을 완화하기 위한 방법이다. 잘못된 것은?
① 일부러 약한 부분을 만들어 부서지면서 충격이 흡수되도록 되어있다.
② 롱기(프런트 사이드 멤버) 부분의 각도를 급격히 굽히거나 보강재를 용접하기도 한다.
③ 보디에 두께를 바꾸거나 구멍을 뚫어서는 충격 흡수가 되지 않는다.
④ 충격 흡수를 하기 위해 우물 정(井)자 형태로 보디를 만들어 준다.

해설 충격이 집중되는 곳
① 각이 있는 곳(킥업 부위)
② 구멍이 뚫린 곳
③ 단면적이 변화된 곳

07_01
40 모노코크 차체 손상 상태를 나타내는 설명 중 틀린 것은?
① 응력이 집중된 장소에 손상이 나타나기 쉽다.
② 패널의 틈새를 확인함으로써 차체의 비틀어짐을 알 수 있다.
③ 충격을 받은 장소에서 멀수록 손상이 크다.
④ 멤버류의 변형은 내측에 주름이 진다.

해설 모노코크 차체의 손상은 충격을 받은 장소에서 멀수록 손상이 적다.

정답   36. ②   37. ②   38. ④   39. ③   40. ③

14_04

41 자동차 차체 앞면 중앙부에 외력이 가해졌을 때 손상 점검 부위로 거리가 먼 것은?

① 라디에이터 코어 서포트와 좌우 후드 레지 패널부근 점검
② 좌우 펜더 에이프런 패널 안쪽 부분의 변형 유무 점검
③ 프런트 크로스 멤버와 좌우 사이드 멤비기 붙어있는 부근 점검
④ 뒤 트렁크 부위의 리어 크로스 멤버의 뒤틀림 점검

해설 각 장치의 붙임과 변형의 점검, 상판부의 능곡 점검, 깔판, 크로스 멤버, 사이드 멤버의 점검, 뒤 트렁크 부분의 점검은 승용차의 뒷면 중앙부에 외력이 가해졌을 경우 점검할 부분이다.

09_09

42 승용차 손상 진단 시 자동차 앞면 좌·우측 끝에 외력이 가해졌을 경우 우선 1차적인 점검 부위에 해당되지 않는 것은?

① 프런트 사이드 멤버와 크로스 멤버
② 라디에이터 서포트 중심과 좌우부위
③ 후드의 평면부위와 좌우부위
④ 쿼터 패널 부위

해설 쿼터 패널은 리어 필러와 센터 필러 사이에 설치되어 있는 패널을 말한다.

13_04

43 승용차 보디 중앙부분의 손상 진단을 하고자 할 때 중앙 보디 점검에 속하지 않는 것은?

① 프런트 필러 상하가 붙어있는 부분의 근처 점검
② 센터 필러 상하 부착부분의 점검부분
③ 사이드 실의 변형유무 점검
④ 프런트 사이드 멤버와 좌우 사이드 멤버가 붙어있는 부근의 점검

해설 프런트 사이드 멤버와 좌우 사이드 멤버가 붙어 있는 부위는 앞면 중앙부에 외력이 가해진 경우 점검하는 부분이다.

09_01

44 승용차 손상 진단 시 자동차 뒤 부분 중앙에 외력이 가해졌을 경우 우선 1차적인 점검 부위로 해당되지 않는 것은?

① 리어 플로어 부위
② 리어 라디에이터 코어 부위
③ 리어 사이드 부위
④ 리어 프레임 부위

해설 라디에이터 코어 부위는 자동차의 앞부분에 설치되어 있으며, 자동차 앞부분에 외력이 가해졌을 때 경우 점검하는 부분이다.

06_10

45 승용차의 뒷면 중앙부에 외력이 가해졌을 경우 점검해야 할 부분이다. 해당되지 않는 것은?

① 라디에이터 코어 서포트와 좌우 후드 레지 패널 부근의 점검
② 각 장니의 붙임과 변형의 점검
③ 상판부의 능곡 점검
④ 깔판, 크로스 멤버, 사이드 멤버의 점검

해설 라디에이터 코어 서포트와 좌우 후드 레지 패널 부근의 점검은 앞면 중앙부에 외력이 가해졌을 경우 점검하는 부분이다.

정답 41. ④ 42. ④ 43. ④ 44. ② 45. ①

46 보디의 뒷부분에 외력이 작용했을 경우의 점검 부위이다. 틀린 것은?

① 리어 사이드 멤버의 형상과 단면 변화
② 리어 펜더 이너 패널의 변화
③ 타고 있는 사람과 적재물의 관성 운동에 의한 시트 등의 장치물 손상
④ 대시 로어 패널 이너의 변화 점검

해설 대시 로어 패널은 카울 로어 패널로 운전석과 엔진룸의 경계에 배치되어 있으므로 뒷부분의 외력에는 상관이 별로 없다.

47 자동차의 뒷부분 추돌로 인해 변형이 발생될 수 있는 패널로만 옳게 나열된 것은?

① 도어, 센터 필러, 사이드 실
② 트렁크 플로어, 사이드 멤버, 센터 루프
③ 휠 하우스, 트렁크 플로어, 리어 쿼터
④ 프런트 필러, 범퍼, 사이드 멤버

48 승용차 손상 진단 시 자동차 객실부분 아래쪽에 외력이 가해졌을 경우 우선 1차적인 점검부위로 해당되지 않는 것은?

① 사이드 쉘 점검
② 플로어 점검
③ 후드의 평면 부위
④ 센터 필러 점검

해설 후드는 보닛을 말하며, 평면 부위 점검은 앞의 정면으로 외력이 가해진 경우 1차적 점검 부위이다.

49 자동차 프레임 손상 진단에서 프레임의 변형 부위 중 균열 부분을 확인하고자 한다. 이 때 일반적으로 가장 먼저 확인할 부분은 어느 부분인가?

① 프레임의 수평부분
② 프레임의 밑 부분
③ 프레임의 굴곡부
④ 프레임의 옆 부분

해설 충격력을 받아 발생된 프레임의 굴곡 부위는 압축력에 의해 변형이 되었으므로 가장 먼저 균열을 확인하여야 한다.

50 다음 도어 부위에 외력을 받았을 때 손상 진단 점검 사항으로 틀린 것은?

① 라디에이터 코어지지 부위 점검
② 프런트 필러 상하 설치부 점검
③ 사이드 시일 점검
④ 루프 사이드 패널 점검

해설 도어 부위는 자동차의 옆쪽으로, 외력은 자동차의 앞쪽인 라디에이터 코어까지는 충격이 거의 전해지지 않는다.

51 자동차 도어(Door) 손상의 원인과 가장 관계가 적은 것은?

① 수분에 의한 부식
② 급격한 충격에 의한 뒤틀림
③ 충격에 의한 찌그러짐
④ 계속적인 사용에 의한 개폐

해설 도어와 같은 볼트 온 패널의 경우 손상되어지는 원인은 여러 경우가 있겠지만 그중에서도 충돌 및 충격에 의한 손상과 자연적인 공기 중에서의 습기와 물에 의한 부식으로 손상된다.

정답 46. ④ 47. ③ 48. ③ 49. ③ 50. ① 51. ④

03_01
52 트럭의 손상 진단은 우선 적재물에 의한 영향을 고려해야만 한다. 고려할 사항과 거리가 먼 것은?

① 적재 방법
② 적재량에 의해 발생하는 관성
③ 앞·뒤 바퀴에 대한 하중의 분포
④ 플로어 멤버의 유무 점검

해설 플로어 멤버란 적재 바닥의 부재를 말하는데, 적재 바닥은 어느 차량이나 다 있다.

03 | 차체 파손 분석

02_01
53 일반적으로 자동차 사고 시에 나타나는 손상을 바르게 표시한 것은?

① 직접 손상과 유발 손상
② 간접 손상과 충돌 손상
③ 외면 손상과 내면 손상
④ 충돌 손상과 추돌 손상

해설 사고로 인한 자동차의 손상은 크게 직접손상과 유발 손상으로 분류된다. 유발 손상이란 직접 손상에 의해서 2차적으로 유발되는 손상으로 2차원 파손이라고도 한다.

08_02
54 차체 손상 상태를 확인하기 위해 조사하여야 할 항목과 관계가 없는 것은?

① 충격이 어떻게 파급되어 있는가
② 차량 전체의 비틀림, 휨, 기울어짐은 없는가
③ 충돌한 대상이 무엇인가
④ 차체에 몇 개소의 손상이 있는가

해설 차체 손상의 상태를 확인하기 위해서 충돌 대상과는 관계가 없다. 충돌 시 어떠한 힘의 크기로, 어떤 각도로, 어디에, 몇 개소에 손상을 주었는가가 중요하다.

02_01
55 외부 파손 분석 중 사이드 스웨이(side sway)를 설명한 것은?

① 라인을 중심으로 좌, 우측의 변형
② 라인을 중심으로 길이의 변형
③ 라인을 중심으로 상, 하의 변형
④ 라인을 중심으로 전, 후면의 꼬인 변형

해설 side는 옆(좌·우), sway는 흔들림을 뜻한다. 즉, 가로 하중 혹은 연직 하중이 작용하였을 때 발생되는 구조물의 가로 방향으로의 변형을 말한다.

09_01
56 모노코크 차체에 충돌이 있을 때 센터 라인 상의 변형은 어떤 것인가?

① 다이아몬드
② 새그
③ 사이드 스웨이
④ 트위스트

해설 변형 용어의 정의
① 다이아몬드(diamond) : 차체의 한쪽 면이 전면이나 후면 쪽으로 밀려난 형태의 변형으로 다이아몬드와 같이 사각이 변함
② 새그(sag) : 수직적으로 정렬이 되지 않고 휘어진 변형 형태로 함몰, 처짐
③ 사이드 스웨이(side sway) : 가로 하중 혹은 연직 하중이 작용했을 때 생기는 구조물의 가로 방향으로의 움직임으로 센터라인을 중심으로 좌측 또는 우측으로의 변형 형태.
④ 트위스트(twist) : 비틀림으로 한쪽이 내려가고 한쪽이 올라가는 변형으로 서로 엇갈린 변형 형태이다.

52. ④ 53. ① 54. ③ 55. ① 56. ③

57 차체의 중심 센터 라인을 중심으로 좌측 혹은 우측으로 휘어진 파손 형태는?

① 사이드 스웨이 ② 새그
③ 쇼트 레일 ④ 트위스트

58 바디 수정시 교정 기술에 대한 사항에서 보기의 ( )안에 각각 들어갈 내용은?

> 보기
> ( )는 평균 대부분 이것이 앞바퀴 바로 뒤에 카울 지역에 형성되며, 이 현상은 프레임 조립형 혹은 모노코크에서 휠 변형이 생긴 것이다. ( )가 일어난 사이드 레일의 전면부는 솟아오르는 경향이 있다.

① 새그, 카울 ② 피벗, 새그
③ 새그, 새그 ④ 피벗, 카울

> 해설 새그(sag)는 프런트 사이드 멤버의 상단 부위(카울)에 현저히 나타나는 휨 상태의 변형으로 데이텀 라인의 차원에서 수직적으로 정렬이 되지 않고 휘어진 형태를 말한다.

59 차체 손상 진단 시 다음 보기와 같은 손상의 형태를 무엇이라 하는가?

> 보기
> 일반적인 접촉 사고일 때 발생하기 쉬운 손상으로 피해차와 가해차는 평행으로 움직이고 있어, 피해차와 가해차를 구분하기 힘들다. 1차 충격에 의한 손상이 대부분이고, 2차 손상에 의한 손상이 적기 때문에 강판의 찌그러진 손상이 많은 것이 특징이다.

① 사이드 데미지 또는 브로드 사이드 데미지
② 사이드 스위핑
③ 리어 엔드 데미지
④ 롤 오버

> 해설 ① side damage : 옆의 손상
> ② broad side damage : 큰 옆의 손상
> ③ rear end damage : 뒤 끝의 손상
> ④ roll over : 전복

60 충돌 현상 발생 시 차체가 변형되는 현상이 아닌 것은?

① 상, 하 변형 ② 좌, 우 변형
③ 비틀림 ④ 얼라인먼트

61 자동차가 사이드 레일이나 중앙 분리대 등에 고속 충돌 시 발생하는 현상으로 차체가 꼬여 있는 것처럼 보이는 변형은?

① 종 변형 ② 횡 변형
③ 찌그러짐 ④ 비틀림

62 측정 장비에 의한 손상 분석 4가지 기본 요소가 아닌 것은?

① 센터 라인
② 레벨
③ 데이텀
④ 맥퍼슨 스트럿 타워

> 해설 충돌 손상의 분석에서 게이지 판독과 파손 분석의 모든 관점은 4개의 기본적인 중요 요소에 기초를 두고 있다. 충돌 손상의 분석 4개 요소는 센터 라인, 데이텀 라인, 레벨, 치수이다.

정답 57. ① 58. ③ 59. ② 60. ④ 61. ④ 62. ④

12_10

63 센터링 게이지를 사용하여 계측할 때 기준이 되는 항목이라 할 수 없는 것은?

① 센터 라인　② 데이텀 라인
③ 레벨　　　　④ 아웃터 라인

> **해설** 충돌 손상 분석의 4대 요소는 센터 라인, 레벨, 데이텀 라인 치수이다.

04_10

64 모노코크 보디는 3개의 상자 모양으로 구성되어 있다. 이러한 차체의 기본 정렬에 속하지 않는 것은?

① 데이텀 라인　② 레벨
③ 베이스 라인　④ 센터 라인

> **해설** 모노코크 보디의 기본 정렬
> ① 센터 라인 : 언더 보디의 평행을 분석
> ② 레벨 : 언더 보디의 수평상태를 분석
> ③ 데이텀 라인 : 언더 보디의 상하 변형을 분석

09_01

65 다음 중 프레임의 기준선은 누가 독자적으로 만들어 발표하는가?

① 자동차 제작회사
② 자동차 형식담당 정부 부처
③ 자동차 정비사업자
④ 자동차 측정기 제작회사

02_04

66 일반적으로 프레임 기준선을 정할 때 들어가는 사항이 아닌 것은?

① 앞 스프링 브래킷을 통한 선
② 타이어가 지면에 접촉하는 부분
③ 앞뒤 차축의 중심선
③ 프레임 중앙 수평 부분의 윗면

> **해설** 프레임의 기준선
> ① 타이어가 지면에 닿는 면
> ② 프레임 중앙 수평부분의 위면
> ③ 프레임 중앙 하부 수평부분의 밑바닥
> ④ 앞뒤 차축의 중심선
> ⑤ 리어 스프링 브래킷 중심을 통한 선

14_04

67 프레임의 일반 기준선으로 틀린 것은?

① 타이어 중심 면
② 앞 뒤 차축의 중심선
③ 프레임의 중앙 수평부분의 윗면
④ 리어 스프링 브래킷 중심을 통한 선

> **해설** 66번 해설 참조

14_10

68 일반적인 프레임 기준선이 아닌 것은?

① 타이어가 땅에 닿는 면
② 앞, 뒤 차축의 중심선
③ 프레임 중앙 아래쪽 수평부분의 밑바닥
④ 프레임 중앙 수직부분의 옆면

14_10

69 차체 데이터의 정의로 옳은 것은?

① 차체의 수직적 높이의 측정을 위해 만든 기본 가상축
② 차체의 수평적 길이의 측정을 위해 만든 기본 가상축
③ 차체의 수평적 넓이의 측정을 위해 만든 기본 가상축
④ 차체의 수직적 대각선의 측정을 위해 만든 기본 가상축

정답 63. ④　64. ③　65. ①　66. ①　67. ①　68. ④　69. ①

70 언더 보디의 평행 정렬 상태 즉 센터 핀의 일치여부를 확인하여 차체 중심선의 변형을 판독하는 것은?

① 센터 라인(center line)
② 레벨(level)
③ 데이텀(datum)
④ 치수도

해설 ▸ 차체의 기본 정렬
① 센터 라인: 언더 보디의 평행을 분석
② 레벨: 언더 보디의 수평 상태를 분석
③ 데이텀 라인: 언더보디의 상하 변형을 분석

71 다음은 데이텀 라인의 설명이다. 이중 맞는 것은?

① 자동차 차체 폭의 길이를 말한다.
② 자동차 차체 길이를 말한다.
③ 자동차 차체 프레임의 기준선을 말한다.
④ 자동차 차체 중앙부의 크기를 말한다.

해설 ▸ 데이텀 라인이란 차체 프레임의 기준선으로 센터링 게이지 수평 바의 높낮이를 비교 측정하여 언더 보디의 상하 변형을 판독하는 것으로 높이의 치수를 결정할 수 있는 가상 기준선(면)을 말한다.

72 프레임 차드에서 데이텀 라인의 설명으로 맞는 것은?

① 두 점 간의 길이를 비교하는 가상선
② 차체 넓이의 기준이 되는 가상선
③ 센터 라인을 투영시킨 길이의 가상선
④ 차체 각 부위 높이의 기준이 되는 가상선

73 수평 바의 높낮이를 비교 측정하여 언더 보디의 상하 변형을 판독하는 것은?

① 센터 라인   ② 레벨
③ 데이텀   ④ 치수

74 프레임 기준선에 의해 프레임 각부 높이의 이상 상태를 점검 및 측정하는데 기준이 되는 것은?

① 데이텀 라인 ② 레벨
③ 센터 라인   ④ 단차

해설 ▸ 데이텀 라인이란 차체 프레임의 기준선으로서 수직 높이를 측정하기 위해 설정한 가상선을 말한다.

75 프레임 기준선 중 높이 치수의 기준이 되는 것은?

① 트랩 라인   ② 하이트 라인
③ 데이텀 라인 ④ 게이지 라인

76 센터링 게이지 수평 바의 관측에 의하여 파악할 수 있는 것으로 차체의 각 부분들이 수평 한 상태에 있는가를 고려하는 파손 분석의 요소는?

① 치수   ② 데이텀 라인
③ 레벨   ④ 센터 라인

해설 ▸ 레벨은 센터링 게이지 수평 바의 관찰에 의해 언더 보디의 수평 상태를 판독하는 것으로 차체의 모든 부분들이 서로 평행한 상태에 있는가를 고려하는 높이 측면의 가상 기준 축이다.

정답 70. ① 71. ③ 72. ④ 73. ③ 74. ① 75. ③ 76. ③

15_10
77 차체 각부 높이의 이상 상태를 점검하기 위한 기준면을 무엇이라고 하는가?
① 데이텀 라인   ② 레벨
③ 센터 라인   ④ 프레임

14_04
78 차체 손상 분석을 할 때 주의 깊게 보아야 할 위치와 관련이 없는 곳은?
① 응력이 완화되는 부위
② 충격이 직접 가해진 부위
③ 충격이 가해진 곳의 내측 부위
④ 플라스틱 등 파손이 되기 쉬운 부품

해설 손상 분석 시 주의 깊게 보아야 할 위치
① 응력 집중이 쉬운 장소
② 충격이 직접 가해진 부위
③ 충격이 가해진 곳의 내측 부위
④ 플라스틱 등 파손이 되기 쉬운 부품

04 | 차체 프레임 수정용 기기

10_01
79 보디·프레임 수정용 기기가 갖추어야 할 조건 중 아닌 것은?
① 인장장치   ② 고정장치
③ 계측장치   ④ 엔진 상승장치

해설 보디 프레임 수정용 기기에는 인장 장치, 고정 장치, 계측 장치 등이 갖추어져 있다.

14_10
80 프레임 수정기에 관한 설명을 가장 옳은 것은?
① 프레임의 상하 굽힘은 도우저로 당기기만 하면 된다.
② 프레임의 변형이 심하더라도 가급적 열을 가하지 않는다.
③ 프레임 수정기를 설치하는데 시간이 많이 소모되므로 대파 차량에만 사용한다.
④ 프레임 수정기는 당기는 작업만 할 수 있고 미는 작업은 할 수 없다.

15_10
81 바디 프레임(body frame) 수정기의 종류에 속하지 않는 것은?
① 바닥형
② 이동식 벤치형
③ 고정식 벤치형
④ 슬라이드 해머식

해설 프레임 수정기의 종류
① 이동식 프레임 수정기 : 바퀴가 달려 차체정비를 한 차량까지 자유로이 이동시켜 작업장 바닥이나 기둥 등에 고정하지 않아도 된다. 1회 고정으로 1방향 밖에 잡아당길 수 없으며, 다른 방향으로 동시에 잡아당기는 작업이 불가능함
② 고정식 프레임 수정기 : 지주가 4개가 있고 지주와 수리 차 사이에 큰 프레임을 고정시켜 수리 차를 올려놓을 수 있는 정반이 있으며, 여러 방향으로 동시에 수리 차를 잡아당길 수 있다.
③ 바닥식 프레임 수정기 : 프레임을 바닥 면에 묻고 유압 잭과 체인, 앵커 등을 조합하여 사용할 수 있다.

08_03
82 다음 중 보디 프레임 수정기의 종류에 속하지 않는 것은?
① 이동식 프레임 수정기
② 고정식 랙형 프레임 수정기
③ 바닥면식 간이형 프레임 수정기
④ 가변식 프레임 수정기

정답 77. ① 78. ① 79. ④ 80. ② 81. ④ 82. ④

09_09
83 벤치식 프레임 수정 장비의 설명으로 맞는 것은?

① 계측 기준은 바닥이다.
② 바닥에 레일이 설치되어 있다.
③ 하체 정비나 계측이 용이하다.
④ 다른 작업장으로도 사용이 가능하다.

해설 벤치(이동)식 프레임 수정기의 특징
① 차종마다 전용의 지그 브래킷이 사용된다.
② 전용의 브래킷은 차체 고정과 계측이 동시에 이루어져 효과적이다.
③ 정밀도가 높은 작업을 짧은 시간 안에 할 수 있다.
④ 당기는 방향(각도)의 변경이 가능하다.
⑤ 벤치를 정반으로 사용할 수 있다.
⑥ 언더 보디의 정확한 높이의 측정이 가능하다.

12_10
84 벤치식 수정기와 바닥식 수정기의 설명 중 잘못된 것은?

① 바닥식 수정기는 바닥 공간 활용도가 높고 설치 시 바닥의 수평을 맞추어야 한다.
② 벤치식은 기종에 따라서 리프트 사용이 가능하다.
③ 벤치식은 벤치의 플랫폼이 계측의 기본이 된다.
④ 벤치식은 바닥의 레일이나 앵커에 의해 각종 도구를 이용하여 보디를 고정한다.

해설 벤치식 프레임 수정기의 특징
① 차종마다 전용의 지그 브래킷이 사용된다.
② 전용의 브래킷은 차체 고정과 계측이 동시에 이루어져 효과적이다.
③ 정밀도가 높은 작업을 짧은 시간 안에 할 수 있다.
④ 당기는 방향(각도)의 변경이 가능하다.

⑤ 벤치를 정반으로 사용할 수 있다.
⑥ 언더 보디의 정확한 높이의 측정이 가능하다.

07_04
85 지그 시스템 중에서 지그의 종류가 아닌 것은?

① 볼트 온 지그   ② 맥퍼슨 지그
③ 핀 타입 지그   ④ 클램프 지그

해설 지그는 손으로서 나사 또는 핀을 고정하여 조정 사용하며, 차종에 따라 지그의 설치를 다르게 할 필요가 있다.

09_01
86 자동차를 조립하는 생산라인과 같은 방식이며, 계측과 수리 작업이 동시에 가능한 프레임 수정 방식은?

① 레이저식   ② 유니버설식
③ 바닥식   ④ 지그식

해설 지그식의 전용 브래킷은 차체 고정과 계측이 동시에 이루어져 효과적이다.

09_09
87 지그 시스템을 사용하는 프레임 수정기 사용 방법의 설명 중 잘못된 것은?

① 차체와 지그를 연결할 때에 볼트를 사용한다.
② 지그는 차종마다 같고 스트럿 타워만 교체한다.
③ 크로스 멤버의 번호와 일치하는 지그를 사용한다.
④ 지그는 용접 작업을 하기 전에 정확하게 가조립을 할 수 있다.

해설 지그는 손으로서 나사 또는 핀을 고정하여 조정 사용하며, 차종에 따라 지그의 설치를 다르게 할 필요가 있다.

83. ③   84. ④   85. ④   86. ④   87. ②

자동차차체수리기능사

13_04

88 프레임을 바닥면에 묻고 유압잭과 체인, 앵커 등을 조합하여 사용할 수 있는 형식의 프레임 수정기는?

① 이동식 프레임 수정기
② 고정식 랙형 프레임 수정기
③ 바닥식 묻힘 베이스 프레임 수정기
④ 바닥식 간이형 프레임 수정기

해설 바닥식 묻힘 베이스 프레임 수정기는 프레임을 바닥에 묻거나 바닥에 직접 부착시킨 레일에 차체를 고정시키며, 끌어당기는 장치도 바닥 레일에 같이 고정시켜 보디 프레임을 수정한다.

16_04

89 바닥에 묻거나 또는 바닥에 직접 부착시킨 레일에 차체를 고정시키는 한편 끌어당기는 장치도 바닥 레일에 같이 고정시켜 보디 프레임을 수정하는 수정기는?

① 이동형 보디 프레임 수정기
② 벤치형 프레임 수정기
③ 지그형 프레임 수정기
④ 플로어형 보디 프레임 수정기

10_10

90 1회 고정으로 1방향 밖에 잡아당길 수 없으며, 다른 방향으로 동시에 잡아당기는 작업이 불가능한 프레임 수정기는?

① 이동식 프레임 수정기
② 고정식 랙형 프레임 수정기
③ 바닥식 묻힘 베이스 프레임 수정기
④ 바닥식 간이형 프레임 수정기

해설 이동식 프레임 수정기는 바퀴(캐스터)가 달려 차체 정비를 한 차량까지 자유로이 이동시켜 작업장 바닥이나 기둥 등에 고정하지 않아도 된다. 1회 고정으로 1방향 밖에 잡아당길 수 없으며, 다른 방향으로 동시에 잡아당기는 작업이 불가능하다.

13_10

91 캐스터가 장치되어 있으며, 메인 프레임과 잡아당기기 쉬운 지주가 있어 지주 사이에 유압 잭과 언더 클램프를 사용하여 보디 프레임을 수정하는 것은?

① 이동식 보디 프레임 수정기
② 고정식 보디 프레임 수정기
③ 바닥식 보디 프레임 수정기
④ 폴식 보디 프레임 수정기

14_04

92 바디 프레임 수정기 중 바퀴가 달려있어 차체 정비를 하는 차량까지 자유로이 이동시켜 작업장 바닥이나 기둥 등에 고정하지 않아도 되는 것은?

① 폴식 바디 프레임 수정기
② 이동식 바디 프레임 수정기
③ 정치식 바디 프레임 수정기
④ 바닥식 바디 프레임 수정기

10_01

93 차체 수정 장비의 바닥식에서 자동차를 고정하는 곳은?

① 레일
② 체인 레버
③ 체인 바인더
④ 클램프 볼트

해설 바닥식 수정 장치에서 차체를 고정하는 곳은 바닥 지그 레일의 클램프를 이용해서 차체를 고정한다.

정답 88. ③ 89. ④ 90. ① 91. ① 92. ② 93. ①

01_10

94 지주가 4개가 있고 지주와 수리 차 사이에 큰 프레임을 고정시켜 수리 차를 올려놓을 수 있는 정반이 있으며, 여러 방향으로 동시에 수리 차를 잡아당길 수 있는 프레임 수정기는?

① 이동식 프레임 수정기
② 고정식 프레임 수정기
③ 바닥식 묻힘 베이스프레임 수정기
④ 바닥식 간이형 프레임 수정기

해설 고정식 프레임 수정기는 4개의 지주가 4개가 있고 지주와 수리 차 사이에 큰 프레임을 고정시켜 수리 차를 올려놓을 수 있는 정반이 있으며, 여러 방향으로 동시에 수리 차를 잡아당길 수 있다.

05 | 센터링 게이지

08_02

95 차체의 변형을 정확하게 알기 위하여 수행하는 작업은?

① 인장 작업 ② 계측 작업
③ 수정 작업 ④ 교환 작업

해설 계측기에 의한 차체의 변형 점검이 육안 점검보다는 더욱 정밀성을 띄게 된다.

14_04

96 차체 계측의 조건 및 방법에 대한 내용으로 틀린 것은?

① 차체를 수평으로 인장
② 차체를 수평으로 고정
③ 차체 계측기기 사용
④ 차체 치수도 활용

해설 차체 계측의 조건 및 방법
① 차체를 수평으로 확실히 고정하여야 한다.
② 차체의 계측기기를 사용하여야 한다.
③ 차체의 치수도를 활용하여야 한다.

13_04

97 차체 수정 작업에 앞서 계측 작업을 정밀하게 하기 위해서는 다음의 사항들을 주의해야 한다. 관련이 적은 것은?

① 게이지를 수평으로 확실히 고정한다.
② 게이지를 수직으로 확실히 고정한다.
③ 계측기기의 손상이 없어야 한다.
④ 객관적인 기준이 되는 차체 치수도를 활용한다.

14_10

98 프레임의 수정 작업에서 전체적인 작업 공정을 고려할 때 계측기를 사용하면 좋은 점으로 가장 거리가 먼 것은?

① 정확한 작업 공정을 세울 수 있다.
② 정확한 교정을 할 수 있다.
③ 정확한 작업을 할 수 있다.
④ 작업을 편리하게 할 수 있다.

09_09

99 손상 차체의 계측 작업에 사용되는 계측기의 종류가 아닌 것은?

① 센터링 게이지
② 유니버설 메저링 시스템
③ 오토 풀 시스템
④ 지그 벤치 시스템

 94. ② 95. ② 96. ① 97. ② 98. ④ 99. ③

15_10
100 프레임의 중심부를 측정함으로써 프레임 상하, 좌우, 비틀림 변형 등의 이상 상태를 진단하는 게이지는?

① 프레임 채킹 게이지
② 프레임 프로 게이지
③ 프레임 밴딩 게이지
④ 프레임 센터링 게이지

해설 센터링 게이지란 프레임의 중심부를 측정함으로써 프레임의 이상 상태를 진단하는 게이지다.

15_04
101 프레임 센터링 게이지의 용도 중 틀린 것은?

① 차체 하부의 중심선을 측정한다.
② 사이드 스웨이를 측정한다.
③ 대각선을 측정한다.
④ 카울부를 측정한다.

해설 센터링 게이지는 프레임의 중심부를 측정함으로써 프레임의 이상 상태를 진단하는 계측기로 프레임의 비틀림, 상하 휨(굽음), 좌우 휨(굽음) 등을 측정한다. 대각선의 측정은 트램 트랙킹 게이지로 한다.

09_09
102 프레임 센터링 게이지에 의해 측정할 수 없는 것은?

① 프레임의 상하 휨
② 프레임의 좌우 휨
③ 프레임의 비틀림
④ 프레임의 접속부 이완

13_10
103 프레임 센터링 게이지로 차체의 변형을 측정할 수 없는 것은?

① 프레임의 상하 굽은 변형
② 언더 보디의 비틀림 변형
③ 서스펜션의 밀림 변형
④ 휠 얼라인먼트의 정렬 변형

05_10
104 프레임의 이상 부위를 수정하기 위하여 측정하는 4가지 이상 상태에 들지 않는 것은?

① 상하 굽음 ② 좌우 굽음
③ 비틀림   ④ 균열

해설 센터링 게이지로 측정할 수 있는 부위는 프레임의 비틀림, 상하 휨(굽음), 좌우 휨(굽음)의 측정이다.

05_01
105 센터링 게이지를 구성하는 요소와 관계가 없는 것은?

① 수평 바   ② 행거 로드
③ 센터 사이드 핀 ④ 어태치먼트

해설 센터링 게이지의 구성 요소
① **수평 바** : 좌우의 폭을 조절할 수 있다.
② **센터 핀** : 수평 바의 중심에 배치되어 있다.
③ **행거 로드** : 수평 바 끝에 배치되어 언더 보디 및 사이드 멤버에 부착한다.

09_01
106 센터 라인 게이지의 구성 요소로 맞는 것은?

① 센터 핀   ② 센터 고리
③ 센터 멤버 ④ 센터 눈금

100. ④ 101. ③ 102. ④ 103. ④ 104. ④ 105. ④ 106. ①

107 모노코크 보디에 프레임 센터링 게이지를 부착시킬 때 관계가 없는 것은?
① 게이지 툴   ② 스프링 훅
③ 행거 로드   ④ 어태치먼트

108 프레임의 중심부를 측정함으로서 프레임의 이상 상태를 진단하는 게이지로 수평 바, 센터 사이드 핀, 신축성의 바늘과 행거 로드의 구조로 되어 있는 게이지는?
① 서피스 게이지
② 다이얼 게이지
③ 프레임 센터링 게이지
④ 하이트 게이지

109 프레임의 점검용 게이지로 프레임에 3개 또는 4개 정도를 걸어 프레임의 변형을 관측하는 게이지의 명칭은?
① 센터링 게이지   ② 트램 게이지
③ 테이프 게이지   ④ 유니버설 게이지

해설 센터링 게이지는 전면 부위에서 후면 부위까지 4~5조의 게이지를 걸어 수평 바의 높이가 가지런한 정도, 수평 바의 기울어진 정도, 센터 핀의 좌우 쌍방 교차하는 정도 등으로 프레임의 휨, 비틀림, 변형 등을 관측하는 게이지다.

110 프레임 센터링 게이지로 변형된 승용차 차량을 측정하기 위하여 부착하고자 한다. 부착 부위가 옳게 짝지어진 것은?
① 프런트 크로스 멤버 – 카울부 – 리어 도어부 – 리어 크로스 멤버
② 루프 사이드 멤버 – 프런트 크로스 멤버 – 카울부 – 리어 도어부
③ 사이드 인너 패널 – 카울부 – 리어 도어부 – 리어 크로스 멤버
④ 리어 패널 – 카울부 – 리어 크로스 멤버 – 리어 도어부

해설 센터링 게이지는 프레임의 중심부를 측정함으로써 프레임의 이상 상태를 진단하는 게이지이다. 게이지는 반드시 프런트 크로스 멤버, 카울부, 리어 도어부, 리어 크로스 멤버 네 부분으로 구분하여 설치한다.

111 모노코크 바디의 프레임 센터링 게이지 부착 방법이 아닌 것은?
① 안쪽에 거는 방법
② 바깥쪽 아랫부분에 거는 방법
③ 바깥쪽 윗부분에 거는 방법
④ 아래쪽 부착방법(마그네트 사용)

112 차체 파손을 판독하기 위해서 센터링 게이지를 설치하는 방법으로 잘못된 것은?
① 게이지는 반드시 차량을 네 부분으로 구분하여 설치한다.
② 베이스는 반드시 게이지 설치를 해야 한다.
③ 게이지는 반드시 파손부위에 집중적으로 건다.
④ 기준 참조점에 걸고, 다음 게이지는 파손부위, 휨 부위에 건다.

해설 센터링 게이지의 설치
① 게이지는 반드시 차량을 전면 부위에서 후면 부위까지 네 부분으로 구분하여 설치한다.

정답 107. ④ 108. ③ 109. ① 110. ① 111. ② 112. ③

② 베이스(기준)는 반드시 게이지 설치를 해야 한다.
③ 게이지를 부착하려면 게이지 홀, 스프링 훅, 마그네틱을 사용할 수 있다.
④ 센터 사이트 핀을 정확하게 설치한다.
⑤ 크로스 바의 설치 지점을 확인하고 설치한다.
⑥ 차체 프레임의 행거 로드 높이를 수평으로 조절하여 건다.
⑦ 게이지 1개를 기준 참조점에 걸고, 다음 게이지는 파손 부위, 휨 부위에 건다.

113 계측 작업에서 센터링 게이지에 대한 내용으로 틀린 것은?

① 전면 부위에서 후면 부위까지 4~5조의 게이지를 설치하여 바라본다.
② 간단하게 취급할 수 있으며 계측 방법도 간단하다.
③ 어느 부분이 어느 정도 손상이 있는가는 정확하게 판단할 수 없다.
④ 관측하는 눈의 위치에 따라 손상 상태가 동일하게 나타난다.

해설 관측은 기준 참조점에 건 게이지와 파손 부위 및 변형 부위에 건 게이지의 수평 바와 센터 핀을 비교하여 변형을 판단한다.

114 프레임 센터링 게이지를 설치할 때 고려해야 할 사항이 아닌 것은?

① 차체를 4개 부분으로 구분하여 설치한다.
② 센터 사이드 핀을 정확하게 설치한다.
③ 크로스 바의 설치 지점을 확인하고 설치한다.
④ 기준 참조점에 파손이 없으면 설치하지 않는다.

해설 센터링 게이지란 프레임의 중심부를 측정함으로써 프레임의 비틀림, 상하 휨(굽음), 좌우 휨(굽음) 등을 측정하여 이상 상태를 진단하는 게이지이다. 따라서 기준 참조점에 파손이 없으면 프레임 센터링 게이지를 설치하여야 한다.

115 프레임 센터링 게이지의 설치방법 중 틀린 것은?

① 게이지 1기가 1조이다.
② 차체 프레임의 행거 로드 높이를 수평으로 조절하여 건다.
③ 게이지를 부착하려면 게이지 홀, 스프링 훅, 마그네틱을 사용할 수 있다.
④ 비대칭 차체와 좌, 우 대칭인 차체를 구분해야 한다.

해설 프레임 센터링 게이지는 2개가 1조로 구성되어 있으며, 센터 유닛을 중심으로 하여 서로 좌·우측으로 움직이는 2개의 수평 바에 의하여 작동된다.

116 차체 수정 작업 시 센터링 게이지의 조작과 정비 시 주의 사항이다. 틀린 것은?

① 센터링 게이지는 센터 유닛(센터 핀)을 중심으로 하여 서로 좌·우측으로 움직이는 두 개의 수직 바에 의해서 작동된다.
② 센터 유닛의 조준 핀은 항상 게이지의 정확한 중심에 위치해 있어야 한다.
③ 게이지의 관리는 항상 청결을 유지하고 주기적으로 점검해 주어야 한다.
④ 게이지의 중심에 자리가 잡히지 않을 때는 먼지의 축적이나 내부 베어링의 손상 가능성에 대해서 점검한다.

정답 113. ④　114. ④　115. ①　116. ①

해설 게이지의 조작과 정비시 주의사항
① 센터링 게이지는 센터 유닛을 중심으로 하여 서로 좌우측으로 움직이는 두 개의 수평 바에 의하여 작동된다.
② 센터 유닛의 조준 핀은 항상 게이지의 정확한 중심에 위치해 있어야 한다.
③ 게이지의 관리는 항상 청결을 유지하고 주기적으로 점검해 주어야 한다.
④ 게이지를 차량에 부착하기 전에 마그넷 키퍼를 분해한다.
⑤ 게이지를 설치하기 전에 스케일 홀더를 양손으로 잡고 센터 유닛 쪽으로 단단하게 밀어준다.
⑥ 게이지의 중심에 자리가 잡히지 않을 때는 먼지의 축척이나 내부 베어링의 손상 가능성에 대하여 점검한다.
⑦ 폭의 조정이 필요하면 고정 스크루를 풀고 조정한다.

15_10
117 프레임 기준선에 의하여 센터링 게이지로 변형 상태를 점검할 때 주의할 사항이 아닌 것은?

① 바디(body) 치수도를 활용할 것
② 계측기기의 손상이 없을 것
③ 차체를 회전시키면서 점검할 것
④ 수평으로 확실하게 고정할 것

해설 변형 상태를 점검할 때 주의할 사항
① 치수도를 활용할 것
② 계측기기에 손상이 없을 것
③ 수평으로 확실하게 고정할 것

10_10
118 센터링 게이지의 사용상 주의점이 아닌 것은?

① 좌우 대칭인 것이 기본이다.
② 비대칭 개소는 측정을 못한다.
③ 차체수리 지침서를 정확히 확인하여 적용한다.
④ 홀의 변형 정도에 따라 수정해서 사용한다.

11_10
119 센터링 게이지로 차체의 손상 정도를 점검 하였더니 높이는 일정하고, 첫 번째와 두 번째 센터 핀이 우측으로 기울었다. 이 사고 차의 상태는?(단, 차체를 기준으로 판단)

① 상, 하 굽은 상태
② 비틀린 상태
③ 우측 굽은 상태
④ 길이 방향으로 변형

해설 센터 핀이 일직선상에 놓이지 않을 경우는 프레임이 좌측 또는 우측으로 변형이 된 것이며, 첫 번째 센터 핀은 기준 참조점에 설치된 게이지이며, 두 번째 센터 핀은 변형된 부위에 설치된 게이지다.

08_10
120 손상된 차체를 복원하기 위해서 차체에 센터링 게이지를 설치한 후 게이지 판독 및 필요한 작업방법을 설명한 것으로 틀린 것은?

① 센터 라인과 레벨을 동시에 읽는다.
② 센터 라인과 레벨의 수정 후 데이텀을 점검한다.
③ 차체의 손상이 객실부위까지 이어지면 최초로 손상된 전후면 멤버를 먼저 수정한다.
④ 게이지 판독의 최종 목표는 센터라인, 데이텀, 레벨의 점검을 위함이다.

해설 게이지 판독 및 필요한 작업 방법
① 센터 라인과 레벨을 동시에 읽는다.
② 센터 라인과 레벨의 수정 후 데이텀을 점검

정답 117. ③ 118. ② 119. ③ 120. ③

한다.
③ 차체의 중간부분에 변형이 존재하거나 그 원인에 의하여 전면이나 후면에 변형이 발생하였을 경우 반드시 제일 먼저 중간부분을 수정하여야 한다.
④ 수리 작업을 진행하는 동안 필요에 따라 수시로 점검할 필요가 있다.
⑤ 게이지 판독의 최종 목표는 센터라인, 데이텀, 레벨의 점검을 위함이다.

01_04
121 프레임 기준선에 의해 프레임 각부 높이의 이상 상태를 점검 측정하는 게이지는?

① 트램 게이지
② 트랙킹 게이지
③ 데이텀 라인 게이지
④ 어태치 먼트 게이지

해설 프레임 기준선에 의해 프레임 각부 높이의 이상 상태를 점검 측정하는 게이지는 데이텀 라인 게이지이다.

06_01
122 프레임 차트의 프레임 기준선으로부터 일정한 치수를 내어가지고 데이텀 라인 게이지의 수평 코드 또는 수평 바에 치수를 옮기고 들여다보았을 때 앞뒤 네 곳에 일직선상에 있으면 어느 것이 정상인 것을 의미하는가?

① 프레임 각부의 길이가 정상
② 프레임 각부의 너비가 정상
③ 프레임 각부의 높이가 정상
④ 프레임 각부의 브래킷이 정상

해설 앞뒤 4곳이 일직선상에 있다는 것은 프레임 각부의 높이가 정상이라는 뜻이다.

01_07
123 프레임 차트의 프레임 기준선으로부터 일정한 치수를 내어 가지고 데이텀 라인 게이지의 수평 코드 또는 수평 바에 치수를 옮기고 어느 곳이 일직선상에 있으면 프레임의 높이가 정상이다. 이 중 맞는 것은?

① 앞부분 네 곳
② 앞뒤 두 곳
③ 앞부분 두 곳
④ 앞뒤 네 곳

해설 앞뒤 좌우의 네 곳이 일직선상에 있으면 네 곳은 한 평면을 이룬다. 즉, 이 네 곳은 프레임의 높이가 같은 수평면이 된다.

11_04
124 프레임 기준선에 의하여 데이텀 라인 게이지로 변형 상태를 점검할 때 주의할 사항이 아닌 것은?

① 바디(body) 치수도를 활용할 것
② 계측기기의 손상이 없을 것
③ 차체를 회전시키면서 점검할 것
④ 수평으로 확실하게 고정할 것

해설 데이텀 라인 게이지 : 프레임 기준선에 의해 프레임 각부 높이를 측정 이상 상태를 점검하는 게이지는 데이텀 라인 게이지이다. 계측 작업의 주의 사항으로는 수평으로 확실히 고정, 계측기기에 손상이 없을 것, 보디 치수 자료의 활용이다.

121. ③ 122. ③ 123. ④ 124. ③

06 | 트램 트래킹 게이지

125 트램 트래킹 게이지의 수 사용 측정 범위로 가장 거리가 먼 것은? `10_10`
① 폭   ② 길이
③ 높이   ④ 대각선

해설 트램 트래킹 게이지는 길이를 측정하는 게이지다.

126 트램, 트래킹 게이지의 용도 중 틀린 것은? `05_10`
① 대각 비교나 포인트 간의 거리를 측정한다.
② 차체 하부의 중심선을 판독한다.
③ 장애물이 있는 부위의 거리를 측정한다.
④ 트램 길이를 측정할 수 있다.

해설 트램 트래킹 게이지의 용도
① 트램의 길이를 측정하여 비교한다.
② 사이드 멤버의 직선 길이를 측정하여 비교한다.
③ 프레임의 대각선 길이를 측정하여 비교한다.
④ 보디의 직선 또는 대각 길이를 측정하여 비교한다.
⑤ 포인트 간의 거리를 측정하여 비교한다.
⑥ 장애물이 있는 부위의 거리를 측정하여 비교한다.
⑦ 엔진 룸, 윈도우 부분의 개구부의 길이를 측정하여 비교한다.

127 트램 트래킹 게이지의 용도와 거리가 먼 것은? `15_10`
① 대각선이나 특정 부위의 길이 측정
② 엔진 룸, 윈도우 부분의 개구부 변형 측정
③ 좌우 비대칭 바디의 변형 측정
④ 사이드 멤버의 길이 측정

해설 트램 트래킹 게이지의 용도
① 트램 트래킹 게이지는 차의 길이를 측정하는 게이지이다.
② 프런트 사이드 멤버의 직선 길이 측정 비교
③ 프레임의 대각선 길이 측정 비교
④ 프런트 보디의 직선 또는 대각선 길이 측정 비교
⑤ 트램 높이를 측정 비교

128 트램 트래킹 게이지의 용도 중 틀린 것은? `14_10`
① 대각 비교나 포인트 간의 거리를 측정한다.
② 차체 하부의 중심선을 판독한다.
③ 장애물이 있는 부위의 거리를 측정한다.
④ 트램 높이를 측정할 수 있다.

129 트램 트래킹 게이지로 측정 가능한 항목이 아닌 것은? `16_04`
① 우측 프런트 서스펜션의 굽음
② 토인과 캠버의 변화
③ 리어 액슬의 흔들림
④ 옆으로 굽은 프레임의 앞 부위

해설 트램 트래킹 게이지로 측정이 가능한 항목
① 사이드 멤버의 일그러짐이나 상하로 굽은 상태
② 사이드 멤버의 좌우로 굽은 상태
③ 로어 암과 후드 레지의 위치
④ 로어 암 니백(knee back)
⑤ 리어 보디의 일그러진 곳과 상하의 휨

정답 125. ③ 126. ② 127. ③ 128. ④ 129. ②

⑥ 프레임의 일그러진 상태
⑦ 프런트 서스펜션의 굽음
⑧ 리어 액슬의 흔들림
⑨ 옆으로 굽은 프레임의 앞 부위

해설 캠버나 토인의 변화는 얼라이너로 측정이 가능하다. 또한 캠버는 포터블 게이지, 토인은 토인바 게이지나 사이드슬립 테스터로 측정이 가능하다.

15_04
130 트램 트랙킹(tram tracking) 게이지의 비틀림 측정에 들지 않는 것은?

① 프레임의 마름모꼴 휨
② 앞 부분의 옆으로 휨
③ 리어 액슬의 흔들림
④ 휠베이스의 흔들림

해설 휠베이스는 앞차축의 중심과 뒤 차축 중심 간의 거리 즉 축간거리이며, 휠베이스의 흔들림은 측정할 수 없으나 휠베이스의 변형은 측정할 수 있다.

13_04
131 트램 트랙킹 게이지로 측정하는 곳이 아닌 것은?

① 바디의 대각선 측정
② 프레임의 일그러진 상태 점검
③ 프런트 사이드 멤버의 좌우로 휨 상태 점검
④ 프레임의 센터 라인 측정

13_10
132 트램 트랙킹 게이지로 네 바퀴의 정렬을 점검할 수 있는 방법에 해당되지 않는 것은?

① 우측 프런트 서스펜션의 굽음
② 토인과 캠버의 변화
③ 리어 액슬의 흔들림
④ 옆으로 굽은 프레임의 앞부분

12_10
133 프레임의 하체부 서스펜션과 프레임의 깊숙한 두 곳 사이의 측정, 보디의 대각선 측정 또는 프레임 사이드 레일 길이를 측정하는데 사용하는 측정기는?

① 프레임 센터링 게이지
② 트램 트랙킹 게이지
③ 하이트 게이지
④ 서피스 게이지

해설 차체의 길이를 측정하여 비교할 수 있는 측정기는 트램 트랙킹 게이지다.

11_04
134 트램 게이지로 측정할 수 없는 것은?

① 로어 암의 니백의 점검
② 상하 굽음의 점검
③ 센터 라인
④ 개구부의 점검

10_01
135 트램 트랙킹 게이지의 측정에 속하지 않는 것은?

① 프레임의 중심부 휨의 점검
② 프레임의 일그러진 상태 점검
③ 프레임의 좌우로 휨 상태 점검
④ 로어암 니백(knee back)의 점검

정답 130. ④ 131. ④ 132. ② 133. ② 134. ③ 135. ①

07 | 차체 복원수리에 관한 사항

136 트램 트래킹 게이지로 차량의 언더 바디를 측정하고자 한다. 이때 측정하는 곳이 아닌 것은?

① 전동장치를 비켜 프레임 깊숙한 두 곳 사이 측정
② 바디의 대각선 측정
③ 사이드 멤버의 두 곳 길이 측정
④ 프레임 하체부 서스펜션과 전동장치 측정

해설 전동장치는 측정하지 않는다.

137 보디 프레임을 점검할 때 정확한 측정 기기는 어느 것인가?

① 하이트 게이지
② 토인바 게이지
③ 트램 트래킹 게이지
④ 버니어캘리퍼스

138 트램 트래킹 게이지의 작업상 주의사항으로 틀린 것은?

① 측정자는 가급적 길게 한다.
② 홈 중심, 끝 부분을 이용한다.
③ 계측 할 홀에 확실하게 고정한다.
④ 측정점의 높이 차가 있으면 오차가 생기기 쉽다.

해설 트램 트래킹 게이지의 작업상 주의 사항
① 측정자는 계측할 홀에 확실하게 고정한다.
② 측정자는 필요 이상으로 길게 하지 않는다.
③ 홈 중심을 측정하기 어려울 경우에는 홈 끝 부분을 이용한다.
④ 측정점의 높이 차가 있으면 오차가 생기기 쉽다.

139 다음 차체 수정 중 바람직하지 못한 것은?

① 차체 수정은 입체적 감각으로 작업을 진행한다.
② 차체에 전달된 힘의 범위를 확인한다.
③ 작업 전 작업 공정을 계획한다.
④ 고정, 인장, 계측은 별개의 것으로 생각한다.

해설 보디 수정의 3요소는 고정, 인장, 계측이다. 이것은 효과적인 수정작업을 위한 필수 요건이다.

140 외부 패널의 변형을 확인하는 방법 중 틀린 것은?

① 육안으로 확인한다.
② 가스 용접기로 예열해 본다.
③ 손으로 직접 만져본다.
④ 줄로 연마해 표면 상태를 본다.

141 자동차 패널이 손상된 것을 먼저 육안으로 판단할 수 있는 요령은?

① 패널의 중심부를 게이지로 측정
② 패널부분의 페인트 벗겨짐 및 용접 상태
③ 패널부분의 형광물질 침투방법
④ 패널부분의 폐유 침투방법

 136. ④ 137. ③ 138. ① 139. ④ 140. ② 141. ②

15_10
142 차체 수리에서 바디 수정의 3요소에 해당되지 않는 것은?

① 고정 ② 패널 수정
③ 인장 ④ 계측

> **해설** 보디 수정의 3요소는 고정, 인장, 계측이다. 이것은 효과적인 수정작업을 위한 필수 요건이다. 그리고 이것들을 제각기 별도의 작업으로 수행할 수 없으며, 상호 깊은 관련이 있으므로, 수정할 때에는 이 3요소를 일체로 생각해야 한다.

09_01
143 다음 중 프레임의 비틀림 변형시 수정 방법 중 제일 먼저 시도할 방법은?

① 낮은 부위에 잭이나 유압 장비를 놓고 작동시킨다.
② 잭 위에 철판 1cm 두께를 받친다.
③ 게이지를 보면서 두 개의 잭을 동시에 작동한다.
④ 높이 올라간 부위를 체인으로 고정한다.

> **해설** 차체 수리의 작업 순서
> ① 제 1단계 : 차체의 손상 진단 및 분석
> ② 제 2단계 : 차체의 고정
> ③ 제 3단계 : 차체의 인장
> ④ 제 4단계 : 패널 절단 및 탈거
> ⑤ 제 5단계 : 패널 부착 및 용접

11_10
144 바디 프레임 수정용 기기에서 고정 장치의 조건이 아닌 것은?

① 어떤 차종이라도 고정할 수 있을 것.
② 힘을 가해도 비뚤어지거나 풀어지지 않을 것
③ 수직으로 고정할 수 있을 것
④ 고정점을 연결하여 일체화할 수 있을 것

14_04
145 사고 차량의 프레임 수정작업 시 기본적 고정부분으로 옳은 것은?

① 크로스 멤버 부분
② 현가장치의 가장 튼튼한 부분
③ 프레임에 부착된 인장 고리 부분
④ 사이드 실 하단 좌, 우측의 전, 후 플랜지 부분

> **해설** 기본적인 고정은 사이드 실 아래의 플랜지부로 전후, 좌우의 4개소가 원칙이다.

08_02
146 보디 프레임 수정에서 기본 고정을 주로 하는 차체의 부위는?

① 쿼터 패널 ② 사이드 멤버
③ 크로스 멤버 ④ 로커 패널

> **해설** 사이드 실(로커 패널)은 튼튼한 사각 단면 구조로 프런트 필러, 센터 필러, 리어 휠 하우스와 견고하게 접합되어 있으며, 중간에 보강 판이 삽입되어 있다.

08_03
147 차체를 고정할 수 있는 부위가 아닌 것은?

① 사이드 실 하부 플랜지
② 사이드 멤버
③ 프레임
④ 센터 필러

> **해설** 차체를 고정할 수 있는 부위로 센터 필러는 부적당하다. 센터 필러는 강도가 약하여 고정하면 인장력에 의해 굽음 현상이 일어난다.

정답 142. ② 143. ④ 144. ③ 145. ④ 146. ④ 147. ④

148 보디 수정시 추가 고정의 목적으로 바른 것은?

① 필요한 모멘트를 형성한다.
② 작용점의 위치를 표시한다.
③ 용접부위를 보호한다.
④ 우물(井)자의 연결로 인장을 보강한다.

> **해설** 추가 고정의 효과
> ① 기본 고정을 보강한다.
> ② 모멘트의 발생을 제거한다.
> ③ 지나친 인장을 방지한다.
> ④ 용접부를 보호한다.
> ⑤ 힘의 범위를 제한한다.

149 변형된 패널을 추가 고정 없이 한쪽만 당기면 어떠한 현상이 발생 하는가?

① 인장력이 작용한다.
② 전단력이 작용한다.
③ 모멘트가 작용한다.
④ 압축력이 작용한다.

150 효과적인 인장 작업에 있어 수정 작업의 순서와 견인 방향의 원칙과 거리가 먼 것은?

① 앞에서부터 인장할 때에는 똑바르게 앞에서부터 인장 작업을 한다.
② 옆에서 인장할 때에는 바디에 대응하여 직각 방향으로 인장 작업을 한다.
③ 경사지게 인장하면 힘이 분산되어 충분한 효과가 없다.
④ 힘이 가해진 장소에서 제일 단거리에서부터 복원한다.

> **해설** 힘이 가해진 장소에서 제일 먼 거리에서부터 복원한다.

151 손상된 패널의 수정 방법 중 훅을 사용하여 수정하는 방법은?

① 돌리, 해머를 이용한 수정 방법
② 인장에 의한 수정 방법
③ 덴트 풀러에 의한 수정 방법
④ 강판의 수축에 의한 수정 방법

152 자동차 차체가 벽면에 정면으로 충돌하여 프레임이 위로 단순 굴곡 변형이 이루어 졌을 때 프레임을 복원 수리 하는 순서로 가장 적합한 것은?

① 길이 방향을 먼저 인장시킨다.
② 측면 방향으로 먼저 인장시킨다.
③ 높이 방향을 먼저 인장시킨다.
④ 사선 방향을 먼저 인장시킨다.

> **해설** 프레임이 위로 단순 굴곡 변형이 이루어진 경우에는 길이 방향을 먼저 인장하여 복원시킨다.

153 바디 수정 시 파손의 인장 방법에서 보기의 ( )안에 각각 들어갈 내용은?

> **보기**
> 차체는 반드시 잘 고정되어야 한다. 이때 고정시키는 앵커는 ( ) 고정시킨다. 뒤편에 충돌된 차량의 경우 가장 강하게 고정할 지점이 ( ) 지역 양쪽이다.

① 파손 부위에, 레인포스먼트
② 파손 부위를 피해서, 카울
③ 파손 부위에, 카울
④ 파손 부위를 피해서, 레인포스먼트

> **해설** 차체는 반드시 잘 고정되어야 한다. 이때 고정시키는 앵커는 파손 부위를 피해서 고정시키고 뒤편에 충돌된 차량의 경우 가장 강하게 고정할 지점은 카울 지역의 양쪽이다.

정답 148. ③ 149. ③ 150. ④ 151. ② 152. ① 153. ②

15_10
154 전면 충돌 사고로 사이드 멤버(side member), 펜더 에이프런(fender apron) 및 프런트 필러(front pillar)까지 손상된 승용 자동차를 수리하기 위한 방법으로 올바른 것은?

① 바디 프레임 수정기로 프런트 필러 변형부터 우선 수정한 다음, 사이드 멤버를 수정한다.
② 차체를 고정하고 산소 용접기로 손상 부위를 가열한 후 타출 및 인장 작업을 하여 수정한다.
③ 손상된 사이드 멤버와 펜더 에이프런을 절단한 후 프런트 필러를 당긴다.
④ 바디 프레임 수정기의 인장 장치로 펜더 에이프런과 사이드 멤버를 동시에 당긴다.

해설 펜더 에이프런 패널이 앞에서부터 충격을 받아 손상된 경우에 사이드 멤버만 단독으로 인장하는 것보다 사이드 멤버와 펜더 에이프런 패널 상하의 단면을 동시에 인장하게 되면 보다 신속하고 완벽한 복원 작업을 할 수 있다.

06_10
155 소형 트럭의 상자형 킥업 프레임에 많이 발생하는 찌그러짐을 수정하는 방법으로 가장 많이 쓰이는 방법은?

① 가압 방식
② 헤어링 방식
③ 끌어내는 방식
④ 하이드로릭 잭 방식

06_01
156 트럭의 프레임 수정에서 크로스 멤버와 사이드 멤버와의 결합부가 앞뒤로 굽은 것을 수정하는 작업은 어느 것인가?

① 상하로 굽은 프레임 수정 작업
② 좌우로 굽은 프레임 수정 작업
③ 비틀린 프레임 수정 작업
④ 일그러진 프레임 수정 작업

15_04
157 프레임의 한쪽 사이드 멤버를 단순한 빔으로 생각할 경우 사이드 멤버와 휠베이스 사이에서는 사이드 멤버 아래쪽은 잡아 당겨지고, 위쪽은 압축력이 작용하게 된다. 그 결과는 어떻게 되는가?

① 아래쪽 - 만곡, 위 부분 - 균열
② 아래쪽 - 균열, 위 부분 - 만곡
③ 아래쪽 - 절손, 위 부분 - 균열
④ 아래쪽 - 만곡, 위 부분 - 절손

해설 프레임의 한쪽 사이드 멤버를 단순한 빔으로 생각할 경우 사이드 멤버와 휠베이스 사이에서는 사이드 멤버의 아래쪽은 잡아 당겨지고 위쪽은 압축력이 작용하여 아래쪽은 균열이 생기고 위 부분은 만곡이 생기게 된다.

10_10
158 페리미터형 프레임 수정 작업의 설명으로 틀린 것은?

① 인장 작업 할 때 프레임의 흔들림 방지를 위해 세 곳을 고정한다.
② 파손상태에 따라 인장방향 반대쪽에 고정 점을 만든다.
③ 경미한 크로스 멤버 파손이라도 안치식(安置式)프레임 수정기의 작업이 적당하다.
④ 모노코크 바디의 수정과 비슷한 요령으로 작업해도 된다.

해설 차체의 기본 고정은 사이드 실 아래의 플랜지부로 전후, 좌우의 4개소가 원칙이다.

정답 154. ④ 155. ③ 156. ④ 157. ② 158. ①

14_10
159 프레임의 상하 굽음을 수정하는 방법으로 틀린 것은?

① 체인과 플랜지 훅을 사용하여 사이드 멤버를 고정시킨다.
② 굽은 부분은 잭으로 밀어 올린다.
③ 굴곡의 수정과 동시에 가압상태로 사이드 멤버의 위쪽 또는 아래쪽 주름을 수정한다.
④ 굽은 부분은 900~1,200℃ 이하로 가열한다.

> **해설** 열이 가해진 부분은 재질의 변화로 인한 강도가 저하되고 부식을 더 빨리 초래하며, 충격 흡수력이 떨어진다. 또한, 냉각 후에 응력 집중 현상이 나타날 수도 있다.

05_01
160 프레임의 수정 작업시 수정부에 높은 온도로 가열 하지 않는 것이 좋은데 그 이유가 아닌 것은?

① 내부 조직 변화에 의한 강도를 저하시킨다.
② 부식이 발생할 수 있다.
③ 탄성을 되돌릴 수 있다.
④ 충격에 대한 흡수력이 떨어진다.

07_01
161 보디 수리 시에 절단을 피하여야 할 부위가 아닌 것은?

① 보강 부품이 있거나 부품의 모서리 부위
② 패널의 구멍 부위
③ 서스펜션을 지지하고 있는 부위
④ 형상부 단면적이 변하지 않는 부위

13_10
162 프레임 수정 작업시 유의할 사항이 아닌 것은?

① 힘을 받은 먼 곳부터 수정해 나간다.
② 당기는 작업은 체인의 상태가 직각 또는 수평이 되게 한다.
③ 한 번에 큰 힘을 가하여 신속하게 당긴다.
④ 클램프는 안전 고리를 연결하여 사고를 방지한다.

> **해설** 변형된 부분을 한 번에 수정하려 하지 말고 패널의 형태를 관찰하면서 당김 작업을 서서히 실시하여야 한다.

14_10
163 다음 중 자동차 차체 패널의 교환 작업 비율이 가장 낮은 패널은?

① 리어 범퍼
② 쿼터 패널
③ 라디에이터 서포트 패널
④ 사이드 멤버

06_10
164 차체 패널이 사고로 인하여 주름 형태로 변형이 되었다, 수정 방법이 가장 옳은 것은?

① 패널을 전후방향으로 당겨 늘리어 남아 있는 변형을 수정한다.
② 들어간 곳 중앙에 많은 와셔를 용식하여 한꺼번에 당긴다.
③ 해머 오프 돌리 후 온 돌리 순서로 작업한다.
④ 나무 해머로 밑에 받치고 전체적으로 해머링 한다.

> **해설** 사고로 인한 주름의 변형 수정은 주름의 전후 방향으로 당겨 늘린 다음, 남아있는 변형을 온 돌리, 오프 돌리를 사용하여 남아 있는 변형을 수정한다.

 159. ④ 160. ③ 161. ④ 162. ③ 163. ④ 164. ①

11_10
165 외부 패널의 수리 방법의 설명 중에서 잘못된 것은?

① 소성 변형과 탄성 변형이 같이 있으면 소성 변형부를 먼저 수리한다.
② 변형부가 넓은 경우에는 급하게 힘을 가하지 않고 슬라이딩 해머 전체를 손으로 당기며 수정 작업하는 것이 쉽다.
③ 아우터 패널의 가늘고 긴 변형은 압축 작업을 하여 복원한다.
④ 프레스 선이나 각진 부분은 정을 이용하여 선에 비스듬히 기울여서 수정을 한다.

해설 프레스 라인 부위나 각진 부분의 수정 작업 시 정을 사용할 경우에는 프레스 라인 부위 및 각진 부위에 맞는 정을 사용하고, 프레스 라인 부위와 각진 부위를 해머와 정을 사용하여 수정할 때에는 선에 비스듬히 기울여서 수정하는 것이 아니라 평행하게 해서 수정해 주어야 한다.

16_04
166 리어 쿼터 패널의 교환 및 수정 작업에 관한 설명으로 맞지 않는 것은?

① 도어 틈새와 프레스 라인 조정
② 클램프 플라이어로 고정한 부분이 작업에 방해가 되면 플랜지부에 구멍을 뚫어 고정
③ 도어 장착 조정 전 트렁크 리드 설치로 틈과 단차 조정
④ 트렁크 리드와 리어 윈도우 글라스 개구부는 대각선으로 좌, 우 조정

16_04
167 바디의 패널 교환 부품의 절단 위치 설정 조건으로 틀린 것은?

① 다른 부품의 변형을 유발시키지 않는 곳
② 탈착 부품이 많아도 용접이 쉬운 곳
③ 용접 길이가 짧고, 도장 보수가 쉬운 곳
④ 탈착 부품의 조립에 지장이 없는 곳

14_04
168 자동차 차체 패널 제거 부분의 마무리 작업으로 틀린 것은?

① 용접부위는 샌더 등으로 연마
② 접합면의 부식 및 이물질 제거
③ 패널 접합면의 정형 및 변형 수정
④ 도막 제거 후 접합면을 실러 도포로 방청처리

해설 패널 제거 후 마무리 작업
① 용접부위는 샌더 등으로 연마
② 접합면의 부식 및 이물질 제거
③ 패널 집합면의 정형 및 부품 주변의 변형 수정

15_04
169 프런트 펜더를 장착하기 전에 무엇을 먼저 작업해야 하는가?

① 부식방지를 위해 코팅 처리한다.
② 샌더 처리 후 조립한다.
③ 엠보싱 처리를 한다.
④ 조립될 부위에 종이를 끼워 조립한다.

15_10
170 엔진 룸 사고수리 마무리 단계에서 외형 패널의 단차를 수정하기 위해 조절해야 할 부품이 아닌 것은?

① 프런트 펜더   ② 후드 패널
③ 범퍼   ④ 휠 하우스

165. ④   166. ③   167. ②   168. ④   169. ①   170. ④

해설 엔진 룸 사고수리 마무리 단계에서 외형 패널의 단차를 수정하기 위해 조절해야 할 부품은 주로 외형부품으로 볼트 온 패널인 후드패널, 프런트 펜더패널, 프런트 도어와 범퍼, 헤드램프 등의 단차와 간격을 조정해 준다.

13_04
171 바디 수리에 사용되는 용제의 설명 중에서 잘못된 것은?
① 교환하는 패널의 접촉 부위는 반드시 재 실링을 한다.
② 실러는 방수와 불순물, 배기가스의 실내 진입을 차단한다.
③ 수리하는 패널에 틈새가 발생하면 언더 코팅을 많이 도포한다.
④ 외부 패널의 내부 표면에는 부식 방지 콤파운드를 도포한다.

07_04
172 차체 정렬을 위한 3단계 기초 원리에 속하지 않는 것은?
① 차체의 3부분 분할
② 조정지점과 조정지역
③ 게이지 측정 작업을 위한 기초 확립
④ 얼라인먼트 조정

해설 차체 정렬에 필요한 3단계 기초원리
① 차체의 3부분 분할
② 조정 지점과 조정지역
③ 모든 게이지 측정 작업을 위한 기초 확립

08_03
173 프런트 도어 장착 시 펜더와 리어 도어, 사이드 실 등과 단차나 간격이 맞지 않은 경우 점검해야 될 부위가 아닌 것은?
① 도어의 상, 하 힌지 부착 상태 점검
② 센터 필러부에 부착된 스트라이커의 위치 점검
③ 도어의 이너 핸들 점검
④ 프런트 도어 필러의 변형 상태 점검

07_01
174 차체 수리 작업에서 패널 수정 작업시 주의할 사항이다. 틀린 것은?
① 주름 상태로 된 변형의 수정은 양측에서 잡아당기고 있는 상태에서 수정을 한다.
② 일부에 소성 변형이 있는 부분은 소성 변형된 부분을 수정하면 전체가 복원된다.
③ 단차 변형이 있을 경우 가능한 넓은 범위에 열을 가하여 러핑하고 온 돌리, 오프 돌리 순서로 복원한다.
④ 손상의 범위가 넓고 완만한 변형일 경우에는 스터드 용접기를 사용하여 작업하며 추의 반동을 이용하여 수정 작업을 한다.

07_04
175 차체 수정 작업 중 꼭 지켜야 할 안전 사항이 아닌 것은?
① 작업자는 체인의 인장 방향과 반드시 일직선상에 서서 작업한다.
② 작업자는 과도한 힘으로 인장하지 않는다.
③ 클램프를 확실하게 조였더라도 안전 와이어를 부착하고 작업한다.
④ 수리할 차체를 확실하게 고정한다.

정답 171. ③ 172. ④ 173. ③ 174. ④ 175. ①

08 | 차체 수리용 장비에 관한 사항

176 효과적인 프레임 교정술에서 힘의 성질로 옳은 것은?

① 물체의 중심을 벗어난 장소에 힘을 가하면 회전하려는 모멘트가 발생한다.
② 형태나 면적이 변화하는 부위에서 응력(힘)이 집중되어 파손이 되지 않는다.
③ 사고 차 수리시에 충격(힘)을 받은 가까운 부위부터 수리하여 복원한다.
④ 순간적인 인장 작업을 하면 힘은 수리 차의 전체로 전달된다.

해설 힘의 성질
① 물체의 중심을 벗어난 장소에 힘을 가하면 회전하려는 모멘트가 발생한다.
② 형태나 면적이 변화하는 부위에서 응력(힘)이 집중되어 파손된다.
③ 사고 차 수리시에 충격(힘)을 받은 장소에서 제일 먼 거리에서부터 수리하여 복원한다.
④ 순간적인 인장 작업을 하면 힘은 수리 차의 비교적 좁은 범위로 전달된다.

177 차체 프레임 교정기의 구성 장치가 아닌 것은?

① 인장 장치   ② 고정 장치
③ 절단 장치   ④ 에어 공급 장치

178 프레임 교정용 장비 선택 시 사용자의 자세 중 가장 바람직한 것은?

① 사전에 장비에 대한 지식을 파악한다.
② 고가의 장비를 선택한다.
③ 안전에 대한 교육이 필요 없다.
④ 장비 선택 시 시간 단축을 중점적으로 고려한다.

179 프레임 교정 작업 전 확인해야 할 사항으로 가장 거리가 먼 것은?

① 용접기의 작동 상태
② 클램프의 톱니 상태
③ 바디 수정기의 유압 호스 누유 상태
④ 바디 수정기의 작동 상태

180 충돌 사고로 파손된 프레임 교정 작업에 대한 설명으로 맞는 것은?

① 충격력에 반대로 복원력을 가하지 않는다.
② 힘을 받는 곳부터 먼저 수정 복원을 한다.
③ 인장 작업은 바디 구조에 대해 수평, 직각 방향으로 행한다.
④ 수정 인장 작업은 두 곳 이상의 힘을 합쳐 수정작업을 하면 안된다.

181 차체 박판의 변형된 모양이 작은 원으로 변형되었을 경우 어떤 방법으로 변형 교정을 하는 것이 바람직한가?

① 박판 점 수축법
② 박판 직선 수축법
③ 박판 기계적 처리법
④ 롤러 가공법

해설 얇은 판의 작은 원모양의 변형은 박판 점 수축법으로 수정한다.

정답 176. ① 177. ③ 178. ① 179. ① 180. ③ 181. ①

182 자동차 바디(body)의 수정 작업에서 잭의 응용 "예"로 적합하지 않은 것은?

① 풀 램(Pull ram)
② 스윙 암식(Swing arm type)
③ 푸시램(Push-ram)
④ 방향성 암(Arm)

183 차체 수리용 판금 잭의 기능 중 가장 적당한 것은?

① 밀고, 절단한다.
② 당기고, 절단한다.
③ 밀고, 당기고, 절단한다.
④ 밀고, 당기고, 오므리기 한다.

184 포트 파워의 기능이 아닌 것은?

① 누르기
② 당기기
③ 늘리기 및 분해 탈착
④ 자르기

> **해설** 자르기는 커터의 역할이다.

185 차체 수리용 포토 파워(porto-power)의 기능으로 틀린 것은?

① 누르기 작업
② 인장 작업
③ 굽힘 작업
④ 절단 작업

> **해설** 포토 파워는 누르기 작업, 당기기(인장) 작업. 늘리기(넓히기) 작업, 조르기 작업, 구부리기 작업, 리프트, 프레스 작업 등의 기능이 있다.

186 가반식 유압 보디 잭의 구성장치를 나열하였다. 이에 해당되지 않는 것은?

① 펌프
② 스피드 커플러
③ 그래플
④ 유압 실린더

> **해설** 가반식 유압 보디 잭은 펌프, 스피드 커플러, 램(유압 실린더), 어태치먼트 등으로 구성되어 있다. 종류에는 누르기 작업 어태치먼트, 당기기 작업 어태치먼트. 늘리기(넓히기) 어태치먼트, 조르기, 구부리기, 리프트, 프레스 작업 어태치먼트 등이 있다.

187 포트 파워(port-power)라 불리는 유압 바디 잭의 구성 요소가 아닌 것은?

① 유압 펌프
② 고압 호스
③ 체인 블록
④ 스피드 커플러

> **해설** 유압 바디 잭은 유압 펌프, 고압 호스, 스피드 커플러, 램(유압 실린더) 어태치먼트 등으로 구성되어 있으며, 펌프의 유압을 받아 밀고, 당기고, 넓히는 작업을 할 수 있는 바디 프레임 수정용 기기이다.

188 포트 파워의 주요 구성 부품 중 램을 구동시키기 위한 유압을 발생시키는 동력원이 되는 것은?

① 고압 호스
② 유압 램
③ 스피드 커플러
④ 유압 펌프

> **해설** 유압 램의 구성 부품
> ① 유압 펌프 : 램을 구동하기 위한 유압을 발생시키는 역할을 한다.
> ② 고압 호스 : 유압 펌프와 램을 연결하여 펌프에서 발생한 유압을 램으로 보내는 내압, 내유성의 호스이다.
> ③ 스피드 커플러 : 고압 호스와 램을 연결시키는 커플러이다.
> ④ 어태치먼트 : 램에 부착시켜 보디 각 부분의 복잡한 형상에 맞도록 여러 가지 형태로 구성되어 있는 작업 장치.

정답 182. ④ 183. ④ 184. ④ 185. ④ 186. ③ 187. ③ 188. ④

13_10
189 유압 램의 구성 부품에서 작업 중의 각종 램을 교환할 경우 오일이 누출되거나 에어가 혼입되는 것을 방지하는 역할을 하는 것은 무엇인가?

① 유압 펌프 ② 고압 호스
③ 스피드 커플러 ④ 어태치먼트

07_04
190 가반식 유압 보디 잭(포토 파워)의 사용방법 중 실제 자동차에서 자동차 보디 부분에 사용되는 응용 부분과 거리가 먼 것은?

① 도어를 여는 부위에 적용
② 센터 필러의 밀어내는 작업
③ 앞 창유리 실과 테두리의 수정
④ 리어 프레임 구부리기 작업

해설 가반식 유압 보디 잭 실제 자동차에 응용 부분
① 도어를 여는 부위에 적용
② 센터 필러의 밀어내는 작업
③ 뒤 패널 밀어내기 작업
④ 앞 창유리 실과 테두리의 수정

13_04
191 유압 보디 잭 사용 시 주의 사항으로 틀린 것은?

① 램에 무리한 힘을 가하지 말 것.
② 램 플런저가 늘어나면 유압을 상승시킬 것.
③ 나사부분을 보호할 것.
④ 호스 취급에 유의할 것.

해설 유압 보디 잭의 사용상 주의 사항
① 램에 무리한 힘을 가하지 말 것
② 램 플런저가 늘어나면 유압을 상승시키지 않는다.

③ 나사 부분을 보호할 것
④ 유압 계통에 먼지가 들어가지 않도록 한다.
⑤ 호스의 취급에 주의할 것
⑥ 고열에 의한 펌프 실린더의 패킹 등 변질에 주의할 것

15_10
192 차체 수리 장비를 사용하는 인장 작업에서 차체를 고정하는데 사용되는 공구는?

① 앵커 ② 체인
③ 클램프 ④ 프레임

해설 차체 수리 장비를 사용하는 인장 작업에서 차체를 고정하는데 사용되는 공구는 클램프이다. 클램프는 인장 작업 시 사용되는 것으로 인장하고자 하는 위치에 고정하고 체인 및 체인 블록을 연결한 상태에서 인장 작업하게 된다. 인장 작업 시 차체의 움직임을 방지하기 위해 고정해 주는 실 클램프의 경우는 차체의 언더 바디 플랜지 부위 좌우 4곳에 고정해 준다.

14_10
193 클램프 사용에 대한 설명으로 옳은 것은?

① 볼트를 강하게 체결한 경우 인장 방향에 제약을 받지 않는다.
② 클램프에 힘을 가하는 경우 힘의 방향은 톱니 부분의 중심을 통과하는 연장 선상에 위치하여야 한다.
③ 인장작업으로 힘이 가해지면 톱니가 패널에서 미끄러지는 구조로 되어 있다.
④ 클램프는 안전을 위해 가급적 자신의 체형과 체력에 맞고 사용에 익숙한 것 하나만을 지정하여 사용한다.

해설 클램프를 사용하는 기술
① 클램프의 사용 방법을 숙지한 후 사용하여야

정답 189. ③ 190. ④ 191. ② 192. ③ 193. ②

한다.
② 인장 작업으로 힘이 가해지면 톱니가 패널에 박히는 구조로 되어 있다.
③ 클램프의 볼트를 강하게 체결하면 패널을 파고 들어가는 힘도 커지는 구조로 되어 있다. 필요 이상의 힘으로 조이면 클램프의 수명이 단축된다.
④ 체인을 곧바로 편 상태에서 인장이 이루어져야 한다.
⑤ 클램프에 힘을 가하는 경우 힘의 방향은 톱니 부분의 중심을 통과하는 연장선상에 위치하도록 하여야 한다.
⑥ 클램프는 가능한 많은 종류를 사용하고 부착하는 부위나 인장 방향에 맞는 것을 사용하여야 한다.

13_04
194 바디 프레임 수정기를 사용하여 수정할 때 차체를 붙잡을 수 있는 부속기기를 무엇이라 하는가?
① 클램프   ② 잭
③ 훅   ④ 유압 램

해설 인장 작업에 필요한 장비, 공구에는 풀러와 클램프, 체인, 안전 고리 등이 있다. 클램프를 바디에 고정한 상태에서 풀러를 사용해서 인장해 준다.

13_10
195 인장용 클램프에 관한 사항으로 틀린 것은?
① 클램프의 인장방향은 클램프가 보디로 파고들어가는 범위의 중심과 일치시킨다.
② 클램프의 볼트를 필요이상의 힘으로 조이지 않는다.
③ 클램프 볼트는 수시로 점검하고 엔진 오일 등을 도포하지 않아야 한다.
④ 인장 작업 중 체인을 꼬이게 하면 체인의 강도가 저하된다.

해설 클램프 볼트는 수시로 점검하고 엔진 오일 등을 도포하여야 오래 사용할 수 있다.

14_04
196 차체 수정작업에서 클램프의 취급 시 안전에 유의할 사항으로 틀린 것은?
① 정기적으로 점검, 청소를 해 주어야 한다.
② 미끄러지는 원인이 되기 때문에 볼트를 힘껏 조여 주어야 한다.
③ 오일 등을 주유하면 오래 사용할 수 있다.
④ 인장 방향과 톱니의 중심은 연장선상에서 어긋나야 안전하다.

해설 클램프의 톱니가 인장(당김) 방향의 반대 방향이 되도록 설치하고 인장 방향과 톱니의 중심이 일치되어야 안전하다.

10_01
197 차체 수리 교정기인 라이너를 사용하여 차체수리 작업에서 안전관리 방법이 아닌 것은?
① 라이너 작업 시에는 기계의 정면에 서지 않는다.
② 클램프, 체인, 측정기가 떨어지지 않게 주의한다.
③ 체인은 꼬인 상태로 확실히 연결되었는지 확인한다.
④ 여러 방면으로 당길 수 있는 다목적용 클램프가 효과적이다.

해설 인장 작업 시에는 체인을 곧바로 편 상태에서 인장 작업을 하여야 한다.

정답 194. ① 195. ③ 196. ④ 197. ③

09 | 차체 수리용 공구에 관한 사항

10_01

198 차체 수정작업에서 프런트 프레임을 교환할 때 사용되는 장비 및 공구가 아닌 것은?

① 프레임 수정기
② CO_2용접기
③ 프레임 센터링 게이지
④ 에어 샌더

해설 에어 샌더는 압축공기의 압력을 이용하여 에어 모터를 회전시켜 구도막 제거 및 녹을 제거하는데 이용된다.

15_04

199 변형된 사이드 패널을 교환하고자 한다. 직접적으로 필요하지 않은 공구 및 기기는?

① 패널 수정기
② 커터기
③ 스포트 용접기
④ 에어 압축기

13_04

200 패널교환을 할 때 열 변형 없이 정확한 절단을 하고자한다. 가장 옳은 것은?

① 산소, 아세틸렌가스
② 가스 가우징
③ 에어 톱
③ 플라즈마 절단기

15_10

201 해머 머리에 까칠한 이가 붙어 있으며, 늘어난 철판을 수축 시키는 데 사용하는 해머는?

① 조르기 해머
② 고르기 해머
③ 딘킹(dinking) 해머
④ 리버스 커버(reverse curve) 해머

해설 판금 해머의 용도
① 조르기 해머 : 조르기 해머는 머리에 까칠까칠한 이가 붙어 있으며, 늘어지거나 늘어난 철판을 수축(오무리는 작업)하는데 사용한다.
② 고르기 해머 : 고르기 해머는 한쪽은 4각이며, 반대쪽을 둥근 양두용 해머와 한쪽만 사용하는 2가지가 있다. 중량은 300~450g 정도이며, 자루는 균형을 이루기 위해 자루의 머리 부분이 약간 가늘게 되어 있다.
③ 딘킹 해머 : 딘킹 해머는 자루 목이 길며, 정밀 고르기 용으로 사용한다.
④ 리버스 커브 해머 : 리버스 커브 해머는 특수 고르기 용이다.

14_10

202 해머의 종류 중 해머의 모양이 길게 휘어진 모양이며, 머리가 둥글게 되어 있어 거친 부분 작업용으로 깊은 부분의 작업에 적합한 해머는?

① 고르기 해머
② 딘킹 해머
③ 크로스 페인 해머
④ 펜더 범핑 해머

해설 판금 해머의 용도
① 크로스 페인 해머 : 움푹 들어간 곳을 펴는데 사용되며, 해머 머리 반대쪽은 고르기 용으로 사용할 수 있도록 되어 있다.

 198. ④ 199. ④ 200. ③ 201. ① 202. ④

② 펜더 범핑 해머 : 길게 휘어진 모양이며, 머리가 둥글게 되어 있어 거친 부분 작업용으로 깊은 부분의 작업에 적합하다.

해설 패널의 타출 수정은 패널 뒷면에 돌리를 대고 앞면에서 해머로 가격하여 원상 복구 작업이 이루어진다.

06_04
203 얇게 커브진 특수 해머이며, 머리가 둥글게 되어 있고 거친 부분 깊은 곳까지 작업하는 해머는?

① 러버 헤드 해머
② 딘킹 해머
③ 리버스 커브 해머
④ 펜더 범핑 해머

06_04
206 패널의 뒷면에 밀어 넣고 해머와 병행하여 사용하기도 하며, 해머의 대용으로 패널을 두드릴 때 사용하는 것은?

① 샌더　　　② 돌리
③ 서폼　　　④ 보디 파일

해설 돌리 블록은 각종 해머의 밑받침 역할을 하는 것이며, 패널 표면을 편평하고 매끄럽게 하는 데 사용한다.

11_10
204 차체 수정 작업 시 해머 잡는 방법에 있어 주의사항이다. 틀린 것은?

① 손잡이와 어깨의 각도는 120°가 바람직하다.
② 해머의 손잡이를 새끼손가락에 힘을 주어 쥔다.
③ 중지와 약지는 보조적인 역할로 가볍게 원을 그리는 것 같이 쥔다.
④ 첫 번째와 두 번째의 손가락은 해머의 흔들림을 막는 역할로 손잡이의 측면에 가볍게 밀어 맞춘다.

06_10
207 늘어난 철판의 냉간(冷間)을 조이거나 용접부위를 평평하고 매끄럽게 하는 패널을 성형하기 위해 사용하는 돌리(dolly)의 이름은?

① 양두 돌리
② 힐(hell) 돌리
③ 커브 돌리
④ 조르기 돌리

해설 돌리의 용도
① 양두 돌리 : 양면으로 된 돌리로 한쪽은 로(low) 크라운, 다른 한쪽은 하이 크라운으로 되어 있어 두드려 펴거나 고르기 작업에 사용된다.
② 힐 돌리 : 낮은 평면과 둥근형의 각을 지닌 것으로 모서리와 각 작업에 적당하다.
③ 조르기 돌리 : 늘어난 철판의 냉간(冷間)을 조이거나 용접부위를 평평하고 매끄럽게 하는 패널을 성형하기 위해 사용한다.

11_04
205 변형된 패널을 원상 복구하기 위한 작업 설명 중 (　)안에 가장 적합한 것은?

보기
패널 뒷면에 (　　)을 대고, 앞면에서 (　　)로 치는 것이다.

① 돌리, 해머　　② 해머, 돌리
③ 해머, 해머　　④ 돌리, 돌리

정답　203. ④　204. ①　205. ①　206. ②　207. ④

15_04

208 자동차 판금 공구 중 끝이 평평하게 되어 있으며 긴 손잡이가 있는 것이 특징으로, 구부러진 곳이나 지렛대로 쓰이는 공구는?

① 돌리 ② 해머
③ 스푼 ④ 훅

해설 스푼의 용도
① 강판의 굽힘 수정시 혹은 강판의 피트를 수정시
② 일반 돌리로 수리가 안되는 부분 수리시
③ 돌리의 블록이나 대용으로 사용
④ 중심 틈 사이에 넣어 지래대 원리를 이용하여 패널부위를 교정
⑤ 해머에 의한 타격 전달의 보조기구로 사용

16_04

209 차량의 외부 패널 수정에 사용되는 공구가 아닌 것은?

① 해머와 돌리 ② 슬라이드 해머
③ 풀링 시스템 ④ 스푼

해설 풀링 시스템은 베드식 수정기의 간이 판을 말한다.

06_04

210 패널을 평면 수정 작업시 사용되는 공구와 거리가 먼 것은?

① 스푼 ② 슬라이드 해머
③ 에어 톱 ④ 돌리

해설 에어 톱은 앵글이나 패널을 절단하는데 사용하는 공구이다.

05_10

211 파워 툴의 적용이 아닌 것은?

① 도어를 여는 부위
② 센터 필러의 밀어내기
③ 로커 패널의 절개 수정
④ 프런트 윈도우 실과 테두리 수정

01_10

212 다음 파워 툴의 설명 중 틀리는 것은?

① 에어 치즐은 직선과 곡선이 자유롭지 못하다.
② 동력 가위는 절단부 주위에 다소 뒤틀림이 생긴다.
③ 동력용 톱은 톱날 수명이 길다.
④ 에어 치즐은 정밀한 작업에 쓰인다.

해설 동력 가위는 동력을 공급받아 작동되므로 절단부의 주위 변형이 거의 없으며, 뒤틀림이 적다.

14_10

213 패널 절단용 에어 공구로 틀린 것은?

① 에어 치즐 ② 에어 쉐어
③ 라쳇 ④ 에어 소우

해설 에어 공구의 기능
① 에어 쉐어(가위) : 판금 가위
② 에어 소우(톱) : 앵글이나 패널을 절단
③ 스포트 제거 드릴 : 점 용접부를 구멍 뚫어 제거
④ 에어 치즐(정) : 용접된 철판을 두개로 떼어내기

06_01

214 몸통 부분에 압축공기에 의해 작동하는 피스톤이 있어 끝에 설치된 작업 공구로 철판, 리벳 등을 거칠게 할 수 있는 동력 공구는?

① 에어 파워 치즐 ② 커터
③ 리벳 건(saw) ④ 파워 드릴

해설 치즐은 끝을 뜻하는 것으로 용접된 두개의 판을 분리하는데 사용되고, 커터는 절단기, 파워 드릴은 구멍 뚫는 공구이다.

 208. ③ 209. ③ 210. ③ 211. ③ 212. ② 213. ③ 214. ①

Craftsman Motor Vehicles Body Repair

08_02
215 스폿 제거 드릴의 구성부품이 아닌 것은?
① 나사   ② 스프링
③ 센터 파이로트   ④ 치즐

08_02
216 차체 정비에 사용되는 동력공구가 아닌 것은?
① 에어 파워 치즐 ② 커터
③ 에어 톱   ④ 보디 파일

13_04
217 에어 공구 중 용접된 철판을 두 개로 분리하는데 사용하는 공구로 가장 적합한 것은?
① 에어 가위(쉐어)
② 에어 정(치즐)
③ 에어 톱(소우)
④ 에어 그라인더

해설 ▶ 에어 가위는 판금 가위, 에어 치즐은 끌을 뜻하는 것으로 용접된 두개의 판을 분리하는데 사용되고, 에어 톱은 앵글이나 패널 절단, 에어 그라인더는 연마용 공구이다.

02_04
218 커터(cutter)란 무엇을 하는 공구인가?
① 앵글 등을 쇠줄로 절삭한다.
② 갈고 깎아내는데 쓰이는 공구이다.
③ 철판을 절단한다.
④ 도장작업을 하는데 쓰이는 공구이다.

해설 ▶ 앵글 등을 쇠줄로 절삭하는 것은 에어 소우(air saw), 갈고 깎아내는 공구는 연마기, 도장 작업시 사용되는 것은 스프레이건이나 부스 등이다.

06_10
219 보디 패널의 오목면과 골이 파여진 좁은 곳 등에서 주로 사용되는 샌더는?
① 벨트 샌더
② 디스크 샌더
③ 스트레이트 라인 샌더
④ 언더 샌더

해설 ▶ 샌더의 종류와 용도
① 디스크 샌더 : 도막 제거용으로 싱글 회전의 샌더로서 파이버 디스크를 사용하는 일반적인 그라인더이다.
② 벨트 샌더 : 도막 제거용 샌더로 판금에서도 사용되지만 좁은 면적, 오목한 부위의 연마에 편리하다.
③ 오비탈 샌더 : 거친 연마용으로 사용하기 쉽기 때문에 퍼티 연마에 가장 많이 사용되며, 더블 액션 샌더에 비하여 연삭력은 떨어지나 힘이 평균적으로 가해져 균일한 연마를 할 수 있다.
④ 더블 액션 샌더 : 용도가 넓기 때문에 많이 사용되며, 오빗 다이어의 큰 타입은 패더 에지 만들기, 거친 연마 등의 연마에 적합하고 오빗 다이어의 수치가 작은 타입은 작은 면적의 퍼티 연마, 프라이머 서페이서의 연마, 표면 만들기에 적합하다.
⑤ 기어 액션 샌더 : 거친 연마용으로 오비탈 샌더나 더블 액션 샌더에 비해 연삭력이 우수하며, 면 만들기에 효율이 높고 작업 능률도 높다.
⑥ 스트레이트 라인 샌더 : 면 만들기 용으로 퍼티면에 작은 요철이나 변형을 연마하는데 적합하다. 특히 라인 만들기에 가장 적합하다.

06_04
220 보디 패널의 면과 골이 파진 면의 좁은 곳을 작업하는데 적합한 샌더(sander)의 이름은?
① 디스크 샌더
② 벨트 샌더
③ 기타 샌더
④ 스트레이트 라인 샌더

정답 215. ④ 216. ④ 217. ② 218. ③ 219. ① 220. ②

CHAPTER 03 차체 정비

06_01
221 디스크 샌더의 사용 방법으로 틀린 것은?

① 필요 부분 전체를 연삭한다.
② 샌더는 움직이지 않게 잡는다.
③ 샌더의 대는 각도는 적게 한다.
④ 샌더 작업은 원형을 그리며 사용한다.

10_10
222 물체를 잡을 때 사용하고, 조(jaw)에 세레이션이 설치되어 있어서 미끄러지지 않으며 물체의 크기에 따라 조를 조절할 수 있는 공구는?

① 와이어 스트립퍼
② 알렌렌치
③ 바이스 플라이어
④ 복스 렌치

10 | 차체 분해 및 조립에 관한 사항

08_10
223 헤드램프 탈, 부착시 주의사항으로 적합하지 않은 것은?

① 볼트의 위치와 개소를 확인한다.
② 볼트의 크기에 알맞은 공구를 선택한다.
③ 볼트 제거 후 망치로 쳐서 차체로부터 분리한다.
④ 헤드램프에 연결된 배선을 먼저 제거한 후 볼트를 푼다.

08_02
224 프런트 범퍼 탈착 작업과 관계없는 부위는?

① 헤드 램프
② 범퍼 커버 마운팅 너트
③ 프런트 범퍼 커버
④ 프런트 시트 어셈블리

14_10
225 리어 범퍼 탈착 과정에 대한 내용으로 틀린 것은?

① 화물실 리어 트림 및 콤비네이션 램프 탈거
② 리어 범퍼 로워 마운팅 리테이너 탈거
③ 리어 범퍼 어퍼 마운팅 스크루 및 리테이너 탈거
④ 센터 필러 트림 탈거

09_09
226 트렁크 리드 탈거 작업에 속하지 않는 것은?

① 리드 어셈블리
② 리드 힌지 마운팅 볼트
③ 리드 래치 및 메인 와이어 링
④ 사이드 가니시

11_04
227 펜더 탈거 작업에 속하지 않는 것은?

① 헤드램프
② 프런트 휠 가드
③ 범퍼 커버 사이드 마운팅 볼트
④ 토션 바

해설 토션 바는 트렁크 리드 관련 부품이다.

정답 221. ④ 222. ③ 223. ③ 224. ④ 225. ④ 226. ④ 227. ④

10_10
228 루프 패널을 교환하고자 한다. 순서로 적합한 것은?

① 유리탈거 – 각종 부품탈거 – 래핑 – 루프절단 – TIG 용접 – 유리확인 – 스포트 용접
② 루프절단 – 유리탈거 – 래핑 – 유리확인 – 스포트 용접
③ 루프절단 – 래핑 – 유리탈거 – 유리확인 – TIG 용접
④ 유리탈거 – 부품탈거 – 래핑 – 루프절단 – 유리확인 – 스포트 용접

11_10
229 패널을 부착 조정하는 방법이 옳은 것은?

① 후드와 도어는 원활한 개폐보다 간격과 단차가 맞으면 된다.
② 부착 조정 순서는 펜더, 프런트 도어, 리어 도어의 순서로 맞춘다.
③ 전장 부품을 탈거 할 때 배터리 케이블을 떼어내면 안 된다.
④ 범퍼, 그릴, 전장 부품은 부착 위치가 정해져 있다.

11_04
230 차체 패널을 교환할 때 주의사항으로 틀린 것은?

① 보강 판이 없는 위치를 선택한다.
② 응력이 집중되지 않는 장소를 선택한다.
③ 교환되는 부위의 마무리 작업이 쉬운 장소를 선택한다.
④ 교환 작업에 필요한 부품이 비교적 많은 장소를 선택한다.

해설 차체 패널을 교환할 때는 교환 작업에 필요한 부품이 비교적 적은 장소를 선택하여야 한다.

11 | 차체 수리 전반에 관한 사항

11_04
231 자동차 프레임 보강판의 끝 부분을 가늘게 다듬질 한 다음 직각으로 해서는 안 되는 이유를 설명한 것 중 바르지 못한 것은?

① 집중 응력을 피하기 위하여
② 무게의 균형을 잡기 위하여
③ 균열을 피하기 위하여
④ 절손을 방지하기 위하여

해설 보강 판의 끝부분을 둥글게 하는 이유
① 균열을 방지하기 위해서
② 응력이 집중되는 것을 방지하기 위해서
③ 절손을 방지하기 위해서

09_01
232 프레임 사이드 멤버의 보강판이나 덧대기 판 양끝 면의 단면이 점점 좁아져 가는 이유로 가장 적합한 것은?

① 보조기구 부착을 위해
② 응력 집중을 방지하기 위해
③ 크로스 멤버의 부착을 위해
④ 무게의 균형을 잡기 위해

13_04
233 트럭의 보강판 부착에 대한 일반적 주의 사항에서 주로 사용되지 않는 보강재의 판 두께는?

① 3mm ② 4.5mm
③ 6mm ④ 7.5mm

정답 228. ④ 229. ④ 230. ④ 231. ② 232. ② 233. ④

234 트럭 프레임의 균열부분을 수리할 때 균열의 끝 부분을 드릴로 구멍을 뚫어 균열의 진행을 방지하는데 일반적으로 몇 mm의 드릴을 사용하는가?

① 1 ~ 2mm   ② 2 ~ 3mm
③ 3 ~ 4mm   ④ 4 ~ 5mm

해설 · 균열을 수리하는 방법
① 균열의 끝 부분을 2 ~ 3mm의 드릴 구멍을 뚫는다.
② 균열부 전체는 소형 그라인더를 사용하여 V자형 홈을 만들고, 2 ~ 3개의 루트 간극을 만든다.
③ 프레임 재질에 맞는 용접봉을 사용하고, 전기 아크 용접을 한 후에 그라인더로 평편하게 가공한다.

235 차체 센터 마크가 차체 수리 지침서에 기재되어 있지 않은 것은?

① 라디에이터 코어 서포트 어퍼
② 카울 탑
③ 프런트 사이드 멤버
④ 세컨 크로스 멤버

236 파손된 강판을 분해한 다음 제1단계 작업을 시행하게 된다. 이때 어떤 작업을 행하는가?

① 범핑 작업   ② 절단 작업
③ 연삭 작업   ④ 러핑 작업

해설 대충 펴기 작업을 러핑 작업이라 하며, 대충 펴기 작업은 변형된 패널을 대충 손상 전의 상태로 되돌리는 작업을 말한다.

237 자동차 차체 강판의 수축 방법에 해당되지 않는 것은?

① 해머와 돌리에 의한 방법
② 강판의 주름잡기에 의한 방법
③ 열에 의한 방법
④ 연마에 의한 방법

해설 · 수축 방법의 종류
① 열에 의한 방법(가스 열 또는 전기 열 이용)
② 해머와 돌리에 의한 방법
③ 강판의 주름잡기에 의한 방법

238 그림에서 플랜지 가공 패널의 접합 방법이 맞는 것은?

239 그림은 패널의 어떤 가공법인가?

① 펀칭 가공   ② 절단 가공
③ 헤밍 가공   ④ 플랜지 가공

해설 헤밍은 도어의 아우터 패널과 이너 패널을 조립하기 위해 이너 패널의 끝부분이 아우터 패널의 끝부분을 감싸는 프레스 가공법이다.

정답 234. ② 235. ③ 236. ④ 237. ④ 238. ① 239. ③

08_02
240 패널 수정작업인 해밍 작업에 대한 설명 중 틀린 것은?

① 해머 오프 돌리는 돌리 위를 해머로 치는 것이다.
② 해머링에는 돌리와 함께 사용 방법에 따라 두 가지 방법이 있다.
③ 해머로 패널을 두들겨서 형태를 잡아가는 작업을 해머링이라고 한다.
④ 손잡이 끝 부분을 가볍게 쥐고 머리 부분의 무게를 이용하여 자연스럽게 내려치는 것이다.

해설 해머 오프 돌리는 돌리 바로 위를 해머로 치는 것이 아니라, 약간 떨어진 곳에 받치는 공구이다. 돌리의 바로 위를 해머로 치는 때 사용하는 돌리가 해머 온 돌리이다.

11_10
241 정비공장에서 차체 수리 작업 할 때의 설명 중 잘못된 것은?

① 바디 프레임 수정기를 사용하여 인장 작업을 할 때에는 체인의 인장력 방향에서 작업을 한다.
② 용접 작업을 할 때에는 유리, 시트, 매트 등을 불연 내열성 커버로 보호한다.
③ 산소용접을 할 때에는 불꽃 점화를 위하여 이그나이터를 사용한다.
④ 연료탱크의 근처에서 용접작업을 하거나 화기를 사용할 때에는 반드시 탱크와 파이프를 분리하고 한다.

해설 바디 프레임 수정기를 사용하여 인장작업을 할 경우에는 체인 및 클램프의 이탈로 인해 작업자에게 치명적인 안전사고를 유발할 수 있으므로 인장력 방향에서 떨어진 안전한 위치에서 인장작업을 해야 한다.

06_10
242 자동차 보디(body)에 덴트(dent)가 남아 있어 그 깊이를 측정하여 보니 8mm이었다. 플라스틱 충전재를 몇 회 충전하면 좋은가?

① 1   ② 2
③ 3   ④ 4

해설 자동차 보디의 움푹 들어간 곳을 덴트(dent)라 하며 1회에 2mm씩 플라스틱 충전재(filler)를 4회 충전한다.

12 | 차체 치수 및 도면에 관한 사항

10_01
243 프레임 차트가 필요한 때는 언제인가?

① 리어 도어와 쿼터 패널의 비교시
② 보닛과 펜더의 틈새 비교시
③ 패널이 제거되었을 때
④ 펜더와 도어와의 간격을 맞추기 위해

해설 프레임 챠트인 차체 치수도는 차체를 수정하고자 할 때 반드시 필요하며 원래의 치수대로 복원되었는지를 파악하기 위해서는 필수적인 자료이다.

15_02
244 차체 치수도에 대한 설명으로 옳은 것은?

① 차체수리에 필요한 대각선 길이만 기록되어 있다.
② 차체 복원 작업의 기준이 되는 수치가 기록되어 있다.
③ 차체수리에 필요한 작업의 기준 위치를 표시 한 것이다.
④ 용접작업에 필요한 접합의 기준 지점을 표시 한 것이다.

정답 240. ① 241. ① 242. ④ 243. ③ 244. ②

> **해설** 차체 치수도는 차체 각 부위별 길이 및 대각선의 수치가 기록된 것으로 복원작업 시 기준이 된다.

245 차체 치수도에 포함되지 않는 것은? [16_04]

① 언더 보디 ② 윈도우
③ 사이드 보디 ④ 엔진룸

> **해설** 차체 치수도는 프런트 보디, 사이드 보디, 어퍼 보디, 언더 보디, 리어 보디, 엔진룸, 실내, 트렁크 룸 등을 기본으로 하여 정리되어 있다.

246 차체 치수도 설명 중 맞지 않는 것은? [12_10]

① 언더 바디는 측면도와 평면도로 구성
② 표시의 각 치수는 길이, 높이, 폭, 대각의 4종류
③ 계측 개소는 우측이 대문자, 좌측이 소문자의 로마자로 계측 기준점 설정
④ 평면도에서 좌우의 멤버 관계는 높이의 정열 치수이다.

247 차체 치수도의 표시법에서 직선거리 치수가 아닌 것은? [13_10]

① 엔진 룸 ② 평면 치수
③ 언더 바디 ④ 바디 사이드

248 차체 치수도의 표시법에서 기준점으로 적합하지 않은 것은? [10_01]

① 홀의 기준점
② 볼트 체결부의 기준점
③ 2중 겹침 패널의 기준점
④ 부품 중앙부의 기준점

> **해설** 기준점은 홀의 기준점, 부품 선단의 기준점, 돌기 엠보싱 기준점, 계단부의 기준점, 볼트 체결부의 기준점, 2중 겹침 패널의 기준점 등이다.

249 차체 수리 작업에 필요한 차체 치수도의 길이가 아닌 것은? [07_04]

① 트램 길이
② 센터 라인 길이
③ 단순한 치수 길이
④ 패널 대각선 길이

250 자동차의 프레임 교정에서 차체 치수(규정치수)가 정확하지 않았을 때, 관련된 내용으로 틀린 것은? [14_10]

① 타이어의 편마모 발생
② 주행 중 핸들 떨림
③ 휠 얼라이먼트와는 무관함
④ 단차 및 간극 불량으로 소음 발생

> **해설** 차체 치수가 정확하지 않으면 휠 얼라이먼트도 틀려진다.

정답 245. ② 246. ④ 247. ② 248. ④ 249. ④ 250. ③

chapter 03 차체정비

2. 차체 판금

01 차체 부품에 관한 사항

1 범퍼

차체가 다른 물체 또는 차량과 충돌될 경우 그 주변의 차체를 보호하고 디자인 적인 역할을 한다.

(1) 충격 에너지 흡수방식
① 범퍼 자체 흡수 방식   ② 액체 댐퍼 흡수 방식
③ 금속 스프링 흡수방식

(2) 에너지 흡수 범퍼의 특징
① 타 방식보다 가볍다.
② 범퍼 자체에서 충격 에너지가 흡수될 때 이동이 없다.
③ 가벼운 충돌 시 보디 외장품의 손상을 방지한다.
④ 차체의 칼라와 동일한 칼라 사용이 가능하다.

2 프런트 보디

(1) 프런트 보디의 구성

프런트 보디는 라디에이터 코어 서포트 패널, 서스펜션 크로스 멤버, 프런트 사이드 멤버, 펜더 에이프런, 대시 패널, 카울 패널 등을 상호 용접 접합한 구조로 구성되어 있다.

(2) 프런트 보디 구성품의 기능

① **라디에이터 서포트 패널** : 라디에이터, 콘덴서, 전동 팬, 센서 등을 지지하는 모듈화 구조이며, 플라스틱과 강판의 조합으로 이루어졌다.

② **서스펜션 크로스 멤버** : 엔진, 스티어링 기어, 서스펜션 기구를 사이드 멤버와 서스펜션 크로스 멤버 및 센터 멤버에 함께 부착하여 서스펜션 계통의 강성을 높인다.

프런트 보디

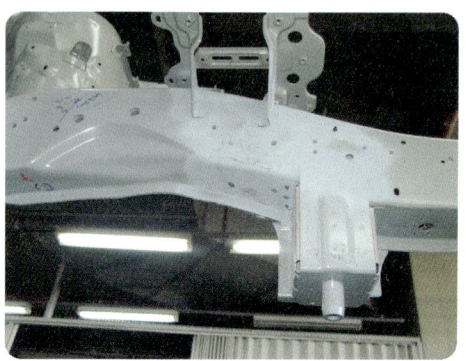
서스펜션 크로스 멤버

③ **프런트 사이드 멤버** : 단면의 형태를 크게 또는 강판을 두껍게 하거나 보강재를 추가해서 강도를 확보한다.

④ **펜더 에이프런** : 서스펜션의 스트럿의 어퍼 마운트를 지지하는 부분으로 휠 하우스의 역할을 하며, 사이드 멤버와 대시 패널에 결합하여 서스펜션에서 받는 힘을 분산시킨다.

프런트 사이드 멤버

펜더 에이프런

⑤ **대시 패널** : 엔진 룸과 객실 룸을 구분하는 패널로 상단부에 카울 패널, 하단부에 프런트 플로어 패널과 각각 스포트 용접으로 접합되어 있고 객실 부분의 강성을 유지한다. 진동 방지 및 방음, 강성의 목적으로 2중 구조이며, 내부에는 아스팔트 시트 또는 플라스틱이 내장되어 있다.

대시 패널과 카울 패널

⑥ **카울 패널** : 프런트 보디의 상부에 위치하고 있으며 좌, 우에 프런트 필러와 펜더 에이프런이 접합되어 있다. 프런트 보디의 상부 구조와 객실의 크로스 멤버 역할을 담당하며, 사각 단면으로 구성되어 보디의 굽힘과 비틀림에 대한 저항을 갖는다.

3 도어

도어는 **프런트 도어**와 **리어 도어**로 구분되며, 도어 본체와 힌지, 도어 로커, 도어 윈도우 레귤레이터, 도어 미러 등으로 구분된다.

① **도어 본체** : 골격이 되는 이너 패널에 강성을 높이기 위해 리인포스먼트를 보강하여 헤밍 가공으로 접합한 구조로 되어 있다.
② **도어 힌지** : 도어와 본체의 개폐지점이 되는 부품, 도어 측과 보디 측에 볼트로 체결되는 것이 기본형이지만 용접으로 체결되는 경우도 있다.
③ **도어 체커** : 도어의 열림량을 제어하는 기능을 한다.
④ **도어 로크** : 주행 중 도어가 열리지 않도록 하는 잠금장치이며, 외부 및 실내에서 개폐가 가능하다.
⑤ **스트라이커** : 보디 측 필러에 설치되어 도어 래치와 연결되어 있다.
⑥ **도어 아웃 사이드 핸들(아웃 핸들)** : 도어를 바깥쪽에서 열 수 있도록 되어 있으며, 손잡이의 역할이다.
⑦ **도어 인사이드 핸들(인 핸들) 및 노브** : 도어를 안쪽에서 열 수 있도록 되어 있다.
⑧ **도어 윈도우 레귤레이터** : 도어 윈도우 글라스는 보통 4 ~ 5mm 강화유리를 사용하고 이것을 글라스 홀더에 부착하여 윈도우 레귤레이터에 연결된다. 윈도우 레귤레이터는 글라스를 승강하는 장치로서 도어 이너 패널에 부착되어 있다. 레귤레이터 핸들이나 파워 윈도우의 모터 조작에 의해서 글라스 런 찬넬을 따라 글라스가 상, 하로 작동된다.
⑨ **도어 미러** : 도어 미러는 전동식과 수동식이 있으며, 측면 및 후방의 시계확보에 영향을 미친다.

4 후드 패널(보닛)

① 엔진 룸의 덮개 역할로 내부 부품 보호한다.
② 엔진 소음의 감소 기능(박강판을 프레스 성형한 아우터 패널과 후드의 골격이 되는 이너 패널을 접착제나 충진제로 도포하고 헤밍 가공하여 강성을 유지한다.)
③ 충돌 사고시의 안전성을 확보한다.
④ 내부에 방음 방열용 우레탄 커버를 사용(대형 차량)한다.
⑤ 후드 패널 이너에 구부러지기 쉬운 구조(홀, 크라운 등)로 되어 있다.
⑥ 후드 래치 및 스트라이커에 안전 고리가 설치되어 있다.

5 트렁크 리드

① 구조적으로는 후드 패널과 거의 비슷하다.
② 트렁크 내의 화물을 물, 먼지, 도난으로부터 보호한다.
③ 와이어식 또는 전동식에 의해 개폐가 이루어진다.
④ 트렁크 패널을 개폐시 균형을 잡기 위해 토션바가 장착되었다.
⑤ 힌지와 스트라이커의 상하, 좌우를 이동하여 조정된다.

02 차체 이음에 관한 사항

1 차체의 이음 방법

① **기계적인 이음** : 보통 볼트와 너트에 의한 이음을 말한다.
② **화학적 이음** : 유리, 수지 등을 접합할 때 접합면에 용제를 도포하고 가벼운 압력으로 압착시키는 이음을 말한다.
③ **야금적 이음** : 열에 의해 재료를 녹여서 접합시키는 이음을 말한다.

2 패널의 용접 이음 방법의 종류

① **스폿(spot) 용접** : 2개의 모재를 겹쳐 전극사이에 끼워 넣고 전류를 흐르게 하여 접촉면이 전기저항에 의하여 발열되어 접합부가 용융될 때 압력을 가해 접합시키는 용접이다.
② **미그(MIG) 용접** : 고온에서도 금속과 반응을 하지 않는 불활성 가스[아르곤(Ar), 헬륨(He) 등]의 분위기 속에서 금속봉을 전극으로 하여 모재와의 사이에서 아크를 발생시켜 접합시키는 용접이다
③ **이산화탄소 가스(CO_2) 용접** : MAG 용접과 거의 같은 방식으로 불활성가스 대신 CO_2가스를 사용하며, 적당한 탈산제(Si, Mn)를 포함한 와이어를 사용하는 용접이다.
③ **납접** : 접합하려는 재료 즉 모재는 녹이지 않고 모재보다 용융점이 낮은 금속을 녹여 표면 장력으로 접합시키는 방법이다.

3 스폿 용접을 많이 사용하는 이유

① 열 영향부가 좁아 변형 발생이 거의 일어나지 않는다.
② 박판 용접 및 대량 생산에 적합하다.
③ 기계적 성질을 변화시키지 않는다.
④ 용접부의 균열, 내부응력 발생이 없다.
⑤ 구멍을 가공할 필요가 없고 숙련을 요하지 않는다.

4 플러그(plug) 용접

(1) 플러그 용접 부위의 방청
① MIG 플러그 용접 전 신품 패널과 보디측 패널에 용접용 방청제를 도포한다.
② 패널 교환 작업 시에 구조상 스폿 용접기를 사용할 수 없는 곳에 사용된다.
③ CO_2 가스 용접에 있어서 대부분의 작업은 플러그 용접으로 이루어진다.

(2) 플러그 용접의 순서
① 용접부에 일정한 간격으로 홀을 낸다.
② 부품을 확실하게 고정을 한다.
③ 홀을 메운다.
④ 용접을 종료한다.

(3) 플러그 용접용 홀의 크기
패널에 홀을 뚫을 때는 홀 펀치와 드릴을 사용한다. 홀의 크기는 충분한 용접강도를 확보할 수 있도록 판원(패널의 두께)에 따라서 홀의 크기를 조정한다.
① 판원 1.0mm 미만 : 홀의 크기 5~6mm
② 판원 1.0~1.6mm : 홀의 크기 6~8mm

5 용접 이음의 홈 형상에 따른 판 두께

홈 형상	판 두께	홈 형상	판 두께
I형	6mm까지	U형	16~50mm
V형, J형	6~9mm	H형	50mm 이상
X형, K형	12mm 이상		

03 판금 일반에 관한 사항

1 판금 가공의 일반

(1) 소성 가공
① **소성** : 재료에 외력을 가하면 변형이 되고 외력을 제거하면 원형으로 돌아오지 않고 다소의 변형을 남게 하는 성질이다.
② **소성 변형** : 외력을 제거하여도 원형으로 완전히 복귀되지 않고 다소의 변형이 남는 변형이다.
③ **소성 가공** : 소성을 가진 재료에 소성 변형을 주어 목적하는 제품을 만드는 것이다.
④ **소성 가공에 이용되는 성질**은 가단성, 가소성, 연성, 전성 등이다.

(2) 소성 가공의 장점

① 보통 주물에 비하여 성형되는 치수가 정확하다.
② 금속의 결정 조직을 개량하여 강한 성질을 얻게 된다.
③ 균일한 제품을 대량 생산할 수 있다.
④ 재료의 사용량을 경제적으로 조정할 수 있다.
⑤ 수리하기가 용이하다.

2 소성 가공

(1) **재결정 온도** : 재결정이 시작되는 가장 낮은 온도이며, 소성 가공을 할 때 열간 가공과 냉간 가공을 구분하는 온도이다.

(2) 소성 가공 방법

소성 가공 방법에는 냉간 가공과 열간 가공으로 분류되며, 재결정 온도 이하의 낮은 온도에서의 가공을 **냉간 가공**, 재결정 온도 이상의 높은 온도에서의 가공을 **열간 가공**이라 한다.

1) 냉간 가공의 특징

① 제품의 치수를 정확히 할 수 있으며, 가공면이 깨끗하다.
② 어느 정도 기계적 성질을 개선할 수 있다.
③ 가공 경화로 강도가 증가하고 연신율이 감소한다.
④ 가공 방향으로 섬유 조직이 되어 방향에 따라 강도가 달라진다.
⑤ 재료의 변형저항이 크므로 동력소모가 많다.
⑥ 재료 내부에 응력이 잔류하게 되어 자연 균열(season crack)이 발생할 수가 있다.

2) 열간 가공의 특징

① 재결정 온도 이상의 높은 온도에서 작업하는 가공
② 작은 동력으로 커다란 변형을 줄 수 있다.
③ 재질의 균일화가 이루어진다.
④ 가공도가 크므로 거친 가공에 적합하다.
⑤ 가열 때문에 산화되기 쉬워 정밀 가공은 어렵다.

3 판금 가공 및 종류

(1) **판금 가공** : 판금 가공은 얇은 판재를 사용하여 각종 용기, 장식품 등을 만들 때 판 뜨기, 절단 가공, 굽힘 가공, 타출 가공, 프레스, 리벳, 용접, 전단 가공, 오므리기 가공 등을 이용하여 제품을 만드는 가공법이다.

(2) 판금 가공의 특징
① 복잡한 형상을 쉽게 만들 수 있다.
② 제품의 중량이 가볍다.
③ 제품의 표면이 아름답고 표면처리가 쉽다.
④ 대량생산에 적합하고 수리가 용이하다.

(3) 판금 가공의 분류
① **전단 가공** : 철판을 절단하여 2개 이상으로 나누는 작업을 말한다.
② **성형 가공** : 철판을 소성 가공하여 여러 가지 형상(모양)을 제작하는 가공을 말하며, 굽힘 가공 및 오므리기 가공이 있다.

(4) 판금 재료의 구비조건
① 전연성이 풍부할 것
② 항복점이 낮을 것
③ 소성이 풍부할 것

4 판금 기계

(1) 전단기
① **직각 절단기**(square shear) : 직각 절단기는 두께가 얇고 연질의 철판을 직선으로 절단할 때 사용하며, 절단 폭의 조절이 용이하다.
② **곡선 절단기** : 곡선 절단기는 철판을 원형이나 곡선형으로 절단할 때 사용하며, 상하에 롤러로 된 커터에 의해 절단된다.
③ **갱 슬리터**(gang slitter) : 갱 슬리터는 폭이 넓은 판에서 폭이 좁은 판으로 절단할 때 사용하며, 여러 개의 커터를 조합하여 동시에 절단한다.

(2) 굽힘 기계
① **포밍 머신**(forming machine) : 포밍 머신은 철판을 원통으로 제작할 때 원통이나 원뿔 모양으로 만드는데 사용하는 것으로 3개의 롤러로 구성되어 있다.
② **비딩 머신**(beading machine) : 비딩 머신은 판금 재료의 강성을 증가시키거나 판금 공작물의 형상을 아름답게 하기 위하여 홈을 만드는데 사용한다.
③ **폴딩 머신**(folding machine) : 폴딩 머신은 윗날과 아랫날 사이에 판재를 끼워 회전 날을 회전시켜 철판을 꺾는데 사용한다.
④ **프레스 브레이크**(press brake) : 프레스 브레이크는 긴 물체를 굽히는데 사용한다.
⑤ **그루빙 머신**(grooving machine) : 그루빙 머신은 원통을 말아서 이음 할 때 심(seam)을 만드는 기구이다.
⑥ **세팅 다운 머신**(setting down machine) : 세팅 다운 머신은 원통의 아래 부분의

심(seam)을 만드는 기구이다.
⑦ **탄젠트 벤더**(tangent bender) : 탄젠트 벤더는 플랜지(flange)가 있는 제품을 만드는데 사용하는 기구이다.

5 판금 작업

(1) 전단 작업의 종류

① **블랭킹**(blanking) : 판재를 펀치와 다이를 사용하여 필요한 형상으로 뽑힌 부분이 제품이 된다.
② **펀칭**(punching) : 자유 단조작업으로 구멍을 뚫는 작업으로 뽑아내고 남는 것이 제품이 된다.
③ **전단**(shearing) : 판재를 공구와 펀치, 다이 또는 전단기를 사용하여 필요로 하는 형상으로 잘라 내거나 뚫어내거나 단을 붙이는 등의 작업이다.
④ **트리밍**(triming) : 프레스 가공이나 주조 가공 등으로 생산된 제품의 불필요한 테두리나 핀 등을 잘라 내거나 따내어 제품을 깨끗이 정형하는 작업이다.
⑤ **세이빙**(shaving) : 뽑기나 구멍 뚫기를 한 제품의 가장자리에 붙어 있는 파단면 등이 편평하지 못하므로 제품의 끝을 약간 깎아 다듬질하는 작업.

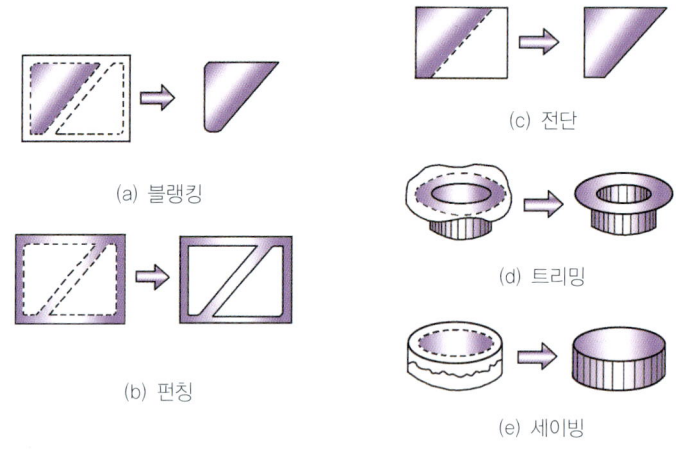

∴ 전단 작업의 종류

(2) 굽힘 작업

1) 굽힘 방법
① 직각 전단기에 의한 꺾음 방식
② 프레스 브레이크에 의한 앵글 굽힘 방식
③ 굽힘 롤을 이용한 롤러 굽힘 방식

2) 스프링 백

스프링 백이란 굽힘 가공에서 힘을 제거하면 판재는 탄성으로 인하여 판재의 굽힘은 약간 처음의 상태로 되돌아가 굽힘 각도나 굽힘 반경이 열려 커지는 현상이며, 스프링 백은 다음과 같이 변한다.
① 경도가 클수록 커진다.
② 같은 판재에서 굽힘 반경이 같을 때 두께가 얇을수록 커진다.
③ 같은 두께에서 굽힘 반경이 클수록 커진다.
④ 같은 두께에서 굽힘 각도가 예리할수록 커진다.

04 금속 가공에 관한 사항

1 드로잉

드로잉은 전성과 연성이 풍부한 강, 니켈, 알루미늄, 구리 및 이들 합금의 얇은 판으로 원통형, 각기둥형, 원뿔형 등의 용기를 성형하는 가공이다.
① **형 드로잉**(die drawing) : 다이와 펀치를 사용하여 제작하는 방법이다. 즉 프레스에 설치한 금형에 의해 성형 가공하는 것이며, 지름과 비교해서 바닥이 깊은 용기는 몇 회에 나누어서 드로잉 한다.
② **타출법**(penned beating) : 해머로 두들겨서 제작하는 방법으로 문양이 조각된 틀에 금속판을 넣고 안팎으로 두들겨서 성형한다.
③ **스피닝**(spinning) : 판금 소재(블랭크)를 형과 함께 회전시키면서 안내 봉이나 롤러로 형에 눌러서 성형한다.
④ **특수 드로잉** : 고무나 액체를 사용하여 제작 시간과 경비가 절약되는 장점이 있다.
　㉮ 마폼법(marforming) : 다이로 고무를 사용한다.
　㉯ 하이드로폼법(hydroforming) : 다이로 액체를 사용한다.

2 압축 가공

① **엠보싱**(embossing) : 소재의 두께를 변화시키지 않고 성형하는 것으로 직물의 표면에 열과 압력에 의하여 양면에 오목 볼록한 모양을 나타내는 가공을 말한다.
② **압인 가공**(coning) : 동전이나 메달 등의 장식품 표면에 모양을 만드는 가공이다.

3 성형 가공

① **비딩**(beading) : 판금 제품을 보강하거나 장식을 목적으로 옆 벽의 일부를 볼록하게 나오게 하거나 오목하게 들어가도록 띠를 만드는 가공 방법이다.

② **벌징**(bulging) : 원통 용기의 입구는 그대로 두고 아래 부분을 볼록하게 가공하는 방법이다. 튜브나 드로잉 된 제품을 2차로 성형하는 공정으로 제품의 외형을 변형시키는 가공이다.

③ **플랜징**(flanging) : 판재의 가장자리를 곡선으로 굽힐 경우 플랜지가 되는 부분은 굽힘 선에 따라서 늘어나거나 줄어들게 하는 방법이다.

④ **컬링**(curling ; 끝 말기 가공) : 판금 제품의 입구 가장자리를 보강과 장식을 목적으로 끝을 마는 방법이다.

⑤ **인장 성형법** : 판재를 형의 형상에 따름과 동시에 판재 면에 따라 충분한 인장력을 가하여 성형하는 방법이다.

05 차체 부품 제작에 관한 사항

1 손 다듬질 작업

① **탭 작업** : 모재에 나사산을 만들어 나사를 체결할 수 있도록 해주는 작업
② **다이스 작업** : 환봉 등에 수나사를 가공하는 절삭 작업으로서 내면에 나사가 구성되어 있고, 칩이 빠져 나올 수 있도록 홈이 있음.
③ **리밍 작업** : 드릴로 뚫어놓은 구멍을 상대적으로 정밀하게 가공하는 작업(구멍을 깨끗하게 마무리하거나 넓힘)
④ **코킹 작업** : 리벳 체결에서 기밀을 유지하기 위하여 코킹 공구로 리벳 머리, 판의 이음재, 가장자리 등을 쪼면서 가공하는 작업

2 리벳 작업

(1) 리벳 이음 작업 순서

① **드릴링** : 리벳 구멍을 리벳의 지름보다 1~1.5mm 정도 크게 뚫는다.
② **리밍** : 뚫린 구멍을 리머로 정밀하게 다듬는다.
③ **리벳팅** : 리벳을 구멍에 넣고 양쪽에 스냅을 대고 때려서 머리 부분을 만든다. 지름이 10mm이상인 것은 열간 리벳팅을 하고, 그 이하는 냉간 리벳팅을 한다.
④ **코킹**(cauking) : 리벳 이음으로 제작한 후 강판의 가장자리를 끌과 같은 공구로 기밀을 유지하기 위하여 행하는 작업이다. 즉, 리벳팅이 끝난 뒤에 리벳머리 주위나 강판의 가장자리를 정으로 때려 그 부분을 밀착시켜서 틈을 없애는 작업이다. 그러나

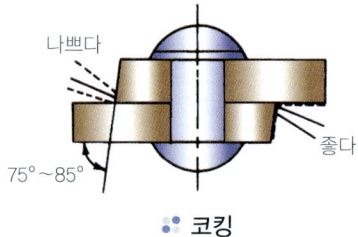

▶ 코킹

강판 두께가 5mm이하인 경우에는 코킹 효과가 없다.
⑤ **플러링(fullering)** : 5mm 이상의 강판 리벳 이음에서 코킹 작업이 끝난 후 더욱 더 기밀을 안전하게 유지하기 위하여 강판을 공구로 때려 붙이는 작업이다. 즉 리벳팅에서 기밀을 요할 때 리벳팅 후 냉각상태에서 판의 끝을 75~85° 정도로 깎아준 후 코킹 작업을 하여 판을 밀착시킨 다음 더욱 기밀을 유지하기 위해 하는 작업이다.

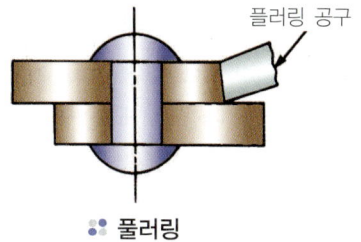

풀러링

(2) 리벳 이음의 특징
① 잔류 응력이 발생하지 않는다.
② 현장 조립일 경우 용접 이음보다 작업이 쉽다.
③ 경합금 등에 신뢰성이 있다.
④ 강판 두께에 한계가 있으며, 이음 효율이 낮다.

3 차체 부품 제작
① 강판을 선택할 때 가장 먼저 강판의 재질을 고려하여야 한다.
② 판재를 작은 굽힘 반지름으로 굽힘 선이 2개 이상 만나는 곳에서는 균열에 주의를 해야 한다.
③ 차체 부품 제작할 부위의 치수를 먼저 확보한다.
④ 작업대 위에 놓고 절단된 연강판을 올려놓고 굽힘 선을 긋는다.
⑤ 한 번에 완전히 성형하지 말고 여러 번 나누어서 성형하여 완성한다.
⑥ 구부림 정렬 작업 시 양끝부터 구부리고 중앙을 나중에 한다.

4 판금 가위
① 판금 가위는 판재를 용도에 맞추어 자르는데 사용한다.
② **직선 가위** : 직선 또는 큰 곡선을 자르는데 사용한다.
③ **곡선 가위** : 공작물의 곡선을 자르는데 사용한다.
④ **비틀림 가위** : 공작물 중앙에 구멍이나 곡선을 잘라내는데 사용한다.
⑤ 판금 가위의 표준 날 각도는 60~65° 이며, 날 끝은 2~3° 정도 경사를 이루어야 한다.

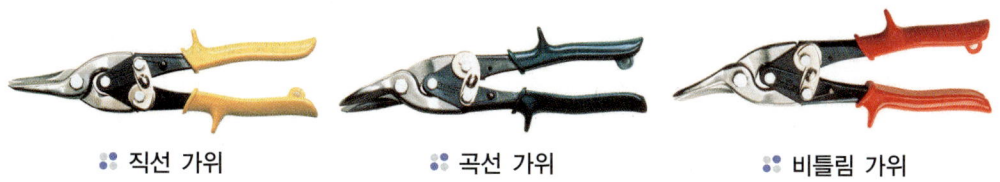

직선 가위   곡선 가위   비틀림 가위

5 줄질하는 방법

① **직진법**(直進法) : 줄을 앞으로 밀어서 다듬질하는 방법으로 다듬질의 최후에 이용한다.
② **사진법**(斜進法) : 줄을 오른쪽으로 기울여 앞으로 밀어서 절삭하는 방법으로 거친 다듬질 또는 면 깎기 작업에 이용한다.
③ **횡진법**(橫進法) : 공작물의 길이 방향과 직각 방향으로 밀어서 다듬질하는 방법으로 좁은 곳의 최종 다듬질에 이용한다.

6 연삭기

(1) 용도별 연삭숫돌의 조직 선택

① 연하고 연성이 많은 재료에는 거친 조직의 숫돌을 선택한다.
② 거친 연삭을 할 때는 거친 조직의 숫돌을 선택한다.
③ 연삭량이 많고 신속히 작업을 하여야 할 때는 거친 조직의 숫돌을 선택한다.
④ 공작물과 숫돌바퀴의 접촉 면적이 클 때에는 거친 조직의 숫돌을 선택한다.
⑤ 단단하고 메짐이 많은 재료는 치밀한 조직의 숫돌을 선택한다.
⑥ 다듬질 연삭을 할 때는 치밀한 조직의 숫돌을 선택한다.
⑦ 공작물과 숫돌바퀴의 접촉 면적이 작을 때에는 치밀한 조직이 좋다.

(2) 용도별 연삭숫돌의 입도 선택

① **거친 연삭** : 10, 12, 14, 16, 20, 24
② **다듬질 연삭** : 30, 36, 46, 54, 60
③ **경질 연삭** : 70, 80, 90, 100, 120, 150, 180, 200
④ **광택내기** : 240, 280, 320, 400, 500, 600, 700, 800

06 차체 절단에 관한 사항

1 차체 절단 작업

① 먼저 교체 대상이 되는 패널에 대충 절단 표시를 해주는 것이 효과적이다.
② 대충 절단 위치는 패널의 접합 이음 부위에서 30~50mm 정도의 여유를 두고 절단한다.
③ 여유를 두고 절단하는 이유는 차체에 남아 있는 잔여 응력을 제거하기 위한 2차적인 인장 작업을 위한 것이다.
④ 절단 작업에는 플라즈마 절단기, 에어 톱, 산소-아세틸렌 절단기를 사용한 절단작업

이 있다.
⑤ 플라즈마 절단 작업은 작업의 효율성은 우수하지만 화재의 위험과 이너 패널의 절단 손상 등이 발생하기가 쉬우므로 신중히 작업을 해야 한다.
⑥ 산소-아세틸렌 절단기를 이용한 절단 작업은 차체에 전달되는 많은 열의 영향으로 부식 현상을 현저하게 발생할 수 있으므로 사용을 자재해야 한다.
⑦ 에어 톱을 이용한 절단 작업은 작업의 효율성이 우수하며, 열을 발생시키지 않기 때문에 절단 작업에서 가장 많이 활용되고 있다.

2 쇠톱 (hack saw)

① 금속 재료를 수작업으로 절단할 때 사용한다.
② 톱날의 호칭 치수는 설치하는 구멍 간격의 길이로 표시한다.
③ 톱날의 단위 길이 당 이수는 1인치(25.4mm) 사이에 있는 이수로 표시한다.
④ 절단하는 재질과 두께에 따라서 선택한다.
⑤ 절단 길이가 짧거나 얇은 것 및 굳은 재질의 경우에는 이수가 많은 톱날을 사용한다.
⑥ 절단 길이가 길거나 두꺼운 것 및 부드러운 재질은 이수가 적은 것을 사용한다.

톱날의 사용 기준

날 수	절삭물의 종류
14	탄소강, 알루미늄 주철, 합금강
18	연강, 경강 주철, 합금강
24	강관, 연강
32	얇은 강판, 얇은 관

3 쇠톱 절단 작업

① 강철 재료의 절단은 톱날을 전압으로 10°정도 기울이고 왼손 엄지를 톱날의 안내로 하여 가볍게 밀면서 절단하기 시작한다.
② 활톱을 잡는 방법은 오른손 엄지를 위로 오도록 하여 손잡이를 잡고 왼손은 활톱 앞쪽을 가볍게 잡는다.
③ 톱날 전체를 사용하듯이 동작을 크게 하면서 밀 때 힘을 주고, 당길 때에는 힘을 빼고 당긴다.
④ 톱날에 열이 발생하지 않도록 자주 주유를 한다.

적·중·예·상·문·제

차체 판금

01 | 차체 부품에 관한 사항

01 충돌 및 접촉사고 시 차체를 보호하는 것이 목적이지만 자동차 외관상의 아름다움도 함께 부여하는 것은?

① 범퍼 ② 프런트 펜더
③ 도어 ④ 그릴

해설 범퍼는 차체 앞·뒤쪽에 설치하는 보호 장치로 충돌시의 충격을 흡수하고 보디를 보호하며 장식의 기능도 겸하고 있다.

02 다음 중 승용차 프런트 바디의 구성품이 아닌 것은?

① 플로워 패널
② 앞 펜더 에이프런
③ 앞 사이드 프레임
④ 라디에이터 서포트 패널

해설 프런트 보디(front body)는 앞 엔진 자동차의 경우 엔진 이외에도 중요한 각 장치가 집결된 중요한 부분으로 라디에이터 코어 서포트 패널, 서스펜션 크로스 멤버, 프런트 사이드 멤버, 펜더 에이프런, 대시 패널, 카울 패널, 후드 패널 등을 상호 용접한 구조이다. 쿼터 패널은 리어 필러와 센터 필러 사이에 설치되어 있는 기둥을 말하며, 도어의 기둥으로 설치되어 있는 경우도 있다.

03 다음 그림의 자동차 패널에서 ④번의 명칭은?

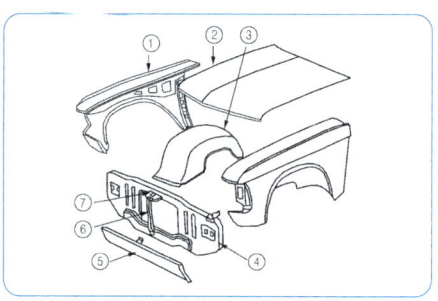

① 프런트 펜더
② 후드 록웰
③ 라디에이터 서포터
④ 범퍼 스토운 디플렉터

해설 ①은 프런트 펜더, ②는 후드, ③은 프런트 펜더 에이프런, ④는 라디에이터 컴플릿, ⑤는 라디에이터 로어 멤버, ⑥은 라디에이터 센터 서포트, ⑦은 후드 록 어셈블리를 뜻한다.

04 모노코크 보디에서 엔진룸과 승객실 사이를 가로 지르는 패널은?

① 로커 패널 ② 대시 패널
③ 센터 필러 ④ 루프 패널

해설 대시 패널은 엔진룸과 객실 룸을 구분하는 패널로 상단부위는 카울 패널과 하단부에는 프런트 플로어 패널과 각각 용접으로 결합되어 있고, 객실 부분의 강성을 유지하는 중요한 부분이다.

정답 01. ① 02. ① 03. ③ 04. ②

14_10
05 프런트 도어의 구성품으로 틀린 것은?
① 인사이드 핸들
② 암 레스트 고정 스크루
③ 트림 훼스너
④ 디플렉터

해설 디플렉터는 바람의 진로를 비껴가게 하거나 한쪽으로 기울게 한다는 뜻으로 윈드 디플렉터, 에어 디플렉터 등이 있다.

15_10
06 자동차에서 도어의 구성요소가 아닌 것은?
① 후드　　② 힌지
③ 체크　　④ 로크

해설 후드는 엔진 룸의 덮개 역할로 내부 부품 보호하며, 엔진 소음을 감소하는 역할과 충돌 사고 시의 안전성을 확보한다.

09_01
07 승용차 바디 중 엔진 룸을 구성하는 부품이 아닌 것은?
① 후드 패널
② 프런트 휠 하우스
③ 쿼터 아웃 패널
④ 라디에이터 서포트 패널

해설 리어 보디는 리어 패널(백 패널, 앤드 패널), 리어 사이드 멤버, 리어 플로어 패널, 패키지 패널, 쿼터 패널, 트렁크 리드 등으로 구성되어 있다.

06_04
08 트렁크 도어의 구조는 프레스 가공한 얇은 강판으로 안쪽에서 프레임을 포개어 점 용접한 것이다. 이때에 트렁크 도어 개폐시 균형을 잡기 위해 쓰이는 것은 무엇인가?
① 트렁크 도어 힌지
② 토션바
③ 도어 로크
④ 도어 체커

14_04
09 기계 부품에 작용하는 하중에서 안전율을 가장 크게 하여야 할 하중은?
① 정 하중　　② 교번 하중
③ 충격 하중　　④ 반복 하중

해설 동하중의 정의와 종류
하중의 크기와 방향이 변화되는 하중으로 다음과 같이 분류한다.
① **반복 하중** : 일정한 방향이 연속하여 반복되는 하중.
② **교번 하중** : 방향이 바뀌는 하중
③ **충격 하중** : 순간에 갑자기 격렬하게 작용하는 하중으로 안전율을 가장 크게 하여야 한다.

02 | 차체 이음에 관한 사항

02_10
10 차체 이음방법이 아닌 것은?
① 기계적 이음방법
② 화학적 이음방법
③ 야금적 이음방법
④ 접촉식 이음방법

해설 기계적인 이음이란 보통 볼트와 너트에 의한 이음을 말한다. 화학적 이음이란 화학적으로 공급되는 열에 의해 재료를 녹여서 융합시키는 융접이 여기에 속한다.

정답 05. ④　06. ①　07. ③　08. ②　09. ③　10. ④

11 패널의 용접 이음 방법 중 그 종류가 아닌 것은?

① 스포트 용접　② 미그(MIG) 용접
③ 납접　　　　　④ 볼트 접합

> **해설** 볼트 접합은 기계적인 접합법이다.

12 보디의 접합 시 전기저항 스폿(spot) 용접을 사용하는 이유는?

① 변형 발생이 거의 일어나지 않는다.
② 기계적 성질을 변화시키지 않는다.
③ 용접부의 균열, 내부 응력 발생이 없다.
④ 육안 점검으로 용접부 상태를 쉽게 파악할 수 있다.

> **해설** 스폿 용접을 많이 사용하는 이유
> ① 열 영향부가 좁아 변형 발생이 거의 일어나지 않는다.
> ② 박판 용접 및 대량 생산에 적합하다.
> ③ 기계적 성질을 변화시키지 않는다.
> ④ 용접부의 균열, 내부응력 발생이 없다.
> ⑤ 구멍을 가공할 필요가 없고 숙련을 요하지 않는다.

13 차체 패널 중 용접 이음 방식으로 결합된 패널은?

① 엔진후드
② 앞 펜더
③ 리어 쿼터 패널
④ 트렁크 리드

> **해설** 엔진 후드, 앞 펜더, 트렁크 리드는 모두 볼트 온 패널이다.

14 차체 부품으로 센터 필러 신품 패널의 플랜지 부위에 구멍을 뚫어 플러그 용접을 하기 위한 핀칭 가공의 지름으로 적당한 것은?(단, 2겹 패널이다.)

① 1~2mm　　② 3~5mm
③ 6~8mm　　④ 10~13mm

> **해설** 플러그 용접은 패널의 구조상 스폿 용접을 할 수 없는 부분의 용접에 사용한다. 상판(上板)에 지름 6~8mm정도로 뚫린 구멍을 MIG 용접으로 그 구멍을 녹여 메우는 것(판 두께 1mm이하 : 지름 4~6mm, 판 두께 1~3mm : 지름 6~8mm)

15 차체 박판의 맞대기 용접 방법으로 옳은 것은?

① 단속적으로 용접한다.
② 스폿 용접으로 작업한다.
③ 플러그 용접으로 작업한다.
④ 패널 앞·뒤 모두 용접한다.

> **해설** 차체 박판의 맞대기 용접 방법으로는 단속 용접과 연속 용접이 있다. 현장 작업 시 주로 사용되는 용접은 단속 용접으로 점 형태의 모양으로 한 포인트 한 포인트 이어가는 용접을 말한다.

16 리어 쿼터패널(C필러)을 절단 후 복원 수리 시 용접이음 방법으로 알맞은 것은? (단, 판 두께가 6mm이하이다.)

① I형 이음　　② V형 이음
③ N형 이음　　④ H형 이음

> **해설** 용접 이음의 홈 형상에 따른 판 두께
> ① I형 : 6mm까지
> ② V형, J형 : 6~9mm
> ③ X형, K형 : 12mm 이상
> ④ U형 : 16~50mm
> ⑤ H형 : 50mm 이상

정답　11. ④　12. ④　13. ③　14. ③　15. ①　16. ①

03 | 판금 일반에 관한 사항

16_04
17 자동차 차체의 변형된 강판을 변형 교정하고자 할 때 이용하는 성질은?
① 전성　　② 소성
③ 취성　　④ 가주성

해설 금속의 기계적 성질
① 전성 : 타격, 압연에 의해 얇은 판으로 넓게 펴질 수 있는 성질
② 인성 : 굽힘이나 비틀림 작용을 반복하여 가할 때 외력에 저항하는 성질. 끈기가 있고 질긴 성질
③ 취성(메짐) : 잘 부서지고 잘 깨지는 성질
④ 연성 : 가느다란 선으로 늘일 수 있는 성질
⑤ 경도 : 재료의 단단한 정도를 나타내는 것으로 내마멸성을 알 수 있는 자료가 된다.
⑥ 강도 : 재료의 단면에 작용하는 최대 저항력
⑦ 소성 : 외력을 가하면 변형이 되고 외력을 제거하면 원형으로 돌아오지 않고 다소의 변형을 남게 하는 성질

02_01
18 자동차의 차체 판금에 사용되는 가공 방법은 주로 소성 가공법이 많이 쓰이는데 그 장점이 아닌 것은?
① 보통 주물에 비하여 성형되는 치수가 정확하다.
② 금속의 결정조직을 개량하여 강한 성질을 얻게 된다.
③ 재료의 사용량을 경제적으로 조정할 수 없는 것이다.
④ 수리하기가 용이하다.

해설 소성 가공법은 재료의 사용량을 미리 알 수 있으므로 사용 계획에 따라 조정이 가능하다.

15_04
19 강판을 소성 가공할 때 열간 가공과 냉간 가공을 구분하는 온도는?
① 피니싱 온도　② 용해 온도
③ 변태 온도　　④ 재결정 온도

해설 열간 가공과 냉간 가공을 구분하는 온도는 재결정 온도이다.

01_10
20 소성 가공에서 냉간 가공이 열간 가공보다 좋은 점은?
① 가공하기 쉽다.
② 안전율이 증가한다.
③ 유동성이 좋아진다.
④ 가공면이 아름답고 정밀하다.

해설 냉간 가공은 재결정 온도 이하에서 작업하므로 유동성이 좋지 않아 작업이 어렵고, 안전율이 낮은 단점이 있지만 가공면이 아름답고 정밀한 장점이 있다.

14_04
21 판금 가공의 특징에 속하지 않는 것은?
① 복잡하고 어려운 형상은 쉽게 제작할 수 있다.
② 주로 철을 녹여 사용하기 때문에 무게가 무겁다.
③ 제품의 표면이 아름답고, 표면 처리가 쉽다.
④ 대량 생산이 가능하다.

해설 판금 가공의 특징
① 복잡하고 어려운 형상은 쉽게 제작할 수 있다.
② 제품의 무게가 가볍다.
③ 제품의 표면이 아름답고, 표면 처리가 쉽다.
④ 대량 생산이 가능하다.

정답　17. ②　18. ③　19. ④　20. ④　21. ②

22 판재를 구부리거나 절단하여 여러 가지 모양을 만드는 가공 작업은?

① 주조 가공   ② 단조 가공
③ 판금 가공   ④ 전조 가공

해설 판금(heet metal)이란 얇은 판재를 굽히거나 잘라서 각종 용가·장식품 및 자동차의 변형된 부분의 패널을 원래의 모양으로 회복시키는 등의 가공을 말한다.

23 판금 가공의 종류에 들지 않는 것은?

① 전단 가공   ② 오므리기 가공
③ 전조 가공   ④ 굽힘 가공

해설 판금 가공은 판재를 사용하여 각종 용기, 장식품 등을 만들 때 판 뜨기, 절단 가공, 굽힘 가공, 타출 가공, 프레스, 리벳, 용접, 전단 가공, 오므리기 가공 등을 이용하여 제품을 만드는 가공법이다.

24 판금 가공용 재료의 구비조건이 될 수 없는 것은?

① 전연성이 풍부한 것
② 탄성이 풍부한 것
③ 항복점이 낮을 것
④ 소성이 풍부할 것

해설 재료의 기계적인 성질
① 전성 : 눌렀을 때 넓게 펴지는 성질
② 연성 : 가늘게 늘어나는 성질
③ 탄성 : 외력을 가하면 변형되고 외력을 제거하면 원래 상태로 돌아오는 성질
④ 항복점 : 탄성점을 지나 끊어지기 시작하는 점
⑤ 소성 : 외력을 가하면 변형이 되고 외력을 제거하면 원형으로 돌아오지 않고 다소의 변형을 남게 하는 성질

25 다음 판금용 기계 중에서 폭이 좁은 판을 한꺼번에 여러 개 절단하는 것은?

① 바 폴더   ② 갱 슬리터
③ 탄젠트 벤더   ④ 프레스 브레이크

해설 갱 슬리터는 폭이 넓은 판에서 폭이 좁은 판으로 절단할 때 사용하며, 여러 개의 커터를 조합하여 동시에 절단한다.

26 기계 판금의 굽힘 기계 종류 중 판금 재료의 강성을 증가시키거나 판금 공작물의 형상을 아름답게 하기 위하여 홈을 만드는데 사용되는 기계는?

① 포밍 머신   ② 탄젠트 밴더
③ 폴딩 머신   ④ 비딩 머신

해설 비딩 머신은 판금 재료의 강성을 증가시키거나 판금 공작물의 형상을 아름답게 하기 위하여 홈을 만드는데 사용한다.

27 전단 가공의 종류 중 틀린 것은?

① 블랭킹   ② 스피닝
③ 펀칭   ④ 전단

해설 전단 가공의 종류
① 블랭킹(blanking) : 판재를 펀치와 다이를 사용하여 필요한 형상으로 뽑힌 부분이 제품이 된다.
② 펀칭(punching) : 판재에서 구멍을 만드는 작업으로 뽑아내고 남는 것이 제품이 된다.
③ 전단(shearing) : 판재를 잘라서 어떤 형상을 만드는 작업.
④ 트리밍(triming) : 판재를 드로잉 가공으로 만든 다음 둥글게 자르는 작업
⑤ 세이빙(shaving) : 뽑기나 구멍 뚫기를 한 제품의 가장자리에 붙어 있는 파단면 등이 편평하지 못하므로 제품의 끝을 약간 깎아 다듬질하는 작업.

 22. ③   23. ③   24. ②   25. ②   26. ④   27. ②

14_10
28 전단 가공의 종류가 아닌 것은?
① 블랭킹 ② 트리밍
③ 세이빙 ④ 드로잉

해설 드로잉은 전성과 연성이 풍부한 강, 니켈, 알루미늄, 구리 및 이들 합금의 얇은 판으로 원통형, 각기둥형, 원뿔형 등의 용기를 성형하는 가공이다.

15_10
29 판금의 전단가공 중에서 블랭킹(blanking) 작업과 반대되는 것은?
① 파팅(parting)
② 노칭(notching)
③ 펀칭(punching)
④ 트리밍(trimming)

해설 ① 블랭킹(blanking) : 판재에서 펀치로서 소요의 형상을 뽑는 작업으로 뽑힌 부분이 제품이 된다.
② 펀칭(punching) : 판재에서 구멍을 만드는 작업으로 뽑고 남은 부분이 제품이 된다.

16_04
30 구멍 뚫기를 한 제품의 가장자리에 붙어 있는 파단면 등이 평평하지 못하므로 제품의 끝을 약간 깎아 다듬질하는 작업인 것은?
① 블랭킹 ② 트리밍
③ 드로잉 ④ 세이빙

11_04
31 금속 재료에 굽힘 가공을 할 때 외력을 제거하면 원래의 상태로 되돌아가는 현상을 무엇이라 하는가?
① 소성 ② 이방성
③ 방향성 ④ 스프링 백

해설 ① 소성 : 외력을 가하면 변형이 되고 외력을 제거하면 원형으로 돌아오지 않고 다소의 변형을 남게 하는 성질.
② 이방성 : 재료를 압연, 인발, 압출의 가공을 했을 때 방향에 따라서 기계적 성질이나 결정 등이 달라지는 성질.
③ 방향성 : 방향을 나타내는 특성 또는 방향에 따라 제약되는 특성
④ 스프링 백 : 굽힘 가공을 할 때 가한 힘을 제거하면 판의 탄성에 의해 탄성 변형부분이 원 상태로 되돌아가 굽힘 각도나 굽힘 반지름이 커지는 것을 말한다.

13_04
32 스프링 백의 현상 중 틀린 것은?
① 경도가 높을수록 커진다.
② 같은 판재에서 구부림 반지름이 같을 때에는 두께가 얇을수록 커진다.
③ 같은 두께의 판재에서는 구부림 반지름이 작을수록 크다.
④ 같은 두께의 판재에서는 구부림 각도가 예리할수록 크다.

해설 같은 두께의 판재에서는 구부림 반지름이 클수록 스프링 백은 크다.

08_03
33 아래 그림과 같이 직각으로 두 방향을 굽힐 때 노치부에 구멍을 만드는 이유는?

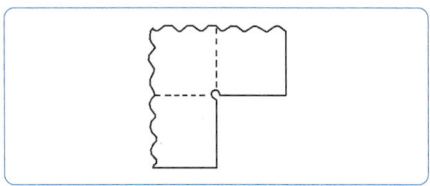

① 재료를 절약하기 위해서
② 강도를 증가시키기 위해서
③ 균열을 막기 위해서
④ 납땜을 쉽게 하기 위해서

정답 28. ④ 29. ③ 30. ④ 31. ④ 32. ③ 33. ③

34 자동차 판금작업에 관한 설명으로 틀린 것은?

① 패널 부착 상태에 따라 일부를 절단하여 절단 이음 교환을 할 때가 있다.
② 절단 이음부는 맞대기 용접이나 겹침 용접을 한다.
③ 강도가 필요한 부위는 겹침 용접이나 보강판을 넣어서 맞대기 용접을 한다.
④ 용접은 신소용접을 주로 하여 강판에 영향을 주지 않도록 한다.

해설) 강판은 CO_2용접을 주로 하여 강판에 영향을 주지 않도록 하여야 한다.

04 | 금속 가공에 관한 사항

35 연성이 풍부한 강, 니켈, 알루미늄, 구리 및 이들 합금의 얇은 판으로 원통형, 각기둥형, 원뿔형 등의 용기를 성형하는 가공은?

① 엠보싱   ② 플랜징
③ 드로잉   ④ 벌징

해설) ① 엠보싱(embossing) : 기계 부품 등에 장식과 보강을 위해 냉간 가공으로 파형의 홈을 만드는 압축 가공을 말한다.
② 플랜징(flanging) : 제품을 보강하기 위해 또는 성형 그 자체를 목적으로 하여 판금의 가장자리를 굽혀 플랜지를 만드는 작업
③ 드로잉(drawing) : 평평한 금속판재를 펀치로 다이 공동부(cavity)에 밀어 넣어 원통형이나 각기둥형, 원뿔형 제품을 만드는 공정
④ 벌징(bulging) : 원통 용기의 입구는 그대로 두고 아래 부분을 볼록하게 가공하는 방법이다. 튜브나 드로잉 된 제품을 2차로 성형하는 공정으로 제품의 외형을 변형시키는 가공이다.

36 평면으로 된 판재를 사용하여 이음매 없는 원통이나 각통모양의 그릇을 만드는 작업은?

① 컬링   ② 드로잉
③ 트리밍   ④ 브로칭

해설) ① 컬링(curling) : 공작물 단말의 단면을 프레스나 선반 등으로 둥글게 하는 가공법
② 드로잉(drawing) : 평평한 금속판재를 펀치로 다이 공동부(cavity)에 밀어 넣어 원통형이나 각통형 제품을 만드는 공정
③ 트리밍 : 판재를 드로잉 가공으로 만든 다음 둥글게 자르는 작업
④ 브로칭 : 브로치의 공구를 사용하여 브로칭 머신에서 공작물의 내면 또는 표면을 다듬는 가공.

37 다음 중 소재의 두께를 변화시키지 않고, 성형하는 압축 가공의 종류는 무엇인가?

① 엠보싱   ② 플랜징
③ 컬링   ④ 드로잉

해설) 엠보싱이란 직물표면에 열과 압력에 의하여 양면에 오목 볼록한 모양을 나타내는 가공을 말한다.

38 다음 작업 중 성형에 속하지 않는 것은?

① 접기   ② 굽히기
③ 펀칭   ④ 오므리기

해설) 성형이란 접기, 펴기, 굽히기 등으로 물체의 양은 그대로 두고, 형을 바꾸는 작업을 말하고, 펀칭, 용접 등은 가공에 속한다.

정답 34. ④ 35. ③ 36. ② 37. ① 38. ③

13_04
39 판금 가공에 관한 것 중 성형 가공에 속하는 것은?
① 전단 ② 펀칭
③ 블랭킹 ④ 벌징

해설 벌징 가공은 용기의 입구보다 중앙 부분이 굵은 용기를 만드는 가공으로 성형 가공이며, 전단 작업으로는 블랭킹, 펀칭, 전단, 트리밍 등이 있다.

13_10
40 판금 제품을 보강하거나 장식을 목적으로 옆벽의 일부를 볼록하게 나오게 하거나 오목하게 들어가도록 띠를 만드는 가공방법은?
① 비딩 ② 벌징
③ 플랜징 ④ 엠보싱

해설 ① **비딩**(beading) : 옆벽의 일부를 블록 나오거나 오목 들어가게 띠를 만드는 가공법
② **벌징**(bulging) : 금형 내에 삽입된 원통형 용기 또는 관에 높은 압력을 가하여 용기의 입구보다 중앙부분이 굵은 용기로 만드는 작업을 말한다.
③ **플랜징**(flanging) : 제품을 보강하기 위해 또는 성형 그 자체를 목적으로 하여 판금의 가장자리를 굽혀 플랜지를 만드는 작업
④ **엠보싱**(embossing) : 기계 부품 등에 장식과 보강을 위해 냉간 가공으로 파형의 홈을 만드는 압축 가공을 말한다.

10_10
41 차체부품 제작시 프레스 라인처럼 블록한 모양으로 만드는 작업을 무엇이라고 하는가?
① 비딩 ② 와이어링
③ 코이닝 ④ 크립핑

해설 ① **비딩** : 부품 제작시 프레스 라인처럼 블록한 모양으로 만드는 작업을 말한다.

② **와이어링** : 배선
③ **코이닝** : 상하 표면에 모양을 조각한 다이를 사용하여 판재를 넣고 압축력을 가하면 동전이나 메달의 장식과 같이 표면에 무늬를 만드는 가공법을 말한다.

16_04
42 도어의 아웃터 패널과 이너 패널을 조립하기 위한 프레스 가공법은?
① 플랜징 ② 비딩
③ 해밍 ④ 전성

해설 ① **플랜징**(flanging) : 판재의 가장자리를 곡선으로 굽힐 경우 플랜지가 되는 부분은 굽힘 선에 따라서 늘어나거나 줄어들게 하는 방법.
② **비딩**(beading) : 판금 제품을 보강하거나 장식을 목적으로 옆 벽의 일부를 볼록하게 나오게 하거나 오목하게 들어가도록 띠를 만드는 가공 방법이다.
③ **해밍**(hemming) : 패널의 끝을 뒤집어 꺾어 접은 것을 말한다.
④ **전성** : 타격, 압연에 의해 얇은 판으로 넓게 펴질 수 있는 성질

05 | 차체 부품 제작에 관한 사항

15_04
43 차체 부품 제작 시 리벳 구멍 뚫기 작업 후 균열 방지를 위해 다듬질을 한다. 이 때 가공하는 작업 방법을 무엇이라고 하는가?
① 탭 작업 ② 다이스 작업
③ 리밍 작업 ④ 코오킹 작업

해설 **손 다듬질**
① **탭 작업** : 모재에 나사산을 만들어 나사를 체결할 수 있도록 해주는 작업
② **다이스 작업** : 환봉 등에 수나사를 가공하는

정답 39. ④ 40. ① 41. ① 42. ③ 43. ③

절삭 작업으로서 내면에 나사가 구성되어 있고, 칩이 빠져 나올 수 있도록 홈이 있음.
③ 리밍 작업 : 드릴로 뚫어놓은 구멍을 상대적으로 정밀하게 가공하는 작업(구멍을 깨끗하게 마무리하거나 넓힘)
④ 코오킹 작업 : 리벳 체결에서 기밀을 유지하기 위하여 코오킹 공구로 리벳 머리, 판의 이음재, 가장자리 등을 쪼면서 가공하는 작업

14_04

44 차체 부품 제작 시 리벳 구멍의 지름은 리벳 몸체 지름보다 어느 정도 크게 하는가?

① 1~1.2mm
② 2~2.2mm
③ 3~3.2mm
④ 4~4.2mm

해설 리벳팅 작업에서 리벳 구멍은 리벳의 지름보다 1~1.5mm 정도 크게 하여야 한다.

11_10

45 차체 부품 제작 시 강판을 선택할 때 제일 먼저 고려해야 될 것은?

① 강판의 크기
② 강판의 두께
③ 강판의 모양
④ 강판의 재질

12_10

46 차체 부품을 제작할 때 판재를 작은 굽힘 반지름으로 굽힘 선이 2개 이상 만나는 곳에서는 특히 주의를 해야 한다. 이때 무엇이 일어나기 쉬운가?

① 치수 변형   ② 균열
③ 두께 감소   ④ 재질 변화

13_04

47 차체 부품을 제작을 하고자 할 때의 설명으로 틀린 것은?

① 차체 부품 제작할 부위의 치수를 먼저 확보한다.
② 작업대 위에 놓고 절단된 연강 판을 올려놓고 굽힘 선을 긋는다.
③ 구부림 정렬 작업시 중앙부터 구부리고 양끝을 나중에 한다.
④ 한 번에 완전히 성형하지 말고 여러 번 나누어서 성형하여 완성한다.

해설 구부림 정렬 작업 시 양끝부터 구부리고 중앙을 나중에 한다.

13_10

48 차체 부품을 제작 하고자 한다. 이때 판재의 절단 작업은 주로 무엇으로 하는가?

① 에어 톱   ② 판금 가위
③ 에어 치즐   ④ 가스 절단기

15_10

49 판금가위 중 비틀림 가위의 사용 용도는?

① 직선으로 자를 때
② 둥글게 자를 때
③ 지그재그로 자를 때
④ 직각으로 자를 때

해설 판금 가위의 용도
① **직선 가위** : 직선 또는 큰 곡선을 자르는데 사용한다.
② **곡선 가위** : 공작물의 곡선을 자르는데 사용한다.
③ **비틀림 가위** : 공작물 중앙에 구멍이나 곡선을 잘라내는데 사용한다.

정답 44. ① 45. ④ 46. ② 47. ③ 48. ② 49. ②

50 판금 가위 중 비틀림 가위는 어떻게 자를 때 사용하는가?

① 직선으로 자를 때
② 둥글게 자를 때
③ 지그재그형으로 자를 때
④ 직각으로 자를 때

51 0.7mm의 철판을 자를 때 사용하는 가위 날 끝의 각도로 가장 적합한 것은?

① 60°~65°　② 30°~35°
③ 5°~10°　④ 2°~3°

해설 가위의 날 각도는 표준이 60~65°이며, 절단 도중에 상하 날의 절단 각이 별로 변화되는 것을 방지하기 위해 날 끝 가까이는 직선이 아닌 원호로 되어 있다. 일반 가위로 물건을 자르는데 필요한 절단 각은 20° 이하이다.

52 줄 작업의 종류가 아닌 것은?

① 직진법
② 우진법
③ 병진법(횡진법)
④ 사진법

해설 줄질하는 방법
① **직진법**(直進法) : 줄을 앞으로 밀어서 다듬질하는 방법으로 다듬질의 최후에 이용한다.
② **사진법**(斜進法) : 줄을 오른쪽으로 기울여 앞으로 밀어서 절삭하는 방법으로 거친 다듬질 또는 면 깎기 작업에 이용한다.
③ **횡진법**(橫進法) : 공작물의 길이 방향과 직각 방향으로 밀어서 다듬질하는 방법으로 좁은 곳의 최종 다듬질에 이용한다.

53 연삭숫돌 선택에서 조직이 치밀한 연삭 숫돌의 선택 기준이 아닌 것은?

① 굵고 메진 재료
② 거친 연삭
③ 총형 연삭
④ 접촉 면적이 작을 때

해설 조직에 의한 연삭숫돌 선택
① 연하고 연성이 많은 재료에는 거친 조직, 단단하고 메짐이 많은 재료는 조직이 치밀한 것이 좋다.
② 거친 연삭을 할 때는 거친 조직, 다듬질 연삭할 때는 치밀한 조직이 좋다.
③ 연삭량이 많고 신속히 작업을 하여야 할 때 또는 공작물과 숫돌바퀴의 접촉 면적이 클 때에는 거친 조직, 접촉 면적이 작을 때에는 치밀한 조직이 좋다.

54 다음 중 연삭작업에서 가장 큰 숫자의 입도를 사용해야 하는 것은?

① 거친 연삭　② 다듬질 연삭
③ 경질 연삭　④ 광택내기

해설 용도별 연삭숫돌의 입도
① **거친 연삭** : 10, 12, 14, 16, 20, 24
② **다듬질 연삭** : 30, 36, 46, 54, 60
③ **경질 연삭** : 70. 80, 90, 100, 120, 150, 180, 200
④ **광택내기** : 240, 280, 320, 400, 500, 600, 700, 800

정답　50. ②　51. ①　52. ②　53. ②　54. ④

06 | 차체 절단에 관한 사항

15_10
55 가스 절단 작업을 할 때 산소의 순도가 미치는 영향이 아닌 것은?
① 순도가 저하되면 절단 개시 시간이 짧아진다.
② 순도가 저하되면 절단 속도가 저하된다.
③ 순도가 저하되면 산소 소비량이 많아진다.
④ 순도가 높아지면 토치가 쉽게 막힌다.

해설 가스 절단 작업을 할 때 산소의 순도가 미치는 영향
① 순도가 저하되면 절단 개시 시간이 짧아진다.
② 순도가 저하되면 절단 속도가 저하된다.
③ 순도가 저하되면 산소 소비량이 많아진다.

16_04
56 바디의 패널 교환 부품의 절단 위치 설정 조건으로 틀린 것은?
① 다른 부품의 변형을 유발시키지 않는 곳
② 탈착 부품이 많아도 용접이 쉬운 곳
③ 용접 길이가 짧고, 도장 보수가 쉬운 곳
④ 탈착 부품의 조립에 지장이 없는 곳

11_04
57 가스 절단 결함 중 균열의 원인이 아닌 것은?
① 탄소 함유량이 많다.
② 합금 성분이 많다.
③ 불꽃이 너무 강하다.
④ 모재의 예열이 충분하지 못하다.

14_10
58 패널 절단용 에어 공구로 틀린 것은?
① 에어 치즐   ② 에어 쉐어
③ 라쳇   ④ 에어 소우

해설 에어 공구의 기능
① 에어 쉐어(가위) : 판금 가위
② 에어 소우(톱) : 앵글이나 패널을 절단
③ 스포트 제거 드릴 : 점 용접부를 구멍 뚫어 제거
④ 에어 치즐(정) : 용접된 철판을 두개로 떼어 내기

16_04
59 신품 패널과 차체 패널을 겹쳐서 절단할 때 유의해야 할 사항으로 틀린 것은?
① 차체 측의 절단면은 용접선을 최소화 되도록 한다.
② 겹치는 부분을 충분히 넓게 해서 조립할 때 위치 확인이 용이하게 한다.
③ 새 부품이 변형되지 않게 무리한 힘을 주지 않는다.
④ 절단은 쇠톱이나 에어 톱을 사용한다.

정답 55. ④   56. ②   57. ③   58. ③   59. ②

3. 자동차 도장

01 도장용 기기

1 공기 압축기

공기 압축기는 공기를 흡입하여 압축 공기를 만드는 것으로 압축 공기는 스프레이 건, 에어 툴 등에 사용된다.

(1) 공기 압축기의 설치 장소

① 실내 온도는 5~40℃를 유지하여야 한다.
② 직사광선을 피하고 환풍 시설을 구비해야 한다.
③ 습기나 수분이 없는 장소이어야 한다.
④ 수평이고 단단한 바닥이어야 한다.
⑤ 먼지, 오존, 유해가스가 없는 장소이어야 한다.
⑥ 방음이고, 보수 점검을 위한 공간이 확보되어야 한다.

∷ 공기 압축기

(2) 공기 압축기의 점검사항

① 왕복동식의 경우 V벨트의 중심부를 손으로 눌러 15~25mm 정도의 장력이 필요하며 장력이 크면 순간 회전할 경우 모터에 무리한 힘이 가해지므로 점검이 필요하다.
② 공기 흡입구 필터는 주 1회 정도 청소하며 6개월에 한번 씩 교환한다.
③ 실린더에 들어가는 윤활유는 정기적으로 점검하고 교환을 해야 할 경우에는 지정된 윤활유를 사용한다.
④ 실린더 헤드의 방열부는 수시로 청소하여 분진이나 기타 퇴적물로 인하여 방열에 지장이 없도록 한다.
⑤ 하루에 한 번은 드레인 밸브를 열어 공기 탱크내의 수분을 배출시킨다.

2 에어 트랜스포머 (air transformer)

공기 압축기에서 생산된 압축 공기 중의 수분과 유분을 제거하고 희망하는 압력까지 낮출 수 있는 기능을 가진 공기 청정 압력 조정기이다. 하단의 드레인 콕을 이용하여 수분을 배출시킨다.

3 스프레이 부스 (spray booth)

자동차에 분사시켜 하는 도장 작업은 스프레이 미트, 유기용제, 가스 등 인체에 유해한 물질이 많으므로 작업자의 안전과 대기환경에 직접 배출되는 것을 방지하는 시설로서 공기 순환이 좋은 스프레이 부스가 필요하다.

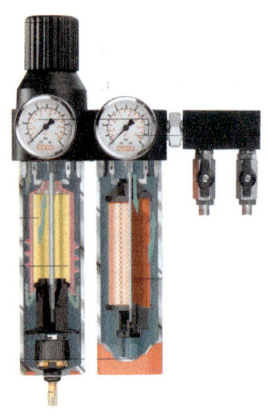
에어 트랜스포머

(1) 스프레이 부스의 기능

① 비산되는 도료의 분진을 집진하여 환경의 오염을 방지한다.
② 도장할 때 유기 용제로부터 작업자를 보호한다.
③ 전천후 작업을 가능하게 한다.
④ 피도장물에 먼지, 오염물 등의 유입을 방지한다.
⑤ 도장의 품질을 향상시키고 도막의 결함을 방지한다.
⑥ 도장 후 도막의 건조를 가속화시킨다.

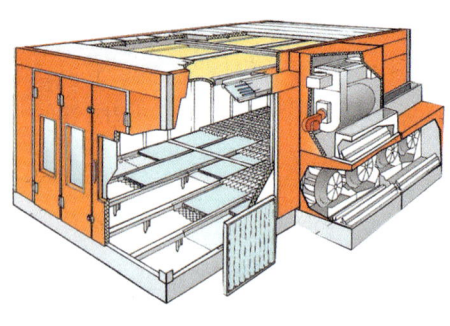
스프레이 부스의 구조

적외선 건조기

(2) 도장 부스의 조건

① 강제 급기, 강제 배기의 상하로 피트를 가져야 한다.
② 내화구조로 밀폐할 수 있어야 한다.
③ 내부를 점검하는 점검창이 1개소 이상이어야 한다.
④ 부스의 공기 흐름 속도는 약 0.2~0.35m/sec가 되도록 설계하여야 한다.

⑤ 내부 공간의 온도는 일정하고 균일한 온도를 확보할 수 있어야 한다.
⑥ 인화성 물질을 사용함으로 화재 방지 기능이 있어야 한다.
⑦ 색상 식별이 용이하며, 적당한 조도를 확보하여야 한다.
⑧ 각종 필터의 교환이 용이해야 한다.

4 건조 장치

도료의 건조 장치에는 열의 복사에 의한 적외선 건조장치, 복사 및 대류에 의한 열풍 건조장치, 적외선 방사(복사) 열에 의한 적외선 건조장치 등이 사용된다.

5 차체의 표면 검사

① 차체 표면의 변형을 손바닥의 감각으로 검사한다.
② 차체의 측면에서 15 ~ 45° 각도로 목측으로 검사한다.
③ 적당한 조명을 이용하여 검사한다.
④ 어두운 곳에서 밝은 곳으로 검사한다.

6 조색기기

계량 조색을 하기 위해서는 전자저울, 애지테이터 커버, 믹싱 머신(자동 교반기 또는 파워 애지테이터)이 필요하다.
① **전자저울** : 조색뿐만 아니라 도료의 조합에 사용한다.
② **애지테이터 커버** : 조색용 원색 동의 캡과 교반기, 도료 토출구의 슬라이드 레버장치가 일체로 구성되며 도료를 균일한 상태로 되돌리기 위한 교반기이다.
③ **믹싱 머신** : 애지테이터 커버가 장치된 도료 통을 진열대에 수납하여 커버의 교반용 핸들을 전동 모터로 회전시켜 도료를 교반하고 균일한 상태로 하는 장치이다.

애지테이터 커버

믹싱 머신

7 색의 3속성

① **색상** : 색 자체의 명칭으로 명도와 채도에 관계없이 빨강, 노랑, 파랑과 같이 각 색에 붙인 명칭 또는 기호를 그 색의 색상이라고 한다.
② **명도** : 물체색의 밝고 어두운 정도. 색을 모두 흡수하면 완전한 검정으로 N0로 하고, 모든 빛을 반사하면 순수한 흰색으로 N10으로 표시하고 그 사이를 정수로 표시한다. 명도는 흰색에서 검정색까지 11단계로 구분된다.
③ **채도** : 색의 선명하고 탁한 정도를 말하며, 색의 맑기, 색의 순도(색의 강하고 약한 정도)라고도 한다.

02 도장용 공구

1 연마기기

전동식이나 에어식 연마기를 사용하며, 다음과 같은 종류가 있다.

① **디스크 샌더** : 도막 제거용으로 싱글 회전의 샌더로서 파이버 디스크를 사용하는 일반적인 그라인더이다.
② **벨트 샌더** : 도막 제거용 샌더로 판금에서도 사용되지만 좁은 면적, 오목한 부위의 연마에 편리하다. 또한 일반의 샌더를 사용하기에 불편한 부위의 연마용으로 작게 패인 부분이나 스포트 용접 부분의 도막 제거에 사용된다.
③ **오비탈 샌더** : 거친 연마용으로 사용하기 쉽기 때문에 퍼티 연마에 가장 많이 사용되며, 더블 액션 샌더에 비하여 연삭력은 떨어지나 힘이 평균적으로 가해져 균일한 연마를 할 수 있다.

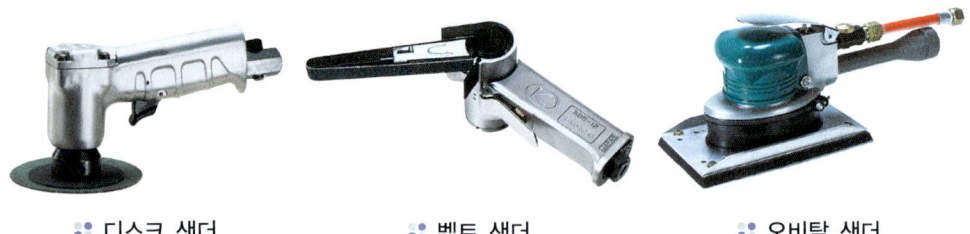

:: 디스크 샌더   :: 벨트 샌더   :: 오비탈 샌더

④ **더블 액션 샌더** : 용도가 넓기 때문에 많이 사용되며, 오빗 다이어의 수치가 큰 타입은 페더에지 만들기, 거친 연마 등의 연마에 적합하고 오빗 다이어의 수치가 작은 타입은 작은 면적의 퍼티 연마, 프라이머 서페이서의 연마, 표면 만들기에 적합하다.

:: 더블 액션 샌더

⑤ **기어 액션 샌더** : 거친 연마용으로 오비탈 샌더나 더블 액션 샌더에 비해 연삭력이 우수하며, 면 만들기에 효율이 높고 작업 능률도 높다.
⑥ **스트레이트 라인 샌더** : 면 만들기 용으로 퍼티 면에 작은 요철이나 변형을 연마하는데 적합하다. 특히 라인 만들기에 가장 적합하다.

롱 오비탈 샌더

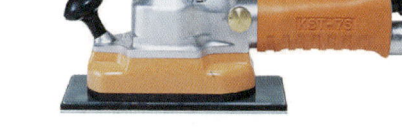
스트레이트 라인 샌더

⑦ **폴리셔** : 버프를 부착하여 전기나 압축 공기를 이용하여 회전운동을 하게 하는 장비로 도막을 연마하여 광택을 낼 때 사용한다.

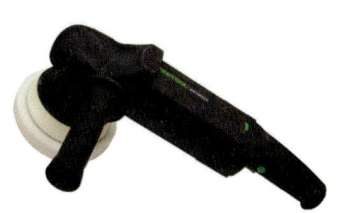 
폴리셔

2 연마지

① 연마지는 녹 제거, 묵은 도막을 갈아내며, 밀착의 향상 및 하도를 도장한 후 도료를 매끈하게 연마하는데 사용한다.
② 종류는 내수 페이퍼 및 샌더용이 있다.
③ 탄화규소, 알루미늄 등의 연마지 및 연마지 면의 거칠기에 따라 #16~#2000까지가 있다.
④ 연마지는 번호(메시)의 숫자가 클수록 고운 연마지이다.
⑤ 차체의 녹을 갈아내거나 묵은 도막을 제거하는 작업은 거칠기가 거칠어야 하므로 메시가 작은 것을 사용한다.

(1) 기기용 연마지

① #16~24 : 녹을 갈아내며, 묵은 도막을 제거하는데 사용된다(디스크 샌더).
② #40~100 : 판금 퍼티, 폴리에스테르 퍼티의 연마용이다.
③ #100~320 : 페더에지(단 낮추기), 래커 퍼티, ED 도막, 프라이머 서페이서, 신차 도막 등의 연마용이다.

(2) 수동용 연마지

① #150~180 : 페더에지(단 낮추기), 폴리에스테르 퍼티 등의 연마용이다.
② #240~400 : 페더에지, 폴리에스테르 퍼티, 래커 퍼티 연마용이다.
③ #320~600 : 프라이머 서페이서, 신차 도막 연마용이다.
④ #800~2000 : 중간 연마, 마무리 도면, 콤파운드, 먼지, 불순물 제거용이다.

(3) 건식 연마와 습식 연마의 장단점

	건식 연마	습식 연마
장점	- 작업이 빠르다. - 하자 발생률이 줄어든다. (퍼티완전건조 후 연마시작) - 힘이 적게 든다.(연마기 사용) - 습식연마에 비해 1grade 고운 연마가 가능	- 분진이 날리지 않는다. - 연마한 표면이 매끄럽다. - 별도의 기공구가 필요 없다.
단점	- 분진을 발생시킨다. - 연마기 사용 숙달 시간이 필요하다.	- 수분에 의한 도장결함이 발생할 수 있다. - 연마 후에 물기를 완전히 건조시켜야 한다.

3 스프레이건

스프레이건은 도료의 공급방식에 따라 흡상식(suction feed type), 중력식(gravity feed type), 압송식(compressor type)이 있다.

① **흡상식** : 도료의 컵이 스프레이건의 아래에 설치되어 압축공기가 토출될 때 도료를 빨아올려 분사시키는 형식으로 도료의 점도에 의해서 토출량이 약간 변화되며, 안정성이 좋고 도료의 교환이 쉽다. 일반적으로 컵 용량이 1L 이므로 넓은 범위의 도장에 편리하고 중력식에 비해 무게가 무겁다.

② **중력식** : 도료의 컵이 스프레이건의 위에 설치되어 도료의 점도가 변하더라도 토출량의 변화가 없는 장점이 있지만 안정성이 나쁘기 때문에 놓아 둘 때는 스탠드가 필요하고 넓은 면적을 도장하는 경우 도료를 보충하면서 도장을 하여야 하는 단점이 있다.

 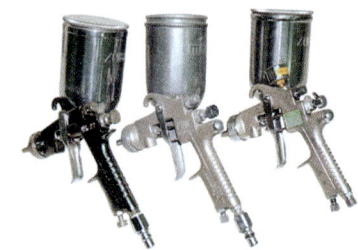

흡상식 중력식

③ **압송식** : 도료의 컵과 스프레이건이 분리되어 있으며, 호스로 연결되어 있는 형식이다. 넓은 범위나 연속 도장에는 편리하며, 어떤 각도에서도 도장할 수 있지만 도료의 컵을 운반하여야 하기 때문에 이동성이 나쁘고 스프레이건의 세정에 시간이 걸리는 단점이 있다.

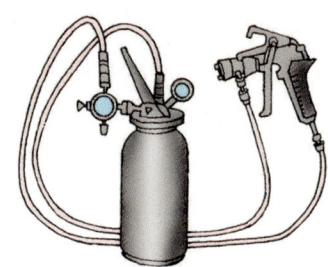
:: 압송식

④ **피스건** : 특별히 작은 스프레이건으로 트리거를 당기는 대신 버튼을 누르면 도료가 분무되는 타입이 일반적이다. 커스텀 페인트에서 보디의 그림이나 특별한 모양을 프리핸드로 그리는 경우나 가는 금 긋기 등에 이용되고 있으며, 컵의 위치에 따라 중력식과 흡상식이 있다.

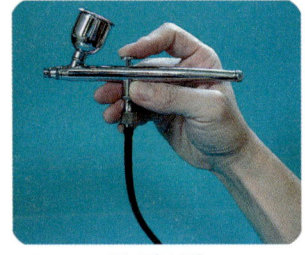
:: 피스건

4 HVLP(High Volume Low Pressure) 건

① 많은 양의 공기를 저압으로 분무하는 스프레이건이다.
② 도료의 높은 도착효율을 갖는 스프레이건이다.
③ 환경 친화적인 스프레이건으로 평균 도착효율이 65%이상으로 낮은 공기압을 사용하지만 분당 사용되는 공기량은 많다.
④ VOC 발생을 억제하고 환경 친화적인 건이다.
⑤ 도료를 30%까지 절감할 수 있다.

03 퍼티의 종류와 사용법

1 퍼티

퍼티는 깊은 요철(약 5~30mm 정도의 깊이)을 메우는데 사용하는 페이스트 상태의 도료이다. 요철의 깊이에 따라 선택하여 사용하는데 일반적으로 요철에 두껍게 도포하고 건조(10~30분)시킨 후 연마하여야 한다. 그 종류로는 판금 퍼티, 메탈 퍼티, 폴리에스텔 퍼티, 래커 퍼티 등이 있다. 사용 전에 주제에 1~3%의 경화제를 잘 혼합시켜야 한다.

(1) 퍼티의 종류

1) 판금 퍼티 (sheet metal putty)

불포화 폴리에스텔 수지와 안료가 주성분이며, 사용 전에 주제에 1~3%의 경화제를 잘 혼합하여 주걱으로 바른다. 약 5~30mm 정도의 깊이를 메우는데 사용한다.

① 패널의 오목한 부위를 메우는 퍼티이다.
② 표면이 다소 거칠고 미세한 구멍이 많다.
③ 강판 면에 두껍게 도포할 수 있고 부착력이 강하다.
④ 내충격성, 내수축성이 우수하다.
⑤ 폴리에스텔 수지는 폴리에스터와 스티렌의 분자로 되어 있으며 이 둘은 곧 결합하는 성질이 있는데 이것을 촉진하는 것이 경화제이다.

2) 폴리에스테르 퍼티 (polyester putty)

불포화 폴리에스테르 수지를 함유하고 있는 2액형으로 1~5mm 정도 패인 곳을 메우는 도료로서 유기 과산화물의 경화제를 혼합하면 경화된다. 표면이 매끄럽고 유연한 성질이 있으며, 메탈 퍼티 작업 후 미세한 단차를 제거하거나 기공을 제거하는데 사용된다.

3) 메탈 퍼티 (metal putty)

불포화 폴리에스테르 수지를 함유하고 있는 2액형으로 유연하고 약 30mm 정도의 홈을 메움이나 두꺼운 도막을 형성하는데 사용되고 유기 과산화물의 경화제를 혼합하면 경화된다. 철판 수정 작업에서 불규칙한 표면을 수정하는데 사용되며, 표면에 기공이 많고 연마하기가 어려운 단점이 있다.

4) 래커 퍼티 (lacquer putty)

니트로셀룰로오스와 아크릭 수지 또는 니트로셀룰로오스와 알키드로 구성된 1액형 퍼티로서 폴리에스테르 퍼티 면이나 프라이머 서페이서 면의 미세한 흠집이나 작은 구멍을 메우는데 사용된다. 0.1~0.5mm 이하 정도로 패인 부분에 사용하며, 보정 부위만 사용이 되기 때문에 스포트 퍼티 또는 마찰시켜 메우므로 그레이징 퍼티라고도 한다.

(2) 퍼티 작업시 주의사항

① 가능한 한 얇게 칠한다.
② 계절에 맞는 퍼티를 사용한다.
③ 경화제를 규정량으로 조정한다.
④ 기공이 침투하지 않게 한다.
⑤ 두껍게 칠할 시에는 2~3회 나누어 칠한다.
⑥ 페더 에지 부분의 단차가 없도록 한다.

2 프라이머 (primer)

프라이머는 차체의 강판에 처음으로 직접 도장하는 것으로 녹의 발생을 방지하고 강판에 잘 부착되어 그 위에 도료를 칠할 때 밀착을 좋게 한다. 일반적으로 얇게 도장하기 때문에 연마는 필요하지 않으며, 다음과 같은 종류가 있다.

(1) 워시 프라이머 (wash primer, etching primer)

주성분은 비닐 부티랄 수지와 징크 크로마이트(zinc chromite : 녹을 방지하는 안료의 일종으로 크롬산아연)의 혼합물에 경화제로서 인산을 첨가하여 만든 것으로서 너무 두껍게 도장이 되거나 건조가 완전하지 않으면 부착력이 떨어진다.

(2) 래커 프라이머 (lacquer primer)

주성분은 니트로셀룰로오스와 알키드 수지이며, 건조가 빨라 후속 도장이 빨리 이루어질 수 있으나 녹 발생의 방지 능력은 다른 프라이머보다 약하다.

(3) 우레탄 프라이머 (urethane primer)

주성분은 알키드 수지로서 2액형 타입으로 부착력과 녹의 방지에 우수한 능력이 있지만 상온에서의 반응이 늦기 때문에 60℃에서 건조시켜야 한다. 우레탄 프라이머는 이소시아네이트가 포함된 경화제를 혼합시키면 경화된다.

(4) 에폭시 프라이머 (epoxy primer)

주성분은 에폭시 수지로서 2액형 타입으로 부착력과 녹 발생의 방지에 우수한 능력이 있지만 상온에서의 반응이 늦기 때문에 60℃에서 건조시켜야 한다. 에폭시 프라이머는 아민계열의 경화제를 혼합하면 경화되며, 신차 생산 라인에서 전착 도장에 종종 사용된다.

(5) 프라이머의 요구조건

① 후속으로 칠할 도료와 밀착성이 좋을 것.
② 내식성이 좋을 것.
③ 내열성이 뛰어날 것.
④ 침전물이 없을 것.

3 서페이서 (surfacer)

서페이서는 프라이머 위에 도장하는 중도 도료로서 상도에 평활성을 제공하고 상도 용제를 차단하며, 층간 부착성을 제공하는 역할을 한다. 기능면에서는 프라이머 서페이서 보다는 우수하다.

4 프라이머 서페이서 (primer surfacer)

프라이머 서페이서는 프라이머와 서페이서의 2가지 기능을 하는 중도 도료로서 녹의 발생을 방지하고 평활한 외관을 제공하며, 상도 용제의 흡수 방지와 부착력을 향상시킨다. 프라이머 서페이서는 홈집, 단차, 용제 흡수 방지, 평활성을 얻기 위해 약 30~60㎛

정도 두껍게 도장한다. 또한 고운 연마지를 이용하여 연마하여야 상도 도장에 자국이 발생되지 않으며, 다음과 같은 종류가 있다.

(1) 래커계 프라이머 서페이서

주성분은 니트로셀룰로오스와 알키드 수지의 조합 또는 니트로셀룰로즈와 아크릭 수지로 구성된 도료로서 건조가 빠르고(20℃에서 20분~2시간) 작업성이 좋고 경제적인 장점이 있으나 우레탄 프라이머서페이서에 비하면 녹의 발생 방지능력, 상도 용제 흡수 차단능력(실 효과) 및 부착력이 떨어지는 단점이 있다.

(2) 우레탄계 프라이머 서페이서

주성분은 니트로셀룰로오스와 알키드 수지 또는 아크릭 수지로 구성되어 있는 도료로서 수지에 의해 폴리에스테르계와 아크릴계가 있으며, 경화제의 이소시아네이트와 분자가 결합하여 강력한 도막을 형성한다.

도막의 성능은 래커 프라이머 서페이서보다 높고 내수성 및 상도에 실 효과가 높으며, 퍼티면 및 상도의 층간 밀착성 및 강판에 부착성과 방청효과가 좋다.

(3) 합성수지계 프라이머 서페이서

주성분은 산화중합형의 알키드 수지로 구성된 1액형 도료로서 용해력이 낮은 시너를 사용하기 때문에 구도막이나 퍼티 등에 용해 침투되지 않아 실 효과가 우수하다.

(4) 에폭시계 프라이머 서페이서

주성분은 에폭시 수지로 구성된 2액형 도료로서 방청성, 부착성, 도막의 두께성이 우수하지만 건조는 느리다.

(5) 열경화성 아미노 알키드 프라이머 서페이서

도료는 90~120℃의 고온에서 20~30분 정도 열처리하여 건조시키는 타입으로서 양호한 물리적 성질과 미관을 나타낸다.

5 도료

(1) 도료의 구성

1) 안료

물이나 유기 용제에 녹지 않는 분말상의 착색제이다.
① **착색 안료** : 은폐력, 색을 부여한다.
② **녹 방지 안료** : 녹의 발생을 방지한다.

③ **체질 안료** : 도료의 특성 물질을 변화시키거나 영향을 주기 위해서 사용하는 물질로서 내구성이 좋아지고 두꺼운 도막을 형성하며, 연마성이 향상된다.

④ **무기 안료** : 내구성 은폐력이 좋은 금속 산화물이며, 선명성이 부족하다.

⑤ **유기 안료** : 색상은 선명하지만 은폐력이 부족하고 내구성이 약하다.

2) 수지

유기화합물 및 그 유도체로 이루어진 비결정성 고체 또는 반고체로서 도막으로 남는 성분이다. 안료를 균일하게 분산시키고 도료의 성질과 능력은 수지가 좌우한다.

① **멜라민 수지** : 멜라민과 폼알데하이드를 반응시켜 만드는 열경화성 수지로서 열·산·용제에 대하여 강하고, 전기적 성질도 뛰어나다. 착색이 용이하고 무색투명하며, 표면이 강하고 내습성이 취약하다.

② **페놀 수지** : 페놀류와 포름알데히드류의 축합에 의해서 생기는 열경화성 수지이다. 제조공정에서 사용되는 촉매에 따라 노볼락과 레졸을 각각 얻는데, 전자는 건식법으로 후자는 습식법으로 경화된다. 주로 절연 판이나 접착제 등으로 사용된다.

③ **에폭시 수지** : 에폭시기를 가진 수지로서 가공성이 우수하며, 비닐과 플라스틱의 중간정도의 수지이다.

④ **요소 수지** : 요소와 알데하이드류(주로 폼알데하이드)의 축합반응으로 생기는 열경화성 수지이다. 신장강도가 높고 잘 휘어지며, 열에 의한 비틀림 온도가 높다.

⑤ **아크릴 수지** : 플라스틱의 일종으로 아세톤·시안산·메틸알코올을 원료로 하여 만든 비중 1.18의 메타크릴산메틸에스테르(메타크릴산메틸)의 중합체이다. 무색·투명하며, 옥외에 노출시켜도 변색되지 않고, 내약품성도 좋으며, 전기 절연성·내수성이 모두 양호하다.

3) 용제

수지를 녹이고 안료와 수지를 잘 혼합시켜 도막을 형성시키는 역할을 한다.

(2) 용제의 용해력에 따른 분류

① **진용제** : 단독으로 수지를 용해한다.

② **조용제** : 단독으로는 수지를 용해하지 못하고 다른 성분과 같이 사용하면 용해력을 나타낸다.

③ **희석제** : 수지를 용해하지는 못하고 단지 도료의 점도를 낮추는 기능만 있다.

6 각종 도장법

(1) 에어 스프레이 도장

붓 도장과 비교하여 도막 표면이 미려하고 작업 능률이 뛰어나 현재 가장 많이 사용되고 있다. 하지만 도장이 되지 않아야 하는 부분에도 도장이 되기 때문에 마스킹이라는 작업이 선행되어야 하고 도료의 비산과 도료의 손실이 많은 것이 단점이다.

(2) 에어리스 스프레이

도료 탱크에 압력을 가하여 스프레이 건 끝의 노즐에서 압축공기가 없더라도 도료를 안개모양으로 미립화 하여 분사하는 하며 넓은 부분 도장에 적합한 방식이다.

(3) 정전 도장

도장기(-극)에서 피도장물(+극)을 향해 방전 전압을 상승시키면 코로나 방전이 일어나게 된다. 정전극 주위의 공기는 이온화하고 이온화한 공기는 피도장물로 향해 도장된다. 적은 양의 도료로 도장이 가능하며 모서리, 코너 등에도 도막 두께가 균일하지만 압축공기에 습기가 없어야 하고 도료 교체시 시간이 많이 소요되는 단점이 있다.

(4) 침적 도장

도료 탱크에 물체를 담근 후 꺼내 피도물에 맺힌 도료를 제거한 후 건조시켜 도막을 얻는 방법이다.

(5) 전착 도장

수용성 전착도료 탱크 속에 피도물을 양극 또는 음극으로 하여 침지시키고 도료에 피도물의 반대 극의 직류 전류를 인가하여 피도물 표면에 전기적으로 도막을 석출시키는 방법이다.

(6) 분체 도장

고분자 합성수지를 주성분으로 고체가 도막 형성의 성분만을 분말로 만들어 이 분말을 피도물에 두껍게 부착시킨 후 가열하여 분자 입자를 용융 융합시켜 균일한 도막을 만드는 무용제 도장법으로 정전 분체도장에 가장 많이 사용되고 있다.

7 보수 도장할 때의 조건

① **공기 압력**이 3~4kg/cm²
② **스프레이건의 패턴이 중첩되는 부분**이 1/3정도
③ **스프레이건과 피도물의 거리**는 20~30cm
④ **작업장의 온도**는 17~23℃ 유지

⑤ 스프레이건의 이동속도는 2~3m/s

8 도료의 건조

도료를 피도물 표면에 도장하여 액체 도료가 경화되어 도막을 형성하는 과정을 말한다.

(1) 건조 상태

① **지촉 건조**(set to touch) : 손가락 끝을 도막에 가볍게 대었을 때 점착성은 있으나 도료가 손끝에 묻어나지 않은 상태의 건조
② **점착 건조**(dust free) : 손가락 끝으로 도막을 눌러 가볍게 스쳤을 때 도료가 손가락에 묻지 않는 상태
③ **정착 건조**(tack free) : 인지나 검지로 최대의 압력으로 눌렀을 때 도막이 벗겨지지 않으며 가볍게 마찰하여도 마찰한 흔적이 나지 않는 상태
④ **고착 건조**(dry free) : 도막을 손가락 끝으로 약간의 압력으로 눌렀을 때 지문이 남지 않는 상태
⑤ **경화 건조**(dry to handle) : 도막 면에 팔이 수직이 되도록 하여 힘껏 엄지손가락으로 누르면서 90° 각도로 비틀어 보았을 때 도막이 늘어나거나 주름이 생기지 않고 또한 도막에 다른 이상이 생기지 않는 상태
⑥ **고화 건조**(dry through) : 엄지와 인지 사이에 시험판을 잡고 도막이 엄지 쪽으로 향하도록 하여 힘껏 눌렀다가 떼어내어 부드러운 헝겊으로 가볍게 문질렀을 때 도막에 지문 자국이 없는 상태의 건조
⑦ **완전(경화) 건조**(full handle) : 손톱으로 도막을 벗기기가 곤란하고 칼로 자르더라도 충분히 저항을 나타낸 때의 상태

(2) 도막의 형성 요소

① **휘발 건조** : 도막 형성의 주요소가 증발한 후 고체의 도막으로 된다.
② **산화 건조** : 도막 형성의 요소는 공기 중의 산소를 흡수하여 산화하며, 이로 인해 중합이 일어나 고화하며, 난용 난융성의 도막이 얻어진다.
③ **중합 건조** : 도막 형성의 요소는 중합 고화하여, 난용 난융성의 도막이 얻어진다.

적·중·예·상·문·제

자동차 도장

01 | 도장용 기기

01 컴프레서 취급 방법 중 옳지 않은 것은? `15_04`

① V벨트의 상태는 공기 압축기와 전동기의 중간을 눌러 15 ~ 25mm정도 여유 간극이 좋다.
② 흡기구의 필터는 2주 간격으로 청소하고, 불결해지면 교환한다.
③ 실린더 헤드의 방열부는 자주 청소하여 먼지 등을 제거 시킨다.
④ 에어 탱크는 1주 간격으로 배출구를 열어 수분, 유분을 배출시킨다.

해설 하루에 한 번은 드레인 밸브를 열어 에어 탱크 내의 수분을 배출시킨다.

02 에어 컴프레서 사용을 중단하고 점검을 받아야 하는 이상 현상이 아닌 것은? `16_04`

① 소정의 압력으로 상승되지 않을 때
② 운전 중 이상한 소리가 날 때
③ 운전 중 급정지 한 경우
④ 드레인 밸브 상단에 수분이 고일 때

03 압축된 공기의 수분을 제거시키는 방법이 아닌 것은? `15_10`

① 볼트를 조이는 방법
② 충돌 판을 이용하는 방법
③ 원심력을 이용하는 방법
④ 필터 또는 약제를 사용하는 방법

04 스프레이 부스의 설명 중 틀린 것은? `15_10`

① 도막의 연마 분진을 필터로 여과하여 대기오염을 방지
② 도장작업 시 작업자의 안전을 위한 환기시설 설치
③ 도장작업 시 비산된 도료를 필터로 여과하여 대기오염을 방지
④ 도장작업에 적합한 온도 조절

해설 스프레이 부스의 설치 목적
① 비산되는 도료의 분진을 집진하여 환경의 오염을 방지한다.
② 도장할 때 유기 용제로부터 작업자를 보호한다.
③ 전천후 작업을 가능케 한다.
④ 피도장물에 먼지, 오염물 등의 유입을 방지한다.
⑤ 도장의 품질을 향상시키고 도막의 결함을 방지한다.
⑥ 도장 후 도막의 건조를 가속화시킨다.

정답 01. ④ 02. ④ 03. ① 04. ①

05 도장실의 설치 목적에 대한 설명이 틀린 것은?

① 작업자의 건강유지를 위한 환경 개선
② 도료 및 용제의 인화에 의한 재해 방지
③ 안개 현상 방지
④ 도료의 사용량 경감

06 도장 부스의 기능이 아닌 것은?

① 유기용제로부터 작업자를 보호한다.
② 다른 곳으로부터 도료 비산을 이루게 한다.
③ 먼지, 오물 등의 접촉을 차단한다.
④ 오염된 공기를 여과한다.

07 도장 부스의 조건으로 틀린 것은?

① 강제 급기, 강제 배기의 상하로 피트를 가져야 한다.
② 내화구조로 밀폐할 수 있어야 한다.
③ 내부를 점검하는 점검창이 1개소 이상이어야 한다.
④ 도막의 건조를 위해 내부 공기 유속은 10m/s 이상이어야 한다.

> **해설** 도장 부스의 조건
> ① 강제 급기, 강제 배기의 상하로 피트를 가져야 한다.
> ② 내화구조로 밀폐할 수 있어야 한다.
> ③ 내부를 점검하는 점검창이 1개소 이상이어야 한다.
> ④ 부스의 공기 흐름 속도는 약 0.2~0.35 m/sec가 되도록 설계하여야 한다.
> ⑤ 내부 공간의 온도는 일정하고 균일한 온도를 확보할 수 있어야 한다.
> ⑥ 인화성 물질을 사용함으로 화재 방지 기능이 있어야 한다.
> ⑦ 색상 식별이 용이하며, 적당한 조도를 확보하여야 한다.
> ⑧ 각종 필터의 교환이 용이해야 한다.

08 도장 부스의 사용 시 준수 사항으로 틀린 것은?

① 바닥은 물청소 실시와 적정 습도를 유지한다.
② 컨트롤 박스의 계기판 작동 시 순서에 의해 작동시킨다.
③ 도장 부스실은 완전 개방된 상태로 유지한다.
④ 도장 작업 완료 후 페인트 분진이 완전 제거 되도록 환풍기를 2~3분 정도 연장가동 한다.

> **해설** 도장 부스실은 완전 폐쇄된 상태로 유지하여야 한다.

09 자동차 보수 도장에 있어서 도료의 건조 장치 중 가장 바람직한 것은?

① 복사 대류에 의한 열풍 건조장치
② 복사에 의한 고온 다습한 열풍 건조장치
③ 습도가 많은 상온에서의 자연 건조장치
④ 고온 다습한 실내에서의 자연 건조장치

> **해설** 도료의 건조 장치에는 열의 복사에 의한 적외선 건조장치, 복사 및 대류에 의한 열풍 건조장치, 적외선 방사(복사) 열에 의한 적외선 건조장치 등이 사용된다.

정답 05. ④ 06. ② 07. ④ 08. ③ 09. ①

16_04
10 보수 도장면 건조에 적용되는 보편적인 열원의 전달 방식은?

① 대류와 복사   ② 전도와 대류
③ 복사와 전도   ④ 전도와 직사

13_10
11 적외선 건조 장치에 대한 설명으로 틀린 것은?

① 복사선과 전자파로 열전달을 한다.
② 근적외선 장치는 전구를 사용한다.
③ 원적외선 장치는 방사 소자를 사용한다.
④ 먼지를 많이 발생시키게 된다.

10_10
12 하지 작업에서 건조기를 사용하는 목적에 관한 설명으로 틀린 것은?

① 도료의 건조시간 단축과 견고한 도막 형성이다.
② 자외선에 의한 도막의 문제발생 억제를 위해서이다.
③ 도막의 밀착력을 향상시키기 위해서이다.
④ 작업성 향상을 위해서이다.

> 해설 하지 작업에서 건조기를 사용하여 도막을 형성시키는 것은 자외선에 의한 도막의 결함이 발생되지 않도록 하기 위함이다.

15_04
13 보수 도장을 하기 위한 차체 표면 검사 중 틀린 것은?

① 적당한 조명을 이용한다.
② 차체 표면에 손바닥의 감각을 이용한다.
③ 차체 측면에서 15 ~ 45° 각도는 목측으로 검사한다.
④ 밝은 곳에서 어두운 곳으로 검사한다.

> 해설 차체의 표면 검사는 어두운 곳에서 밝은 곳으로 검사해야 한다.

12_10
14 계량 조색을 하기 위한 조색기기와 관계가 없는 것은?

① 전자저울
② 애지데이터 커버
③ 믹싱 머신
④ 버프

> 해설 계량 조색을 하기 위해서는 전자저울, 애지테이터 커버, 믹싱 머신(자동 교반기 또는 파워 애지테이터)이 필요하다.

10_01
15 색의 3속성에 해당 되지 않는 것은?

① 광원   ② 색상
③ 명도   ④ 채도

> 해설 색의 3속성
> ① **색상** : 색 자체의 명칭으로 명도와 채도에 관계없이 빨강, 노랑, 파랑과 같이 각 색에 붙인 명칭 또는 기호를 그 색의 색상이라고 한다.
> ② **명도** : 물체색의 밝고 어두운 정도. 색을 모두 흡수하면 완전한 검정으로 N0로 하고, 모든 빛을 반사하면 순수한 흰색으로 N10으로 표시하고 그 사이를 정수로 표시한다. 명도는 흰색에서 검정색까지 11단계로 구분된다.
> ③ **채도** : 색의 선명하고 탁한 정도를 말하며, 색의 맑기, 색의 순도(색의 강하고 약한 정도)라고도 한다.

정답 10. ① 11. ④ 12. ② 13. ④ 14. ④ 15. ①

02 | 도장용 공구

14_04
16 스포트 용접부의 도막 제거와 좁은 홈의 도막 연마에 사용되는 샌더는?
① 에어 샌더   ② 벨트 샌더
③ 디스크 샌더   ④ 스트레이트 라인 샌더

해설 샌더의 종류와 용도
① 디스크 샌더 : 도막 제거용으로 싱글 회전의 샌더로서 파이버 디스크를 사용하는 일반적인 그라인더이다.
② 벨트 샌더 : 도막 제거용 샌더로 판금에서도 사용되지만 좁은 면적, 오목한 부위의 연마에 편리하다.
③ 오비탈 샌더 : 거친 연마용으로 사용하기 쉽기 때문에 퍼티 연마에 가장 많이 사용되며, 더블 액션 샌더에 비하여 연삭력은 떨어지나 힘이 평균적으로 가해져 균일한 연마를 할 수 있다.
④ 더블 액션 샌더 : 용도가 넓기 때문에 많이 사용되며, 오빗 다이어의 큰 타입은 페더에지 만들기, 거친 연마 등의 연마에 적합하고 오빗 다이어의 수치가 작은 타입은 작은 면적의 퍼티 연마, 프라이머 서페이서의 연마, 표면 만들기(단 낮추기)에 적합하다.
⑤ 기어 액션 샌더 : 거친 연마용으로 오비털 샌더나 더블 액션 샌더에 비해 연삭력이 우수하며, 면 만들기에 효율이 높고 작업 능률도 높다.
⑥ 스트레이트 라인 샌더 : 면 만들기 용으로 퍼티 면에 작은 요철이나 변형을 연마하는데 적합하다. 특히 라인 만들기에 가장 적합하다.

10_01
17 단 낮추기 등 도장작업에 가장 광범위하게 사용되며 회전운동을 하는 연마기는?
① 싱글 액션 샌더

② 더블 액션 샌더
③ 오비탈 샌더
④ 기어 액션 샌더

13_04
18 퍼티 면에 작은 요철이나 변형을 연마하는데 적합하며 특히 라인 만들기에 적합한 연마기는?
① 기어 액션 샌더
② 더블 액션 샌더
③ 오비탈 샌더
④ 스트레이트 라인 샌더

13_04
19 최종 상도 도막을 연마하여 광택을 내는 연마기는?
① 싱글 액션 샌더   ② 오비탈 샌더
③ 더블 액션 샌더   ④ 폴리셔

해설 싱글 액션 샌더는 연삭력이 좋아 구도막 제거에 사용하며, 오비탈 샌더는 표면 만들기 및 편평한 넓은 면을 연마하기에 적합하다. 거친 퍼티 연마에 적합하고 효율이 좋다.

15_10
20 광택 작업 시 유의사항 중 옳지 않은 것은?
① 각진 부위 및 모서리 부위를 작업할 때 다른 부위에 비해 힘을 더 가해야 한다.
② 광택제와 왁스의 흔적이 없도록 처리한다.
③ 도막에 상처가 나지 않도록 주의한다.
④ 요철이나 굴곡 부위에 도막의 벗겨짐이 없도록 한다.

  16. ② 17. ② 18. ④ 19. ④ 20. ①

16_04
21 연마용 공구가 아닌 것은?

① 에어 치즐 ② 디스크 샌더
③ 그라인더 ④ 벨트 샌더

> **해설** 에어 치즐(정)은 에어 공구로 용접된 철판을 두개로 떼어내는데 사용한다.

10_01
22 퍼티 연마의 3단계에 속하지 않는 것은?

① 각 내기 ② 발붙임
③ 면내기 ④ 거친 연마

14_10
23 퍼티 연마 시 샌드페이퍼의 선택이 틀린 것은?

① 거친 연삭 시 : #80
② 면 만들기 시 : #120~180
③ 페이퍼의 자국 제거 시 : #240
④ 표면조성 시 : #600

> **해설** 표면조성 시 샌드페이퍼는 초벌 퍼티 연마 #320, 마무리 퍼티 연마 #400을 선택한다.

13_10
24 자동차 보수 도장시 연마 방법의 설명 중 틀린 것은?

① 건식 방법이 습식 방법보다 연마 속도가 빠르다.
② 건식 방법이 습식 방법보다 연마지 사용량이 적다.
③ 연마된 상태가 습식 방법이 건식 방법보다 곱다.
④ 먼지 발생은 습식 방법이 매우 적다.

> **해설** 건식 연마와 습식 연마 비교

구 분	습식 연마	건식 연마
작업성	보통	양호.
연마 상태	마무리가 거칠다	마무리가 곱다
연마 속도	늦다	빠르다
연마지 사용량	적다	많다
먼지 발생	없다	있다
결점	수분 완전제거 해야 한다.	집진장치 필요

14_10
25 스프레이건의 종류로 틀린 것은?

① 흡상식건 ② 중력식건
③ 피스건 ④ 에어 더스트건

> **해설** 스프레이건의 종류
> ① **흡상식** : 도료의 컵이 스프레이건의 아래에 설치되어 압축공기가 토출될 때 도료를 빨아올려 분사시키는 형식으로 도료의 점도에 의해서 토출량이 약간 변화되며, 안정성이 좋고 도료의 교환이 쉽다.
> ② **압송식** : 도료의 컵과 스프레이건이 분리되어 있으며, 호스로 연결되어 있는 형식이다. 넓은 범위나 연속 도장에는 편리하며, 어떤 각도에서도 도장할 수 있지만 도료의 컵을 운반하여야 하기 때문에 이동성이 나쁘고 스프레이건의 세정에 시간이 걸리는 단점이 있다.
> ③ **중력식** : 도료의 컵이 스프레이건의 위에 설치되어 도료의 점도가 변하더라도 토출량의 변화가 없는 장점이 있지만 안정성이 나쁘기 때문에 놓아 둘 때는 스탠드가 필요하고 넓은 면적을 도장하는 경우 도료를 보충하면서 도장을 하여야 하는 단점이 있다.
> ④ **피스건** : 특별히 작은 스프레이건으로 트리거를 당기는 대신 버튼을 누르면 도료가 분무되는 타입이 일반적이다. 커스텀 페인트에서 보디의 그림이나 특별한 모양을 프리핸드로 그리는 경우나 가는 금 긋기 등에 이용되고 있으며, 컵의 위치에 따라 중력식과 흡상식이 있다.

정답 21. ① 22. ① 23. ④ 24. ② 25. ④

26 자동차 보수 도장에 필요한 스프레이 건의 종류가 아닌 것은?
① 흡상식   ② 압송식
③ 중력식   ④ 분사식

27 스프레이건에도 소형 사이즈가 있으나 ( )은 특별히 작은 스프레이건으로 트리거를 당기는 대신 버튼을 누르면 도료가 분무되는 타입이 일반적이다. ( )에 들어갈 건의 이름은?
① 피스건   ② 흡상식건
③ 중력식건 ④ 압송식건

해설 피스건은 커스텀 페인트에서 보디의 그림이나 특별한 모양을 프리핸드로 그리는 경우나 가는 금 긋기 등에 이용한다.

28 스프레이 작업시 환경을 고려하여 비산되는 도료를 적게 하여 도착효율을 높인 스프레이건을 무엇이라고 하는가?
① HVLP건   ② 중력식건
③ 압송식건 ④ 피스건

해설 HVLP(High Volume Low Pressure)건은 많은 양의 공기를 낮은 압력으로 분사하는 스프레이건을 말한다.

29 실링 건을 사용하여 충진 작업할 때 유의사항 중 옳지 않은 것은?
① 기포나 빈틈이 없어야 한다.
② 실러가 접합부 속으로 충진 되게 한다.
③ 모서리 부분은 멈추지 말고 빠르게 방향을 전환한다.
④ 방아쇠를 작동하며 건을 작업자 앞쪽으로 당기며 작업한다.

30 바디 수리에 사용되는 용제의 설명 중에서 잘못된 것은?
① 교환하는 패널의 접촉 부위는 반드시 재 실링을 한다.
② 실러는 방수와 불순물, 배기가스의 실내 진입을 차단한다.
③ 수리하는 패널에 틈새가 발생하면 언더 코팅을 많이 도포한다.
④ 외부 패널의 내부 표면에는 부식 방지 콤파운드를 도포한다.

03 | 퍼티의 종류와 사용법

31 판금 퍼티의 특성 중 거리가 먼 것은?
① 강판면에 부착력이 강하다.
② 두껍게 도포할 수 있다.
③ 입자가 미세하다.
④ 내충격성, 내수축성이 우수하다.

해설 표면이 다소 거칠고 미세한 구멍이 많다.

32 판금 퍼티는 다음 중 어느 것이 주성분인가?
① 불포화 아크릴 수지와 안료
② 불포화 폴리에스텔 수지와 안료
③ 불포화 에폭시 수지와 안료
④ 불포화 알키드 수지와 안료

해설 주성분은 폴리에스텔 수지와 체질 안료이다.

정답 26. ④ 27. ① 28. ① 29. ③ 30. ③ 31. ③ 32. ②

11_10
33 자동차 판금 퍼티에 대한 설명 중 틀린 것은?

① 사용 전 주제에 1~3%의 경화제를 잘 섞는다.
② 5~10mm 정도의 깊이를 메우는데 쓴다.
③ 주제와 경화제를 혼합하면 10~30분 내에 굳는다.
④ 경화제는 구태여 혼합하지 않아도 된다.

> 해설 퍼티의 주성분은 폴리에스텔 수지와 체질 안료이다. 폴리에스텔 수지는 폴리에스터와 스티렌의 분자로 되어 있으며 이 둘은 곧 결합하는 성질이 있는데 이것을 촉진하는 것이 경화제이다.

15_10
34 퍼티의 두께를 약 0.1~0.5mm 정도로 사용할 수 있으며 퍼티나 프라이머 서페이서 면의 기공 및 작은 상처를 수정하는데 사용하는 퍼티는?

① 판금 퍼티   ② 폴리 퍼티
③ 아연 퍼티   ④ 래커 퍼티

> 해설 래커 퍼티는 퍼티 면이나 프라이머 서페이서 면의 작은 구멍, 작은 상처를 수정하기 위해 도포한다. 0.1~0.5mm 이하 정도로 패인 부분에 사용하며, 보정 부위만 사용이 되기 때문에 스포트 퍼티 또는 마찰시켜 메우므로 그레이징 퍼티라고도 한다.

14_04
35 자동차 보수도장 시 필요한 래커 퍼티의 설명으로 옳은 것은?

① 프라이머 서페이서 적용 후 남아있는 금이나 불안전한 부분을 메우는데 사용된다.
② 2액형 퍼티로 주제와 경화제를 섞어 사용한다.
③ 넓은 부위를 사용하는데 적당하다.
④ 건조를 60℃에서 약 30분 정도 강제 건조시킨 후 샌딩을 해야 한다.

16_04
36 자동차 도료의 퍼티에 대한 설명으로 맞는 것은?

① 주제를 충분히 저어서 혼합한다.
② 한 번에 두껍게 바른다.
③ 패널 수정 후 패널 면에 바로 바른다.
④ 주제와 경화제의 혼합비는 일반적으로 10 : 2 정도이다.

> 해설 퍼티 작업시 주의사항
> ① 가능한 한 얇게 칠한다.
> ② 계절에 맞는 퍼티를 사용한다.
> ③ 경화제를 규정량으로 조정한다.
> ④ 기공이 침투하지 않게 한다.
> ⑤ 두껍게 칠할 시에는 2~3회 나누어 칠한다.
> ⑥ 페더 에지 부분의 단차가 없도록 한다.

15_04
37 차체 판금 퍼티 작업 방법으로 가장 옳은 것은?

① 한번 퍼티 도포량 높이는 5mm 정도가 적당하다.
② 혼합용 정반이 없다면 판재나 두꺼운 종이를 써도 무방하다.
③ 한번 도포량 만큼씩 사용하는 것보다 많은 양을 혼합해서 두고 쓰는 것이 좋다.
④ 공기의 거품이 남아 있으면 도막 파열의 원인이 되므로 제거한다.

33. ④ 34. ④ 35. ① 36. ① 37. ④

38. 퍼티를 설명한 것 중 틀린 것은? `13_10`

① 퍼티를 얇게 여러 번에 나누어 칠한 장소일수록 경화속도가 빠르다.
② 퍼티 주걱의 재료는 나무, 고무, 플라스틱을 사용한다.
③ 퍼티가 일정하게 희석되도록 반죽할 때에는 공기가 들어가지 않도록 주의한다.
④ 퍼티는 많은 양을 혼합하여 두껍게 한 번에 칠하는 것이 원칙이다.

39. 움푹 패인 부분을 메우는 능력으로 차례대로 나열한 것은? `13_03`

① 판금퍼티-중간타입-래커퍼티-폴리퍼티
② 판금퍼티-중간타입-폴리퍼티-래커퍼티
③ 래커퍼티-판금퍼티-중간타입-폴리퍼티
④ 폴리퍼티-판금퍼티-중간타입-래커퍼티

해설 판금 퍼티는 약 5~30mm 정도의 깊이, 폴리퍼티는 1~5mm 정도 패인 곳, 래커 퍼티는 0.1~0.5mm 이하 정도로 패인 부분에 사용한다.

40. 프라이머의 요구조건으로 틀린 것은? `14_10`

① 층간의 밀착성이 좋을 것
② 내열성이 뛰어날 것
③ 침전물이 없을 것
④ 광택이 뛰어날 것

해설 프라이머의 요구조건
① 후속으로 칠할 도료와 밀착성이 좋을 것.
② 내식성이 좋을 것.
③ 내열성이 뛰어날 것.
④ 침전물이 없을 것.

41. 다음 도료 중 녹의 발생 방지 및 후속으로 칠할 도료와 밀착을 좋게 하는 성능을 가진 것은? `11_04`

① 서페이서 ② 프라이머
③ 퍼티   ④ 실러

해설 도료의 용도
① **서페이서** : 프라이머 위에 도장하는 중도 도료로서 상도에 표면을 평평하고 매끈하게 하는 평활성을 유지하고 상도 용제를 차단하며, 층간 부착성을 제공하는 역할을 한다.
② **프라이머** : 도료를 여러 번 중복으로 칠하여 도막 층을 만들 때 녹의 발생 방지와 후속으로 칠할 도료와 밀착성을 향상시키기 위한 목적으로 처음 밑바탕에 칠하는 도료.
③ **퍼티** : 움푹 패인 곳을 메우는데 사용하는 고체성분이 많은 도료를 말한다.
④ **실러** : 도장용 실러도 있지만 판금 공정에서는 용접 패널의 접착부(이음매)에 바르는 코팅제를 말하며, 도장용 실러는 최대의 접착력 및 지지력을 주며 샌드 스크래치 스웰링을 방지하기 위하여 프라이머프라이머 서페이서 또는 기존의 피니시와 새로운 페인트 코트 사이에 칠하는 특수한 언더 코트이다.

42. 퍼티를 경화제와 혼합할 때 사용하며 규정된 규격은 없고 용도에 알맞게 만들어 사용하는 것은? `15_04`

① 스크레이퍼   ② 주걱
③ 이김판(정판) ④ 와이어 브러시

해설 이김판은 퍼티와 경화제를 이김(혼합)할 때 가장 많이 사용한다.

정답 38. ④ 39. ② 40. ④ 41. ② 42. ③

16_04

43 피도물에 굴곡이 있거나 라운딩된 면에 퍼티를 바를 때 사용하는 공구로 가장 적합한 것은?

① 고무 주걱　② 플라스틱 주걱
③ 나무 주걱　④ 대주걱

해설 패널의 굴곡진 부분이나 프레스 부위의 퍼티 작업은 고무 주걱을 사용한다.

11_04

44 퍼티는 경화제를 섞은 후 건조 속도가 빠르기 때문에 얼마의 시간 내에 작업하는 것이 가장 적합한가?

① 1~5분　② 5~10분
③ 20~30분　④ 30~40분

해설 주제와 경화제를 혼합하면 10~30분 내에 굳는다.

16_04

45 도료의 구성 성분에 들지 않는 것은?

① 수지　② 안료
③ 접착제　④ 용제

해설 도료 조성의 3성분은 안료, 수지, 용제이고 4성분은 첨가제를 추가하면 된다.
　① 안료 : 색상을 나타내는 분말
　② 수지 : 광택, 경도, 부착율을 결정하는 물질
　③ 용제(수화제) : 수지를 녹이고 안료와 수지를 잘 혼합시켜 도막을 형성시킴
　④ 첨가제 : 도료의 특정 성능을 향상

15_04

46 도료를 구성하는 사항 중 도료의 목적을 결정하는 재료는?

① 수지　② 용제
③ 첨가제　④ 안료

해설 안료는 물이나 유기 용제에 녹지 않는 분말상의 착색제이다.

14_10

47 자동차 안료에 대한 설명으로 가장 거리가 먼 것은?

① 착색 도막의 두께, 도막의 강인성과 내구성을 준다.
② 무기 안료는 유기 안료보다 색상이 아름답고 선명하다.
③ 착색 및 은폐력, 내약품성, 내열성, 내광성, 내후성 등을 부여한다.
④ 도료용 안료는 그 조성에 따라 무기 안료와 유기 안료로 나뉜다.

해설 무기안료와 유기안료
　① 무기 안료 : 내구성 은폐력이 좋은 금속 산화물로서 선명성이 부족한 단점이 있다.
　② 유기 안료 : 색상이 선명한 특징이 있다.

13_10

48 투명하고 내구성이 있는 아크릴을 주로 사용하여 도막을 형성하고 도료의 성질이나 능력을 형성하는 것은?

① 용제　② 수지
③ 프라이머　④ 안료

해설 수지는 안료를 균일하게 분산시키고 도료의 성질과 능력은 수지가 좌우하게 되며 유기화합물 및 그 유도체로 이루어진 비결정성 고체 또는 반고체로서 도막으로 남는 성분이다.

11_04

49 착색이 용이하고 무색투명하며, 표면이 강하고 내습성이 취약한 수지는?

① 멜라민 수지　② 페놀 수지
③ 에폭시 수지　④ 요소 수지

정답 43. ①　44. ②　45. ③　46. ④　47. ②　48. ②　49. ①

해설 수지의 특징
① 페놀 수지 : 페놀류와 포름알데히드류의 축합에 의해서 생기는 열경화성 수지이다. 제조공정에서 사용되는 촉매에 따라 노볼락과 레졸을 각각 얻는데, 전자는 건식법으로 후자는 습식법으로 경화된다. 주로 절연 판이나 접착제 등으로 사용된다.
② 에폭시 수지 : 에폭시기를 가진 수지로서 가공성이 우수하며, 비닐과 플라스틱의 중간정도의 수지이다.
③ 요소 수지 : 요소와 알데히드류(주로 폼알데하이드)의 축합반응으로 생기는 열경화성 수지이다. 신장강도가 높고 잘 휘어지며, 열에 의한 비틀림 온도가 높다.

10_10
50 분체 도료용 수지에 요구되는 특성이 아닌 것은?

① 용해 수지의 유동성이 없어야 한다.
② 내열성이 좋아야 한다.
③ 부착성이 좋아야 한다.
④ 단시간 내에 경화할 수 있어야 한다.

해설 분체 도료는 유기 용제나 물 등의 희석제를 함유하지 않은 도료로 도장하여 가열시키면 용해되어 경화 반응으로 도막을 형성한다.
① 내열성이 좋아야 한다.
② 부착성이 좋아야 한다.
③ 단시간 내 경화할 수 있어야 한다.

14_04
51 도료의 성분 가운데 그 자신은 도막이 되지 못하나 도막을 형성시키는 역할 하는 성분은?

① 안료　　② 수지
③ 첨가제　　④ 용제

해설 도료 조성의 3성분은 안료, 수지, 용제이고 4성분은 첨가제를 추가하면 된다.
① 안료 : 색상을 나타내는 분말
② 수지 : 광택, 경도, 부착율을 결정하는 물질

③ 용제(수화제) : 수지를 녹이고 안료와 수지를 잘 혼합시켜 도막을 형성한다.
④ 첨가제 : 도료의 특정 성능을 향상

15_10
52 용제의 용해력에 따른 분류에 해당하지 않는 것은?

① 진용제　　② 조용제
③ 복합제　　④ 희석제

해설 용제의 용해력에 따른 분류
① 진용제 : 단독으로 수지를 용해한다.
② 조용제 : 단독으로는 수지를 용해하지 못하고 다른 성분과 같이 사용하면 용해력을 나타낸다.
③ 희석제 : 수지를 용해하지는 못하고 단지 도료의 점도를 낮추는 기능만 있다.

12_10
53 자동차, 냉장고, 가전제품 등 도막의 보호 미화에 쓰이는 것은?

① 메탈릭 에나멜　　② 헤머튼 에나멜
③ 축문 에나멜　　④ 멜라민 에나멜

14_04
54 금속 도장에 관한 설명으로 틀린 것은?

① 물체 보호는 도장 최대의 목적이다.
② 아크릴 수지는 천연 수지를 용제에 용해시켜 만든 것으로 도막이 약하다.
③ 프라이머의 주목적은 부착 및 방청이다.
④ 실러는 찌그러지거나 오므라드는 것을 방지하며 흡입 방지를 하는데 사용된다.

해설 아크릴 수지 : 플라스틱의 일종으로 아세톤·시안산·메틸알코올을 원료로 하여 만든 비중 1.18의 메타크릴산메틸에스테르(메타크릴산메틸)의 중합체이다. 무색투명하며, 옥외에 노출시켜도 변색되지 않고, 내약품성도 좋으며, 전기 절연성·내수성이 모두 양호하다.

 50. ①　51. ④　52. ③　53. ④　54. ②

12_10
55 자동차 보수 도장에서 가장 보편적인 도장 방법은?

① 에어 스프레이 도장
② 에어 레스 스프레이 도장
③ 정전 스프레이 도장
④ 가열 에어 스프레이 도장

> **해설** 가장 보편적인 도장 방법은 압축공기를 사용하여 도장하는 방법이다. 즉, 압축공기를 구하기 쉽기 때문에 에어 스프레이 도장이 많이 사용된다.

13_10
56 스프레이건을 이용한 도장 방법이다. 옳지 않은 사항은?

① 도료를 피도물의 재질이나 형상에 관계없이 도장할 수 있다.
② 도료를 피도물의 크기에 상관없이 도장할 수 있다.
③ 효율적으로 도장할 수 있다.
④ 분무시켜 도장하기 때문에 도료의 손실이 적다.

> **해설** 스프레이건을 이용한 도장은 분무시켜 도장하기 때문에 도료의 손실이 많다.

10_10
57 에어리스 도장 중 도료의 압력이 오르지 않는 원인은?

① 노즐 팁이 막혀 있다.
② 니들 패킹이 마모되어 있다.
③ 도료가 부족하다.
④ 노즐 연결 면에 이물질이 부착되었다.

> **해설** 에어리스 도장은 컴프레서의 공기를 수십배로 승압하여 도료에 직접 압력을 가하여 좁은 노즐 구멍을 통하여 토출시킴으로서 도료 입자를 미립화 하여 분사시키는 것으로 도료의 날림이 없고 두터운 도막이 가능하며 모서리 구석 진 부분의 도장도 가능하며, 작업 능률이 높다. 도료의 압력이 오르지 않는 원인은 도료가 부족하기 때문이다.

13_04
58 분체 도장법 중에서 일반적으로 가장 많이 사용하는 방법은?

① 용사법 ② 데스파존법
③ 유동 침적법 ④ 정전 분무 도장법

> **해설** 분체 도장은 정전 분체 도장이 가장 많이 사용되고 있으며, 이 방법은 분체가 정전 인력에 의해 피도장물에 흡인되어 가열용해 됨으로써 도막을 만든다.

11_10
59 생산 라인에서 신차량 도장의 일반적인 작업방법을 바르게 나타낸 것은?

① 표면처리 – 표면수정 – 초벌도장 – 끝도장
② 표면가공 – 중간도장 – 초벌도장 – 끝도장
③ 표면가공 – 초벌도장 – 중간도장 – 마지막 도장
④ 표면가공 – 중간도장 – 표면수정 – 마지막 도장

16_04
60 도장 공정 중 마지막 상도 공정은 무엇인가?

① 파이널 실러
② 엔드 스프레이
③ 파이널 프라이머
④ 탑 코트

정답 55. ① 56. ④ 57. ③ 58. ④ 59. ③ 60. ④

15_10

61 스프레이건과 피도물 사이의 거리로 가장 적당한 것은?

① 1~5cm ② 5~15cm
③ 15~25cm ④ 30~50cm

해설 **보수 도장할 때의 조건**
① 공기 압력이 3~4kg/cm²
② 스프레이 건의 패턴이 중첩되는 부분이 1/3 정도
③ 스프레이건과 피도물의 거리는 20~30cm
④ 작업장의 온도는 17~23℃ 유지
⑤ 스프레이건의 이동속도는 2~3m/s

10_10

62 도료를 도장하는 물체에 칠하고 일정한 시간을 방치해 두거나 또는 가열하면 도료가 경화하여 연속 도막을 형성케 되는데 이 도료가 도막이 되는 과정을 무엇이라 하는가?

① 경화 ② 건조
③ 전착 ④ 착색

해설 도장을 완료한 후부터 가열 건조의 열을 가할 때까지 일정한 시간 동안 방치하는 시간(세팅 타임)은 일반적으로 약 5~10분 정도의 건조 시간이 필요하다. 세팅 타임 없이 바로 본 가열에 들어가면 도장이 끓게 되어 핀 홀(pin hole) 현상 발생한다.

15_04

63 지촉 건조된 상태를 가장 잘 표현한 것은?

① 도막을 손가락 끝으로 약간의 압력으로 눌렀을 때 지문이 남지 않는 상태
② 엄지를 도막 위에 눌러 회전하여 가장 센 압력을 주었을 때 스친 흠이 없는 상태
③ 도막을 손가락으로 가볍게 눌렀을 때 점착은 있으나 도료가 손가락에 묻지 않는 상
④ 손가락으로 도막을 벗기기가 곤란하고 칼로 자르더라도 충분히 저항을 나타내는 상태

해설 지촉 건조는 도막을 손가락으로 가볍게 눌렀을 때 점착은 있으나 도료가 손가락에 묻지 않는 상태를 말한다.

11_04

64 도막 형성 주요소가 증발한 후 고체의 도막 형성 요소가 도막으로 되는 건조 방법은?

① 휘발 건조 ② 산화 건조
③ 냉각 건조 ④ 중합 건조

해설 휘발 건조의 구성은 도막 형성 주요소가 증발한 후 고체의 도막으로 된다. 산화 건조의 구성은 도막 형성 요소는 공기 중의 산소를 흡수하여 산화하며, 이로 인해 중합이 일어나 고화하며, 난용 난융성의 도막이 얻어진다. 중합 건조의 구성은 도막 형성 요소는 중합 고화하여, 난용 난융성의 도막이 얻어진다.

13_04

65 도료를 도장하는 물체에 칠하고, 건조시킬 때의 건조 방법이 아닌 것은?

① 냉간 건조 ② 휘발 건조
③ 산화 건조 ④ 중합 건조

해설 건조 방법에는 크게 기본 건조 기구와 복합 건조 기구가 있다.
① 기본 건조 기구에는 용해 냉각 건조, 휘발 건조, 산화 건조, 중합 건조, 팽윤 겔화 건조 등이 있고,
② 복합 건조 기구에는 용해 중합 건조, 휘발 산화 건조, 휘발 중합 건조, 휘발 산화 중합 건조, 휘발 팽윤 겔화 건조 등이다.

정답 61. ③ 62. ② 63. ③ 64. ① 65. ①

11_10

66 래커계 도료의 건조 방법 중 수지 분자의 결합이 일어나지 않는 도료의 건조 방법은 무엇인가?

① 산화 중합건조
② 2액 중합건조
③ 용제 증발형 건조
④ 열 중합건조

> **해설** 건조 형태에는 크게 용제 증발형과 반응형으로 나눈다. 반응형에서는 세부적으로 산화 중합건조, 열 중합건조, 2액 중합건조로 나뉜다.
> ① **용제 증발형의 도료** : 래커, 하이솔리드 래커, 변성 아크릴 래커, 순수 아크릴 래커
> ② **산화 중합건조의 도료** : 유성계도료 중-장유성 알키드 수지도료, 열 경화 멜라민, 알키드, 열 경화 아크릴
> ③ **2액 중합건조의 도료** : 아크릴 우레탄, 속건 우레탄 등이 사용된다.

14_04

67 도장물을 가열하여 도막의 산화 중합을 촉진 시키는 방법으로 단 시간에 굳어지며 부착력이 좋은 도막이 형성되는 건조 방법은?

① 휘발 건조법
② 산화 건조법
③ 열 건조법
④ 중합 건조법

> **해설** 열 건조법은 도장물을 가열하여 도막의 산화 중합을 촉진시키는 방법으로 단시간에 경화되며, 부착력이 좋은 도막이 형성된다. 가열 방법에는 열의 대열에 의한 방법과 복사열에 의한 방법이 있다.

14_10

68 두꺼운 도막을 급격히 가열했을 때 발생할 수 있는 결함은?

① 크레이터링
② 핀홀
③ 흐름
④ 침전

> **해설** **도장의 결함**
> ① **크레이터링** : 도장 표면에 오일, 왁스, 물 등이 있는 상태에서 도장하면 도료가 상도로 떠오르면서 구멍이 생기는 현상
> ② **핀홀** : 도장 후 세팅타임을 적절하게 주지 않고 급격히 온도를 올린 경우, 증발속도가 빠른 속건 시너를 사용할 경우, 하도나 중도에 기공이 잔재해 있을 경우, 점도가 높은 도료를 플래시 타임 없이 두껍게 도장할 경우에 발생한다.
> ③ **흐름** : 점도가 낮은 도료를 한 번에 두껍게 도장하거나 증발속도가 늦은 지건 시너를 많이 사용하였을 경우, 스프레이건의 운행속도 불량이나 패턴 겹치기를 잘 못하였을 경우 발생한다.

정답 66. ③ 67. ③ 68. ②

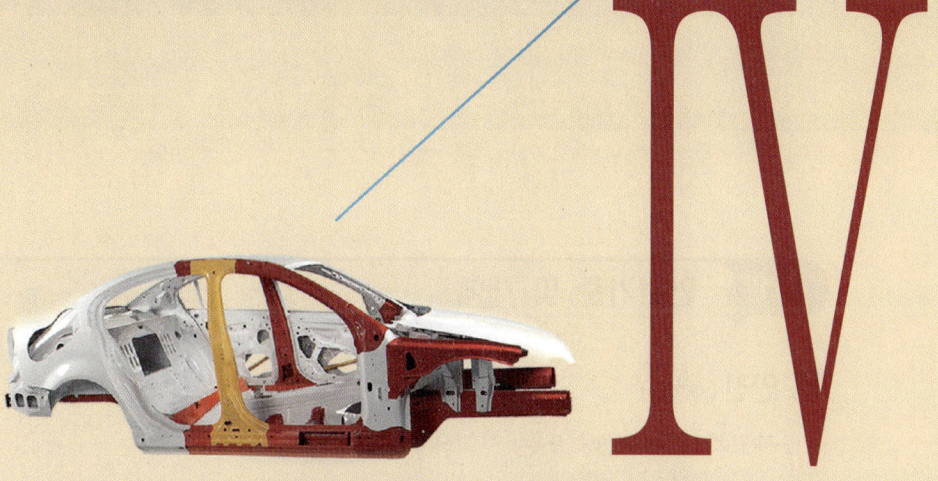

IV

안전 관리

산업안전일반
기계 및 기기에 대한 안전
공구에 대한 안전
작업상의 안전
적중예상문제

chapter 04 안전관리

1. 산업안전일반

01 안전기준 및 재해

1 안전 (safety)

사고가 없는 상태 또는 사고의 위험이 없는 상태

2 안전 관리 (safety management)

재해로부터 인간의 생명과 재산을 보호하기 위한 계획적이고 체계적인 활동

(1) 안전 관리의 목표

① 인간 존중(안전제일 이념)
② 경영의 합리화(생산손실예방)
③ 사회적 신뢰성 확보(기업 이미지 실추 예방)

(2) 안전 관리 효과

① 직장의 신뢰도 증가 ② 이직률 감소
③ 품질향상 및 생산성 확보 ④ 인간관계 개선
⑤ 기업의 경비 절감

(3) 관리 감독자의 업무 내용

① 기계·기구 또는 설비의 안전·보건 점검 및 이상 유무의 확인
② 작업복·보호구 및 방호장치의 점검과 그 착용·사용에 관한 교육·지도
③ 산업재해에 관한 보고 및 이에 대한 응급조치
④ 작업장 정리·정돈 및 통로확보에 대한 확인·감독
⑤ 유해·위험요인의 파악 및 그 결과에 따른 개선조치의 시행

3 산업 재해

사업장에서 우발적으로 일어나는 사고로 인한 피해로 사망이나 노동력을 상실하는 현상으로 천재지변에 의한 재해가 1%, 물리적인 재해가 10%, 불안전한 행동에 의한 재해가 89%이다.

4 재해의 발생의 직접적인 원인

(1) 불안전한 조건
① 불안전한 방법 및 공정, 작업순서, 계획 등
② 불안전한 환경 및 불안전한 복장과 보호구
③ 위험한 배치 및 불안전한 설계, 구조, 건축
④ 안전 방호장치의 결함 및 불량 상태의 방치.
⑤ 안전표지의 미부착, 경계 구역의 미설정, 경계 표시의 부재
⑥ 불안전한 조명 및 불안전한 방법, 공정, 작업순서, 계획 등

(2) 불안전한 행동
① 불안전한 자세 및 행동, 잡담, 장난을 하는 경우
② 안전장치의 제거 및 불안전한 속도를 조절하는 경우
③ 작동중인 기계에 주유, 수리, 점검, 청소 등을 하는 경우
④ 불안전한 기계의 사용 및 공구 대신 손을 사용하는 경우
⑤ 안전 복장을 착용하지 않았거나 보호구를 착용하지 않은 경우

5 산업재해 발생의 원인

(1) 인적 요인 (man factor)
① **심리적 원인** : 망각, 고민, 집착, 착오, 생략
② **생리적 원인** : 피로, 음주, 고령
③ **직장적 원인** : 인간관계, 조직, 분위기

(2) 설비적 요인 (machine factor)
① 기계설계 결함　　　　② 비표준화
③ 방호장치 불량　　　　④ 정비, 점검불량

(3) 작업적 요인 (media factor)
① 작업정보 부적절　　　② 작업 자세, 동작 결함
③ 작업 공간 부족

(4) 관리적 요인(management factor)

① 관리조직 결함 ② 교육 부족
③ 규정미비 ④ 지도감독 소홀
⑤ 건강관리 불량

6 재해 조사의 목적

재해 조사는 재해의 원인과 자체의 결함 등을 규명함으로써 동종의 재해 및 유사 재해의 발생을 막기 위한 예방대책을 수립하기 위해서 실시한다. 재해 조사에서 중요한 것은 재해 원인에 대한 사실을 알아내는데 있는 것이다.

7 재해의 용어

① **접착** : 중량물을 들어 올리거나 내릴 때 손이나 발이 중량물과 지면 등에 끼어 발생하는 재해를 말한다.
② **전도** : 사람이 평면상으로 넘어져 발생하는 재해를 말한다.(과속, 미끄러짐 포함).
③ **낙하** : 물체가 높은 곳에서 낮은 곳으로 떨어져 사람을 가해한 경우나, 자신이 들고 있는 물체를 놓침으로서 발에 떨어져 발생된 재해 등을 말한다.
④ **비래** : 날아오는 물건, 떨어지는 물건 등이 주체가 되어서 사람에 부딪쳐 발생하는 재해를 말한다.
⑤ **협착** : 왕복 운동을 하는 동작부분과 움직임이 없는 고정부분 사이에 끼어 발생하는 위험으로 사업장의 기계 설비에서 많이 볼 수 있다.

8 재해율의 정의

① **연천인율** : 1000명의 근로자가 1년을 작업하는 동안에 발생한 재해 빈도를 나타내는 것.

$$연천인율 = \frac{재해자수}{연평균\ 근로자수} \times 1000$$

② **강도율** : 근로시간 1000시간당 재해로 인하여 근무하지 않는 근로 손실일수로서 산업재해의 경·중의 정도를 알기 위한 재해율로 이용된다.

$$강도율 = \frac{근로\ 손실일수}{연근로\ 시간} \times 1,000$$

③ **도수율** : 연 근로시간 100만 시간 동안에 발생한 재해 빈도를 나타내는 것.

$$도수율 = \frac{재해\ 발생\ 건수}{연\ 근로\ 시간} \times 1,000,000$$

④ **천인율** : 평균 재적근로자 1000명에 대하여 발생한 재해자수를 나타내어 1000배한 것이다.

$$천인율 = \frac{재해자수}{평균\ 근로자수} \times 1,000$$

9 운반 작업시 안전수칙

① 긴 물건은 앞을 조금 높여서 운반한다.
② 무거운 물건은 여러 사람과 협동으로 운반하거나 운반차를 이용한다.
③ 물품을 몸에 밀착시켜 몸의 평형을 유지하여 비틀거리지 않도록 한다.
④ 물품을 운반하고 있는 사람과 마주치면 그 발밑을 방해하지 않게 피한다.
⑤ 몸의 평형을 유지하도록 발을 어깨너비 만큼 벌리고 허리를 충분히 낮추고 물품을 수직으로 들어올린다.

10 작업장에서의 통행 규칙

① 문은 조용히 열고 닫는다.
② 기중기 작업 중에는 접근하지 않는다.
③ 짐을 가진 사람과 마주치면 길을 비켜 준다.
④ 자재 위에 앉거나 자재 위를 걷지 않도록 한다.
⑤ 통로와 궤도를 건널 때 좌우를 살핀 후 건넌다.
⑥ 함부로 뛰지 않으며, 좌·우측 통행의 규칙을 지킨다.
⑦ 지름길로 가려고 위험한 장소를 횡단하여서는 안된다.
⑧ 보행 중에는 발밑이나 주위의 상황 또는 작업에 주의한다.
⑨ 주머니에 손을 넣지 않고 두 손을 자연스럽게 하고 걷는다.
⑩ 높은 곳에서 작업하고 있으면 그 곳에 주의하며, 통과한다.

02 안전보건 표지

1 안전 색채

① **색의 종류** : 빨강·주황·노랑·녹색·파랑·보라·흰색·검정색의 8가지이다.
② **빨강색**은 방화·정지·금지에 대해 표시하고 빨강색을 돋보이게 하는 색으로는 **흰색**을 사용한다.
③ **주황색**은 위험, **노랑색**은 주의, **녹색**은 안전·진행·구급·구호, **파랑색**은 조심, **보라색**은 방사능, **흰색**은 통로·정리

④ **검정색**은 보라·노랑·흰색을 돋보이게 하기 위한 보조로 사용한다.

2 금지 표지(8종)

① **색채** : 바탕은 흰색, 기본 모형은 빨간색, 관련 부호 및 그림은 검은색
② **종류** : 출입금지, 보행금지, 차량 통행금지, 사용금지, 탑승금지, 금연, 화기금지, 물체이동금지

출입금지	보행금지	차량통행금지	사용금지
탑승금지	금연	화기금지	물체이동금지

3 경고 표지(6종)

① **색채** : 바탕은 무색, 기본 모형은 빨간색(검은색도 가능), 관련 부호 및 그림은 검은색
② **종류** : 인화성 물질 경고, 산화성 물질 경고, 폭발성 물질 경고, 급성 독성 물질 경고, 부식성 물질 경고, 발암성·변이원성·생식독성·전신독성·호흡기 과민성 물질 경고

4 경고 표지(9종)

① **색채** : 바탕은 노란색, 기본 모형은 검은색, 관련 부호 및 그림은 검은색
② **종류** : 방사성 물질 경고, 고압 전기 경고, 매달린 물체 경고, 낙하물 경고, 고온 경고, 저온 경고, 몸 균형 상실 경고, 레이저 광선 경고, 위험 장소 경고

인화성물질경고	산화성물질경고	폭발성물질경고	급성독성물질경고
부식성물질경고	방사성물질경고	고압전기경고	매달린물체경고

낙하물경고	고온경고	저온경고	몸균형상실경고
레이저광선경고	발암성·변이원성·생식독성·전신독성·호흡기과민성물질경고		위험장소경고

5 **지시 표지(9종)**

① **색채** : 바탕은 파란색, 관련 그림은 흰색

② **종류** : 보안경 착용 지시, 방독 마스크 착용 지시, 방진 마스크 착용 지시, 보안면 착용 지시, 안전모 착용 지시, 귀마개 착용 지시, 안전화 착용 지시, 안전 장갑 착용 지시, 안전복 착용 지시

보안경착용	방독마스크착용	방진마스크착용	보안면착용	안전모 착용
귀마개 착용	안전화 착용	안전장갑착용	안전복 착용	

6 **안내 표지(7종)**

① **색채** : 바탕은 흰색, 기본 모형 및 관련 부호는 녹색(바탕은 녹색, 기본 모형 및 관련 부호는 흰색)

② **종류** : 녹십자 표지, 응급구호 표지, 들것, 세안장치, 비상용기구, 비상구, 좌측 비상구, 우측 비상구

녹십자표지	응급구호표지	들것	세안장치
비상용기구	비상구	좌측비상구	우측비상구

7 유기 용제

시너, 솔벤트 등 어떤 물질을 녹일 수 있는 액체상태의 유기 화학 물질로서 휘발성이 강한 것이 특징인데, 공기 중에 유해가스의 형태로 존재하기도 한다.

(1) 성질

① 기름이나 지방을 잘 녹이며, 특히 피부에 묻으면 지방질을 통과하여 체내에 흡수된다.
② 쉽게 증발하여 호흡을 통하여 잘 흡수된다.
③ 인화성이 있어 불이 잘 붙는다.
④ 대부분은 중독성이 강하여 뇌와 신경에 해를 끼쳐 마취작용과 두통을 일으킨다.

(2) 종류

유해성의 정도 등에 따라 1종, 2종, 3종으로 분류

	1종 유기 용제	2종 유기 용제	3종 유기 용제
표시 색상	빨강	노랑	파랑
종류	• 벤진 • 사염화탄소 • 트리클로로에틸렌	• 톨루엔 • 크실렌 • 초산에틸 • 초산부틸 • 아세톤 • 트리클로로에틸렌 • 이소부틸알코올 • 이소펜틸알코올 • 이소프로필알코올 • 에틸에테르	• 가솔린 • 미네랄스피릿 • 석유나프타 • 석유벤진 • 테레핀유
최대 허용 농도	25ppm	200ppm	500ppm

적·중·예·상·문·제

산업안전 일반

01 | 안전기준 및 재해

15_04
01 관리 감독자의 점검대상 및 업무내용으로 가장 거리가 먼 것은?
① 보호구의 착용 및 관리실태 적절 여부
② 산업재해 발생 시 보고 및 응급조치
③ 안전수칙 준수 여부
④ 안전관리자 선임 여부

 **관리 감독자의 업무 내용**
① 기계·기구 또는 설비의 안전·보건 점검 및 이상 유무의 확인
② 작업복·보호구 및 방호장치의 점검과 그 착용·사용에 관한 교육·지도
③ 산업재해에 관한 보고 및 이에 대한 응급조치
④ 작업장 정리·정돈 및 통로확보에 대한 확인·감독
⑤ 유해·위험요인의 파악 및 그 결과에 따른 개선조치의 시행

13_04
02 산업 재해는 생산 활동을 행하는 중에 에너지와 충돌하여 생명의 기능이나 (　)을 상실하는 현상을 말한다. (　)에 알맞은 말은?
① 작업상 업무　② 작업 조건
③ 노동 능력　　④ 노동 환경

해설 산업 재해는 사업장에서 우발적으로 일어나는 사고로 인한 피해로 사망이나 노동 능력을 상실하는 현상으로 천재지변에 의한 재해가 1%, 물리적인 재해가 10%, 불안전한 행동에 의한 재해가 89%이다.

15_10
03 재해 발생 원인으로 가장 높은 비율을 차지하는 것은?
① 작업자의 불안전한 행동
② 불안전한 작업환경
③ 작업자의 성격적 결함
④ 사회적 환경

12_10
04 작업 현장에서 재해의 원인으로 가장 높은 것은?
① 작업 환경　② 장비의 결함
③ 작업순서　　④ 불안전한 행동

11_10
05 재해사고 발생원인 중 직접 원인에 해당되는 것은?
① 사회적 환경
② 유전적 요소
③ 안전교육의 불충분
④ 불안전한 행동

해설 **직접적인 원인**은 불안전한 조건과 불안전한 행동이며, **간접적인 원인**은 기술적 요인, 작업 관리의 잘못, 작업자의 신체, 정신적 결함, 안전교육 미실시 등이다.

정답　01. ④　02. ③　03. ①　04. ④　05. ④

15_10
06 재해 발생의 물리적 요인으로 작업 환경의 부적합 요인과 관계없는 것은?

① 온도 ② 조명
③ 소음 ④ 피로

해설 재해 발생의 인적 요인
① 심리적 원인 : 망각, 고민, 집착, 착오, 생략
② 생리적 원인 : 피로, 음주, 고령
③ 직장적 원인 : 인간관계, 조직, 분위기

16_04
07 재해 조사 목적을 가장 바르게 설명한 것은?

① 적절한 예방대책을 수립하기 위하여
② 재해를 당한 당사자의 책임을 추궁하기 위하여
③ 재해 발생 상태와 그 동기에 대한 통계를 작성하기 위하여
④ 작업능률 향상과 근로기강 확립을 위하여

해설 재해 조사는 재해의 원인과 자체의 결함 등을 규명함으로써 동종의 재해 및 유사 재해의 발생을 막기 위한 예방대책을 수립하기 위해서 실시한다.

11_04
08 건설기계 및 자동차 정비 작업장에 산업 안전 보건 상 준비해야 될 것과 거리가 먼 것은?

① 응급용 의약품 ② 소화용구
③ 소화기 ④ 방청용 오일

14_10
09 사람이 평면상에서 넘어지는 재해 사고는?

① 접착 ② 전도
③ 낙하 ④ 비래

해설 ① 접착 : 중량물을 들어 올리거나 내릴 때 손이나 발이 중량물과 지면 등에 끼어 발생하는 재해를 말한다.
② 전도 : 사람이 평면상으로 넘어져 발생하는 재해를 말한다.(과속, 미끄러짐 포함).
③ 낙하 : 물체가 높은 곳에서 낮은 곳으로 떨어져 사람을 가해한 경우나, 자신이 들고 있는 물체를 놓침으로서 발에 떨어져 발생된 재해 등을 말한다.
④ 비래 : 날아오는 물건, 떨어지는 물건 등이 주체가 되어서 사람에 부딪쳐 발생하는 재해를 말한다.

09_01
10 중량물을 들어 올리거나 내릴 때 손이나 발이 중량물과 지면 등에 끼어 발생하는 재해는?

① 낙하 ② 충돌
③ 전도 ④ 접착

14_10
11 안전사고율 중 도수율(빈도율)을 나타내는 표현식은?

① (연간 사상자수/평균 근로자 수) × 1000
② (사고 건수/연 근로 시간 수) × 1000000
③ (노동 손실일수/노동 총시간 수) × 1000
④ (사고 건수/노동 총시간 수)×1000

해설 ① 천인율 : 평균 재직 근로자 1,000명에 대해 발생한 재해자의 수 즉, 일정한 기간에 근무한 근로자의 평균 근로자 수에 대한 재해자의 수를 나타내어 1,000배를 한 것을 말한다.

$$천인율 = \frac{재해자수}{평균 근로자수} \times 1,000$$

② 도수율 : 연 100만 근로시간 당 몇 건의 재해가 발생했는가의 재해율을 말한다.

$$도수율 = \frac{재해 발생 건수}{연 근로 시간 수} \times 1,000,000$$

정답 06. ④ 07. ① 08. ④ 09. ② 10. ④ 11. ②

③ **강도율** : 근로 시간 1,000시간 당 재해로 인하여 근무하지 않은 근로 손실 일 수로서 산업 재해의 경중의 정도를 알기 위한 재해율을 말한다.

$$강도율 = \frac{근로\ 손실일수}{연근로\ 시간} \times 1,000$$

④ **연천인율** : 1000명의 근로자가 1년을 작업하는 동안에 발생한 재해 빈도를 나타내는 것.

$$연천인율 = \frac{재해자수}{연평균\ 근로자수} \times 1000$$

10_01
12 연 100만 근로 시간당 몇 건의 재해가 발생했는가의 재해율 산출을 무엇이라 하는가?

① 연천인율 ② 도수율
③ 강도율   ④ 천인율

11_10
13 운반 작업시의 안전수칙으로 틀린 것은?

① 화물 적재시 될 수 있는 대로 중심고를 높게 한다.
② 길이가 긴 물건은 앞쪽을 높여서 운반한다.
③ 인력으로 운반시 어깨보다 높이 들지 않는다.
④ 무거운 짐을 운반할 때는 보조구들을 사용한다.

해설 운반 작업에서 화물의 적재시는 될 수 있는 대로 중심고를 낮추어야 한다.

16_04
14 작업장 내에서 안전을 위한 통행방법으로 옳지 않은 것은?

① 자재 위에 앉지 않도록 한다.
② 좌·우측의 통행 규칙을 지킨다.
③ 짐을 든 사항과 마주치면 길을 비켜준다.
④ 바쁜 경우 기계 사이의 지름길을 이용한다.

해설 기계가 설치되어 있는 작업장 내에서는 정해진 통로를 이용하여야 한다.

12_10
15 차체수리 작업장에서 작업을 하다 다른 작업자가 감전되었을 때 최초 조치 사항으로 맞는 것은?

① 신속하게 감전자를 떼어 놓는다.
② 병원에 가서 담당 의사를 부른다.
③ 감독자를 급히 부르고 응급치료 한다.
④ 전원을 끊고 감전자를 안전하게 응급 조치 한다.

11_10
16 도장 작업장의 안전수칙이 아닌 것은?

① 알맞은 방진, 방독면을 착용한다.
② 작업장 내에서 음식물 섭취를 금지한다.
③ 전기 기기는 수리를 필요로 할 경우 스위치를 꺼놓는다.
④ 희석제나 도료 등을 취급할 때는 면장갑을 꼭 착용한다.

해설 희석제나 도료 등을 취급할 때는 고무장갑을 착용하여야 한다.

02 | 안전보건 표지

09_01
17 안전표지에 사용되는 색채에서 보라색은 주로 어느 용도에 사용하는가?

① 방화 표시 ② 주의 표시
③ 방향 표시 ④ 방사능 표시

정답 12. ② 13. ① 14. ④ 15. ④ 16. ④ 17. ④

12_10
18 다음 중 안전표지 색채의 연결이 맞는 것은?

① 주황색 – 화재의 방지에 관계되는 물건에 표시
② 흑색 – 방사능 표시
③ 노란색 – 충돌, 추락 주의 표시
④ 청색 – 위험, 구급 장소 표시

해설 빨강색은 방화·정지·금지, 주황색은 위험, 노란색은 주의, 녹색은 안전·진행·구급·구호, 파랑색은 조심, 보라색은 방사능, 흰색은 통로·정리

16_04
19 안전 색채와 의미가 틀린 것은?

① 흑색 : 방향 표시(보조)
② 보라색 : 방사능 위험
③ 적색 : 주의
④ 주황색 : 위험

11_10
20 안전 보건표지의 종류에서 담배를 피워서는 안 될 장소에 맞는 금지표지는?

① 바탕은 노란색, 모형은 검정색, 그림은 빨간색
② 바탕은 파란색, 모형은 흰색, 그림은 빨간색
③ 바탕은 흰색, 모형은 빨간색, 그림은 검정색
④ 바탕은 녹색, 모형은 흰색, 그림은 빨간색

해설 금지 표지
① 특정의 통행을 금지시키는 표지이다.
② 출입금지, 탑승금지, 보행금지, 흡연금지, 차량 통행금지, 화기금지, 사용금지, 물체 이동 금지 8종
③ 적색 원형(바탕은 흰색, 기본 모형은 빨강색, 관련 부호 및 그림은 검정색)

14_10
21 산업안전보건법 상 작업현장 안전·보건표지 색채에서 화학물질 취급 장소에서의 유해·위험 경고 용도로 사용되는 색채는?

① 빨간색 ② 노란색
③ 녹색   ④ 검은색

해설 경고 표지(6종)
① 색채 : 바탕은 무색, 기본 모형은 빨간색(검은색도 가능), 관련 부호 및 그림은 검은색
② 종류 : 인화성 물질 경고, 산화성 물질 경고, 폭발성 물질 경고, 급성 독성 물질 경고, 부식성 물질 경고, 발암성·변이원성·생식독성·전신독성·호흡기 과민성 물질 경고

10_10
22 산업안전 보건표지의 종류와 형태에서 그림이 나타내는 표시는?

① 접촉 금지
② 출입 금지
③ 탑승 금지
④ 보행 금지

해설 출입금지 : , 탑승금지 :

15_04
23 제 3종 유기용제 취급 장소의 색 표시는?

① 빨강 ② 노랑
③ 파랑 ④ 녹색

해설 유기 용제 표시 색상
① 제 1종 유기용제 : 빨강색
② 제 2종 유기용제 : 노란색
③ 제 3종 유기용제 : 파랑색

정답 18. ③ 19. ③ 20. ③ 21. ① 22. ④ 23. ③

chapter 04 안전관리

2. 기계 및 기기에 대한 안전

01 차체 수리 작업

1 게이지의 조작과 정비시 주의사항

① 센터링 게이지는 센터 유닛을 중심으로 하여 서로 좌·우측으로 움직이는 두 개의 수평 바에 의하여 작동된다.
② 센터 유닛의 조준 핀은 항상 게이지의 정확한 중심에 위치해 있어야 한다.
③ 게이지의 관리는 항상 청결을 유지하고 주기적으로 점검해 주어야 한다.
④ 게이지를 차량에 부착하기 전에 마그넷 키퍼를 분해한다.
⑤ 게이지를 설치하기 전에 스케일 홀더를 양손으로 잡고 센터 유닛 쪽으로 단단하게 밀어 준다.
⑥ 게이지의 중심에 자리가 잡히지 않을 때는 먼지의 축적이나 내부 베어링의 손상 가능성에 대하여 점검한다.
⑦ 폭의 조정이 필요하면 고정 스크루를 풀고 조정한다.

2 차체 계측의 조건

① 차체를 수평으로 확실히 고정하여야 한다.
② 차체의 계측기기를 사용하여야 한다.
③ 객관적 기준이 되는 차체의 치수도를 활용하여야 한다.

3 유압 보디 잭의 사용상 주의 사항

① 램에 무리한 힘을 가하지 말 것
② 램 플런저가 늘어나면 유압을 상승시키지 않는다.
③ 나사 부분을 보호할 것
④ 유압 계통에 먼지가 들어가지 않도록 한다.

⑤ 호스의 취급에 주의할 것
⑥ 고열에 의한 펌프 실린더의 패킹 등 변질에 주의할 것

4 클램프 취급 시 안전 사항

① 클램프의 사용 방법을 숙지한 후 사용하여야 한다.
② 인장 작업으로 힘이 가해지면 톱니가 패널에 박히는 구조로 되어 있다.
③ 클램프의 볼트를 강하게 체결하면 패널을 파고 들어가는 힘도 커지는 구조로 되어 있다. 필요 이상의 힘으로 조이면 클램프의 수명이 단축된다.
④ 체인을 곧바로 편 상태에서 인장이 이루어져야 한다.
⑤ 클램프에 힘을 가하는 경우 힘의 방향은 톱니 부분의 중심을 통과하는 연장선상에 위치하도록 하여야 한다.
⑥ 클램프는 가능한 많은 종류를 사용하고 부착하는 부위나 인장 방향에 맞는 것을 사용하여야 한다.

5 차체 패널을 교환할 때 주의 사항

① 보강 판이 없는 위치를 선택한다.
② 응력이 집중되지 않는 장소를 선택한다.
③ 교환되는 부위의 마무리 작업이 쉬운 장소를 선택한다.
④ 교환 작업에 필요한 부품이 비교적 적은 장소를 선택한다.

02 용접 작업

1 전기 용접 작업시 주의사항

(1) 일반 작업의 주의사항

① 용접 시에 소화기를 준비한다.
② 작업화 밑바닥에 정을 박은 것은 신지 않는다.
③ 슬래그를 제거할 때에는 방진 안경을 착용한다.
④ 주머니에 인화되기 쉬운 것과 위험한 것은 넣지 않는다.
⑤ 슬래그 제거는 상대편에 사람이 없고 부스러기가 날아가지 않도록 해머로 두드린다.
⑥ 기름이 밴 작업복이나 앞치마는 인화될 염려가 있으므로 세탁된 것으로 바꿔 입는다.

(2) 전격 방지기를 부착한 용접기의 설치 장소

전격 방지기는 감전의 위험으로부터 작업자를 보호하기 위하여 2차 무부하 전압을 20

~30V로 유지하는 장치이다.
① 습기가 많지 않은 장소
② 분진, 유해가스 또는 폭발성 가스가 없는 장소
③ 비나 강풍에 노출되지 않는 장소

(3) 전기 용접 작업시 유의사항

① 홀더의 이상 유무를 확인한 후 작업하여야 한다.
② 용접 작업자는 용접기 내부에 손을 대지 않도록 한다.
③ 용접 전류는 아크가 발생되는 도중에는 조절하여서는 안된다.
④ 용접이 완료되면 즉시 스위치를 OFF 시키고 주위를 정돈한다.
⑤ 용접 준비가 완료된 다음에 용접기 전원 스위치를 ON 시킨다.
⑥ 케이블의 접속 상태가 양호한지를 확인한 후 작업하여야 한다.
⑦ 용접봉이 홀더의 클램프로부터 빠지지 않도록 정확하게 끼운다.
⑧ 용접할 때에는 헬멧, 용접 장갑, 앞치마를 반드시 착용하여야 한다.
⑨ 용접기 리드 단자와 케이블의 접속부는 절연물로 반드시 보호한다.
⑩ 작업장을 이동할 경우에는 홀더와 홀더 선을 바닥에 끌지 않도록 한다.
⑪ 용접봉을 갈아 끼울 경우에는 홀더의 충전부가 몸에 닿지 않도록 주의한다.
⑫ 용접기가 가동되고 있을 때에는 습기가 있는 물건을 들고 접근하거나 물기가 있는 손으로 만지지 않는다.

2 산소 용접 작업시 유의사항

(1) 카바이트 취급 시 주의할 점

① 밀봉해서 보관한다.
② 건조한 곳에 보관한다.
③ 인화성이 없는 곳에 보관한다.
④ 저장소에 전등을 설치할 경우 방폭 구조로 한다.

(2) 아세틸렌 용접장치 취급 시 주의사항

① 토치의 사용이 끝나면 항상 밸브를 잠근다.
② 산소 아세틸렌 용기는 항상 안정하게 세워 놓아야 한다.
③ 밸브를 포함한 모든 연결 부분에는 기름을 묻혀서는 안된다.
④ 아세틸렌 가스의 압력을 $1.05kg/cm^2$ 이상으로 사용해서는 안된다.
⑤ 점화된 토치를 들고 산소 및 아세틸렌 용기 가까이에 가지 않아야 한다.
⑥ 산소나 아세틸렌 가스의 누출 점검시에는 비눗물을 사용하여 점검한다.

⑦ 산소와 아세틸렌 용기의 밸브를 열 때에는 1/2 ~ 1 회전 정도만 돌려서 연다.
⑧ 산소 아세틸렌 용기를 보관할 때에는 습기가 없고 공기가 잘 통하는 밀폐되지 않은 장소에 세워 두어야 한다.

(3) 역화시 조치 순서

① 역화가 발생되었을 때에는 먼저 산소 코크를 잠그고 아세틸렌 코크를 잠근다.
② 산소를 분출시키면서 팁 끝을 물속에 넣어 냉각시킨다.
③ 역화의 원인을 점검하고 팁의 청소 및 조임 정도를 점검한다.

(4) 아세틸렌의 위험성

① **자연 발화** : 405 ~ 408℃에서 자연 발화하고 505 ~ 515℃가 되면 폭발한다.
② **압 력** : 1.5기압 이상이면 폭발 위험성이 있고, 2기압 이상으로 사용하면 폭발한다.
③ **혼합 가스** : 아세틸렌 15 %, 산소 85 %부근에서 가장 위험하다.
④ **화합물** : 구리, 은, 수은 등과 접촉하면 폭발성의 화합물을 만든다. 구리와 아세틸렌의 화합물은 120℃로 가열하거나 가벼운 충격을 받으면 폭발한다.
⑤ 아세틸렌 발생기에서 아세틸렌이 발생될 때에는 카바이트 1kg 에서 475 kcal의 열량이 발생되므로 물의 온도가 60℃ 이상이 되면 아세틸렌이 분해되어 폭발하므로 주의하여야 한다.

(5) 산소 용기 취급시 주의사항

① 항상 40℃이하로 유지할 것.
② 밸브 및 조정기 등에 기름이 묻지 않도록 주의할 것.
③ 직사광선을 피하며, 고온인 장소에 보관하여서는 안된다.
④ 충전 용기는 사용한 빈 용기와 구별하여 안전한 장소에 보관한다.
⑤ 용기를 운반할 때에는 캡을 씌우고 운반차나 운반구를 사용할 것.
⑥ 취급할 경우에는 조정기 측면에 서서 밸브의 개폐는 서서히 할 것.
⑦ 용기는 150kg/cm²의 고압으로 충전되어 있어 취급시에는 충격을 주지 말 것.

(6) 아세틸렌 용기 취급시 주의사항

① 아세틸렌은 1.0kg/cm²이하로 사용하여야 안전하다.
② 용기를 취급할 경우에는 충격을 주거나 난폭하게 다루어서는 안된다.
③ 충전 용기와 사용한 빈 용기를 구별하여 안전한 장소에 보관하여야 한다.
④ 아세틸렌의 용기는 가스의 누설이나 화기 또는 열의 영향에 주의하여야 한다.
⑤ 용기를 운반할 경우에는 캡을 씌우고 운반차나 운반 용구를 사용하여야 한다.

(7) 호스와 토치 취급시 주의사항

① 토치에 기름을 바르지 말 것.
② 토치는 소중히 다루어야 한다.
③ 토치를 함부로 분해하지 말 것.
④ 토치 팁을 모래나 먼지 위에 놓지 말 것.
⑤ 팁이 막혔을 때에는 팁 구멍 클리너로 청소하여야 한다.
⑥ 호스는 사람에게 닿거나 운반차가 그 위를 통과하지 못하도록 한다.
⑦ 호스는 클램프로 정확하게 연결하고 풀리거나 벗겨지지 않도록 주의한다.
⑧ 팁이 과열된 경우에는 산소를 분출시키면서 물속에 넣어 냉각시킬 것.
⑨ 산소용 호스는 녹색, 아세틸렌용 호스는 적색을 사용하여 구별되도록 한다.

(8) 가스 용접 작업시 복장과 보호구

① 용접 작업시 소화기를 준비한다.
② 차광안경을 착용하고 작업을 하여야 한다.
③ 복장을 단정히 하고 항상 깨끗한 복장으로 작업하도록 한다.
④ 그리스나 기름이 묻은 복장은 인화될 우려가 있으므로 위험하다.
⑤ 불꽃 등에 의해서 화상을 방지하기 위하여 보호 장갑을 사용하고 작업하여야 한다.

03 차량 취급

1 안전벨트 사용 방법

① 운전자의 위험성이 커지므로 골반 부분을 감듯이 매야 한다.
② 좌석의 등받이를 조절한 후 느슨하게 매지 않는다.
③ 3점식 안전띠의 경우는 목 부분이 지나도록 매서는 안 된다.
④ 잠금장치가 '찰칵' 하는 소리가 나도록해서 완전히 잠겨 졌는지 확인해야 한다.
⑤ 안전띠는 주기적으로 닳거나 손상된 곳이 없는지 점검해야 한다.
⑥ 안전띠를 착용한 상태로 시트를 젖혀 눕지 않도록 해야 한다.

2 액체 연료 주입 시 유의사항

① 연료 주입구가 얼어서 열리지 않을 때는 주변의 얼음을 제거하고 따뜻한 물을 부어 녹인다.
② 자동차의 외부 표면에 연료가 떨어지면 도장이 손상될 수 있으니 주의한다.
③ 연료 주입구 캡을 닫을 때는 항상 안전하게 잠겼는지 확인해야 한다.

④ 연료 주입구 주변에 화기를 가까이 하지 않는다.

3 올바른 브레이크 사용 방법

① 브레이크 계통에 수분이 묻으면 일시적으로 제동 효율은 떨어진다.
② 비탈길을 내려올 경우에는 엔진 브레이크를 사용한다.
③ 주차 브레이크를 당긴 채 운행을 하면 브레이크 과열 및 고장의 원인이 된다.
④ 젖은 도로에서는 제동 효율을 높이기 위해 엔진 브레이크를 사용한다.
⑤ 빙결된 도로에서는 제동 효율을 높이기 위해 엔진 브레이크를 사용한다.

4 브레이크 계통 관리

① 브레이크 계통에 오일이 묻지 않도록 한다.
② 브레이크 오일 교환 시 오일 등급에 유의해야 한다.
③ 브레이크 오일을 교환 주기에 맞춰 교체하도록 한다.

5 차량 정비 시 주의 사항

① 차량 정비 시 구름을 방지하기 위해 바퀴에 고임목을 설치한다.
② 편의장치를 추가로 장착할 경우 임의 배선을 사용하면 안된다.
③ 전기 작업 시 배터리 접지선을 탈거한다.

04 기계 및 기기 취급

1 드릴 작업 시 유의사항

① 드릴 작업은 반드시 보안경을 착용하여야 한다.
② 구멍이 거의 뚫리면 힘을 약하게 조절하여 작업한다.
③ 드릴은 재료의 재질에 알맞은 것을 선택하여 사용한다.
④ 칩은 회전을 중지시킨 후 솔로 제거한다.
⑤ 드릴은 고속 회전하므로 장갑을 끼고 작업을 해서는 안된다.
⑥ 가공 중 드릴이 관통되면 회전을 멈추고 손으로 돌려서 드릴을 빼낸다.
⑦ 드릴은 날이 예리하기 때문에 손이 다치지 않도록 주의하여 취급한다.
⑧ 머리가 긴 사람은 안전모를 쓰고 소맷자락이 넓은 상의는 착용하지 않는다.
⑨ 드릴 작업 중 바이스나 고정 장치에서 재료가 회전하지 않도록 단단히 고정하여야 한다.
⑩ 얇은 판이나 드릴 날이 공작물의 뒷면으로 나올 경우에는 고무판이나 각목을 밑에

대고 적당한 기구로 고정한 후 작업한다.
⑪ 드릴의 날이 무디어 이상한 소리가 날 때는 회전을 멈추고 드릴을 교환하거나 연마한다.
⑫ 공작물을 제거할 때는 회전을 완전히 멈추고 한다.

2 선반 작업 시 유의 사항

① 장갑을 끼고 작업하지 않는다.
② 회전 중 측정을 해서는 안된다.
③ 바이트 대를 짧게 한다.
④ 회전 중 칩은 손으로 제거해서는 안된다.
⑤ 돌리개(dog) 고정 나사는 되도록 짧게 나오게 한다.
⑥ 회전체에는 안전 커버를 씌우도록 한다.
⑦ 바이트, 계측기는 정해진 일정한 장소에 놓고 베드(bed) 위에는 놓지 않는다.
⑧ 급유상태를 검사한다.
⑨ 양 센터 중심이 일치 되는가 검사한다.
⑩ 회전속도 조정이 되어 있는가 검사한다.
⑪ 회전을 변경할 때에는 반드시 기계를 정지시킨 후 한다.

3 기계 작업 시 유의 사항

① 원동기의 기동 및 정지는 서로 신호에 의거한다.
② 고장중인 기기에는 반드시 표식을 한다.
③ 정전이 되었을 때에는 반드시 표식을 한다.
④ 치수 측정은 기계 회전 중에 하지 않는다.
⑤ 구멍 깎기 작업 시에는 기계 운전 중에도 구멍 속을 청소해서는 안된다.
⑥ 기계 회전 중에는 다듬면 검사를 하지 않는다.
⑦ 베드 및 테이블의 면을 공구대 대용으로 쓰지 않는다.
⑧ 급유 시 기계는 운전을 정지시키고 지정된 오일을 사용한다.
⑨ 운전 중 기계로부터 이탈할 때는 운전을 정지시킨다.
⑩ 고장수리, 청소 및 조정 시 동력을 끊고 다른 사람이 작동시키지 않도록 표시해 둔다.
⑪ 정전이 발생 시 기계 스위치를 즉시 끈다.

4 연삭 작업 시 유의 사항

① 숫돌 커버를 벗겨 놓고 사용하지 않는다.
② 연삭 작업 중에는 반드시 보안경을 착용하여야 한다.
③ 날이 있는 공구를 다룰 때에는 다치지 않도록 주의한다.
④ 숫돌바퀴에 공작물은 적당한 압력으로 접촉시켜 연삭한다.
⑤ 숫돌바퀴의 측면을 이용하여 공작물을 연삭해서는 안된다.
⑥ 숫돌바퀴와 받침대의 간격은 3mm 이하로 유지시켜야 한다.
⑦ 숫돌바퀴의 설치가 완료되면 3분 이상 시험 운전을 하여야 한다.
⑧ 숫돌바퀴를 설치할 경우에는 균열이 있는지 확인한 후 설치하여야 한다.
⑨ 연삭기의 스위치를 ON 시키기 전에 보안판과 숫돌 커버의 이상 유무를 점검한다.
⑩ 숫돌바퀴의 정면에 서지 말고 정면에서 약간 벗어난 곳에 서서 연삭 작업을 하여야 한다.

5 다이얼 게이지 사용 시 유의 사항

① 게이지를 실습장 바닥에 떨어뜨리지 않도록 유의하여야 한다.
② 게이지가 마그네틱 스탠드(베이스)에 잘 고정되어 있는지를 조사하여야 한다.
③ 게이지를 사용하기 전에 지시 안정도를 검사 확인하여야 한다.
④ 반드시 정해진 지지대에 설치하고 사용한다.
⑤ 분해 소제나 조정을 해서는 안된다.
⑥ 스핀들에는 주유를 해서는 안된다.
⑦ 스핀들에 충격을 가해서는 안된다.

Craftsman Motor Vehicles Body Repair

안전관리

적·중·예·상·문·제

01 | 차체 수리 작업

12_10

01 차체 수정 작업 시 센터링 게이지의 조작과 정비 시 주의 사항이다. 틀린 것은?

① 센터링 게이지는 센터 유닛(센터 핀)을 중심으로 하여 서로 좌·우측으로 움직이는 두 개의 수직 바에 의해서 작동된다.
② 센터 유니트의 조준 핀은 항상 게이지의 정확한 중심에 위치해 있어야 한다.
③ 게이지의 관리는 항상 청결을 유지하고 주기적으로 점검해 주어야 한다.
④ 게이지의 중심에 자리가 잡히지 않을 때는 먼지의 축적이나 내부 베어링의 손상 가능성에 대해서 점검한다.

해설 센터링 게이지는 센터 유닛을 중심으로 하여 서로 좌·우측으로 움직이는 두 개의 수평 바에 의하여 작동된다.

13_04

02 차체 수정 작업에 앞서 계측 작업을 정밀하게 하기 위해서는 다음의 사항들을 주의해야 한다. 관련이 적은 것은?

① 게이지를 수평으로 확실히 고정한다.
② 게이지를 수직으로 확실히 고정한다.
③ 계측기기의 손상이 없어야 한다.
④ 객관적인 기준이 되는 차체 치수도를 활용한다.

13_10

03 차체 수정 작업시 사용되는 유압 바디 잭의 사용상 주의점이다. 틀린 것은?

① 램에 과부하가 걸리도록 할 것
② 나사부를 보호할 것
③ 램 플런저가 완전히 늘어나면 유압을 상승시키지 말 것.
④ 호스 취급에 항상 주의할 것

해설 램에 무리한 힘이 가하지지 않도록 하여야 한다.

14_04

04 차체 수정 작업에서 클램프의 취급 시 안전에 유의할 사항으로 틀린 것은?

① 정기적으로 점검, 청소를 해 주어야 한다.
② 미끄러지는 원인이 되기 때문에 볼트를 힘껏 조여 주어야 한다.
③ 오일 등을 주유하면 오래 사용할 수 있다.
④ 인장 방향과 톱니의 중심은 연장선상에서 어긋나야 안전하다.

해설 클램프의 톱니가 인장(당김) 방향의 반대 방향이 되도록 설치하고 인장 방향과 톱니의 중심이 일치되어야 안전하다.

정답 01. ① 02. ② 03. ① 04. ④

CHAPTER 04 안전관리 **433**

10_01
05 차체 수리 교정기인 라이너를 사용하여 차체 수리 작업에서 안전관리 방법이 아닌 것은?

① 라이너 작업 시에는 기계의 정면에 서지 않는다.
② 클램프, 체인, 측정기가 떨어지지 않게 주의한다.
③ 체인은 꼬인 상태로 확실히 연결되었는지 확인한다.
④ 여러 방면으로 당길 수 있는 다목적용 클램프가 효과적 이다.

해설 인장 작업 시에는 체인을 곧바로 편 상태에서 인장 작업을 하여야 한다.

13_04
06 차체에 장착된 부품을 취급할 때의 사항으로 적절하지 않은 것은?

① 내장 트림이나 시트 류는 고정위치를 확인해 가면서 조심스럽게 떼어낸다.
② 필요 범위보다 조금 넓게 해주면 나중 작업이 편리하다.
③ 인스트루먼트 패널은 부분 부품으로 하나하나 탈착한다.
④ 접착식 몰딩은 열을 가하면 깨끗하게 붙여지고 떼어지기도 한다.

해설 인스트루먼트 패널은 하나의 부품으로 용접에 의해 접합되어 있어 탈착할 수 없다.

11_04
07 차체 패널을 교환할 때 주의사항으로 틀린 것은?

① 보강 판이 없는 위치를 선택한다.
② 응력이 집중되지 않는 장소를 선택한다.
③ 교환되는 부위의 마무리 작업이 쉬운 장소를 선택한다.
④ 교환 작업에 필요한 부품이 비교적 많은 장소를 선택한다.

해설 차체 패널을 교환할 때는 교환 작업에 필요한 부품이 비교적 적은 장소를 선택하여야 한다.

11_10
08 정비공장에서 차체 수리 작업 할 때의 설명 중 잘못된 것은?

① 바디 프레임 수정기를 사용하여 인장 작업을 할 때에는 체인의 인장력 방향에서 작업을 한다.
② 용접 작업을 할 때에는 유리, 시트, 매트 등을 불연 내열성 커버로 보호한다.
③ 산소용접을 할 때에는 불꽃 점화를 위하여 이그나이터를 사용한다.
④ 연료 탱크의 근처에서 용접작업을 하거나 화기를 사용할 때에는 반드시 탱크와 파이프를 분리하고 한다.

해설 바디 프레임 수정기를 사용하여 인장작업을 할 경우에는 체인 및 클램프의 이탈로 인해 작업자에게 치명적인 안전사고를 유발할 수 있으므로 인장력 방향에서 떨어진 안전한 위치에서 인장작업을 해야 한다.

정답 05. ③ 06. ③ 07. ④ 08. ①

02 | 용접 작업

09 다음 중 용접 작업과 관련된 안전사항으로 틀린 것은?

① 용접 시에는 소화기를 준비한다.
② 전기 용접은 옥내 작업만 한다.
③ 용접 홀더는 항상 파손되지 않은 것을 사용한다.
④ 산소 아세틸렌 용접에서 가스 누출 검사시는 비눗물을 사용하여 검사한다.

> 해설 전기 및 산소 용접은 우천 시에만 옥외 작업을 할 수 없다.

10 전격 방지기를 부착한 용접기의 적합한 설치장소로 거리가 먼 것은?

① 습기가 많지 않은 장소
② 분진, 유해가스 또는 폭발성 가스가 없는 장소
③ 주위 온도가 항상 영상 이상의 온도가 유지되는 장소
④ 비나 강풍에 노출되지 않는 장소

> 해설 전격 방지기는 감전의 위험으로부터 작업자를 보호하기 위하여 2차 무부하 전압을 20～30V로 유지하는 장치이다.

11 전기 용접기가 누전이 되었을 때 가장 옳은 행동은?

① 전압이 낮기 때문에 계속 용접하여도 된다.
② 스위치는 손대지 않고 누전된 부분을 절연시킨다.
③ 용접기만 만지지 않으면 된다.
④ 스위치를 끄고 누전된 부분을 찾아 절연시킨다.

12 아크 용접 작업중의 안전 사항으로 틀린 것은?

① 슬래그 제거는 빨리 하여야 하므로 집게나 용접 홀더로 제거한다.
② 보호구를 착용하여 스패터에 의한 화상을 방지한다.
③ 슬래그는 작업자 반대쪽으로 향하여 제거하여 준다.
④ 안전 홀더를 사용하고 안전 보호구를 착용한다.

> 해설 슬래그 제거는 치핑 해머(슬래그 해머)를 이용하여 제거하여야 한다.

13 카바이트 취급 시 주의할 점으로 틀린 것은?

① 밀봉해서 보관한다.
② 건조한 곳보다 습기가 있는 곳에 보관한다.
③ 인화성이 없는 곳에 보관한다.
④ 저장소에 전등을 설치할 경우 방폭 구조로 한다.

> 해설 카바이트는 건조한 곳에 보관하여야 하며, 습기가 있는 보관하는 경우 화학 반응에 의해 가스가 발생되어 위험하다.

정답 09. ② 10. ③ 11. ④ 12. ① 13. ②

15_04

14 충격 가열 등의 자극으로 폭발할 수 있는 아세틸렌의 압력은?

① $0.2kg/cm^2$ ② $0.5kg/cm^2$
③ $0.8kg/cm^2$ ④ $1.5kg/cm^2$

해설 1기압 이하에서는 폭발 위험성은 없으나 1.5기압 이상으로 압축하면 충격, 가열 등의 자극을 받아 폭발할 위험성이 있으며, 2기압 이상으로 압축하면 분해 폭발을 일으킨다.

15_04

15 가스 용접시 가연성 가스 탱크의 저장위치는 최소한 얼마 이상의 거리를 유지하여야 하는가?

① 5m 이상 ② 12m 이상
③ 20m 이상 ④ 30m 이상

10_10

16 산소 용기의 취급상 주의점으로 적합하지 않는 것은?

① 용기의 온도를 65℃로 보존한다.
② 직사광선, 화기가 있는 고온의 장소를 피한다.
③ 충격을 주지 않는다.
④ 용기 및 밸브 조정기 등에 기름이 묻지 않도록 한다.

해설 **산소 용기 취급시 주의사항**
① 항상 40℃이하로 유지할 것.
② 밸브 및 조정기 등에 기름이 묻지 않도록 주의할 것.
③ 직사광선을 피하며, 고온인 장소에 보관하여서는 안된다.
④ 충전 용기는 사용한 빈 용기와 구별하여 안전한 장소에 보관한다.
⑤ 용기를 운반할 때에는 캡을 씌우고 운반차나 운반구를 사용할 것.
⑥ 취급할 경우에는 조정기 측면에 서서 밸브의 개폐는 서서히 할 것.
⑦ 용기는 $150kg/cm^2$의 고압으로 충전되어 있어 취급시에는 충격을 주지 말 것.

16_04

17 용접에 사용되는 가스의 종류와 나사 방향, 용기 색깔이 틀린 것은?

① 산소 – 오른 나사 – 녹색
② 탄산가스 – 오른 나사 – 청색
③ 아세틸렌 – 오른 나사 – 황색
④ 프로판 – 왼 나사 – 회색

해설 아세틸렌을 용기의 색은 황색이며, 조작하는 밸브의 나사는 왼나사로 되어 있다.

11_04

18 가스 용접에서 가스 분출구에 묻은 카본을 제거할 때 무엇을 이용하여 제거하는 것이 가장 적합한가?

① 동선이나 놋쇠선 ② 줄(file)
③ 철선이나 동선 ④ 시멘트 바닥

해설 팁이 막혔을 때에는 팁 구멍 클리너로 청소하여야 한다.

11_10

19 가스 용접장치 정비 시 안전 유의사항으로 옳지 않은 것은?

① 공구를 다룰 때는 규정에 맞게 안전하게 작업하도록 주의한다.
② 공구는 항상 정리 정돈된 상태에서 사용하고, 깨끗이 닦고 충격을 가해서 푼다.
③ 압력 용기는 튼튼하므로 용기의 나사가 풀리지 않을 때는 충격을 가해서 푼다.
④ 부품 교환 및 보수를 할 때는 동일한 부품 및 규격품으로 교환 및 보수를 하여야 한다.

 14. ④ 15. ④ 16. ① 17. ③ 18. ① 19. ③

해설 용기를 취급할 경우에는 충격을 주거나 난폭하게 다루어서는 안된다.

20 산소 용접에서 안전한 작업수칙으로 옳은 것은? 14_04

① 기름이 묻은 복장으로 작업한다.
② 산소 밸브를 먼저 연다.
③ 아세틸렌 밸브를 먼저 연다.
④ 역화 하였을 때는 아세틸렌 밸브를 빨리 잠근다.

해설 산소 용접 작업에서 점화할 때는 아세틸렌 밸브를 먼저 열고 산소 라이터를 이용하여 점화한 후 산소 밸브를 열어 불꽃을 조정하여야 한다.

03 | 차량 취급

21 자동차 안전벨트 사용에 대한 설명 중 틀린 것은? 10_10

① 허리부의 안전띠는 허리에 착용한다.
② 안전띠는 주기적으로 닳거나 손상된 곳이 없는지 점검해야 한다.
③ 안전띠를 착용한 상태로 시트를 젖혀 눕지 않도록 해야 한다.
④ 사고로 안전띠에 강한 충격을 받은 경우 외관상 이상이 없으면 그대로 사용해도 된다.

해설 사고로 안전띠에 강한 충격을 받은 경우 외관상 이상이 없어도 교환하여야 한다.

22 자동차에 액체 연료 주입 시 유의사항으로 틀린 것은? 15_10

① 연료 주입구가 얼어서 열리지 않을 때는 주변의 얼음을 제거하고 빙점이 낮은 브레이크액을 부어 녹인다.
② 자동차의 외부 표면에 연료가 떨어지면 도장이 손상될 수 있으니 주의한다.
③ 연료 주입구 캡을 닫을 때는 항상 안전하게 잠겼는지 확인해야 한다.
④ 연료 주입구 주변에 화기를 가까이 하지 않는다.

해설 연료 주입구가 얼어서 열리지 않을 때는 주변의 얼음을 제거하고 따뜻한 물을 부어 녹인다.

23 올바른 브레이크 사용 방법 중 틀린 것은? 11_04

① 브레이크 계통에 수분이 묻으면 일시적으로 제동 효율은 떨어진다.
② 비탈길을 내려올 경우에는 엔진 브레이크를 사용한다.
③ 주차 브레이크를 당긴 채 운행을 하면 브레이크 과열 및 고장의 원인이 된다.
④ 젖은 도로 및 빙결된 도로에서 엔진 브레이크를 사용할 수 없다.

해설 젖은 도로 및 빙결된 도로에서는 제동효율을 높이기 위해 엔진 브레이크를 사용한다.

정답 20. ③ 21. ④ 22. ① 23. ④

16_04
24 주행 중 브레이크 작동 방법과 브레이크 계통 관리 방법 중 옳지 못한 것은?

① 브레이크 계통에 오일이 묻지 않도록 한다.
② 브레이크 오일 교환 시 오일 등급에 유의해야 한다.
③ 브레이크 오일을 교환 주기에 맞춰 교체하도록 한다.
④ 젖은 도로 및 빙결된 도로에서 엔진 브레이크를 사용하면 안 된다.

09_01
25 차량 정비시 주의 사항으로 옳지 않은 것은?

① 차량 정비시 구름 방지를 위해 바퀴에 고임목을 설치한다.
② 편의장치 추가 장착시 임의 배선을 사용하면 안된다.
③ 차량 성능 향상을 위해 차량을 부분적으로 개조해도 된다.
④ 전기 작업시 배터리 접지선을 탈거한다.

해설 자동차는 성능을 향상시키기 위해서 부분적으로 튜닝 할 수 없으며, 구조·장치를 튜닝하는 경우에는 시장·군수·구청장의 승인을 받아야 가능하다.

11_10
26 차체가 부식 및 변색 될 우려가 있는 지역을 운행한 후에는 조속히 세차를 하여야 한다. 이에 해당되지 않는 것은?

① 바닷물에 접했을 때
② 눈이나 결빙으로 인한 도로 빙결 방지제 도포 구간 운행 후
③ 공장매연, 콜타르 지역 통과 후
④ 비포장 도로 운행 후

04 | 기계 및 기기 취급

14_10
27 정비용 기계의 검사, 유지, 수리에 대한 내용으로 틀린 것은?

① 동력기계의 급유 시에는 서행한다.
② 동력기계의 이동장치에는 동력 차단장치를 설치한다.
③ 동력 차단장치는 작업자 가까이에 설치한다.
④ 청소할 때는 운전을 정지한다.

해설 동력기계의 급유는 운전을 정지한 상태에서 하여야 한다.

13_10
28 큰 구멍을 가공할 때 가장 먼저 하여야 할 작업은?

① 스핀들의 속도를 증가시킨다.
② 금속을 연하게 한다.
③ 강한 힘으로 작업한다.
④ 작은 치수의 구멍으로 먼저 작업한다.

해설 드릴로 큰 구멍을 뚫을 때는 센터 펀치로 중심을 잡은 다음 조그만 구멍을 뚫고 그 위를 관통하는 큰 구멍을 뚫는다.

15_04
29 드릴 작업 때 칩의 제거 방법으로 가장 좋은 것은?

① 회전시키면서 솔로 제거
② 회전시키면서 막대로 제거
③ 회전을 중지시킨 후 손으로 제거
④ 회전을 중지시킨 후 솔로 제거

해설 칩은 회전을 중지시킨 후 솔로 제거하며, 회전 중에 걸레로 털거나 입으로 불지 않는다.

정답 24. ④ 25. ③ 26. ④ 27. ① 28. ④ 29. ④

13_10
30 드릴링 머신 작업을 할 때 주의사항으로 틀린 것은?

① 드릴의 날이 무디어 이상한 소리가 날 때는 회전을 멈추고 드릴을 교환하거나 연마한다.
② 공작물을 제거할 때는 회전을 완전히 멈추고 한다.
③ 가공 중에 드릴이 관통했는지를 손으로 확인한 후 기계를 멈춘다.
④ 드릴은 주축에 튼튼하게 장치하여 사용한다.

해설 회전 중 주축과 드릴에 손이나 걸레가 닿게 하거나 머리를 대지 않는다.

15_10
31 절삭기계 테이블의 T홈 위에 있는 칩 제거 시 가장 적합한 것은?

① 걸레   ② 맨손
③ 솔   ④ 장갑 낀 손

해설 칩은 회전을 중지시킨 후 솔로 제거한다.

11_04
32 선반 작업시 주축의 변속은 기계를 어떠한 상태에서 하는 것이 가장 안전한가?

① 저속으로 회전시킨 후 한다.
② 기계를 정지시킨 후 한다.
③ 필요에 따라 운전 중에 할 수 있다.
④ 어떠한 상태든 항상 변속시킬 수 있다.

해설 회전을 변경할 때에는 반드시 기계를 정지시킨 후 한다.

12_10
33 기계가공 작업 중 갑자기 정전이 되었을 때의 조치사항으로 틀린 것은?

① 전기가 들어오는 것을 알기 위해 스위치를 넣어둔다.
② 퓨즈를 점검한다.
③ 공작물과 공구를 떼어 놓는다.
④ 즉시 스위치를 끈다.

해설 기계가공 작업 중 정전이 되면 즉시 스위치를 끄고 공작물과 공구를 떼어 놓은 후 퓨즈를 점검하여야 한다.

16_04
34 작업자가 기계 작업시의 일반적인 안전 사항으로 틀린 것은?

① 급유 시 기계는 운전을 정지시키고 지정된 오일을 사용한다.
② 운전 중 기계로부터 이탈할 때는 운전을 정지시킨다.
③ 고장수리, 청소 및 조정 시 동력을 끊고 다른 사람이 작동시키지 않도록 표시해 둔다.
④ 정전이 발생 시 기계 스위치를 켜둬서 정전이 끝남과 동시에 작업이 가능하도록 한다.

해설 기계작업 시 정전이 발생되면 기계 스위치를 OFF시켜야 한다.

정답 30. ③ 31. ③ 32. ② 33. ① 34. ④

13_04
35 연삭 작업시 안전사항 중 틀린 것은?

① 나무 해머로 연삭숫돌을 가볍게 두들겨 맑은 음이 나면 정상이다.
② 연삭숫돌의 표면이 심하게 변형된 것은 반드시 수정한다.
③ 받침대는 숫돌차의 중심선보다 낮게 한다.
④ 연삭숫돌과 받침대와의 간격은 3mm 이내로 유지한다.

해설 받침대의 중심선은 숫돌차의 중심선과 같아야 한다.

10_01
36 연삭작업 시 안전사항이 아닌 것은?

① 연삭숫돌 설치 전 해머로 가볍게 두들겨 균열여부를 인해 본다.
② 연삭숫돌의 측면에 서서 연삭한다.
③ 연삭기의 커버를 벗긴 채 사용하지 않는다.
④ 연삭숫돌의 주위와 연삭 지지대 간의 간격은 5mm 이상으로 한다.

해설 연삭숫돌에서 받침대와 숫돌사이의 간격은 3mm를 유지하여야 한다.

12_10
37 연삭기를 사용하여 작업할 시 맞지 않는 것은?

① 숫돌 보호 덮개는 튼튼한 것을 사용한다.
② 정상적인 플렌지를 사용한다.
③ 단단한 지석(砥石)을 사용한다.
④ 공작물을 연삭숫돌의 측면에서 연삭한다.

해설 공작물을 연삭할 때는 연삭숫돌의 원주면을 사용하여야 한다.

15_10
38 탁상 그라인더에서 공작물은 숫돌바퀴의 어느 곳을 이용하여 연삭작업을 하는 것이 안전한가?

① 숫돌바퀴 측면
② 숫돌바퀴의 원주면
③ 어느 면이나 연삭작업은 상관없다.
④ 경우에 따라서 측면과 원주면을 사용한다.

15_04
39 다이얼 게이지 취급 시 안전사항으로 틀린 것은?

① 작동이 불량하면 스핀들에 주유 혹은 그리스를 도포해서 사용한다.
② 분해 청소나 조정은 하지 않는다.
③ 다이얼 인디케이터에 충격을 가해서는 안된다.
④ 측정시는 측정물에 스핀들을 직각으로 설치하고 무리한 접촉은 피한다.

해설 스핀들에는 주유를 해서는 안된다.

정답 35. ③ 36. ④ 37. ④ 38. ② 39. ①

3. 공구에 대한 안전

01 전동 및 에어 공구

1 이동식 및 휴대용 전동기기의 안전 작업

① 전동기의 코드 선은 접지선이 설치된 것을 사용한다.
② 회로 시험기로 절연상태를 점검한다.
③ 감전 방지용 누전 차단기를 접속하고 동작 상태를 점검한다.
④ 감전사고 위험이 높은 곳에서는 2중 절연구조의 전기기기를 사용한다.

2 전동 공구의 안전 수칙 및 안전 대책

① ON, OFF를 확실히 한다.
② 전동 공구는 사용 후 전원을 끄고 플러그를 뽑는다.
③ 보안경, 장갑, 안전화 등이 완벽한지 확인한다.
④ 전기톱으로 패널을 자를 때는 톱의 작동 방향을 확실히 알고 작동시킨다.
⑤ 전기 기계류는 사용 장소와 환경에 적합한 형식을 사용하여야 한다.
⑥ 운전, 보수 등을 위한 충분한 공간이 확보 되어야 한다.
⑦ 리드 선은 기계 진동에 견딜 수 있어야 한다.
⑧ 조작부는 작업자의 위치에서 쉽게 조작이 가능한 위치여야 한다.

3 작업 중 정전시 조치 사항

① 기계의 스위치를 OFF 시킨다.
② 절삭 공구는 가공물에서 떼어 낸다.
③ 경우에 따라서는 메인 스위치도 내린다.
④ 퓨즈를 점검한다.

4 공기 압축기의 점검사항

① 왕복동식의 경우 V벨트의 중심부를 손으로 눌러 15~25mm 정도의 장력이 필요하며 장력이 크면 순간 회전할 경우 모터에 무리한 힘이 가해지므로 점검이 필요하다.
② 공기흡입구 필터는 주 1회 정도 청소하며 6개월에 한번 씩 교환한다.
③ 실린더에 들어가는 윤활유는 정기적으로 점검하고 교환을 해야 할 경우에는 지정된 윤활유를 사용한다.
④ 실린더 헤드의 발열부는 수시로 청소하여 분진이나 기타 퇴적물로 인하여 방열에 지장이 없도록 한다.
⑤ 하루에 한 번은 드레인 밸브를 열어 공기 탱크내의 수분을 배출시킨다.

5 공기 압축기 및 압축 공기 취급에 대한 안전수칙

① 전기 배선, 터미널 및 전선 등에 접촉 될 경우 전기 쇼크의 위험이 있으므로 주의하여야 한다.
② 분해 시 공기 압축기, 공기탱크 및 관로 안의 압축 공기를 완전히 배출한 뒤에 실시한다.
③ 하루에 한 번씩 공기탱크에 고여 있는 응축수를 제거한다.

02 수공구

1 수공구 사용시 안전 수칙

① 수공으로 만든 공구는 사용하지 않는다.
② 작업에 알맞은 공구를 선택하여 사용할 것.
③ 공구는 사용 전에 기름 등을 닦은 후 사용한다.
④ 공구를 보관할 때에는 지정된 장소에 보관할 것.
⑤ 공구를 취급할 때에는 올바른 방법으로 사용할 것.

2 스패너 사용시 주의사항

① 스패너에 연장대를 끼워 사용하여서는 안된다.
② 작업 자세는 발을 약간 벌리고 두 다리에 힘을 준다.
③ 스패너의 입이 볼트나 너트의 치수에 맞는 것을 사용한다.
④ 스패너를 해머로 두드리거나 스패너를 해머 대신 사용해서는 안된다.
⑤ 볼트나 너트에 스패너를 깊이 물리고 조금씩 몸쪽으로 당겨 풀거나 조인다.
⑥ 높거나 좁은 장소에서는 몸의 일부를 충분히 기대고 스패너가 빠져도 몸의 균형을 잃지 않도록 한다.

⑦ 주위를 살펴보고 조심성 있게 조일 것.
⑧ 스패너를 밀지 말고 몸 앞쪽으로 당길 것.
⑨ 스패너는 조금씩 돌리며 사용할 것.

3 렌치 사용시 주의 사항

① 힘이 가해지는 방향을 확인하여 사용하여야 한다.
② 렌치를 잡아 당겨 볼트나 너트를 죄거나 풀어야 한다.
③ 사용 후에는 건조한 헝겊으로 닦아서 보관하여야 한다.
④ 볼트나 너트를 풀 때 렌치를 해머로 두들겨서는 안된다.
⑤ 렌치에 파이프 등의 연장대를 끼워 사용하여서는 안된다.
⑥ 산화 부식된 볼트나 너트는 오일이 스며들게 한 후 푼다.
⑦ 조정 렌치를 사용할 경우에는 조정 조에 힘이 가해지지 않도록 주의한다.
⑧ 볼트나 너트를 죄거나 풀 때에는 볼트나 너트의 머리에 꼭 맞는 것을 사용하여야 한다.

4 탭 작업시 유의사항

① 탭은 공작물의 표면과 수직이 되도록 작업해야 한다.
② 한쪽이 막힌 구멍의 탭 작업은 쇳밥 처리를 잘 해야 한다.
③ 주물에 암나사를 내는 경우에는 절삭유를 급유하지 않는다.
④ 탭 핸들은 탭 머리 부분과 사각이 맞는 것을 사용하여야 한다.
⑤ 탭의 절삭 날은 항상 바르고 날카롭게 연삭된 것을 사용하여야 한다.
⑥ 손 다듬질용 탭 작업시 1번 탭부터 작업할 것.
⑦ 탭 구멍은 드릴로 나사의 골 지름보다 조금 크게 뚫을 것
⑧ 공작물을 수평으로 놓을 것
⑨ 조절 탭 렌치는 양손으로 돌릴 것

5 줄 작업시 유의사항

① 줄의 균열을 점검한 후에 작업한다.
② 줄 작업한 면에는 손을 대어서는 안된다.
③ 줄 작업을 할 때는 오일을 발라서는 안된다.
④ 줄의 손잡이는 정해진 크기로 구금(口金)을 끼운 것이 좋다.
⑤ 작업을 할 때에는 반드시 손잡이를 끼워서 사용하여야 한다.
⑥ 줄 눈 메꿈의 방지를 위하여 줄에 먼저 백묵을 칠하고 작업한다.
⑦ 새 줄은 연한 재료로부터 단단한 재료의 순으로 사용하여야 한다.
⑧ 주물 등을 다듬질 할 때에는 표면의 흑피를 벗기고 작업하여야 한다.

6 해머 사용시 주의사항

① 해머를 휘두르기 전에 반드시 주위를 살핀다.
② 해머의 타격면이 찌그러진 것을 사용하지 않는다
③ 장갑을 끼거나 기름 묻은 손으로 작업하여서는 안된다.
④ 사용 중에 해머와 손잡이를 자주 점검하면서 작업한다.
⑤ 쐐기를 박아서 손잡이가 튼튼하게 박힌 것을 사용하여야 한다.
⑥ 처음부터 큰 해머를 크게 흔들지 말고 명중되면 점차 크게 흔든다.
⑦ 좁은 곳이나 발판이 불안한 곳에서는 해머 작업을 하여서는 안된다.
⑧ 불꽃이 발생되거나 파편이 발생될 수 있는 작업을 할 경우에는 보안경을 착용하고 작업한다.
⑨ 큰 해머로 작업할 때에는 물품에 해머를 대고 몸의 위치를 조절하며, 충분히 발을 버티고 작업 자세를 취한다.
⑩ 해머의 손잡이를 새끼손가락에 힘을 주어 쥔다.
⑪ 중지와 약지는 보조적인 역할로 가볍게 원을 그리는 것 같이 쥔다.
⑫ 첫 번째와 두 번째의 손가락은 해머의 흔들림을 막는 역할로 손잡이의 측면에 가볍게 밀어 맞춘다.

7 정 작업시 유의사항

① 담금질 된 재료는 정 작업하면 안된다.
② 정의 생크나 해머에 오일이 묻어 있어서는 안된다.
③ 정의 날 끝 각은 재질에 따라서 선택하여 사용한다.
④ 정의 머리가 찌그러진 것은 수정한 후 사용하여야 한다.
⑤ 정의 머리에 기름이 묻어 있으면 깨끗이 닦아서 사용한다.
⑥ 정 작업을 할 때는 보안경을 착용하여 눈을 보호하여야 한다.
⑦ 장기간 보관할 때에는 방청제를 바르고 건조한 곳에 보관한다.
⑧ 정 작업을 할 때의 시선은 항상 날 끝부분을 주시하여야 한다.
⑨ 정의 날 끝은 항상 날카롭고 정확한 각도를 유지하여 작업을 한다.
⑩ 정은 사용 후 깨끗이 닦고 기름걸레로 닦은 다음 보관하여야 한다.
⑪ 정의 머리를 해머로 때릴 때에는 손이 다치는 일이 없도록 주의한다.
⑫ 쪼아내기 작업을 할 경우 처음은 해머를 약하게 하고 잘 맞기 시작하면 강하게 때린다.
⑬ 바이스에 재료를 고정하고 작업할 때에는 바이스의 조가 손상되지 않도록 주의한다.
⑭ 정 작업이 끝날 즈음 4 ~ 5mm 정도 남겨두고 반대쪽에서 절단하거나 떼어 낸다.
⑮ 철재를 절단할 때는 철편이 튀는 방향에 주의할 것

Craftsman Motor Vehicles Body Repair

안전관리

적·중·예·상·문·제

01 | 전동 및 에어 공구

13_04
01 이동식 및 휴대용 전동기기의 안전한 작업 방법으로 틀린 것은?
① 전동기의 코드 선은 접지선이 설치된 것을 사용한다.
② 회로시험기로 절연상태를 점검한다.
③ 감전방지용 누전 차단기를 접속하고 동작 상태를 점검한다.
④ 감전사고 위험이 높은 곳에서는 1중 절연구조의 전기기기를 사용한다.

해설 감전사고 위험이 높은 곳에서는 2중 절연구조의 전기기기를 사용한다.

15_04
02 전동공구 안전 수칙으로 옳지 않은 것은?
① ON, OFF를 확실히 한다.
② 전동 공구는 사용 후 전원을 끄지 않고 플러그를 뽑는다.
③ 보안경, 장갑, 안전화 등이 완벽한지 확인한다.
④ 전기톱으로 패널을 자를 때는 톱의 작동 방향을 확실히 알고 작동시킨다.

해설 전동 공구는 사용 후 전원을 끄고 전원 플러그를 뽑아야 한다.

09_09
03 전동 공구를 사용하여 작업할 때의 준수 사항이다. 올바른 것은?
① 코드는 방수제로 되어 있기 때문에 물이나 기름이 있는 곳에 놓아도 좋다.
② 무리하게 코드를 잡아당기지 않는다.
③ 드릴의 이동이나 교환시는 모터를 손으로 멈추게 한다.
④ 코드는 예리한 걸이에도 절단이나 파손이 안되므로 걸어도 좋다.

10_01
04 전동공구 및 전기기계의 안전 대책으로 잘못된 것은?
㉮ 전기 기계류는 사용 장소와 환경에 적합한 형식을 사용하여야 한다.
㉯ 운전, 보수 등을 위한 충분한 공간이 확보 되어야 한다.
㉰ 리드 선은 기계 진동이 있을시 쉽게 끊어질 수 있어야 한다.
㉱ 조작부는 작업자의 위치에서 쉽게 조작이 가능한 위치여야 한다.

해설 리드 선은 기계 진동에 견딜 수 있어야 한다.

정답 01. ④ 02. ② 03. ② 04. ③

CHAPTER 04 안전관리 **445**

13_04

05 작업 중 정전되었을 때 해야 할 일과 관계없는 것은?

① 절삭 공구는 가공물에서 떼어 낸다.
② 경우에 따라서는 메인 스위치도 내린다.
③ 주위의 공구를 정리한다.
④ 기계의 스위치를 내린다.

14_04

06 공기 압축기 및 압축 공기 취급에 대한 안전수칙으로 틀린 것은?

① 전기배선, 터미널 및 전선 등에 접촉될 경우 전기 쇼크의 위험이 있으므로 주의하여야 한다.
② 분해 시 공기 압축기, 공기탱크 및 관로 안의 압축공기를 완전히 배출한 뒤에 실시한다.
③ 하루에 한 번씩 공기탱크에 고여 있는 응축수를 제거한다.
④ 작업 중 작업자의 땀이나 열을 식히기 위해 압축 공기를 호흡하면 작업효율이 좋아진다.

14_10

07 공기 압축기에서 공기 필터의 교환 작업 시 주의사항으로 틀린 것은?

① 공기 압축기를 정지시킨 후 작업한다.
② 고정된 볼트를 풀고 뚜껑을 열어 먼지를 제거한다.
③ 필터는 깨끗이 닦거나 압축공기로 이물을 제거한다.
④ 필터에 약간의 기름칠을 하여 조립한다.

09_01

08 공기기구 사용에서 적합하지 않은 것은?

① 공기기구의 활동부위에는 윤활유가 묻지 않게 할 것.
② 공기기구를 사용할 때는 보호안경을 사용할 것.
③ 고무호스가 꺾여 공기가 새는 일이 없도록 할 것.
④ 공기기구의 반동으로 생길 수 있는 사고를 미연에 방지할 것.

해설 공기기구의 활동 부위에는 마찰 및 마모를 방지하기 위해 주유를 하여야 한다.

02 | 수공구

09_09

09 수공구의 사용방법 중 잘못된 것은?

① 공구를 청결한 상태에서 보관할 것
② 공구를 취급할 때에 올바른 방법으로 사용할 것
③ 공구는 지정된 장소에 보관할 것
④ 공구는 사용 전·후 오일을 발라둘 것

해설 수공구 사용시 안전 수칙
① 수공으로 만든 공구는 사용하지 않는다.
② 작업에 알맞은 공구를 선택하여 사용할 것.
③ 공구는 사용 전에 기름 등을 닦은 후 사용한다.
④ 공구를 보관할 때에는 지정된 장소에 보관할 것.
⑤ 공구를 취급할 때에는 올바른 방법으로 사용할 것.

정답 05. ③ 06. ④ 07. ④ 08. ① 09. ④

10_01
10 다음 중 안전하게 공구를 취급하는 방법 중 틀린 것은?
① 공구를 사용한 후 제자리에 정리하여 둔다.
② 예리한 공구 등을 주머니에 넣고 작업을 하여서는 안된다.
③ 사용 전에 손잡이에 묻은 기름 등은 닦아내어야 한다.
④ 작업 중 공구를 타인에게 숙달된 자가 던져 전달하면 작업능률이 좋아진다.

해설 작업 중 공구를 타인에게 던져 전달하면 재해가 발생된다.

11_04
11 스패너 작업시의 안전 수칙으로 틀린 것은?
① 주위를 살펴보고 조심성 있게 조일 것.
② 스패너를 밀지 말고 몸 앞쪽으로 당길 것.
③ 스패너는 조금씩 돌리며 사용할 것.
④ 힘들 때는 스패너 자루에 파이프를 끼워서 작업할 것.

해설 스패너 사용할 때의 안전수칙
① 스패너 등을 해머 대용으로 사용하면 안된다.
② 스패너에 파이프 등 연장대를 끼워서 사용해서는 안된다.
③ 스패너는 올바르게 끼우고 몸 앞쪽으로 잡아당겨 사용한다.
④ 너트에 맞는 것을 사용한다.
⑤ 스패너는 조금씩 돌리며 사용할 것.
⑥ 주위를 살펴보고 조심성 있게 조일 것.

13_04
12 기관 분해조립 시 스패너 사용 자세 중 옳지 않은 것은?

① 몸의 중심을 유지하게 한 손은 작업물을 지지한다.
② 스패너 자루에 파이프를 끼우고 발로 민다.
③ 너트에 스패너를 깊이 물리고 조금씩 앞으로 당기는 식으로 풀고, 조인다.
④ 몸은 항상 균형을 잡아 넘어지는 것을 방지한다.

해설 스패너를 사용하여 작업하는 경우에는 연장대를 사용하면 스패너의 파손 및 사고의 위험이 있다.

13_10
13 스패너 작업시 유의할 점이다. 틀린 것은?
① 스패너의 입이 너트의 치수에 맞는 것을 사용해야 한다.
② 스패너의 자루에 파이프를 이어서 사용해서는 안된다.
③ 스패너와 너트 사이에는 쐐기를 넣고 사용하는 것이 편리하다.
④ 너트에 스패너를 깊이 물리고 조금씩 앞으로 당기는 식으로 풀고 조인다.

해설 스패너와 너트 사이에는 쐐기를 넣고 사용하면 스패너와 너트의 손상이 발생된다.

09_01
14 스패너 작업시의 안전수칙에 알맞지 않은 것은?
① 주위를 살펴보고 조심성 있게 죌 것.
② 스패너를 몸 바깥쪽으로 밀지 말고 앞쪽으로 당길 것.
③ 스패너는 조금씩 돌리며 사용할 것.
④ 힘겨울 때는 스패너 자루에 파이프를 끼워서 작업할 것.

 10. ④ 11. ④ 12. ② 13. ③ 14. ④

12_10
15 렌치 사용시 주의 사항으로 틀린 것은?

① 렌치를 너트가 손상이 안 되도록 가급적 얕게 물린다.
② 헤머 대용으로 사용해서는 안 된다.
③ 렌치를 몸 안쪽으로 잡아당겨 움직이게 한다.
④ 렌치에 파이프 등의 연장대를 끼우고 사용해서는 안 된다.

15_04
16 렌치를 사용한 작업에 대한 설명으로 틀린 것은?

① 스패너의 자루가 짧다고 느낄 때는 긴 파이프를 연결하여 사용할 것.
② 스패너를 사용할 때는 앞으로 당길 것.
③ 스패너는 조금씩 돌리며 사용할 것.
④ 파이프 렌치의 주용도는 둥근 물체 조립용이다.

해설 렌치를 사용할 때의 안전수칙
① 복스 렌치는 볼트·너트 주위를 완전히 싸게 되어 사용 중에 미끄러지지 않는다.
② 스패너 등을 헤머 대용으로 사용하면 안된다.
③ 스패너에 파이프 등 연장대를 끼워서 사용해서는 안된다.
④ 스패너는 올바르게 끼우고 몸 앞쪽으로 잡아당겨 사용한다.
⑤ 너트에 맞는 것을 사용한다.
⑥ 파이프 렌치는 정지장치를 확인하고 사용한다.
⑦ 스패너는 조금씩 돌리며 사용할 것.
⑧ 주위를 살펴보고 조심성 있게 조일 것.

16_04
17 헤드 볼트를 체결할 때 토크 렌치를 사용하는 이유로 가장 옳은 것은?

① 신속하게 체결하기 위해
② 작업상 편리하기 위해
③ 강하게 체결하기 위해
④ 규정 토크로 체결하기 위해

해설 토크 렌치는 볼트 및 너트를 규정 토크로 균일하게 체결하기 위해 사용한다.

11_10
18 탭 작업상의 주의사항으로 틀린 것은?

① 손 다듬질용 탭 작업시 3번 탭부터 작업할 것.
② 탭 구멍은 드릴로 나사의 골 지름보다 조금 크게 뚫을 것
③ 공작물을 수평으로 놓을 것
④ 조절 탭 렌치는 양손으로 돌릴 것

해설 탭은 공작물의 구멍에 암나사를 내는 공구로서 보통 3개가 1조로 되어 있다. 사용할 때는 탭 핸들을 병용하여 손작업으로 1번 탭부터 나사 깎기 작업을 실시한다.

14_04
19 줄 작업에서 줄에 손잡이를 꼭 끼우고 사용하는 이유는?

① 평형을 유지하기 위해
② 중량을 높이기 위해
③ 보관에 편리하도록 하기 위해
④ 사용자에게 상처를 입히지 않기 위해

정답 15. ① 16. ① 17. ④ 18. ① 19. ④

20 차체 수정 작업 시 해머 잡는 방법에 있어 주의사항이다. 틀린 것은?

① 손잡이와 어깨의 각도는 120°가 바람직하다.
② 해머의 손잡이를 새끼손가락에 힘을 주어 쥔다.
③ 중지와 약지는 보조적인 역할로 가볍게 원을 그리는 것 같이 쥔다.
④ 첫 번째와 두 번째의 손가락은 해머의 흔들림을 막는 역할로 손잡이의 측면에 가볍게 밀어 맞춘다.

21 정 작업 시 주의할 사항으로 틀린 것은?

① 정 작업 시에는 보호안경을 사용할 것
② 철재를 절단할 때는 철편이 튀는 방향에 주의할 것
③ 자르기 시작할 때와 끝날 무렵에는 세게 칠 것
④ 담금질 된 재료는 깎아내지 말 것

해설 정 작업의 안전 수칙
① 쪼아내기 작업을 할 때에는 보안경을 착용할 것
② 정의 공구 날은 중심부에 맞게 사용할 것
③ 정 머리가 찌그러진 것은 수정하여 사용할 것
④ 마주보고 작업하지 말 것
⑤ 시작과 끝에 조심할 것
⑥ 열처리한 재료는 정 작업을 하지 말 것
⑦ 버섯머리는 그라인더(연삭숫돌)로 갈아서 사용할 것
⑧ 정 머리에 기름이 묻어 있으면 닦아서 사용할 것
⑨ 펀치를 사용하여 작업할 때 작업자의 시선은 펀치 작업을 할 때에는 타격 가공하려고 하는 지점에 두어야 한다.
⑩ 철재를 절단할 때는 철편이 튀는 방향에 주의할 것

22 정 작업 시 주의 할 사항으로 틀린 것은?

① 금속 깎기를 할 때는 보안경을 착용한다.
② 정의 날을 몸 안쪽으로 하고 해머로 타격한다.
③ 정의 생크나 해머에 오일이 묻지 않도록 한다.
④ 보관 시는 날이 부딪쳐서 무디어지지 않도록 한다.

해설 정의 날을 몸 바깥쪽으로 하고 해머로 타격한다.

23 공구의 취급에 관한 설명 중 틀린 것은?

① 해머 작업 : 타격하는 곳을 보며 처음에는 빠르게 타격
② 스패너 작업 : 너트와 맞는 것을 사용하며 파이프를 장착하여 사용 금지
③ 줄, 드라이버 작업 : 용도 이외의 곳에 사용 금지
④ 정 작업 : 보호 안경을 착용하여 작업

정답 20. ① 21. ③ 22. ② 23. ①

chapter 04 안전관리

4. 작업상의 안전

01 소음 및 분진과 환경위생

1 소음 방지제를 재처리하는 방법

① 쿼터 패널에는 뿌리지 않는다.
② 현가장치에는 뿌리지 않는다.
③ 정확히 측정해서 해당 부위만 뿌린다.
④ 배수구는 열어 놓은 상태로 두어야 한다.

2 컴프레서 설치 장소

① 직사광선을 피하고 환풍 시설을 갖추어야 한다.
② 습기나 수분이 없는 장소이어야 한다.
③ 실내 온도는 40℃이하인 장소이어야 한다.
④ 수평이고 단단한 바닥 구조인 장소이어야 한다.
⑤ 방음이고 보수점검이 가능한 공간이 있는 장소이어야 한다.
⑥ 먼지, 오존, 유해가스가 없는 장소이어야 한다.

3 분진의 입자 크기

　미세먼지 또는 분진이란 자동차, 공장 등에서 발생하여 대기 중에 장기간 떠다니는 아황산가스, 질소산화물, 오존, 일산화탄소 등과 함께 수많은 대기오염물질을 포함하는 입자 10㎛ 이하의 미세먼지로 PM 10이라고 한다. 미세 먼지는 분진, 입자상 물질 등으로 불리며, 공기 역학적 입자가 10~100㎛ 정도이다.

4 작업자의 환경을 개선하면 나타나는 현상

① 좋은 품질의 생산품을 얻을 수 있다.

② 피로를 경감시킬 수 있다.
③ 작업 능률을 향상시킬 수 있다.
④ 기계 소모가 적고 동력 에너지의 손실이 작아진다.

5 도장 작업장에 안전관리 상 구분한 환기방법

분진 작업을 하는 실내 작업장에 대하여 해당 분진 작업에 따른 분진을 줄이기 위하여 밀폐 설비나 국소 배기 장치를 설치하여야 한다. 분진 발산 면적이 적은 공간 내에서 도장 작업을 할 경우 국소 배기 장치(자연 환기 방법 또는 강제 환기 방법)를 이용하는 경우와 분진 발산 면적이 넓어 밀폐 설비나 국소 배기 장치를 설치하기 곤란한 경우 전제 환기 장치를 설치하여야 한다.

6 자동차를 도장할 때 안전 위생

① 퍼티 작업은 유해한 작업이므로 환기가 잘되는 장소에서 작업하여야 한다.
② 도료에 포함되는 유기용제를 계속 흡입하면 중독이 되어 건강을 해친다.
③ 도장 부스는 작업자 자신과 공장 내의 다른 인원을 보호한다.
④ 도장할 할 때는 환수 캡식 또는 에어 라인식의 마스크를 착용한다.

02 차체 수리 안전 보호구

1 보호구의 구비조건

① 착용이 간편할 것.
② 작업에 방해되지 않을 것.
③ 구조와 끝마무리가 양호할 것.
④ 겉 표면이 섬세하고 외관상 좋을 것.
⑤ 보호 장구는 원재료의 품질이 양호한 것일 것.
⑥ 유해 위험 요소에 대한 방호 성능이 충분할 것.

2 보호구 선택시 유의 사항

① 보호구는 사용 목적에 적합하여야 한다.
② 무게가 가볍고 크기가 사용자에게 알맞아야 한다.
③ 사용하는 방법이 간편하고 손질하기가 쉬워야 한다.
④ 보호구는 검정에 합격된 품질이 양호한 것이어야 한다.
⑤ 작업행동에 방해되지 않아야 한다.

3 보호구 사용시 유의사항

① 보호구는 작업할 때 반드시 사용하도록 숙지시킨다.
② 보호구의 사용이 불편하지 않도록 보관하여야 한다.
③ 작업자에게 올바른 보호구의 사용 방법을 숙지시킨다.
④ 작업장에는 필요한 소요량의 보호구를 비치하여야 한다.
⑤ 작업의 종류에 의해서 정해진 적절한 보호구를 선택한다.

4 보호구의 보관 방법

① 광선을 피하고 통풍이 잘 되는 장소에 보관할 것.
② 발열성 물질을 보관하는 주변에 가까이 두지 말 것.
③ 부식성, 유해성, 인화성, 액체 등과 혼합하여 보관하지 말 것.
④ 모래, 진흙 등이 묻은 경우는 깨끗이 닦고 그늘에 건조시킬 것.
⑤ 땀으로 오염된 경우는 세척하고 건조시켜 변형이 되지 않게 한다.

5 안전 보호구의 종류

① **안전모** : 작업 중에 위에서 물건이 떨어지거나 추락, 전도 또는 비래, 충돌하였을 때 머리를 보호하기 위한 것.
② **안전화** : 작업 중에 물체의 낙하, 충격 및 바닥으로 날카로운 물체에 의한 찔림 위험으로부터 발을 보호하기 위한 것.
③ **안전대** : 고소 작업 중에 추락을 방지하기 위한 것.
④ **보안경** : 눈을 보호하기 위한 것으로 차광 보안경과 일반 보안경으로 분류한다.
⑤ **방음 보호구** : 소음이 많은 작업장에서 청력을 보호하기 위한 것으로 귀마개와 귀덮개로 분류한다.

6 안전모

① 작업 중에 위에서 물건이 떨어지거나 추락, 전도 또는 충돌하였을 때 머리를 보호하기 위한 것.
② 머리의 맨 위부분과 안전모 내의 최저부 사이의 간격이 25mm 정도 되도록 해모크를 조정한다.

7 안전화

(1) 안전화의 종류

① 안전화는 작업 중에 물체의 낙하, 충격 및 바닥으로 날카로운 물체에 의한 찔림

등의 위험으로부터 발을 보호한다.
② **가죽 안전화** : 가장 기본적으로 사용되는 안전화이다.
③ **발등 안전화** : 추가적으로 발등도 함께 보호하기 위하기 위한 안전화이다.
④ **정전기 안전화** : 기본 성능 외에도 정전기의 인체 대전을 방지한다.
⑤ **절연 안전화** : 기본 성능 외에 정전기의 인제 대전 방지와 저압의 전기에 의한 감전을 방지한다.
⑥ **절연 장화** : 물이 많은 곳에서 방수와 고압에 의한 감전을 방지한다.

(2) 안전화의 구비조건
① 사이즈가 맞고 안전화 앞쪽 끝에 발가락이 닿지 않을 것
② 발이 편하고 기분이 좋으며 작업이 쉬울 것
③ 잘 구부러지고 튼튼하여야 할 것
④ 기능이 편하고 가벼울 것

8 귀마개의 선정 조건
① 귀(외이도)에 잘 맞을 것
② 사용 중 심한 불쾌감이 없을 것
③ 사용 중 쉽게 빠지지 않을 것

9 장갑
① 장갑은 감겨들 위험이 있는 작업에는 착용을 하지 않는다.
② **착용 금지 작업** : 선반 작업, 드릴 작업, 목공기계 작업, 연삭 작업, 해머 작업, 정밀기계 작업 등

03 화재 안전

1 작업장의 화기에 대한 주의 사항
① 정해진 장소 이외에서는 절대로 흡연하지 않는다.
② 금연 표시가 있는 장소에서는 절대로 흡연하지 않는다.
③ 담배꽁초는 반드시 지정된 용기에 버리고 바닥에 떨어뜨리지 않게 한다.
④ 흡연 장소에 가연물을 놓거나 부근에 인화성 물질을 놓거나 운반하여서는 안된다.
⑤ 인화성 물품이나 폭발물을 취급하는 작업장에서는 성냥이나 라이터를 지참하지 않는다.

2 소화 작업의 기본 요소

① **가연물 제거** : 발화지점으로부터 연소될 수 있는 가연물을 제거함으로써 연소의 확산을 방지하여 소화시키는 제거 소화법을 말한다.
② **산소 차단** : 가연 물질에 산소의 공급을 차단하여 소화시키는 질식 소화법을 말한다. 산소 농도는 10 ~ 15 % 정도이다.
③ **점화원 냉각** : 가연물의 기화 잠열을 흡수하도록 물을 뿌려 발화점 이하의 온도로 낮추어 소화시키는 냉각 소화법을 말한다.

3 화재의 종류 및 소화기 표식

① **A급 화재** : 일반 가연물의 화재로 냉각소화의 원리에 의해서 소화되며, 소화기에 표시된 원형 표식은 백색으로 되어 있다.
② **B급 화재** : 가솔린, 알코올, 석유 등의 유류 화재로 질식소화의 원리에 의해서 소화되며, 소화기에 표시된 원형의 표식은 황색으로 되어 있다.
③ **C급 화재** : 전기 기계, 전기 기구 등에서 발생되는 화재로 질식소화의 원리에 의해서 소화되며, 소화기에 표시된 원형의 표식은 청색으로 되어 있다.
④ **D급 화재** : 마그네슘 등의 금속 화재로 질식소화의 원리에 의해서 소화시켜야 한다.

적·중·예·상·문·제

안전관리

01 | 소음 및 분진과 환경위생

13_10

01 패널 용접 플랜지 면의 밀착이 불완전할 경우 발생되는 문제점은?

① 공기 저항이 크다.
② 소음의 원인이 된다.
③ 배수가 잘 안된다.
④ 실링을 할 수 없다.

해설 패널 용접 플랜지 면의 밀착이 불완전할 경우 주행을 하면 균열이 발생되어 소음의 원인이 된다.

15_04

02 소음 방지제가 파손에 의해 망가지거나 새 패널을 교환할 때 소음 방지제를 재처리하는 방법에서 주의사항으로 틀린 것은?

① 쿼터 패널에 뿌리지 않는다.
② 배수구는 닫은 상태로 둔다.
③ 현가장치에 뿌리지 않는다.
④ 정확히 측정해서 해당 부위만 뿌린다.

해설 소음 방지제를 재처리하는 방법
① 쿼터 패널에는 뿌리지 않는다.
② 현가장치에는 뿌리지 않는다.
③ 정확히 측정해서 해당 부위만 뿌린다.
④ 배수구는 열어 놓은 상태로 두어야 한다.

09_09

03 소음과 진동이 많이 발생하는 컴프레서의 설치 장소에 대한 설명 중 적합하지 않은 것은?

① 습기가 적은 장소에 설치한다.
② 수평이고 탄탄한 마루면 위에 설치한다.
③ 온도가 쉽게 오르지 않고, 먼지나 불순물이 적은 장소에 설치한다.
④ 소음과 진동으로 시끄러우므로 작업장에서 멀고, 외부의 좁고 구석진 장소에 설치한다.

해설 컴프레서 설치 장소
① 직사광선을 피하고 환풍 시설을 갖추어야 한다.
② 습기나 수분이 없는 장소이어야 한다.
③ 실내 온도는 40℃ 이하인 장소이어야 한다.
④ 수평이고 단단한 바닥 구조인 장소이어야 한다.
⑤ 방음이고 보수점검이 가능한 공간이 있는 장소이어야 한다.
⑥ 먼지, 오존, 유해가스가 없는 장소이어야 한다.

11_04

04 분진에 의해 발생될 수 있는 직업병과 관련이 없는 것은?

① 규폐증   ② 피부염
③ 호흡기 질환   ④ 디스크

해설 규폐증은 규산이 들어있는 먼지를 오랫동안 마셔서 폐에 규산이 쌓여 생기는 만성 질환으로 규산이 들어있는 먼지가 폐에 쌓이면 규산의 기계적·화학적 작용에 의해 폐에 염증이 생기게 된다.

정답 01. ② 02. ② 03. ④ 04. ④

13_10

05 분진은 육안으로 식별할 수 없을 정도의 작은 입자이다. 입자의 크기는?

① 1~100㎛ ② 100~200㎛
③ 200~300㎛ ④ 300~400㎛

해설 미세먼지 또는 분진이란 자동차, 공장 등에서 발생하여 대기 중에 장기간 떠다니는 아황산가스, 질소산화물, 오존, 일산화탄소 등과 함께 수많은 대기오염물질을 포함하는 입자 10㎛ 이하의 미세먼지로 PM 10이라고 한다. 미세 먼지는 분진, 입자상 물질 등으로 불리며, 공기 역학적 입자가 10~100㎛ 정도이다.

13_10

06 작업자의 환경을 개선하면 나타나는 현상으로 틀린 것은?

① 좋은 품질의 생산품을 얻을 수 있다.
② 피로를 경감시킬 수 있다.
③ 작업 능률을 향상시킬 수 있다.
④ 기계 소모가 많고 동력손실이 크다.

해설 환경을 개선하면 불필요한 기계의 사용이 적어지므로 동력 에너지의 손실이 작아진다.

14_04

07 작업장 작업 환경에 대한 안전대책으로 옳은 것은?

① 퍼티 연마 시 흡진기를 사용하면 번거로운 흡진 마스크 착용을 하지 않아도 된다.
② 도장실 내부 천정의 필터는 점성이 없는 것을 사용해야 한다.
③ 좁은 장소에서 여러 사람이 용접 시 다른 사람에게 영향을 줄 수 있으므로 차광막을 사용한다.
④ 차체 수리 작업장은 분진이 없으므로 환기장치가 불필요하다.

10_10

08 자동차 도장 작업장에 안전관리 상 구분한 환기방법 종류가 아닌 것은?

① 자연 환기법
② 부분 환기법
③ 국부 배출 환기법
④ 전체 환기법

해설 분진 작업을 하는 실내 작업장에 대하여 해당 분진 작업에 따른 분진을 줄이기 위하여 밀폐 설비나 국소 배기 장치를 설치하여야 한다. 분진 발산 면적이 적은 공간 내에서 도장 작업을 할 경우 국소 배기 장치(자연 환기 방법)를 이용하는 경우와 분진 발산 면적이 넓어 밀폐 설비나 국소 배기 장치를 설치하기 곤란한 경우 전체 환기 장치(강제 환기 방법)를 설치하여야 한다.

09_01

09 자동차를 도장할 때 안전 위생에 관한 사항 중 옳지 않은 것은?

① 퍼티 작업은 무해한 작업이므로 장소에 구애받지 않는다.
② 도료에 포함되는 유기용제를 계속 흡입하면 중독이 되어 건강을 해친다.
③ 도장 부스는 작업자 자신과 공장 내의 다른 인원을 보호한다.
④ 도장할 할 때는 환수 캡식 또는 에어 라인식의 마스크를 착용한다.

해설 퍼티 작업은 유해한 작업이므로 환기가 잘되는 장소에서 작업하여야 한다.

정답 05. ① 06. ④ 07. ③ 08. ② 09. ①

02 | 차체 수리 안전 보호구

10 다음 중 안전 보호구의 구비 조건에 들지 않는 것은?

① 작업에 방해가 안 되도록 착용이 간편할 것
② 유해 위험 요소에 대한 방호 성능이 충분히 있을 것
③ 보호 장구의 원재료 품질이 양호할 것
④ 겉모양과 표면이 섬세하고 튼튼하며 무게가 있을 것

해설 보호구의 구비조건
① 착용이 간편할 것.
② 작업에 방해되지 않을 것.
③ 구조와 끝마무리가 양호할 것.
④ 겉 표면이 섬세하고 외관상 좋을 것.
⑤ 보호 장구는 원재료의 품질이 양호한 것일 것.
⑥ 유해 위험 요소에 대한 방호 성능이 충분할 것.

11 보호구 선택 시 요구사항으로 틀린 것은?

① 사용목적에 적합하여야 한다.
② 한국산업표준에 적합해야 한다.
③ 작업행동에 방해되지 않아야 한다.
④ 착용이 빨라야하므로 약간 헐거워야 한다.

해설 보호구 선택시 유의 사항
① 보호구는 사용 목적에 적합하여야 한다.
② 무게가 가볍고 크기가 사용자에게 알맞아야 한다.
③ 사용하는 방법이 간편하고 손질하기가 쉬워야 한다.
④ 보호구는 검정에 합격된 품질이 양호한 것이

어야 한다.
⑤ 작업행동에 방해되지 않아야 한다.

12 보호구의 종류에는 안전과 위생 보호구가 있다. 이 중 안전 보호구로 적합하지 않은 것은?

① 안전모
② 안전화
③ 안전대
④ 마스크

해설 마스크는 인체에 해로운 가스와 증기, 미스트, 흄 또는 분진이 발생하기 쉬운 작업장에서는 호흡기관을 보호하는 것으로 위생 보호구이다.

13 안전모의 내면과 윗부분과의 안전간격은?

① 10mm 이상
② 15mm 이상
③ 18mm 이상
④ 25mm 이상

해설 안전모는 작업 중에 위에서 물건이 떨어지거나 추락, 전도 또는 충돌하였을 때 머리를 보호하기 위한 것으로 머리의 맨 위부분과 안전모 내의 최저부 사이의 간격이 25mm 정도 되도록 해모크를 조정한다.

14 다음 중 가죽 안전화의 구비 조건 중 설명이 틀린 것은?

① 사이즈가 맞고 안전화 앞쪽 끝에 발가락이 닿지 않을 것
② 발이 편하고 기분이 좋으며 작업이 쉬울 것
③ 잘 구부러지지 않고 튼튼하여야 할 것
④ 기능이 편하고 가벼울 것

해설 가죽 안전화는 잘 구부러지고 튼튼하여야 한다.

정답 10. ④   11. ④   12. ④   13. ④   14. ③

13_10
15 다음 중 보호 안경을 착용하는 작업은 어느 것인가?

① 줄 작업　② 드릴 작업
③ 리벳 작업　④ 해머 작업

해설 보안경은 눈을 보호하기 위한 것으로 유해 광선으로부터 눈을 보호하는 차광 보안경과 이물질이 눈에 들어오는 것을 방지하기 위한 일반 보안경으로 분류한다.

15_10
16 차체에서 용접을 할 때 차광도가 없는 보안경을 사용하여도 되는 용접 작업은?

① 가스 절단
② 가스 용접
③ CO_2 용접
④ 저항 용접

해설 차체에서 용접을 할 때 차광도가 없는 보안경을 사용하여도 되는 용접작업은 저항용접인 스폿용접으로 스폿용접 시에는 페이스 커버를 사용하는 것이 좋다.

16_04
17 보안경이 반드시 필요한 작업은?

① 리벳팅　② 그라인딩
③ 줄　④ 측정

09_09
18 귀마개의 선정 조건이 아닌 것은?

① 귀(외이도)에 잘 맞을 것
② 사용 중 심한 불쾌감이 없을 것
③ 사용 중 쉽게 빠지지 않을 것
④ 어느 정도 무게(중량)감이 있을 것

12_10
19 차체수리 작업을 할 때 안전 보호구 착용 중 잘못 설명한 것은?

① 드릴 작업할 손을 보호하기 위하여 장갑을 끼고 작업 한다.
② 그라인더 작업할 때 반드시 보안경을 착용한다.
③ 해머 작업할 때 귀마개를 착용한다.
④ 퍼티를 연마할 때 방진 마스크를 착용한다.

해설 드릴 등 전동용 기기는 고속 회전하므로 회전체에 감겨들 우려가 있는 장갑을 끼고 작업을 하면 재해의 원인이 된다.

13_04
20 차체 수리에 필요한 안전 보호구와 가장 관련이 없는 것은?

① 헬멧
② 귀마개
③ 페이스 커버
④ 내용제성 장갑

해설 내용제성 장갑은 보수도장에 필요한 안전 보호구이다.

15_10
21 차체 작업 시 필요한 안전 장비로 가장 거리가 먼 것은?

① 용접모, 용접장갑
② 페이스 커버
③ 라텍스 장갑
④ 방진 마스크

해설 라텍스 장갑은 응급처치 용품으로 감염 또는 전염을 예방하기 위해 의료인이 착용하는 얇은 장갑을 말한다.

정답　15. ②　16. ④　17. ②　18. ④　19. ①　20. ④　21. ③

14_04
22 작업 중 장갑을 착용해도 되는 작업은?

① 목공기계 작업
② 해머 작업
③ 선반 작업
④ 중량물 운반 작업

15_04
23 보호구를 사용하지 않아도 좋은 작업은?

① 용접 작업   ② 용해 작업
③ 단조 작업   ④ 측정 작업

16_04
24 스포트 제거 드릴 작업을 할 때 사용하는 보호구로 잘못 설명한 것은?

① 머리에 칩이 떨어지므로 안전모를 착용한다.
② 눈에 칩이 들어가므로 보안경을 착용한다.
③ 발에 칩이 떨어지므로 안전화를 착용한다.
④ 몸에 칩이 들어감으로 비닐 옷을 입는다.

03 | 화재 안전

12_10
25 다음 중 인화성 물질로만 짝지어진 것은?

① 이산화탄소 가스, 황산
② 인, 유황, 아세틸렌 산소
③ 가솔린, 알코올, 신나
④ 과산화물, 가솔린, 신나

13_10
26 연소의 3요소에 해당되지 않는 것은?

① 물   ② 공기(산소)
③ 점화원   ④ 가연물

> **해설** 연소의 3요소는 점화 에너지인 점화원과 가연물(연료)이 있어야 하며, 연소가 지속적으로 이루어지도록 하는 지연물(공기)이 있어야 한다.

10_01
27 소화 작업의 기본 요소가 아닌 것은?

① 가연 물질을 제거한다.
② 산소를 차단한다.
③ 점화원을 냉각시킨다.
④ 연료를 기화시킨다.

> **해설** 소화 작업의 기본 요소
> ① 가연물 제거 : 발화지점으로부터 연소될 수 있는 가연물을 제거함으로써 연소의 확산을 방지하여 소화시키는 제거 소화법을 말한다.
> ② 산소 차단 : 가연 물질에 산소의 공급을 차단하여 소화시키는 질식 소화법을 말한다. 산소 농도는 10 ~ 15 % 정도이다.
> ③ 점화원 냉각 : 가연물의 기화 잠열을 흡수하도록 물을 뿌려 발화점 이하의 온도로 낮추어 소화시키는 냉각 소화법을 말한다.

14_04
28 일반 가연성 물질의 화재로서 물이나 소화기를 이용하여 소화하는 화재의 종류는?

① A급 화재   ② B급 화재
③ C급 화재   ④ D급 화재

> **해설** 화재의 종류 및 소화기 표식
> ① A급 화재 : 일반 가연물의 화재로 냉각소화의 원리에 의해서 소화되며, 소화기에 표시된 원형 표식은 백색으로 되어 있다.
> ② B급 화재 : 가솔린, 알코올, 석유 등의 유류 화재로 질식소화의 원리에 의해서 소화되며,

정답 22. ④ 23. ④ 24. ④ 25. ③ 26. ① 27. ④ 28. ①

소화기에 표시된 원형의 표식은 황색으로 되어 있다.

③ C급 화재 : 전기 기계, 전기 기구 등에서 발생되는 화재로 질식소화의 원리에 의해서 소화되며, 소화기에 표시된 원형의 표식은 청색으로 되어 있다.

④ D급 화재 : 마그네슘 등의 금속 화재로 질식소화의 원리에 의해서 소화시켜야 한다.

13_04

29 화재의 분류 중 B급 화재 물질로 옳은 것은?

① 종이　　② 휘발유
③ 목재　　④ 석탄

11_04

30 화재 발생시 소화 작업 방법으로 틀린 것은?

① 산소의 공급을 차단한다.
② 유류 화재시 표면에 물을 붓는다.
③ 가열물질의 공급을 차단한다.
④ 점화원을 발화점 이하의 온도로 낮춘다.

해설 유류 화재시 표면에 물을 사용하면 화재가 확산된다. 가솔린, 알코올, 석유 등의 유류 화재는 질식소화의 원리에 의해서 소화되며, 소화기에 표시된 원형의 표식은 황색으로 되어 있다.

15_10

31 적외선 전구에 의한 화재 및 폭발할 위험성이 있는 경우와 거리가 먼 것은?

① 용제가 묻은 헝겊이나 마스킹 용지가 접촉한 경우
② 적외선 전구와 도장 면이 필요이상으로 가까운 경우
③ 상당한 고온으로 열량이 커진 경우
④ 상온의 온도가 유지되는 장소에서 사용하는 경우

정답 29. ② 30. ② 31. ④

V

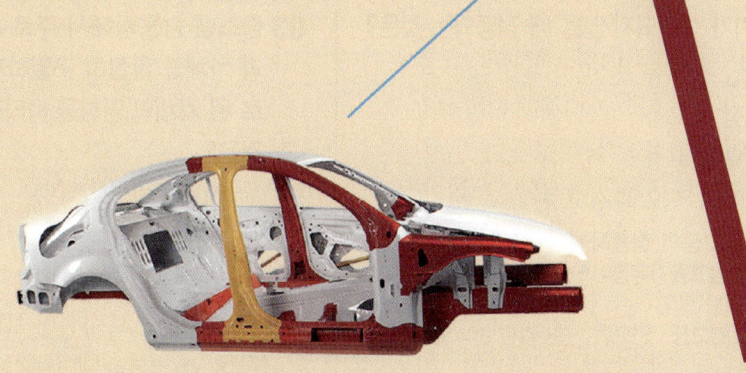

과년도 기출·
복원문제

자동차차체수리기능사

2017 자동차차체수리기능사

2017년 제1회 복원문제

01 발전기가 충전되지 않을 때 점등되는 것은?

① 유압 경고등
② 충전 경고등
③ 연료 경고등
④ 브레이크 오일 경고등

해설 경고등의 점등시기
① **유압 경고등** : 유압이 0.9kgf/cm² 보다 낮을 경우 점등된다.
② **연료 경고등** : 연료가 하한 라인보다 낮을 경우 점등된다.
③ **브레이크 오일 경고등** : 오일이 하한 라인보다 낮을 경우 점등된다.

02 바퀴 정렬장치에서 캠버에 대한 설명으로 틀린 것은?

① 캠버는 앞뒤 네 바퀴에 모두 존재하며 호칭도 동일하다.
② 캠버는 타이어의 마모에 관계있는 각도이다.
③ 바퀴가 수직일 때의 캠버를 10°라고 한다.
④ 크기는 수직선에 대한 바퀴중심선의 각도로서 표시한다.

해설 바퀴가 수직일 때의 캠버를 0(제로)의 캠버라 한다.

03 중소형 승용차에서 주로 사용하며 프레임과 차체를 확실히 구별하지 않고 일체구조로 된 차체의 명칭을 나타내는 용어가 아닌 것은?

① 언더 보디
② 모노코크형 보디
③ 프레임리스형 보디
④ 유닛 컨스트럭션형 보디

해설 모노코크 보디(단일체 구조 보디)는 프레임과 차체를 일체로 구성된 형식으로 중소형 승용자동차에 사용된다.

04 다음 중에서 승수 기호와 그 뜻의 결함이 틀린 것은?

① T(테라) : 10^{12} ② G(기가) : 10^9
③ M(메가) : 10^6 ④ h(헥토) : 10^3

해설 h(헥토)는 10^2 이고 k(킬로)는 10^3 이다.

05 국제단위계(SI단위)에서 가속도의 단위로 맞는 것은?

① m/s ② N
③ m/s² ④ kgf·cm²

해설 단위의 종류
① **속도** : m/s, m/min, km/h
② **가속도** : m/s², Gal, G
③ **힘** : N, dyn, kgf
④ **토크** : N·m, kgf·m
⑤ **압력** : Pa, bar, kgf/cm², atm
⑥ **일, 에너지, 열량** : J, kW·h, erg, kgf·m, PS·h, cal
⑦ **일률** : W, kgf·m/s, PS, kcal/h

정답 01. ② 02. ③ 03. ① 04. ④ 05. ③

06 내연기관의 냉각장치에서 냉각수가 순환하는 경로를 나타낸 것으로 맞는 것은?

① 방열기 - 출구호스 - 물펌프 - 워터재킷 - 수온조절기 - 방열기
② 방열기 - 물펌프 - 출구호스 - 워터재킷 - 수온조절기 - 방열기
③ 방열기 - 출구호스 - 물펌프 - 수온조절기 - 워터재킷 - 방열기
④ 방열기 - 수온조절기 - 물펌프 - 워터재킷 - 출구호스 - 방열기

07 고속 주행 중 타이어의 접지부가 후방에서 발생되는 물결모양으로 떠는 현상을 무엇이라고 하는가?

① 스탠딩 웨이브 현상
② 하이드로 플래닝 현상
③ 페이드 현상
④ 벤투리 효과

해설 타이어 관련 용어의 정의
① **스탠딩 웨이브 현상** : 타이어의 공기압이 부족할 때 고속 주행중 타이어의 접지부 뒤쪽에서 정상파가 발생되는 현상
② **하이드로 플래닝 현상** : 수막 현상. 물이 고인 노면을 고속으로 주행하면 타이어가 물에 약간 떠 있는 상태가 되므로 자동차를 제어할 수 없게 되는 현상.
③ **코니시티** : 타이어를 굴렸을 때 회전방향에 관계없이 한쪽 방향으로만 발생하는 힘을 말한다.

08 공기가 압축될 경우 실린더 내에서 일어나는 현상으로 맞는 것은?

① 체적이 증가한다.
② 온도가 상승한다.
③ 압력이 낮아진다.
④ 아무런 변화가 없다.

해설 실린더 내에서 공기가 압축되면 체적이 감소하고 온도가 상승하며, 압력이 높아진다.

09 캡 오버형 트럭의 특징이 아닌 것은?

① 엔진의 전체 또는 대부분이 운전실 하부에 들어가 있다.
② 자동차의 높이가 높고 시야가 좋다.
③ 엔진룸의 면적이 보닛 형에 비해 넓다.
④ 자동차 길이가 동일할 때 적재함을 크게 할 수 있다.

해설 **캡 오버형 트럭**은 캡(캐빈 : 운전실)이 엔진 위에 있는 것으로서 엔진이 운전실이나 차실 밑에 들어가 있는 방식의 트럭을 말한다.

10 Fe에 12% 이상의 Cr을 합금시키면 강한 보호 피막이 생성되어 부동태화 되는데, 이 특징을 이용하여 녹이 발생되지 않게 한 강은?

① 스테인리스강   ② 고속도강
③ 합금공구강   ④ 탄소공구강

해설 크롬계 스테인리스강은 강인성 및 내식성이 있고 열처리에 의해 경화할 수 있는 것으로 Cr 13%인 것과 Cr 18%인 것이 있다. 대기 중이나 수중에서도 거의 녹이 발생되지 않는다.

11 다음 보기는 원도를 그리는 방법을 나열한 것이다. 그 순서가 맞는 것은?

보기
1. 도형을 그린다.
2. 도면의 크기, 도면의 배치 및 척도를 결정한다.
3. 기호 및 기타 설명 사항을 기입한다.
4. 치수선을 기입한다.

① 1 - 2 - 3 - 4   ② 2 - 1 - 3 - 4
③ 1 - 2 - 4 - 3   ④ 2 - 1 - 4 - 3

정답 06. ① 07. ① 08. ② 09. ③ 10. ① 11. ④

12 자동차 차체에서 후드부의 구조명칭으로 틀린 것은?

① 클립 ② 인슐레이터
③ 후드힌지 ④ 도어패널

[해설] 후드는 후드, 후드 인슐레이터, 후드 스테이, 후드 힌지, 후드 스트라이커, 후드 클립으로 구성되어 있다.

13 일반적인 금속의 특징 중 맞지 않는 것은?

① 최저 용융 온도의 금속은 Hg(-38.4℃), 최고 용융 온도는 W(3410℃)이다.
② 최소의 비중은 Li(0.53), 최대 비중은 Ir(22.5)이다.
③ 일반적으로 용융 온도가 높으면 금속의 비중이 크다.
④ 내열성과 경량성을 동시에 만족하는 재료를 얻기 쉽다.

14 비금속 공구재료 중 맞지 않는 것은?

① 서멧(Cermet)은 세라믹스 + 메탈이다.
② 연삭 숫돌의 무기질 결합재로 비트리파이드(vitrified) 결합재와 실리케이트(silicate) 결합재가 있다.
③ 금속 결합재로는 다이아몬드 숫돌이 대표적이다.
④ 인조연삭, 연마재로는 다이아몬드, 에머리(Emery) 등이 있으며 버핑할 때 연마재로 쓴다.

15 알루미늄의 물리적 성질 중 설명이 잘못된 것은?

① 비중이 약 2.7로서 가볍다.
② 용융점이 낮아 용해가 용이하다.
③ 전연성이 우수하다.
④ 격자 상수는 체심입방격자이다.

[해설] 알루미늄의 성질
① 비중이 작다(2.7)
② 용융점이 낮다(660℃).
③ 전연성이 좋다.
④ 전기 및 열의 양도체이다.
⑤ 표면에 산화막이 형성되어 있어 내식성이 우수하다.
⑥ 유동성 및 주조성이 불량하다.

16 용접 및 가스 절단시 산화물이나 기타 유해물을 분리제거하기 위해 사용하는 것은?

① 자동역류 방지장치
② 호스 체크밸브
③ 붐 트롤리
④ 플럭스

[해설] 플럭스는 금속의 산화물을 제거하기 위해 사용한다.

17 자동차 보디(body) 수리용 저항 점용접기의 종류가 아닌 것은?

① 뺀찌(pincer)형 용접건
② 투인 스폿건(twin spot gun)
③ 플로드(prod)형 용접 건
④ 호크(Hoke)형 용접 건

18 다음 보기의 용접법 중에서 열원의 온도와 열의 집중도가 가장 낮고 변형이 가장 큰 용접법은?

① 플라즈마 제트 용접
② TIG 용접
③ MIG 용접
④ 산소 아세틸렌가스 용접

[해설] 산소 아세틸렌 가스 용접은 열의 집중성이 나빠 효율적인 용접이 어렵고 가열 범위가 넓어 용접 응력이 크며, 변형이 크다.

정답 12. ④ 13. ④ 14. ④ 15. ④ 16. ④ 17. ④ 18. ④

19 제도에서 도면을 표시할 때 실물과 같은 크기로 그릴 경우의 척도이며, 읽지 않더라도 치수나 모양에 착오가 적은 특성을 가진 것은?

① 배척　　　② NS
③ 축척　　　④ 현척

해설 척도
① **배척** : 물체의 크기보다 확대하여 그린 것으로 모양이 작은 부분품을 상세히 표시할 때 사용된다.
② **축척** : 물체의 크기보다 축소하여 그린 것으로 주로 물체가 크거나 또는 모양이 간단할 때 사용된다. 물체의 크기와 복잡한 정도에 따라 척도를 택한다.
③ **현척** : 물체의 크기와 같게 그린 것으로 모양과 크기를 잘 이해할 수 있으며, 착오가 적기 때문에 많이 사용된다.

20 연강 및 고장력강용 솔리드 와이어 YGW11에서 GW의 의미는 무엇인가?

① 용접 와이어
② 보호 가스
③ 매그(MAG) 용접
④ 주요 적용

해설 11은 보호가스, 주요 적용 강의 종류, 와이어의 화학성분, GW는 MAG 용접의 약자이다.

21 구리의 특성 중 설명이 틀린 것은?

① 전기 및 열의 양도체이다.
② 전성 연성이 좋아 가공이 용이하다.
③ 화학적 저항력이 커서 부식이 쉽다.
④ 아름다운 광택과 귀금속적 성질이 우수하다.

해설 구리의 특성
① 전기 및 열의 양도체이고 비자성체이다.
② 아름다운 광택과 귀금속적 성질이 우수하다.
③ 전성 연성이 좋아 가공이 용이하다.
④ 표면에 녹색의 염기성 탄산구리 등의 녹이 생겨 보호피막의 역할을 하므로 내식성이 크다.

22 피복 금속 직류 아크 용접의 정극성에 관한 사항으로 틀린 것은?

① 용접 홀더를 (+)극, 모재는 (-) 극을 사용한다.
② 모재의 용입이 깊다.
③ 용접봉의 용융이 느리다.
④ 비드 폭이 좁다.

해설 정극성 용접은 모재에 (+)극, 홀더에 (-)극을 사용한다.

23 전기 용접시 용접부의 결함이 아닌 것은?

① 오버랩　　　② 언더컷
③ 슬래그 혼입　④ 피복

해설 용접부의 결함
① **오버랩** : 용융금속이 모재와 융합되어 모재 위에 겹치는 현상
② **기공** : 용착금속 속에 남아있는 가스로 인한 구멍
③ **슬래그** : 녹은 피복재가 용착금속 표면에 떠 있거나 용착금속 속에 남아 있는 현상
④ **언더컷** : 용접선 끝에 생기는 작은 홈

24 금속의 성질을 결정하는 가장 큰 요인은?

① 성분의 함량　② 결정 입자
③ 담금질 정도　④ 탄소 함유량

해설 철강은 탄소 함유량으로 분류하며, 선철에 탄소를 산화 제거시켜 제조한 것이 강이다. 순철은 0~0.03%의 탄소함유, 강은 0.03~1.7%의 탄소함유, 주철은 1.7~6.68%의 탄소함유

25 표면경화 열처리 방법에 해당하지 않는 것은?

① 침탄법　　　② 질화법
③ 고주파경화법　④ 항온열처리법

해설 표면 경화법
① **청화법(시안화법)** : 시안화나트륨, 시안화칼륨, 염화물, 탄산염 등을 40~50% 첨가하여 염욕 중에서 600~900℃로 용해시키고 그 속에서 작업하여 탄소와 질소를 강의 표면에 침투시키는 것.

정답 19. ④　20. ③　21. ③　22. ①　23. ④　24. ④　25. ④

② **침탄법** : 저탄소강을 탄소 또는 탄소가 많이 함유하는 재료(목탄, 골탄, 혁탄)로 표면을 싼 뒤에 노속에 넣어 밀폐시켜 900~950℃로 오랫동안 가열하면 탄소가 재료의 표면에서 1mm 정도까지 침투시켜 강의 표면을 단단하게 하는 것.

③ **질화법** : 암모니아로 표면을 경화시키는 방법으로 질소가 철과 화합하여 굳은 질화물이 형성되어 경도가 크고 내마멸성과 내식성이 크다.

④ **화염 경화법** : 산소, 아세틸렌 불꽃을 이용하여 경도를 증가시키는 표면 경화법으로 금속 표면을 적열상태로 가열하여 냉각수를 뿌려 표면을 경화시키는 방법. 화염 경화법은 주로 대형 가공물에 이용된다.

⑤ **고주파 경화법** : 고주파 전류를 이용하여 경도를 증가시키는 표면 경화법으로 금속 표면에 코일을 감고 고주파/고전압의 전류를 흐르게 하여 표면이 가열된 후 냉각수를 뿌려 표면을 경화시키는 방법. 고주파 경화법은 담금질 시간이 짧아 복잡한 형상에 이용된다.

26 다음 중 리벳 크기를 나타낸 것은?
① 길이 × 면적
② 길이 × 무게
③ 지름 × 무게
④ 지름 × 길이

해설 리벳은 축 지름, 머리부의 지름, 머리부의 높이, 길이(깊이)로 표시한다.

27 자동차 프레임 손상 진단에서 프레임의 변형 부위 중 균열부분을 확인하고자 한다. 이 때 일반적으로 가장 먼저 확인할 부분은 어느 부분인가?
① 프레임의 수평부분
② 프레임의 밑부분
③ 프레임의 굴곡부
④ 프레임의 옆부분

28 다음 작업 중 성형에 속하지 않는 것은?
① 접기
② 굽히기
③ 펀칭
④ 오므리기

해설 성형이란 접기, 펴기, 굽히기 등으로 물체의 량은 그대로 두고, 형을 바꾸는 작업을 말하고, 펀칭, 용접 등은 가공에 속한다.

29 다음 가스절단 작업의 결함의 종류가 아닌 것은?
① 기공
② 드래그
③ 슬래그
④ 균열

해설 기공은 용착금속 속에 남아있는 가스에 의한 구멍으로 용접작업의 결함에 속한다.

30 자동차 보수도장에 있어서 도료의 건조장치 중 가장 바람직한 것은?
① 복사 대류에 의한 열풍 건조장치
② 복사에 의한 고온 다습한 열풍 건조장치
③ 습도가 많은 상온에서의 자연 건조장치
④ 고온 다습한 실내에서의 자연 건조장치

31 판금 공구의 특성 중 틀린 것은?
① 판금용 해머는 패널 수정 이외의 용도로 사용해서는 안 된다.
② 돌리는 패널모양에 맞추어 맞는 것을 골라 사용한다.
③ 해머, 돌리, 스푼 모두 다 접촉면이 매끄럽게 유지되어야 한다.
④ 스푼은 넓은 면을 수정하는 손잡이가 달린 돌리이다.

해설 스푼의 용도
① 강판의 굽힘 수정시 혹은 강판의 피트를 수정시
② 일반 돌리로 수리가 안되는 부분 수리시
③ 돌리의 블록이나 대용으로 사용
④ 중심 틈 사이에 넣어 지렛대 원리를 이용하여 패널부위를 교정
⑤ 해머에 의한 타격전달의 보조기구로 사용

32 각 차종의 조립에서 부품의 장착 방식이 다른 것은?
① 라디에이터 코어 서포트 어퍼
② 프런트 펜더 에이프런
③ 엔진후드
④ 대시패널

정답 26. ④ 27. ③ 28. ③ 29. ① 30. ① 31. ④ 32. ③

33 차체 손상 진단시 다음 보기와 같은 손상의 형태를 무엇이라 하는가?

> **보기**
> 일반적인 접촉사고 일 때 발생하기 쉬운 손상으로 피해 차와 가해 차는 평행으로 움직이고 있어, 피해 차와 가해 차를 구분하기 힘들다. 1차 충격에 의한 손상이 대부분이고, 2차 손상에 의한 손상이 적기 때문에 강판의 찌그러진 손상이 많은 것이 특징이다.

① 사이드 데미지 또는 브로드 사이드, 데미지
② 사이드 스위핑
③ 리어 엔드 데미지
④ 롤 오버

해설 차체 손상 형태 ① side damage : 옆 손상 ② broad side damage : 큰 옆 손상 ③ rear end damage : 뒤 끝 손상 ④ roll over : 전복

34 자동차, 냉장고, 가전제품 등 도막의 보호 미화에 쓰이는 것은?

① 메타릭 에나멜
② 헤머튼 에나멜
③ 축문 에나멜
④ 멜라민 에나멜

35 실링 건을 사용하여 충진 작업할 때 유의사항 중 옳지 않은 것은?

① 기포나 빈틈이 없어야 한다.
② 실러가 접합부 속으로 충진 되게 한다.
③ 모서리 부분은 멈추지 말고 빠르게 방향을 전환한다.
④ 방아쇠를 작동하며 건을 작업자 앞쪽으로 당기며 작업한다.

36 2차원 파손을 조절하고 승객의 안전성을 고려하여 모노코크 바디에 특별한 영역을 만들었다. 이를 무엇이라고 하는가?

① 전면부
② 중앙부
③ 크러시존
④ 후면부

해설 모노코크 보디의 승용차로서 충격에 대비하여 운전실을 튼튼하게 하고 자동차의 앞뒤쪽을 크러시 존으로 설계하여 부서지기 쉽게 함과 동시에 충격 흡수성이 높은 구조로 하여 승객이 받는 충격을 경감하도록 만들어진다.

37 자동차보수도장에서 가장 보편적인 도장 방법은?

① 에어 스프레이 도장
② 에어 레스 스프레이 도장
③ 정전 스프레이 도장
④ 가열 에어 스프레이 도장

해설 가장 보편적인 도장 방법은 압축공기를 사용하여 도장하는 방법이다. 즉, 압축공기를 구하기 쉽기 때문에 에어 스프레이 도장이 많이 사용된다.

38 모노코크 바디에는 전, 후 충돌 등의 충격을 받았을 경우에 사이드 멤버 자체가 변형하여 객실에 영향을 덜 미치도록 부분적으로 굴곡을 주는데 이것을 무엇이라고 하는가?

① 쿠션
② 킥업
③ 댐퍼
④ 스토퍼

해설 킥업이란 전, 후 충돌 등의 충격을 받았을 경우에 멤버 자체가 변형하여 차실에 영향을 미치는데 이를 덜 미치도록 부분적으로 만든 굴곡을 말함. 쿠션은 완충장치, 댐퍼와 스토퍼 : 힘이나 열전달을 막아주는 장치

39 자동차에서 도어의 구성요소가 아닌 것은?

① 후드
② 힌지
③ 첵
④ 로크

해설 후드는 자동차 앞부분의 엔진룸을 덮는 것으로 보닛이라고도 한다.

정답 33. ② 34. ④ 35. ③ 36. ③ 37. ① 38. ② 39. ①

40 가스용접기의 역화 원인이 아닌 것은?

① 팁의 끝이 과열되지 않았을 때
② 작업물이 팁의 끝이 닿았을 때
③ 가스 압력이 적당하지 않을 때
④ 팁의 조임이 완전하지 않았을 때

해설 역화의 원인
① 토치의 팁에 석회분이 끼었을 때
② 가스압력과 유량이 부적당할 때
③ 산소의 공급이 과다할 때
④ 토치의 팁이 과열되었을 때
⑤ 토치의 성능이 불량할 때

41 프레임 변형 교정기로 프레임 변형, 수정의 실작업 중 3요소에 해당 되지 않는 것은?

① 고정　　② 패널 수정
③ 인장　　④ 계측

해설 보디 수정의 3요소는 고정, 인장, 계측이다. 이것은 효과적인 수정작업을 위한 필수요건이다. 그리고 이것들을 제각기 별도의 작업으로 수행할 수 없으며, 상호 깊은 관련이 있으므로, 수정할 때에는 이 3요소를 일체로 생각해야 한다.

42 차체 치수도 설명 중 맞지 않는 것은?

① 언더바디는 측면도와 평면도로 구성
② 표시의 각 치수는 길이, 높이, 폭, 대각의 4종류
③ 계측개소는 우측이 대문자, 좌측이 소문자의 로마자로 계측 기준점 설정
④ 평면도에서 좌우의 멤버 관계는 높이의 정열 치수이다.

43 줄 작업의 종류가 아닌 것은?

① 직진법　　② 우진법
③ 병진법(횡진법)　④ 사진법

해설 줄질하는 방법에는 앞으로 밀어서 다듬질하는 직진법(直進法)과 줄을 오른쪽으로 기울여 앞으로 밀어서 절삭하는 사진법(斜進法), 공작

물의 길이 방향과 직각 방향으로 밀어서 다듬질하는 횡진법(橫進法)이 있다. 직진법은 다듬질의 최후에 하는 것이고 사진법은 거친 다듬질 또는 면 깎기 작업에 이용되며 횡진법은 좁은 곳의 최종 다듬질에 이용한다.

44 센터링 게이지를 사용하여 계측할 때 기준이 되는 항목이라 할 수 없는 것은?

① 센터 라인
② 데이텀 라인
③ 레벨
④ 아웃터 라인

해설 충돌 손상 분석의 4대 요소는 센터라인, 레벨, 데이텀, 치수이다.

45 효과적인 견인 작업에 있어 수정 작업의 순서와 견인 방향의 원칙과 거리가 먼 것은?

① 앞에서부터 견인 할 때에는 똑바르게 앞에서부터 견인 작업을 한다.
② 옆에서 견인할 때에는 바디에 대응하여 직각 방향으로 견인작업을 한다.
③ 경사지게 견인하면 힘이 분산되어 충분한 효과가 없다.
④ 힘이 가해진 장소에서 제일 단거리에서부터 복원한다.

46 차체부품을 제작할 때 판재를 작은 굽힘 반지름으로 굽힘선이 2개 이상 만나는 곳에서는 특히 주의를 해야 한다. 이때 무엇이 일어나기 쉬운가?

① 치수변형　　② 균열
③ 두께감소　　④ 재질변화

정답　40.①　41.②　42.④　43.②　44.④　45.④　46.②

47 프레임의 하체부 서스펜션과 프레임의 깊숙한 두 곳 사이의 측정, 보디의 대각선 측정 또는 프레임 사이드레일 길이 및 높이를 측정하는데 사용하는 측정기는?

① 프레임 센터링 게이지
② 트램 트래킹 게이지
③ 하이트 게이지
④ 서피스 게이지

해설 트램 트래킹 게이지의 용도
① 프론트 사이드 멤버의 직선 길이 측정 비교
② 프레임의 대각선 길이 측정 비교
③ 프론트 보디의 직선 또는 대각선 길이 측정 비교

48 벤치식 수정기와 바닥식 수정기의 설명 중 잘못된 것은?

① 바닥식 수정기는 바닥 공간 활용도가 높고 설치 시 바닥의 수평을 맞추어야 한다.
② 벤치식은 기종에 따라서 리프트 사용이 가능하다.
③ 벤치식은 벤치의 플랫폼이 계측의 기본이 된다.
④ 벤치식은 바닥의 레일이나 앵커에 의해 각종 도구를 이용하여 바디를 고정한다.

해설 벤치식 프레임 수정기의 특징
① 차종마다 전용의 지그 브래킷이 사용된다.
② 전용의 브래킷은 차체 고정과 계측이 동시에 이루어져 효과적이다.
③ 정밀도가 높은 작업을 짧은 시간 안에 할 수 있다.
④ 당기는 방향(각도)의 변경이 가능하다.
⑤ 벤치를 정반으로 사용할 수 있다.
⑥ 언더 보디의 정확한 높이의 측정이 가능하다.

49 판금 퍼티는 다음 중 어느 것이 주성분인가?

① 불포화 아크릴 수지와 안료
② 불포화 폴리에스텔 수지와 안료
③ 불포화 에폭시 수지와 안료
④ 불포화 알키드 수지와 안료

해설 주성분은 폴리에스터 수지와 체질안료이다. 폴리에스터 수지는 폴리에스터와 스티렌의 분자로 되어 있으며 이 둘은 곧 결합하는 성질이 있는데 이것을 촉진하는 것이 경화제이다.

50 계량 조색을 하기 위한 조색기기와 관계가 없는 것은?

① 전자저울
② 애지데이터 커버
③ 믹싱머신
④ 버프

해설 버프는 광택 작업의 보조 재료로 표면 고르기용으로 사용하는 타월 버프, 중간 연마로 사용하는 양모 버프, 마무리 면 고르기용으로 사용하는 스펀지 버프 등이 있다.

51 연삭기를 사용하여 작업할 시 맞지 않는 것은?

① 숫돌 보호덮개는 튼튼한 것을 사용한다.
② 정상적인 플렌지를 사용한다.
③ 단단한 지석(砥石)을 사용한다.
④ 공작물을 연삭숫돌의 측면에서 연삭한다.

해설 연삭숫돌의 측면 사용은 위험하므로 절대로 피해야 한다.

52 기계가공 작업 중 갑자기 정전이 되었을 때의 조치사항으로 틀린 것은?

① 전기가 들어오는 것을 알기 위해 스위치를 넣어둔다.
② 퓨즈를 점검한다.
③ 공작물과 공구를 떼어 놓는다.
④ 즉시 스위치를 끈다.

정답 47. ② 48. ④ 49. ② 50. ④ 51. ④ 52. ①

53 작업현장에서 재해의 원인으로 가장 높은 것은?

① 작업환경   ② 장비의 결함
③ 작업순서   ④ 불안전한 행동

해설 산업 재해는 사업장에서 우발적으로 일어나는 사고로 인한 피해로 사망이나 노동 능력을 상실하는 현상으로 천재지변에 의한 재해가 1%, 물리적인 재해가 10%, 불안전한 행동에 의한 재해가 89%이다.

54 렌치 사용시 주의 사항으로 틀린 것은?

① 렌치를 너트가 손상이 안 되도록 가급적 얕게 물린다.
② 해머 대용으로 사용해서는 안 된다.
③ 렌치를 몸 안쪽으로 잡아당겨 움직이게 한다.
④ 렌치에 파이프 등의 연장대를 끼우고 사용해서는 안 된다.

55 다음 중 안전표지 색채의 연결이 맞는 것은?

① 주황색 - 화재의 방지에 관계되는 물건에 표시
② 흑색 - 방사능 표시
③ 노란색 - 충돌, 추락 주의 표시
④ 청색 - 위험, 구급 장소 표시

해설 안전 색의 종류는 빨강·주황·노랑·녹색·파랑·보라·흰색·검정색의 8가지이다. 빨강색은 방화·정지·금지에 대해 표시하고 빨강색을 돋보이게 하는 색으로는 흰색을 사용한다. 주황색은 위험, 노란색은 주의, 녹색은 안전·진행·구급·구호, 파랑색은 조심, 보라색은 방사능, 흰색은 통로·정리, 또한 검정색은 보라·노랑·흰색을 돋보이게 하기 위한 보조로 사용한다.

56 차체수리 작업장에서 작업을 하다 다른 작업자가 감전되었을 때 최초 조치 사항으로 맞는 것은?

① 신속하게 감전자를 떼어 놓는다.
② 병원에 가서 담당 의사를 부른다.
③ 감독자를 급히 부르고 응급치료 한다.
④ 전원을 끊고 감전자를 안전하게 응급조치 한다.

57 차체수정 작업 시 센터링 게이지의 조작과 정비 시 주의 사항이다. 틀린 것은?

① 센터링 게이지는 센터 유니트(센터핀)를 중심으로 하여 서로 좌·우측으로 움직이는 두 개의 수직바에 의해서 작동된다.
② 센터 유니트의 조준 핀은 항상 게이지의 정확한 중심에 위치해 있어야 한다.
③ 게이지의 관리는 항상 청결을 유지하고 주기적으로 점검해 주어야 한다.
④ 게이지의 중심에 자리가 잡히지 않을 때는 먼지의 축적이나 내부 베어링의 손상 가능성에 대해서 점검한다.

해설 게이지의 조작과 정비시 주의사항
① 센터링 게이지는 센터 유닛을 중심으로 하여 서로 좌우측으로 움직이는 두 개의 수평 바에 의하여 작동된다.
② 센터 유닛의 조준 핀은 항상 게이지의 정확한 중심에 위치해 있어야 한다.
③ 게이지의 관리는 항상 청결을 유지하고 주기적으로 점검해 주어야 한다.
④ 게이지를 차량에 부착하기 전에 마그넷 키퍼를 분해한다.
⑤ 게이지를 설치하기 전에 스케일 홀더를 양손으로 잡고 센터 유닛 쪽으로 단단하게 밀어 준다.
⑥ 게이지의 중심에 자리가 잡히지 않을 때는 먼지의 축적이나 내부 베어링의 손상 가능성에 대하여 점검한다.
⑦ 폭의 조정이 필요하면 고정 스크루를 풀고 조정한다.

정답 53. ④ 54. ① 55. ③ 56. ④ 57. ①

58 다음 중 인화성 물질로만 짝지어진 것은?

① 이산화탄소 가스, 황산
② 인, 유황, 아세틸렌 산소
③ 가솔린, 알코올, 신나
④ 과산화물, 가솔린, 신나

59 차체수리 작업을 할 때 안전보호구 착용 중 잘못 설명한 것은?

① 드릴 작업할 손을 보호하기 위하여 장갑을 끼고 작업 한다.
② 그라인더 작업할 때 반드시 보안경을 착용한다.
③ 해머 작업할 때 귀마개를 착용한다.
④ 퍼티를 연마할 때 방진 마스크를 착용한다.

60 아크 용접 작업중의 안전 사항으로 틀린 것은?

① 슬래그 제거는 빨리 하여야 하므로 집게나 용접홀더로 제거한다.
② 보호구를 착용하여 스패터에 의한 화상을 방지한다.
③ 슬래그는 작업자 반대쪽으로 향하여 제거하여준다.
④ 안전 홀더를 사용하고 안전 보호구를 착용한다.

정답 58. ③ 59. ① 60. ①

2017 자동차차체수리기능사

2017년 제2회 복원문제

01 자동차의 여유 구동력에 관한 설명으로 틀린 것은?

① 최대구동력과 주행저항의 차이이다.
② 최고속도에서의 여유구동력은 영(0)이다.
③ 여유구동력은 가속이나 구배에서 사용된다.
④ 최고속도에서의 여유구동력은 최대값이 된다.

해설 여유 구동력
① 최대 구동력과 주행저항과의 차이를 말한다.
② 최고속도에서의 여유 구동력은 0 이다.
③ 여유 구동력은 가속이나 구배에서 사용된다.

02 배기관의 배압이 상승하는 원인으로 맞는 것은?

① 배기관의 막힘
② 오버사이즈 소음기
③ 2개로 설치된 테일 파이프
④ 새로 장착한 정품의 머플러

해설 배압은 엔진의 배기 행정 중 피스톤에 걸리는 배기가스의 압력으로 배기관이 많이 구부려졌거나 소음기의 구조가 복잡하여 배기가스의 흐름이 장애를 받으면 배압이 크고, 연소가스가 배출되기 어려워지기 때문에 엔진의 출력이 저하한다.

03 자동차의 수랭식과 공랭식 냉각장치 부품 중 공랭식 냉각계통에 있는 것은?

① 압력식 캡
② 서모스탯
③ 방열 핀
④ 라디에이터

해설 방열 핀(냉각 핀)은 공랭식 엔진의 실린더 등 장치를 냉각할 목적으로 장착한 지느러미 모양이며, 실린더 헤드나 실린더 블록에 설치하여 공기의 접촉 면적을 크게 하므로 냉각이 잘되도록 한다. 냉각 핀은 알루미늄 합금을 사용하며, 고주파 진동을 방지하기 위하여 리브(rib)를 만들어야 한다.

04 트럭 프레임의 일반적인 보강판 단면형이 아닌 것은?

① ㅁ형
② ㅅ형
③ ㄷ형
④ ㄴ형

05 일은 어떤 물체에 일정 크기의 힘을 작용시켜 힘의 방향으로 일정 거리만큼 움직였을 때 힘과 변위의 곱으로 나타난다. 다음 중 일을 나타내는 단위는?

① km/s
② kgf/s
③ kgf·m
④ kgf/m

해설 단위의 종류
① **속도** : m/s, m/min, km/h
② **가속도** : m/s², Gal, G
③ **힘** : N, dyn, kgf
④ **토크** : N·m, kgf·m
⑤ **압력** : Pa, bar, kgf/cm², atm
⑥ **일, 에너지, 열량** : J, kW·h, erg, kgf·m, PS·h, cal
⑦ **일률** : W, kgf·m/s, PS, kcal/h

정답 01. ④ 02. ① 03. ③ 04. ② 05. ③

06 자동차에서 토인 조정은 무엇으로 하는가?
① 타이로드 ② 스트러트 바
③ 컨트롤 암 ④ 스태빌라이저 바

해설 토인은 좌우 타이로드의 길이를 변화시켜 조정한다.

07 천장 외피의 효과와 가장 거리가 먼 것은?
① 방열 ② 방음
③ 방화 ④ 미관

08 전기회로에서 아래 그림이 나타내는 심벌의 명칭은?
① 릴레이
② 접지
③ 전구
④ 퓨즈

09 외력을 제거하면 원래의 상태로 돌아가는 것을 무엇이라 하는가?
① 탄성변형 ② 소성변형
③ 항복점 ④ 인장강도

해설 재료의 기계적 성질
① **인성** : 끈기가 있고 질긴 성질. 소성에 대한 저항이 크고 파괴되기까지의 변형량이 큰 성질.
② **전성** : 금속을 두드려서 얇은 판으로 넓게 펴질 수 있는 성질.
③ **연성** : 가느다란 선으로 늘일 수 있는 성질
④ **탄성** : 응력은 어느 한도 내에서는 가해진 하중을 제거하여 응력을 제거하면 변형이 없어져 재료가 원 상태로 복귀되는 성질.
⑤ **소성** : 외력을 가하면 변형이 되고 외력을 제거하면 원형으로 돌아오지 않고 다소의 변형을 남게 하는 성질
⑥ **항복점** : 탄성점을 지나 끊어지기 시작하는 점
⑦ **인장강도** : 인장력에 견딜 수 있는 강도. 인장 시험 결과 인장력에 의해 시험편이 절단되었을 때 최대 하중을 처음 시험편의 단면적으로 나눈 값으로 단위는 kgf/mm²를 사용한다.

10 자동차 엔진의 연료 소비율을 향상시키기 위한 대책이 아닌 것은?
① 동력 전달장치의 마찰감소
② 차체의 공기저항 감소
③ 차량 중량 저감
④ 엔진 냉각수 온도 저감

11 모재의 열변형이 거의 없으며, 이종 금속의 용접이 가능하고 미세세하고 정밀한 용접을 할 수 있으며, 비접촉식 용접방식으로 모재 손상을 주지 않는 특징을 가진 용접은?
① 산소 용접 ② 전기 용접
③ 레이저 용접 ④ 스터드 용접

해설 레이저 용접의 특징
① 용접 장치는 고체 금속형, 가스 방전형, 반도체형이 있다.
② 아르곤, 질소, 헬륨으로 냉각하여 레이저 효율을 높일 수 있다.
③ 원격 조작이 가능하고 육안으로 확인하면서 용접이 가능하다.
④ 에너지 밀도가 크고, 고융점을 가진 금속에 이용된다.
⑤ 정밀 용접도 가능하다.
⑥ 불량 도체 및 접근하기 곤란한 물체도 용접이 가능하다.

12 특정한 모양을 가진 물체를 도시한 그림으로 가장 옳은 것은?

① 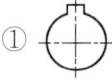 ②

③  ④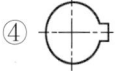

해설 일부분에 특정한 모양을 가진 것은 되도록 그 부분이 그림의 위쪽에 나타나도록 그리는 것이 좋다. 예를 들면 키 홈, 측벽에 구멍이 있는 실린더, 앤드 갭을 갖는 피스톤 링과 같이 특정한 홈을 갖는 것은 가급적 그 부분이 도면의 상부에 오도록 한다.

정답 06. ① 07. ③ 08. ② 09. ① 10. ④ 11. ③ 12. ①

13 다음 중 가장 경도가 높은 조직은?

① 시멘타이트 ② 마르텐사이트
③ 퍼얼라이트 ④ 오스테나이트

해설 강의 표준 조직에서 경도가 가장 높은 것은 시멘타이트이고 담금질 조직에서 경도가 가장 높은 것은 마르텐사이트이다.

14 자동차용 안전유리 중 접합유리에 속하는 것은?

① 부분 강화유리 ② 표준 강화유리
③ 플라스틱 유리 ④ 표준유리

15 100A이상 300A 미만의 아크용접 작업시 알맞은 차광유리의 규격은?

① 6~7번 ② 8~9번
③ 10~12번 ④ 13~14번

해설 차광도 번호와 용접 전류
아크 불빛은 적외선과 자외선을 포함하고 있어 눈을 보호하기 위하여 빛을 차단하는 차광 유리를 사용하여야 한다.
① 8번 : 45~75A ② 9번 : 75~130A
③ 10번 : 100~200A ④ 11번 : 150~250A
⑤ 12번 : 200~300A ⑥ 13번 : 300~400A

16 아크 용접봉에서 피복제의 작용이 아닌 것은?

① 슬래그가 되어 용융금속을 보호하고 냉각속도를 느리게 한다.
② 심선보다 빨리 녹으며, 산성 분위기를 만든다.
③ 용융금속과 반응하여 탈산 정련작용을 한다.
④ 용착금속을 양호하게 하기 위해서 작용된다.

해설 피복제의 역할
① 산소나 질소의 침입을 방지하고 용융 금속을 보호한다.
② 아크를 안정시킨다.
③ 박리성이 좋은 슬래그를 만든다.
④ 용접 금속의 탈산 및 정련 작용을 한다.
⑤ 용접 금속에 적당한 합금 원소를 첨가한다.
⑥ 용적을 미세화하고 용착 효율을 높인다.
⑦ 용융 금속의 응고와 냉각 속도를 지연시켜 준다.
⑧ 전기 절연 작용을 한다.
⑨ 파형이 고운 비드를 만든다.
⑩ 모재 표면의 산화물을 제거하여 완전한 용접이 되게 한다.

17 가스 용접에서 모재와 불꽃과의 거리는 대략 어느 정도로 하는 것이 좋은가?

① 0~1mm ② 2~3mm
③ 5~7mm ④ 10~15mm

18 기공 또는 용융 금속이 튀는 현상이 생겨 용접한 부분의 바깥 면에 나타나는 작고 오목한 구멍을 무엇이라 하는가?

① 플래시(flash) ② 피닝(peening)
③ 플럭스(flux) ④ 피트(pit)

해설 ① 플래시(flash) : 저항용접(플래시 용접)에서 과대 전류로 인하여 불꽃이 튀어 용접부가 패이는 것
② 피닝(peening) : 용접부의 변형을 경감시키고 잔류 응력을 완화시키며, 균열을 방지하기 위해 용접부위를 해머로 연속적으로 두드려 표면층을 소성 변형시키는 조작이다.
③ 플럭스(flux) : 용접할 때 산화물, 질화물 또는 기타 바람직하지 않은 성분이 형성되는 것을 방지하는 데 사용하는 가용성 물질 또는 기체.
④ 피트(pit) : 기공 또는 용융 금속이 튀는 현상이 생겨 용접한 부분의 바깥 면에 나타나는 작고 오목한 구멍

19 하나의 고용체로부터 2개의 고체가 일정한 비율로 동시에 나온 혼합물을 무엇이라고 하는가?

① 공정 ② 포석정
③ 공석정 ④ 편석정

정답 13. ① 14. ② 15. ③ 16. ② 17. ② 18. ④ 19. ③

해설 ① **공정**: 2개 이상의 금속이 융해 상태에서는 서로 잘 혼합되어 균일한 액체 상태를 형성하지만 응고 후에는 각각의 금속 성분이 분리 결정되어 기계적으로 혼합된 조직을 형성하고 있는 상태를 말한다.
② **포석정**: 포석 반응에 의해 생긴 혼합물을 말한다.
③ **공석정**: 하나의 고용체로부터 2개의 고체가 일정한 비율로 동시에 나온 혼합물을 말한다.
④ **편석정**: 용융 금속이 응고할 때 처음 응고하는 부분과 나중에 응고하는 부분과 조성이 달라지거나 불순물이 한 곳에 모인 혼합물을 말한다.

20 기계제도를 할 때 도면에 기입하여야 할 것이 아닌 것은?
① 용도 ② 가공 정밀도
③ 재료 ④ 치수

21 전기 용접할 때 발생 열량으로 알맞은 식은? [단, H(Cal), I(A), R(Ω), t(sec)]
① $H = (0.24)^2 I R t$
② $H = 0.24 I^2 R t$
③ $H = 0.24 I R^2 t$
④ $H = 0.24 I R t^2$

22 다음 합금 중에서 구리에 아연 8~20%를 첨가한 것은?
① 문츠메탈 ② 델타메탈
③ 톰백 ④ 포금

해설 비철 금속 재료
① **문츠 메탈**: 구리 60%에 아연을 40%정도를 합금시켜 인장강도를 향상시킨 6·4 황동이다.
② **델타 메탈**: 6·4 황동에 철을 첨가한 것으로 강도가 크고 내식성이 좋다.
③ **톰백**: 아연을 8~20% 함유한 것으로 연성이 크다.
④ **포금**: 구리 88%, 주석 10%, 아연 2%의 합금으로 내식성, 내마멸성이 우수하여 일반기계 부품, 밸브, 코크, 기어, 선박용 프로펠러 등에 사용된다.

23 금속 판재를 냉간 가공하면 결정입자는 어떤 조직으로 되는가?
① 입상 조직 ② 섬유 조직
③ 편상 조직 ④ 층상 조직

24 자동차의 구조 중 주로 차의 내부 패널용으로 사용되는 강판은?
① 열간압연 강판
② 열간압연 고장력 강판
③ 냉간압연 강판
④ 알루미늄 강재

해설 철강 재료
① **열간 압연 강판**: 프레임, 멤버, 디스크 휠 등에 사용되고 있는 1.6~6mm 두께의 비교적 두꺼운 강판으로서 800℃ 이상의 온도에서 열간 압연된 것. 약칭 열연 강판이라고도 한다.
② **고장력 강판**: 보통 강판에 비하여 인장강도가 크고 항복점이 높으며, 패널의 두께를 얇게 할 수 있어 자동차의 중량을 가볍게 할 수 있다.
③ **냉간 압연 강판**: 열간 압연 강판을 상온에서 다시 얇게 만든 것으로 강도 부재 이외의 차체 대부분에 사용하는 두께 0.5~1.4mm의 비교적 얇은 강판으로서 약하여 냉연 강판이라고 부른다. 열간 압연 강판을 롤(rolled)로 냉간 압연하여 규정된 두께로 열처리한 것. 승용차 보디의 대부분은 냉간 압연 강판을 사용하고 있다.
④ **알루미늄 강재**: 경량, 내식성이 우수하며, 라디에이터, 콘덴서, 이배퍼레이터 등의 열 교환기에 많이 사용되고 있다.

25 점용접에서 접합면의 일부가 녹아 바둑알 모양의 단면으로 된 부분을 무엇이라 하는가?
① 스폿(spot) ② 너겟(nugget)
③ 포일(foil) ④ 돌기(projection)

해설 ① **스폿**: 도금 또는 페인팅한 금속 표면에 반점이 나타나는 현상을 말한다.
② **너겟**: 스폿 용접의 타흔으로 스폿 용접에서 일부가 녹아 붙은 부분으로 바둑알 모양의 약간 들어가 있는 단면 부분이다. 너겟이 크면 그 만큼 용접의 강도도 강하다.
③ **포일**: 0.05mm 이하 두께의 금속판을 말한다.

정답 20. ① 21. ② 22. ③ 23. ② 24. ③ 25. ②

26 트렁크 리드 탈거 작업에 속하지 않는 것은?

① 리드 어셈블리
② 리드힌지 마운팅 볼트
③ 리드 레치 및 메인 와이어 링
④ 사이드 가니시

해설 사이드 가니시는 차체의 장식뿐만 아니라 돌이나 칩으로부터 보디 면을 보호하는 이중 역할을 한다.

27 승용차 손상 진단 시 자동차 앞면 좌·우측 끝에 외력이 가해졌을 경우 우선 1차적인 점검부위에 해당되지 않는 것은?

① 프런트 사이드 멤버와 크로스 멤버
② 라디에이터 서포트 중심과 좌우부위
③ 후드의 평면부위와 좌우부위
④ 쿼터 패널 부위

해설 쿼터 패널은 리어 필러와 센터 필러 사이에 설치되어 있는 기둥을 말한다.

28 다음 중 언더 바디(under body) 패널에 속하지 않는 것은?

① 프런트 플로어
② 리어 크로스 멤버
③ 센터 필러 패널
④ 사이드 멤버

해설 센터 필러 패널은 사이드 보디에 해당한다.

29 차체 치수도의 표시법에서 직선거리 치수가 아닌 것은?

① 엔진 룸
② 평면 치수
③ 언더 바디
④ 바디 사이드

30 생산라인에서 신차 도장의 일반적인 작업 방법을 순서대로 바르게 표시한 것은?

① 표면 처리 - 표면 수정 - 중간 도장 - 마지막 도장
② 표면 가공 - 초벌 도장 - 표면 수정 - 마지막 도장
③ 표면 처리 - 초벌 도장 - 중간 도장 - 마지막 도장
④ 표면 가공 - 수정 도장 - 표면 수정 - 마지막 도장

31 차체 수리시 패널부를 CO_2용접기로 맞대기 이음을 하려고 한다. 가장 알맞은 방법은?

① 스포트 용접   ② 연속 용접
③ 플러그 용접   ④ 필릿 용접

해설 ① **스포트 용접**: 점 용접으로 2개의 모재를 겹쳐놓고 대전류를 흐르게 하면 접촉 저항열에 의해 용융될 때 압력을 가하여 접합하는 용접으로서 자동차, 항공기에 많이 사용되고 있다. 스폿 용접은 두께 6mm 이하의 판재 용접에 적합하며 0.4~3.2mm가 가장 능률적이다.
② **연속 용접**: 겹치지 않고 끝과 끝을 맞대어 끊임없이 용접하는 방법으로 보통 길이가 30~40mm 정도의 길이로 계속해서 용접을 진행해 나가는 것.
③ **플러그 용접**: 패널의 구조상 스폿 용접을 할 수 없는 부분의 용접에 사용한다. 상판(上板)에 지름 4~8mm정도로 뚫린 구멍을 MIG 용접으로 그 구멍을 녹여 메우는 것(두께 1mm 이하: 지름 4~6mm, 두께 1~3mm: 지름 6~8mm)
④ **필릿 용접**: T자형의 용접을 말한다.

32 건조로에 있어 보편적인 열원의 전달 방식은?

① 대류와 복사   ② 전도와 대류
③ 복사와 전도   ④ 전도와 직사

정답 26. ④ 27. ④ 28. ③ 29. ② 30. ③ 31. ② 32. ①

33 지그 시스템을 사용하는 프레임 수정기 사용방법의 설명 중 잘못된 것은?
① 차체와 지그를 연결할 때에 볼트를 사용한다.
② 지그는 차종마다 같고 스트럿 타워만 교체한다.
③ 크로스멤버의 번호와 일치하는 지그를 사용한다.
④ 지그는 용접 작업을 하기 전에 정확하게 가조립을 할 수 있다.

해설 지그는 손으로서 나사 또는 핀을 고정하여 조정 사용하며, 차종에 따라 지그의 설치를 다르게 할 필요가 있다.

34 손상 차체의 계측작업에 사용되는 계측기의 종류가 아닌 것은?
① 센터링 게이지
② 유니버설 메저링 시스템
③ 오토 풀 시스템
④ 지그 벤치 시스템

35 차체 용접에서 용입 불량의 원인은?
① 용접 전류가 낮다.
② 용접 겹침이 너무 넓다.
③ 와이어 공급율이 너무 느리다.
④ 모재에 과도한 산소가 공급되었다.

해설 용입 불량의 원인
① 용접 전류가 낮다.
② 용접 속도가 빠르다.
③ 용접 홈의 각도가 좁다.
④ 용접봉의 선택이 부적합하다.

36 자동차 판금작업에 관한 설명으로 틀린 것은?
① 패널 부착 상태에 따라 일부를 절단하여 절단 이음 교환을 할 때가 있다.
② 절단 이음부는 맞대기 용접이나 겹침 용접을 한다.
③ 강도가 필요한 부위는 겹침 용접이나 보강판을 넣어서 맞대기 용접을 한다.
④ 용접은 산소 용접을 주로 하여 강판에 영향을 주지 않도록 한다.

해설 강판은 CO_2용접을 주로 하며, 강판에 영향을 주지 않도록 하여야 한다.

37 판금 제품을 보강 또는 장식을 목적으로 옆벽의 일부를 블록 나오거나 오목 들어가게 띠를 만드는 가공법은?
① 비딩(beading)
② 벌징(bulging)
③ 플랜징(flanging)
④ 컬링(curling)

해설 ① **비딩**(beading) : 옆벽의 일부를 블록 나오거나 오목 들어가게 띠를 만드는 가공법
② **벌징**(bulging) : 금형 내에 삽입된 원통형 용기 또는 관에 높은 압력을 가하여 용기의 입구보다 중앙부분이 굵은 용기로 만드는 작업을 말한다.
③ **플랜징**(flanging) : 제품을 보강하기 위해 또는 성형 그 자체를 목적으로 하여 판금의 가장자리를 굽혀 플랜지를 만드는 작업
④ **컬링**(curling) : 공작물 단말의 단면을 프레스나 선반 등으로 둥글게 하는 가공법

38 효과적인 프레임 교정술에서 힘의 성질로 옳은 것은?
① 물체의 중심을 벗어난 장소에 힘을 가하면 회전하려는 모멘트가 발생한다.
② 형태나 면적이 변화하는 부위에서 응력(힘)이 집중되어 파손이 되지 않는다.
③ 사고차 수리시에 충격(힘)을 받은 가까운 부위부터 수리하여 복원한다.
④ 순간적인 인장 작업을 하면 힘은 수리차의 전체로 전달된다.

정답 33. ② 34. ③ 35. ① 36. ④ 37. ① 38. ①

해설 힘의 성질
① 물체의 중심을 벗어난 장소에 힘을 가하면 회전하려는 모멘트가 발생한다.
② 형태나 면적이 변화하는 부위에서 응력(힘)이 집중되어 파손된다.
③ 사고 차 수리시에 충격(힘)을 받은 장소에서 제일 먼 거리에서부터 수리하여 복원한다.
④ 순간적인 인장 작업을 하면 힘은 수리 차의 비교적 좁은 범위로 전달된다.

39 스프레이건에서 방아쇠와 연동하여 분사되는 도료의 토출량을 조절하는 부품은?
① 캡
② 니들 밸브
③ 노즐
④ 패턴 조절장치

해설 니들 밸브는 트리거(방아쇠)를 당기는 것에 의해 도료 노즐을 열어 도료를 분출시키는 역할을 하며, 트리거를 당기면 공기가 먼저 흐르고 더욱 당기면 니들 밸브가 도료의 노즐을 열어 도료가 분출된다. 즉, 도료의 분출구 개폐와 분출량을 조절하는 부품의 명칭이다.

40 손상된 차체를 절단하고 연강판으로 차체를 제작할 경우 손상된 차체보다 어느 정도 크게 제작하는 것이 적당한가?
① 0.5 mm
② 1 mm
③ 1.5 mm
④ 2 mm

41 커터(cutter)란 무엇을 하는 공구인가?
① 앵글 등을 쇠줄로 절삭한다.
② 갈고 깎아내는데 쓰이는 공구이다.
③ 철판을 절단한다.
④ 도장작업을 하는데 쓰이는 공구이다.

42 판금퍼티 작업에서 주걱과 피도면의 작업 각도는 얼마가 적당한가?
① 5~15°
② 15~30°
③ 30~45°
④ 50~60°

43 자동차 도어 훅크 중 일반적으로 가장 많이 사용하는 방식은?
① 스핀들식
② 캠식과 슬라이드식
③ 랙크 피니언식과 훅크판식
④ 빗장과 코터식

44 트램 트래킹 게이지로 측정할 수 없는 부분은?
① 프레임 하체부 서스펜션과 전동장치 부위
② 프레임의 일그러진 상태
③ 프런트 사이드 멤버의 일그러짐이나 상·하로 휨 상태
④ 프런트 사이드 멤버의 좌·우로 휨 상태

해설 트램 트래킹 게이지로 측정이 가능한 항목
① 사이드 멤버의 일그러짐이나 상하로 굽은 상태
② 사이드 멤버의 좌우로 굽은 상태
③ 로어 암과 후드 레지의 위치
④ 로어 암 니백(knee back)
⑤ 리어 보디의 일그러진 곳과 상하의 힘
⑥ 프레임의 일그러진 상태
⑦ 프런트 서스펜션의 굽음
⑧ 리어 액슬의 흔들림
⑨ 옆으로 굽은 프레임의 앞 부위

45 가스 절단 시 산소의 순도가 저하될 때 나타나는 현상이 아닌 것은?
① 절단 속도 저하
② 산소 소비량 증대
③ 슬래그의 박리성 양호
④ 절단면의 거침

해설 산소의 순도가 저하될 때 나타나는 현상
① 절단 속도가 느려진다.
② 산소의 소비량이 많아진다.
③ 절단 개시까지의 시간이 길어진다.
④ 절단면이 거칠어진다.
⑤ 슬래그의 박리성이 나빠진다.

정답 39. ② 40. ③ 41. ③ 42. ③ 43. ③ 44. ① 45. ③

46 연산숫돌입자 중 탄화규소계 연삭재로서 초경합금, 유리연삭용이며 녹색인 것은?

① A ② WA
③ GC ④ C

[해설] 숫돌 입자의 용도
① 알루미나계 WA : 담금질강 연삭
② 알루미나계 A : 갈색이며, 일반 강재 연삭
③ 탄화규소계 GC : 녹색이며, 초경합금 연삭
④ 탄화규소계 C : 암자색이며, 주철, 자석, 비철금속 연삭

47 프레임 센터링 게이지에 의해 측정할 수 없는 것은?

① 프레임의 상하 휨
② 프레임의 좌우 휨
③ 프레임의 비틀림
④ 프레임의 접속부 이완

[해설] 센터링 게이지란 프레임의 중심부를 측정함으로써 프레임의 이상 상태를 진단하는 게이지로 측정할 수 있는 부위는 프레임의 비틀림, 상하 휨(굽음), 좌우 휨(굽음)의 측정이다.

48 자동차 도료는 자동차를 어떤 목적에서 피복하기 위하여 수지, 안료, 첨가제 등을 써서 만든 액체나 고체이다. 도료의 목적에 맞지 않는 것은?

① 보호 ② 미관
③ 상품가치 향상 ④ 강도

[해설] 도료는 물체의 보호, 미관 및 상품가치를 높이기 위한 목적으로 수지, 안료, 첨가제 등으로 만든 액체나 고체의 물질이다.

49 자동차 도료의 퍼티에 대한 설명으로 맞는 것은?

① 주제를 충분히 저어서 혼합한다.
② 한 번에 두껍게 여러 번 바른다.
③ 주제와 경화제의 혼합비는 10 : 3~4이다.
④ 패널 수정 후 패널면에 바로 바른다.

[해설] 퍼티 작업시 주의사항
① 가능한 한 얇게 칠한다.
② 계절에 맞는 퍼티를 사용한다.
③ 경화제를 규정량으로 조정한다.
④ 기공이 침투하지 않게 한다.
⑤ 두껍게 칠할 시에는 2~3회 나누어 칠한다.
⑥ 페더 에지 부분의 단차가 없도록 한다.

50 벤치식 프레임 수정장비의 설명으로 맞는 것은?

① 계측기준은 바닥이다.
② 바닥에 레일이 설치되어 있다.
③ 하체정비나 계측이 용이하다.
④ 다른 작업장으로도 사용이 가능하다.

[해설] 벤치식 프레임 수정기의 특징
① 차종마다 전용의 지그 브래킷이 사용된다.
② 전용의 브래킷은 차체 고정과 계측이 동시에 이루어져 효과적이다.
③ 정밀도가 높은 작업을 짧은 시간 안에 할 수 있다.
④ 당기는 방향(각도)의 변경이 가능하다.
⑤ 벤치를 정반으로 사용할 수 있다.
⑥ 언더 보디의 정확한 높이의 측정이 가능하다.

51 유류 화재시 소화방법으로 적합하지 않은 것은?

① 분말소화기를 사용한다.
② 물을 부어 끈다.
③ 모래를 뿌린다.
④ ABC 소화기를 사용한다.

[해설] 화재의 종류 및 소화기 표식
① A급 화재 : 일반 가연물의 화재로 냉각소화의 원리에 의해서 소화되며, 소화기에 표시된 원형 표식은 백색으로 되어 있다.
② B급 화재 : 가솔린, 알코올, 석유 등의 유류 화재로 질식소화의 원리에 의해서 소화되며, 소화기에 표시된 원형의 표식은 황색으로 되어 있다.
③ C급 화재 : 전기 기계, 전기 기구 등에서 발생되는 화재로 질식소화의 원리에 의해서 소화되며, 소화기에 표시된 원형의 표식은 청색으로 되어

정답 46. ③ 47. ④ 48. ④ 49. ① 50. ③ 51. ②

있다.
④ D급 화재 : 마그네슘 등의 금속 화재로 질식소화의 원리에 의해서 소화시켜야 한다.

52 평균 근로자가 500명인 직장에서 1년간 8명의 재해가 발생하였다면 연천인율은?

① 12 ② 14
③ 16 ④ 18

[해설] 천인율 = $\frac{\text{재해자수}}{\text{평균 근로자수}} \times 1,000$

$= \frac{8 \times 1000}{500} = 16$

53 수공구의 사용방법 중 잘못된 것은?

① 공구를 청결한 상태에서 보관할 것
② 공구를 취급할 때에 올바른 방법으로 사용할 것
③ 공구는 지정된 장소에 보관할 것
④ 공구는 사용 전·후 오일을 발라둘 것

[해설] 수공구 사용시 안전 수칙
① 수공으로 만든 공구는 사용하지 않는다.
② 작업에 알맞은 공구를 선택하여 사용할 것.
③ 공구는 사용 전에 기름 등을 닦은 후 사용한다.
④ 공구를 보관할 때에는 지정된 장소에 보관할 것.
⑤ 공구를 취급할 때에는 올바른 방법으로 사용할 것.

54 연삭작업 시 지켜야 할 안전수칙 중 잘못된 것은?

① 보안경을 반드시 착용한다.
② 숫돌의 측면을 사용한다.
③ 숫돌차와 연삭대 간격은 3mm 이하로 한다.
④ 정상 회전속도에서 연삭을 시작한다.

[해설] 연삭숫돌의 측면 사용은 위험하므로 절대로 피해야 한다.

55 전동공구를 사용하여 작업할 때의 준수사항이다. 올바른 것은?

① 코드는 방수제로 되어 있기 때문에 물이나 기름이 있는 곳에 놓아도 좋다.
② 무리하게 코드를 잡아당기지 않는다.
③ 드릴의 이동이나 교환시는 모터를 손으로 멈추게 한다.
④ 코드는 예리한 걸이에도 절단이나 파손이 안되므로 걸어도 좋다.

56 연료 주입과 관련된 안전관리 측면에 대한 설명 중 틀린 것은?

① 연료 주입구가 얼어서 열리지 않을 때는 주변의 얼음을 제거하고 빙점이 낮은 브레이크액을 부어 녹인다.
② 차량의 외부 표면에 연료가 떨어지면 도장이 손상될 수 있다.
③ 연료 주입구 캡을 닫을 때는 항상 안전하게 잠겼는지 확인해야 한다.
④ 연료를 주입하기 전에 항상 시동을 끄고 연료 주입구 주변에 화기를 가까이 하면 안된다.

57 스포트 드릴 커터의 드릴 끝 날을 만들어 줄 때 주의사항으로 틀린 것은?

① 드릴 날의 끝 부분을 천천히 들어 올리면서 날 끝의 경사를 만든다.
② 연마할 때 너무 무리하게 힘을 주게 되면 날 끝 부위가 타서 변색이 된다.
③ 드릴 날의 센터 부분을 평면으로 연마한다.
④ 드릴 날을 회전시킬 때 드릴 날의 중심이 연삭기의 중심으로부터 벗어나지 않게 한다.

정답 52. ③ 53. ④ 54. ② 55. ② 56. ① 57. ③

해설 일반적으로 드릴 날 끝 각도는 118°이다.

58 산소-아세틸렌 가스 용접시 가스의 압력은 얼마로 조정하는가?
① 산소 : 0.5~1 kgf/cm², 아세틸렌 : 0.5~1 kgf/cm²
② 산소 : 1~2 kgf/cm², 아세틸렌 : 0.5~1 kgf/cm²
③ 산소 : 2~5 kgf/cm², 아세틸렌 : 0.2~0.5 kgf/cm²
④ 산소 : 5~10 kgf/cm², 아세틸렌 : 0.2~0.5 kgf/cm²

59 소음과 진동이 많이 발생하는 컴프레서의 설치 장소에 대한 설명 중 적합하지 않은 것은?
① 습기가 적은 장소에 설치한다.
② 수평이고 탄탄한 마루면 위에 설치한다.
③ 온도가 쉽게 오르지 않고, 먼지나 불순물이 적은 장소에 설치한다.
④ 소음과 진동으로 시끄러우므로 작업장에서 멀고, 외부의 좁고 구석진 장소에 설치한다.

해설 컴프레서 설치 장소
① 직사광선을 피하고 환풍 시설을 갖추어야 한다.
② 습기나 수분이 없는 장소이어야 한다.
③ 실내 온도는 40℃ 이하인 장소이어야 한다.
④ 수평이고 단단한 바닥 구조인 장소이어야 한다.
⑤ 방음이고 보수점검이 가능한 공간이 있는 장소이어야 한다.
⑥ 먼지, 오존, 유해가스가 없는 장소이어야 한다.

60 귀마개의 선정 조건이 아닌 것은?
① 귀(외이도)에 잘 맞을 것
② 사용 중 심한 불쾌감이 없을 것
③ 사용 중 쉽게 빠지지 않을 것
④ 어느 정도 무게(중량)감이 있을 것

정답 58. ③   59. ④   60. ④

2018 자동차차체수리기능사

2018년 제1회 복원기출문제

01 앞 엔진 뒷바퀴 구동식 자동차에 비하여 앞 엔진 앞바퀴 구동식 자동차의 장점이 아닌 것은?

① 연료 소비율이 향상된다.
② 차실 바닥이 편평하므로 거주성이 좋다.
③ 차량 중량이 감소된다.
④ 자동차 앞뒤 중량 배분이 균일하다.

해설 앞 엔진 앞바퀴 구동식 자동차의 장점
① 실내의 유효 공간을 넓게 활용할 수 있다.
② 자동차를 경량화 하여 연료 소비율이 향상된다.
③ 자동차의 중심 위치가 앞에 있기 때문에 횡풍의 영향에 대하여 안전성이 양호하다.
④ 앞 바퀴로 구동하기 때문에 직진성이 양호하다.
⑤ 자동차의 중심 위치가 앞에 있기 때문에 제동시에 안전성이 양호하다.
⑥ 조향 방향과 동일한 방향으로 구동력이 전달되므로 조향 안정성이 양호하다.
⑦ 구동력이 외력의 저항을 상쇄하도록 작용하기 때문에 직진시 안정성이 향상된다.

02 국제단위계(SI)에서 회전력(torque)의 단위로 맞는 것은?

① N · m
② m/s²
③ m²/s
④ Pa

해설 ①은 회전력 단위, ②는 가속도 단위, ③은 동점도 단위, ④는 압력 단위이다.

03 다음 중 차체(body)가 갖추어야 할 일반적인 조건이 아닌 것은?

① 방청 성능이 우수할 것
② 진동이나 소음이 작을 것
③ 강도와 강성이 우수할 것
④ 프레임과 차체가 반드시 일체로 된 구조일 것

해설 차체의 요구 조건(성능)
① 가볍고 방청 성능이 우수할 것.
② 내구성이 우수할 것.
③ 충돌 안전 성능이 우수할 것.
④ 강도와 강성이 적절할 것.
⑤ 진동이나 소음이 적을 것.

04 자동차 휠 얼라인먼트에 대한 설명 중 틀린 것은?

① 뒷바퀴의 캠버는 뒷바퀴 토(toe)와 더불어 타이어 마모에 영향력이 있다.
② 마이너스 캠버와 토 아웃이 조합되면 타이어 트레드의 한쪽이 마모되기 쉽다.
③ 독립현가식 뒷바퀴 현가에서는 뒷바퀴의 캠버와 토는 차 높이에 따라 변화한다.
④ 주행 중 뒷바퀴 캠버가 크게 변해도 주행 중 안정성과는 상관없다.

05 긴 내리막길 주행 시 계속 브레이크를 사용하여 드럼과 슈가 과열되어 브레이크 성능이 현저히 저하되는 현상은?

① 페이드 현상
② 노스 다운 현상
③ 퍼컬레이션 현상
④ 베이퍼록 현상

정답 01. ④ 02. ① 03. ④ 04. ④ 05. ①

해설 ① **노스 다운** : 자동차를 제동할 때 바퀴는 정지하고 차체는 관성에 의해 이동하려는 성질 때문에 앞 범퍼 부분이 내려가는 현상을 말한다.
② **퍼컬레이션** : 기화기 뜨개실의 가솔린이 엔진룸의 온도가 비정상적으로 상승하는 등의 원인으로 흡기다기관에 유출되어 혼합기가 농후해지는 현상
③ **베이퍼록** : 액체를 사용하는 계통에서 열에 의하여 액체가 증기(베이퍼)로 변하여 어떤 부분이 폐쇄(lock)되므로 2계통의 기능을 상실하는 것.

06 빙점(Ice point)을 0°로 하고, 증기점(Steam point)을 100°로 하여 이 두 쟁점의 사이를 100등분한 온도를 무엇이라 하는가?

① 섭씨온도
② 화씨온도
③ 절대온도
④ 켈빈온도

해설 **온도의 정의**
① **섭씨 온도** : 물의 끓는점과 물의 어는점을 온도의 표준으로 정하여, 그 사이를 100등분한 온도눈금이다.
② **화씨온도** : 1기압 하에서 물의 어는점을 32, 끓는점을 212로 정하고 두 점 사이를 180등분한 온도눈금이다.
③ **절대 온도** : −273.15℃를 기점으로 섭씨의 눈금을 정한 온도를 말한다.
④ **켈빈** : 열역학적 온도 또는 절대 온도의 기호는 K. 열역학 제2법칙에 따라 정해진 온도로 이론상 생각할 수 있는 최저온도를 기준으로 하여 온도 단위를 갖는 온도를 말한다.

07 프론트 사이드 멤버로부터 리어 사이드 멤버에 이르는 보디 전체에 해당되는 것은?

① 리어 보디
② 펜더 보디
③ 사이드 보디
④ 언더 보디

해설 **보디의 구조**
① **프런트 보디**(front body) : 앞 엔진 자동차의 경우 엔진 이외에도 중요한 각 장치가 집결된 중요한 부분이다.
② **차실 부분** : 승용차의 경우 운전 조작 장치가 집결되어 있으며, 안전하고 쾌적한 실내 공간을 이룰 수 있도록 차량의 형식에 따른 설계 구조가 필요하다.
③ **리어 보디**(rear body) : 리어 펜더는 리어 보디의 주요 패널이며, 측면 뒷부분의 바깥쪽으로서의 기능과 병합되어 루프, 리어 필러, 리어 휠 하우징 리어 패널 및 플로어와 각각 용접으로 결합되어 있으며, 보디의 강도 유지상 중요한 부분이다.
④ **언더 보디**(under body) : 프런트 사이드 멤버로부터 리어 사이드 멤버에 이르는 보디 전체를 말한다.
⑤ **프런트 펜더**(front fender) : 펜더 후사경, 방향지시등 등이 부착되며, 자동차의 바퀴를 덮어 주행 시 흙탕물 등의 비산을 방지하는 외관 패널이다.
⑥ **사이드 보디**(side body) : 거의 대부분은 개구부로 구성되어 프런트 보디, 루프 등과 결합되어 각 실의 측면을 형성한다.

08 차체(body)에서 측면 충돌 시 안전성을 증가시키기 위해 도어(door) 내부에 설치한 보강재는?

① 스트라이커(striker)
② 힌지(hinge)
③ 도어 레귤레이터(regulator)
④ 임펙트바(impact bar)

해설 도어 본체는 골격이 되는 이너 패널에 강성을 높이기 위해 리인포스먼트(임팩트 바)를 보강하여 헤밍 가공으로 접합한 구조로 되어 있다.

09 전조등에서 실드 빔형이란?

① 렌즈, 반사경 및 전구를 분리하여 만든 것
② 렌즈, 반사경 및 전구를 일체로 만든 것
③ 렌즈와 반사경을 분리하여 만든 것
④ 반사경과 필라멘트를 분리하여 만든 것

해설 **전조등**
① **실드 빔형 전조등** : 내부에 불활성가스(아르곤 가스)를 넣고 밀봉하며, 필라멘트, 리플렉터(reflector ; 반사경), 렌즈를 일체화한 헤드램프
② **세미 실드 빔형 전조등** : 렌즈와 반사경은 일체이나, 전구는 별개인 헤드 램프

정답 06. ① 07. ④ 08. ④ 09. ②

10 피스톤 링의 3대 작용이 아닌 것은?

① 기밀유지 작용(밀봉작용)
② 오일제어 작용(오일 긁어내리기 작용)
③ 열전도 작용(냉각작용)
④ 피스톤 오일보급 작용

해설 피스톤링의 3대 작용은 밀봉작용, 열전도 작용, 오일 제어 작용이다.

11 탄소강에 함유하여 기계적 성질에 큰 영향을 주는 원소는?

① 규소   ② 탄소
③ 망간   ④ 인

해설 탄소강에 함유된 성분과 영향
① **망간(Mn)** : 황의 해를 제거하며, 고온 가공을 용이하게 한다. 강도, 경도, 인성을 증가하며, 고온에서 결정입자의 성장을 방해한다. 소성을 증가시키고 주조성을 좋게 하며, 담금질 효과를 크게 한다.
② **규소(Si)** : 강의 경도, 탄성한계, 인장강도가 증가된다. 연신율 및 충격값을 감소시킨다. 상온에서 가단성, 전성을 감소시키며, 결정입자가 거칠어진다.
③ **인(P)** : 강의 결정입자를 거칠게 하며, 상온에서 취성을 일으킨다. 경도와 강도를 증가시키지만 가공시 균열을 일으키며, 기공이 없는 주물을 만들 수 있다.
④ **황(S)** : 적열(고온) 취성을 일으키며, 인장강도, 연신율, 충격값이 저하된다. 강의 유동성을 방해하여 용접성이 나쁘며, 기공이 발생하지만 망간과 화합하여 절삭성을 개선한다.
⑤ **구리(Cu)** : 인장강도, 탄성한도를 높이고 내식성을 증가시키며, 압연시 균열을 일으킨다.
⑥ **가스** : 산소, 질소, 수소 등이 있으며, 산소는 적열 취성을 일으키고 질소는 경도와 강도를 증가시키며, 수소는 헤어 크랙의 원인이 된다.

12 용접하려는 두 개의 용접물 사이에 전류를 통하여 열을 발생시켜, 그 열로 용접할 면은 녹이고 위에서 가압시켜 압착 용접시키는 용접을 무엇이라 하는가?

① 전기 아크 스포트 용접
② 전압 변환 스포트 용접
③ 전류 접촉 스포트 용접
④ 전기 저항 스포트 용접

해설 전기 저항 용접의 종류
① **점(스포트) 용접** : 2개의 모재를 겹쳐 전극사이에 끼워 넣고 전류를 흐르게 하여 접촉면이 전기저항에 의하여 발열되어 접합부가 용융될 때 압력을 가해 접합시키는 용접.
② **시임 용접** : 용접부를 겹쳐 한 쌍의 롤러 사이에 끼우면 롤러의 회전에 의해 접합선에 따라서 연속적으로 용접하는 방법으로 점 용접의 전극 대신에 롤러 모양의 전극을 이용하여 접합하는 용접.
③ **프로젝션 용접** : 금속 전극의 돌기부에 접합부를 접촉시켜 압력을 가하고 전류를 통전시키면 전기저항 열의 발생을 비교적 작은 특정 부분에 한정시켜 접합하는 용접
④ **맞대기 용접** : 2개의 금속을 용접기에 설치하여 맞대고 전류를 통전시키면 접촉부가 전기저항 열에 의해 용융될 때 압력을 가해 접합시키는 용접.

13 다음 철광석 중 철분이 가장 많은 것은?

① 자철광   ② 적철광
③ 강철광   ④ 농철광

해설 철광석에는 자철광, 적철광, 갈철광, 능철광이 있으며, 순수한 것일 경우 철분의 함량은 자철광이 72.4%, 적철광이 70%, 갈철광이 59.9%, 능철광이 48.3%이다. 철광석은 철분이 40% 이상 이어야 하며, 불순물이 적은 것을 재료로 한다. 특히, 인과 황의 성분이 0.1%미만이라야 한다.

정답 10. ④   11. ②   12. ④   13. ①

14 가스 용접 장치의 취급상 주의사항 중 틀린 것은?

① 산소용기 연결부에 기름이나 그리스가 묻지 않도록 주의한다.
② 새 호스를 장착할 경우는 미리 호스 내부에 공기를 통과시켜 내부의 먼지 등을 제거한다.
③ 산소의 연결부 나사의 방향은 다른 가스와 혼동 되지 않도록 왼나사로 되어 있다.
④ 작업 종료 후 레귤레이터의 조정 나사를 풀어놓는다.

해설 아세틸렌의 연결부 나사의 방향은 다른 가스와 혼동되지 않도록 왼나사로 되어 있다.

15 맞대기 용접 이용에서 "I"형 이음에 해당되는 것은?

①  ②
③ ④

해설 ①의 기호는 H형, ②의 기호는 U형, ③의 기호는 I형, ④의 기호는 V형 이음이다.

16 5마일 범퍼에서의 충격흡수 기구로 적당하지 않는 것은?

① 스릴 방식
② 쇽업소버 방식
③ 에너지 흡수 폼 내장 방식
④ 허니컴 방식

해설 5마일 범퍼는 자동차가 5마일 이내의 속도로 추돌시에 원래대로 복원이 되는 범퍼를 말하며, 2005년 이후 국내에서 제작되는 승용차는 의무적으로 5마일 범퍼를 장착하여야 한다.

17 주조용 알루미늄 합금 중에서 Al – Si계 합금은?

① 실루민   ② Y합금
③ 로엑스 합금   ④ 라우탈

해설 알루미늄 합금
① **실루민**: 알루미늄-규소계 합금으로 기계적 성질이 우수하고 수축도 비교적 적으며, 주조성이 우수하여 실린더 헤드, 크랭크 케이스 등의 다이캐스팅에 이용된다.
② **Y합금**: 알루미늄, 구리, 마그네슘, 니켈의 합금으로 강인성을 가지고 있으나 높은 온도에서 열팽창 계수가 크다.
③ **로엑스 합금**: 실루민에 구리, 마그네슘, 니켈을 소량 첨가한 것으로 내열성이 좋고 열팽창계수가 Y합금보다 작아 피스톤 재료로 많이 사용된다.
④ **라우탈**: 알루미늄에 구리 4 %, 규소 5 %를 가한 주조용 알루미늄 합금으로 490~510 ℃로 담금질한 다음 120~145 ℃에서 16~48시간 뜨임을 하면 기계적 성질이 좋아진다. 열처리와 가공을 적당히 조합함으로써 두랄루민과 같은 정도의 강도를 갖는 것을 만들 수가 있다. 용도는 자동차·항공기·선박 등의 부품으로 사용된다.
⑤ **두랄루민**: 알루미늄, 구리, 마그네슘, 망간의 합금으로 가볍고 강인하여 단조용으로 우수한 재료로 항공기, 자동차보디의 재료로 사용된다.

18 용접 중에 용융 금속에서 녹은 금속 입자나 슬래그가 아크 힘으로 비산되어 나오는 현상을 무엇이라 하는가?

① 기공   ② 슬래그
③ 드롭플릿   ④ 스패터

해설 용접부의 결함
① **스패터**: 용해된 금속의 산화물 등이 용접 중에 비산(슬래그 및 금속입자) 모재에 부착된 것을 말함.
② **언더컷**: 용접에서 용접 전류가 과대하거나 용접봉이 가늘 때 생기는 용착 금속과 모재의 경계선에 오목 부분이 생기는 현상
③ **오버랩**: 용융금속이 모재와 융합되어 모재 위에 겹치는 현상
④ **기공**: 습기가 있는 용접봉을 사용한 경우, 모재에 불순물이 포함되어 있는 경우, 용접 전류가

정답 14. ③ 15. ③ 16. ① 17. ① 18. ④

과대한 경우, 용착 금속의 냉각 속도가 빠른 경우 등에 의해 가스가 배출되지 못하고 용착 금속에 잔류되어 구멍이 형성되는 현상이다.

19 용접법의 분류 중 융접(fusion welding)의 설명으로 틀린 것은?

① 용접하려는 두 금속을 국부 가열 용융시킨다.
② 용가재를 용융시켜 용접이 이루어진다.
③ 용접금속 표면에 산화막이 형성되어 접합을 촉진시킨다.
④ 용제(flux)를 사용하므로 슬래그(slag)가 형성된다.

해설 **용접의 종류**
① **융접** : 접합 부분을 용융 또는 반용융 상태로 하고 여기에 용접봉 즉 용가재를 첨가하여 접합하는 방법
② **압접** : 접합 부분을 열간 또는 냉간 상태에서 압력을 주어 접합하는 방법
③ **납접** : 접합하고자 하는 재료 즉 모재는 녹이지 않고 모재보다 용융점이 낮은 금속을 녹여 표면 장력으로 접합시키는 방법

20 전기저항 용접법의 일종으로 피 용접물에 동일한 크기로 여러 개의 돌기부에 전류를 집중시켜 흐르게 하여 저항 열로 용융시킴과 동시에 가압하여 접합시키는 방식을 무엇이라 하는가?

① 점(spot) 용접
② 시임(Seam) 용접
③ 프로젝션 용접
④ 버트 용접

해설 12번 해설 전기 저항 용접의 종류 참조

21 용접 결함에 속하는 것은?

① 언더컷과 오버랩
② 플럭스와 메탈론
③ 물턴 풀과 아크메탈
④ 블로홀과 너켓

해설 18번 해설 용접부의 결함 참조

22 알루미늄 합금 중에서 열팽창계수가 가장 작은 것은?

① 실루민
② 두랄루민
③ Y합금
④ 로우엑스(Lo-Ex)

해설 17번 해설 알루미늄 합금 참조

23 링 끝이 절개된 부분을 도면에 표시할 때 그 부분이 어느 쪽에 나타나도록 그리는 것이 옳은가?

①    ②

③    ④

해설 일부분에 특정한 모양 즉 키 홈이 있는 보스 구멍, 홈이 있는 관이나 실린더, 쪼개진 링 등을 가진 것은 그 부분이 그림의 위쪽에 나타나도록 그리는 것이 좋다.

24 아공석강은 탄소가 몇 % 함유된 강을 말하는가?

① 0.025~0.77%
② 0.25~0.77%
③ 0.77~2.0%
④ 2.0~4.3%

해설 아공석강은 0.025~0.77%C에서 생기는 페라이드와 펄 라이트의 조직이다.

정답 19. ③ 20. ③ 21. ① 22. ① 23. ① 24. ①

25 해칭의 원칙 중 잘못된 것은?
  ① 가는 선을 원칙으로 한다.
  ② 기본 중심선이나 기선에 대하여 60°기울기로 한다.
  ③ 2개 이상의 부품이 가까이 있을 경우에는 해칭 방향이나 기울기를 다르게 한다.
  ④ 해칭을 간단하게 하기 위하여 단면 가장자리를 연필 등으로 얇게 칠한다.

  해설 특별한 경우 외에는 45도로 하고, 다른 각도는 취하지 않는 것이 좋다. 단면상으로는 떨어져 있어도 실제로 이어져있는 부분은 같은 방향으로 해칭 한다.

26 에어 컴프레서 운행 시 점검해야 할 때의 현상과 관계없는 것은?
  ① 소정의 압력으로 상승되지 않을 때
  ② 운전 중 이상한 소리가 날 때
  ③ 운전 중 급정지 한 경우
  ④ 드레인 밸브 상단에 수분이 고일 때

27 판금용 수공구 중 접합용 공구는?
  ① 펀치   ② 스패너
  ③ 에어소오   ④ 꺾음대

  해설 판금용 수공구 중 접합용 공구에는 스패너와 드라이버 등이 있다.

28 패널을 부착 조정하는 방법이 옳은 것은?
  ① 후드와 도어는 원활한 개폐보다 간격과 단차가 맞으면 된다.
  ② 부착 조정 순서는 펜더, 프론트 도어, 리어 도어의 순서로 맞춘다.
  ③ 전장 부품을 탈거 할 때 배터리 케이블을 떼어내면 안 된다.
  ④ 범퍼, 그릴, 전장 부품은 부착 위치가 정해져 있다.

29 전단 가공의 종류 중 틀린 것은?
  ① 블랭킹   ② 스피닝
  ③ 펀칭   ④ 전단

  해설 전단 가공의 종류
  ① **블랭킹**(blanking) : 판재에서 펀치로서 소요의 형상을 뽑는 작업.
  ② **펀칭**(punching) : 판재에서 구멍을 만드는 작업으로 뽑힌 부분이 스크랩이 되고 남은 부분이 제품이 된다.
  ③ **시어링**(shearing) : 판재를 잘라서 어떤 형상을 만드는 작업.
  ④ **트리밍**(triming) : 판재를 드로잉 가공으로 만든 다음 둥글게 자르는 작업
  ⑤ **세이빙**(shaving) : 뽑기나 구멍 뚫기를 한 제품의 가장자리에 붙어 있는 파단면 등이 편평하지 못하므로 제품의 끝을 약간 깎아 다듬질하는 작업.

30 도료의 구성 성분이 아닌 것은?
  ① 수지   ② 유지
  ③ 안료   ④ 용제

  해설 도료는 수지, 안료, 용제 등의 3가지로 조성된다.

31 자동차 차체에 충격력을 받았을 경우 파손 및 변형되기 쉬운 곳 즉 응력 집중이 많은 곳을 나열하였다. 이에 속하지 않는 곳은?
  ① 코너부
  ② 패널 평면부
  ③ 두께가 반환된 곳
  ④ 구멍 뚫린 주변

  해설 충격력을 받았을 경우 쉽게 변형되는 부위 즉, 응력이 집중되는 부위는 구멍이 있는 부위, 곡선 부위, 단면적이 적은 부위, 패널과 패널이 겹쳐지는 부위 등이다.

정답 25. ② 26. ④ 27. ② 28. ④ 29. ② 30. ② 31. ②

32 외부 패널의 수리 방법의 설명 중에서 잘못된 것은?

① 소성 변형과 탄성 변형이 같이 있으면 소성 변형부를 먼저 수리한다.
② 변형부가 넓은 경우에는 급하게 힘을 가하지 않고 슬라이딩 해머 전체를 손으로 당기며 수정 작업하는 것이 쉽다.
③ 아우터 패널의 가늘고 긴 변형은 압축 작업을 하여 복원한다.
④ 프레스 선이나 각진 부분은 정을 이용하여 선에 비스듬히 기울여서 수정을 한다.

해설 프레스 라인 부위나 각진 부분의 수정 작업 시 정을 사용할 경우에는 프레스 라인 부위 및 각진 부위에 맞는 정을 사용하고, 프레스 라인 부위와 각진 부위를 해머와 정을 사용하여 수정할 때에는 비스듬히 기울여서 수정하는 것이 아니라 평행하게 해서 수정해 주어야 한다.

33 센터링 게이지로 차체의 손상 정도를 점검하였더니 높이는 일정하고, 첫 번째와 두 번째 센터 핀이 우측으로 기울었다. 이 사고차의 상태는?(단, 차체를 기준으로 판단)

① 상, 하 굽은 상태
② 비틀린 상태
③ 우측 굽은 상태
④ 길이 방향으로 변형

34 차체부품 제작 시 강판을 선택할 때 제일 먼저 고려해야 될 것은?

① 강판의 크기
② 강판의 두께
③ 강판의 모양
④ 강판의 재질

35 차체 수정 장비의 인장 작업에서 바디에 고정하여 인장을 하는 공구는?

① 앵커
② 체인
③ 클램프
④ 프레임

해설 인장 작업에 필요한 장비, 공구에는 풀러와 클램프, 안전 고리 등이 있다. 클램프를 바디에 고정한 상태에서 풀러를 사용해서 인장해준다.

36 전기저항 스포트 용접기의 시험 용접된 시편(3mm)을 탈거 후 너깃의 구멍 직경으로 가장 적합한 것은?

① 3mm 이상
② 7mm 이상
③ 10mm 이상
④ 15mm 이상

해설 스포트 용접 작업 시 시편을 사용해서 시험 용접을 할 때 시편을 탈거 후 한쪽 시편에 약 3mm 정도의 홀이 발생되었을 경우에 용접조건이 정확히 맞추어졌다고 할 수 있다.

37 자동차 보수 도장에 필요한 스프레이 건의 종류가 아닌 것은?

① 흡상식
② 압송식
③ 중력식
④ 분사식

해설 스프레이 건의 종류로는 ① 중력식 건 ② 흡상식 건 ③ 압송식 건이 있다.

38 그림에서 플랜지 가공 패널의 접합 방법이 맞는 것은?

①    ②

③ 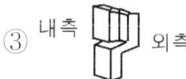   ④

39 도어 장착 후 단차를 조정하려 한다. 이때 조정해야 할 주된 부품은?
① 체크 링크
② 도어 래치
③ 도어 스트라이커
④ 도어 트림

해설 도어 스트라이커는 보디 측 필러에 설치되어 있으며, 도어를 장착한 후 단차를 조정할 수 있다.

40 차체 치수도에 포함되지 않는 것은?
① 언더 바디
② 윈도우
③ 사이드 바디
④ 엔진룸

해설 차체 치수도는 프런트 보디, 사이드 보디, 어퍼 보디, 언더 보디, 리어 보디, 엔진룸, 실내, 트렁크 룸 등을 기본으로 하여 정리되어 있다.

41 다음 중 모노코크 바디를 틀리게 설명한 것은?
① 충격 흡수 구조이다.
② 트럭에 많이 사용하는 프레임 구조이다.
③ 라멘 구조이다.
④ 차체를 일체형으로 용접한 구조이다.

해설 모노코크 바디는 프레임과 보디를 일체로 제작한 차체로서 현재의 승용차 대부분이 이 형식을 사용하고 있다. 중량을 가볍게 하고 차체강성을 높일 수 있으며, 바닥이 낮은 특징이 있으나 엔진이나 현가장치를 보디에 직접 지지하기 때문에 진동이나 소음을 억제하기가 어렵다.

42 래커계 도료의 건조방법 중 수지분자의 결합이 일어나지 않는 도료의 건조 방법은 무엇인가?
① 산화 중합건조
② 2액 중합건조
③ 용제 증발형 건조
④ 열중합건조

해설 건조형태에는 크게 용제 증발형과 반응형으로 나눈다. 반응형에서는 세부적으로 산화 중합건조, 열 중합건조, 2액 중합건조로 나눈다.
① 용제 증발형의 도료 : 래커, 하이솔리드 래커, 변성 아크릴 래커, 순수 아크릴 래커
② 산화 중합건조의 도료 : 유성계도료 중-장유성 알키드 수지도료, 열 경화 멜라민, 알키드, 열 경화 아크릴
③ 2액 중합건조의 도료 : 아크릴 우레탄, 속건 우레탄 등이 사용된다.

43 포트 파워의 기능이 아닌 것은?
① 누르기
② 당기기
③ 늘리기 및 분해 탈착
④ 자르기

해설 자르기는 커터의 역할이다.

44 새 부품의 준비에서 패널의 절단에 대한 설명 중 맞지 않는 것은?
① 차체 측의 절단면은 용접선을 최소화 되도록 한다.
② 겹치는 부분을 충분히 넓게 해서 조립할 때 위치 확인이 용이하게 한다.
③ 새 부품이 변형되지 않게 무리한 힘을 주지 않는다.
④ 절단은 쇠톱이나 에어 톱을 사용한다.

45 판금 가공용 재료의 구비조건이 될 수 없는 것은?
① 전연성이 풍부한 것
② 탄성이 풍부한 것
③ 항복점이 낮을 것
④ 소성이 풍부할 것

정답 39. ③ 40. ② 41. ② 42. ③ 43. ④ 44. ② 45. ②

해설 재료의 기계적인 성질
① 전성 : 눌렀을 때 넓게 퍼지는 성질
② 연성 : 가늘게 늘어나는 성질
③ 탄성 : 외력을 가하면 변형되고 외력을 제거하면 원래 상태로 돌아오는 성질
④ 항복점 : 탄성점을 지나 끊어지기 시작하는 점
⑤ 소성 : 외력을 가하면 변형이 되고 외력을 제거하면 원형으로 돌아오지 않고 다소의 변형을 남게 하는 성질

46 바디 프레임 수정용 기기에서 고정 장치의 조건이 아닌 것은?
① 어떤 차종이라도 고정할 수 있을 것.
② 힘을 가해도 비뚤어지거나 풀어지지 않을 것
③ 수직으로 고정할 수 있을 것
④ 고정점을 연결하여 일체화할 수 있을 것

47 자동차 사고 시 차체의 손상에 대한 진단을 할 때 착안해야 할 사항과 거리가 가장 먼 것은?
① 충돌 속도   ② 충돌 각도
③ 충돌 부위   ④ 충돌 거리

해설 차체 손상 진단의 목적은 사고에 의한 손상 발생이 상대 물체의 종류, 충돌속도, 충돌각도, 충돌부위 등에 의해 손상 범위가 다르므로 이를 정확히 진단하기 위함이다.

48 승용차에서 로어암과 후드레지의 관계 위치를 점검할 때 사용하는 게이지는?
① 센터링 게이지
② 트램 트랙킹 게이지
③ 드럼 게이지
④ 데이텀 라인 게이지

해설 트램 트랙킹 게이지로 용도
① 트램 트랙킹 게이지는 차의 길이를 측정하는 게이지이다.
② 프런트 사이드 멤버의 직선 길이 측정 비교
③ 프레임의 대각선 길이 측정 비교
④ 프런트 보디의 직선 또는 대각선 길이 측정 비교

49 자동차 판금 퍼티에 대한 설명 중 틀린 것은?
① 사용 전 주제에 1~3%의 경화제를 잘 섞는다.
② 5~10mm 정도의 깊이를 메우는데 쓴다.
③ 주제와 경화제를 혼합하면 10~30분 내에 굳는다.
④ 경화제는 구태여 혼합하지 않아도 된다.

해설 퍼티의 주성분은 폴리에스터 수지와 체질안료이다. 폴리에스터 수지는 폴리에스터와 스티렌의 분자로 되어 있으며 이 둘은 곧 결합하는 성질이 있는데 이것을 촉진하는 것이 경화제이다.

50 생산 라인에서 신차량 도장의 일반적인 작업방법을 바르게 나타낸 것은?
① 표면처리 - 표면수정 - 초벌도장 - 끝도장
② 표면가공 - 중간도장 - 초벌도장 - 끝도장
③ 표면가공 - 초벌도장 - 중간도장 - 마지막도장
④ 표면가공 - 중간도장 - 표면수정 - 마지막도장

51 재해사고 발생원인 중 직접 원인에 해당되는 것은?
① 사회적 환경
② 유전적 요소
③ 안전교육의 불충분
④ 불안전한 행동

해설 직접적인 원인은 인적 요인과 물적 요인이며, 간접적인 원인은 기술적 요인, 작업 관리의 잘못, 작업자의 신체, 정신적 결함, 안전교육 미실시 등이다.

정답 46. ③ 47. ④ 48. ② 49. ④ 50. ③ 51. ④

52 안전 보건표지의 종류에서 담배를 피워서는 안 될 장소에 맞는 금지표지는?

① 바탕은 노란색, 모형은 검정색, 그림은 빨간색
② 바탕은 파란색, 모형은 흰색, 그림은 빨간색
③ 바탕은 흰색, 모형은 빨간색, 그림은 검정색
④ 바탕은 녹색, 모형은 흰색, 그림은 빨간색

해설 금지 표지
① 특정의 통행을 금지시키는 표지이다.
② 출입금지, 탑승금지, 보행금지, 흡연금지, 차량통행금지, 화기금지, 사용금지, 물체 이동금지 8종
③ 적색 원형(바탕은 흰색, 기본 모형은 빨강색, 관련 부호 및 그림은 검정색)

53 운반 작업시의 안전수칙으로 틀린 것은?

① 화물 적재시 될 수 있는 대로 중심고를 높게 한다.
② 길이가 긴 물건은 앞쪽을 높여서 운반한다.
③ 인력으로 운반시 어깨보다 높이 들지 않는다.
④ 무거운 짐을 운반할 때는 보조구들을 사용한다.

해설 운반 작업에서 화물의 적재시는 될 수 있는 대로 중심고를 낮추어야 한다.

54 탭 작업상의 주의사항으로 틀린 것은?

① 손 다듬질 용 탭 작업시 3번 탭부터 작업할 것.
② 탭 구멍은 드릴로 나사의 골 지름보다 조금 크게 뚫을 것
③ 공작물을 수평으로 놓을 것
④ 조절 탭 렌치는 양손으로 돌릴 것

해설 손 다듬질용 탭 작업시는 1번 탭부터 작업하여야 한다.

55 도장 작업장의 안전수칙이 아닌 것은?

① 알맞은 방진, 방독면을 착용한다.
② 작업장 내에서 음식물 섭취를 금지한다.
③ 전기 기기는 수리를 필요로 할 경우 스위치를 꺼놓는다.
④ 희석제나 도료 등을 취급할 때는 면장갑을 꼭 착용한다.

해설 희석제나 도료 등을 취급할 때는 고무장갑을 착용하여야 한다.

56 차체수정 작업 시 해머 잡는 방법에 있어 주의사항이다. 틀린 것은?

① 손잡이와 어깨의 각도는 120°가 바람직하다.
② 해머의 손잡이를 새끼손가락에 힘을 주어 쥔다.
③ 중지와 약지는 보조적인 역할로 가볍게 원을 그리는 것 같이 쥔다.
④ 첫 번째와 두 번째의 손가락은 해머의 흔들림을 막는 역할로 손잡이의 측면에 가볍게 밀어 맞춘다.

57 가스 용접장치 정비 시 안전 유의사항으로 옳지 않은 것은?

① 공구를 다룰 때는 규정에 맞게 안전하게 작업하도록 주의한다.
② 공구는 항상 정리 정돈된 상태에서 사용하고, 깨끗이 닦고 충격을 가해서 푼다.
③ 압력용기는 튼튼하므로 용기의 나사가 풀리지 않을 때는 충격을 가해서 푼다.
④ 부품 교환 및 보수를 할 때는 동일한 부품 및 규격품으로 교환 및 보수를 하여야 한다.

정답 52. ③ 53. ① 54. ① 55. ④ 56. ① 57. ③

해설 용기를 취급할 경우에는 충격을 주거나 난폭하게 다루어서는 안된다.

58 정비공장에서 차체수리작업 할 때의 설명 중 잘못된 것은?

① 바디 프레임 수정기를 사용하여 인장 작업을 할 때에는 체인의 인장력 방향에서 작업을 한다.
② 용접 작업을 할 때에는 유리, 시트, 매트 등을 불연 내열성 커버로 보호한다.
③ 산소용접을 할 때에는 불꽃 점화를 위하여 이그나이터를 사용한다.
④ 연료탱크의 근처에서 용접작업을 하거나 화기를 사용할 때에는 반드시 탱크와 파이프를 분리하고 한다.

해설 바디 프레임 수정기를 사용하여 인장작업을 할 경우에는 체인 및 클램프의 이탈로 인해 작업자에게 치명적인 안전사고를 유발할 수 있으므로 인장력 방향에서 떨어진 안전한 위치에서 인장작업을 해야 한다.

59 차체가 부식 및 변색 될 우려가 있는 지역을 운행한 후에는 조속히 세차를 하여야 한다. 이에 해당되지 않는 것은?

① 바닷물에 접했을 때
② 눈이나 결빙으로 인한 도로 빙결 방지제 도포 구간 운행 후
③ 공장매연, 콜타르 지역 통과 후
④ 비포장 도로 운행 후

60 다음 중 가죽 안전화의 구비 조건 중 설명이 틀린 것은?

① 사이즈가 맞고 안전화 앞쪽 끝에 발가락이 닿지 않을 것
② 발이 편하고 기분이 좋으며 작업이 쉬울 것
③ 잘 구부러지지 않고 튼튼하여야 할 것
④ 기능이 편하고 가벼울 것

해설 안전화는 작업장소의 상태가 나쁘거나 작업 자세가 부적합할 때 발이 미끄러져 넘어져서 발생하는 사고 및 물건의 취급, 운반 시 취급하고 있는 물품에 발등이 다치는 재해로부터 작업자를 보호하기 위한 신발이다.
① 사이즈가 맞고 안전환 앞쪽 끝에 발가락이 닿지 않을 것
② 발이 편하고 기분이 좋으며 작업이 쉬울 것
③ 기능이 편하고 가벼울 것

정답 58. ① 59. ④ 60. ③

2018 자동차차체수리기능사

2018년 제2회 복원문제

01 자동차 전기장치에 관한 설명 중 틀린 것은?
① 자동차 전기장치에 전력을 공급하는 부품은 배터리와 발전기가 있다.
② 엔진 정지 시 전원은 배터리에 의해 공급되고 있다.
③ 엔진 시동 후 전원 공급은 발전기가 하지만 경우에 따라 배터리 전원도 사용한다.
④ 현재 대부분 승용차는 직류발전기를 주로 사용하고 있다.

해설 현재 대부분의 승용자동차는 교류 발전기를 주로 사용한다.

02 다음 여러 가지 일, 열량 및 에너지 단위 중에서 kcal로 환산이 되지 않는 것은?
① Btu   ② erg
③ kJ   ④ Pa

해설 Pa, hPa, kPa, MPa, bar는 압력을 나타내는 단위이다.

03 자동차 엔진의 유해가스 저감 대책과 직접적으로 관련되지 않은 것은?
① 촉매 변환기
② 더블 오버헤드 밸브
③ EGR 밸브
④ 캐니스터

해설 배출가스 정화장치
① **촉매 변환기** : 촉매를 이용하여 CO, HC, NOx 을 산화 또는 환원시키는 역할을 한다.
② **EGR 밸브** : 컴퓨터의 제어 신호에 의해 EGR 솔레노이드 밸브가 EGR 밸브의 진공 통로가 열려 배기가스 일부를 재순환시켜 연소 온도를 낮추어 질소산화물(NOx)의 배출량을 감소시킨다. 공전 및 워밍업시에는 작동되지 않는다.
③ **캐니스터** : 엔진이 작동하지 않을 때 증발 가스를 활성탄에 흡수 저장하고 엔진의 회전수 1,450 rpm 이상이고 냉각수 온도가 65℃ 이상이 되면 퍼지 컨트롤 솔레노이드 밸브의 오리피스를 통하여 서지 탱크로 유입된다.

04 다음 중 차체(body)를 구성하는 외장부품은?
① 프레임   ② 범퍼
③ 계기패널   ④ 시트

해설 범퍼는 차체 앞뒤쪽에 설치하는 보호 장치로 충돌시의 충격을 흡수하고 보디를 보호하며 장식의 기능도 겸하고 있다. 주로 범퍼 본체, 본체를 지지하고 보디에 연결하기 위한 암, 사이드부를 고정하는 축으로 구성되어 있다. 본체의 소재는 스틸에서 수지(PPPC 우레탄, FRP)까지 여러 종류가 있으며 충격 흡수 성능이나 복원력이 뛰어나고 자유롭게 디자인할 수 있는 수지 범퍼가 많이 사용되고 있다.

05 엔진이 운전석 아래에 설치된 형식으로 주로 버스나 트럭에 적용되는 차체형식은?
① 본닛(bonnet)형
② 캡오버(cab-over)형
③ 코치(coach)형
④ 노치백(notch back)형

정답 01. ④ 02. ④ 03. ② 04. ② 05. ②

해설 **차체 형상에 의한 분류**
① 보닛형 : 엔진이 운전실 앞쪽에 설치되어 있는 형식의 자동차를 총칭하는 용어이다.
② 캡 오버형 : 캡(캐빈 : 운전실)이 엔진 위에 있는 것으로서 엔진이 운전실이나 차실 밑에 설치되는 형식의 자동차를 총칭하는 용어이다.
③ 코치형 : 엔진이 차량의 뒤쪽에 튀어나오지 않게 설치된 형식으로 현재 버스는 이 형식으로 되어 있다.
④ 노치백형 : 리어 윈도와 트렁크 리드 사이의 경사면에 턱이 진 모양으로 되어 있는 형식의 자동차로, 뒷좌석 승객 머리 위의 공간이 넓고, 트렁크 룸이 크게 열리는 장점이 있으며, 세단에 많이 이용되고 있다.

06 프레임(frame)과 차체(body)를 일체형으로 구성한 대표적인 차체 형식은?

① 모노코크(monocoque)
② 픽업(pick up)
③ 사다리형 프레임
④ 섀시(chassis)

해설 **프레임(frame)의 종류**
모노코크는 프레임과 보디를 일체로 제작한 차체로서 현재의 승용차 대부분이 이 형식을 사용하고 있다. 중량을 가볍게 하고 차체강성을 높일 수 있으며, 바닥이 낮은 특징이 있으나 엔진이나 현가장치를 보디에 직접 지지하기 때문에 진동이나 소음을 억제하기가 어렵다.
① H형 프레임 : H형 프레임은 2개의 사이드 멤버에 여러 개의 크로스 멤버, 보강 판, 서스펜션 멤버 등의 설치용 브래킷류를 볼트나 아크 용접으로 결합하여 사다리 모양으로 제작한 프레임으로 일반적으로 버스나 트럭의 프레임에 사용한다.
② 페리미터형 프레임 : H형 프레임과 다른 점은 강성의 프레임이 승객 주위로 둘러싸여 있는 프레임으로 충돌시 승객을 보호할 목적으로 설계되었으며, 프레임 레일의 승객석 위치상의 각 코너마다 토크 박스라 불리는 구분 지역을 만들어 전면, 중앙, 후면이 연결되어 있다. 토크 박스들은 중앙부는 강하게, 전·후면부는 유연성 있게 유지하며, 외국의 대형 고급 승용차에 사용되고 있다.
③ X형 프레임 : X형 프레임은 사이드 멤버의 간격을 중앙으로 좁혀서 X형으로 한 것과 크로스 멤버를 X형으로 설치한 것이 있으며, X형재에 의해 프레임 전체의 굽힘 강성을 높이는 구조로 한 것이 있다.
④ 백본형 프레임 : 백본형 프레임은 하나의 굵은 상자형 강관이나 I형 빔으로 되어 있기 때문에 엔진 및 보디를 부착하기 위한 크로스 멤버나 브래킷을 고정한 것으로 바닥 면이 낮아지고 중심을 낮게 할 수 있어서 주로 승용차에 사용한다.
⑤ 플랫폼형 프레임 : 플랫폼형 프레임은 프레임과 보디 바닥 면을 일체로 한 것이며, 이것은 보디와 조합시켜서 큰 상자형 단면을 만든 것으로 보디와 함께 휨 및 구부러짐에 대한 강성이 크다.
⑥ 트러스형 프레임 : 트러스형 프레임은 강관을 용접하여 트러스 구조로 만들어 프레임화한 것으로 중량이 가볍고 강성이 크나 대량 생산에 부적합하다.

07 4행정 기관의 회전력에 관한 설명 중 가장 거리가 먼 것은?

① 엔진 회전력은 토크라고도 불린다.
② 수직력이 F, 수직거리가 r이면 토크 T는 수직력과 수직거리를 곱한 것과 같다.
③ 엔진의 회전속도가 N(rpm), 출력은 H(PS), 회전력이 T(kgf·m)라면 $T = \dfrac{716H}{R}$ 이 성립한다.
④ 엔진의 회전력은 힘 × 거리를 시간으로 나눈 값이다.

해설 엔진 회전력은 혼합기를 연소시켜 크랭크축을 회전시키는 힘으로서 폭발력 또는 배기량에 의해서 결정된다.

08 타이어 트레드 고무의 표면 마모 현상과 관계없는 것은?

① 얼라인먼트(토인, 토아웃)에 의한 횡력
② 커브를 돌 때의 횡력
③ 공기압, 하중, 속도, 도로상태 등의 사용조건
④ 하이드로 플래닝(hydro planing) 현상 시

정답   06. ①   07. ④   08. ④

해설 하이드로 플래닝은 수막 현상이라고도 하며, 물이 고인 노면을 고속으로 주행하면 타이어가 물에 약간 떠 있는 상태가 되므로 자동차를 제어할 수 없게 되는 현상을 말한다.

09 자재이음이란 두 개의 축이 어느 각도를 두고 교차할 때 자유로이 동력을 전달할 수 있는 장치를 말한다. 다음 중 자동차에서 주로 사용하는 자재이음의 종류가 아닌 것은?

① 슬립 조인트 ② 플렉시블 조인트
③ 등속 조인트 ④ 트러니언 조인트

해설 슬립 조인트는 추진축의 길이 변화에 대응하는 조인트로 변속기 출력축의 스플라인에 연결되어 자동차가 바운드될 때 미끄러지는데 이 때 추진축의 길이를 짧게 하고 일반적인 주행에서는 길이를 길게 한다.

10 국제단위계(SI 단위)에서 SI 단위의 접두어로 표시되는 것 중 접두어의 명칭, 읽는 방법, 단위에 곱해지는 배수를 나열한 것으로 틀린 것은?

① M : 메가 10^6
② μ : 마이크로 10^{-3}
③ G : 기가 10^9
④ n : 나노 10^{-9}

해설 SI 단위의 접두어
① da : 데카 10^1 ② h : 헥토 10^2
③ k : 킬로 10^3 ④ M : 메가 10^6
⑤ G : 기가 10^9 ⑥ T : 테라 10^{12}
⑦ P : 페타 10^{15} ⑧ E : 엑사 10^{18}
⑨ Z : 제타 10^{21} ⑩ Y : 요타 10^{24}
⑪ d : 데시 10^{-1} ⑫ c : 센티 10^{-2}
⑬ m : 밀리 10^{-3} ⑭ μ : 마이크로 10^{-6}
⑮ n : 나노 10^{-9} ⑯ p : 피코 10^{-12}
⑰ f : 펨토 10^{-15} ⑱ a : 아토 10^{-18}
⑲ z : 젭토 10^{-21} ⑳ y : 욕토 10^{-24}

11 가스 압접의 특징 중 맞지 않는 것은?

① 접합부에 탈탄층이 없다.
② 장치가 간단하여 시설 수리비가 싸다.
③ 작업자의 숙련도에 크게 좌우되지 않는다.
④ 용접봉과 용재를 필요로 한다.

해설 가스 압접의 특징 : 가스 압접은 맞대기 할 부분을 가스 불꽃으로 가열하여 적당한 온도가 되었을 때 압력을 가하여 접합하는 방법으로 산소-아세틸렌 불꽃이 많이 사용된다.
① 접합부에 탈탄 층이 없다.
② 전력이 필요 없다.
③ 장치가 간단하여 시설, 수리비가 싸다.
④ 작업이 기계적이므로 작업자의 숙련이 필요 없다.
⑤ 압접의 소요 시간이 짧다.
⑥ 접합부에 첨가 금속 또는 용제가 필요 없다.

12 그리기 어려운 원호나 곡선을 그리는데 사용하는 제도 용구는?

① 삼각자   ② 템플릿
③ 운형자   ④ 스케일

해설 제도 용구의 용도
① 삼각자 : 삼각형으로 된 자. 45°×45°×90°와 30°×60°×90°의 모양으로 된 2개가 1세트로 구성되어 있다.
② 템플릿 : 플라스틱이나 아크릴로 만든 얇은 판에 여러 가지 크기의 원 또는 타원 등과 같은 기본도형이나 각종 문자기호 등을 그리는 제도용구
③ 운형자 : 컴퍼스로 그리기 어려운 원호, 곡선을 그리는데 사용하는 제도용구
④ 스케일 : 길이를 잴 때 또는 길이를 줄여 그을 때 사용하는 제도용구

13 경도란 다음 중 무엇을 뜻하는가?

① 금속의 두꺼운 정도
② 금속의 굵은 정도
③ 금속의 단단한 정도
④ 금속의 두꺼운 정도

해설 경도는 재료의 단단한 정도를 나타내는 것으로서 내마멸성을 알 수 있는 자료가 된다.

정답   09. ①   10. ②   11. ④   12. ③   13. ③

14 탄소강의 설명 중 맞지 않는 것은?

① 담금질에 의하여 탄소강이 경화되는 정도는 탄소함유량, 담금질 온도, 냉각 속도에 변화한다.
② 탄소강의 탄소함유량은 0.3% 이상이어야 한다.
③ 산화방지를 위한 무산화 가열법에는 질소, 알곤 가스가 사용된다.
④ Cr, Ni, Mo를 함유한 합금강은 질량의 효과가 커 열처리가 잘된다.

해설 질량 효과(mass effect) : 담금질 시 재료의 크기에 따라 냉각속도가 내부와 외부가 다르기 때문에 경도 차이가 생기는 것을 말한다. 니켈-크롬-몰리브덴의 합금강은 내열성 및 담금질 효과가 커 크랭크축 재질로 사용된다.

15 전기저항 스포트 용접기를 사용하여 차체 패널의 양면 접합 작업 중 스파크가 발생하면서 차체 패널에 구멍이 발생하였다. 원인과 가장 거리가 먼 것은?

① 패널에 이물질이 부착되었다.
② 모재의 두께와 비교하여 전류가 낮다.
③ 전극 팁 끝에 카본의 과다 부착되었다.
④ 모재와 전극 팁에 접촉이 불량하다.

해설 모재의 두께에 비하여 전류가 낮으면 접합부가 용융 불량으로 접합이 불량하게 된다.

16 산소 봄베에 각인된 기호 T.P가 뜻하는 것은?

① 내압시험 압력
② 최고충전 압력
③ 용기 기호
④ 용기 중량

해설 T. P는 Test Pressure 의 약자로 내압시험의 압력을 뜻한다.

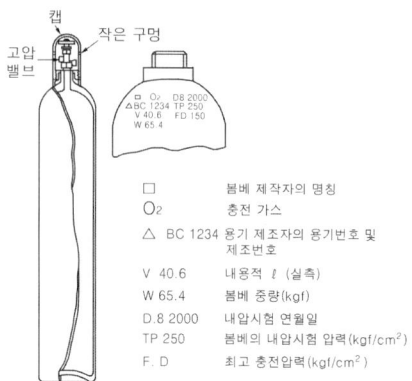

□　봄베 제작자의 명칭
O₂　충전 가스
△ BC 1234　용기 제조자의 용기번호 및 제조번호
V 40.6　내용적 ℓ (실측)
W 65.4　봄베 중량(kgf)
D.8 2000　내압시험 연월일
TP 250　봄베의 내압시험 압력(kgf/cm²)
F. D　최고 충전압력(kgf/cm²)

17 피복 금속 아크 용접시 용융속도에 관한 설명 중 관련 없는 것은?

① 단위 시간당 소비되는 용접봉의 길이
② 용융속도 = 아크전류 × 용접봉 전압강하
③ 아크의 전압
④ 단위 시간당 소비되는 용접봉의 무게

해설 용융속도는 단위 시간당 소비되는 용접봉의 길이 또는 중량으로 표시된다. 용접봉의 용융 속도는 전압에 관계없이 아크 전류에 정비례한다. 용융속도는 아크 전압의 변화 즉, 아크 길이에 거의 관계가 없는 것은 용융이 전극의 전압 강하에 수반되는 전력(용접봉의 전압강하 × 아크 전류)에 의한 것이기 때문이다.

18 홈 맞대기 용접의 용접부의 명칭 중 틀린 것은?

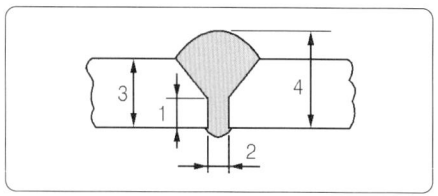

① 루트 면 - 1　② 루트 간격 - 2
③ 판의 두께 - 3　④ 살올림 - 4

해설 살 올림은 표면으로부터 용착금속의 맨 윗부분까지의 거리이다.

정답　14. ④　15. ②　16. ①　17. ③　18. ④

19 보기의 정면도를 보고 다음 중 평면도로 가장 적합한 투상도는?

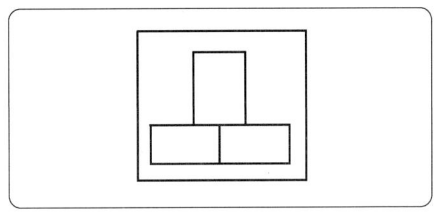

① 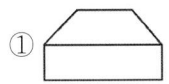 ②

③ 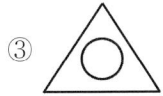 ④

[해설] 실제 모양은 다음과 같다.

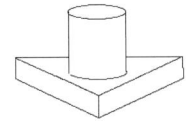

20 점 용접(spot welding)의 특징으로 틀린 것은?

① 작업 속도가 빠르다.
② 기술적인 숙련을 필요로 하지 않는다.
③ 표면을 평활하게 할 수 있다.
④ 용접 후 변형이 크다.

[해설] 점 용접의 특징
① 접합부의 표면을 평활하게 할 수 있다.
② 재료가 절약되고 작업 공정수가 줄어든다.
③ 작업 속도가 빠르다. 용접 후 변형이 거의 없다.
④ 기술적인 숙련이 필요 없다.
⑤ 가압의 효과에 의해 조직이 양호하다.

21 다음 황동의 설명 중 틀린 것은?

① 구리와 아연의 함유 비율에 따라 구분한다.
② 7-3 황동은 아연 70%, 구리 30% 이다.
③ 6-4 황동은 주황색을 띠며 인장강도가 높다.
④ 7-3 황동은 황금색을 띠며 연신율이 좋다.

[해설] 황동
① 황동은 아연이 40% 정도일 때 인장강도가 최대이며, 연신율은 아연이 30% 부근에서 최대가 된다.
② 황동은 구리와 아연의 함유 비율에 따라 구분한다.
③ **톰백** : 구리에 아연을 8~20% 함유한 것으로 연성이 커서 장식용에 사용되며 황금색이다.
④ **7-3 황동** : 황금색을 띠며, 아연이 30%인 합금으로 상온에서 전성이 있어 압연, 드로잉 등의 가공이 쉬우나 열간 가공은 곤란하다.
⑤ **6-4 황동** : 주황색의 띠며, 아연이 35~45% 인 합금으로 인장 강도는 크나 연신율이 작기 때문에 냉간 가공성이 나쁘다.

22 차체의 경량화와 함께 주행시 소음을 감소시키기 위해 사용되는 강판은?

① 양면처리 강판
② 아연도금 강판
③ 제진 강판
④ 단면처리 강판

[해설] 제진 강판은 방진 강판이라고도 하며, 두 장의 강판 사이에 합성수지를 끼워 넣어 강판의 진동을 흡수하고 차실 내의 소음을 낮추는 역할을 한다.

23 탄소에 의한 철강의 분류에 해당되지 않는 것은?

① 연강   ② 경강
③ 고탄소강   ④ 니켈

[해설] **탄소강**은 탄소의 함유량에 따라 **극저 탄소강**(0.03~0.12%), **저탄소강**(0.13~0.20%), **중탄소강**(0.21~0.50%), **고탄소강**(0.51~2.0%)이라 하며, 더욱 세분화하면 **극연강**(0.1%C 이하), **연강**(0.1~ 0.3%C), **반경강**(0.3~ 0.5% C), **경강**(0.5~ 0.8%C), **최경강**(0.8~ 2.0%C)으로 분류한다.

정답 19. ③ 20. ④ 21. ② 22. ③ 23. ④

24 착색이 용이하고 무색 투명하며, 표면이 강하고 내습성이 취약한 수지는?

① 엘라민 수지   ② 페놀 수지
③ 에폭시 수지   ④ 요소 수지

해설 **수지**
① **페놀 수지** : 페놀류와 포름알데히드류의 축합에 의해서 생기는 열경화성 수지이다. 제조공정에서 사용되는 촉매에 따라 노볼락과 레졸을 각각 얻는데, 전자는 건식법으로 후자는 습식법으로 경화된다. 주로 절연 판이나 접착제 등으로 사용된다.
② **에폭시 수지** : 에폭시기를 가진 수지로서 가공성이 우수하며, 비닐과 플라스틱의 중간정도의 수지이다.
③ **요소 수지** : 요소와 알데하이드류(주로 폼알데하이드)의 축합반응으로 생기는 열경화성 수지이다. 신장강도가 높고 잘 휘어지며, 열에 의한 비틀림 온도가 높다.

25 MIG 용접과 거의 같은 방식으로 불활성가스 대신 CO_2가스를 사용하며, 적당한 탈산제(Si, Mn)를 포함한 와이어를 사용하는 용접은?

① 테르밋 용접
② 서브머지드 용접
③ MIG 용접
④ 탄산가스 아크 용접

해설 **용접**
① **테르밋 용접** : 산화철과 알루미늄의 화학반응을 이용하여 생긴 고온의 화학 반응열을 이용하여 용접하는 방법
② **서브머지드 아크 용접** : 미세한 입상의 플럭스를 접합부에 부어 모아 그 가운데에 와이어를 송급하여 와이어와 모재와의 사이의 아크를 발생시켜 용접하는 방법으로 아크가 보이지 않아 잠호 용접이라고 한다.
③ **MIG 용접** : 고온에서도 금속과 반응을 하지 않는 불활성 가스(아르곤, 헬륨 등)의 분위기 속에서 금속봉을 전극으로 하여 모재와의 사이에서 아크를 발생시켜 접합시키는 용접

26 자동차가 사이드 레일이나 중앙 분리대 등에 고속 충돌시 발생하는 현상으로 차체가 꼬여 있는 것처럼 보이는 변형은?

① 종 변형   ② 횡 변형
③ 찌그러짐   ④ 비틀림

27 자동차 프레임 보강판의 끝 부분을 가늘게 다듬질 한 다음 직각으로 해서는 안 되는 이유를 설명한 것 중 바르지 못한 것은?

① 집중응력을 피하기 위하여
② 무게의 균형을 잡기 위하여
③ 균열을 피하기 위하여
④ 절손을 방지하기 위하여

해설 **보강 판의 끝부분을 둥글게 하는 이유**
① 균열을 방지하기 위해서
② 응력이 집중되는 것을 방지하기 위해서
③ 절손을 방지하기 위해서

28 모노코크 바디의 장점이다. 옳지 않은 것은?

① 일체로 된 구조이기 때문에 정비하기가 쉽고 간편하다.
② 일체형이기 때문에 충격 흡수가 높고 안전성이 크다.
③ 단독 프레임이 없기 때문에 차량 중량이 가볍다.
④ 점용접이 많이 사용되므로 정밀도가 높다.

해설 **모노코크 보디의 장점**
① 자동차를 경량화 시킬 수 있다.
② 실내공간이 넓다.
③ 충격 흡수가 좋다.
④ 정밀도가 커서 생산성이 높다.
◆ **모노코크 보디의 장점**
① 소음 진동의 전파가 쉽다
② 충돌시 하체가 복잡하여 복원 및 수리가 어렵다
③ 충격력에 대해 차체 저항력이 낮다.

정답   24. ①   25. ④   26. ④   27. ②   28. ①

29 변형된 패널을 추가 고정 없이 한쪽만 당기면 어떠한 현상이 발생 하는가?

① 인장력이 작용한다.
② 전단력이 작용한다.
③ 모멘트가 작용한다.
④ 압축력이 작용한다.

해설 추가 고정의 효과
① 기본 고정을 보강한다.
② 모멘트 발생을 제거한다.
③ 지나친 인장을 방지한다.
④ 용접부를 보호한다.
⑤ 힘의 범위를 제한한다.

30 두꺼운 도막을 급격히 가열했을 때 발생할 수 있는 결함은?

① 크레이터링
② 핀홀
③ 흐름
④ 침전

해설 도장의 결함
① **크레이터링** : 도장 표면에 오일, 왁스, 물 등이 있는 상태에서 도장하면 도료가 상도로 떠오르면서 구멍이 생기는 현상
② **핀홀** : 도장 후 세팅타임을 적절하게 주지 않고 급격히 온도를 올린 경우, 증발속도가 빠른 속건 시너를 사용할 경우, 하도나 중도에 기공이 잔재해 있을 경우, 점도가 높은 도료를 플래시 타임 없이 두껍게 도장할 경우에 발생한다.
③ **흐름** : 점도가 낮은 도료를 한 번에 두껍게 도장하거나 증발속도가 늦은 지건 시너를 많이 사용하였을 경우, 스프레이건의 운행속도 불량이나 패턴 겹치기를 잘 못하였을 경우 발생한다.

31 차체 부품 제작시 리벳 구멍의 지름은 리벳 몸체 지름보다 어느 정도 크게 하는가?

① 1~1.2mm
② 2~2.2mm
③ 3~3.2mm
④ 4~4.2mm

해설 리벳팅 작업에서 리벳 구멍은 리벳의 지름보다 1~1.5mm 정도 크게 하여야 한다.

32 패널의 용접 이음 방법 중 그 종류가 아닌 것은?

① 스포트 용접
② 미그(MIG) 용접
③ 납접
④ 볼트 접합

해설 볼트 접합은 기계적인 접합법이다.

33 펜더 탈거 작업에 속하지 않는 것은?

① 헤드램프
② 프런트 휠 가드
③ 범퍼 커버 사이드 마운팅 볼트
④ 토션 바

해설 토션바는 스프링 강으로 만들며, 가늘고 긴 막대 모양으로 비틀림 탄성을 이용하여 완충 작용을 하는 스프링이다.

34 다음 도료 중 녹의 발생 방지 및 후속으로 칠할 도료와 밀착을 좋게 하는 성능을 가진 것은?

① 서페이서
② 프라이머
③ 퍼티
④ 실러

해설 도료의 용도
① **서페이서** : 프라이머 위에 도장하는 중도 도료로서 상도에 표면을 평평하고 매끈하게 하는 평활성을 유지하고 상도 용제를 차단하며, 층간 부착성을 제공하는 역할을 한다.
② **프라이머** : 도료를 여러 번 중복으로 칠하여 도막층을 만들 때 녹의 발생 방지와 후속으로 칠할 도료와 밀착성을 향상시키기 위한 목적으로 처음 밑바탕에 칠하는 도료.
③ **퍼티** : 움푹 패인 곳을 메우는데 사용하는 고체성분이 많은 도료를 말한다.
④ **실러** : 도장용 실러도 있지만 판금 공정에서는 용접 패널의 접착부(이음매)에 바르는 코팅제를 말하며, 도장용 실러는 최대의 접착력 및 지지력을 주며 샌드 스크래치 스웰링을 방지하기 위하여 프라이머 · 프라이머 서페이서 또는 기존의 피니시와 새로운 페인트 코트 사이에 칠하는 특수한 언더 코트

정답   29. ③   30. ②   31. ①   32. ④   33. ④   34. ②

35 연성이 풍부한 강, 니켈, 알루미늄, 구리 및 이들 합금의 얇은 판으로 원통형, 각 기둥형, 원뿔형 등의 용기를 성형하는 가공은?

① 엠보싱　　② 플랜징
③ 드로잉　　④ 벌징

해설 ① **엠보싱**(embossing) : 기계 부품 등에 장식과 보강을 위해 냉간가공으로 파형의 홈을 만드는 압축 가공을 말한다.
② **플랜징**(flanging) : 제품을 보강하기 위해 또는 성형 그 자체를 목적으로 하여 판금의 가장자리를 굽혀 플랜지를 만드는 작업
③ **드로잉**(drawing) : 평평한 금속판재를 펀치로 다이 공동부(cavity)에 밀어 넣어 원통형이나 각 기둥형, 원뿔형 제품을 만드는 공정
④ **벌징**(bulging) : 원통 용기의 입구는 그대로 두고 아래 부분을 볼록하게 가공하는 방법이다. 튜브나 드로잉 된 제품을 2차로 성형하는 공정으로 제품의 외형을 변형시키는 가공이다.

36 퍼티는 경화제를 섞은 후 건조 속도가 빠르기 때문에 얼마의 시간 내에 작업하는 것이 가장 적합한가?

① 1~5분　　② 5~10분
③ 20~30분　　④ 30~40분

37 가스절단 결함 중 균열의 원인이 아닌 것은?

① 탄소 함유량이 많다.
② 합금 성분이 많다.
③ 불꽃이 너무 강하다.
④ 모재의 예열이 충분하지 못하다.

38 도막 형성 주요소가 증발한 후 고체의 도막형성요소가 도막으로 되는 건조 방법은?

① 휘발 건조　　② 산화 건조
③ 냉각 건조　　④ 중합 건조

해설 휘발 건조의 구성은 도막형성 주요소가 증발한 후 고체의 도막으로 된다. 산화 건조의 구성은 도막형성 요소는 공기 중의 산소를 흡수하여 산화하며, 이로 인해 중합이 일어나 고화하며, 난용 난용성의 도막이 얻어진다. 중합 건조의 구성은 도막형성 요소는 중합 고화하여, 난용 난용성의 도막이 얻어진다.

39 포트 파워(port-power)라 불리는 유압 바디 잭의 구성 요소가 아닌 것은?

① 유압 펌프　　② 고압 호스
③ 체인 블록　　④ 스피드 커플러

해설 유압 보디 잭은 유압 펌프, 고압 호스, 스피드 커플러, 램(유압 실린더) 어태치먼트 등으로 구성되어 있으며, 펌프의 유압을 받아 밀고, 당기고, 넓히는 작업을 할 수 있는 바디 프레임 수정용 기기이다.

40 모노코크 차체에서 충돌이 일어나면 그 충돌력이 어떤 모양으로 충돌점에서 퍼져 나가는가?

① 원뿔형　　② 사각형
③ 원형　　④ 직선형

해설 모노코크 차체에서 충돌이 발생하면 충돌력은 세기가 클수록 충돌점에서 원뿔의 각도가 작은 형태로 전파된다.

41 금속재료에 굽힘 가공을 할 때 외력을 제거하면 원래의 상태로 되돌아가는 현상을 무엇이라 하는가?

① 소성　　② 이방성
③ 방향성　　④ 스프링 백

해설 ① **소성** : 외력을 가하면 변형이 되고 외력을 제거하면 원형으로 돌아오지 않고 다소의 변형을 남게 하는 성질.
② **이방성** : 재료를 압연, 인발, 압출의 가공을 했을 때 방향에 따라서 기계적 성질이나 결정 등이 달라지는 경우가 있음. 이와같은 성질을 말함.
③ **방향성** : 방향을 나타내는 특성 또는 방향에 따라 제약되는 특성
④ **스프링 백** : 굽힘 가공을 할 때 가한 힘을 제거하면 판의 탄성에 의해 탄성 변형부분이 원 상태로 되돌아가 굽힘 각도나 굽힘 반지름이 커지는 것

정답 35. ③　36. ②　37. ③　38. ①　39. ③　40. ①　41. ④

42 전기 저항 스포트 용접기의 타점 간격은 1mm 판일 때 강도상 필요한 최저 간격은 얼마인가?

① 0.5~5mm ② 1~10mm
③ 5~15mm ④ 20~25mm

해설 스포트 용접의 타점 간격
① 너겟과 너겟의 최소거리 : 20~25mm
② 너겟과 너겟의 최대거리 : 40~45mm

43 프레임 센터링 게이지를 설치할 때 고려해야 할 사항이 아닌 것은?

① 차체를 4개 부분으로 구분하여 설치한다.
② 센터 사이팅 핀을 정확하게 설치한다.
③ 크로스 바의 설치 지점을 확인하고 설치한다.
④ 기준 참조점에 파손이 없으면 설치하지 않는다.

해설 센터링 게이지란 프레임의 중심부를 측정함으로써 프레임의 비틀림, 상하 휨(굽음), 좌우 휨(굽음) 등을 측정하여 이상 상태를 진단하는 게이지이다. 따라서 기준 참조점에는 파손이 없어야 프레임 센터링 게이지를 설치할 수 있다.

44 변형된 패널을 원상 복구하기 위한 작업설명 중 ( )안에 가장 적합한 것은?

패널 뒷면에 ( )을 대고, 앞면에서 ( )로 치는 것이다.

① 돌리, 해머 ② 해머, 돌리
③ 해머, 해머 ④ 돌리, 돌리

45 트램 게이지로 측정할 수 없는 것은?

① 로어 암의 니백의 점검
② 상하 굽음의 점검
③ 센터 라인
④ 개구부의 점검

해설 트램 트랙킹 게이지의 용도
① 트램 트랙킹 게이지는 차의 길이를 측정하는 게이지이다.
② 프런트 사이드 멤버의 직선 길이 측정 비교
③ 프레임의 대각선 길이 측정 비교
④ 프런트 보디의 직선 길이 측정 비교
⑤ 프런트 보디의 대각선 길이 측정 비교

46 프레임 기준선에 의하여 데이텀 라인 게이지로 변형 상태를 점검할 때 주의할 사항이 아닌 것은?

① 바디(body) 치수도를 활용할 것
② 계측기기의 손상이 없을 것
③ 차체를 회전시키면서 점검할 것
④ 수평으로 확실하게 고정할 것

해설 데이텀 라인 게이지 : 프레임 기준선에 의해 프레임 각부 높이의 이상 상태를 점검 측정하는 게이지는 데이텀 라인 게이지이다. 계측작업의 요점으로는 수평으로 확실히 고정, 계측기기에 손상이 없을 것, 보디 치수 자료의 활용 등 3가지 사항을 주의할 필요가 있다.

47 도장 부스의 기능이 아닌 것은?

① 유기용제로부터 작업자를 보호한다.
② 다른 곳으로부터 도료 비산을 이루게 한다.
③ 먼지, 오물 등의 접촉을 차단한다.
④ 오염된 공기를 여과한다.

해설 도장 부스의 기능
① 비산되는 도료의 분진을 집진하여 환경의 오염을 방지한다.
② 도장할 때 유기 용제로부터 작업자를 보호한다.
③ 전천후 작업을 가능케 한다.
④ 피도장물에 먼지, 오염물 등의 유입을 방지한다.
⑤ 도장의 품질을 향상시키고 도막의 결함을 방지한다.
⑥ 도장 후 도막의 건조를 가속화시킨다.

정답 42. ④ 43. ④ 44. ① 45. ③ 46. ③ 47. ②

48 스프레이 건과 피도물 사이의 거리로 가장 적당한 것은?

① 1~5cm   ② 5~15cm
③ 15~25cm   ④ 30~50cm

[해설] 보수 도장할 때의 조건.
① 공기 압력이 3~4kgf/cm²
② 스프레이 건의 패턴이 중첩되는 부분이 1/3정도
③ 스프레이건과 피도물의 거리는 20~30cm
④ 작업장의 온도는 17~23℃ 유지
⑤ 스프레이건의 이동속도는 2~3m/s

49 자동차의 프레임 교정에서 차체 치수(규정 치수)가 정확하지 않으면 일어나는 현상이 아닌 것은?

① 타이어 편 마모
② 주행 중 핸들이 떨림
③ 휠 얼라인먼트와 무관함
④ 단차 및 간극 불량으로 소음 발생

[해설] 차체의 치수가 정확하지 않으면 휠 얼라인먼트로 틀려지게 된다.

50 사이드 바디 패널을 구성하는 부품이 아닌 것은?

① 사이드 이너 센터 패널
② 루프 사이드 레일
③ 프런트 필러 패널
④ 루프 센터 패널

51 화재 발생시 소화 작업 방법으로 틀린 것은?

① 산소의 공급을 차단한다.
② 유류 화재시 표면에 물을 붓는다.
③ 가열물질의 공급을 차단한다.
④ 점화원을 발화점 이하의 온도로 낮춘다.

[해설] 유류 화재시 표면에 물을 사용하면 화재가 확산된다. 가솔린, 알코올, 석유 등의 유류 화재는 질식소화의 원리에 의해서 소화되며, 소화기에 표시된 원형의 표식은 황색으로 되어 있다.

52 선반 작업시 주축의 변속은 기계를 어떠한 상태에서 하는 것이 가장 안전한가?

① 저속으로 회전시킨 후 한다.
② 기계를 정지시킨 후 한다.
③ 필요에 따라 운전 중에 할 수 있다.
④ 어떠한 상태든 항상 변속시킬 수 있다.

[해설] 선반 작업 시 주축의 변속은 반드시 기계를 멈춘 다음에 하여야 한다.

53 스패너 작업시의 안전 수칙으로 틀린 것은?

① 주위를 살펴보고 조심성 있게 조일 것.
② 스패너를 밀지 말고 몸 앞쪽으로 당길 것.
③ 스패너는 조금씩 돌리며 사용할 것.
④ 힘들 때는 스패너 자루에 파이프를 끼워서 작업할 것.

[해설] 렌치를 사용할 때의 안전수칙
① 복스 렌치가 오픈엔드 렌치보다 더 많이 사용되는 이유는 볼트·너트 주위를 완전히 싸게 되어 있어 사용 중에 미끄러지지 않기 때문이다.
② 스패너 등을 해머 대용으로 사용하면 안된다.
③ 스패너에 파이프 등 연장대를 끼워서 사용해서는 안된다.
④ 스패너는 올바르게 끼우고 몸 앞쪽으로 잡아당겨 사용한다.
⑤ 너트에 맞는 것을 사용한다.
⑥ 파이프 렌치는 정지장치를 확인하고 사용한다.
⑦ 스패너는 조금씩 돌리며 사용할 것.
⑧ 주위를 살펴보고 조심성 있게 조일 것.

54 건설기계 및 자동차 정비 작업장에 산업안전 보건 상 준비해야 될 것과 거리가 먼 것은?

① 응급용 의약품   ② 소화용구
③ 소화기   ④ 방청용 오일

정답 48. ③ 49. ③ 50. ④ 51. ② 52. ② 53. ④ 54. ④

55 전격방지기를 부착한 용접기의 적합한 설치장소로 거리가 먼 것은?

① 습기가 많지 않은 장소
② 분진, 유해가스 또는 폭발성 가스가 없는 장소
③ 주위 온도가 항상 영상 이상의 온도가 유지되는 장소
④ 비나 강풍에 노출되지 않는 장소

56 올바른 브레이크 사용 방법 중 틀린 것은?

① 브레이크 계통에 수분이 묻으면 일시적으로 제동 효율은 떨어진다.
② 비탈길을 내려올 경우에는 엔진 브레이크를 사용한다.
③ 주차 브레이크를 당긴 채 운행을 하면 브레이크 과열 및 고장의 원인이 된다.
④ 젖은 도로 및 빙결된 도로에서 엔진 브레이크를 사용할 수 없다.

해설 제동 운동으로서 브레이크는 아니지만 엔진의 압축 압력을 이용하여 제동력을 얻는 것으로 주행 속도보다 낮은 기어 단으로 한 단계씩 서서히 낮게 선택하여 각 운동부에 마찰 저항 및 동력 손실을 주어 제동력을 얻는 것을 말하며, 내리막길, 빗길, 눈길 등에서 많이 사용하고, 악조건을 탈출하는 운전 테크닉의 하나로 이용한다.

57 안전모의 내면과 윗부분과의 안전간격은?

① 10mm 이상
② 15mm 이상
③ 18mm 이상
④ 25mm 이상

해설 안전모는 작업 중에 위에서 물건이 떨어지거나 추락, 전도 또는 충돌하였을 때 머리를 보호하기 위한 것으로 머리의 맨 위부분과 안전모 내의 최저부 사이의 간격이 25mm 정도 되도록 해모크를 조정한다.

58 차체 패널을 교환할 때 주의사항으로 틀린 것은?

① 보강 판이 없는 위치를 선택한다.
② 응력이 집중되지 않는 장소를 선택한다.
③ 교환되는 부위의 마무리 작업이 쉬운 장소를 선택한다.
④ 교환 작업에 필요한 부품이 비교적 많은 장소를 선택한다.

해설 차체 패널을 교환할 때는 교환 작업에 필요한 부품이 비교적 적은 장소를 선택하여야 한다.

59 가스용접에서 가스 분출구에 묻은 카본을 제거할 때 무엇을 이용하여 제거하는 것이 가장 적합한가?

① 동선이나 놋쇠선
② 줄(file)
③ 철선이나 동선
④ 시멘트 바닥

해설 작업 중 팁에 용융된 금속이 달라붙어 구멍이 가늘게 되거나 오물이 부착되어 불꽃의 상태가 올바르지 않을 경우 불을 끄고 산소만 조금씩 분출시키면서 유연한 구리나 황동으로 만든 바늘 및 팁 구멍 클리너로 팁 구멍의 오물을 제거한 후 사용할 것.

60 분진에 의해 발생될 수 있는 직업병과 관련이 없는 것은?

① 규폐증   ② 피부염
③ 호흡기 질환   ④ 디스크

해설 규폐증은 진폐증의 대표적인 것으로, 유리규산의 분진을 흡입함에 따라 폐에 만성의 섬유 증식을 일으키는 질환으로 자각증세 없이 서서히 진행하여 결국에는 심폐의 기능장애를 초래한다.

정답 55. ③ 56. ④ 57. ④ 58. ④ 59. ① 60. ④

2019 자동차차체수리기능사

2019년 제1회 복원문제

01 물질에서 기체, 액체, 고체의 3상이 공존하는 상태를 무엇이라 하는가?
① 임계점 ② 3중점
③ 포화 한계선 ④ 액화점

해설 ① **임계점** : 임계 온도, 임계 압력, 임계 속도에 이르게 되는 한계점으로서 공기의 임계점은 -140℃ 이다.
② **3중점** : 물질의 상태가 특정한 온도, 압력에서 고체상, 액체상, 기체상의 3상이 모두 평형을 이루어 공존하는 상태이다.
물의 3중점은 0.009℃의 온도와 4.58mmHg 압력이다. 공기가 없는 순수한 물은 이 상태에서 물, 얼음, 수증기가 동시에 존재한다.
③ **포화 한계선** : 일정한 조건에서 어떤 물질이 용매에 용해될 수 있는 만큼 용해되어 더이상 용해되지 않는 상태.
④ **액화점** : 기체 상태에 있는 물질이 에너지를 방출하고 응축되어 액체로 변하는 현상이다.

02 실린더 헤드의 밸브 개폐 기구에 직접적으로 속하지 않는 것은?
① 캠축 ② 스로틀 밸브
③ 밸브 리프트 ④ 로커암

해설 스로틀 밸브는 링키지나 와이어로 가속 페달에 연결되어 있으며 엔진에 흡입되는 공기 또는 혼합기의 양을 조절하는 밸브이다. 얇은 원판을 중앙에 설치한 축을 중심으로 회전시켜 밸브를 개폐하는 버터플라이 밸브와 슬라이드식으로 개폐하는 슬라이드 밸브가 있다.

03 차체(body) 측면부에서 가장 큰 강성이 요구되는 부분은?
① 후드(hood) ② 패널(panel)
③ 필러(pillar) ④ 트렁크(trunk)

해설 필러는 지주(支柱)를 말하며, 루프를 지지하여 차체 강도의 일부를 맡고 있다. 자동차를 옆에서 볼 경우 앞에서부터 순서대로 프런트 필러(A필러)·센터 필러(B필러) 및 리어 필러(C필러)라 부른다. 리어 필러는 쿼터 필러라고도 한다. 하드톱에서는 시계(視界)를 좋게 하고, 개방감을 얻기 위하여 센터 필러를 없앤 것도 있다.

04 자동차 프레임(frame)의 기능이 아닌 것은?
① 섀시를 구성하는 각 장치를 차체와 연결한다.
② 자동차의 골격으로 차체의 하중을 지탱한다.
③ 운전자의 거주공간을 제공한다.
④ 앞뒤 차축에서 발생하는 반력을 지지한다.

해설 프레임의 기능
① 자동차의 골격으로 차체의 하중을 지지한다.
② 섀시를 구성하는 각 장치를 차체와 연결한다.
③ 앞뒤 차축에서 발생하는 반력을 지지한다.

05 온도의 단위 중 섭씨온도를 나타낸 기호는?
① ℃ ② R
③ K ④ °F

정답 01. ② 02. ② 03. ③ 04. ③ 05. ①

06 변속기의 필요성과 거리가 먼 것은?
① 후진을 가능하게 하기 위해
② 엔진을 무부하 상태로 유지하기 위해
③ 엔진의 회전력 증대를 위해
④ 엔진의 구동력을 감소시키기 위해

해설 **변속기의 필요성**
① 엔진을 무부하 상태에 있게 한다.
② 후진을 한다.
③ 회전력을 증가시킬 수 있다.

07 자동차의 비상등에 대한 설명 중 틀린 것은?
① 자동차의 고장이나 긴급 사태가 발생하였을 경우 사용
② 다른 자동차나 보행자에게 알려주는 역할을 하고 있음.
③ 작동은 앞뒤, 좌우에 설치되어 있는 방향지시등이 동시에 점멸하는 방식
④ 미등의 작동과 동일함

해설 비상등은 자동차가 고장을 일으켜 노상에 주차하고 있을 경우 또는 긴급 사태가 발생하였을 경우 다른 자동차가 주의하도록 점멸하는 램프를 말한다. 일반적으로 앞뒤 4개의 방향지시등을 동시에 점멸시키는 방식이다.

08 한 물체에 작용한 힘의 합이 0인 경우 힘의 역학으로 맞는 것은?
① 움직이기 시작한다.
② 아무런 변화가 없다.
③ 속력이 빨라진다.
④ 점점 느려진다.

해설 재료를 중심으로 위에서 아래로 작용하는 하중과 아래에서 위로 작용하는 하중은 같다. 즉 모든 힘의 합은 0 이다. 그러므로 아무런 변화가 없다.

09 캡 오버형 트럭의 특징이 아닌 것은?
① 엔진의 전체 또는 대부분이 운전실 하부에 들어가 있다.
② 자동차의 높이가 높고 시야가 좋다.
③ 엔진룸의 면적이 보닛 형에 비해 넓다.
④ 자동차 길이가 동일할 때 적재함을 크게 할 수 있다.

해설 캡 오버형 트럭은 캡(캐빈 : 운전실)이 엔진 위에 있는 것으로서 엔진이 운전실이나 차실 밑에 들어가 있는 방식의 트럭을 말한다.

10 다음 자동차 타이어 사용공기압에 따른 분류의 설명으로 적합한 것은?

> 20~40psi 공기압을 사용하는 기본형이며, 일반적으로 승용차에 사용된다.

① 저압 타이어 ② 고압 타이어
③ 초저압 타이어 ④ 초고압 타이어

11 미그(MIG)용접에 있어서 용접 토치와 본체를 연결하는 중요 케이블이 아닌 것은?
① 플렉시블 콘딧라이너(flexible conduit liner)
② 파워 메인 케이블(power main cable)
③ 가스 호스(gas tube) 및 제어리드
④ 네오프렌 튜브(neoprene tube)

해설 네오프렌(Neoprene)은 합성고무의 일종이다.

12 용접에서 이음의 기본 형식에 들지 않는 것은?
① 맞대기 이음 ② 변두리 이음
③ 모서리 이음 ④ K 이음

해설 **용접 이음의 기본 형식**
① 맞대기 이음 ② 모서리 이음
③ 변두리 이음 ④ 겹치기 이음

정답 06. ④ 07. ④ 08. ② 09. ③ 10. ③ 11. ④ 12. ④

⑤ T 이음 ⑥ 십자 이음
⑦ 한쪽 덮개판 이음 ⑧ 필렛 이음
⑨ 양쪽 덮개판 이음

13 산소-아세틸렌 불꽃으로 강의 표면만을 가열하여 열이 중심부에 전달되기 전에 급랭시키는 것은?

① 질화법 ② 침탄법
③ 화염 경화법 ④ 고주파 경화법

해설 표면 경화법
① **청화법(시안법)** : 시안화나트륨, 시안화칼륨, 염화물, 탄산염 등을 40~50% 첨가하여 염욕 중에서 600~900℃로 용해시키고 그 속에서 작업하여 탄소와 질소를 강의 표면에 침투시키는 것.
② **침탄법** : 저탄소강을 탄소 또는 탄소가 많이 함유하는 재료(목탄, 골탄, 혁탄)로 표면을 싼 뒤에 노속에 넣어 밀폐시켜 900~950℃로 오랫동안 가열하면 탄소가 재료의 표면에서 1mm 정도까지 침투시켜 강의 표면을 단단하게 하는 것.
③ **질화법** : 암모니아로 표면을 경화시키는 방법으로 질소가 철과 화합하여 굳은 질화물이 형성되어 경도가 크고 내마멸성과 내식성이 크다.
④ **화염 경화법** : 산소, 아세틸렌 불꽃을 이용하여 경도를 증가시키는 표면 경화법으로 금속 표면을 적열상태로 가열하여 냉각수를 뿌려 표면을 경화시키는 방법. 화염 경화법은 주로 대형 가공물에 이용된다.
⑤ **고주파 경화법** : 고주파 전류를 이용하여 경도를 증가시키는 표면 경화법으로 금속 표면에 코일을 감고 고주파·고전압의 전류를 흐르게 하여 표면이 가열된 후 냉각수를 뿌려 표면을 경화시키는 방법. 고주파 경화법은 담금질 시간이 짧아 복잡한 형상에 이용된다.

14 금속의 비중과 관련된 설명으로 틀린 것은?

① 비중이 4.5이하인 것은 경금속이다.
② 동일 금속이라도 금속의 순도 온도 가공법에 따라 변화된다.
③ 단조, 압연, 드로잉 등의 가공된 금속은 주조상태인 것보다 비중이 작다.
④ 상온에서 가공한 금속의 비중은 가열한 후 서냉 한 것보다 비중이 작다.

해설 일반적으로 단조, 압연, 인발 등으로 가공된 금속은 주조 상태보다 비중이 크며, 상온 가공한 금속을 가열한 후 급냉시킨 것이 서냉시킨 것 보다 비중이 작다.

15 다음 중 알루미나(Al_2O_3)를 주성분으로 하는 것은?

① 고속도강 ② 초경질합금
③ 다이아몬드 ④ 시래믹

해설 공구강의 종류
① **고속도강** : 하이스라고도 하며, 0.8%의 탄소와 18%의 텅스텐, 4%의 크롬, 1%의 바나듐을 합금한 강으로 고온 경도가 커 고속 절삭에 사용할 수 있다.
② **초경질 합금** : 금속 산화물(WC, TiC, TaC에 코발트를 첨가)의 분말형 금속 원소를 프레스로 성형한 다음 소결하여 만든 합금으로 경도가 크고 내열성, 내마멸성이 높다.
③ **다이아몬드** : 경도가 크므로 절삭 공구에 사용되며, 연삭숫돌의 드레서, 유리 절삭에 이용된다.
④ **시래믹** : 알루미나를 주성분으로 결합제를 사용하여 소결시킨 공구이다.

16 금속의 성질 중 기계적 성질인 것은?

① 인성 ② 비중
③ 비열 ④ 열전도

해설 비중, 용융점, 비열, 선팽창 계수, 열전도, 전기 전도는 금속의 물리적 성질이며, 연성, 전성, 인성, 취성, 강도, 가단성, 가주성, 경도, 피로는 금속의 기계적 성질이다.

17 전기아크 용접기의 장점이 아닌 것은?

① 가동부분이 적기 때문에 고장 발생률이 낮다.
② 높은 전력효과를 얻을 수 있다.
③ 피복 용접봉만을 사용해야 한다.
④ 이동과 운반이 용이하다.

정답 13. ③ 14. ③ 15. ④ 16. ① 17. ③

[해설] 전기 아크 용접기는 직류 아크 용접기와 교류 아크 용접기가 있으며, 직류 아크 용접에서는 비피복 용접봉을 사용하고 교류 아크 용접에서는 피복 용접봉을 사용한다.

18 산소용기는 약 몇 기압을 표준으로 하여 충전되어 있는가?

① 35℃, 150 기압   ② 45℃, 130 기압
③ 50℃, 100 기압   ④ 55℃, 80 기압

[해설] 산소는 35℃에서 150기압으로 압축하여 충전, 아세틸렌은 15℃에서 15기압으로 압축하여 충전한다.

19 다음 용접 홈 형상 중에서 판 두께가 가장 얇은 판의 용접에 적용하는 것은?

① "I"형 홈   ② "V"형 홈
③ "X"형 홈   ④ "H"형 홈

[해설] 홈 형상에 따른 판 두께
① I형 : 6mm까지
② V형, J형 : 6~9mm
③ X형, K형 : 12mm 이상
④ U형 : 16~50mm
⑤ H형 : 50mm 이상

20 재료기호 SM40C에서 40 이란 숫자가 나타내는 뜻은?

① 인장강도의 평균치
② 탄소 함유량의 평균치
③ 가공도의 평균치
④ 경도의 평균치

[해설] 재료기호 SM40C에서 SM은 기계 구조용이며, 40은 탄소 함유량의 평균치를 나타내는 것이다.

21 제도에서 도면을 표시할 때 실물과 같은 크기로 그릴 경우의 척도이며, 읽지 않더라고 치수나 모양에 착오가 적은 특징을 가진 것은?

① 배척   ② NS   ③ 축척   ④ 현척

[해설] 척도
① **현척** : 물체의 크기와 같게 그린 것으로 모양과 크기를 잘 이해할 수 있으며, 착오가 적기 때문에 많이 사용된다.
② **축척** : 물체의 크기보다 축소하여 그린 것으로 주로 물체가 크거나 또는 모양이 간단할 때 사용된다. 물체의 크기와 복잡한 정도에 따라 척도를 택한다.
③ **배척** : 물체의 크기보다 확대하여 그린 것으로 모양이 작은 부분품을 상세히 표시할 때 사용된다.

22 선철의 특성 중 틀린 것은?

① 강보다 탄소가 많다.
② 전성이 작고 취성이 크다.
③ 취성이 작고 인성은 크다.
④ 강의 재료가 된다.

[해설] 선철이란 고로에서 철광석으로부터 제조된 그대로의 것을 말하며 보통 탄소가 1.7~4.5%를 함유하고 있다. 단조에는 부적당하지만, 다른 철 합금보다 용융점이 낮고 유동성이 좋아서 주물을 만드는데 적당하다.

23 다음 합성수지의 공통적인 성질 중 틀린 것은?

① 가볍고 튼튼하다.
② 전기 절연성이 좋다.
③ 단단하고 열에 강하다.
④ 산·알칼리 등에 강하다.

[해설] 합성수지의 성질
① 가볍고 튼튼하다.
② 비중과 강도의 비인 비강도가 비교적 높다.
③ 전기 절연성이 우수하다.
④ 열에 약하다.
⑤ 가공성이 크기 때문에 성형이 간단하여 대량 생산적이다.
⑥ 산, 알칼리, 오일, 화학 약품에 강하다.
⑦ 투명하여 채색이 자유롭고 내구성이 크다.

정답 18. ① 19. ① 20. ② 21. ④ 22. ③ 23. ③

24 플로어 보디의 조립 공정이나 엔진룸 등에 스터드 볼트 또는 너트를 용착시키는 작업에 사용하는 용접은?

① 시임 용접
② 프로젝션 용접
③ 플래시 용접
④ 전기저항 스포트 용접

해설 전기 저항 용접
① **심 용접** : 용접부를 겹쳐 한 쌍의 롤러 사이에 끼우면 롤러의 회전에 의해 접합선에 따라서 연속적으로 용접하는 방법으로 점 용접의 전극 대신에 롤러 모양의 전극을 이용하여 접합하는 용접.
② **프로젝션 용접** : 금속 전극의 돌기부에 접합부를 접촉시켜 압력을 가하고 전류를 통전시키면 전기저항 열의 발생을 비교적 작은 특정 부분에 한정시켜 접합하는 용접.
③ **맞대기 용접** : 2개의 금속을 용접기에 설치하여 맞대고 전류를 통전시키면 접촉부가 전기저항 열에 의해 용융될 때 압력을 가해 접합시키는 용접으로 선이나 봉을 맞대어 접합하는 업셋 용접과 아크를 발생시켜 접합하는 플래시 용접이 있다.
④ **점(스포트) 용접** : 2개의 모재를 겹쳐 전극사이에 끼워 넣고 전류를 흐르게 하여 접촉면이 전기저항에 의하여 발열되어 접합부가 용융될 때 압력을 가해 접합시키는 용접.

25 다음 자동차에 쓰이는 비철금속의 용도를 설명한 것 중 용도의 예를 잘못 표시한 것은?

① 브론즈 주물 - 대형 탱크롤리 차의 대형 밸브
② 알루미늄 청동 주물 - 크랭크 케이스
③ 켈밋 합금 - 기관 베어링
④ 와이(Y) 합금 - 피스톤

해설 비철금속의 용도
① 브론즈(bronze) 합금은 주석 청동이라 하며, 주석 청동은 장신구, 무기, 불상, 종 등의 금속제품으로 오래전부터 실용되어 왔으며, 기계 주물용으로 사용한다.
② 알루미늄 청동은 기계적 성질 및 내열, 내식성이 좋아 선박, 항공기, 자동차 등의 부품용으로 사용된다.
③ 켈밋 합금은 베어링에 사용되는 구리 합금에 대표적으로 사용된다.
④ 와이(Y)합금은 내열성이 커서 피스톤 재료로 사용한다.

26 도장물을 가열하여 도막의 산화 중합을 촉진 시키는 방법이며, 단 시간에 굳어지며 부착력이 좋은 도막이 형성되는 건조 방법은?

① 휘발 건조법 ② 산화 건조법
③ 열 건조법   ④ 중합 건조법

해설 열 건조법은 도장물을 가열하여 도막의 산화 중합을 촉진시키는 방법으로 단시간에 경화되며, 부착력이 좋은 도막이 형성된다. 가열 방법에는 열의 대열에 의한 방법과 복사열에 의한 방법이 있다.

27 자동차 바디(body)의 수정작업에서 잭의 융용 "예"로 적합하지 않은 것은?

① 풀 램(Pull ram)
② 스윙 암식(Swing arm type)
③ 푸시램(Push-ram)
④ 방향성 암(Arm)

28 차체 수정 장비의 바닥식에서 자동차를 고정하는 곳은?

① 레일
② 체인 레버
③ 체인 바인더
④ 클램프 볼트

해설 바닥식 수정 장치에서 차체를 고정하는 곳은 바닥 지그 레일에서 클램프를 이용해서 차체를 고정한다.

정답 24. ② 25. ② 26. ③ 27. ④ 28. ①

29 스포트 용접을 하고자 할 때 용접 준비 시 중요 사항이 아닌 것은?
① 용접 시간
② 용접하려는 판의 두께
③ 용접하려는 부분의 형상
④ 용접할 부위의 판 표면 상태

해설 스포트 용접 준비 중요사항
① 용접하려는 패널의 두께.
② 용접하고자 하는 부분의 형상(클램프 암 및 팁의 적합성 여부확인)
③ 용접 부분의 표면 상태

30 다음 중 언더보디(플로어 패널)에 속하는 것은?
① 프런트 펜더
② 프런트 사이드 멤버
③ 리어 필러
④ 대시 패널

해설 차체구조에서 언더보디의 플로어 패널에 속하는 것은 프런트 사이드 멤버이다. 프런트 펜더, 리어 필러는 사이드 보디에 속하고, 대시 패널은 카울 패널에 속한다.

31 보디·프레임 수정용 기기가 갖추어야 할 조건 중 아닌 것은?
① 인장장치
② 고정 장치
③ 계측장치
④ 엔진 상승장치

해설 보디 프레임 수정용 기기에서 인장장치, 고정 장치, 계측장치 등이 갖추어져 있다.

32 자동차 유리 부착 방법의 종류가 아닌 것은?
① 접착식
② 글로블로식
③ 리머 마운트식
④ 플래시 마운트식

33 차체 치수도의 표시법에서 기준점으로 적합하지 않은 것은?
① 홀의 기준점
② 볼트 체결부의 기준점
③ 2중 겹침 패널의 기준점
④ 부품 중앙부의 기준점

34 프레임 차트가 필요한 때는 언제인가?
① 리어 도어와 쿼터 패널의 비교시
② 보닛과 펜더의 틈새 비교시
③ 패널이 제거되었을 때
④ 펜더와 도어와의 간격을 맞추기 위해

해설 프레임 차트인 차체 치수도는 차체를 수정하고자 할 때 반드시 필요하며 원래의 치수대로 복원되었는지를 파악하기 위해서는 필수적인 자료이다.

35 퍼티 연마의 3단계에 속하지 않는 것은?
① 각 내기
② 발 붙임
③ 면내기
④ 거친 연마

36 차체부품 제작 시 리벳구멍 뚫기 작업 후 균열방지를 위해 다듬질을 한다. 이때 가공하는 작업방법을 무엇이라고 하는가?
① 탭 작업
② 다이스 작업
③ 리밍 작업
④ 코오킹 작업

해설 손 다듬질
① **탭 작업** : 드릴로 뚫은 구멍의 내면에 암나사를 깎는 작업
② **다이스 작업** : 봉에 수나사를 깎는 작업
③ **리밍 작업** : 드릴로 뚫은 구멍의 내면을 매끄럽게 다듬질하는 작업
④ **코오킹** : 두께 5mm 이상의 강판을 리베팅이 끝난 후 기밀을 요하는 경우에는 리벳 머리 주위나 강판의 가장 자리를 정으로 때려 그 부분을 밀착시켜 틈을 없애는 작업.

정답 29. ① 30. ② 31. ④ 32. ② 33. ④ 34. ③ 35. ① 36. ③

37 연강, 구리합금, 경합금의 절삭시 적합한 톱날의 잇수는 1인치 당 몇 개인가?

① 14개　　② 18개
③ 24개　　④ 32개

38 자동차 제조공정 시 보디에 가장 많이 사용하는 용접은?

① 전기아크 용접
② 전기저항 스포트 용접
③ 가스 용접
④ 가스 실드 아크 용접

해설 자동차 제조 공정에서 차체에 가장 많이 적용되는 용접은 전기 저항 스포트(SPOT)용접이다.

39 모노코크 보디에서 엔진룸과 승객실 사이를 가로 지르는 패널은?

① 로커 패널　　② 대시 패널
③ 센터 필러　　④ 루프 패널

해설 대시 패널은 엔진룸과 객실 룸을 구분하는 패널로 상단부위는 카울 패널과 하단부위에는 프런트 플로어 패널과 각각 용접으로 결합되어 있고, 객실 부분의 강성을 유지하는 중요한 부분이다.

40 차체 수정작업에서 프런트 프레임을 교환할 때 사용되는 장비 및 공구가 아닌 것은?

① 프레임 수정기
② CO_2용접기
③ 프레임 센터링 게이지
④ 에어 샌더

해설 에어 샌더는 압축공기의 압력을 이용하여 에어 모터를 회전시켜 구도막 제거 및 녹을 제거하는데 이용된다.

41 다음 보기는 도료의 결함을 설명한 것이다. 옳은 것은?

> 보기
> ① 하도 도장 시 이미 조그만 구멍이 발생되어 있는 곳에 상도 도장 했을 때 발생
> ② 두꺼운 도막을 급격히 가열했을 때 발생
> ③ 공기 중 수분이 있거나 시너(thinner)의 선정이 잘못 되었을 때 발생

① 기포 현상　　② 오렌지 필 현상
③ 주름 현상　　④ 색 분리 현상

해설 도료의 결함
① 오렌지 필(orange peel) : 도장한 도막의 편평성이 불량하여 귤껍질과 같이 요철(凹凸) 모양으로 되어 있는 현상으로 도료가 건조될 때 경화가 너무 빨라 편평하게 되기 전에 건조되어 발생된다.
② 주름(lifting) : 상도 용제가 구도막에 침투하여 용해시켜 부풀게 됨으로서 도막에 가느다란 주름이 생기는 현상으로 리프팅이라고도 한다.

42 다음 중 바디 프레임(body frame)의 종류로 가장거리가 먼 것은?

① 페리미터형 프레임
② 사다리형 프레임
③ Y형 프레임
④ X형 프레임

해설 프레임(frame)의 종류
① H형 프레임 : H형 프레임은 2개의 사이드 멤버에 여러 개의 크로스 멤버, 보강 판, 서스펜션 멤버 등의 설치용 브래킷류를 볼트나 아크 용접으로 결합하여 사다리 모양으로 제작한 프레임으로 일반적으로 버스나 트럭의 프레임에 사용한다.
② 페리미터형 프레임 : H형 프레임과 다른 점은 강성의 프레임이 승객 주위로 둘러싸여 있는 프레임으로 충돌 시 승객을 보호할 목적으로 설계되었으며, 프레임 레일의 승객석 위치상의 각 코너마다 토크 박스라 불리는 구분 지역을 만들어 전면, 중앙, 후면이 연결되어 있다. 토크 박스들은 중앙부는 강하게, 전·후면부는 유연성 있게 유지하며, 외국의 대형 고급 승용차에

정답　37. ①　38. ②　39. ②　40. ④　41. ①　42. ③

사용되고 있다.
③ X형 프레임 : X형 프레임은 사이드 멤버의 간격을 중앙으로 좁혀서 X형으로 한 것과 크로스 멤버를 X형으로 설치한 것이 있으며, X형재에 의해 프레임 전체의 굽힘 강성을 높이는 구조로 한 것이 있다.
④ 백본형 프레임 : 백본형 프레임은 하나의 굵은 상자형 강관이나 I형 빔으로 되어 있기 때문에 엔진 및 보디를 부착하기 위한 크로스 멤버나 브래킷을 고정한 것으로 바닥 면이 낮아지고 중심을 낮게 할 수 있어서 주로 승용차에 사용한다.
⑤ 플랫폼형 프레임 : 플랫폼형 프레임은 프레임과 보디 바닥 면을 일체로 한 것이며, 이것은 보디와 조합시켜서 큰 상자형 단면을 만든 것으로 보디와 함께 휨 및 구부러짐에 대한 강성이 크다.
⑥ 트러스형 프레임 : 트러스형 프레임은 강관을 용접하여 트러스 구조로 만들어 프레임화한 것으로 중량이 가볍고 강성이 크나 대량 생산에 부적합하다.

43 색의 3속성에 해당 되지 않는 것은?
① 광원
② 색상
③ 명도
④ 채도

[해설] **색의 3속성**
① **색상** : 색 자체의 명칭으로 명도와 채도에 관계없이 빨강, 노랑, 파랑과 같이 각 색에 붙인 명칭 또는 기호를 그 색의 색상이라고 한다.
② **명도** : 물체색의 밝고 어두운 정도. 색을 모두 흡수하면 완전한 검정으로 N0로 하고, 모든 빛을 반사하면 순수한 흰색으로 N10으로 표시하고 그 사이를 정수로 표시한다. 명도는 흰색에서 검정색까지 11단계로 구분된다.
③ **채도** : 색의 선명하고 탁한 정도를 말하며, 색의 맑기, 색의 순도(색의 강하고 약한 정도)라고도 한다.

44 피도물에 굴곡이 있거나 라운딩된 면에 퍼티를 바를 때 사용하는 공구로 가장 적합한 것은?
① 고무 주걱
② 플라스틱 주걱
③ 나무 주걱
④ 대주걱

[해설] 패널의 굴곡진 부분이나 프레스 부위의 퍼티 작업은 고무 주걱을 사용한다.

45 자동차 도어(Door) 손상의 원인과 가장 관계가 적은 것은?
① 수분에 의한 부식
② 급격한 충격에 의한 뒤틀림
③ 충돌에 의한 찌그러짐
④ 계속적인 사용에 의한 개폐

[해설] 도어와 같은 볼트 온 패널의 경우 손상되어지는 원인은 여러 경우가 있겠지만 그중에서도 충돌 및 충격에 의한 손상과 자연적인 공기 중에서의 습기와 물에 의한 부식으로 손상된다.

46 트램 트랙킹 게이지의 측정에 속하지 않는 것은?
① 프레임의 중심부 휨의 점검
② 프레임의 일그러진 상태 점검
③ 프레임의 좌우로 휨 상태 점검
④ 로어암 니백(knee back)의 점검

[해설] **트램 트랙킹 게이지**
대각선 및 길이를 측정하는 계측기기로 각 부의 측정은 다음과 같다.
① 프런트 사이드 멤버의 일그러짐이나 상하로 굽은 상태 점검
② 프런트 사이드 멤버의 좌우로 굽은 상태 점검
③ 로어 암과 후드 레지의 위치 점검
④ 로어 암 니백(knee back)의 점검
⑤ 리어 보디의 일그러진 곳과 상하의 휨 점검
⑥ 프레임의 일그러진 상태 점검

47 단 낮추기 등 도장작업에 가장 광범위하게 사용되며 회전운동을 하는 연마기는?
① 싱글액션 샌더
② 더블액션 샌더
③ 오비털 샌더
④ 기어액션 샌더

[해설] **샌더의 종류와 용도**
① **디스크 샌더** : 도막 제거용으로 싱글 회전의 샌더로서 파이버 디스크를 사용하는 일반적인 그라인더이다.
② **벨트 샌더** : 도막 제거용 샌더로 판금에서도 사용되지만 좁은 면적, 오목한 부위의 연마에 편리하다.
③ **오비털 샌더** : 거친 연마용으로 사용하기 쉽기

정답 43. ① 44. ① 45. ④ 46. ① 47. ②

때문에 퍼티 연마에 가장 많이 사용되며, 더블 액션 샌더에 비하여 연삭력은 떨어지나 힘이 평균적으로 가해져 균일한 연마를 할 수 있다.

④ **더블 액션 샌더** : 용도가 넓기 때문에 많이 사용되며, 오빗 다이어의 큰 타입은 패더 에지 만들기, 거친 연마 등의 연마에 적합하고 오빗 다이어의 수치가 작은 타입은 작은 면적의 퍼티 연마, 프라이머 서페이서의 연마, 표면 만들기(단 낮추기)에 적합하다.

⑤ **기어 액션 샌더** : 거친 연마용으로 오비털 샌더나 더블 액션 샌더에 비해 연삭력이 우수하며, 면 만들기에 효율이 높고 작업 능률도 높다.

⑥ **스트레이트 라인 샌더** : 면 만들기 용으로 퍼티면에 작은 요철이나 변형을 연마하는데 적합하다. 특히 라인 만들기에 가장 적합하다.

48 센터링 게이지 수평 바의 관측에 의해 파악할 수 있는 것으로 차체의 각 부분들이 수평한 상태에 있는가를 고려하는 파손분석의 요소는?

① 데이텀 라인 ② 레벨
③ 센터라인 ④ 치수도

해설 레벨이란 센터링 게이지의 수평 바의 관측에 의하여 파악할 수 있는 것으로 차체의 각 부들이 수평한 상태에 있는 가를 고려하는 파손 분석의 요소를 말한다.

49 열적 핀치 효과를 가진 절단 방법은?

① 금속아크 절단
② 프라즈마 제트 절단
③ TIG 절단
④ 탄소 아크 절단

해설 플라즈마 용접 및 절단은 열적 핀치 효과와 자기적 핀치 효과를 이용하는데 전자는 냉각으로 인한 단면 수축으로 전류 밀도를 증대하는 방법이고 후자는 방전 전류에 의해 자장과 전류의 작용으로 단면을 수축하여 전류 밀도가 증대되는 것이다.

50 평평한 금속판재를 펀치로 다이 공동부(cavity)에 밀어 넣어 원통형이나 각 통형 제품을 만드는 공정은?

① 엠보싱 ② 플랜징
③ 컬링 ④ 드로잉

해설 ① **엠보싱**(embossing) : 기계 부품 등에 장식과 보강을 위해 냉간가공으로 파형의 홈을 만드는 압축 가공을 말한다.
② **플랜징**(flanging) : 제품을 보강하기 위해 또는 성형 그 자체를 목적으로 하여 판금의 가장자리를 굽혀 플랜지를 만드는 작업
③ **컬링**(curling) : 공작물 단말의 단면을 프레스나 선반 등으로 둥글게 하는 가공법
④ **드로잉**(drawing) : 평평한 금속판재를 펀치로 다이 공동부(cavity)에 밀어 넣어 원통형이나 각 통형 제품을 만드는 공정

51 연삭작업 시 안전사항이 아닌 것은?

① 연삭숫돌 설치 전 해머로 가볍게 두들겨 균열여부를 인해 본다.
② 연삭숫돌의 측면에 서서 연삭한다.
③ 연삭기의 커버를 벗긴 채 사용하지 않는다.
④ 연삭숫돌의 주위와 연삭 지지대 간의 간격은 5mm 이상으로 한다.

해설 연삭숫돌의 주위와 연삭 지지대 간의 간격은 1.5mm 이내로 하여야 한다.

52 전동공구 및 전기기계의 안전 대책으로 잘못된 것은?

① 전기 기계류는 사용 장소와 환경에 적합한 형식을 사용하여야 한다.
② 운전, 보수 등을 위한 충분한 공간이 확보 되어야 한다.
③ 리드선은 기계진동이 있을시 쉽게 끊어질 수 있어야 한다.
④ 조작부는 작업자의 위치에서 쉽게 조작이 가능한 위치여야 한다.

정답 48. ② 49. ② 50. ④ 51. ④ 52. ③

53 소화 작업의 기본요소가 아닌 것은?

① 가연 물질을 제거한다.
② 산소를 차단한다.
③ 점화원을 냉각시킨다.
④ 연료를 기화시킨다.

54 연 100만 근로 시간당 몇 건의 재해가 발생했는가의 재해율 산출을 무엇이라 하는가?

① 연천인율　　② 도수율
③ 강도율　　　④ 천인율

해설 **재해율의 정의**
① **연천인율** : 1000명의 근로자가 1년을 작업하는 동안에 발생한 재해 빈도를 나타내는 것.
$$연천인율 = \frac{재해자수}{연평균\ 근로자수} \times 1000$$
② **강도율** : 근로시간 1000시간당 재해로 인하여 근무하지 않는 근로 손실일수로서 산업재해의 경·중의 정도를 알기 위한 재해율로 이용된다.
$$강도율 = \frac{근로\ 손실일수}{연근로\ 시간} \times 1,000$$
③ **도수율** : 연 근로시간 100만 시간 동안에 발생한 재해 빈도를 나타내는 것.
$$도수율 = \frac{재해\ 발생\ 건수}{연\ 근로\ 시간} \times 1,000,000$$
④ **천인율** : 평균 재적근로자 1000명에 대하여 발생한 재해자수를 나타내어 1000배한 것이다.
$$천인율 = \frac{재해자수}{평균\ 근로자수} \times 1,000$$

55 다음 중 안전하게 공구를 취급하는 방법 중 틀린 것은?

① 공구를 사용한 후 제자리에 정리하여 둔다.
② 예리한 공구 등을 주머니에 넣고 작업을 하여서는 안된다.
③ 사용 전에 손잡이에 묻은 기름 등은 닦아내어야 한다.
④ 작업 중 공구를 타인에게 숙달된 자가 던져 전달하면 작업능률이 좋아진다.

56 LPG 차량의 구조변경 시 법적유의 사항 중 틀린 것은?

① LPG 구조변경은 행정관청(군, 구, 시)의 허가를 받아야 한다.
② 시공허가를 받은 업체에서 구조변경 후 검사를 받아야 한다.
③ 구조변경 후 즉시 보험회사에 신고를 하여야 사고시 보험처리가 가능하다.
④ 불법 구조변경은 그 행위 자체에 벌금 등의 책임이 따른다.

57 보호구의 종류에는 안전과 위생 보호구가 있다. 이 중 안전 보호구로 적합하지 않은 것은?

① 안전모　　② 안전화
③ 안전대　　④ 마스크

58 차체수리 교정기인 라이너를 사용하여 차체수리 작업에서 안전관리 방법이 아닌 것은?

① 라이너 작업시에는 기계의 정면에 서지 않는다.
② 클램프, 체인, 측정기가 떨어지지 않게 주의한다.
③ 체인은 꼬인 상태로 확실히 연결되었는지 확인한다.
④ 여러 방면으로 당길 수 있는 다목적용 클램프가 효과적이다.

정답　53. ④　54. ②　55. ④　56. ③　57. ④　58. ③

59 다음 중 용접작업과 관련된 안전사항으로 틀린 것은?

① 용접시에는 소화기를 준비한다.
② 전기용접은 옥내 작업만 한다.
③ 용접 홀더는 항상 파손되지 않은 것을 사용한다.
④ 산소 아세틸렌 용접에서 가스 누출 검사시는 비눗물을 사용하여 검사한다.

60 우레탄 도료를 사용할 때 작업성과 안전을 고려한 작업 방법으로 옳지 않은 것은?

① 도장 부스를 활용한다.
② 도료의 비산을 방지하기 위해 붓으로만 작업한다.
③ 방독 마스크를 착용한다.
④ 피부가 노출되지 않는 복장을 갖춘다.

2019 자동차차체수리기능사
2019년 제2회 복원문제

01 강의 열처리 주요 목적이 아닌 것은?
① 조직의 거대화
② 강재의 연화
③ 강재 중의 편석제거
④ 표면만의 경화층을 형성시킴

해설 **강의 열처리 목적**
① 강재의 경도 또는 인장력을 증가
② 강재의 조직을 연화
③ 강재의 조직을 미세화
④ 강재의 편석 제거 및 균일화
⑤ 강재의 조직 안정화
⑥ 강재의 내식성 개선 및 자성 향상
⑦ 표면만의 경화층 형성
⑧ 강재의 인성 부여

02 자동차에서 발생하는 유해 배출가스의 기본적인 종류가 아닌 것은?
① 배기 파이프에서 나오는 배기가스
② 기관의 크랭크 케이스에서 나오는 블로바이가스
③ 연료탱크나 기화기 등에서 증발하는 연료증발가스
④ 촉매변환기의 촉매가스

해설 **자동차에서 배출되는 가스의 종류**
① **연료 증발 가스** : 자동차에서 배출되는 전 탄소량의 15%
② **블로바이 가스** : 자동차에서 배출되는 전 탄소량의 25%
③ **배기가스** : 자동차에서 배출되는 전 탄소량의 60%

03 자동차 현가장치에서 쇽업소버가 상하 진동을 흡수 하는데 가장 관계가 깊은 힘은?
① 감쇠력 ② 원심력
③ 구동력 ④ 전단력

해설 ① **감쇠력** : 쇽업소버를 늘일 때나 압축할 때 힘을 가하면 그 힘에 저항하려는 힘이 더욱 강하게 작용되는 저항력을 말한다.
② **원심력** : 물체가 원운동을 하고 있을 때 그 물체에 작용하는 원의 중심에서 멀어지려고 하는 힘으로써 구심력과 반대 방향으로 작용하여 균형을 이루게 하는 힘을 말한다.
③ **구동력** : 자동차가 주행할 때 타이어의 회전운동에 대한 저항을 이겨내기 위한 힘을 말하며, 구동력은 노면과 타이어의 마찰력 이상으로 증대되지는 않으며, 구동력은 액슬축의 토크가 클수록, 타이어의 반경이 작을수록 커진다.
④ **전단력** : 자르려고 하는 힘으로 재료내의 서로 접근한 두 평행면에 크기는 같으나 반대 방향으로 작용하는 힘을 말한다.

04 차량 계기판 경고등 관련 내용을 설명한 것으로 잘못 설명한 것은?
① 유압 경고등은 유압이 규정이하면 점등 경고한다.
② 연료 경고등은 연료 유면이 규정이하면 점등 경고한다.
③ 브레이크 액 경고등은 브레이크 액면이 규정이하면 점등 경고한다.
④ 충전 경고등은 배터리 액이 규정이하면 점등 경고한다.

해설 **충전 경고등** : 발전기 또는 발전 조정기의 고장으로 배터리에 충전이 이루어지지 않을 때 점등되어 운전자에게 알려주는 경고등

정답 01. ① 02. ④ 03. ① 04. ④

05 다음 중 온도 단위로 절대온도, 섭씨온도, 화씨온도, 랭킨온도 순서대로 나열된 것은?

① ℃, R, K, °F
② K, ℃, °F, R
③ R, K, ℃, °F
④ °F, K, ℃, R

해설 온도의 단위
① **절대 온도** : 물질의 특이성에 의존하지 않고 눈금을 정의한 온도. 영하 273.15℃를 기준으로 하여, 보통의 섭씨와 같은 간격으로 눈금을 붙였다. 단위는 켈빈(K).
② **섭씨 온도** : 얼음이 녹는점을 0℃, 물이 끓는점을 100℃로 하여 그 사이를 100등분한 단위이다. 기호는 ℃.
③ **화씨 온도** : 얼음이 녹는점을 32°F, 물이 끓는점을 212°F로 하여 그 사이를 등분한 온도 단위이다. 단위는 °F.
④ **랭킨 온도** : 절대 0도를 정점으로 하고, 화씨온도에 맞추어 얼음이 녹는점과 물이 끓는점 사이를 180등분 한 단위이다. 단위는 랭킨(R)

06 주어진 온도에서 물질의 단위체적당 질량을 무엇이라 하는가?

① 밀도
② 비체적
③ 비열
④ 압력

해설 용어의 정의
① **밀도** : 일정한 물질의 단위 체적 질량으로 단위는 g/cm³이고 물의 밀도는 1g/cm³이다.
② **비체적** : 단위 중량당의 체적으로 단위는 m³/kg이다.
③ **비열** : 어떤 물질 1g의 온도를 1℃ 또는 1K 높이는데 필요한 열량이다.
④ **압력** : 물체와 물체의 접촉면 사이에 작용하는 서로 수직으로 미는 힘이다.

07 타이어의 골격을 이루는 중요한 부분으로 플라이와 비드 부분의 총칭이며, 하중이나 충격에 완충 작용을 해야 하기 때문에 목면 또는 레이온이나 나일론 코드를 여러 층 엇갈리게 겹쳐서 내열성 고무로 접착시킨 구조로 되어 있는 것은?

① 비드(Bead)
② 브레이커(Breaker)
③ 트레드(Tread)
④ 카커스(Carcass)

해설 타이어의 구조
① **브레이커** : 노면에서의 충격을 완화하고 트레드의 손상이 카커스에 전달되는 것을 방지한다.
② **카커스** : 내부의 공기 압력을 받으며, 타이어의 형상을 유지시키는 뼈대이다.
③ **트레드** : 노면에 접촉되는 부분으로 내마멸성의 고무로 형성되어 있다.
④ **비드** : 비드는 타이어가 림에 부착 상태를 유지시키는 역할을 한다.

08 모노코크 바디에서 측면 충격을 받았을 때는 로커 패널, 루프, 사이드 프레임, 도어 등이 이를 흡수하지만 한계를 넘으면 어느 것이 변형되는가?

① 프런트 바디
② 플로어 패널
③ 리어 바디
④ 카울 패널

해설 언더 보디는 프레임에 상당하는 부분으로 프런트 사이드 멤버, 리어 사이드 멤버, 크로스 멤버, 플로어 패널로 구성되어 있으며, 엔진 및 서스펜션, 구동장치를 지지하는 역할을 한다. 멤버에서 받는 외력은 언더 보디에서 사이드 보디에, 필러부에서 받는 외력은 루프 등에 응력이 분산되는데 한계를 넘어서면 플로어 패널이 변형된다.

09 자동차의 차체모양 또는 용도에 따른 분류로 지프형 4WD이며, 험로 주행 능력이 뛰어나 각종 스포츠 활동에 적합한 자동차는?

① 스포츠(Sports) 카
② GT(Gramd Touring)
③ RV(Recreational vehicle)
④ SUV(Sports Utility Vehicle)

해설 자동차의 용도
① **스포츠카** : 일반적으로 2 · 3도어 쿠페 또는 컨버터블로 거주성과 경제성보다 주행 성능을 중시

정답 05. ② 06. ① 07. ④ 08. ② 09. ④

한 자동차로 실내의 넓이나 승차감보다도 중심이 낮거나 공기저항이 적은 것이 특징이다. 엔진도 동력이나 가속성을 중시한다.
② 그랜드 투어링카(GT) : 유럽에서 국경을 넘어 원거리 여행을 하는데 쾌적한 거주성과 조종성 및 안전성이 뛰어나며 대형 트렁크 등을 갖춘 승용차를 말한다.
③ RV : 스포츠나 게임 등 야외에서 오락을 위해 주로 사용하는 레저용 자동차를 말한다.
④ SUV : 활동적이고 실용적인 차량. 험한 길(off-road)에서도 주행할 수 있는 4WD 오프 로드(off road) 지프형 자동차를 말한다.

10 승용 및 RV 차량의 차체 구조에 모노코크 바디를 많이 사용되고 있다. 모노코크 바디의 장점으로 틀린 것은?
① 바디 조립의 자동화가 가능하여 생산성이 높다.
② 차고를 낮게 하고 무게 중심을 낮출 수 있다.
③ 차체 중량이 무거워 강성이 높다.
④ 충돌시 충격 에너지 흡수 효율이 좋고 안전성이 높다.

[해설] 모노코크 보디의 장단점
◆ 모노코크 보디의 장점
① 자동차를 경량화 시킬 수 있다.
② 실내공간이 넓다.
③ 충격 에너지 흡수 효율이 좋다.
④ 정밀도가 커서 생산성이 높다.
⑤ 차고 및 무게 중심을 낮출 수 있다.
◆ 모노코크 보디의 단점
① 소음 진동의 전파가 쉽다
② 충돌시 하체가 복잡하여 복원 및 수리가 어렵다
③ 충격력에 대해 차체 저항력이 낮다.

11 M30×8로 표시된 나사에서 30은 무엇을 나타낸 것인가?
① 호칭지름
② 골지름
③ 인장강도
④ 나사 피치

[해설] M은 나사의 종류이고 30은 나사의 호칭 이름이며, 8은 나사 피치를 나타낸 것이다.

12 볼트나 환봉 등을 강판이나 형강에 직접 용접하는 방법으로 볼트나 환봉을 피스톤형의 홀더에 끼우고 모재와 볼트 사이에 순간적으로 아크를 발생시켜 용접하는 방법은?
① 산소용접
② 서브머지드 아크 용접
③ 테르밋 용접
④ 스터드 용접

[해설] ① 산소 용접 : 아세틸렌과 산소 혼합물의 연소열을 이용하여 강 또는 철제를 이음하는 방법
② 서브머지드 아크 용접 : 서브머지드 아크용접은 용접부에 압자상의 용제를 공급하고 용제 속에서 아크를 발생시켜 연속적으로 용접하는 것으로 용접선이 짧거나 용접선이 구부러진 경우 용접장치의 조작이 어렵다.
③ 테르밋 용접 : 테르밋 용제를 사용하여 이때 발생하는 고열을 이용하여 강 또는 철재를 이음하는 방법
④ 스터드 용접 : 볼트나 환봉 등의 선단과 모재 사이에 아크를 발생시켜 가압하여 접합하는 용접.

13 탄소강에서 탄소량이 증가하면 용해되는 온도는 어떻게 되는가?
① 같다.
② 높아진다.
③ 낮아진다.
④ 탄소의 양과는 무관하다.

[해설] 탄소강에서 탄소 함유량이 증가하면 용해 온도는 낮아지고 강도는 증가한다.

정답 10. ③ 11. ① 12. ④ 13. ③

14 라디에이터 그릴에 가장 많이 사용되고 있는 재료는?

① ABS 수지　　② 강판
③ 아연 다이캐스팅　④ 알루미늄

해설 ABS 수지(acrylonitrile butadiene styrene resin)는 아크릴로니트릴, 부타디엔, 스티렌 3종류의 공중합성수지로 열을 가하면 연화되고 냉각하면 경화되는 열가소성수지 중에서는 내열, 내저온, 내충격성이 높기 때문에 자동차의 라디에이터 그릴, 콘솔박스, 계기판의 기재로 많이 사용된다.

15 전기 저항 용접의 3대 요소 중 틀린 것은?

① 용접 도전율　② 용접전류
③ 가압력　　　④ 용접시간

해설 전기 저항 용접은 2개의 모재를 겹쳐 전극 사이에 끼워 넣고 전류를 흐르게 하여 접촉면이 전기저항에 의하여 발열되어 접합부가 용융될 때 압력을 가해 접합시키는 용접으로 3대 요소는 용접전류, 가압력, 통전시간이다.

16 다음 중 연삭작업에서 가장 큰 숫자의 입도를 사용해야 하는 것은?

① 거친 연삭　　② 다듬질 연삭
③ 경질 연삭　　④ 광택내기

해설 용도별 연삭 숫돌의 입도
① 거친 연삭 : 10, 12, 14, 16, 20, 24
② 다듬질 연삭 : 30, 36, 46, 54, 60
③ 경질 연삭 : 70, 80, 90, 100, 120, 150, 180, 200
④ 광택내기 : 240, 280, 320, 400, 500, 600, 700, 800

17 자동차에 쓰이는 강판 중 제일 많이 쓰이는 강판재료의 탄소 함유량은 몇 % 정도 인가?

① 0.01~0.05　② 0.1~0.4
③ 1.0~1.6　　④ 1.8~2.2

18 금속이 상온가공에 의하여 강도, 경도가 커지고 연신율이 감소하는 성질을 무엇이라 하는가?

① 가공경화　　② 인성
③ 취성　　　　④ 전성

해설 ① **가공경화** : 금속을 변형시켰을 때 변형 부분이 원래의 상태보다 단단하게 되는 현상. 철사를 굽혔다 폈다 하는 것을 여러 번 반복했을 경우 절단되는 원인은 가공 경화가 되기 때문이다. 가공 경화가 되면 강도, 경도는 증가하고 연신율은 감소한다.
② **인성** : 연성과 강도가 큰 성질. 즉 점성이 강한 성질로서 충격에 대한 재료의 저항성을 말한다. 강도가 크면서 연성이 없는 것을 취성이라고 한다. 강은 인성이 풍부하고 주철은 취성이 있다.
③ **취성** : 잘 부서지고 깨지는 성질
④ **전성** : 금속을 압연 또는 두드리는 경우 판으로 늘어나는 성질로서 금, 알루미늄, 구리는 이러한 성질이 크다.

19 가스 용접팁의 구멍 크기의 선택요건이 아닌 것은?

① 용기내의 가스의 양
② 금속의 열 전도성
③ 철판재료의 두께
④ 철판재료의 질량

20 다음 중 스패터(spatter) 발생의 원인이 아닌 것은?

① 용융 금속 내 가스 기포가 방출될 때
② 용접 전류가 높을 때
③ 아크의 길이가 짧을 때
④ 피복재 중 수분 함량이 많을 때

해설 **스패터의 발생 원인**
용해된 금속의 산화물 등이 용접 중에 비산하는 쇠 부스러기 또는 금속입자를 말하며, 발생원인은 다음과 같다.
① 용접 전류가 높을 경우
② 건조되지 않은 용접봉을 사용하는 경우

정답 14. ①　15. ①　16. ④　17. ②　18. ①　19. ①　20. ③

③ 아크의 길이가 긴 경우
④ 용접봉의 각도가 부적당한 경우
⑤ 용융 금속 내의 가스 기포가 방출되는 경우
⑥ 피복재 중에 수분의 함량이 많은 경우

21 다음 중 경금속에 속하는 것은?
① Ti
② Fe
③ Cr
④ Cu

해설 **경금속과 중금속의 구분**
① **경금속** : 비중이 4.5 이하인 금속
② **중금속** : 비중이 4.5 이상인 금속
③ **비중** : Ti는 4.35, Fe는 7.87, Cr은 7.1, Cu는 8.93 이다.

22 미터나사에 대한 설명 중 틀린 것은?
① 나사산의 각도는 60° 이다.
② 애크미 나사보다 피치가 크다.
③ 바깥지름으로 호칭치수를 표시한다.
④ 피치는 mm로 표시한다.

해설 애크미 나사는 사다리꼴 나사라고도 한다. 동력전달용으로 이용되며, 나사산의 각도는 미터 계열은 30°, 인치계열은 29°, 미터나사보다 피치가 크다.

23 스테인리스 강판에 관한 설명으로 맞지 않는 것은?
① 인성과 연성이 크고 가공경화가 심하며 열처리가 잘된다.
② 내식, 내열, 내한성이 우수하다.
③ 크롬산화 피막이 표면을 보호하므로 내부를 보호한다.
④ 염산에 침식되지 않으며 강도가 좋다.

해설 스테인리스 강은 Cr계 스테인리스강과 Cr-Ni계 스테인리스강이 있으며, 내식성 및 강인성이 있으나 염산에는 침식된다.

24 다음은 어떤 용접의 특징을 설명한 것인가?

> 접합하고자 하는 재료, 즉, 모재는 녹이지 않고, 모재보다 용융점이 낮은 금속을 녹여 표면장력으로 접합시키는 방법.

① 퍼커션 용접
② 프로젝션 용접
③ 납땜 용접
④ 업셋 용접

해설 **용접의 종류**
① **퍼커션 용접** : 축전기에 충전된 에너지를 극히 짧은 시간에 방출시켜 발생되는 아크로 접합부를 가열한 후 가압하여 접합시키는 용접을 말한다.
② **프로젝션 용접** : 점용접의 변형으로 용접부에 돌기를 만들어 전류를 집중시켜 가압하여 접합시키는 용접이다.
③ **납땜 용접** : 접합하고자 하는 모재는 녹이지 않고, 모재보다 용융점이 낮은 금속을 녹여 표면장력으로 접합시키는 용접이다.
④ **업셋 용접** : 선이나 봉을 맞대어 전류를 통전시키면 접합부가 고온이 되어 용융될 때 가압 접합시키는 용접이다.

25 이산화탄소 아크 용접에 관한 설명으로 맞는 것은?
① 비소모 전극 방식의 용접법이며, 보호 가스나 용제가 필요 없다.
② 보호 가스로는 질소가 사용된다.
③ 와이어의 굵기가 매우 적으므로 아크 불꽃은 육안으로 직접 보아도 별 문제가 없다.
④ 불활성가스 대신 탄산가스를 사용한 용극식 용접법이며, 아크 불빛이 강하여 맨눈으로 직접보아서는 안 된다.

해설 아크 불빛이 가시 불꽃이므로 맨눈으로 직접 보아서는 안된다.

정답 21. ① 22. ② 23. ④ 24. ③ 25. ④

26 전기 저항 스포트 용접의 접합면의 일부는 녹아 바둑 알 모양의 단면이 된다. 이것을 무엇이라고 하는가?

① 너깃 ② 헤밍
③ 크라운 ④ 참조점

해설 너깃(nugget)은 스폿 용접의 타흔(打痕)으로 스폿 용접에 의하여 정확하게 녹아 붙은 부분으로서 원(圓)모양으로 약간 들어가 있는 단면을 말한다. 이것이 크면 그 만큼 용접 강도도 강하다. 헤밍은 패널의 끝을 뒤집어 꺾어 접은 것을 말한다.

27 다음 중 도어의 구성 부품에 해당되지 않는 것은?

① 체크 ② 힌지
③ 래치 ④ 가스 스프링

28 자동차 사고는 운행 중인 자동차가 외부적인 힘을 받아 일어나는 경우가 많기 때문에 역학적인 기초 지식을 가지고 진단해야 정확성을 기할 수 있다. 그 역학적인 기초 지식으로 타당하지 않는 것은?

① 운동의 법칙 ② 힘의 과학
③ 에너지 ④ 미끄러짐

29 자동차 차체가 벽면에 정면으로 충돌하여 프레임이 위로 단순 굴곡변형이 이루어 졌을 때 프레임을 복원 수리 하는 순서로 가장 적합한 것은?

① 길이 방향을 먼저 인장시킨다.
② 측면 방향으로 먼저 인장시킨다.
③ 높이 방향을 먼저 인장시킨다.
④ 사선 방향을 먼저 인장시킨다.

해설 프레임이 위로 단순 굴곡 변형이 이루어진 경우에는 길이 방향을 먼저 인장하여 복원시킨다.

30 도료를 도장하는 물체에 칠하고 일정한 시간을 방치해 두거나 또는 가열하면 도료가 경화하여 연속 도막을 형성케 되는데 이 도료가 도막이 되는 과정을 무엇이라 하는가?

① 경화 ② 건조
③ 전착 ④ 착색

해설 도장을 완료한 후부터 가열 건조의 열을 가할 때까지 일정한 시간 동안 방치하는 시간(세팅 타임)은 일반적으로 약 5~10분 정도의 건조 시간이 필요하다. 세팅 타임 없이 바로 본 가열에 들어가면 도장이 끓게 되어 핀 홀(pin hole) 현상 발생한다.

31 쿼터패널은 바디의 강도 유지상 중요한 패널이다. 측면 뒷부분의 쿼터패널과 서로 병합되지 않는 패널은?

① 리어 휠 하우스 ② 백 패널
③ 루프 패널 ④ 트렁크 리드

해설 쿼터 패널은 보디의 뒤쪽 코너 부분을 이루는 패널이며, 트렁크 리드는 트렁크 룸을 개폐하는 뚜껑을 말한다.

32 차체부품 제작시 프레스 라인처럼 블록한 모양으로 만드는 작업을 무엇이라고 하는가?

① 비이딩 ② 와이어링
③ 코이닝 ④ 크립핑

해설 용어의 정의
① **비이딩** : 차체부품 제작시 프레스 라인처럼 블록한 모양으로 만드는 작업을 말한다.
② **와이어링** : 배선
③ **코이닝** : 상하 표면에 모양을 조각한 다이를 사용하여 판재를 넣고 압축력을 가하면 동전이나 메달의 장식과 같이 표면에 무늬를 만드는 가공법을 말한다.

정답 26. ① 27. ④ 28. ④ 29. ① 30. ② 31. ④ 32. ①

33 승용차 손상 진단 시 자동차 객실부분 아래쪽에 외력이 가해졌을 경우 우선 1차적인 점검부위로 해당되지 않는 것은?

① 사이드 쉘 점검
② 플로어 점검
③ 후드의 평면부위
④ 센터필러 점검

해설 후드는 보닛을 말하며, 평면 부위 점검은 정면으로 외력이 가해진 경우 1차적 점검 부위이다.

34 분체 도료용 수지에 요구되는 특성이 아닌 것은?

① 용해 수지의 유동성이 없어야 한다.
② 내열성이 좋아야 한다.
③ 부착성이 좋아야 한다.
④ 단시간 내에 경화할 수 있어야 한다.

해설 분체 도료는 유기 용제나 물 등의 희석제를 함유하지 않은 도료로 도장하여 가열시키면 용해되어 경화 반응으로 도막을 형성한다.
① 내열성이 좋아야 한다.
② 부착성이 좋아야 한다.
③ 단시간 내 경화할 수 있어야 한다.

35 양질의 절단면 품질에 영향을 줄 수 있는 요소가 아닌 것은?

① 절단재의 온도
② 절단 산소의 유량
③ 절단량
④ 절단 산소의 순도와 압력

36 트램 트랙킹 게이지로 차량의 언더바디를 측정하고자 한다. 이때 측정하는 곳이 아닌 것은?

① 전동장치를 비켜 프레임 깊숙한 두 곳 사이 측정
② 바디의 대각선 측정
③ 사이드 멤버의 두 곳 길이 측정
④ 프레임 하체부 서스펜션과 전동장치 측정

해설 트램 트랙킹 게이지의 용도
① 프런트 사이드 멤버의 직선 길이 측정 비교
② 프레임의 대각선 길이 측정 비교
③ 보디의 직선 또는 대각선 길이 측정 비교
④ 하체부 서스펜션과 프레임의 깊숙한 두 곳 사이의 측정
⑤ 로어 암 니백 의 점검
⑥ 리어 보디의 일그러짐 및 상하의 휨

37 트램 트랙킹 게이지의 수 사용 측정범위로 가장 거리가 먼 것은?

① 폭   ② 길이
③ 높이 ④ 대각선

38 얇고 가벼운 고강도 패널의 결합체로 구성되어 있으며, 충격을 받았을 때 그 충격이 바디 전체까지 미치지 않도록 된 바디는?

① X 형 바디   ② 트러스형 바디
③ 모노코크 바디 ④ H 형 바디

39 다음 중 전단 가공이 아닌 것은?

① 펀칭(punching) ② 블랭킹(blanking)
③ 트리밍(trimming) ④ 드로잉(drawing)

해설 전단 가공의 종류
① **트리밍** : 판재를 드로잉 가공으로 만든 다음 둥글게 컷팅하는 작업이다.
② **블랭킹** : 판재에서 펀치를 이용하여 소요의 형상을 뽑아내는 작업이다.
③ **셰이빙** : 뽑기나 구멍 뚫기를 한 제품의 가장자리에 붙어 있는 파단면 등이 편평하지 못하므로 제품의 끝을 약간 깎아 다듬질하는 작업이다.
④ **펀칭** : 판재에서 구멍을 만드는 작업으로 뽑힌 부분이 스크랩이 되고 남은 부분이 제품이 된다.
⑤ **전단** : 판재를 잘라서 어떤 형상을 만드는 작업이다.

정답 33. ③ 34. ① 35. ③ 36. ④ 37. ③ 38. ③ 39. ④

40 하지 작업에서 건조기를 사용하는 목적에 관한 설명으로 틀린 것은?

① 도료의 건조시간 단축과 견고한 도막 형성이다.
② 자외선에 의한 도막의 문제발생 억제를 위해서이다.
③ 도막의 밀착력을 향상시키기 위해서이다.
④ 작업성 향상을 위해서이다.

해설 하지 작업에서 건조기를 사용하여 도막을 형성시키는 것은 자외선에 의한 도막의 결함이 발생되지 않도록 하기 위함이다.

41 에어리스 도장 중 도료의 압력이 오르지 않는 원인은?

① 노즐 팁이 막혀 있다.
② 니들 패킹이 마모되어 있다.
③ 도료가 부족하다.
④ 노즐 연결 면에 이물질이 부착되었다.

해설 에어리스 도장은 컴프레서의 공기를 수십배로 승압하여 도료에 직접 압력을 가하여 좁은 노즐 구멍을 통하여 토출시킴으로서 도료입자를 미립화하여 분사시키는 것으로 도료의 날림이 없고 두터운 도막이 가능하다. 모서리 구석 진 부분의 도장도 가능하며, 작업 능률이 높다. 도료의 압력이 오르지 않는 원인은 도료가 부족하기 때문이다.

42 1회 고정으로 1방향 밖에 잡아당길 수 없으며, 다른 방향으로 동시에 잡아당기는 작업이 불가능한 프레임 수정기는?

① 이동식 프레임 수정기
② 고정식 랙형 프레임 수정기
③ 바닥식 묻힘 베이스 프레임 수정기
④ 바닥식 간이형 프레임 수정기

해설 프레임 수정기의 종류
① 이동식 프레임 수정기 : 바퀴가 달려 차체 정비를 한 차량까지 자유로이 이동시켜 작업장 바닥이나 기둥 등에 고정하지 않아도 된다. 1회 고정으로 1방향 밖에 잡아당길 수 없으며, 다른 방향으로 동시에 잡아당기는 작업이 불가능한
② 고정식 프레임 수정기 : 지주가 4개가 있고 지주와 수리 차 사이에 큰 프레임을 고정시켜 수리 차를 올려놓을 수 있는 정반이 있으며, 여러 방향으로 동시에 수리 차를 잡아당길 수 있다.
③ 바닥식 묻힘 베이스 프레임 수정기 : 프레임을 바닥 면에 묻고 유압잭과 체인, 앵커 등을 조합하여 사용할 수 있다.

43 다음 측정공구 중 마이크로미터의 구조에 해당되지 않은 것은?

① 앤빌과 스핀들
② 슬리브와 프레임
③ 조
④ 래칫 스톱과 클램프

해설 조(jaw)는 어떤 물체 등을 끼워서 집는 부분을 말한다.

44 막의 두께는 약 0.1~0.5mm 정도이며 퍼티 면이나 프라이머 서페이서 면의 가공 및 작은 상처를 수정하는데 사용하는 퍼티는?

① 판금 퍼티 ② 폴리 퍼티
③ 스프레이 퍼티 ④ 래커 퍼티

해설 래커 퍼티는 퍼티 면이나 프라이머 서페이서 면의 작은 구멍, 작은 상처를 수정하기 위해 도포한다. 0.1~0.5mm 이하 정도로 패인 부분에 사용하며, 보정 부위만 사용이 되기 때문에 스폿 퍼티 또는 마찰시켜 메우므로 그레이징 퍼티라고도 한다.

45 자동차 패널을 절단하는 주 공구로 가장 많이 쓰이는 공구는?

① 에어 파워 치즐(air power chisel)
② 커터(cutter)
③ 에어 소(air saw)
④ 파워 드릴(power drill)

정답 40. ② 41. ③ 42. ① 43. ③ 44. ④ 45. ③

해설 치즐은 끌을 뜻하는 것으로 리벳, 용접된 두 개의 판을 분리하는데 사용되고, 커터는 절단기, 파워드릴은 구멍 뚫는 공구이다. 앵글이나 패널, 쇠줄 등을 절단하는 공구는 파워 소(파워톱)를 말한다.

46 센터링 게이지의 사용상 주의점이 아닌 것은?

① 좌우 대칭인 것이 기본이다.
② 비대칭 개소는 측정을 못한다.
③ 차체수리 지침서를 정확히 확인하여 적용한다.
④ 홀의 변형 정도에 따라 수정해서 사용한다.

해설 센터링 게이지는 프레임의 중심부를 측정함으로써 프레임의 이상 상태를 진단하는 게이지이다.

47 루프 패널을 교환하고자 한다. 순서로 적합한 것은?

① 유리탈거-각종 부품탈거-래핑-루프절단-TIG 용접-유리확인-스포트 용접
② 루프절단-유리탈거-래핑-유리확인-스포트 용접
③ 루프절단-래핑-유리탈거-유리확인-TIG 용접
④ 유리탈거-부품탈거-래핑-루프절단-유리확인-스포트 용접

48 스프레이 작업 시 환경을 고려하여 비산되는 도료를 적게 하여 도착효율을 높인 스프레이건을 무엇이라고 하는가?

① HVLP건 ② 중력식건
③ 압송식건 ④ 피스건

해설 HVLP(High Volume Low Pressure)건은 많은 양의 공기를 낮은 압력으로 분사하는 스프레이건을 말한다.

49 페리미터형 프레임 수정 작업의 설명으로 틀린 것은?

① 견인 작업 할 때 프레임의 흔들림 방지를 위해 세 곳을 고정한다.
② 파손상태에 따라 인장방향 반대쪽에 고정 점을 만든다.
③ 경미한 크로스 멤버 파손이라도 안치식(安置式)프레임 수정기의 작업이 적당하다.
④ 모노코크 바디의 수정과 비슷한 요령으로 작업해도 된다.

50 리어 쿼터 패널(C필러)을 절단 하였다. 절단 후 복원 수리 시 용접이음 방법으로 알맞은 이음 방법은?(단, 판 두께가 6mm이하)

① I형 이음 ② V형 이음
③ X형 이음 ④ H형 이음

해설 용접 이음의 홈 형상에 따른 판 두께
① I형 : 6mm까지
② V형, J형 : 6~9mm
③ X형, K형 : 12mm 이상
④ U형 : 16~50mm
⑤ H형 : 50mm 이상

51 다이얼 게이지 취급 시 안전사항으로 틀린 것은?

① 작동이 불량하면 스핀들에 주유 혹은 그리스를 발라서 사용한다.
② 분해 청소나 조정은 하지 않는다.
③ 다이얼 인디케이터에 충격을 가해서는 안된다.
④ 측정시는 측정물에 스핀들을 직각으로 설치하고 무리한 접촉은 피한다.

정답 46. ② 47. ④ 48. ① 49. ① 50. ① 51. ①

해설 다이얼 게이지의 스핀들에는 주유 또는 그리스를 발라서 사용해서는 안된다.

52 산업안전 보건표지의 종류와 형태에서 그림이 나타내는 표시는?

① 접촉금지   ② 출입금지
③ 탑승금지   ④ 보행금지
답 : ④

53 정비용 기계의 검사, 유지, 수리에 대한 내용으로 틀린 것은?
① 청소 및 급유 시에는 서행한다.
② 동력기계의 이동장치에는 동력 차단장치를 설치한다.
③ 동력 차단장치는 작업자 가까이에 설치한다.
④ 청소할 때는 운전을 정지한다.
해설 정비용 기계의 청소 및 급유 시에는 운전을 정지시킨 후 시행하여야 한다.

54 작업현장에서 기계의 안전조건이 아닌 것은?
① 덮개
② 안전장치
③ 안전교육
④ 부전성의 개선

55 물체를 잡을 때 사용하고, 조(jaw)에 세레이션이 설치되어 있어서 미끄러지지 않으며 물체의 크기에 따라 조를 조절할 수 있는 공구는?
① 와이어 스트립퍼
② 알렌렌치
③ 바이스 플라이어
④ 복스 렌치

56 프레임 교정 작업 전 확인해야 할 사항으로 가장 거리가 먼 것은?
① 용접기의 작동상태
② 클램프의 톱니상태
③ 바디 수정기의 유압호스 누유상태
④ 바디 수정기의 작동상태

57 자동차 도장 작업장에 안전관리 상 구분한 환기방법 종류가 아닌 것은?
① 자연 환기법
② 부분 환기법
③ 국부 배출 환기법
④ 전체 환기법

58 자동차 안전벨트 사용에 대한 설명 중 틀린 것은?
① 허리부의 안전띠는 허리에 착용한다.
② 안전띠는 주기적으로 닳거나 손상된 곳이 없는지 점검해야 한다.
③ 안전띠를 착용한 상태로 시트를 젖혀 눕지 않도록 해야 한다.
④ 사고로 안전띠에 강한 충격을 받은 경우 외관상 이상이 없으면 그대로 사용해도 된다.

정답 52. ④ 53. ① 54. ③ 55. ③ 56. ① 57. ② 58. ④

59 다음 중 안전 보호구의 구비 조건에 들지 않는 것은?
① 작업에 방해가 안 되도록 착용이 간편할 것
② 유해 위험 요소에 대한 방호 성능이 충분히 있을 것
③ 보호 장구의 원재료 품질이 양호할 것
④ 겉모양과 표면이 섬세하고 튼튼하며 무게가 있을 것

해설 **안전 보호구의 구비조건**
① 착용이 간편할 것
② 작업에 방해가 되지 않도록 할 것
③ 유해 위험 요소에 대한 방호 성능이 충분할 것
④ 품질이 양호할 것
⑤ 구조와 끝마무리가 양호할 것
⑥ 겉모양과 표면이 섬세하고 외관상 좋을 것

60 산소 용기의 취급상 주의점으로 적합하지 않는 것은?
① 용기의 온도를 65℃로 보존한다.
② 직사광선, 화기가 있는 고온의 장소를 피한다.
③ 충격을 주지 않는다.
④ 용기 및 밸브 조정기 등에 기름이 묻지 않도록 한다.

해설 **산소 용기의 취급상 주의 사항**
① 충격을 주지 말 것
② 용기를 항상 45℃ 이하로 유지할 것
③ 직사광선, 화기가 있는 고온의 장소를 피한다.
④ 용기 및 밸브 조정기 등에 기름이 묻지 않도록 한다.
⑤ 밸브의 개폐는 서서히 할 것

정답 59. ④ 60. ①

2020 자동차차체수리기능사

2020년 복원문제

01 자동차를 용도 및 형상에 따라 분류할 때 상자형 승용차에 속하지 않는 것은?
① 세단
② 쿠페
③ 리무진
④ 컨버터블

해설 차체 모양에 따른 자동차의 분류
① **세단**(sedan) : 좌우에 문이 각 1개인 2도어와 각 2개인 4도어가 있으며, 실내에는 2열의 좌석이 있어 4~5명이 승차할 수 있다. 차량의 뒷부분에는 트렁크가 있는 것이 일반적이다.
② **쿠페**(coupe) : 2개의 도어가 있으며, 지붕이 낮고 날씬한 모양의 차량이다.
③ **리무진** : 외관은 세단과 같으나 운전석과 객석 사이에 칸막이를 설치하고 보조 좌석을 설치한 7~8인승의 고급 차량이다.
④ **컨버터블** : 지붕을 접으면 오픈카가 되고, 지붕을 덮으면 쿠페형 승용차가 된다. 지붕의 재질이 천과 같이 부드러운 것으로 만들면 소프트 톱, 반대로 재질을 딱딱한 재료를 쓰면 하드톱이라고 한다.

02 엔진에서 발생하는 밸브의 서징 현상을 방지하기 위한 방법이 아닌 것은?
① 스프링의 고유 진동수를 높인다.
② 피치가 서로 다른 2중 스프링을 사용한다.
③ 원추형 스프링의 사용을 피한다.
④ 부등 피치 스프링을 사용한다.

해설 서징 현상 방지법
① 피치가 서로 다른 2 중 스프링을 사용한다.
② 공진을 상쇄시키고 정해진 양정 내에서 충분한 스프링 정수를 얻도록 한다.
③ 부등 피치의 스프링을 사용한다.
④ 밸브 스프링의 고유 진동수를 높게 한다.
⑤ 부등 피치 스프링이나 원추형 스프링을 사용한다.

03 다음 중 자동차의 차륜 정렬 요소와 관계가 없는 것은?
① 토인
② 캐스터
③ 터빈
④ 캠버

해설 차륜 정렬 요소의 정의
① **캠버** : 앞 바퀴를 앞에서 보았을 때 타이어 중심선이 수선에 대해 30'~1° 30'의 각도를 이룬 것. 즉 바퀴의 윗부분이 아래쪽보다 더 벌어진 상태를 말한다.
② **캐스터** : 앞 바퀴를 옆에서 보았을 때 킹핀의 중심선이 수선에 대해 1~3°의 각도를 이룬 것.
③ **킹핀경사각** : 앞 바퀴를 앞에서 보았을 때 킹핀의 중심선이 수선에 대해 5~8°의 각도를 이룬 것.
④ **토인** : 앞 바퀴를 위에서 보았을 때 좌우 타이어 중심선간의 거리가 앞쪽이 뒤쪽보다 좁은 것.
⑤ **선회시 토아웃** : 선회시 안쪽 바퀴의 조향 각도가 바깥쪽 바퀴의 조향 각도보다 크기 때문에 발생된다.

04 자동차 현가장치에서 쇽업소버가 상하 진동을 흡수하는데 가장 관계가 깊은 힘은?
① 감쇠력
② 원심력
③ 구동력
④ 전단력

해설 ① **감쇠력** : 쇽업소버를 늘일 때나 압축할 때 힘을 가하면 그 힘에 저항하려는 힘이 더욱 강하게 작용되는 저항력을 말한다.
② **원심력** : 물체가 원운동을 하고 있을 때 그 물체에 작용하는 원의 중심에서 멀어지려고 하는 힘으로써 구심력과 반대 방향으로 작용하여 균형을 이루게 하는 힘을 말한다.
③ **구동력** : 자동차가 주행할 때 타이어의 회전운동에 대한 저항을 이겨내기 위한 힘을 말하며, 구동력은 노면과 타이어의 마찰력 이상으로 증대되

정답 01. ④ 02. ③ 03. ③ 04. ①

지는 않으며, 구동력은 액슬축의 토크가 클수록, 타이어의 반경이 작을수록 커진다.
④ **전단력** : 자르려고 하는 힘으로 재료 내의 서로 접근한 두 평행면에 크기는 같으나 반대 방향으로 작용하는 힘을 말한다.

05 판스프링에서 스프링의 진동을 빠르게 감쇠시킬 수 있게 하는 것은?

① 닙(Nip)
② 스팬(Span)
③ 판간 마찰(Inter Leaf Friction)
④ 스프링 아이(Spring Eye)

해설 판스프링은 노면에 의해 진동이 발생되면 강판 사이의 마찰에 의해 감쇠작용을 한다.

06 다음 중 차체 밑 부분에 설치된 플로어 패널(floor panel)의 기능과 가장 거리가 먼 것은?

① 소물류의 수납기능
② 차량 외부로부터의 물, 먼지 등의 유입 차단
③ 하체부에 설치된 연료장치계의 보호
④ 충돌 등 외력으로부터의 승객보호

해설 **플로어 패널의 기능**
① 충돌 등 외력으로부터의 승객 보호
② 차량 외부로부터의 물, 먼지 등의 유입 차단
③ 하체부에 설치된 연료장치 계통의 보호

07 다음 중 자동차용 축전지에 대해서 바르게 설명된 것은?

① 축전지 내의 각 셀은 병렬로 접속되어 있다.
② 축전지 내의 극판수가 많을수록 축전지 용량은 크게 할 수 있다.
③ 격리판은 도체이며 전해액이 이동될 수 없도록 격리할 수 있어야 한다.
④ 표준 충전 전류는 보편적으로 축전지 용량의 20% 정도가 적당하다.

해설 축전지 내의 각 셀은 직렬로 접속되어 있고, 격리판은 비 전도성으로 전해액의 확산이 잘 되도록 격리되어 있어야 하며, 표준 충전 전류는 축전지 용량의 10% 정도가 적당하다.

08 단체구조(unit construction) 또는 모노코크 바디(monocoque body)의 특징이 아닌 것은?

① 차체의 경량화에 유리하다.
② 외력을 차체 전체에 분사시키는 구조이다.
③ 트럭 등 주로 중차량에 적용되고 있다.
④ 박판 구조이므로 점용접이 가능하다.

해설 **모노코크 보디의 특징**
① 차체의 중량이 가볍고 강성이 높다.
② 정밀도가 높고 생산성이 좋다.
③ 차고를 낮게 하고 차량의 무게 중심을 낮출 수 있다.
④ 차실 바닥면을 낮게 하여 객실 공간을 넓게 할 수 있다.
⑤ 충돌시 충돌에너지를 차체 전체로 분산시켜 흡수 효율이 좋고 안전성이 높다.
⑥ 소음이나 진동의 영향을 받기 쉽다.
⑦ 박판 구조이므로 점용접이 가능하다.

09 다음 중 물체의 부피를 표시하는 단위가 아닌 것은?

① L
② cm^2
③ cc
④ Ω

해설 Ω은 전기 저항을 나타내는 단위이다.

10 시스템 내의 동작물질이 한 상태에서 다른 상태로 변화 하는 것은?

① 상태변화
② 경로
③ 가역과정
④ 이상과정

해설 **상태변화**란 물질의 상태가 온도·압력·자기장 등 일정한 외적 조건에 따라 한 상태에서 다른 상태로 변화하는 현상을 말한다.

정답 05. ③ 06. ① 07. ② 08. ③ 09. ④ 10. ①

11 도면에 NS로 표시된 것은 무엇을 뜻하는가?

① 도면의 나이
② 배척
③ 비례척이 아닌 것을 표시
④ 축척

해설 도면의 척도를 표시할 때 그림의 형태가 치수와 비례하지 않을 때에 치수 밑에 밑줄을 긋거나 "비례가 아님" 또는 NS(Not to Scale) 등의 문자를 기입한다.

12 열처리 방법 중에서 저온 뜨임을 할 때의 적정온도는?

① 상온
② 150℃
③ 500℃
④ 600℃

해설 뜨임은 내부 응력을 제거하거나 인성을 개선하기 위하여 재가열하는 조작을 말하며, 저온 뜨임은 400℃ 정도, 고온 뜨임은 600℃ 정도로 가열한다.

13 탄산가스 아크용접에 사용하는 솔리드 와이어의 지름 1.2[mm]에 알맞은 전류 범위는?

① 30~80[A]
② 50~120[A]
③ 70~180[A]
④ 80~350[A]

해설 솔리드 와이어 지름에 따른 용접 적정 전류
① 0.6mm : 40~90A
② 0.8mm : 50~120A
③ 0.9mm : 60~150A
④ 1.0mm : 70~180A
⑤ 1.2mm : 80~350A
⑥ 1.6mm : 300~500A

14 열경화성 수지에 해당되지 않는 것은?

① 폴리에틸렌 수지
② 페놀 수지
③ 멜라민 수지
④ 규소 수지

해설 열경화성 수지는 열을 가하여 성형한 후 다시 열을 가해도 형태가 변하지 않는 수지로서 페놀수지, 요소수지, 멜라민수지, 폴리에스테르수지, 실리콘(규소)수지, 에폭시수지, 폴리우레탄수지, 아크릴 우레탄수지 등이 있다. 폴리에틸렌 수지는 열가소성 수지이다.

15 알루미늄+구리+마그네슘+망간의 합금으로, 비중에 비하여 강도가 크므로 무게를 가볍게 해야 하는 항공기나 자동차 재료로 활용되는 것은?

① 주철합금
② 황동
③ 두랄루민
④ 알루미늄

해설 두랄루민은 구리 3.5~4.5%, 마그네슘 1~1.5%, 규소 0.5%, 망간 0.5~1% 나머지가 알루미늄의 합금으로 가볍고 강인하여 단조용으로 우수한 재료로 항공기, 자동차 보디의 재료로 사용된다.

16 용접전압의 설명으로 맞지 않는 것은?

① 아크 길이를 결정하는 변수이다.
② 적정 아크 길이는 심선 지름과 대략 같은 정도가 좋다.
③ 아크 길이가 길면 용융금속의 산화, 질화가 쉽다.
④ 철분계 용접봉은 아크 길이 조정이 필요하다.

해설 철분계 용접봉의 아크 길이도 심선 직경의 1배 이하로 하는 것이 일반적이다.

17 전기 저항 용접할 때 발생 열량으로 알맞은 식은?[단, H(Cal), I(A), R(Ω), t(sec)]

① $H = (0.24)^2 IRt$
② $H = 0.24I^2Rt$
③ $H = 0.24IR^2t$
④ $H = 0.24IRt^2$

해설 저항 R(Ω)의 도체에 전류 I(A)가 흐를 때 1초 마다 소비되는 에너지 $I^2 \times R(W)$은 모두 열이 된다. 이때의 열을 주울 열이라 한다. 공식 $H = 0.24 \times I^2 \times R \times t$ (cal)

18 M30×8로 표시된 나사에서 30은 무엇을 나타낸 것인가?

① 호칭지름
② 골지름
③ 인장강도
④ 나사 피치

해설 M : 나사의 종류 기호로 미터나사, 30 : 호칭 지름, 8 : 나사의 피치

정답 11. ③ 12. ② 13. ④ 14. ① 15. ③ 16. ④ 17. ② 18. ①

19 연삭숫돌의 외형을 수정하여 규격에 맞도록 하는 것은?

① 트루잉(truing)
② 드레싱(dressing)
③ 글레이징(glazing)
④ 자생작용

해설 **연삭숫돌의 수정 용어**
① **트루잉**(truing) : 숫돌의 연삭면을 숫돌과 축에 대하여 평행 또는 일정한 형태로 성형시켜 주는 방법이다.
② **드레싱**(dressing) : 숫돌면의 표면층을 깎아 떨어뜨려서 절삭성이 나빠진 숫돌의 면에 새롭고 날카로운 입자를 발생시켜주는 수정법이다.
③ **글레이징**(glazing) : 숫돌바퀴의 입자가 탈락이 되지 않고 마멸에 의해서 납작하게 된 상태를 말한다.
④ **로딩**(loading) : 연삭 작업 중 숫돌 입자의 표면이나 기공에 칩이 차 있는 현상

20 납의 성질을 잘못 설명한 것은?

① 전성이 크고 연하다.
② 인체에 유독한 금속이다.
③ 공기나 물에는 거의 부식되지 않는다.
④ 내알칼리성이다.

해설 **납의 성질**
① 납은 비중이 11.36인 회백색 금속으로 용융 온도가 327.4℃로 낮고 연성이 좋아 가공하기 쉬워 오래 전부터 사용되어 왔다.
② 불용해성 피복이 표면에 형성되기 때문에 대기 중에서도 뛰어난 내식성을 가지고 있으므로 광범위하게 사용된다.
③ 납은 자연수와 바닷물에는 거의 부식되지 않으며, 황산에는 내식성이 좋으나 순수한 물에 산소가 용해되어 있는 경우에는 심하게 부식되며, 질산이나 염산에도 부식된다.
④ 알칼리 수용액에 대해서는 철보다 빨리 부식된다.
⑤ 열팽창 계수가 높으며, 방사선의 투과도가 낮다.
⑥ 축전지의 전극, 케이블 피복, 활자 합금, 베어링 합금, 건축용 자재, 땜납, 황산용 용기 등에 사용되며, X선이나 라듐 등의 방사선 물질의 보호재로도 사용된다.

21 금속은 온도차에 따라 조직의 (①)가 일어나며 또한 그 (②)이 변하게 되는데 일반적으로 온도가 높으면 당기는 힘은 (③) 잘 (④)부드러운 형태가 된다. ( )속에 들어갈 단어를 바르게 나열한 것은?

① 변화 - 성질 - 적으나 - 늘어나서
② 파괴 - 조직 - 크나 - 부풀어
③ 융화 - 모양 - 올라가나 - 늘어나서
④ 괴리 - 조직 - 상승되나 - 일어나서

해설 **금속의 열에 대한 영향**
① 금속에 열을 가하면 조직의 변화가 일어난다.
② 금속에 열을 가하면 성질 및 색깔이 변화한다.
③ 높은 온도를 가하여 가열되면 적은 힘에 의하여 잘 늘어난다.
④ 가열과 냉각을 반복하면 성질이 변화된다.

22 주철을 설명한 내용으로 가장 거리가 먼 것은?

① 유동성이 좋다.
② 압축 강도는 크나 인장 강도가 부족하다.
③ 녹이 잘 생기고, 내마모성이 작다.
④ 마찰저항이 크고, 값이 싸다.

해설 주철은 염산, 질산 등의 산에는 약하지만 알칼리에는 강하며, 내마모성이 크다.

23 아르곤(Ar) 또는 헬륨(He) 등의 가스로 아크 및 용접부를 둘러싸게 하여 용접부를 대기 중의 산소, 질소의 침입을 차단하면서 용접하는 용접은?

① 플라스마 용접
② 탄산가스 아크 용접
③ 인버터 용접
④ 불활성 가스 아크 용접

해설 **불활성가스 아크 용접** : 실드 가스는 주로 아르곤이 사용되나 헬륨이 사용되기도 한다. 아르곤이 헬륨에 비해 이온화 에너지가 작아 아크의 발생이 용이하며, 공기보다 무겁기 때

문에 아래보기 용접자세에서 용융부의 보호성이 양호하며 가격도 아르곤 가스가 저렴하다. 헬륨을 사용하면 고온의 아크로 인하여 용입이 증가하여 열전도가 높은 알루미늄 합금 등을 용접하는데 적당하다.

24 자동차용 차체 재료로 사용되는 알루미늄 재료의 특성과 관계없는 것은?

① 비중이 작고 용융점이 낮다.
② 전연성 좋다.
③ 열전도성, 전기전도성이 좋다.
④ 표면에 산화막이 형성되지 않아 내식성이 떨어진다.

해설 알루미늄의 성질
① 비중이 작다.
② 용융점이 낮다.
③ 전연성이 좋다.
④ 전기 및 열의 양도체이다.
⑤ 표면에 산화막이 형성되어 있어 내식성이 우수하다.
⑥ 유동성 및 주조성이 불량하다.

25 리어 스포일러 재료의 특징으로 거리가 먼 것은?

① 경질의 재료로 PVC, PUR 등이 사용된다.
② 경질의 재료로서 두께, 형 빼기 방향에 주의 한다.
③ 경질 재료의 강성 확보를 위해 인서트재를 삽입하고 있다.
④ 방수성이 확보되어야 하며 인서트재의 방청에 주의하여야 한다.

해설 리어 스포일러는 경질의 재료로 PVC, FRP 등이 사용된다.

26 패널에 구멍을 뚫고 구멍 주위를 계속 용접하여 용접살이 찰 때까지 용접을 하는 방법은?

① 플라즈마 용접   ② 플러그 용접
③ 프로젝션 용접   ④ 스포트 용접

해설 용접의 정의
① 플라즈마 용접 : 플라즈마 아크 용접은 고속으로 분출되는 비이행형 아크(플라즈마 제트)를 이용한 용접이다.
② 플러그 용접 : 패널의 구조상 스폿 용접을 할 수 없는 부분의 용접에 사용한다. 상판(上板)에 지름 4~8mm정도로 뚫린 구멍을 MIG 용접으로 그 구멍을 녹여 메우는 것(두께 1mm이하 : 4~6mm, 두께 1~3mm : 6~8mm).
③ 프로젝션 용접 : 점용접의 변형으로 용접부에 돌기를 만들어 전류를 집중시켜 가압하여 접합시키는 용접이다.
④ 스포트 용접 : 점 용접으로 2개의 모재를 겹쳐놓고 대전류를 흐르게 하면 접촉 저항열에 의해 용융될 때 압력을 가하여 접합하는 용접으로서 자동차, 항공기에 많이 사용되고 있다. 스폿 용접은 두께 6mm 이하의 판재 용접에 적합하며 0.4~3.2mm가 가장 능률적이다.

27 모노코크 바디의 프레임 센터링 게이지 부착방법이 아닌 것은?

① 안쪽에 거는 방법
② 바깥쪽 아랫부분에 거는 방법
③ 바깥쪽 윗부분에 거는 방법
④ 아래쪽 부착방법(마그네트 사용)

28 프레임을 바닥면에 묻고 유압잭과 체인, 앵커 등을 조합하여 사용할 수 있는 형식의 프레임 수정기는?

① 이동식 프레임 수정기
② 고정식 랙형 프레임 수정기
③ 바닥식 묻힘 베이스 프레임 수정기
④ 바닥식 간이형 프레임 수정기

해설 ① **이동식 프레임 수정기** : 바퀴가 달려 차체 정비를 한 차량까지 자유로이 이동시켜 작업장 바닥이나 기둥 등에 고정하지 않아도 된다. 1회 고정으로 1방향 밖에 잡아당길 수 없으며, 다른 방향으로 동시에 잡아당기는 작업이 불가능하다.
② **고정식 프레임 수정기** : 지주가 4개가 있고 지주와 수리 차 사이에 큰 프레임을 고정시켜 수리 차를

정답 24. ④ 25. ① 26. ② 27. ② 28. ③

올려놓을 수 있는 정반이 있으며, 여러 방향으로 동시에 수리 차를 잡아당길 수 있다.
③ **바닥식 프레임 수정기** : 바닥식 묻힘 베이스 프레임 수정기라고도 하며, 프레임을 바닥 면에 묻고 유압 잭과 체인, 앵커 등을 조합하여 사용할 수 있다.

29 도료를 도장하는 물체에 칠하고, 건조시킬 때의 건조방법이 아닌 것은?

① 냉간건조 ② 휘발건조
③ 산화건조 ④ 종합건조

해설 건조 방법에는 크게 기본 건조 기구와 복합 건조 기구가 있다. **기본 건조 기구**에는 용해 냉각건조, 휘발 건조, 산화 건조, 중합 건조, 팽윤 겔화 건조 등이 있고, **복합 건조 기구**에는 융해 중합 건조, 휘발 산화 건조, 휘발 중합 건조, 휘발 산화 중합 건조, 휘발 팽윤겔화 건조 등이다.

30 분체 도장법 중에서 일반적으로 가장 많이 사용하는 방법은?

① 용사법 ② 데스파존법
③ 유동 침적법 ④ 정전 분무도장법

해설 분체 도장은 정전 분체 도장이 가장 많이 사용되고 있으며, 이 방법은 분체가 정전 인력에 의해 피도장물에 흡인되어 가열용해 됨으로써 도막을 만든다.

31 에어공구 중 용접된 철판을 두 개로 분리하는데 사용하는 공구로 가장 적합한 것은?

① 에어 가위(쉐어) ② 에어 정(치즐)
③ 에어 톱(쏘우) ④ 에어 그라인더

해설 에어 가위는 판금 가위, 에어 치즐은 끌을 뜻하는 것으로 용접된 두개의 판을 분리하는데 사용되고, 에어 톱은 앵글이나 패널 절단, 에어 그라인더는 연마용 공구이다.

32 충돌 사고로 파손된 프레임 교정 작업에 대한 설명으로 맞는 것은?

① 충격력에 반대로 복원력을 가하지 않는다.
② 힘을 받는 곳부터 먼저 수정 복원을 한다.
③ 인장작업은 바디구조에 대해 수평, 직각 방향으로 행한다.
④ 수정 인장작업은 두 곳 이상의 힘을 합쳐 수정작업을 하면 안된다.

33 패널교환을 할 때 열 변형 없이 정확한 절단을 하고자 한다. 가장 옳은 것은?

① 산소, 아세틸렌가스
② 가스 가우징
③ 에어 톱
④ 플라즈마 절단기

해설 현장작업에서 패널을 교환하기 위해 패널을 절단할 경우 패널의 변형을 최소화하기 위해 가장 많이 사용되는 것이 에어 톱이다.

34 트램 트랙킹 게이지로 측정하는 곳이 아닌 것은?

① 바디의 대각선 측정
② 프레임의 일그러진 상태 점검
③ 프런트 사이드 멤버의 좌우로 힘 상태 점검
④ 프레임의 센터라인 측정

해설 **트램 트랙킹 게이지의 용도**
① 프런트 사이드 멤버의 직선 길이 측정 비교
② 프레임의 대각선 길이 측정 비교
③ 프런트 보디의 직선 또는 대각선 길이 측정 비교

35 프레임 기준선에 의해 프레임 각부 높이의 이상상태를 점검 및 측정하는데 기준이 되는 것은?

① 데이텀 라인 ② 레벨
③ 센터라인 ④ 단차

해설 데이텀 라인이란 차체 프레임의 기준선으로서 수직 높이를 측정하기 위해 설정한 가상선을 말한다.

정답 29. ① 30. ④ 31. ② 32. ③ 33. ③ 34. ④ 35. ①

36 유압 보디 잭 사용 시 주의 사항으로 틀린 것은?

① 램에 무리한 힘을 가하지 말 것.
② 램 플런저가 늘어나면 유압을 상승시킬 것.
③ 나사부분을 보호할 것.
④ 호스 취급에 유의할 것.

해설 유압 보디잭 사용상의 주의
① 램에 무리한 힘을 주지 말 것
② 램 플런저가 늘어나면 유압을 올리지 말 것
③ 나사부분을 보호할 것
④ 유압계통에 먼지가 들어가지 않도록 할 것
⑤ 호스의 취급에 주의할 것
⑥ 고열에 의한 펌프 실린더 패킹 등의 변질에 주의할 것

37 프레임의 파손 및 변형의 원인으로 옳지 않은 것은?

① 극단적인 힘 모멘트의 발생
② 충돌이나 전복 사고발생
③ 자연으로 인한 부식발생
④ 부분적인 집중하중으로 인한 발생

해설 금속이 그 표면에서 산소나 물에 의해 화학반응으로 녹스는 현상을 부식이라 한다.

38 판금가공에 관한 것 중 성형가공에 속하는 것은?

① 전단　　　② 펀칭
③ 블랭킹　　④ 벌징

해설 벌징 가공 : 용기의 입구보다 중앙 부분이 굵은 용기를 만드는 가공으로 성형 가공임.
• 전단 작업 : 블랭킹, 펀칭, 전단, 트리밍

39 다음 중 승용차 프런트 바디의 구성품이 아닌 것은?

① 플로워 패널
② 앞 펜더 에이프런
③ 앞 사이드 프레임
④ 라디에이터 서포트 패널

해설 프런트 보디(front body)는 앞 엔진 자동차의 경우 엔진 이외에도 중요한 각 장치가 집결된 중요한 부분으로 라디에이터 코어 서포트 패널, 프런트 사이드 멤버, 서스펜션 크로스 멤버, 펜더 에이프런, 대시 패널, 카울 패널, 후드 패널 등을 상호 용접한 구조이다.

40 퍼티 면에 작은 요철이나 변형을 연마하는데 적합하며 특히 라인 만들기에 적합한 연마기는?

① 기어액션 샌더
② 더블액션 샌더
③ 오비털 샌더
④ 스트레이트 라인 샌더

해설 샌더의 종류와 용도
① 기어 액션 샌더 : 거친 연마용으로 오비털 샌더나 더블 액션 샌더에 비해 연삭력이 우수하며, 면 만들기에 효율이 높고 작업 능률도 높다.
② 더블 액션 샌더 : 용도가 넓기 때문에 많이 사용되며, 오빗 다이어의 큰 타입은 페더에지 만들기, 거친 연마 등의 연마에 적합하고 오빗 다이어의 수치가 작은 타입은 작은 면적의 퍼티 연마, 프라이머 서페이서의 연마, 표면 만들기(단 낮추기)에 적합하다.
③ 오비털 샌더 : 거친 연마용으로 사용하기 쉽기 때문에 퍼티 연마에 가장 많이 사용되며, 더블 액션 샌더에 비하여 연삭력은 떨어지나 힘이 평균적으로 가해져 균일한 연마를 할 수 있다.
④ 스트레이트 라인 샌더 : 면 만들기 용으로 퍼티 면에 작은 요철이나 변형을 연마하는데 적합하다. 특히 라인 만들기에 가장 적합하다.

41 도료의 성분에 들지 않는 것은?

① 도막　　　② 수지
③ 안료　　　④ 용제

해설 도료의 성분 : 수지, 안료, 용제
① 안료 : 색상을 나타내는 분말
② 수지 : 광택, 경도, 부착율을 결정하는 물질.
③ 용제(수화제) : 수지를 녹이고 안료와 수지를 잘 혼합시켜 도막을 형성한다.

정답　36. ②　37. ③　38. ④　39. ①　40. ④　41. ①

42 차체 부품을 제작을 하고자 할 때의 설명으로 틀린 것은?
① 차체부품 제작할 부위의 치수를 먼저 확보한다.
② 작업대 위에 놓고 절단된 연강판을 올려놓고 굽힘선을 긋는다.
③ 구부림 정렬 작업시 중앙부터 구부리고 양끝을 나중에 한다.
④ 한 번에 완전히 성형하지 말고 여러 번 나누어서 성형하여 완성한다.

[해설] 구부림 정렬 작업 시 양끝부터 구부리고 중앙을 나중에 한다.

43 보디 수리에 사용되는 용제의 설명 중에서 잘못된 것은?
① 교환하는 패널의 접촉 부위는 반드시 재 실링을 한다.
② 실러는 방수와 불순물, 배기가스의 실내 진입을 차단한다.
③ 수리하는 패널에 틈새가 발생하면 언더 코팅을 많이 도포한다.
④ 외부 패널의 내부 표면에는 부식 방지 콤파운드를 도포한다.

44 자동차 구조에 대한 설명 중 잘못된 것은?
① 자동차는 엔진, 섀시, 보디, 전장품 등에 의해 구성된다.
② 섀시는 보디와 주행에 필요한 모든 장치를 포함한다.
③ 독립된 프레임이 없는 자동차의 무게와 힘은 보디가 지지한다.
④ 자동차의 골격이라 할 수 있는 기본 틀을 프레임이라 한다.

[해설] 자동차 섀시는 보디를 제외하고 주행에 필요한 모든 장치를 말한다.

45 승용차 바디 중앙부분의 손상진단을 하고자 할 때 중앙바디 점검에 속하지 않는 것은?
① 프런트 필러 상하가 붙어있는 부분의 근처 점검
② 센터 필러 상하 부착부분의 점검부분
③ 사이드실의 변형유무 점검
④ 프런트 사이드 멤버와 좌우 사이드 멤버가 붙어있는 부근의 점검

[해설] 프런트 사이드 멤버와 좌우 사이드 멤버가 붙어 있는 부위는 앞면 중앙부에 외력이 가해진 경우 점검하는 부분이다.

46 스프링 백의 현상 중 틀린 것은?
① 경도가 높을수록 커진다.
② 같은 판재에서 구부림 반지름이 같을 때에는 두께가 얇을수록 커진다.
③ 같은 두께의 판재에서는 구부림 반지름이 작을수록 크다.
④ 같은 두께의 판재에서는 구부림 각도가 예리할수록 크다.

[해설] 같은 두께의 판재에서는 구부림 반지름이 클수록 스프링 백은 크다.

47 움푹 패인 부분을 메우는 능력으로 차례대로 나열한 것은?
① 판금퍼티 - 중간타입 - 래커퍼티 - 폴리퍼티
② 판금퍼티 - 중간타입 - 폴리퍼티 - 래커퍼티
③ 래커퍼티 - 판금퍼티 - 중간타입 - 폴리퍼티
④ 폴리퍼티 - 판금퍼티 - 중간타입 - 래커퍼티

[해설] 판금 퍼티는 약 5~30mm 정도의 깊이, 폴리퍼티는 1~5mm 정도 패인 곳 래커 퍼티는 0.1~0.5mm 이하 정도로 패인 부분에 사용한다.

정답 42. ③ 43. ③ 44. ② 45. ④ 46. ③ 47. ②

48 트럭의 보강판 부착에 대한 일반적 주의사항에서 주로 사용되지 않는 보강재의 판 두께는?

① 3mm ② 4.5mm
③ 6mm ④ 7.5mm

해설 보강재의 판 두께는 3, 4.5, 6mm 두께 정도의 것이 사용되나, 프레임의 모재보다 두꺼운 것을 사용해서는 안된다. 보강재의 재질은 자동차용 프레임 강판, 또는 그와 동등한 것을 쓴다.

49 바디 프레임 수정기를 사용하여 수리를 할 때 차체를 붙잡을 수 있는 부속기기를 무엇이라 하는가?

① 클램프 ② 잭
③ 훅 ④ 유압 램

해설 인장 작업에 필요한 장비, 공구에는 풀러와 클램프, 체인, 안전 고리 등이 있다. 클램프를 보디에 고정한 상태에서 풀러를 사용해서 인장해 준다.

50 최종 상도 도막을 연마하여 광택을 내는 연마기는?

① 싱글액션 샌더 ② 오비털 샌더
③ 더블액션 샌더 ④ 폴리셔

해설 싱글 액션 샌더는 연삭력이 좋아 구도막 제거에 사용하며, 오비탈 샌더는 표면 만들기 및 편평한 넓은 면을 연마하기에 적합하다. 거친 퍼티 연마에 적합하고 효율이 좋다.

51 이동식 및 휴대용 전동기기의 안전한 작업 방법으로 틀린 것은?

① 전동기의 코드선은 접지선이 설치된 것을 사용한다.
② 회로시험기로 절연상태를 점검한다.
③ 감전방지용 누전 차단기를 접속하고 동작 상태를 점검한다.
④ 감전사고 위험이 높은 곳에서는 1중 절연구조의 전기기기를 사용한다.

해설 감전 사고의 위험이 높은 곳에서는 2중 절연구조의 전기기기를 사용한다.

52 산업 재해는 생산 활동을 행하는 중에 에너지와 충돌하여 생명의 기능이나 (   )을 상실하는 현상을 말한다. (   )에 알맞은 말은?

① 작업상 업무 ② 작업조건
③ 노동 능력 ④ 노동 환경

해설 산업 재해는 사업장에서 우발적으로 일어나는 사고로 인한 피해로 사망이나 노동 능력을 상실하는 현상으로 천재지변에 의한 재해가 1%, 물리적인 재해가 10%, 불안전한 행동에 의한 재해가 89%이다.

53 기관 분해조립 시 스패너 사용 자세 중 옳지 않은 것은?

① 몸의 중심을 유지하게 한 손은 작업물을 지지한다.
② 스패너 자루에 파이프를 끼우고 발로 민다.
③ 너트에 스패너를 깊이 물리고 조금씩 앞으로 당기는 식으로 풀고, 조인다.
④ 몸은 항상 균형을 잡아 넘어지는 것을 방지한다.

해설 스패너를 사용하여 작업하는 경우에는 연장대를 사용하면 안된다.

54 화재의 분류 중 B급 화재 물질로 옳은 것은?

① 종이 ② 휘발유
③ 목재 ④ 석탄

해설 ① A급 화재 : 일반 가연물의 화재로 냉각소화의 원리에 의해서 소화되며, 소화기에 표시된 원형 표식은 백색
② B급 화재 : 가솔린, 알코올, 석유 등의 유류 화재로 질식소화의 원리에 의해서 소화되며, 소화기에 표시된 원형의 표식은 황색

정답 48. ④ 49. ① 50. ④ 51. ④ 52. ③ 53. ② 54. ②

③ **C급 화재**: 전기 기계, 전기 기구 등에서 발생되는 화재로 질식소화의 원리에 의해서 소화되며, 소화기에 표시된 원형의 표식은 청색
④ **D급 화재**: 마그네슘 등의 금속 화재로 질식소화의 원리에 의해서 소화시켜야 한다.

55 연삭 작업시 안전사항 중 틀린 것은?
① 나무 해머로 연삭 숫돌을 가볍게 두들겨 맑은 음이 나면 정상이다.
② 연삭 숫돌의 표면이 심하게 변형된 것은 반드시 수정한다.
③ 받침대는 숫돌차의 중심선보다 낮게 한다.
④ 연삭 숫돌과 받침대와의 간격은 3mm 이내로 유지한다.

해설 받침대의 중심선은 숫돌차의 중심선과 같아야 한다.

56 차체에 장착된 부품을 취급할 때의 사항으로 적절하지 않은 것은?
① 내장트림이나 시트류는 고정위치를 확인해 가면서 조심스럽게 떼어낸다.
② 필요 범위보다 조금 넓게 해주면 나중 작업이 편리하다.
③ 인스트루먼트 패널은 부분 부품으로 하나하나 탈착한다.
④ 접착식 몰딩은 열을 가하면 깨끗하게 붙여지고 떼어지기도 한다.

해설 인스트루먼트 패널은 하나의 부품으로 용접에 의해 접합되어 있어 탈착할 수 없다.

57 차체수리에 필요한 안전 보호구와 가장 관련이 없는 것은?
① 헬멧   ② 귀마개
③ 페이스 커버   ④ 내용제성 장갑

해설 내용제성 장갑은 보수도장에 필요한 안전 보호구이다.

58 다음 전기 저항용접 중 맞대기 용접에 해당하는 것은?
① 점 용접   ② 시임 용접
③ 프로젝션 용접 ④ 플래시 용접

해설 맞대기 용접의 종류
① **업셋 용접**: 접합 단면을 전극으로 해서 통전하고 압접 온도에 도달하면 가압하여 접합하는 맞대기 저항 용접이다.
② **플래시 용접**: 접합 단면을 가볍게 접촉시키면서 전류를 통전할 때 발생하는 불꽃으로 가열하여 가압 접합하는 맞대기 저항 용접이다.
③ **퍼커션 용접**: 축척된 전기 에너지를 맞대기 면에 급격히 방전하여 발생하는 아크로 가열하고 충격적 압력으로 접합하는 맞대기 저항 용접이다.

59 차체수정 작업에 앞서 계측 작업을 정밀하게 하기 위해서는 다음의 사항들을 주의해야 한다. 관련이 적은 것은?
① 게이지를 수평으로 확실히 고정한다.
② 게이지를 수직으로 확실히 고정한다.
③ 계측기기의 손상이 없어야 한다.
④ 객관적인 기준이 되는 차체 치수도를 활용한다.

60 작업 중 정전되었을 때 해야 할 일과 관계없는 것은?
① 절삭 공구는 가공물에서 떼어 낸다.
② 경우에 따라서는 메인 스위치도 내린다.
③ 주위의 공구를 정리한다.
④ 기계의 스위치를 내린다.

해설 정전시 조치 사항
① 기계의 스위치를 내린다.
② 절삭 공구는 가공물에서 떼어 낸다.
③ 경우에 따라서는 메인 스위치도 내린다.
④ 퓨즈를 점검한다.

정답 55. ③ 56. ③ 57. ④ 58. ④ 59. ② 60. ③

2021 자동차차체수리기능사

2021 복원문제

01 자동차 전기 장치에 관한 설명 중 틀린 것은?
① 자동차 전기장치에 전력을 공급하는 부품은 배터리와 발전기가 있다.
② 엔진 정지시 전원은 배터리에 의해 공급되고 있다.
③ 엔진 시동 후 전원 공급은 발전기가 하지만 경우에 따라 배터리 전원도 사용한다.
④ 현재 대부분 승용차는 직류 발전기를 주로 사용한다.

해설 현재 대부분의 승용자동차는 교류 발전기를 사용한다.

02 카고 트럭식의 화물자동차에 사용하고 있는 구동방식은?
① 앞 엔진 앞바퀴 구동방식
② 앞 엔진 뒷바퀴 구동방식
③ 뒤 엔진 앞바퀴 구동방식
④ 뒤 엔진 뒷바퀴 구동방식

해설 화물자동차는 엔진이 앞에 설치되어 있고 뒷바퀴를 구동하는 형식이다.

03 물의 끓는점을 212℃로 하고 얼음의 녹는점을 32℃로 정하여 그 사이를 180 등분한 온도를 무엇이라 하는가?
① 섭씨 온도   ② 화씨 온도
③ 절대 온도   ④ 랭킨 온도

해설 온도의 단위
① **섭씨 온도** : 얼음이 녹는점을 0℃, 물이 끓는점을 100℃로 하여 그 사이를 100등분한 단위이다. 기호는 ℃.
② **화씨 온도** : 얼음이 녹는점을 32°F, 물이 끓는점을 212°F로 하여 그 사이를 180 등분한 온도 단위이다. 단위는 °F.
③ **절대 온도** : 물질의 특이성에 의존하지 않고 눈금을 정의한 온도. 영하 273.15℃를 기준으로 하여, 보통의 섭씨와 같은 간격으로 눈금을 붙였다. 단위는 켈빈(K).
④ **랭킨 온도** : 절대 0도를 정점으로 하고, 화씨온도에 맞추어 얼음이 녹는점과 물이 끓는점 사이를 180등분 한 단위이다. 단위는 랭킨(R)

04 차체의 각종 강판 패널에 일정한 곡률을 주어 성형하는 것을 무엇이라 하는가?
① 크라운   ② 보디 필러
③ 탬퍼링   ④ 백 홀더

해설 크라운은 패널의 곡면을 의미하는 것으로 완만한 곡면이나 급격한 곡면을 만들어 전체적인 강성을 유지하는 프레스 가공법이다. 크라운 성형을 부여하는 이유는 다음과 같다.
① 보디 전체에 강성이 향상된다.
② 보디 스타일을 아름답게 한다.
③ 각 패널의 강도를 높인다.

05 일반적으로 자동차의 승차감이 가장 좋은 진동수 범위는?
① 분당 10~30사이클
② 분당 30~50사이클
③ 분당 60~120사이클
④ 분당 150~180사이클

정답 01. ④ 02. ② 03. ② 04. ① 05. ③

해설 진동수와 승차감
① 걸어가는 경우 : 60~70cycle/min
② 뛰어가는 경우 : 120~160cycle/min
③ 양호한 승차감 : 60~120cycle/min
④ 멀미를 느끼는 경우 : 45cycle/min 이하
⑤ 딱딱한 느낌의 경우 : 120cycle/min 이상

06 차량이 일정거리를 움직였다고 볼 경우 이 때 적용될 수 있는 원리와 가장 관계가 깊은 것은?

① 힘 = 질량 × 가속도
② 일 = 중량 × 거리
③ 힘 = 질량 × (속도)^2
④ 일 = 가속도 × 거리

해설 F=ma(F : 힘, m : 질량, a : 가속도)

07 고장진단 후 기관 해체 정비 시기의 판단 기준으로 틀린 것은?

① 냉각수 누수 : 규정값의 40% 이상일 때
② 압축압력 : 규정값의 70% 미만일 때
③ 연료 소비율 : 규정값의 60% 이상일 때
④ 윤활유 소비율 : 규정값의 50% 이상일 때

해설 엔진의 해체 정비 시기
① **압축 압력** : 규정 압력의 70% 미만일 때
② **연료 소비율** : 표준 소비율의 60% 이상일 때
③ **오일 소비율** : 표준 소비율의 50% 이상일 때
④ 엔진의 내부적인 결함이 발생되었을 때

08 국제단위계(SI 단위)에서 토크의 단위는?

① m/s   ② N·m
③ rad/s   ④ Pa

해설 SI 단위의 종류
① **속도** : m/s,   ② **가속도** : m/s²
③ **힘** : N   ④ **토크** : N·m
⑤ **압력** : Pa   ⑥ **동점도** : m²/s
⑦ **일에너지, 열량** : J   ⑧ **일률** : W

09 자동차 차체(body)의 틈새 막이로 비바람이나 먼지 등이 차실로 들어오는 것을 방지하기 위해 도어나 앞 유리 등의 가장자리에 설치하는 것은?

① 선루프(sun roof)
② 스포일러(spoiler)
③ 웨더 스트립(weather strip)
④ 카울(cowl)

해설 ① **선 루프** : 햇빛을 받아들이기 위해 자동차 지붕의 일부 또는 전부를 개폐할 수 있도록 한 것.
② **스포일러** : 스포일러는 공기의 흐름을 방해하여 차체 주변의 기류를 조절하는 역할을 하는 것.
③ **웨더 스트립** : 차실과 트렁크 룸을 밀폐하여 외부 공기나 소리가 들어오지 않도록 도어 또는 트렁크 리드(화물실 덮개) 가장자리에 설치되어 있는 고무 패킹을 말함.
④ **카울** : 앞 창유리(프린트 윈도)와 연결되는 앞부분의 패널을 말한다.

10 자재이음이란 두 개의 축이 어느 각도를 두고 교차할 때 자유로이 동력을 전달할 수 있는 장치를 말한다. 다음 중 자동차에서 주로 사용하는 자재이음의 종류가 아닌 것은?

① 슬립 조인트
② 플렉시블 조인트
③ 등속 조인트
④ 트러니언 조인트

해설 슬립 조인트는 추진축의 길이 변화에 대응하는 조인트이다. 자재 이음은 두 축이 일직선상에 있지 않고 어떤 각도를 가졌을 때 두 개의 축 사이에 동력을 전달할 목적으로 사용하여 각도 변화에 대응하는 것으로 등속 조인트, 트러니언 조인트, 플렉시블 조인트 등이 있다.

11 홈의 각도가 좁고 용접 전류가 적으며, 용접 속도가 적당치 않은 경우에 나타나는 용접 결함은?

① 스패터   ② 용입 부족
③ 언더컷   ④ 기공

해설 용접부의 결함
① **스패터** : 용해된 금속의 산화물 등이 용접 중에 비산(슬래그 및 금속입자) 모재에 부착된 것을 말함.
② **언더컷** : 용접에서 용접 전류가 과대하거나 용접봉이 가늘 때 생기는 용착 금속과 모재의 경계선에 오목 부분이 생기는 현상
③ **오버랩** : 용융 금속이 모재와 융합되어 모재 위에 겹치는 현상
④ **기공** : 습기가 있는 용접봉을 사용한 경우, 모재에 불순물이 포함되어 있는 경우, 용접 전류가 과대한 경우, 용착 금속의 냉각 속도가 빠른 경우 등에 의해 가스가 배출되지 못하고 용착 금속에 잔류되어 구멍이 형성되는 현상이다.

12 금속재료에 외력을 가하면 넓게 펴지는 성질은?

① 점성   ② 전성
③ 인성   ④ 연성

해설 재료의 기계적인 성질
① **전성** : 눌렀을 때 넓게 펴지는 성질
② **연성** : 가늘게 늘어나는 성질
③ **탄성** : 외력을 가하면 변형되고 외력을 제거하면 원래 상태로 돌아오는 성질
④ **항복점** : 탄성점을 지나 끊어지기 시작하는 점
⑤ **소성** : 외력을 가하면 변형이 되고 외력을 제거하면 원형으로 돌아오지 않고 다소의 변형을 남게 하는 성질

13 금속이나 합금이 고체 상태에서 어떤 온도가 되면 각종 성질이 급격히 변화하는가?

① 공정점   ② 변태점
③ 공석점   ④ 용융점

해설 ① **공정점** : 2개의 성분 금속이 용융되어 있을 때는 융합이 되어 균일한 액체를 형성하나 응고 후에는 성분 금속이 각각 결정으로 분리되는데 2개의 금속이 기계적으로 혼합된 조직을 형성하는 점이다.
② **변태점** : 금속이 변태를 일으키는 온도이다.
③ **공석점** : 고체 상태에서 고용체가 어느 일정 온도에서 동시에 2개가 석출되는 상태. 반응이 생기는 점이다.
④ **용융점** : 금속에 열을 가하면 그 금속이 녹아서 액체로 될 때의 온도이다.

14 제도 용지에 정정 작성되거나 컴퓨터로 작성된 최초의 도면으로 트레이스도의 원본이 되는 도면은 무엇인가?

① 배치도   ② 스케치도
③ 원도   ④ 기초도

해설 제도 용지에 직접 작성되거나 컴퓨터로 작성된 최초의 도면으로 트레이스 도의 원본이 되는 도면을 원도라 한다.

15 용접기 내부에 설치된 철심의 재료로 적당한 것은?

① 고속도강   ② 주강
③ 규소강   ④ 니켈강

해설 규소강은 규소를 0.5~4%를 함유한 강으로 상자성체이며 자기 히스테리시스(hysteresis)가 적기 때문에 발전기, 변압기, 전동기, 용접기의 철심으로 많이 사용한다.

16 피복 금속 아크용접의 용접 특징에 대한 설명으로 옳은 것은?

① 용접봉의 이송속도가 너무 느리면 비드는 지나치게 좁아진다.
② 용접 전류값이 높으면 용접봉의 용해가 빠르고 큰 용융지가 생기고 스패터가 많이 발생된다.
③ 용접 전류가 너무 낮으면 비드 폭이 넓어진다.
④ 용접봉의 이송속도가 너무 빠르면 비드 폭이 넓어진다.

정답 11. ② 12. ② 13. ② 14. ③ 15. ③ 16. ②

해설 용접봉의 이송 속도가 너무 느리면 비드 폭이 넓어지고, 용접 전류가 너무 낮으면 비드 폭이 좁아지며, 오버랩이 발생되고 용접봉의 이송 속도가 너무 빠르면 비드 폭이 좁아진다.

17 티그 용접에서 모든 금속에 사용되며, 아크 안정성과 낮은 전류(200A)에서 청정작용이 있고 Al, Cu합금, Ti와 활성 금속 용접에 좋은 보호가스는?

① Ar
② Ar(95%) - H_2(5%)
③ Hg
④ Hg - Ar

해설 **불활성가스 아크 용접** : 불활성 가스 아크 용접은 아르곤(Ar), 헬륨(He) 등 고온에서도 금속과 반응하지 않는 불활성 가스의 분위기 속에서 텅스텐(TIG 용접) 또는 금속(MIG 용접) 봉을 전극으로 하여 모재와의 사이에서 아크를 발생시켜 용접하는 방법이다.

18 용접 케이블의 단면적이 22mm², 정격 용접 전류 (125A), 사용 용접봉 지름이(1.6~3.2mm)인 경우 규정된 용접 홀더는?

① 125호
② 160호
③ 200호
④ 400호

해설 용접 홀더의 규격

종류	정격용접전류(A)	용접봉 지름(mm)
125호	125	1.6 ~ 3.2
160호	160	3.2 ~ 4.0
200호	200	3.2 ~ 5.0
300호	300	4.0 ~ 6.0
400호	400	5.0 ~ 8.0
500호	500	6.4 ~ 10.0

19 철에 얼마의 탄소가 함유된 것을 탄소강이라고 하는가?

① 0.01~0.03%
② 0.035~1.7%
③ 2.3~3.5%
④ 25~35%

해설 철강은 탄소 함유량으로 분류하며, 선철에 탄소를 산화 제거시켜 제조한 것이 강이다. 순철은 0~0.03%의 탄소함유, 강은 0.03~1.7%의 탄소함유, 주철은 1.7~6.68%의 탄소함유

20 산화물 Al_2O_3를 1600℃ 이상에서 소결 성형하여 만드는 재료는?

① 합금공구강
② 고속도강
③ 초경합금
④ 세라믹

해설 세라믹은 알루미나(Al_2O_3)가 주성분인 결합제와 소결시킨 소재로서 내식성, 비자성체, 비전도체이나 잘 부러지는 결점이 있다.

21 인스트루먼트 패널의 기재용 재료에 적당하지 않은 것은?

① 변성 PPE
② PP
③ ABS
④ TPO

해설 기재용 재료
① 변성 PPE(변성 폴리페닐렌에테르) : 변형 폴리페닐렌 옥사이드라고 하는 플라스틱이다. 내열성이 있어 공업용품, 가정 전화 제품, 상자, 자동차 부품 등에 사용되고 있다.
② PP(폴리프로필렌) 소재 : 성형시의 유동성, 치수 안정성이 좋고 광택이 나고 외관도 아름답다. 또한 내약품성이 좋고, 내굴곡 피로성(耐屈曲疲勞性)이 뛰어나며, 밀도 및 내열성도 값싼 범용(汎用) 플라스틱 중에서는 최고이다. 전기 기기의 하우징, 자동차 부품, 가정 잡화, 용기 등에 많이 쓰인다.
③ ABS(아크릴로니트릴 부타디엔 스티렌) 소재 : 옅은 아이보리색의 고체로 착색이 용이하고 표면광택이 좋으며 기계적, 전기적 성질 및 내약품성이 우수하여 가정용·사무실용 전자제품 및 자동차의 표면 소재로 주로 사용
④ PTO 소재 : 폴리프로필렌 복합수지로 자동차 범퍼에 사용되고 있다.

정답 17. ① 18. ① 19. ② 20. ④ 21. ④

22 CO_2용접 작업시 이산화탄소의 농도가 최소 몇 %일 때 두통이나 뇌빈혈을 일으키는가?

① 0.1~0.2　　② 3~4
③ 10~15　　　④ 20~30

해설 이산화탄소의 농도가 3~4%이면 일반적으로 두통이나 뇌빈혈을 일으킨다. 이산화탄소에 의한 중독증으로 사람에서 증상은 3%일 때 호흡 장애, 4%일 때 두통, 이명, 혈압 상승, 심박 수 감소, 실신, 구토가 일어나며, 6%일 때 호흡수가 급격히 증가하고 8~10%는 의식 불명, 청색증, 20%는 중추신경 장애, 30%일 때는 치사량이다.

23 다음 보기와 같은 투상도를 보고 틀린 부분을 바르게 수정한 것은?

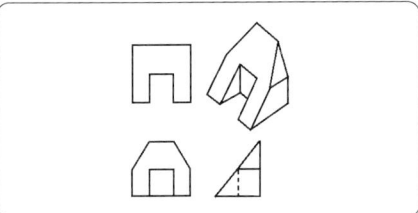

① 정면도　② 측면도
③ 평면도　④ 정면도

해설 정면도 　평면도 　측면도

24 스테인리스 강관에 관한 설명으로 맞지 않은 것은?

① 인성과 연성이 크고 가공경화가 심하며, 열처리가 잘된다.
② 내식, 내열, 내한성이 우수하다.
③ 크롬산화 피막이 표면을 보호하므로 내부를 보호한다.
④ 염산에 침식되지 않으며, 강도가 좋다.

해설 스테인리스 강은 Cr계 스테인리스강과 Cr-Ni계 스테인리스강이 있으며, 내식성 및 강인성이 있으나 염산에는 침식된다.

25 석출 강화형 강판의 재료가 아닌 것은?

① 티탄(Ti)　② 니오브(Nb)
③ 바나듐(V)　④ 인(P)

해설 석출강화형 강판은 티탄(Ti), 니오븀(Nb), 바나듐(V)등의 금속을 탄소(C)나 질소(N)와 결합시켜 첨가하고 강의 내부 구조를 변화시킨 것. 가공성이 그리 좋지 않기 때문에 범퍼의 보강재나 빔 등 평면적인 부재에 이용되고 있다.

26 차체 손상 진단시 확인 사항으로 잘못된 것은?

① 가해진 외력의 모양
② 가해진 외력의 크기
③ 가해진 외력의 방향
④ 가해진 외력의 접촉부위

해설 차체 손상 진단의 목적은 사고에 의한 손상 발생이 상대 물체의 종류, 외력의 크기, 외력의 방향, 외력의 접촉 부위 등에 의해 손상 범위가 다르므로 이를 정확히 진단하기 위함이다.

27 자동차 도어(Door) 손상의 원인과 가장 관계가 적은 것은?

① 수분에 의한 부식
② 급격한 충격에 의한 뒤틀림
③ 충격에 의한 찌그러짐
④ 계속적인 사용에 의한 개폐

해설 도어와 같은 볼트 온 패널의 경우 손상되어지는 원인은 여러 경우가 있겠지만 그중에서도 충돌 및 충격에 의한 손상과 자연적인 공기 중에서의 습기와 물에 의한 부식으로 손상된다.

정답　22. ②　23. ③　24. ④　25. ④　26. ①　27. ④

28 자동차 도어(Door)에서 가장 부식하기 쉬운 부분은 주로 어느 부분인가?
① 상부 ② 하부
③ 중앙부 ④ 전면 다 같다.

29 프레임 수정 작업시 유의할 사항이 아닌 것은?
① 힘을 받은 먼 곳부터 수정해 나간다.
② 당기는 작업은 체인의 상태가 직각 또는 수평이 되게 한다.
③ 한번에 큰 힘을 가하여 신속하게 당긴다.
④ 클램프는 안전 고리를 연결하여 사고를 방지한다.

해설 변형된 부분을 한 번에 수정하려 하지 말고 패널의 형태를 관찰하면서 당김 작업을 서서히 실시하여야 한다.

30 자동차 보수 도장시 연마 방법의 설명 중 틀린 것은?
① 건식 방법이 습식 방법보다 연마 속도가 빠르다.
② 건식 방법이 습식 방법보다 연마지 사용량이 적다.
③ 연마된 상태가 습식 방법이 건식 방법보다 곱다.
④ 먼지 발생은 습식 방법이 매우 적다.

해설

구 분	습식 연마	건식 연마
작업성	보통	양호
연마 상태	마무리가 거칠다	마무리가 곱다
연마 속도	늦다	빠르다
연마지 사용량	적다	많다
먼지 발생	없다	있다
결점	수분 완전제거 해야 한다.	집진장치 필요

31 자동차 보디 수정시 손상 부분을 가스 용접기로 절단할 때의 특징에 대한 설명으로 옳은 것은?
① 절단이 불가능하다.
② 매우 정밀하게 절단할 수 있다.
③ 절단된 면이 깨끗하게 된다.
④ 복잡한 손상부도 빠르게 절단할 수 있다.

32 차체 치수도의 표시법에서 직선거리 치수가 아닌 것은?
① 엔진 룸 ② 평면치수
③ 언더바디 ④ 바디 사이드

해설 차체 치수도는 프런트 보디, 사이드 보디, 어퍼 보디, 언더 보디, 리어 보디, 엔진 룸, 실내, 트렁크 룸 등을 기본으로 하여 정리 되어 있다.

33 텅스텐 전극과 모재 사이에 아크를 발생시키고 알곤가스를 공급하여 절단하는 방법은?
① TIG 아크 절단
② MIG 아크 절단
③ 서브머지드 아크 절단
④ 플라즈마 아크 절단

해설 ① **TIG 절단** : 열적 핀치 효과에 의한 플라즈마로 절단하는 방법으로 전원으로는 직류 정극성이 사용된다. 주로 알루미늄, 구리 및 구리 합금, 스테인리스강과 같은 금속 재료에 절단에만 사용하며 텅스텐 전극과 사용 가스로는 아르곤과 수소 혼합가스가 사용된다.
② **MIG 절단** : 금속 전극에 대전류를 흘려 절단하는 방법으로 전원으로는 직류 역극성이 사용된다. 보호 가스는 산소를 혼합한 아르곤 가스를 쓰며 효과적이다. 알루미늄과 같이 산화에 강한 금속 절단에 사용 된다.
③ **플라즈마 절단** : 아크 플라즈마의 바깥 둘레를 강제로 냉각하여 발생하는 고온, 고속의 플라즈마를 이용하여 절단한다.

정답 28. ② 29. ③ 30. ② 31. ④ 32. ② 33. ①

34 차체 부품을 제작 하고자 한다. 이때 판재의 절단 작업은 주로 무엇으로 하는가?

① 에어 톱 ② 판금 가위
③ 에어 치즐 ④ 가스절단기

해설 판금 가위의 용도
① 직선 가위 : 직선 또는 큰 곡선을 자르는데 사용
② 곡선 가위 : 공작물의 곡선을 자르는데 사용
③ 비틀림 가위 : 공작물 중앙에 구멍이나 곡선을 잘라내는데 사용

35 차체 센터 마크가 차체수리 지침서에 기재되어 있지 않은 것은?

① 라디에이터 코어 서포트 어퍼
② 카울 탑
③ 프런트 사이드 멤버
④ 세컨 크로스 멤버

36 연삭숫돌 선택에서 조직이 치밀한 연삭숫돌의 선택 기준이 아닌 것은?

① 굵고 메진 재료
② 거친 연삭
③ 총형 연삭
④ 접촉 면적이 작을 때

37 적외선 건조 장치에 대한 설명으로 틀린 것은?

① 복사선과 전자파로 열전달을 한다.
② 근 적외선 장치는 전구를 사용한다.
③ 원적외선 장치는 방사 소자를 사용한다.
④ 먼지를 많이 발생시키게 된다.

38 자동차 차체에 사용되는 고장력강의 장점을 설명하였다. 장점으로 틀린 것은?

① 소석 등에 부딪쳐도 국부적인 손상이나 패임이 없는 저항력을 가지고 있다.
② 충돌시 변형 저항에 의한 에너지 흡수성이 우수하다.
③ 성형이나 용접성을 저하시킨다.
④ 가공 경화 특성이 높다.

해설 고장력강은 연강의 강도를 높이기 위하여 적당한 합금원소를 소량 첨가한 것으로 강도, 경량, 내식성, 내충격성, 내마모성이 요구되는 구조물에 적합하며, 인장강도는 52~70kg/mm², 항복점은 32~38kg/mm² 이상인 합금을 말한다.

39 다음 중 연마용 에어공구가 아닌 것은?

① 그라인더 ② 디스크 샌더
③ 벨트 샌더 ④ 샌더 블록

40 스프레이건을 이용한 도장 방법이다. 옳지 않은 사항은?

① 도료를 피도물의 재질이나 형상에 관계없이 도장할 수 있다.
② 도료를 피도물의 크기에 상관없이 도장할 수 있다.
③ 효율적으로 도장할 수 있다.
④ 분무시켜 도장하기 때문에 도료의 손실이 적다.

해설 스프레이건을 이용한 도장은 분무시켜 도장하기 때문에 도료의 손실이 많다.

41 캐스터가 장치되어 있으며, 메인 프레임과 잡아당기기 쉬운 지주가 있어 지주 사이에 유압 잭과 언더 클램프를 사용하여 보디 프레임을 수정하는 것은?

① 이동식 보디 프레임 수정기
② 고정식 보디 프레임 수정기
③ 바닥식 보디 프레임 수정기
④ 폴식 보디 프레임 수정기

정답 34. ② 35. ③ 36. ② 37. ④ 38. ③ 39. ④ 40. ④ 41. ①

해설 이동식 프레임 수정기는 바퀴(캐스터)가 달려 차체 정비를 한 차량까지 자유로이 이동시켜 작업장 바닥이나 기둥 등에 고정하지 않아도 된다. 1회 고정으로 1방향 밖에 잡아당길 수 없으며, 다른 방향으로 동시에 잡아당기는 작업이 불가능하다.

42 투명하고 내구성이 있는 아크릴을 주로 사용하여 도막을 형성하고 도료의 성질이나 능력을 형성하는 것은?

① 용제   ② 수지
③ 프라이머   ④ 안료

해설 **수지**는 안료를 균일하게 분산시키고 도료의 성질과 능력은 수지가 좌우하게 되며 유기화합물 및 그 유도체로 이루어진 비결정성 고체 또는 반고체로서 도막으로 남는 성분이다.

43 퍼티를 설명한 것 중 틀린 것은?

① 퍼티를 얇게 여러 번에 나누어 칠한 장소일수록 경화속도가 빠르다.
② 퍼티 주걱의 재료는 나무, 고무, 플라스틱을 사용한다.
③ 퍼티가 일정하게 희석되도록 반죽할 때에는 공기가 들어가지 않도록 주의한다.
④ 퍼티는 많은 양을 혼합하여 두껍게 한 번에 칠하는 것이 원칙이다.

해설 **퍼티 작업시 주의사항**
① 가능한 한 얇게 칠한다.
② 계절에 맞는 퍼티를 사용한다.
③ 경화제를 규정량으로 조정한다.
④ 기공이 침투하지 않게 한다.
⑤ 두껍게 칠할 시에는 2~3회 나누어서 칠한다.
⑥ 페더 에지 부분의 단차가 없도록 한다.

44 트램 트랙킹 게이지로 네 바퀴의 정렬을 점검할 수 있는 방법에 해당되지 않는 것은?

① 우측 프런트 서스펜션의 굽음
② 토인과 캠버의 변화
③ 리어 액슬의 흔들림
④ 옆으로 굽은 프레임의 앞부분

해설 캠버나 토인의 변화는 얼라이너로 측정이 가능하다. 또한 캠버는 포터블 게이지, 토인은 토인바 게이지나 사이드슬립 테스터로 측정이 가능하다.

45 도장실의 설치 목적에 대한 설명이 틀린 것은?

① 작업자의 건강유지를 위한 환경 개선
② 도료 및 용제의 인화에 의한 재해 방지
③ 안개 현상 방지
④ 도료의 사용량 경감

해설 **스프레이 부스의 설치 목적**
① 비산되는 도료의 분진을 집진하여 환경의 오염을 방지한다.
② 도장할 때 유기 용제로부터 작업자를 보호한다.
③ 전천후 작업을 가능케 한다.
④ 피도장물에 먼지, 오염물 등의 유입을 방지한다.
⑤ 도장의 품질을 향상시키고 도막의 결함을 방지한다.
⑥ 도장 후 도막의 건조를 가속화시킨다.

46 차체의 중신 센터라인을 중심으로 좌측 혹은 우측으로 휘어진 파손 형태는?

① 사이드 스웨이   ② 새그
③ 쇼트레일   ④ 트위스트

해설 ① **사이드 스웨이**(side sway) : 가로 하중 혹은 연직 하중이 작용했을 때 생기는 구조물의 가로 방향으로의 움직임으로 센터라인을 중심으로 좌측 또는 우측으로의 변형 형태.
② **새그**(sag) : 수직적으로 정렬이 되지 않고 휘어진 변형 형태로 함몰, 처짐
③ **트위스트**(twist) : 비틀림으로 한쪽이 내려가고 한쪽이 올라가는 변형으로 서로 엇갈린 변형 형태
④ **다이아몬드**(diamond) : 차체의 한쪽 면이 전면이나 후면 쪽으로 밀려난 형태의 변형으로 다이아몬드와 같이 사각이 변함

정답 42. ② 43. ④ 44. ② 45. ④ 46. ①

47 프레임 센터링 게이지로 차체의 변형을 측정할 수 없는 것은?

① 프레임의 상하 굽은 변형
② 언더보디의 비틀림 변형
③ 서스펜션의 밀림 변형
④ 휠 얼라인먼트의 정렬 변형

해설 **센터링 게이지**란 프레임의 중심부를 측정함으로써 프레임의 이상 상태를 진단하는 게이지이다. 센터링 게이지로 측정할 수 있는 부위는 프레임의 비틀림, 상하 휨(굽음), 좌우 휨(굽음)의 측정이다.

48 견인용 클램프에 관한 사항으로 틀린 것은?

① 클램프의 견인방향은 클램프가 보디로 파고들어가는 범위의 중심과 일치시킨다.
② 클램프의 볼트를 필요이상의 힘으로 조이지 않는다.
③ 클램프 볼트는 수시로 점검하고 엔진 오일 등을 도포하지 않아야 한다.
④ 견인 작업 중 체인을 꼬이게 하면 체인의 강도가 저하된다.

해설 클램프 볼트는 수시로 점검하고 엔진 오일 등을 도포하여야 오래 사용할 수 있다.

49 판금 제품을 보강하거나 장식을 목적으로 옆벽의 일부를 볼록하게 나오게 하거나 오목하게 들어가도록 띠를 만드는 가공방법은?

① 비딩   ② 벌징
③ 플랜징 ④ 엠보싱

해설 ① **비딩**(beading) : 옆벽의 일부를 블록 나오거나 오목 들어가게 띠를 만드는 가공법
② **벌징**(bulging) : 금형 내에 삽입된 원통형 용기 또는 관에 높은 압력을 가하여 용기의 입구보다 중앙부분이 굵은 용기로 만드는 작업을 말한다.
③ **플랜징**(flanging) : 제품을 보강하기 위해 또는 성형 그 자체를 목적으로 하여 판금의 가장자리를 굽혀 플랜지를 만드는 작업
④ **엠보싱**(embossing) : 기계 부품 등에 장식과 보강을 위해 냉간가공으로 파형의 홈을 만드는 압축 가공을 말한다.

50 유압램의 구성 부품에서 작업 중의 각종 램을 교환할 경우 오일이 누출되거나 에어가 혼입되는 것을 방지하는 역할을 하는 것은 무엇인가?

① 유압 펌프   ② 고압 호스
③ 스피드 커플러 ④ 어태치먼트

해설 **유압 램의 구성 부품**
① **유압 펌프** : 램을 구동하기 위한 유압을 발생시키는 역할을 한다.
② **고압 호스** : 유압 펌프와 램을 연결하여 펌프에서 발생한 유압을 램으로 보내는 내압, 내유성의 호스이다.
③ **스피드 커플러** : 고압 호스와 램을 연결시키는 커플러이다.
④ **어태치먼트** : 램에 부착시켜 보디 각 부분의 복잡한 형상에 맞도록 여러 가지 형태로 구성되어 있는 작업 장치.

51 작업자의 환경을 개선하면 나타나는 현상으로 틀린 것은?

① 좋은 품질의 생산품을 얻을 수 있다.
② 피로를 경감시킬 수 있다.
③ 작업 능률을 향상시킬 수 있다.
④ 기계소모가 많고 동력손실이 크다.

해설 환경을 개선하면 불필요한 기계의 사용이 적어지므로 동력에너지의 손실이 작아진다.

52 스패너 작업시 유의할 점이다. 틀린 것은?

① 스패너의 입이 너트의 치수에 맞는 것을 사용해야 한다.
② 스패너의 자루에 파이프를 이어서 사용해서는 안된다.
③ 스패너와 너트 사이에는 쐐기를 넣고 사용하는 것이 편리하다.
④ 너트에 스패너를 깊이 물리고 조금씩 앞으로 당기는 식으로 풀고 조인다.

정답 47. ④ 48. ③ 49. ① 50. ③ 51. ④ 52. ③

Craftsman Motor Vehicles Body Repair

해설 스패너와 너트 사이에는 쐐기를 넣고 사용하면 볼트 및 너트가 손상되고 재해 발생의 원인이 된다.

53 연소의 3요소에 해당되지 않는 것은?
① 물
② 공기(산소)
③ 점화원
④ 가연물

해설 연소의 3요소는 점화 에너지인 점화원과 가연물(연료)이 있어야 하며, 연소가 지속적으로 이루어지도록 하는 지연물(공기)이 있어야 한다.

54 큰 구멍을 가공할 때 가장 먼저 하여야 할 작업은?
① 스핀들의 속도를 증가시킨다.
② 금속을 연하게 한다.
③ 강한 힘으로 작업한다.
④ 작은 치수의 구멍으로 먼저 작업한다.

해설 드릴로 큰 구멍을 뚫을 때는 센터 펀치로 중심을 잡은 다음, 조그만 구멍을 뚫고 그 위를 관통하는 큰 구멍을 뚫는다.

55 드릴링 머신 작업을 할 때 주의사항으로 틀린 것은?
① 드릴의 날이 무디어 이상한 소리가 날 때는 회전을 멈추고 드릴을 교환하거나 연마한다.
② 공작물을 제거할 때는 회전을 완전히 멈추고 한다.
③ 가공 중에 드릴이 관통했는지를 손으로 확인한 후 기계를 멈춘다.
④ 드릴은 주축에 튼튼하게 장치하여 사용한다.

해설 드릴로 큰 구멍을 뚫을 때는 센터 펀치로 중심을 잡은 다음, 조그만 구멍을 뚫고 그 위를 관통하는 큰 구멍을 뚫는다.

56 다음 중 보호 안경을 착용하는 작업은 어느 것인가?
① 줄 작업
② 드릴 작업
③ 리벳 작업
④ 해머 작업

57 차체 수정 작업시 사용되는 유압 바디 잭의 사용상 주의점이다. 틀린 것은?
① 램에 과부하가 걸리도록 할 것
② 나사부를 보호할 것
③ 램 플런저가 완전히 늘어나면 유압을 상승시키지 말 것.
④ 호스 취급에 항상 주의할 것

58 가스 용접기에서 아세틸렌의 사용 압력으로 적당한 것은?
① $0.1 \sim 0.2 kg/cm^2$
② $0.3 \sim 0.5 kg/cm^2$
③ $0.7 \sim 1.0 kg/cm^2$
④ $1.5 \sim 2.0 kg/cm^2$

해설 산소 아세틸렌 용접시 가스 압력은 산소 $2 \sim 5$ kg/cm^2, 아세틸렌 $0.2 \sim 0.5$ kgf/cm^2이며, 아세틸렌 가스는 최대 1.3 kg/cm^2 이하로 사용하여야 한다.

59 패널 용접 플랜지 면의 밀착이 불완전할 경우 발생되는 문제점은?
① 공기 저항이 크다.
② 소음의 원인이 된다.
③ 배수가 잘 안된다.
④ 실링을 할 수 없다.

60 분진은 육안으로 식별할 수 없을 정도의 작은 입자이다. 입자의 크기는?
① $1 \sim 100 \mu m$
② $100 \sim 200 \mu m$
③ $200 \sim 300 \mu m$
④ $300 \sim 400 \mu m$

정답 53. ① 54. ④ 55. ③ 56. ② 57. ① 58. ② 59. ② 60. ①

2023 자동차차체수리기능사

2023년 복원문제 1회

01 각 온도의 단위 중 틀린 것은?
① 섭씨온도 : ℃ ② 화씨온도 : °F
③ 절대온도 : K ④ 랭킨온도 : D

해설 랭킨온도는 화씨온도 -459.67°F를 기점으로 하여 측정한 온도를 말한다.

02 자동차에서는 실린더 내에서 연소를 하고 남은 배기가스를 밖으로 내보내는 가스의 운동을 하게 된다. 이런 경우 배기가스에 배압이 상승한다면 그 이유로 가장 적합한 것은?
① 배기관의 막힘
② 오버사이즈 소음기
③ 2개로 설치된 테일 파이프
④ 새로 장착한 정품의 머플러

03 점용접에서 접합면의 일부가 녹아 바둑알 모양의 단면으로 된 부분을 무엇이라 하는가?
① 스폿 ② 너깃
③ 포일 ④ 돌기

04 리어 범퍼 탈거 작업 중 맞지 않는 것은?
① 화물실 리어 트림 및 콤비네이션 램프 탈거
② 리어 범퍼 로어 마운팅 리테이너 탈거
③ 리어 범퍼 어퍼 마운팅 스크루 및 리테이너 탈거
④ 센터 필러 트림 탈거

05 자동차의 차체 모양에 따른 분류로 차체 후부가 계단 형상으로 되어 있으며, 차실과 트렁크부의 공간이 커서 승용차의 표준형인 세단(Sedan)의 한 종류는?
① 해치백(Hatchback) 세단
② 패스트백(Fastback) 세단
③ 플레인백(Plainback) 세단
④ 노치백(Notchback) 세단

06 알루미늄으로 제작된 실린더 헤드에 균열이 생겼다면 다음 중 어떤 용접이 가장 적합한가?
① 전기 피복 아크용접
② 불활성가스 아크용접
③ 산소-아세틸렌 가스용접
④ LPG 용접

07 반드시 시동을 건 상태에서 점검해야 하는 항목은?
① 엔진오일과 파워스티어링 오일의 양
② 자동변속기 오일과 냉각수의 양
③ 엔진의 냉각수와 자동변속기 오일의 양
④ 자동변속기와 파워스티어링 오일의 양

정답 01. ④ 02. ① 03. ② 04. ④ 05. ④ 06. ② 07. ④

08 자동차의 프레임 중 프레임과 보디 바닥면을 일체로 한 프레임은?
① 플랫폼형 프레임
② 백본형 프레임
③ X형 프레임
④ H형 프레임

09 자동차 차체수리 작업을 할 때 안전보호구 착용 중 잘못 설명한 것은?
① 드릴 작업할 때 손을 보호하기 위하여 장갑을 끼고 작업한다.
② 그라인더 작업할 때 반드시 보안경을 착용한다.
③ 해머 작업할 때 귀마개를 착용한다.
④ 용접작업할 때 반드시 용접마스크를 착용한 후 용접한다.

10 다음 중 차체(Body)를 구성하는 외장부품은?
① 프레임
② 범퍼
③ 전면유리
④ 시트벨트

11 프레임(Frame)과 차체(Body)를 일체형으로 구성한 대표적인 차체 형식은?
① 모노코크
② 픽업
③ 사다리형 프레임
④ 섀시

12 다음 도료 중 녹의 발생 방지 및 후속으로 칠할 도료와 밀착을 좋게 하는 성능을 가진 것은?
① 서페이서
② 프라이머
③ 퍼티
④ 실러

13 긴 내리막길과 주행 시 계속 브레이크를 사용하여 드럼과 슈가 과열되어 브레이크 성능이 현저히 저하되는 현상은?
① 페이드 현상
② 노즈 다운 현상
③ 퍼컬레이션 현상
④ 베이퍼 록 현상

해설 페이드 현상이란 계속적인 브레이크의 사용으로 드럼과 슈 또는 디스크와 패드에 마찰열이 축척되어 드럼이나 라이닝이 경화됨에 따라 제동력이 감소되는 현상을 말한다.

14 빙점(Ice Point)을 0°로 하고, 증기점(Steam Point)을 100°로 하여 이 두 정점의 사이를 100등분한 온도를 무엇이라 하는가?
① 섭씨온도
② 화씨온도
③ 절대온도
④ 켈빈온도

15 링 끝이 절개된 부분을 도면에 표시할 때 그 부분이 어느 쪽에 나타나도록 그리는 것이 옳은가?
① 그림(위방향)
② 그림(좌방향)
③ 그림(아래방향)
④ 그림(우방향)

16 외판 패널의 수리 방법의 설명 중에서 잘못된 것은?
① 소성 변형과 탄성 변형이 같이 있으면 소성 변형부를 먼저 수리한다.
② 변형부가 넓은 경우에는 급하게 힘을 가하지 않고 슬라이딩 해머 전체를 손으로 당기며 수정 작업하는 것이 쉽다.
③ 아우터 패널의 가늘고 긴 변형은 압축 작업을 하여 복원한다.
④ 프레스 선이나 각진 부분은 정을 이용하여 선에 비스듬히 기울여서 수정을 한다.

정답 08. ① 09. ① 10. ② 11. ① 12. ② 13. ① 14. ① 15. ① 16. ④

17 내연기관의 냉각장치에서 냉각수가 순환하는 경로를 나타낸 것으로 맞는 것은?

① 방열기 - 출구호스 - 물펌프 - 워터재킷 - 수온조절기 - 방열기
② 방열기 - 물펌프 - 출구호스 - 워터재킷 - 수온조절기 - 방열기
③ 방열기 - 출구호스 - 물펌트 - 수온조절기 - 워터재킷 - 방열기
④ 방열기 - 수온조절기 - 물펌프 - 워터재킷 - 출구호스 - 방열기

18 판금 공구의 특성 중 틀린 것은?

① 판금용 해머는 패널 수정 이외의 용도로 사용해서는 안된다.
② 돌리는 패널모양에 맞추어 맞는 것을 골라 사용한다.
③ 해머, 돌리, 스푼 모두 다 접촉면이 매끄럽게 유지되어야 한다.
④ 스푼은 넓은 면을 수정하는 손잡이가 달린 돌리이다.

19 차체수정 작업 시 해머 잡는 방법에 있어 주의사항이다. 틀린 것은?

① 손잡이와 어깨의 각도는 120°가 바람직하다.
② 해머의 손잡이를 새끼손가락에 힘을 주어 쥔다.
③ 중지와 약지는 보조적인 역할로 가볍게 원을 그리는 것 같이 쥔다.
④ 첫 번째와 두 번째의 손가락은 해머의 흔들림을 막는 역할로 손잡이의 측면을 가볍게 밀어 맞춘다.

20 캡 오버형 트럭의 특징이 아닌 것은?

① 엔진의 전체 또는 대부분이 운전실 하부에 들어가 있다.
② 자동차의 높이가 높고 시야가 좋다.
③ 엔진룸의 면적이 보닛형에 비해 넓다.
④ 자동차의 길이가 동일할 때 적재함을 크게 할 수 있다.

21 자동차의 차체 모양에 따른 분류로 노치백 세단(Notch back Sedan)의 형상은?

①  ②

③  ④

22 배압(Back Pressure)의 설명으로 가장 거리가 먼 것은?

① 배압은 일종의 피스톤 운동에 저항하는 압력이다.
② 배압의 증가는 곧 출력의 증가를 초래한다.
③ 소음기와 같은 배기계통의 막힘이 배압 증가의 원인이 될 수 있다.
④ 크랭크케이스 내의 압력 증가는 배압 상승의 원인이 될 수 있다.

23 전기저항 스폿 용접 시 접합면의 일부가 녹아 바둑알 모양의 단면으로 변화된 것을 무엇이라 하는가?

① 너깃 ② 헤밍
③ 크라운 ④ 홀

24 자동차의 프레임 높이에 대한 설명으로 옳은 것은?
① 축거의 중앙에서 측정한 접지면과 프레임 윗면까지의 높이
② 축거의 가장 낮은 부위에서 측정한 프레임 하단부까지의 높이
③ 축거의 가장 낮은 부위에서 측정한 프레임 윗면까지의 높이
④ 축거의 중앙에서 측정한 접지면과 프레임 하단부까지의 높이

25 프레임의 일반 기준선으로 틀린 것은?
① 타이어 중심면
② 앞 뒤 차축의 중심선
③ 프레임의 중앙 수평 부분의 윗면
④ 리어 스프링 브래킷 중심을 통한 선

해설 프레임의 기준선
– 타이어가 지면에 닿은 바닥면
– 프레임 중앙 수평 부분의 윗면
– 프레임 중앙 하부 수평부분의 밑바닥
– 앞뒤 차축의 중심선
– 리어 스프링 브래킷 중심을 통한 선

26 자동차 기관의 회전수를 표시하는 단위는?
① rpm   ② kgf-m
③ kg/s   ④ km/h

27 클램프 사용에 대한 설명으로 옳은 것은?
① 볼트를 강하게 체결한 경우 견인 방향에 제약을 받지 않는다.
② 클램프에 힘을 가하는 경우 힘의 방향은 톱니 부분의 중심을 통과하는 연장선상에 위치하여야 한다.
③ 견인작업으로 힘이 가해지면 톱니가 패널에서 미끄러지는 구조로 되어 있다.
④ 클램프는 안전을 위해 가급적 자신의 체형과 체력에 맞고 사용에 익숙한 것 하나만을 지정하여 사용한다.

28 차량이 일정거리를 움직였다고 볼 경우 이때 적용될 수 있는 원리와 가장 관계가 깊은 것은?
① 힘 = 질량 × 가속도
② 일 = 중량 × 거리
③ 힘 = 질량 × (속도)^2
④ 일 = 가속도 × 거리

해설 F = ma(F : 힘, m : 질량, a : 가속도)

29 체심입방격자의 원자 수는 모두 몇 개인가?
① 8   ② 9
③ 14   ④ 17

해설 – 체심입방격자 원자 수 : 9개
– 면심입방격자 원자 수 : 14개
– 조밀육방격자 원자 수 : 17개

30 보디 프레임(Body Frame)수정기의 종류에 속하지 않는 것은?
① 바닥형   ② 이동식 벤치형
③ 고정식 벤치형   ④ 슬라이드 해머식

31 가장 일반적인 승용차 형식으로 4도어에 실내 2열의 4 ~ 5인승 좌석이 있고, 트렁크가 있는 형식은?
① 왜건(Wagon)
② 라이트 밴(Light Van)
③ 트레일러(Trailer)
④ 세단(Sedan)

32 가스압의 특징 중 맞지 않는 것은?
① 접합부에 탈탄층이 없다.
② 장치가 간단하여 시설수리비가 싸다.
③ 작업자의 숙련도에 크게 좌우되지 않는다.
④ 용접봉과 용재를 필요로 한다.

해설 가스압의 특징
- 접합부에 탈탄층이 없다.
- 전력이 필요없다.
- 장치가 간단하여 시설수리비가 싸다.
- 기계적 작업으로 작업자의 숙련도가 필요없다.
- 압점의 소요 시간이 짧다.
- 접합부에 첨가 금속 또는 용재가 필요없다.

33 브레이크가 작동되었음을 알리는 등은?
① 브레이크 오일 경고등
② 계기등
③ 후진등
④ 제동등

34 모노코크 보디의 각 부 구조 중 리어보디에 속하는 것은?
① 라디에이터 서포트
② 프런트 펜더
③ 펜더 에이프런
④ 리어앤드패널(백패널)

35 스폿용접을 하고자 할 때 용접 준비 시 중요 사항이 아닌 것은?
① 용접 시간
② 용접하려는 판의 두께
③ 용접하려는 부분의 형상
④ 용접할 부위의 판 표면 상태

36 차체 용접에서 용입 불량의 원인은?
① 용접전류가 낮다.
② 용접 겹침이 너무 넓다.
③ 와이어 공급률이 너무 느리다.
④ 모재에 과도한 산소가 공급되었다.

37 차량의 충돌과 접촉 사고시 충격을 흡수 및 완화하여 차체를 보호하는 것으로 외형의 미적 부분을 완성하는 부품은?
① 팬더　② 범퍼
③ 도어　④ 후드

38 운전 중 파워 윈도 스위치의 작동으로 인해 발생되는 위험성을 방지하기 위해 사용되는 스위치는?
① 파워 윈도 메인 스위치
② 운전석 뒤 파워 윈도 스위치
③ 승객석 뒤 파워 윈도 스위치
④ 파워 윈도록 스위치

39 엔진이 운전석 아래에 설치된 형식으로 주로 버스나 트럭에 적용되는 차체 형식은?
① 보닛(Bonnet)형
② 캡 오버(Cap-Over)형
③ 코치(Coach)형
④ 노치백(Notch Back)형

40 단 낮추기 등 도장작업에 가장 광범위하게 사용되며 이중 회전운동을 하는 연마기는?
① 싱글 액션 샌더
② 더블 액션 샌더
③ 오비탈 샌더
④ 기어 액션 샌더

정답 32. ④ 33. ④ 34. ④ 35. ① 36. ① 37. ② 38. ④ 39. ② 40. ②

41 일체형 차체(모토코크 보디)의 특징을 설명한 것 중 틀린 것은?

① 단독 프레임이 없어 차량 중량이 가볍다.
② 서스펜션을 보디가 직접 지지하지 않기 때문에 소음 및 진동을 낮출 수 있다.
③ 구조상으로 바닥면이 낮아서 실내공간이 넓다.
④ 휨, 구부러짐, 비틀림에 강하고 충격 흡수 효과가 높다.

42 2개의 사이드멤버에 여러개의 크로스멤버, 보강판, 서스펜션, 범퍼 등의 설치용 브래킷류를 볼트나 아크용접으로 결합하여 사다리모양으로 제작한 프레임은 무엇인가?

① H형 프레임
② X형 프레임
③ 백본형 프레임
④ 트러스트형 프레임

43 정비공장에서 차체수리 작업을 할 때의 설명 중 잘못된 것은?

① 보디 프레임 수정기를 사용하여 인장작업을 할 때에는 체인의 인장력 방향에서 작업을 한다.
② 용접작업을 할 때에는 유리, 시트 매트 등을 불연, 내열성 커버로 보호한다.
③ 산소용접을 할 때에는 불꽃점화를 위해서 이그나이터를 사용한다.
④ 연료탱크의 근처에서 작업을 하거나 화기를 사용할 때에는 반드시 탱크와 파이프를 분리하고 한다.

44 자동차 앞면 중앙부에 외력이 가해졌을 때 손상 점검 부위로 거리가 먼 것은?

① 라디에이터 코어 서포트와 좌우 후드 레지 패널 부근 점검
② 좌우 팬더에이프런 패널 안쪽 부분의 변형 유무 점검
③ 프런트 크로스멤버와 좌우 사이드멤버가 붙어 있는 부근 점검
④ 뒤 트렁크 부위의 리어 크로스멤버의 뒤틀림 점검

45 판금 가공에 관한 것 중 성형 가공에 속하는 것은?

① 전단
② 펀칭
③ 블랭킹
④ 벌징

[해설] 벌징은 원통 용기의 입구는 그대로 두고 아랫부분을 볼록하게 가공하는 성형방법이다.

46 프레임의 한쪽 사이드멤버를 단순한 빔으로 생각할 경우 사으드멤버와 휠 베이스 사이에서는 사이드멤버 아래쪽은 잡아당겨지고, 위쪽은 압축력이 작용하게 된다. 그 결과는 어떻게 되는가?

① 아래쪽 - 만곡, 위쪽부분 - 균열
② 아래쪽 - 균열, 위쪽부분 - 만곡
③ 아래쪽 - 절손, 위쪽부분 - 균열
④ 아래쪽 - 만곡, 위쪽부분 - 절손

47 드릴로 큰 구멍을 뚫으려고 할 때에 먼저 할 일은?

① 금속을 무르게 한다.
② 작은 구멍을 뚫는다.
③ 스핀들의 속도를 빠르게 한다.
④ 드릴 커팅 앵글을 증가시킨다.

정답 41. ② 42. ① 43. ① 44. ④ 45. ④ 46. ② 47. ②

48 다음중 실린더 블록에 관한 설명으로 옳은 것은?
① 실린더는 피스톤 행정의 약 2배의 길이로 열팽창을 고려하여 타원형으로 되어 있다.
② 실린더와 실린더 블록을 별개로 만드는 경우에는 실린더 라이너를 설치한다.
③ 크랭크케이스는 크랭크축이 설치되는 실린더 블록의 아랫부분을 말하며 오일은 제외된다.
④ 건식라이너는 냉각수와 직접 접촉되어 냉간 효과가 뛰어나다.

49 순철의 자기 변태점 온도는?
① 721℃   ② 768℃
③ 913℃   ④ 1,400℃

50 자동차에서 엔진오일 압력 경고등의 식별 색상으로 가장 많이 사용되는 색은?
① 녹색   ② 적색
③ 황색   ④ 청색

51 6.4황동에 주석 1% 정도를 첨가한 황동은?
① 애드미럴티   ② 네이벌 황동
③ 쾌삭 황동   ④ 문쯔메탈

52 프레임 센터링 게이지로 변형된 승용차 차량을 측정하기 위하여 부착하고자 한다. 부착 부위가 옳게 짝지어진 것은?
① 프런트 크로스멤버 - 카울부 - 리어도어부 - 리어크로스멤버
② 루프사이드멤버 - 프런트 크로스멤버 - 카울부 - 리어도어부
③ 사이드실 인너 패널 - 카울부 - 리어도어부 - 리어크로스멤버
④ 쿼터패널 - 카울부 - 리어크로스멤버 - 리어도어부

53 도막의 결함 중 도장 후의 결함에 속하지 않는 것은?
① 얼룩짐   ② 주름
③ 흐름   ④ 부풀음

해설 흐름은 한번에 너무 두껍게 도장되어 편평하지 못하고 흘러내려간 현상으로 도장 중 및 건조과정에서 발생하는 결함에 해당된다.

54 재해건수 / 연 근로시간 수 × 1,000,000의 식이 나타내는 것은?
① 강도율   ② 도수율
③ 유입률   ④ 천인률

55 바퀴를 측면에서 바라보았을 때 바퀴의 조향축이 지면의 수직선에 대하여 앞 또는 뒤로 기운 각도를 말하는 것은?
① 캠버   ② 캐스터
③ 토(Toe)   ④ 스러스트 각

56 모노코크 보디의 특징이 아닌 것은?
① 차량의 중량을 가볍게 한다.
② 차실 바닥면을 낮출 수 있다.
③ 충돌에너지를 차체 전체에 분산시킨다.
④ 주행 소음의 차단 효과가 좋다.

정답 48. ② 49. ② 50. ② 51. ② 52. ① 53. ③ 54. ② 55. ② 56. ④

57 산소-아세틸렌 가스를 이용하여 패널을 절단하려고 한다. 이때 절단작업이 잘 이루어지기 위한 사항 중 옳은 것은?
① 모재의 산화 연소하는 온도가 그 금속의 용융점보다 낮을 것.
② 생성된 금속 산화물의 용융온도는 모재의 용융점보다 높을 것.
③ 생선된 산화물은 유동성이 좋아야 하고, 그것이 산소 압력에 의해 잘 밀려나가지 말아야 한다.
④ 금속의 화합물 중 연소되지 않은 물질이 많을 것.

58 탄소강에서 냉간 압연 강판 표시 기호는?
① SCP ② SHP
③ SS   ④ SBB

59 도료의 구성 성분이 아닌 것은?
① 수지 ② 유지
③ 안료 ④ 용제

60 차체 부품 제작 시 강판을 선택할 때 제일 먼저 고려해야 될 것은?
① 강판의 크기
② 강판의 두께
③ 강판의 모양
④ 강판의 재질

정답 57. ① 58. ① 59. ② 60. ④

2023 자동차차체수리기능사

2023년 복원문제 2회

01 자동차의 바퀴 정렬에서 토인 조정은 무엇으로 하는가?
① 타이로드
② 스트럿 바
③ 컨트롤 암
④ 스태빌라이저바

02 자동차의 제동작용에 사용되는 물리적 현상으로 가장 관계가 깊은 것은?
① 원심력
② 구동력
③ 마찰력
④ 구심력

03 4행정기관의 회전력에 관한 설명 중 가장 거리가 먼 것은?
① 엔진 회전력은 토크라 불린다.
② 수직력이 F, 수직거리가 r이면 토크 T는 수직력과 수직거리를 곱한 것과 같다.
③ 엔진의 회전속도가 N(rpm), 출력은 H(ps), 회전력이 T(kgf/m)라면 716H/R가 성립한다.
④ 엔진의 회전력은 힘 × 거리를 시간으로 나눈 값이다.

해설 회전력(토크)은 힘 × 물체의 길이 × sinθ

04 강(steel)과 비교한 주철의 특성이 아닌 것은?
① 마찰 저항이 낮고 절삭가공이 용이하다.
② 인장 강도 및 인성이 작다.
③ 담금질이나 뜨임이 잘되지 않는다.
④ 고온에서도 소성변형이 잘 일어나지 않는다.

05 자동차의 차체 모양에 따른 분류로 승용과 화물을 함께하는 다용도 자동차는?
① 세단(sedan)
② 쿠페(coupe)
③ 컨버터블(convertible)
④ 웨건(wagon)

06 자동차 가솔린 엔진에서 일반적으로 발생하는 유해가스가 아닌 것은?
① HC
② CO
③ SO
④ NOx

07 프레임이 부착된 차체 구조의 특징이 아닌 것은?
① 작업의 조립성이 유리하다.
② 중량이 증가하는 단점이 있다.
③ 차량의 전고(높이)가 높아지는 단점이 있다.
④ 충격 분산이 용이하다.

08 차체 강판에서 앞면 유리와 후드 또는 뒷면 유리와 트렁크리드 와의 사이에 있는 칸막이 역할을 하는 패널은?
① 크로스멤버(cross member)
② 카울패널(coul panel)
③ 컬럼(column)
④ 팬더(fender)

정답 01. ① 02. ③ 03. ④ 04. ① 05. ④ 06. ③ 07. ③ 08. ②

09 다음 중 저항에 대한 설명이 맞는 것은?
① 저항이란 전류가 물질속에 흐르는 것을 말한다.
② 배선의 단면적이 작아지면 저항도 작아진다.
③ 배선의 길이가 길어지면 저항도 커진다.
④ 저항의 단위는 A(암페어)이다.

10 자동차의 속도를 알기 위해서는 기관 회전수를 알아야 한다. 기관의 회전수를 표하는 단위는?
① rpm   ② kgf.m
③ kg/s   ④ km/h

11 도면을 분류할 때 구조물, 물품등의 표면을 평면으로 나타내는 도면을 무엇이라 하는가?
① 전개도   ② 설치도
③ 배선도   ④ 장치도

12 비중에 비하여 강도가 크므로 무게를 중요시하는 항공기나 자동차 재료로 사용되는 것을 무엇이라 하는가?
① Y 합금   ② 알코아 19s
③ 두랄루민   ④ 알코아 14s

13 다음 중 용광로의 크기는 어떻게 표시하는가?
① 1시간 동안 산출된 선철의 무게를 톤으로 표시
② 1회 제철할 수 있는 크기로 표시
③ 24시간 동안 산출된 선철의 무게를 톤으로 표시
④ 10시간 동안 제% 할 수 있는 무게로 표시

14 탄소강에서 C = 0.85%를 함유하고 조직이 모두 펄라이트로 되어 있는 강은?
① 아공석강   ② 공석강
③ 과공석강   ④ 초공석강

15 불변강인 엘린바의 주요성분 원소가 아닌 것은?
① 니켈   ② 크롬
③ 인   ④ 철

16 비철 금속에 속하지 않는 것은?
① 황동 판   ② 청동 주물
③ 알루미늄 판   ④ 합금강

17 아크 용접봉에서 피복제의 작용이 아닌 것은?
① 슬랙이 되어 용량금속을 보호하고 냉각속도를 느리게 한다.
② 산성보다 빨리 녹으며, 산성 분위기를 만든다.
③ 용융 금속과 반응하여 탈산 정련 작용을 한다.
④ 용착 금속을 양호하게 하기 위해서 작용된다.

18 탄소강에서 탄소량이 증가하면 용해되는 온도는 어떻게 되는가?
① 같다
② 높아진다
③ 낮아진다
④ 탄소의 양과는 상관없다.

정답 09. ③ 10. ① 11. ① 12. ③ 13. ③ 14. ② 15. ③ 16. ④ 17. ② 18. ③

19 다음 합성수지의 공통적인 성질 중 틀린 것은?
① 가볍고 튼튼하다.
② 전기 절연성이 좋다.
③ 단단하고 열에 강하다.
④ 산, 알칼리 등에 강하다.

20 고장력 강판이 일반 강판에 비해 가장 우수한 점은?
① 인장강도와 항복점
② 내열성과 내식성
③ 탄성과 소성
④ 용접성과 도장성

21 산소-아세틸렌 불꽃 중 히스테리성을 나타내는 불꽃은 어느 것인가?
① 탄화상태의 화염
② 중성화염
③ 과산화염
④ 아탄소상의 염

22 산소용기는 약 몇 ℃, 몇 기압을 표준으로 하여 충전되어 있는가?
① 35℃, 150기압
② 45℃, 130기압
③ 50℃, 100기압
④ 55℃, 80기압

23 직류역극성을 사용하는 용접법은?
① 얇은 판 용접
② 두꺼운 판 용접
③ 파이프 용접
④ 마그네슘 용접

24 다음 중 패널 교환 시 스폿용접을 할 때 올바르지 못한 것은?
① 패널 플랜지 부위에 가깝게 하지 말아야 한다.
② 스폿 용접의 피치 간격은 최대한 좁아야 한다.
③ 스폿 용접 개수는 신차보다 10~20% 많아야 한다.
④ 도막이나 오물을 제거하고 스폿 용접 해야 한다.

25 CO_2 아크 용접 방법 중 플러그 용접에서 가장 적합하지 않는 사항은?
① 용접부위를 청결하게 해야 한다.
② 용접하지 않는 부위도 반드시 와이어 브러쉬로 청소한다.
③ 플러그 용접은 패널 교환에 많이 사용한다.
④ 6~8mm 정도의 홀을 뚫어 용접한다.

26 손상된 패널의 수정 방법이다. 이 때 훅을 사용하여 수정하는 방법을 무엇이라 하는가?
① 보디 잭에 의한 수정방법
② 강판의 수축에 의한 수정방법
③ 인장에 의한 수정방법
④ 절단에 의한 수정방법

27 모노코크 보디에 프레임 센터링게이지를 부착시킬 때 관계가 없는 것은?
① 센터 핀
② 행거 로드
③ 수평 바
④ 수직수포

정답 19. ③ 20. ① 21. ③ 22. ① 23. ① 24. ② 25. ② 26. ③ 27. ④

28 차체 수정작업 중 꼭 지켜야 할 안전사항이 아닌 것은?
① 작업자는 체인의 인장 방향과 반드시 일직선상에 서서 작업한다.
② 작업자는 과도한 힘으로 인장하지 않는다.
③ 클램프를 확실하게 조였더라도 안전와이어를 부착하고 작업한다.
④ 수리할 차체를 확실하게 고정한다.

29 차체 패널 두께가 서로 다른 재료 또는 열용량이 서로 다른 재료를 가스 용접할 경우 용접부의 보호를 위해서 가장 적당한 방법은?
① 두 패널의 중간 부분에 불꽃을 대도록 한다.
② 용접속도를 느리게 한다.
③ 열용량이 큰 쪽의 모재에 불꽃을 대도록 한다.
④ 얇은 판 쪽의 모재에 불꽃을 대도록 한다.

30 차체 손상 진단 방법 중 옳지 않는 것은?
① 직접 충돌 부위를 조사, 기록해야 한다.
② 간접 충돌 부위는 조사할 필요가 없다.
③ 엔진, 섀시 분야를 조사해야 한다.
④ 승객석 전장 부품을 조사해야 한다.

31 손상된 차체를 복원하기 위해 차체에 센터링 게이지를 설치한 후 게이지 판독 및 필요한 작업방법을 설명한 것으로 틀린 것은?
① 센터라인과 레벨을 동시에 읽는다.
② 센터라인과 레벨을 수정 후 데이텀을 점검한다.
③ 차체의 손상이 객실 부위까지 이어지면 최초로 손상된 전, 후면 멤버를 먼저 수정한다.
④ 게이지 판독의 최종 목표는 센터라인, 데이텀, 레벨의 점검을 위함이다.

32 트램트랙킹 게이지로 측정하는 곳이 아닌 것은?
① 보디의 대각선 측정
② 프레임의 일그러진 상태 점검
③ 프런트 사이드멤버의 좌우로 힘 상태 점검
④ 프레임의 중심선 측정

33 가반식 유압바디잭의 사용 방법 중 실제 자동차에서 자동차 보디 부분에 사용되는 응용부분과 거리가 먼 것은?
① 도어를 여는 부위에 적용
② 센터 필러의 밀어내는 작업
③ 앞 창유리 실과 테두리의 수정
④ 리어 프레임 구부리기 작업

34 지그 시스템 중에서 지그의 종류가 아닌 것은?
① 볼트 온 지그   ② 맥퍼슨 지그
③ 핀 타입 지그   ④ 클램프 지그

35 판금 퍼티는 안료와 무엇이 주성분으로 되어 있는가?
① 불포화 폴리에스테르
② 불포화 탄소
③ 불포와 엘라민
④ 불포화 우레탄

정답 28. ① 29. ③ 30. ② 31. ③ 32. ④ 33. ④ 34. ④ 35. ①

36 스프레이건과 피도물 사이의 거리로 가장 적당한 것은?
① 1~5㎝ ② 5~15㎝
③ 15~25㎝ ④ 30~50㎝

37 도장 부스의 기능이 아닌 것은?
① 유기용제로부터 작업자를 보호한다.
② 다른 곳으로의 도료비산을 이루게 한다.
③ 먼지, 오염 물질 등의 접촉을 방지한다.
④ 도장의 품질 향상 및 도막 결함을 방지한다.

38 자동차 보수 도장 시 연마방법의 설명 중 틀린 것은?
① 건식방법이 습식방법보다 연마속도가 빠르다.
② 건식방법이 습식방법보다 연마지 사용량이 많다.
③ 연마된 상태가 습식방법이 건식방법보다 곱다.
④ 먼지 발생은 습식방법이 매우 적다.

39 다음 중 지촉 건조된 상태를 가장 잘 표현한 것은?
① 도막을 손가락 끝으로 약간의 압력으로 눌렀을 때 지문이 남지 않는 상태
② 엄지를 도막위에 눌러 회전하여 가장 센 압력을 주었을 때 스친흠이 없는 상태
③ 도막을 손가락으로 가볍게 눌렀을 때 점착성은 있으나, 도료가 손가락에 묻지 않은 상태
④ 손톱으로 도막을 벗기기가 곤란하고, 칼로 자르더라도 충분히 저항을 나타내는 상태

40 자동차, 냉장고, 가전제품 등 도막의 보호 미화에 쓰이는 것은?
① 메탈릭 에나멜
② 테어톤 에나멜
③ 축문 에나멜
④ 엘라민 에나멜

41 도어의 구성요소가 아닌 것은?
① 후드 ② 힌지
③ 체커 ④ 로크

42 금속재료에 굽힘가공을 할 때에 외력을 제거하면 원래의 상태로 되돌아 가는 현상을 무엇이라 하는가?
① 소성값 ② 이방성
③ 방향성 ④ 스프링백

43 얇고 가벼운 고강도 강판재의 패널 결합체이기 때문에 어느 한계를 넘지 않는 충격을 받았을 때 그 충격이 보디 전체까지 미치지 않도록 된 보디는?
① X형 보디 ② 트러스형 보디
③ 모노코크 보디 ④ H형 보디

44 뽑기나 구멍 뚫기를 한 제품의 가장 자리에 붙어 있는 파단면 등이 평평하지 못하므로 제품의 끝을 약간 깎아 다듬질하는 작업인 것은?
① 블랭킹 ② 트리밍
③ 드로잉 ④ 셰이빙

정답 36. ③ 37. ② 38. ② 39. ③ 40. ④ 41. ① 42. ④ 43. ③ 44. ④

45 패널 용접 작업 후 처리 작업에 속하지 않는 것은?
① 부식 방지제 도포 작업
② 패널 실링제 도포 작업
③ 플러그 용접 부위를 그라인딩 작업
④ 맞대기 용접 부위에 바로 도장 작업

46 차체수리 작업에 필요한 차체치수도의 길이로 적당한 것은?
① 트램 길이
② 센터라인 길이
③ 단순한 치수 길이
④ 패널 대각선 길이

47 프런트 도어 장착 시 펜더와 리어 도어, 사이드 실 패널 등과 단차와 간격이 맞지 않을 때 점검해야 할 부위가 아닌 것은?
① 도어의 상하 힌지 부착 상태 점검
② 센터 필러 부에 부착된 스트라이커의 위치 점검
③ 도어의 이너 핸들 점검
④ 프런트 도어 필러의 변형 상태 점검

48 자동차 차체 패널 제거 부분의 마무리 작업에 속하지 않는 것은?
① 용접 부위 샌더 등으로 연마
② 접합면의 부식 및 이물질 제거
③ 패널 접합면의 정형 및 부품 주변의 변형 수정
④ 도막 제거 후 접합면을 실러도포로 방청처리

49 스폿 제거 드릴의 구성 부품이 아닌 것은?
① 조정나사
② 리턴스프링
③ 센터 파이로트
④ 치즐

50 차체 정렬을 위한 3단계 기초 원리에 속하지 않는 것은?
① 차체의 3부분 분할
② 조정 지점과 조정 지역
③ 게이지 측정 작업을 위한 기초 확립
④ 얼라이먼트 조정

51 작업 시작전의 안전 점검에 관한 사항 중 잘못 짝지어진 것은?
① 인적인 면 - 건강 상태, 기능 상태
② 물적인 면 - 기계 기구 설비, 작업 순서
③ 관리적인 면 - 작업 내용, 작업 순서
④ 환경적인 면 - 작업 방법, 안전 수칙

해설 환경적인 요소 - 소음, 조명, 환기, 화재, 위험물, 작업장소의 협소 등

52 다음 중 안전 표지 색채의 연결이 맞는 것은?
① 주황색 - 화재 방지에 관계된 물건에 표시
② 흑색 - 방사능 표시
③ 노란색 - 충돌, 추락 주의 표시
④ 청색 - 위험, 구급장소 표시

53 줄 작업 시 주의 사항이 아닌 것은?
① 뒤로 당길 때만 힘을 가한다.
② 공작물을 바이스에 확실히 고정한다.
③ 날이 메워지면 와이어브러쉬로 털어낸다.
④ 절삭 가루는 솔로 쓸어낸다.

정답 45. ④ 46. ④ 47. ③ 48. ④ 49. ④ 50. ④ 51. ④ 52. ③ 53. ①

54 선반 주축의 변속은 기계를 어떠한 상태에서 하는 것이 가장 좋은가?
① 저속으로 회전 시킨 후 한다.
② 기계를 정지시킨 후 한다.
③ 필요에 따라 운전 중에 한다.
④ 어느 때이든 변속시킬 수 있다.

55 다음은 공기 공구의 사용에 대한 설명이다. 틀린 것은?
① 공구의 교체시에는 반드시 밸브를 꼭 잠그고 하여야 한다.
② 활동 부분은 항상 윤활유 또는 그리스를 급유한다.
③ 사용시에는 반드시 보호구를 착용해야 한다.
④ 공기 기구를 사용할 때에는 밸브를 일시에 열고 닫는다.

56 다음 중 용접작업과 관련된 안전 사항 중 틀린 것은?
① 용접시엔 소화수 및 소화기를 준비한다.
② 전기 용접은 옥내 작업만 한다.
③ 용접홀더는 항상 파손되지 않은 것을 사용한다.
④ 산소-아세틸렌 용접에서 가스 누출 검사 시 비눗물을 사용하여 검사한다.

57 작업환경에 있어서 기온은 안전사고와 관계가 된다. 일반적으로 적정온도는 몇 ℃인가?
① 10~15℃　② 17~20℃
③ 25~30℃　④ 30℃ 이상

58 차체수정 작업 시 센터링 게이지의 조작과 정비 시 주의사항이다. 틀린 것은?
① 센터링 게이지는 센터유닛(센터핀)을 중심으로 하여 서로 좌우쪽으로 움직이는 두 개의 수직바에 의해서 작동된다.
② 센터 유닛 조준 핀은 항상 게이지의 정확한 중심에 위치해 있어야 한다.
③ 게이지의 관리는 항상 청결을 유지하고 주기적으로 점검해 주어야 한다.
④ 게이지의 중심에 자리가 잡히지 않을 때에는 먼지의 축적이나 내부 베어링의 손상 가능성에 대해서 점검한다.

59 차체 패널의 미세 요철 부분을 판금 퍼티를 도포하여 평활하게 작업할 때 사용하는 보호구의 설명으로 가장 적당한 것은?
① 작업복을 입고 보안경을 착용한다.
② 도장복을 입고 1회용 마스크를 착용한다.
③ 도장복을 입고 방독마스크를 착용한다.
④ 도장복을 입고 방진마스크를 착용한다.

60 자동차에서 엔진오일의 오일량 점검 방법에 관한 설명 중 틀린 것은?
① 차를 평지에 주차한 후 정상 온도에 도달할 때 까지 기다린다.
② 차의 시동을 끈 직후 즉시 오일게이지를 위로 잡아 당긴다.
③ 엔진오일 게이지를 뽑아 지시선에 묻은 오일량을 확인 점검한다.
④ 엔진 오일량이 F-L 사이에 있으면 정상이다.

정답　54. ②　55. ④　56. ②　57. ②　58. ①　59. ④　60. ②

2024 자동차차체수리기능사
2024년 복원문제 1회

01 차체수정 작업 시 해머를 잡는 방법에 대한 주의사항으로 옳지 않은 것은?
① 손잡이와 어깨의 각도는 120°가 바람직하다.
② 해머의 손잡이를 새끼손가락에 힘을 주어 쥔다.
③ 중지와 약지는 보조적인 역할로 가볍게 원을 그리는 것 같이 쥔다.
④ 첫 번째와 두 번째의 손가락은 해머의 흔들림을 막는 역할로 손잡이의 측면을 가볍게 밀어 맞춘다.

02 차량이 일정거리를 움직였다고 볼 경우 이때 적용될 수 있는 원리와 가장 관계가 깊은 것은?
① 힘 = 질량 × 가속도
② 일 = 중량 × 거리
③ 힘 = 질량 × (속도)²
④ 일 = 가속도 × 거리

03 가스용접에서 가스분출구에 묻은 카본을 제거할 때 무엇을 이용하여 제거하는 것이 옳은가?
① 동선이나 놋쇠선
② 줄(file)
③ 철선이나 동선
④ 시멘트 바닥

04 실린더헤드의 밸브 개폐 기구에 직접적으로 속하지 않는 것은?
① 캠 축
② 스로틀 밸브
③ 밸브리프트
④ 로커암

[해설] 밸브 개폐 기구에는 캠축, 밸브리프트, 푸시로드, 로커암 등이 있다.

05 승용차 보디 중 엔진룸을 구성하는 부품이 아닌 것은?
① 후드패널
② 프런트 휠 하우스
③ 쿼터패널
④ 라디에이터 서포트 패널

06 납의 성질을 잘못 설명한 것은?
① 전성이 크고 연하다.
② 인체에 유독한 금속이다.
③ 공기나 물에는 거의 부식되지 않는다.
④ 내알칼리성이다.

[해설] 납의 성질
㉠ 전성이 크고 연하다.
㉡ 인체에 유독한 금속이다.
㉢ 공기나 물에는 거의 부식되지 않는다.
㉣ 알칼리 수용액에 대해서는 철보다 빨리 부식된다.
㉤ 황산에는 내식성이 좋으나, 질산이나 염산에는 부식된다.

정답 01. ① 02. ① 03. ① 04. ② 05. ③ 06. ④

07 가스압접의 특징 중 맞지 않는 것은?

① 접합부에 탈탄층이 없다.
② 장치가 간단하여 시설 수리비가 싸다.
③ 작업자의 숙련도에 크게 좌우되지 않는다.
④ 용접봉과 용제를 필요로 한다.

[해설] 가스 압접은 접합부에 첨가금속 또는 용가제가 필요 없다.

08 자동차의 수랭식과 공랭식 냉각부품 중 공랭식 냉각계통에 있는 것은?

① 압력식 캡   ② 서모스탯
③ 방열핀   ④ 라디에이터

09 플로어보디의 조립공정이나 엔진룸 등에 스터드 볼트 또는 너트를 용착시키는 작업에 적당한 용접은?

① 심 용접
② 프로젝션 용접
③ 플래시 용접
④ 전기저항스폿 용접

[해설] 프로젝션용접은 특정부위만 한정하여 접합하는 저항용접으로 전류를 통해 발생하는 저항열에 의해 접합하는 방법이다.

10 열경화성 수지에 해당되지 않는 것은?

① 폴리에틸렌수지 ② 페놀수지
③ 멜라민수지   ④ 요소수지

[해설] 열경화성 수지에는 페놀수지, 요소수지, 멜라민수지, 규소수지(실리콘), 폴리에스테르수지 등이 있다.

11 에어공구 중 용접된 강판을 분리하는데 사용하는 공구로 가장 적합한 것은?

① 에어 가위   ② 에어 정(치즐)
③ 에어 톱   ④ 에어 그라인더

12 차체수리 작업 할 때의 설명 중 잘못된 것은?

① 보디 프레임 수정기를 사용하여 인장 작업을 할 때에는 체인의 인장력방향에서 작업한다.
② 용접작업을 할 때에는 유리, 시트, 매트 등을 불연내열성 커버로 보호한다.
③ 산소용접을 할 때에는 불꽃점화를 위해서 이그나이터를 사용한다.
④ 연료탱크 근처에서 작업하거나 화기를 사용할 때에는 반드시 탱크와 파이프를 분리한다.

13 가스 용접 장치의 취급 상 주의사항 중 틀린 것은?

① 산소용기 연결부에 기름이나 그리스가 묻지 않도록 한다.
② 새 호스를 장착할 경우는 미리 호스 내부에 공기를 통과시켜 내부의 먼지 등을 제거한다.
③ 산소의 연결부 나사의 방향은 다른 가스와 혼동되지 않도록 왼나사로 되어 있다.
④ 작업 종료 후 레귤레이터의 조정나사를 풀어놓는다.

[해설] **산소** : 녹색호스, 오른나사, 녹색용기
아세틸렌 : 빨간색호스, 왼나사, 황색용기

14 선철의 특성 중 틀린 것은?

① 강보다 탄소가 많다.
② 전성이 작고 취성이 크다.
③ 취성이 작고 인성이 크다
④ 강의 재료가 된다.

정답 07. ④ 08. ③ 09. ② 10. ① 11. ② 12. ① 13. ③ 14. ③

15 트램트랙킹게이지로 측정하는 곳이 아닌 것은?
① 보디의 대각선 측정
② 프레임의 일그러진 상태 점검
③ 프런트 사이드멤버의 좌우로 휨 상태 점검
④ 프레임의 센터라인 점검

16 트램트랙킹게이지로 네 바퀴 정렬을 점검할 수 있는 방법에 해당되지 않는 것은?
① 우측 프런트 서스펜션 굽음
② 토인과 캠버의 변화
③ 리어 액슬의 흔들림
④ 옆으로 굽은 프레임의 앞부분

17 기공 또는 용융금속이 튀는 현상이 생겨 용접한 부분의 바깥면에 나타나는 작고 오목한 구멍을 무엇이라 하는가?
① 플래시(flash)
② 피닝(peening)
③ 플럭스(flux)
④ 피트(pit)

18 스테인리스 강판에 관한 설명으로 맞지 않는 것은?
① 인성과 전성이 크고 가공경화가 심하여 열처리가 잘된다.
② 내식, 내열, 내한성이 우수하다.
③ 크롬 산화피막이 표면을 보호하므로 내부를 보호한다.
④ 염산에 침식되지 않으며, 내식성이 우수하다.

19 자동차의 구조 중 주로 차의 내부 패널용으로 사용되는 강판은?
① 열간압연강판
② 열간압연 고장력 강판
③ 냉간압연강판
④ 알루미늄강판

해설 냉간압연강판의 특징
㉠ 표면이 매끄럽다.
㉡ 가공성 및 용접성이 우수하다.
㉢ 기계적 성질이 우수하다.
㉣ 얇은 판 제작이 가능하다.

20 다음 중 냉간압연강판과 관계가 없는 것은?
① 표면이 매끄럽다.
② 가공성이 좋다
③ 800℃ 이상의 고온으로 처리한다.
④ 상당히 얇은 판도 만들 수 있다.

해설 냉간압연강판은 상온에서 롤러 압연하여 경도 및 판 표면의 평활도를 높인 강판이다.

21 다음 중 프레임의 비틀림 변형 시 수정 작업 중 제일 먼저 시도할 방법은?
① 낮은 부위에 잭이나 유압장비를 놓고 작동시킨다.
② 잭 위에 1㎝두께의 철판을 받친다.
③ 게이지를 보면서 두 개의 잭을 동시에 작동한다.
④ 높이 올라간 부위를 체인으로 고정한다.

22 용접기 내부에 설치된 철심의 재료로 적당한 것은?
① 고속도강
② 주강
③ 규소강
④ 니켈강

정답 15. ④ 16. ② 17. ④ 18. ④ 19. ③ 20. ③ 21. ④ 22. ③

23 산소·아세틸렌 가스를 이용하여 패널을 절단하려고 한다. 이때 절단 작업이 잘 이루어지기 위한 사항 중 옳은 것은?

① 모재의 산화 연소하는 온도가 그 금속의 용융점보다 낮을 것
② 생성된 금속 산화물의 용융온도는 모재의 용융온도보다 높을 것
③ 생성된 산화물은 유동성이 좋아야 하고, 그것이 산소압력에 의해 밀려나가지 말아야 한다.
④ 금속의 화합물 중 연소 되지 않은 물질이 많을 것

24 다음 전기저항 용접 중 맞대기 용접에 해당하는 것은?

① 점 용접 ② 심 용접
③ 프로젝션 용접 ④ 플래시 용접

해설 겹치기 용접 : 점 용접, 프로젝션 용접, 심 용접
– 맞대기 용접 : 업셋 용접, 플래시 용접, 버터심 용접, 퍼커션 용접, 포일심 용접

25 알루미늄 합금 패널의 용접 시 주의사항 및 특징으로 틀린 것은?

① 알루미늄 합금은 가열온도를 확인하기가 어렵다.
② 알루미늄 합금 패널은 열전도성이 우수하여 국부 가열이 어렵다.
③ 알루미늄 합금 패널의 산화막은 손상되지 않도록 용접해야 한다.
④ 알루미늄 합금의 용접 부위에 기공이 발생하기가 쉽다.

해설 산화막이 강한 금속 또는 산화물이 생기기 쉬운 금속도 쉽게 용접할 수 있다.

26 판금 가공에 관한 것 중 성형 가공에 속하는 것은?

① 전단 ② 펀칭
③ 블랭킹 ④ 벌징

해설 벌징은 원통 용기의 입구는 그대로 두고 아랫부분을 볼록하게 가공하는 방법으로, 튜브나 드로잉이 된 제품의 외형을 변형시켜 가공하는 2차 성형가공 공정이다.

27 다음 합성수지의 공통적인 성질 중 틀린 것은?

① 가볍고 튼튼하다.
② 전기 절연성이 좋다.
③ 단단하고 열에 강하다.
④ 산, 알칼리 등에 강하다.

해설 단단하나 열에 약하다.

28 프런트 사이드멤버로부터 리어 사이드멤버에 이르는 보디 전체에 해당되는 것은?

① 리어 보디 ② 휀더 보디
③ 사이드 보디 ④ 언더 보디

29 프레임 기준선에 의해 프레임 각부 높이의 이상상태를 점검 및 측정하는데 기준이 되는 것은?

① 데이텀 라인 ② 레벨
③ 센터라인 ④ 단차

해설 데이텀 라인은 높이에 대한 차체의 기준선을 말한다.

30 100만 근로시간당 몇 건의 재해가 발생했는가의 재해율 산출을 무엇이라 하는가?

① 연천인율 ② 도수율
③ 강도율 ④ 천인율

정답 23. ① 24. ④ 25. ③ 26. ④ 27. ③ 28. ④ 29. ① 31. ②

31 스프링백 현상 중 틀린 것은?

① 경도가 높을수록 커진다.
② 같은 판재에서 구부림 반지름이 같을 때에는 두께가 얇을수록 커진다.
③ 같은 두께의 판재에서는 구부림 반지름이 작을수록 크다.
④ 같은 두께의 판재에서는 구부림 각도가 예리할수록 크다.

해설 스프링백 현상은 동일 두께의 판재에서 구부림 반지름이 클수록 크다.

32 사이드보디 패널을 구성하는 부품이 아닌 것은?

① 사이드 이너 센터 패널
② 루프 사이드 레일
③ 프런트 필러 패널
④ 루프 센터 서포트

33 주철을 설명한 내용으로 가장 거리가 먼 것은?

① 유동성이 좋다.
② 압축강도는 크나 인장강도가 부족하다.
③ 녹이 잘 생기고 내마모성이 작다.
④ 마찰저항이 크고, 값이 싸다.

해설 녹이 잘 생기지 않고, 내마모성이 크다.

34 포트 파워(Port-Power)라고 불리는 유압 보디 잭의 구성요소가 아닌 것은?

① 유압펌프   ② 고압호스
③ 체인블록   ④ 스피드 커플러

해설 유압 보디 잭의 구성 요소
- 유압펌프, 고압호스, 스피드 커플러, 램(유압실린더), 어태치먼트 등

35 센터링 게이지 수평의 관측에 의해 파악할 수 있는 것으로 차체의 각 부분들이 수평한 상태에 있는가를 고려하는 파손분석의 요소는?

① 데이텀 라인   ② 레벨
③ 센터라인   ④ 치수도

36 도어 장착 후 단차를 조정하려 한다. 이 때 조정해야 할 주된 부품은?

① 체크 링크   ② 도어래치
③ 도어 스트라이크 ④ 도어 트림

37 자동차 유리 부착방법의 종류가 아닌 것은?

① 접착식   ② 글로뷸러식
③ 리머 마운트식 ④ 플래시 마운트식

38 신품 패널과 차체 패널을 겹쳐서 절단할 때 유의해야 할 사항으로 틀린 것은?

① 차체 측의 절단면은 용접선을 최소화 되도록 한다.
② 겹치는 부분을 충분히 넓게 해서 조립할 때 위치 확인이 용이하게 한다.
③ 새 부품이 변형되지 않게 무리한 힘을 주지 않는다.
④ 절단은 쇠톱이나 에어 톱을 사용한다.

39 평평한 금속판재를 펀치로 다이 공동부(Cavity)에 밀어 넣어 원통형이나 각통형 제품을 만드는 공정은?

① 엠보싱   ② 플랜징
③ 컬링   ④ 드로잉

정답 31. ③ 32. ④ 33. ③ 34. ③ 35. ② 36. ③ 37. ② 38. ② 39. ④

40 차체 부품을 제작하고자 한다. 이때 판재의 절단 작업은 주로 무엇으로 하는가?

① 디스크 그라인더
② 판금 가위
③ 에어 치즐
④ 가스 절단기

41 자동차를 조립하는 생산 라인과 같은 방식이며, 계측과 수리 작업이 동시에 가능한 프레임 수정 방식은?

① 레이저식　② 유니버설식
③ 바닥식　　④ 지그식

42 자동차 연료탱크의 작은 구멍을 수리할 때 보기 중 가장 올바르고 안전작업 방법으로 옳은 것은?

> 보기
> A : 탱크 내의 가솔린 증기를 완전히 없앤다.
> B : 탱크 내에 물을 넣는다.
> C : 납땜을 이용하여 용접한다.
> D : 주입구를 밀폐시킨다.

① A, B, D　② A, C, D
③ A, B, C　④ A, B, C, D

43 캐스터가 장치되어 있으며, 메인 프레임과 잡아당기기 위한 지주가 있어 지주 사이에 유압잭과 언더 클램프를 사용하여 보디 프레임을 수정하는 것은?

① 이동식 보디프레임 수정기
② 고정식 보디프레임 수정기
③ 바닥식 보디프레임 수정기
④ 폴식 보디프레임 수정기

44 탄산가스 아크용접에 사용하는 솔리드 와이어 지름 1.2mm에 알맞은 전류 범위는?

① 30~80A　② 50~120A
③ 70~180A　④ 80~350A

[해설] 굵기가 지름 1.2mm일 때 약 200A 정도로 용접한다.

45 티그용접에서 모든 금속에 사용되며, 아크 안정성과 낮은 전류(200A)에서 청정작용이 있고, AL, Cu합금, Ti과 활성 금속에 좋은 보호가스는?

① Ar
② Ar(95%) + H2(5%)
③ He
④ He-Ar

46 모노코크 차체에 충돌이 있을 때 센터라인 상의 변형은 어떤 것인가?

① 다이아몬드변형　② 새그변형
③ 사이드웨이변형　④ 트위스트변형

47 신품패널과 차체패널을 겹쳐서 절단할 때 유의해야 할 사항으로 틀린 것은?

① 차체 측의 절단면은 용접선을 최소화 되도록 한다.
② 겹치는 부분을 충분히 넓게 해서 조립할 때 위치 확인이 용이하게 한다.
③ 새 부품이 변형되지 않게 무리한 힘을 주지 않는다.
④ 절단은 쇠톱이나 에어 톱을 사용한다.

[해설] 겹치는 부분은 확인이 용이한 부위로 선택하여 작업성은 높이고, 최대한 좁은 부위를 선택하여 용접변형 및 차체의 변형 등에 유의한다.

정답　40. ②　41. ④　42. ③　43. ①　44. ④　45. ①　46. ③　47. ②

48 전기저항 스폿 용접 시 접합면의 일부가 녹아 바둑알 모양의 단면으로 변화된 것을 무엇이라 하는가?
① 너깃　② 헤밍
③ 크라운　④ 홀

49 아크 용접 작업 중의 안전사항으로 틀린 것은?
① 슬래그 제거는 빨리하여야 하므로 집게나 용접홀더로 제거한다.
② 보호구를 착용하여 스패터에 의한 화상을 방지한다.
③ 슬래그는 작업자 반대쪽으로 향하여 제거하여 준다.
④ 안전 홀더를 사용하고 안전 보호구를 착용한다.

50 자동차의 차체 모양에 따른 분류로 차체 후부가 계단 형상으로 되어 있으며, 차실과 트렁크 부의 공간이 커서 승용차의 표준형인 세단(Sedan)의 한 종류는?
① 해치백(Hatchback) 세단
② 패스트백(Fastback) 세단
③ 플레인백(Plainback) 세단
④ 노치백(Notchback) 세단

51 모노코크 보디의 특징이 아닌 것은?
① 차량의 중량을 가볍게 한다.
② 차실 바닥면을 낮출 수 있다.
③ 충돌에너지를 차체 전체로 분산시킨다.
④ 주행 소음에 대한 차단 효과가 좋다.

52 자동차 현가장치에서 쇽업소버가 상하진동을 흡수하는데 있어 가장 관계가 깊은 힘은?
① 감쇠력　② 원심력
③ 구동력　④ 전단력

53 제도에서 도면을 표시할 때 실물과 같은 크기로 그릴 경우의 척도이며, 읽지 않더라고 치수나 모양에 착오가 적은 특성을 가진 것은?
① 배척　② NS
③ 축척　④ 현척

54 전기저항 스폿 용접기의 용접 암과 전극의 선택에서 주의사항으로 틀린 것은?
① 상하의 암은 평행하게 장착한다.
② 전극을 바르게 상하 정렬시킨다.
③ 전극 팁의 접촉면을 완전히 평행하게 다듬질한다.
④ 용접하려고 하는 부분에 적합하고 가능한 짧은 것을 사용한다.

55 도료를 구성하는 사항 중 도료의 목적을 결정하는 재료는?
① 수지　② 용제
③ 첨가제　④ 안료

56 도장작업에 단 낮추기 등 가장 광범위하게 사용되며, 이중 회전운동을 하는 연마기는?
① 싱글 액션 샌더
② 더블 액션 샌더
③ 오비탈 샌더
④ 기어 액션 샌더

정답 48. ① 49. ① 50. ④ 51. ④ 52. ① 53. ④ 54. ④ 55. ④ 56. ②

57 모노코크보디(일체형)의 특징을 설명한 것 중 틀린 것은?

① 단독 프레임이 없어 차량 중량이 가볍다.
② 서스펜션을 보디가 직접 지지하지 않기 때문에 소음 및 진동을 낮출 수 있다.
③ 구조상으로 바닥면이 낮아서 실내공간이 넓다.
④ 휘어짐, 비틀림에 강하고, 충격흡수 효과가 높다.

58 스폿 용접(점 용접)의 3대 요소에 해당하지 않는 것은?

① 통전 시간   ② 전극의 가압력
③ 용접전류   ④ 모재의 두께

59 차체 부품으로 센터 필러 신품 패널의 플랜지 부위에 구멍을 뚫어 플러그 용접을 하기 위한 펀칭가공의 지름으로 적당한 것은? (단, 2겹패널이다.)

① 1~2mm   ② 3~5mm
③ 6~8mm   ④ 10~13mm

60 차체의 각종 강판의 패널에 일정한 곡률을 주어 성형하는 것을 무엇이라 하는가?

① 크라운   ② 보디 필러
③ 템퍼링   ④ 백홀더

정답 57. ② 58. ④ 59. ③ 60. ①

2024 자동차차체수리기능사

2024년 복원문제 2회

01 주행 중 타이어에서 발생할 수 있는 현상과 가장 거리가 먼 것은?
① 스탠딩 웨이브 현상
② 하이드로플레이닝 현상
③ 타이어 터짐 현상
④ 베이퍼 록 현상

[해설] - **베이퍼 록 현상** : 브레이크 회로 내에 기포가 형성되어 브레이크를 밟아도 작동되지 않는 현상
- **스탠딩웨이브 현상** : 진동이 타이어의 회전속도와 같은 주기로 되면 찌그러짐이 발생하는 현상
- **하이드로플레이닝(수막) 현상** : 주행 시 타이어가 노면과 접촉하지 못하고 물위를 활주하는 현상

02 다음 중 일반적인 프레임의 종류가 아닌 것은?
① X형 프레임
② 회전(Rotary)형 프레임
③ 페리미터(Perimeter)형 프레임
④ 플랫폼(Platform)형 프레임

03 자동차의 차체 모양에 따른 분류로 외관은 세단과 같으나 운전석과 객석 사이에 칸막이를 설치하고 보조 좌석을 설치한 7 ~ 8인승 고급 차량은?
① 리무진
② 쿠페
③ 컨버터블
④ 웨건

04 티그 용접의 설명으로 맞지 않는 것은?
① 산화 토륨을 1 ~ 2% 첨가한 것은 전자 방출이 있다.
② 역극성에 사용되는 전극봉 지름이 정극성에 사용되는 용접봉 지름보다 크다.
③ 정극성의 경우 전극봉 끝은 원뿔형태로 가공한다.
④ 전극봉의 원뿔각도가 작으면 용입은 감소한다.

05 알루미늄 합금 중에서 열팽창계수가 가장 작은 것은?
① 실루민
② 두랄루민
③ Y합금
④ 로우엑스

06 일반적인 금속의 특징 중 맞지 않는 것은?
① 최저 용융 온도의 금속은 Hg(-38.4℃), 최고 용융온도는 W(3410℃)이다.
② 최소의 비중은 Li(0.35), 최대 비중은 Ir(22.5)이다.
③ 일반적으로 용융온도가 높으면 금속의 비중이 크다.
④ 내열성과 경량성을 동시에 만족하는 재료를 얻기 쉽다.

정답 01. ④ 02. ② 03. ① 04. ④ 05. ① 06. ④

07 점용접에서 접합면의 일부가 녹아 바둑알 모양의 단면으로 된 부분을 무엇이라 하는가?
① 스폿 ② 너깃
③ 포일 ④ 돌기

08 색상, 광택, 부드러움과 외관 향상을 위해 최종적으로 도장되는 도료는?
① 프라이머 ② 퍼티
③ 서페이서 ④ 탑코트

09 보디 프레임을 점검할 때 정확한 측정기기는 어느 것인가?
① 하이트 게이지
② 토인바 게이지
③ 트램 트랙킹 게이지
④ 버니어 캘리퍼스

10 2개의 사이드 멤버에 여러 개의 크로스멤버, 보강판, 서스펜션 범퍼 등의 설치용 브래킷류를 볼트나 아크용접으로 결합하여 사다리 모양으로 제작한 프레임은 무엇인가?
① H형 프레임
② X형 프레임
③ 백본형 프레임
④ 트러스트형 프레임

11 브레이크가 작동되었음을 알리는 등은?
① 브레이크 오일 경고등
② 계기등
③ 후진등
④ 제동등

12 다이얼 게이지 사용 시 유의사항으로 옳지 않는 것은?
① 스핀들에 주유하거나 그리스를 발라서 보관하는 것이 좋다.
② 분해 청소나 조정을 함부로 하지 않는다.
③ 게이지에 어떤 충격도 가해서는 안 된다.
④ 게이지를 설치할 때에는 지지대의 팔을 될 수 있는대로 짧게 하고 확실하게 고정해야 한다.

13 차체수리 작업장의 환기법 종류가 아닌 것은?
① 자연 환기법 ② 부분 환기법
③ 국부 환기법 ④ 전체 환기법

14 금속재료의 기계적 성질을 옳게 설명한 것은?
① 금속재료가 가지고 있는 물리적 성질
② 금속재료가 가지고 있는 화학적 성질
③ 금속재료가 가지고 있는 각 원소의 성질
④ 외부로부터 힘을 가했을 때 나타나는 성질

15 도막을 형성하는 주 요소로 아크릴, 우레탄, 에폭시, 멜라민 등으로 구성되어 있는 것은?
① 수지 ② 안료
③ 용제 ④ 첨가제

해설 수지는 도료의 기본 골격으로 도료의 특성과 성능을 결정하는 요소이다.

정답 07. ② 08. ④ 09. ③ 10. ① 11. ④ 12. ① 13. ② 14. ④ 15. ①

16 트렁크 도어의 구조는 프레스 가공한 얇은 강판으로 안쪽에서 프레임을 포개어 점 용접한 것이다. 트렁크 도어 개폐 시 균형을 잡기 위해 사용되는 것은?
① 트렁크 도어 힌지 ② 토션 바
③ 도어 록 ④ 도어 캡

17 자동차 엔진오일 압력 경고등의 식별 색상으로 가장 많이 사용되는 색은?
① 녹색 ② 황색
③ 청색 ④ 적색

18 알루미늄 + 구리 + 마그네슘 + 망간의 합금으로 비중에 비하여 강도가 크므로 무게를 가볍게 해야 하는 항공기나 자동차 재료로 활용되는 것은?
① 주철합금 ② 항동
③ 두랄루민 ④ 알루미늄

19 볼트나 환봉 등을 강판이나 형강에 직접 용접하는 방법으로 볼트나 환봉을 피스톤형의 홀더에 끼우고 모재와 볼트 사이에 순간적으로 아크를 발생시켜 용접하는 방법은?
① 산소용접
② 서브머지드 아크용접
③ 테르밋용접
④ 스터드용접

20 금속재료에 외력을 가하면 펴지는 성질은?
① 취성 ② 전성
③ 인성 ④ 연성

21 나이트로셀룰로스와 알키드 수지가 주성분으로 빨리 마르는 성질이 되어 도장 후 5~10분 정도면 만져도 될 정도가 되며, 1시간 정도면 다음 작업에 들어갈 수 있는 프라이머는?
① 판금 퍼티 ② 에칭 프라이머
③ 래커 프라이머 ④ 프라이머-서페이서

22 자동차의 뒷부분 충돌로 인해 변형이 발생될 수 있는 패널로만 옳게 나열된 것은?
① 도어, 센터필러, 사이드실
② 트렁크 플로어, 사이드멤버, 센터루프
③ 휠 하우스, 트렁크 플로어, 리어쿼터
④ 프런트 필러, 범퍼, 사이드멤버

23 안전·보건표지의 종류와 형태에서 경고표지 색깔로 맞는 것은?
① 검정색 바탕에 노란색 테두리
② 노란색 바탕에 검정색 테두리
③ 빨강색 바탕에 흰색 테두리
④ 흰색 바탕에 빨강색 테두리

24 자동차의 분류 중 뒷시트를 접어서 화물실을 넓게 조절할 수 있는 타입으로 세단에 가까운 형식은?
① 해치백 ② 노치백
③ 컨버터블 ④ 패스트백

25 자동차의 분류 중 가장 많이 사용되는 형식으로 뒷좌석의 머리와 지붕과의 간극을 두기가 쉬운 세단형은?
① 해치백 ② 노치백
③ 컨버터블 ④ 패스트백

정답 16. ② 17. ④ 18. ③ 19. ④ 20. ② 21. ③ 22. ③ 23. ② 24. ① 25. ②

26 바퀴를 측면에서 바라보았을 때 바퀴의 조향축이 지면의 수직선에 대하여 앞 또는 뒤로 기운 각도를 말하며, 정(+) 또는 부(-)로 구분하는 것은?

① 캠버　　② 캐스터
③ 토(Toe)　　④ 스러스트 각

27 열처리 방법 중에서 저온 뜨임을 할 때의 적정온도는?

① 상온　　② 150℃
③ 500℃　　④ 600℃

28 모노코크 차체에 충돌이 있을 때 언더보디(프레임)의 좌우 변형된 상태를 무엇이라 하는가?

① 붕괴　　② 레벨
③ 다이아몬드　　④ 사이드웨이

29 두꺼운 도막을 급격히 가열했을 때 발생할 수 있는 결함은 무엇인가?

① 크레이터링　　② 핀 홀
③ 흐름　　④ 침전

해설 핀 홀이란 도장 건조 후 바늘로 찌른 듯한 구멍이 생긴 상태를 말한다.

30 자동차 프레임 중 프레임과 보디 바닥면을 일체로 한 프레임은?

① 플랫폼형 프레임　　② 백본형 프레임
③ X형 프레임　　④ H형 프레임

31 센터라인 게이지의 구성 요소로 맞는 것은?

① 센터 핀　　② 센터 고리
③ 센터 멤버　　④ 센터 눈금

32 프레임 사이드멤버의 보강판이나 덧대기 판 양 끝 면의 단면이 점점 좁아져 가는 이유로 가장 적합한 것은?

① 보조기구 부착을 위해
② 응력 집중을 방지하기 위해
③ 크로스멤버의 부착을 위해
④ 무게의 균형을 잡기 위해

33 차체수리용 판금 잭의 기능 중 가장 적당한 것은?

① 밀고 절단한다.
② 당기고 절단한다.
③ 밀고 당기고, 절단한다.
④ 밀고 당기고, 오므린다.

해설 판금 잭(포토파워)의 기능
- 누르는 작업, 당기는 작업, 늘리는 작업, 조르는 작업, 구부리기 작업

34 안전표시에 사용되는 색채에서 보라색은 주로 어느 용도에 사용하는가?

① 방화표시　　② 주의표시
③ 방향표시　　④ 방사능표시

35 산소는 산소병에 35℃ 몇 기압으로 충전하는가?

① 150기압　　② 250기압
③ 350기압　　④ 450기압

36 다음 여러 가지 일, 열량 및 에너지 단위 중에서 kcal로 환산되지 않은 것은?

① Btu　　② erg
③ KJ　　④ Pa

정답　26.②　27.②　28.④　29.②　30.①　31.①　32.②　33.④　34.④　35.①　36.④

37 엔진이 운전석 아래에 설치된 형식으로 주로 버스나 트럭에 적용되는 차체형식은?
① 보닛(Bonnet)형
② 캡오버(Cap-over)형
③ 코치(Coach)형
④ 노치백(Notchback)형

38 프레임과 차체를 일체형으로 구성한 대표적인 차체 형식은?
① 모노코크   ② 픽업
③ 사다리형   ④ 섀시

39 착색이 용이하고 무색 투명하며, 표면이 강하고 내습성이 취약한 수지는?
① 멜라민 수지   ② 페놀수지
③ 에폭시 수지   ④ 요소 수지

40 프런트 펜더 탈거 작업에 속하지 않는 것은?
① 헤드램프
② 프런트 휠 가드
③ 범퍼 커버 사이드 마운팅 볼트
④ 쇽업소버

41 전기저항 스폿용접기의 타점 간격은 1T 판일 때 강도상 필요한 최저 간격은 얼마인가?
① 0.5~5mm   ② 1~10mm
③ 5~15mm   ④ 20~25mm

42 사이드 보디 패널을 구성하는 부품이 아닌 것은?
① 프런트 필러   ② 센터필러
③ 사이드 실   ④ 트렁크 리드

43 변형된 패널을 복원하기 위한 작업 설명 중 ( )안에 가장 적합한 것은?

> 보기
> 패널 뒷면에 ( )을 대고, 앞면에 ( )로 치는 것이다.

① 돌리, 해머   ② 해머, 돌리
③ 해머, 스푼   ④ 꺽쇠, 스푼

44 화재 발생 시 소화 작업 방법으로 틀린 것은?
① 산소의 공급을 차단한다.
② 유류화재 시 표면에 물을 붓는다.
③ 가연물질의 공급을 차단한다.
④ 점화원을 발화점 이하의 온도로 낮춘다.

45 다음 중 차체(Body)가 갖추어야 할 일반적인 조건이 아닌 것은?
① 방음, 방청 성능이 우수할 것
② 진동이나 소음이 적을 것
③ 강도와 강성이 우수할 것
④ 차체가 반드시 일체로 된 구조일 것

46 긴 내리막길과 주행 시 계속 브레이크를 사용하여 드럼과 슈가 과열되어 브레이크 성능이 현저히 저하되는 현상은?
① 페이드 현상
② 노즈 다운 현상
③ 퍼컬레이션 현상
④ 베이퍼 록 현상

정답 37. ② 38. ① 39. ① 40. ④ 41. ④ 42. ④ 43. ① 44. ② 45. ④ 46. ①

47 탄소강에 함유하여 기계적 성질에 큰 영향을 주는 원소는?
① 탄소　② 규소
③ 망간　④ 인

48 도료의 구성성분이 아닌 것은?
① 수지　② 유지
③ 안료　④ 용제

49 차체부품 제작 시 강판을 선택할 때 제일 먼저 고려해야 될 것은?
① 강판의 크기　② 강판의 두께
③ 강판의 모양　④ 강판의 재질

50 차체 수정 장비의 인장 작업에서 보디에 고정하여 인장을 하는 공구는?
① 앵커　② 체인
③ 클램프　④ 프레임

51 차체치수도에 포함되지 않는 것은?
① 언더보디　② 윈도
③ 사이드보디　④ 트렁크 룸

52 운반 작업 시의 안전수칙으로 틀린 것은?
① 화물 적재 시 될 수 있는 대로 중심고를 높게 한다.
② 길이가 긴 물건은 앞쪽을 높여서 운반한다.
③ 인력으로 운반 시 어깨보다 높게 들지 않는다.
④ 무거운 짐을 운반할 때에는 보조구들을 사용한다.

53 가스 용접 장치 정비 시 안전 유의사항으로 옳지 않은 것은?
① 공구를 다룰 때는 규정에 맞게 안전하게 작업하도록 주의한다.
② 공구는 항상 정리정돈 된 상태에서 사용하고 깨끗이 닦아 청결하게 보관한다.
③ 압력용기는 튼튼하므로 용기의 나사가 풀리지 않을 때는 충격을 가해서 푼다.
④ 부품 교환 및 보수를 할 때는 동일한 부품 및 규격품으로 교환 및 보수를 하여야 한다.

54 고속 주행 중 타이어의 접지부가 후방에서 발생되는 물결 모양으로 떠는 현상을 무엇이라고 하는가?
① 스탠딩 웨이브 현상
② 하이드로 플레이닝 현상
③ 페이드 현상
④ 벤투리 효과

55 비금속 공구 재료 중 맞지 않는 것은?
① 서멧(Cermet)은 세라믹스 + 메탈이다.
② 연삭숫돌의 무기질 결합재로 비트리파이드(Vitrified) 결합재와 실리케이트(Silicate) 결합재가 있다.
③ 금속 결합재로는 다이아몬드 숫돌이 대표적이다.
④ 인조연삭, 연마재로는 다이아몬드, 에머리(Emery) 등이 있으며, 버핑할 때 연마재로 쓴다.

정답　47. ①　48. ②　49. ④　50. ③　51. ②　52. ①　53 ③　54. ①　55. ④

56 자동차용 차체 재료로 사용되는 알루미늄 재료의 특성과 관계없는 것은?
① 비중이 작고 용융점이 낮다.
② 전연성이 좋다.
③ 열전도성, 전기전도성이 좋다.
④ 표면에 산화막이 형성되지 않아 내식성이 떨어진다.

57 전기 용접 시 용접부의 결함이 아닌 것은?
① 오버랩   ② 언더컷
③ 슬래그 혼입   ④ 피복

58 다음 가스 절단 작업의 결함의 종류가 아닌 것은?
① 기공   ② 드래그
③ 슬래그   ④ 균일

59 자동차 보수도장에 있어서 도료의 건조장치 중 가장 바람직한 것은?
① 복사 대류에 의한 열풍 건조장치
② 복사에 의한 고온 다습한 열풍 건조장치
③ 습도가 많은 상온에서의 자연 건조장치
④ 고온 다습한 실내에서의 자연 건조장치

60 해머의 종류 중 해머의 모양이 길게 휘어진 모양이며, 머리가 둥글게 되어 있어 거친 부분 작업용으로 깊은 부분의 작업에 적합한 해머는?
① 고르기 해머
② 딘킹 해머
③ 크로스 페인 해머
④ 펜더 범핑 해머

정답 56. ④ 57. ④ 58. ① 59. ① 60. ④

2025 자동차차체수리기능사

2025년 복원문제

01 물체가 상태 변화 또는 온도 변화를 하는 경우에 물체가 얻거나 잃는 에너지를 무엇이라 하는가?
① 에너지　　② 운동에너지
③ 열에너지　　④ 탄성에너지

02 엔진 및 트랜스액슬(변속기 + 종감속기어)이 자동차의 앞부분에 설치되어 있으며, 자동차의 중심 앞쪽에서 구동력이 작용하여 주행하는 자동차의 형식은?
① FF　　② FR
③ RR　　④ MD

03 순수한 공기만을 흡입, 압축한 후 압축열에 의한 자기착화 방식인 자동차 형식은?
① 가솔린 엔진 자동차
② 디젤 엔진 자동차
③ LPG 엔진 자동차
④ CNG 엔진 자동차

04 평판을 거의 직각으로 구부리는 프레스 가공법으로 구부러진 부분은 다른 부분보다 강도가 높은 가공법을 무엇이라 하는가?
① 플랜징　　② 비딩
③ 바링　　④ 헤밍

05 엔진룸과 객실룸을 구분하는 패널로 객실 부분의 강성을 유지하는 중요한 역할을 하는 패널은?
① 카울패널
② 대시패널
③ 펜더에이프런패널
④ 라디에이터서포트패널

06 측면 충돌을 대비하여 상단부는 사각 단면의 넓은 구조로 되어 있고 내부에는 보강판이 삽입되어 있는 패널은?
① 프런트 필러　　② 센터 필러
③ 사이드 실　　④ 쿼터 패널

07 후드와 기능이 비슷하며 물이나 먼지, 도난 등으로부터 보호하는 기능이 요구되고 특히 방수에 대해서는 웨더스트립으로 개구부와 그 주위를 밀폐시키는 구조로 되어 있는 것은?
① 도어　　② 그릴과 몰딩
③ 프런트 범퍼　　④ 트렁크 리드

08 프레임과 보디 바닥면을 일체로 한 것으로, 보디와 조합시켜서 큰 상자형 단면을 만든 프레임 형태는?
① 백본형 프레임　　② 플랫폼형 프레임
③ 트러스형 프레임　　④ X형 프레임

정답　01. ③　02. ①　03. ②　04. ①　05. ②　06. ③　07. ④　08. ②

09 결정체인 금속이나 합금은 용융상태에서 냉각되면 고체로 변화하게 되는데, 이와 같이 같은 물체의 상태가 다른 상을 변화는 것을 무엇이라 하는가?
① 핵 발생   ② 결정의 성장
③ 결정체   ④ 변태

10 금속 주형에서 표면의 빠른 냉각으로 중심부를 향하여 방사상으로 이루어지는 결정을 무엇이라 하는가?
① 수지상 결정 ② 편석
③ 주상정   ④ 수지상 편석

11 타격이나 압연에 의해 얇은 판으로 넓게 펴질 수 있는 성질을 무엇이라 하는가?
① 경도   ② 연성
③ 전성   ④ 인성

12 재료를 가열했을 때 유동성을 증가하여 주물로 할 수 있는 성질을 무엇이라 하는가?
① 가소성   ② 가주성
③ 가단성   ④ 가열성

13 고체상태에서 고용체가 어느 일정 온도에서 동시에 2개가 석출되는 상태를 무엇이라 하는가?
① 공석점   ② 공석정
③ 포석정   ④ 편석정

14 단조된 재료나 주조된 재료의 내부 조직을 표준화 즉 균일화하기 위하여 공기중에서 냉각하는 열처리를 무엇이라 하는가?
① 담금질   ② 뜨임
③ 불림   ④ 풀림

15 산소, 아세틸렌 불꽃을 이용하여 금속 표면을 적열상태로 가영하여 냉각수를 뿌려 표면을 경화시켜 경도를 증가시키는 것으로 주로 대형 가공물에 이용되는 것을 무엇이라 하는가?
① 침탄법   ② 질화법
③ 청화법   ④ 화염 경화법

16 불변강 중 니켈을 75% ~ 80%함유한 것을 무엇이라 하는가?
① 인바강   ② 엘린바
③ 퍼멀로이   ④ 플래티나이트

17 구리 88%, 주석 10%, 아연 2%의 합금으로 내식성, 내마멸성이 우수하여 일반 기계부품, 밸브, 코크, 기어, 선박용 프로펠러 등에 사용되는 것은?
① 포금   ② 알루미늄 청동
③ 인청동   ④ 니켈 청동

18 알루미늄(Al), 마그네슘(Mg)의 합금으로 다른 주물용 알루미늄 합금에 비하여 내식성, 강도, 연신율이 우수하고, 절삭성이 매우 좋은 합금은?
① 로엑스 합금 ② 실루민
③ 라우탈   ④ 하이드로날륨

19 강판의 표면에 도전성의 도료를 도포하고 그 도막에 의해서 방청층을 형성한 것으로서 아연 크롬계 도료를 사용한 강판은?
① 고용강화형 강판 ② 석출강화형 강판
③ 징크로메탈 강판 ④ 유기복합 강판

정답 09. ④ 10. ③ 11. ③ 12. ② 13. ① 14. ③ 15. ④ 16. ③ 17. ① 18. ④ 19. ③

20 내열성이 200 ~ 280℃, 열경화성, 내충격성, 강성, 내열성 등의 성질이 있으며, 바디 외판, 스포일러, 헤드램프 하우징 등에 사용되는 것은?
① PVC ② FRP
③ TPR ④ PET

21 용접에서 압접의 종류에 해당하지 않는 것은?
① 점 용접 ② 시임 용접
③ 프로젝션 용접 ④ 원자 수소 용접

22 접합하고자 하는 재료 즉 모재는 녹이지 않고 모재보다 용융점이 낮은 금속을 녹여 표면 장력으로 접합시키는 것을 무엇이라 하는가?
① 융접 ② 압접
③ 납접 ④ 용해

23 산화철과 알루미늄의 화학반응을 이용하여 생긴 고온의 화학 반응열을 이용하여 용접하는 것으로 전기가 없는 곳에서도 사용가능한 것을 무엇이라 하는가?
① 원자 수소용접 ② 테르밋 용접
③ 전자빔 용접 ④ 메이저 용접

24 용접부를 겹쳐 한 쌍의 롤러 사이에 끼우면 롤러의 회전에 의해 접합선에 따라서 연속적으로 용접하는 방법을 무엇이라 하는가?
① 점용접 ② 시임 용접
③ 프로젝션 용접 ④ 맞대기 용접

25 산소 봄베의 각인 기호 중 V 40.6이 의미하는 내용은 무엇인가?
① 충전 가스의 명칭 ② 제조 번호
③ 최고 충전 압력 ④ 내용적

26 금속을 가열할 때 산화 및 질화 작용에 의해 형성되는 산화물이나 질화물을 용융시켜 슬래그를 만들거나 용융 온도를 낮게 하는 역할을 하는 것은?
① 홀더 ② 용제
③ 변압기 ④ 용접 전류

27 용접 보호장비가 아닌 것은?
① 용접 장갑 ② 용접 면
③ 슬래그 해머 ④ 용접 앞치마

28 가스용접에서 가연성 가스에 속하지 않는 것은?
① 산소가스 ② 아세틸렌가스
③ 수소가스 ④ LPG가스

29 가스용접에서 일반적으로 산소의 압력이 아세틸렌가스의 압력보다 높게 사용되므로 팁 끝이 막히거나 하여 고압 산소가 밖으로 흐르지 못하고 산소보다 압력이 낮은쪽인 아세틸렌 호스 쪽으로 흘러 폭발의 위험이 있는 현상을 무엇이라 하는가?
① 역류 ② 역화
③ 인화 ④ 번백

30 산소-아세틸렌 용접에서 용접용 호스는 사용압력에 견디는 구조여야 한다. 호스의 크기로 가장 많이 사용되는 것은?
① 6.3㎜ ② 7.9㎜
③ 8.3㎜ ④ 9.5㎜

정답 20. ② 21. ④ 22. ③ 23. ② 24. ② 25. ④ 26. ② 27. ③ 28. ① 29. ① 30. ②

31 교류아크용접기의 종류에 포함되지 않는 것은?
① 가동 코일형
② 가동 철심형
③ 탭 전환형
④ 엔진 구동형

32 불활성 가스 분위기 속에서 전극으로 텅스텐 봉을 사용하는 용접을 무엇이라 하는가?
① TIG용접
② MIG용접
③ MAG용접
④ SPOT용접

33 실드가스의 양에 관련된 사항이다. 옳지 못한 것은?
① 실드가스의 양이 많을수록 실드효과를 많이 얻을 수 있다.
② 일반적으로 와이어 직경의 10배를 더한 것이 표준적인 가스의 양이다.
③ 실드가스가 부족하면 용접부가 타게 된다.
④ 실드가스가 부족하면 용접면 주위는 부식이 발생한다.

34 아크의 길이가 길고, 토치가 지나치게 눕혀서 진행될 때 발생되는 용접불량은?
① 블랙 홀 비드
② 언더 컷
③ 오버 랩
④ 녹아 흘러내림

35 미그용접의 와이어 공급 방식의 종류가 아닌 것은?
① 푸시 방식
② 풀 방식
③ 푸시 풀 방식
④ 펄스 방식

36 아크 전압을 낮게 하여 전극과 용융금속 풀이 일정한 주기마다 간헐적으로 접촉시켜 용융금속을 이동시키는 방법을 무엇이라 하는가?
① 단락 아크법
② 스프레이 아크법
③ 맥동 아크법
④ 전기 아크법

37 도어의 열림량을 제어하는 기능을 하는 것은?
① 도어 힌지
② 도어 체커
③ 도어 록
④ 도어 스트라이커

38 힘의 3요소에 포함되지 않는 것은?
① 힘의 크기
② 힘의 방향
③ 힘의 각도
④ 힘의 작용점

39 프레임의 파손 및 변형 점검 방법 중 알맞지 않는 것은?
① 육안 점검
② 자기 탐상법
③ 침투 탐상법
④ 스케일 탐상법

40 차체에서 응력이 집중되는 곳을 잘 못 표현한 것은?
① 홀이 있는 부위
② 곡선 부위
③ 단면적이 넓은 부위
④ 패널과 패널이 겹쳐지는 부위

41 차체 파손 분석에서 차량 인테리어의 파손 형태로 전기장치의 파손 및 인스트루먼트 패널 파손 및 변형 등을 분석하는 파손은 몇 차원 파손형태인가?
① 1차원 파손
② 2차원 파손
③ 3차원 파손
④ 4차원 파손

정답 31. ④ 32. ① 33. ① 34. ② 35. ④ 36. ① 37. ② 38. ③ 39. ④ 40. ③ 41. ④

42 꼬임 변형이라고도 하며, 데이텀 라인에서 평행하지 않은 형태를 말하는 것은?
 ① 스웨이 변형 ② 새그 변형
 ③ 콜랩스 변형 ④ 트위스트 변형

43 센터링 게이지 수평바의 높낮이를 비교 측정하여 언더보디의 상하 변형을 판독하는 것으로 높이의 치수를 결정할 수 있는 가상 기준선을 무엇이라 하는가?
 ① 센터라인 ② 데이텀라인
 ③ 레벨 ④ 치수

44 손상된 차량을 차체수정 장비를 이용하여 수정작업을 실시 할 때 작업 중 차량이 움직이지 않도록 하는 것을 무엇이라 하는가?
 ① 고정 ② 인장
 ③ 계측 ④ 수정

45 고정 작업에서 추가고정의 효과의 거리가 먼 것은?
 ① 기본 고정을 보강한다.
 ② 모멘트 발생을 제거한다.
 ③ 차체의 미끌림을 방지한다.
 ④ 지나친 인장을 방지한다.

46 패널수정작업은 수공구 및 인출장비를 사용하여 패널을 수정하는 작업이다. 패널수정작업에 속하지 않는 것은?
 ① 도어패널 수정
 ② 루프패널 수정
 ③ 센터필러패널 수정
 ④ 쿼터패널 수정

47 타출수정방법과 거리가 먼 것은?
 ① 수정장비를 사용해서 수정 작업을 한다.
 ② 스푼과 정을 병행 사용해서 수정 작업을 한다.
 ③ 패널 내부에 손과 스푼이 들어가야 하는 조건이 따른다.
 ④ 부품을 떼어내어 수정하는 경우도 있다.

48 패널의 변형 확인방법으로 거리가 먼 것은?
 ① 육안으로 확인하는 방법
 ② 손으로 확인하는 방법
 ③ 줄자로 확인하는 방법
 ④ 디스크 샌더를 사용하는 방법

49 램에 부착시켜 보디 각 부분의 복잡한 형상에 적합하도록 여러 가지 형태로 구성되어 있는 장치를 무엇이라 하는가?
 ① 스피드 커플러 ② 어태치 먼트
 ③ 고압 호스 ④ 유압 펌프

50 움푹 들어간 곳을 펴는데 사용하는 해머의 종류는?
 ① 고르기 해머 ② 표준 해머
 ③ 딘킹 해머 ④ 픽 해머

51 머리에 까칠까칠한 이가 붙여 있으며, 늘어지거나 늘어난 철판을 수축하는데 사용하는 해머는?
 ① 크로스 페인 해머
 ② 조르기 해머
 ③ 리버스 커버 해머
 ④ 고무 해머

정답 42. ④ 43. ② 44. ① 45. ③ 46. ③ 47. ① 48. ③ 49. ② 50. ④ 51. ②

52 낮은 평면과 둥근형의 각을 지닌 것으로 모서리와 각 작업에 적당한 돌리는?
① 양두 돌리   ② 만능 돌리
③ 범용 돌리   ④ 힐 돌리

53 냉간 조르기 작업의 전용으로 사용되는 돌리는?
① 조르기 돌리   ② 곡면 돌리
③ 라운드 돌리   ④ 그리드 돌리

54 스푼의 끝이 약간 우그러져 물받이 밑 부분과 같이 좁은 곳의 작업에 적합한 스푼은?
① 범퍼용 스푼   ② 플라이 스푼
③ 드립 몰딩 스푼   ④ 초박형 스푼

55 폭이 넓고 바짝 구부러진 스푼이며, 루프 레일과 패널 사이에 끼워서 루프 패널의 정형 작업에 적합한 스푼은?
① 숏 플라이 다듬질 스푼
② 낫형 다듬질 스푼
③ 하이 크라운 스푼
④ 스프링 해머 스푼

56 주로 패널 수정 후 마지막 고르기 작업, 연납 피막, 플라스틱 펴기 연마작업에 사용되는 것은?
① 해머   ② 돌리
③ 스푼   ④ 보디 파일

57 골격부의 절단작업이나 연마작업, 용접부위의 연삭작업, 구도막 제거 작업에 사용되는 것은?
① 에어 치즐   ② 커터
③ 그라인더   ④ 샌더

58 일반 샌더를 사용해서 작업하기에 불편한 부위의 연마용으로 작게 패인 부분이나 스폿용접 부분의 도막 제거에 사용되는 것은?
① 벨트 샌더
② 디스크 샌더
③ 거친 연마용 샌더
④ 면 만들기용 샌더

59 거친 연마용 샌더의 종류에 속하지 않는 것은?
① 오비탈샌더
② 더블액션샌더
③ 기어액션샌더
④ 스트레이트라인샌더

60 러핑작업이라 하며, 변형된 패널을 손상전의 상태로 되돌리는 작업을 무엇이라 하는가?
① 패널수축 작업   ② 패널인장 작업
③ 대충펴기 작업   ④ 헤밍 작업

정답 52. ④ 53. ④ 54. ③ 55. ③ 56. ④ 57. ③ 58. ① 59. ④ 60. ③

저자약력 및 Q&A

김 태 원	〔現〕 군장대학교
전 주 수	〔現〕 창원문성대학교 자동차기계과
박 상 윤	〔現〕 서정대학교
김 부 식	〔現〕 북부기술교육원
박 홍 일	〔現〕 부산자동차직업전문학교
권 순 구	〔現〕 그린자동차직업전문학교

PASS 자동차차체수리기능사 필기

초판 발행 | 2023년 7월 10일
제4판1쇄발행 | 2026년 1월 10일

지 은 이 | 김태원·전주수·박상윤·김부식·박홍일·권순구
발 행 인 | 김 길 현
발 행 처 | (주) 골든벨
등   록 | 제 1987-000018호
I S B N | 979-11-5806-620-8
가   격 | 25,000원

㈜ 04316 서울특별시 용산구 원효로 245 (원효로1가 53-1) 골든벨빌딩 6F
• TEL : 도서 주문 및 발송 02-713-4135 / 회계 경리 02-713-4137
　　　내용 관련 문의 icing925@hanmail.net / 해외 오퍼 및 광고 02-713-7453
• FAX_ 02-718-5510　　• 홈페이지_ www.gbbook.co.kr　　• E-mail_ 7134135@naver.com

본 도서의 내용(텍스트, 도해, 도표, 이미지 등)은 저작권자의 사전 서면 승인 없이 아래와 같은 행위는 금지되며, 위반 시 「저작권법」 제125조(손해배상의 청구) 및 관련 조항에 따라 민·형사상 책임을 질 수 있습니다.
① 개인 학습 목적을 넘어 도서의 전부 또는 일부를 무단 복제·배포하는 행위
② 학교·학원·공공기관·기업·단체 등에서 영리 또는 비영리 목적을 불문하고 허락 없이 복제·전송·배포하는 행위
③ 전자책, PDF, 스캔본, 사진 촬영본, 클라우드 공유, 온라인 커뮤니티 게시, SNS 업로드, 파일 공유 서비스 등을 통한 무단 이용
④ 기타 디지털 복제·전송 수단(USB, 디스크, 서버 저장, 스트리밍 등)을 이용한 무단 사용

※ 파본은 구입하신 서점에서 교환해 드립니다.